数据库原理及应用技术

——Access + SQL Server

主　编◎姜林枫

副主编◎徐长滔　杨　燕　曹　锋　孙　清　于娟娟

SHUJUKU YUANLI

JI YINGYONG JISHU

——ACCESS+SQL SERVER

北京师范大学出版集团
BEIJING NORMAL UNIVERSITY PUBLISHING GROUP

北京师范大学出版社

图书在版编目（CIP）数据

数据库原理及应用技术——Access＋SQL Server / 姜林枫主编. —北京：北京师范大学出版社，2024.10
ISBN 978-7-303-29706-1

Ⅰ．①数… Ⅱ．①姜… Ⅲ．①数据库系统－高等学校－教材 Ⅳ．①TP311.13

中国国家版本馆 CIP 数据核字（2023）第 247894 号

| 教 材 意 见 反 馈 | 010-58805079 | gaozhifk@bnupg.com |
| 营 销 中 心 电 话 | 010-58802755 | 010-58800035 |

出版发行：北京师范大学出版社　www.bnupg.com
　　　　　北京市西城区新街口外大街 12-3 号
　　　　　邮政编码：100088
印　　刷：天津中印联印务有限公司
经　　销：全国新华书店
开　　本：787 mm×1092 mm　1/16
印　　张：27.5
字　　数：715 千字
版　　次：2024 年 10 月第 1 版
印　　次：2024 年 10 月第 1 次印刷
定　　价：69.80 元

策划编辑：赵洛育	责任编辑：赵洛育
美术编辑：焦　丽	装帧设计：焦　丽
责任校对：包冀萌　郑淑莉	责任印制：马　洁　赵　龙

内容提要

　　本书基于数据库技术产生的原因，介绍数据库技术的核心概念和主要功能，旨在建立学习者的学习基础，并培养其创新思维；基于应用最为广泛的关系数据模型讲解数据库技术组织数据和管理数据的基本原理，旨在搭建学习者的知识框架，并培养其科学精神；基于数据库生命周期理论、数据模型理论以及数据库规范化理论，阐述数据库设计的基本原理和方法，旨在建立学习者数据库建模的理论基础，并培养其工匠精神；基于可视化界面和 SQL 命令介绍数据库及其对象的创建和维护，旨在传授学习者数据组织和数据管理的方法及技术，并培养其钉钉子精神；基于学以致用的原则介绍数据库的批处理技术、模块化处理技术、用户界面实现技术、数据库的访问技术、数据库的安全管理技术，旨在传授学习者数据处理和数据分析的方法及技术，并培养其计算思维和人文情怀；基于新质生产力视角介绍数据库技术的对象级应用和系统级应用，旨在传授学习者数据库技术在数字经济中的应用场景和技术，并培养其用户思维和系统思想。

　　本书内容翔实全面，知识结构完整，应用案例丰富，理论深入浅出，融数据库原理与数据库应用技术为一体，便于学中用、用中学。本书既可以作为高校学生学习数据库原理与应用技术的教材，又可以作为数据库知识入门者的学习用书，还可以作为相关领域技术人员的参考用书或培训教材。

前　　言

党的二十大报告提出"加快发展数字经济，促进数字经济和实体经济深度融合"，并对数字产业化、产业数字化、数字化治理及数据价值化作出了重要部署。落实党的二十大重要部署，必须发挥数字人才的引领和支撑作用。但是目前我国数字人才缺口在 2500 万到 3000 万，且缺口仍在加大，数字人才短缺已经成为我国数字经济发展亟须解决的首要问题。

为解决数字人才的短缺问题，教育部积极引导高校新设数字经济、数据科学与大数据技术、人工智能等新文科和新工科专业，鼓励高校大力培养社会急需的数字人才，以支撑数字经济全链条发展。在数字经济、数据科学与大数据技术、人工智能等专业的人才培养中，数据库原理与应用技术是不可或缺的支点课程，对培养数字人才的数字产业化、产业数字化、数字化治理和数据价值化的专业素养发挥着数据基座的作用。

教材是学生学习和教师教学的基本工具，是"培养什么人，怎样培养人，为谁培养人"的重要抓手。因此，教材必须锚定国家战略、紧盯社会需求，及时修订课程内容、培养目标和学习方法，以适应新时代人才培养目标的新需求。为此，编者对 2020 年出版的《数据库原理与应用技术》一书进行了修订。修订后的教材，基于 Access 和 SQL Server 的比较体验，全面、系统地介绍数据库的基本原理、核心技术及典型应用。本书有 3 个特色：以党的二十大精神为指引，将社会主义核心价值观、科学精神、家国情怀、社会责任、文化自信、人文情怀、工匠精神等相关思政元素融入教材，充分体现习近平新时代中国特色社会主义思想；基于 Access 与 SQL Server 的比较体验，来学习数据库的原理和应用技术，其基本思路是先基于容易上手的 Access 学习数据库的基本理论，体验数据库的应用技术，再基于功能强大的 SQL Server 进行比较学习，进而升华数据库的基本理论、拓展数据库的应用技术；基于大量的案例，将数据库原理和应用技术有机融合在一起，便于学习者用中学、学中用，使学习者在数据库理论的指导下，将所学习的数据库技术付诸应用。

针对数据库原理和应用技术的重点及难点，本书配套了相应的电子教案、PPT 课件、微课视频和各种类型的线上线下习题，学习者通过扫描二维码即可获得相应的学习资源，极大地提高了学习效率。

本书由姜林枫任主编，负责选题的申请、框架结构的设计、初稿的修改和最后的统稿工作；由徐长滔、杨燕、曹锋、孙清和于娟娟任副主编，主要负责终稿的审阅。本书主要由齐鲁工业大学(山东省科学院)的姜林枫、徐长滔、杨燕、曹锋、孙清、盛欣、赵龙、宋新华、闫堃和司洪涛编写，参与本书编写的还有其他单位的王月涛、于娟娟和冉令状。本书共 15 章：第 1 至第 8 章、第 12 章、第 15 章由姜林枫编写；其余各章由徐长滔、杨燕、曹锋、孙清、于娟娟、盛欣、赵龙、王月涛、宋新华、闫堃、冉令状和司洪涛编写。

由于编者水平有限，加之编写时间仓促，书中疏漏在所难免，恳请读者批评指正，以便修改完善。若有任何问题，请发送到邮箱 linfengjiang@163.com，编者将在第一时间回复。

姜林枫

2024 年 5 月

目　　录

第 1 章　数据库基本原理

本章导读

就数字经济微观层面的组织机构而言，数字化产生的数据是组织机构最有价值的资产。通过对组织机构数字化所累积数据的分析，可以了解其过去，把握其今天，预测其未来，从而助力组织机构科学发展。但组织机构日积月累的数据往往是无法分析的，第一个原因是这些数据是巨量的，第二个原因是这些数据是杂乱无章的。

以一家年销售额为 1000 万元左右的销售型零售企业为例。如果该企业每单销售额平均在 100 元左右，那么运营 10 年后，该企业累积的"销"项数据就在 100 万条左右，再加上"进"项和"存"项数据，那么 10 年累积的业务数据规模是非常大的。这里说的还仅仅是千万规模的业务结构比较简单、业务流程比较规范的销售型零售企业，如果业务规模足够大，业务结构足够复杂，业务流程变化足够多，那么组织机构的业务数据必然是巨量的。对于组织机构日积月累的巨量数据，如果不使用科学的技术对其进行组织和管理，而是任其随机存放、自然累积，那么这些巨量数据必然是杂乱无章的。

基于传统的人工技术和文件技术，无法对这些杂乱无章的巨量数据进行有效率的组织和管理，更别提挖掘和使用这些数据资源的价值了。因此，必须引入先进的数据组织和管理技术，对这些杂乱无章的巨量数据进行科学组织和管理，使得数据有序、可控、可用。那么当今世界，什么是科学先进的数据组织和管理技术呢？答案是数据库技术。

数据库技术是随着信息技术的发展和人们对信息需求的增加发展起来的，它主要研究如何科学地组织和管理数据，以便高效率地向用户提供安全、可靠和可共享的数据服务。数据库的建设规模、信息容量和使用频度已成为衡量一个国家信息化程度的重要标志。

当前，数据库支撑着社会活动的关键核心业务，尤其是在数字经济时代，小到一个企业，大到一个国家，都离不开数据库。我国数据库市场空间巨大，但面临创新型人才短缺等挑战，如何培养更多的创新型数据库人才，成为提升我国数据库行业竞争力的关键所在。

党的二十大报告指出，要深入实施科教兴国战略、人才强国战略、创新驱动发展战略，开辟发展新领域、新赛道，不断塑造发展新动能、新优势。本书坚持科技是第一生产力，积极学习借鉴人类文明创造的一切文明成果，力求准确把握数据库原理和应用技术的发展规律，以先进理念推动创新型人才的培养，为提升我国数据库的行业竞争力、实现更高水平的数字正义注入新动能。

1.1　数据库技术的产生

在日常生活中，人们常常会查询手机通话记录、支付宝账单记录、微信聊天消息记录及手机通讯录等信息。那么，这些历史的通话记录、账单记录、聊天消息记录及通讯录为什么能够查到呢？这是因为这些历史记录通过一种技术组织和存储起来了。那么问题又来了，这些历史记录是怎样组织和存储的呢？

有一定计算机文化基础的人，可能觉得数据的组织和存储好像用文件技术就可以了。例如，微软（Microsoft）公司的 Excel 可以将数据组织成一个个工作表，并将所有的工作表存储到 Excel 工作簿文件中。又如，金山公司的金山文档也可以将数据组织成一个个工作表，并将所有的工作表存储到金山文档的表格文件中。那么真实的实现是这样的吗？

对于一些主题单一的数据来说，这种观点应该是可行的。但当数据的主题比较多时，基于文件技术组织数据就会出现数据冗余问题，进而导致深层次的数据操纵异常问题。导致这些问题的根源是"文件技术组织数据的先天缺陷"。为破解"文件技术组织数据的先天缺陷"，数据库技术应运而生。

下面以销售型企业的"顾客服务"为论域，以"顾客服务"所涉及的"顾客信息"和"销售员信息"的组织及操纵为主题，分析文件技术组织和操纵数据的弊端，进而分析弊端形成的根源，并阐述数据库技术破解弊端的方法。

> **注意**　人类的认识活动和表达活动都是在特定的范围之内进行的，这个范围就是论域。实体是客观世界中客观存在的可以相互区分的事物。数据组织指的是用什么结构的数据对象来存储实体的数据信息。数据操纵指的是数据对象中数据的插入、修改、删除和查询。论域和实体的相关内容请参阅 1.2.2 小节，数据组织的相关内容请参阅 1.2.3 小节。

1.1.1　基于文件技术组织和操纵数据的缺点

在人们熟悉的文件技术中，Excel 的数据组织和管理能力是最强的，应用也是最广泛的。鉴于此，下文以 Excel 技术为代表，厘清文件技术组织和操纵数据的一些弊端，并分析弊端形成的根源。方便起见，下文将"以 Excel 为代表的文件技术"简称"类 Excel 文件技术"。

1. 基于文件技术组织和操纵数据的弊端

假定有一家销售型企业，为了更好地服务顾客，将所有的顾客信息用 Excel 工作表组织起来，以便销售员在服务顾客时使用，如表 1-1 所示。这个工作表数据的主题单一，存放的信息是单一实体"顾客"的"顾客姓名"和"顾客微信账号"。销售员对表 1-1 的顾客信息进行操纵时，不管是查询"顾客"信息，还是添加、修改、删除"顾客"信息，都没有问题。总之，对于表 1-1 这种结构的工作表，使用类 Excel 文件技术进行组织和操纵，既可行又高效。

表 1-1　"顾客信息"工作表（Excel 格式）

顾客姓名	顾客微信账号
姜刘敏	WeChat5798
徐莉莉	WeChat1127
宋苏娟	WeChatI2769
李晓东	WeChat91928
张大猛	WeChat7756
耿小丽	WeChat1759

有的读者会说，表 1-1 的顾客信息很少，组织和操纵起来当然既可行又高效了。那么当工作表中的顾客信息很多时，使用类 Excel 文件技术对顾客信息进行组织和操纵也既可行又高效吗？答案是肯定的。当顾客信息很多时，可以按"顾客姓名"列或按"顾客微信账号"列排序，这样顾客信息的检索速度就提高了，也相应地降低了操纵难度。总之，使用类 Excel 文件技术组织如表 1-1 所示的"顾客信息"切实可行，数据的操纵效率也很高。

但是，当顾客很多时，销售员不可能分辨出哪个顾客是自己的服务对象。因此，必须在"顾客信息"表中增加为顾客服务的销售员信息。如果在表 1-1 中增加为顾客服务的"销售员姓名"和"销售员电话"，就形成表 1-2。那么，增加这两列后，表 1-2 和表 1-1 的数据特征有没有不同呢？表 1-1 的数据操纵没有问题，表 1-2 是不是也没有问题呢？下面分析这些问题。

（1）数据冗余问题

仔细观察表 1-2，会发现"销售员姓名"信息和"销售员电话"信息都有重复值，这就是说表 1-2 产生了数据冗余问题。数据冗余会有很多副作用，最典型的副作用有二：第一，数据冗余导致存储空间的浪费；第二，数据冗余导致数据操纵的效率降低。

表1-2 "顾客信息＋销售员信息"工作表（Excel格式）

顾客姓名	顾客微信账号	销售员姓名	销售员电话
姜刘敏	WeChat5798	姜笑枫	Tel6965
徐莉莉	WeChat1127	徐涛	Tel6967
宋苏娟	WeChatI2769	姜笑枫	Tel6965
李晓东	WeChat91928	徐涛	Tel6967
张大猛	WeChat7756	杨燕燕	Tel6961
耿小丽	WeChat1759	徐涛	Tel6967

重复值的存在显然会导致存储空间需求的增加，这很容易理解。例如，本来销售员"姜笑枫"的电话信息只需要存储一次，有了重复值，就需要存储多次，这当然会增加对存储空间的需求。重复值的存在会降低数据操纵的效率，这也很容易明白。例如，要修改销售员"徐涛"的电话信息，就需要执行3次操作，这当然会降低操纵效率。

可能有的读者会提出，多存储2次或多操纵3次好像不是什么大问题。就表1-2所示的这种工作表而言，这的确不是问题，但随着顾客人数的增加，就会形成一个问题，甚至会形成一个大问题。试想，如果这家企业只有这3个销售员，当顾客人数增加到900时，那么每一个销售员信息存储的重复次数平均下来就是300，显然存储空间的浪费就成了一个问题，数据操纵的效率会显著降低。如果顾客人数增加到9000、90000或者更多，那么就是一个大问题了。

除了数据冗余问题外，还有其他问题吗？由于大多数的业务应用涉及删除、修改和插入这3种数据操纵，所以下面分析基于表1-2组织的数据会不会出现操纵异常的问题。

（2）数据删除异常问题

大家都知道，为了提高效率，计算机的数据操纵通常以"规定单元"实施，这很容易理解，这是因为碎片式的数据操纵是没有效率的。

"规定单元"的操纵虽然是有效率的，但是会带来操纵异常问题。以Excel为例，假定为了提高效率，"规定单元"是工作表的"行"，那么就会产生数据删除异常问题。例如，假设要删除顾客"张大猛"的微信账号（见表1-3），那么需要删除工作表的第6行，此时，不仅删除了顾客"张大猛"的信息数据，也删除了销售员"杨燕燕"的信息数据。

表1-3 "顾客信息＋销售员信息"工作表的删除异常问题

	顾客姓名	顾客微信账号	销售员姓名	销售员电话
	姜刘敏	WeChat5798	姜笑枫	Tel6965
	徐莉莉	WeChat1127	徐涛	Tel6967
	宋苏娟	WeChatI2769	姜笑枫	Tel6965
	李晓东	WeChat91928	徐涛	Tel6967
删除行时，丢失了过多的数据	张大猛	WeChat7756	杨燕燕	Tel6961
	耿小丽	WeChat1759	徐涛	Tel6967

（3）数据修改异常问题

前面分析了数据删除异常问题，下面分析对表1-2进行数据修改后，会不会出现数据修改的操纵异常问题。例如，改动了表1-4中第2行的销售员电话，表中的数据就会不一致。改动后，第2行显示销售员"姜笑枫"的电话是"17788816966"，但第4行却显示销售员"姜笑枫"的电话是

"Tel6965"，这就导致了表 1-4 中存在数据不一致的问题。

表 1-4 "顾客信息＋销售员信息"工作表的修改异常问题

顾客姓名	顾客微信账号	销售员姓名	销售员电话
姜刘敏	WeChat5798	姜笑枫	17788816966
徐莉莉	WeChat1127	徐涛	Tel6967
宋苏娟	WeChatI2769	姜笑枫	Tel6965
李晓东	WeChat91928	徐涛	Tel6967
张大猛	WeChat7756	杨燕燕	Tel6961
耿小丽	WeChat1759	徐涛	Tel6967

（左侧标注：不修改不一致行后的数据）

修改销售员"姜笑枫"的电话后，新的表 1-4 可能会导致读者产生这样的困惑：这个表中是有一个姓名为"姜笑枫"的销售员，他有两个不同的电话号码呢；还是有两个姓名都是"姜笑枫"的销售员，他们各有一个电话号码呢。这就是说，如果使用文件技术对表 1-4 执行修改操作，则工作表中的数据可能会产生数据不一致的问题，这会让用户产生困惑，导致数据语义的不确定性。

请读者思考两个问题：第一，在现实应用中，是否存在"修改为某个顾客服务的销售员电话"这种需求？第二，是否可能发生"修改为某个顾客服务的销售员姓名"的情况？

（4）数据插入异常问题

最后，分析对表 1-2 进行数据插入后，会不会产生数据插入异常的问题。假设该企业的顾客有两类：一类顾客由固定的销售员提供服务，如"杨燕燕"是为顾客"张大猛"提供固定服务的销售员；另一类顾客没有提供固定服务的销售员，如销售员"孙叶青"是营业厅销售员，她没有自己固定的服务顾客。如果要将销售员"孙叶青"的信息存放在表 1-2 中，由于她没有固定服务的顾客，那么必须在表 1-2 的"顾客姓名"和"顾客微信账号"字段中插入空值（即值为 NULL，表示不存在的值、待定的值、不知道的值），这样就出现了值不完全的行，也就是包含空值的行，简称空值行，如表 1-5 所示。

值不完全的行会导致数据操纵遇到很多困难，应尽量避免使用。那么，值不完全的行到底会导致数据操纵遇到哪些困难呢？针对这个问题，请读者查阅相关文献和资料，这里不再展开介绍。

表 1-5 "顾客信息＋销售员信息"工作表的插入异常问题

顾客姓名	顾客微信账号	销售员姓名	销售员电话
姜刘敏	WeChat5798	姜笑枫	Tel6965
徐莉莉	WeChat1127	徐涛	Tel6967
宋苏娟	WeChatI2769	姜笑枫	Tel6965
李晓东	WeChat91928	徐涛	Tel6967
张大猛	WeChat7756	杨燕燕	Tel6961
耿小丽	WeChat1759	徐涛	Tel6967
NULL	NULL	孙叶青	17788816962

（左侧标注：不插入不完全行后的数据）

2. 基于文件技术组织和操纵数据的弊端的成因

前面在表 1-1 中添加"销售员姓名"和"销售员电话"两列后，形成表 1-2 所示的"顾客信息＋销售员信息"工作表。经过分析发现，表 1-2 出现了数据冗余问题和数据操纵异常问题。这是什么原因呢？难道是工作表列数增加了吗？

带着这个问题，我们又设计了表1-6。在表1-1中添加"顾客电话"和"顾客地址"两列后，形成如表1-6所示的"具有4列的顾客信息"工作表。表1-6和表1-2一样，也具有4列。下面分析表1-6是否存在数据冗余和数据操纵异常问题。

表1-6的每一行存放的是不同的"顾客姓名""顾客微信账号""顾客电话"和"顾客地址"，因此表1-6不存在数据冗余问题。在表1-6中，如果删除顾客"张大猛"的数据，则仅会丢失与该顾客相关的数据，没有删除其他实体的数据。同样，如果修改表1-6中顾客"姜刘敏"所在行某个单元格的值，则不会带来任何修改不一致问题。显然，如果在表1-6中添加一个新行，用来存放顾客"马晓秀"的数据，也不会导致空值行的出现。

表1-6 "具有4列的顾客信息"工作表

顾客姓名	顾客微信账号	顾客电话	顾客地址
姜刘敏	WeChat5798	Customer6912	公寓 2♯501
徐莉莉	WeChat1127	Customer6916	公寓 2♯501
宋苏娟	WeChatI2769	Customer6915	公寓 2♯501
李晓东	WeChat91928	Customer6919	公寓 1♯201
张大猛	WeChat7756	Customer6917	公寓 1♯201
耿小丽	WeChat1759	Customer6913	公寓 2♯109

看来不是工作表列数的问题。那到底是什么原因呢？仔细观察表1-2和表1-6，会发现表1-2的数据和表1-6的数据有一个本质区别：表1-6中的4列数据都是关于一个实体的，所有数据都和"顾客"有关，"顾客姓名""顾客微信账号""顾客电话""顾客地址"都是实体"顾客"的属性；而表1-2的4列数据是关于两个实体的，"顾客姓名"和"顾客微信账号"是实体"顾客"的属性，而"销售员姓名"和"销售员电话"是实体"销售员"的属性。

一般说来，只要工作表中的数据是关于两个或多个不同的实体的，工作表必然会出现数据冗余问题和数据操纵异常问题。如果一个工作表中存放了两个以上实体的数据，则将该表称为"多实体表"。方便起见，我们将"多实体表"组织数据的结构称为"多实体结构"。"多实体结构"是文件技术组织和操纵数据时出现数据冗余问题及数据操纵异常问题的根源。

原因找到了，有的读者会提出，将数据分别组织在Excel工作簿的不同工作表中，每一个工作表只保存一个实体的数据，问题不就解决了吗？这种方案好像是正确的，但这种解决方案会导致新问题的出现，当把不同实体的数据分别放在工作簿的不同工作表之中时，这些实体的数据就被割裂在不同的工作表中，实体之间的固有关联被切断，用户很难基于实体之间的固有关联，对不同实体的数据进行关联处理和分析。例如，如果将顾客的信息数据和销售员的信息数据分别放在工作簿的两个工作表中，那么顾客和销售员之间的服务和被服务的关联关系就被删除了。

也就是说，因为类Excel文件技术没有建立不同工作表之间关联关系的机制和方法，所以当用两个以上的工作表分别存放相互关联的不同实体的数据时，不同实体间先天存在的关联关系就被割裂开来，导致多表数据的关联操纵无法实现。由于多表数据的关联操纵是经常发生的需求，因此基于类Excel文件技术的多个工作表组织多实体结构的数据，是无法满足用户需求的。

关联操纵指的是对具有关联关系的两个实体的数据进行的协同操纵。例如，销售员实体和顾客实体具有服务和被服务的关联关系，查询销售员"徐涛"所服务的所有顾客信息就是关联操纵，将为顾客"姜刘敏"服务的销售员改为"杨燕燕"也是关联操纵。

1.1.2 基于数据库技术组织和操纵数据的优点

早在 20 世纪 60 年代，运用类 Excel 文件技术组织和操纵数据的弊端就被发现了，因此业界一直在寻找一种技术来组织和操纵数据以克服这些弊端，不少技术应运而生。随着时间的流逝，基于关系模型的数据库技术成为计算机人的选择。现在，主流的商用数据库都是基于关系模型或者类关系模型的。基于关系模型的数据库称为关系数据库，它的基本特征是使用严格规范的二维表来组织和操纵数据，二维表的规范将在 1.5 节中详细说明。1.5 节将深入介绍关系模型的理论知识，这里只是用满足关系模型理论的数据表来组织表 1-2 中的多实体结构数据，看看是否可以解决数据冗余问题和数据操纵异常问题。

1. 基于关系数据库技术组织数据的特点

基于关系数据库技术组织数据有 3 个特点：用满足严格规范的二维表来组织数据；二维表之间可以建立关联关系；对建立关联的多个二维表可以进行关联操纵。

图 1-1 描述了基于关系数据库技术组织数据的特点。图 1-1 描述的数据库包括两个表——顾客表和销售员表，"顾客表"和"销售员表"基于"销售员姓名"这一关联字段建立了关联关系。

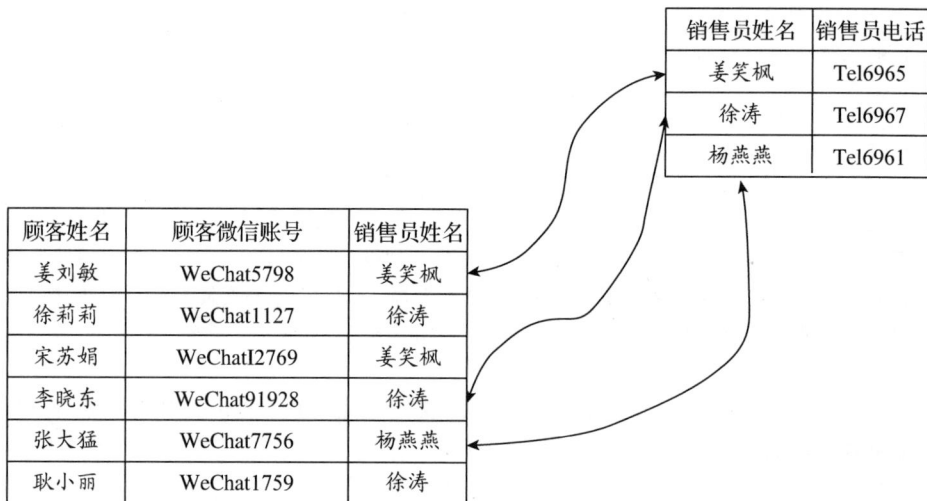

销售员姓名	销售员电话
姜笑枫	Tel6965
徐涛	Tel6967
杨燕燕	Tel6961

顾客姓名	顾客微信账号	销售员姓名
姜刘敏	WeChat5798	姜笑枫
徐莉莉	WeChat1127	徐涛
宋苏娟	WeChatI2769	姜笑枫
李晓东	WeChat91928	徐涛
张大猛	WeChat7756	杨燕燕
耿小丽	WeChat1759	徐涛

图 1-1　基于关系数据库技术组织数据的特点

图 1-1 也揭示了类 Excel 文件技术与关系数据库技术组织数据的不同：虽然类 Excel 文件技术也可以建立两个工作表来分别组织顾客信息和销售员信息，但这两个工作表之间无法建立关联关系，因此无法对顾客信息和销售员信息进行关联操纵。

下面以图 1-1 所示的关系数据库为例，分析基于关系数据库技术组织的多实体结构数据是否仍然存在数据冗余问题和数据操纵异常问题。

2. 基于关系数据库技术组织数据的数据冗余问题

观察图 1-1 可以发现，与表 1-2 中的数据相比，重复数据减少了很多。如果销售员的信息列数从 2 列增加到 5 列，则重复数据将显著地减少。当销售员的信息列数更多时，重复数据将减少得更多。也就是说，基于关系数据库技术组织多实体结构数据，可以显著地减少数据冗余，从而较好地解决基于文件技术组织多实体结构数据的数据冗余问题。

3. 基于关系数据库技术操纵数据的操纵异常问题

下面以图 1-1 所示的关系数据库为例，分析基于关系数据库技术组织的多实体结构数据，是否仍然存在删除异常、修改异常及插入异常问题。

（1）数据删除操作

如果从"顾客表"中删除顾客"张大猛"的信息行，则只是删除了顾客"张大猛"的数据，为其服务的销售员"杨燕燕"的数据仍然保存在"销售员表"中。

（2）数据修改操作

如果将销售员"杨燕燕"的电话号码改为13188896888，则显然不会出现数据行不一致的数据，因为销售员"杨燕燕"的电话信息仅在"销售员表"中存储了一次。

（3）数据插入操作

如果需要添加销售员"孙叶青"的信息，则将其数据添加到"销售员表"中即可。即使销售员"孙叶青"没有直接服务的顾客，其在"销售员表"中也不会出现空值行。

通过上面的分析，可得到一个结论：使用关系数据库技术组织和操纵数据可以解决类Excel文件技术所遇到的数据冗余及操纵异常问题。原因在于使用这两种技术的数据组织架构不同：数据库技术将同一个应用的不同实体的数据组织在不同的表中，这些表不是孤立的，而是通过关联关系组织成一个整体；而文件技术只能将同一个应用的不同实体的数据组织在同一个工作表中，如果将不同实体的数据组织在不同的工作表中，则由于文件技术的先天设计原因，各个实体的数据将被分割，实体之间的固有关联关系会被切断，对不同实体的数据进行关联操纵就无法实现了。

读者可能会提出这样的问题：将同一个应用中所有实体的数据分割到不同的表中时，如果用户需要访问多个表的相关信息，那么应该怎么办？如果删除了"销售员表"中"杨燕燕"的信息，那么"顾客表"中的顾客"张大猛"的信息就会不完整，这又怎么办？针对这些问题，数据库技术都有相应的方法和机制来解决，第5章～第7章会详细讨论这些问题的解决方法和机制。

数据库技术不仅从组织结构上解决了数据的冗余和操纵异常问题，还解决了文件技术不能完全实现的数据共享及数据独立性等问题。有兴趣的读者可查阅相关文献，这里就不展开介绍了。

1.2 数据库技术的基本概念

数据、信息、数据库是与数据库技术密切相关的3个基本概念。要理解数据库的概念，必须先厘清数据和信息的概念；而要理解数据库技术的概念，必须先厘清数据库的概念。

1.2.1 数据和信息

1. 数据和信息的概念

日常生活中，大家常将数据和信息混为一谈，认为数据就是信息，信息就是数据。这个观点是错误的，信息和数据根本不是一回事。数据和信息的区别可以用一句话来概括：数据是信息的形式，信息是数据的内容。

（1）数据的概念

如果将客观存在且可以相互区分的事物称为实体，那么数据是对实体特征的一种记载，这种记载通常表现为符号的记录。

纯粹的数据没有任何意义，需要经过解释才能明确其表达的含义。数据的解释必须针对数据的上下文展开。例如，"某人21了"，基于21的上下文，21代表的应该是人的年龄，21应该解释为21岁；又如，"该商品在中国卖21"，基于上下文，21代表的应该是商品在中国的销售价格，因此21可以解释为21元人民币。

（2）信息的概念

从数据中获得的有意义的内容称为信息。信息和数据的解释不可分。数据的解释是对数据含义的说明，数据的含义称为数据的语义，也就是数据的信息。

例如，对于(姜笑枫，197101，1989，计算机系)这样一个数据集合，其语义可以解释为"姜笑枫，1971年1月出生，1989年考入计算机系"；或者解释为"姜笑枫，工号为197101，1989年就读于计算机系"。

2. 数据的静态特征

数据的静态特征指的是数据的基本结构、数据间的关联及数据的约束。对于"学生成绩"这一数据而言，可以用这3个特征来描述。

(1)数据的基本结构

对于每一个学生的成绩，既可以用{学号、姓名、性别、专业、班级、数学、外语、计算机}一个集合结构来描述；也可以用{学号、姓名、性别、专业、班级}以及{学号、数学、外语、计算机}两个集合结构来描述；还可以用{学号、姓名、性别、专业、班级}、{课程号、课程名}及{学号、课程号、课程成绩}三个集合结构来描述。

(2)数据间的关联

如果用{学号、姓名、性别、专业、班级}及{学号、数学、外语、计算机}两个集合结构来描述同一个学校所有班级学生的数学、外语和计算机成绩，那么第一个集合结构与第二个集合结构可以基于"学号"这一数据项发生关联。如果用{学号、姓名、性别、专业、班级}、{课程号、课程名}及{学号、课程号、课程成绩}三个集合结构来描述同一个学校所有班级学生的数学、外语和计算机成绩，那么第一个集合结构与第三个集合结构可以基于"学号"这一数据项发生关联，而第二个集合结构与第三个集合结构可以基于"课程号"这一数据项发生关联。

(3)数据的约束

数据反映的是实体的信息，它必然要遵循某些约束。例如，对于百分制的课程成绩，学生的成绩必然为0~100分；又如，学生的性别只能取"男"或"女"这两个值。

3. 数据的动态特征

数据的动态特征包括对数据可以进行的操作及操作规则。对数据库技术而言，数据的操作主要有数据查询和数据更新两大类，统称数据操纵。数据查询最常用，如查询成绩不及格的学生名单；数据更新又包括插入、删除和修改3项操作，对于一般的数据库应用而言，它们也是必不可少的。

1.2.2 数据库

数据库(database)，顾名思义，就是存放数据的仓库，只是这个仓库是在计算机外部存储器中开辟的一个空间，且仓库中的数据按一定的模式进行组织和管理，提供给用户共同使用。

1. 数据库的概念

严格地讲，数据库是长期存储在计算机外部存储器中的有组织且可管理的数据对象集合。有组织的数据集合意味着数据的结构化和关联化：结构化表现为数据打包成一个个既定结构的数据对象；关联化表现在数据对象之间的互联性上。可管理的数据集合意味着数据的可应用性和可共享性，不可管理的数据显然是不可应用的，更不可共享应用。

基于数据库的概念可知：数据库是数据对象的集合；数据对象是有结构的；数据对象是相互关联的；数据对象是可管理的；数据库是可共享使用的；数据库是存储在计算机外部存储器中的。

2. 数据库的论域

人类的活动都是在特定的范围之内进行的，这个范围就是论域。实体是论域中客观存在并可相互区分的事物。实体可以是现实世界中客观存在的对象，如一个销售员，这样的实体称为对象实体。实体也可以是对象实体发生的事务，如销售员的销售业务，这样的实体称为事务实体。

人们使用数据库所组织和管理的数据不是包罗万象的，总是面向特定论域的，因此数据库的论域是数据库数据所反映的对象实体和事务实体的总和。

　　假定用户用数据库对进销存型零售企业的业务数据进行组织和管理，那么论域涉及商品从采购(进)到入库(存)再到销售(销)的整个购销链，涵盖供货商、商品、采购员、库存管理员、仓库、销售员、顾客等对象实体，还包括采购、入库、出库、销售等事务实体。

　　论域确定后，数据库中数据对象的类型就基本确定了。例如，刚刚提到的进销存型零售企业业务数据的论域包括供货商、商品、采购员、库存管理员、仓库、销售员、顾客、采购、入库、出库、销售等实体，相应的，数据库应该包括供货商、商品、采购员、库存管理员、仓库、销售员、顾客、采购、入库、出库、销售等类型的数据对象。

　　需要提醒读者的是，根据用户需求，数据库中的数据对象还可以细化。例如，为了管理方便，商品可以细分为在途商品、在库商品、在柜商品 3 种数据对象；又如，为了提高操纵效率，销售信息又可以细分为概要销售信息、明细销售信息这两种数据对象。

　　至于数据对象细分后，为什么会使数据库易于管理，为什么会提高数据库的数据操纵效率，都属于本书后面介绍的内容，相信读者在后面的学习中会找到答案。

3. 数据库概念的案例分析

　　为使读者对数据库的概念有一个感性认识，下面以 Access 数据库技术为例，以进销存型零售企业的"销售信息"的组织和管理为背景，建立一个商品销售数据库。

　　(1)数据库所包含的数据对象类型

　　根据进销存型零售企业的一般销售需求，数据库至少应该包括销售员、顾客、商品及销售 4 类数据对象。当然，实际上数据对象的种类还要多一些，为了降低学习的复杂度，这里只选取这 4 类数据对象。另外，前文说过，数据对象还可以细分，这里将销售数据对象细分为概要销售信息数据对象和明细销售信息数据对象。

　　(2)数据对象的命名

　　数据对象既可以用纯汉字命名，又可以用纯英文字符命名，还可以中英文混合命名。虽然用户可以根据自己的习惯来自主决定数据对象的命名方法，但是强烈建议用英文字符命名。

　　(3)数据对象的结构

　　数据对象的结构类型有很多，常用的是二维表结构。Access 数据库技术也是用规范的二维表来组织和管理数据的。数据对象的结构类型确定后，接下来就是定义数据对象的结构。就 Access 数据库技术而言，定义数据对象结构的主要任务是确定二维表包含哪些列。二维表的每一列反映了实体的一个属性，二维表的所有列反映了实体的整体属性。

　　(4)数据对象的关联

　　前面说过，数据对象之间是有关联关系的，这是数据库技术与类 Excel 技术最大的区别。就 Access 数据库技术而言，两个二维表数据对象之间可以基于公共的关联属性建立关联关系，关联关系通常用两个表之间的一条线表示。

　　(5)数据库的示意图

　　图 1-2 描述了"商品销售信息"数据库的数据模式，由图 1-2 可以得到"商品销售信息"数据库的以下 3 个结论。

　　第一，该数据库包含 Sellers、Products、Customers、ProductSales 和 SaleDetails 5 个数据对象，分别反映了销售业务中的销售员信息、商品信息、顾客信息、概要销售信息和明细销售信息。

　　第二，每个数据对象都有很多列，每一列描述了数据对象的一个属性，例如，数据对象 Products 包括商品编号、商品名称、商品价格、商品库存、商品简介和畅销否 6 个属性。

　　第三，这 5 个数据对象之间都通过公共的关联属性相互关联，例如，数据对象 Sellers 和数据对象 ProductSales 通过销售员编号这个公共的关联属性相互关联。

　　上述 3 个结论刻画了"商品销售信息"数据库的数据库模式。实际上，任何一个数据库的数据库模式都与"商品销售信息"数据库的数据库模式一样，描述了数据库的以下 3 个特征：数据库包含的数据对象有哪些；数据对象之间的关联关系有哪些；每一个数据对象的内部组成结构是怎样

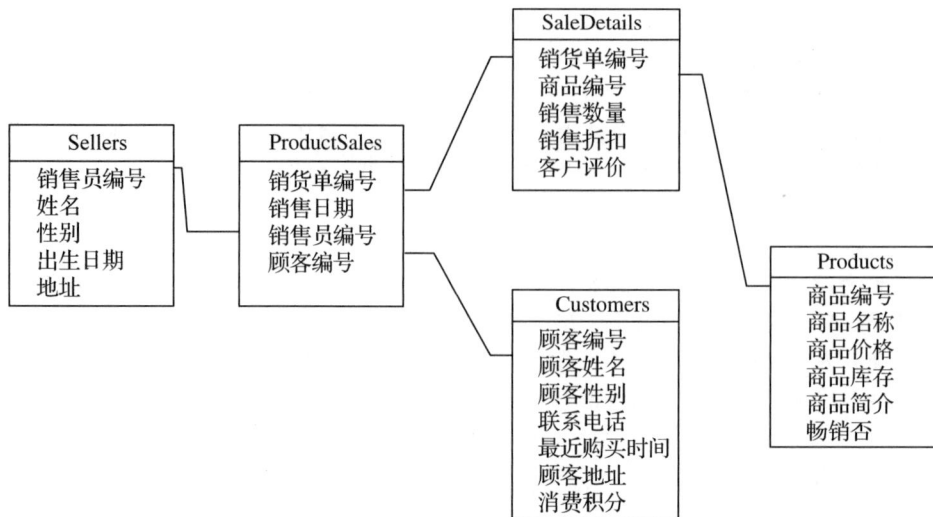

图 1-2 "商品销售信息"数据库

的。数据库模式的定义将在 1.7 节中展开介绍。

数据库的设计和创建总是基于特定的数据库技术的，创建完成的数据库就进入运行和维护阶段，通过向用户提供数据服务发挥数据库的价值，向用户提供数据服务仍然要基于数据库技术。

1.2.3 数据库技术

数据库技术是随着信息技术的发展和人们对信息需求的增加发展起来的，它主要研究如何科学地组织和管理数据，以便高效率地向用户提供安全、可靠和可共享的数据服务。

对于数据组织和数据管理这两个概念，专家和学者各有各的解读，主要有两种观点：一种观点认为数据管理包括数据组织；另一种观点认为数据组织是数据管理的前提。本书采用第二种观点，对数据组织和数据管理进行下述严格界定。

1. 数据组织

数据组织指的是用什么结构的数据对象来存储论域中实体的数据信息，如何将论域中的数据对象按照某种逻辑关系集成为一个有机体，如何按照一定的存储模式将这个有机体配置在计算机的存储器中。数据组织这一活动主要发生在数据库设计的过程中，目的是使论域数据在目标数据库中实现数据集成化、存储结构化、共享最大化、访问高效化。

数据组织最重要的任务就是数据建模，数据建模总是基于某种数据模型的，科学组织的数据可以极大地提高数据的访问速度、共享程度和应用效率。数据模型这一内容将在 1.5 节中介绍。

2. 数据管理

数据处理是将数据转换成信息的过程，它是对各种数据进行收集、清洗、加载、更新、排序、加工、检索、维护和传播的一系列活动的总和。数据管理主要完成数据处理的中心任务，包括但不限于数据的加载、更新、排序、加工、检索和维护等。虽然本书将数据管理界定为数据处理的部分中心任务，但广义上本书将数据管理等价于数据处理。

数据管理的活动主要发生在数据库的运行和维护过程中，其目的是将论域的数据按照数据的组织架构加载到数据库中，并根据用户的应用需求使得数据库中的数据安全可靠、有序易用，以便为用户提供最优的数据服务，以最大化地发挥数据的应用价值。

数据的科学组织是实现数据高效管理的前提，没有科学的数据组织架构，就不可能有高效率的数据管理，就不可能向用户提供最优质的数据服务，也就不可能最大化地发挥数据的价值。

计算机技术对数据的组织和管理是基于数据库系统的，涉及的活动主要有数据建模、数据加载、数据查询、数据更新、数据排序、数据加工、数据加密、数据备份和数据恢复等。其中，数据查询和数据更新是最基本的数据管理活动。数据库系统这一内容将在1.4节中介绍。

1.3 数据库技术组织数据的基本原理

由于数据库是相互关联的有结构的数据对象的集合，因此刻画一个数据库的特征至少要回答以下3个问题：第一，数据库包含哪些数据对象？第二，每个数据对象的结构是怎样的？第三，各个数据对象之间有什么样的联系？这3个问题的答案实际上刻画了数据组织的特征。那么数据库技术是如何回答上述3个问题的呢？答案是数据库技术用数据模型回答上述问题，也就是说，数据库技术基于数据模型刻画数据库的数据组织特征。鉴于此，本书认为，基于数据模型刻画数据库的数据组织特征，是数据库技术组织数据的基本原理。基于数据库技术组织数据的过程实际是基于特定的数据模型对数据库进行建模的过程，数据库建模的结果用数据库模式来表达。

1.3.1 基于数据模型组织数据的背景

1. 基于数据模型研究目标对象的意义

数据模型是对现实世界中研究对象的模拟和抽象，它们与所模拟的真实事物在特征上是可比的，用以模拟真实事物的结构、功能和性能。

数据模型的一个重要作用是在制造真实事物之前，低成本地对目标研究对象的结构、功能和性能等进行实验和评估，以发现设计缺陷，从而将问题消除在设计阶段，降低真实对象的制造风险。

例如，某企业要开发制造新产品——智能汽车。假设该企业已经设计出了智能汽车的图纸，那么是不是马上就基于图纸制造汽车产品呢？答案是否定的。真实情况是，该企业往往要基于图纸制造汽车模型，该模型与产品级的汽车具有可比的结构、功能和性能，用以测试并发现设计图纸的缺陷。当数据模型测试后没有发现设计图纸的设计缺陷时，才能基于设计图纸制造真实的智能汽车。之所以这样做，很重要的一个原因是，产品级智能汽车的制造成本远远高于模型级智能汽车。

2. 基于数据模型研究目标数据库的意义

在数据库科学与技术中，数据模型是对现实世界中数据特征的抽象和模拟，其功能是将现实世界论域中的数据对象、数据对象之间的联系及数据对象的特征抽象出来，并用一种规范的、形象化的方式进行模拟和表达。

基于目标数据库的需求建立数据模型的目的有两个：基于数据模型研究目标数据库中的数据对象、数据对象之间的联系及数据对象的特征，效率高，可操作性强；基于数据模型的模拟分析，可以尽早发现目标数据库设计蓝图中的问题，以及时纠正并规避风险。

1.3.2 数据模型理论

前面说过，数据呈现结构、约束和操作3类特征，相应的，在计算机中表示数据库的数据模型应该能够全面地描述数据库的数据结构、数据约束和数据操作。尽管数据模型具有结构、约束和操作这3个方面的要素，但数据模型的结构是最基本的，也是最核心的。

数据描述涉及3个世界：一是现实世界，这是存在于人们头脑之外的客观世界；二是信息世界，这是现实世界在人们头脑中的反映形式；三是机器世界，这是信息世界的信息在机器世界中的数据组织形式。

数据模型既要面向现实世界，又要面向信息世界，还要面向机器世界，因此数据模型需满足

3 个要求：能够真实地模拟现实世界；容易被人们理解；能够方便地在计算机上实现。

为满足人们对数据模型的 3 个要求，数据库技术将数据模型分为 3 个层面：第一层面是概念层数据模型，第二层面是逻辑层数据模型，第三层面是物理层数据模型。

1. 概念层数据模型

概念层数据模型又称为概念模型，它按用户的观点对现实世界的论域建立模型。概念模型更关注数据的语义，是现实世界的论域在人脑中的模型，属于信息世界的建模。概念模型是面向用户和现实世界的模型，与机器世界无关，即与计算机无关。

常用的概念层数据模型有实体-联系模型、语义对象模型等。本书主要基于实体-联系模型进行概念层次的数据建模，该内容在 2.2 节中有详细介绍。

2. 逻辑层数据模型

数据库中的数据是按一定的逻辑结构存放的，这种结构是用逻辑层数据模型来表示的。逻辑层数据模型是基于机器世界视角来建模的，因此与基于计算机的数据库理论和技术有很大关系。在数据库的设计中，逻辑层数据模型有着非常重要的作用，直接影响了数据库中数据的质量和效率。注意：如果没有特别声明，下文提到的数据模型，指的都是逻辑层数据模型。

迄今为止，比较流行的逻辑层数据模型有 6 种：层次数据模型、网状数据模型、关系数据模型、面向对象数据模型、对象关系数据模型和 XML 数据模型。尽管数据模型具有结构、约束和操作这 3 个方面的要素，但鉴于数据结构的核心作用，各种文献一般重点描述各种数据模型在数据结构方面的特点。

(1)层次数据模型

在层次数据模型(hierarchical data model)中，数据实体组成一个数据实体集合，各数据实体之间或者是一对一联系，或者是一对多联系。在层次数据模型中，各数据实体之间的层次非常清楚，用户可沿层次路径存取和访问各个数据实体。层次结构犹如一棵倒置的树，因此也称为树形结构。

图 1-3 所示为层次数据模型示例。实际上，基于层次数据模型组织的数据结构都和图 1-3 类似。层次数据模型组织数据的特点如下。

- 每一个数据实体都用一个结点表示。
- 数据实体的联系用结点之间的连线表示。
- 有且仅有一个根结点，它是一个无父结点的结点。
- 除根结点以外，所有其他结点有且仅有一个父结点。
- 同层次的结点之间没有联系。

层次数据模型的优点是结构简单、层次清晰，且易于实现。层次数据模型适宜描述类似于行政编制、家族关系及书目章节等类型的数据结构。由于用层次数据模型不能直接表示多对多的联系，因此难以对具有复杂数据关系的数据进行建模。

(2)网状数据模型

在网状数据模型(network data model)中，数据实体组成一个数据实体集合，各数据实体之间既可以建立一对一和一对多联系，又可以建立多对多联系，因此基于网状数据模型可以建模具有复杂数据关系的数据。

图 1-4 所示为网状数据模型示例。实际上，基于网状数据模型组织的数据结构都和图 1-4 类似。网状数据模型组织数据的特点如下。

- 每一个数据实体都用一个结点表示。
- 数据实体的联系用结点之间的连线表示。
- 一个结点可以有多个父结点。
- 可以有一个以上的结点无父结点。
- 两个结点之间可以有多个联系。

网状数据模型的主要优点是支持数据实体之间的多对多联系，但这种支持是以数据结构的复杂化为代价的。

事实上，网状数据模型和层次数据模型在本质上是类似的，它们都用结点表示实体，用连线表示实体之间的联系。计算机实现网状数据模型和层次数据模型时，每一个结点都基于一个数据记录表示，每一个联系都基于数据记录之间的连接指针表示。这种基于指针实现数据记录联系的方法，使得整个数据对象集合都会进行修改和扩充，没有效率。

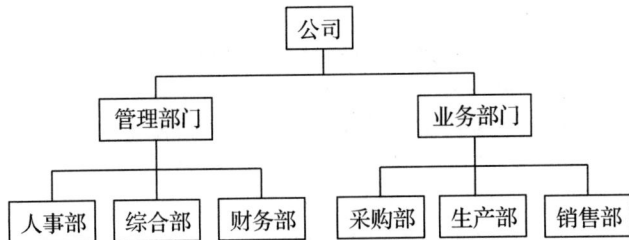

图 1-3　层次数据模型示例

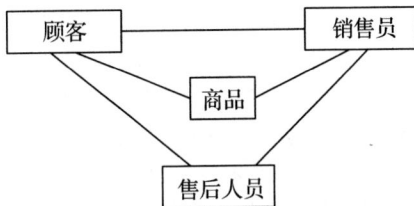

图 1-4　网状数据模型示例

（3）关系数据模型

关系数据模型（relational data model）是基于严谨的关系理论提出的。关系数据模型用二维表表示数据实体以及数据实体之间的联系，每一个二维表都必须满足严格的规范，满足严格规范的二维表被称为一个关系。至于二维表需要满足哪些规范，请读者参阅 1.5.1 小节。如表 1-7 所示为关系数据模型示例。

表 1-7　关系数据模型示例

Cno	Cname	Sex	PhoneNumber	DateofLastPurchase	RewardPoints
C37010001	王女士	女	053188826856	2023/1/29	800
C37010002	王先生	男	053156325987	2023/1/30	700
C11010002	孙可爱	女	053188966516	2023/2/1	900
C37020002	方先生	男	053188566619	2023/2/10	1000
C11010001	黄小姐	女	053188826858	2023/1/29	1200
C11020002	王先生	男	053156325988	2023/1/16	900
C11030001	陈女士	女	053188966518	2023/2/22	1000

关系数据模型与层次数据模型、网状数据模型的主要区别在于：关系数据模型表示数据实体和数据实体之间联系的一致性。关系数据模型既用关系表示每一个数据实体，又用关系表示数据实体之间的每一个联系。关系数据模型的数据实体之间相对独立，而层次数据模型和网状数据模型要求用户事先规定数据实体之间的先后顺序，以表示实体之间的从属或层次关系。可见，基于关系数据模型抽象的数据实体结构简单清晰，便于用户理解和使用。

（4）面向对象数据模型

随着数据库应用领域的发展及数据对象的多样化，主流的关系数据模型开始暴露出许多弱点，如对复杂对象的表示能力较差，语义表达能力较弱，对文本、时间、空间、声音、图像和视频等数据类型的处理能力差等。为此人们提出了很多新的数据模型，其中面向对象数据模型影响最大。

面向对象数据模型基于面向对象观点来描述现实世界实体的逻辑组织、对象间的限制、联系等。面向对象数据模型组织数据的特点如下。

①现实世界的任何事物都被建模为对象。每个对象具有一个唯一的对象标识。

②对象是其状态和行为的封装，其中，状态是对象属性值的集合，行为是变更对象状态的方法集合。

③具有相同属性和方法的对象的全体构成了类，类中的对象称为类的实例。

④类的属性的定义域也可以是类，从而构成了类的复合。类具有继承性，一个类可以继承另一个类的属性和方法，被继承类和继承类也称为超类和子类。类和类之间的复合与继承关系形成了一个有向无环图，称为类层次。

⑤对象是被封装起来的，它的状态和行为在对象外部不可见。在外部只能通过对象显式定义的消息传递对对象的操作。

基于面向对象数据模型的数据库不仅能支持基于关系数据模型的数据库应用，还能支持文本、时间、空间、声音、图像和视频等复杂数据对象的表示及处理。尽管如此，由于基于面向对象数据模型的数据库操作过于复杂，加上数据库升级的成本原因，基于面向对象数据模型的数据库产品目前还没有在市场上获得成功。

（5）对象关系数据模型

对象关系数据模型使用二维表表示数据，它包括关系表和对象表两种。关系表属于关系模型，关系的属性对应于表的列，关系的元组对应于表的行，关系模型不支持方法。对象表属于面向对象数据模型，支持面向对象的基本功能，对象的类抽象为对应二维表，类的实例（对象）对应于表中的行，类的属性对应于表中的列，通过对象可调用方法。

与关系表不同，对象表的属性支持复合数据类型，因此对象表的信息结构更复杂、更丰富。关系表强调属性数据只能是不可分割的简单数据项，复合数据是不允许出现的。而对象表中的属性不仅可以是简单数据项，还可以是带结构的复合数据，甚至可以是嵌套表。嵌套表也有行和列的概念。对象表的属性还支持可变长的组合数据项，进而支持数据个数不一样的属性数据。

（6）XML数据模型

随着互联网的飞速发展，网络中各种半结构化、非结构化数据源已经成为重要的信息来源，可扩展标记语言（extensible markup language，XML）已经成为网上数据交换的标准和数据界的研究热点。人们也提出了半结构化数据的XML数据模型。篇幅原因，本书不再对其展开介绍。

关系数据模型的提出是数据库发展史上具有划时代意义的重大事件。关系数据模型具有严格的数学理论基础和简单清晰的数据结构，迅速发展并成为主流的数据库模型。关系数据模型并不排斥其他的数据模型。例如，基于关系数据模型的数据库产品在原来的产品功能的基础上，扩展了面向对象功能，提出了对象关系数据模型，整合了关系数据模型和面向对象数据模型的优点。再如，基于关系数据模型的数据库产品拓展了XML数据管理功能，提出了XML数据模型，整合了关系数据模型和XML数据模型的优点。

注意：任何一个数据库都是基于逻辑层次的某种数据模型实现的，数据库技术的发展就是沿着逻辑层数据模型的发展主线展开的。

3. **物理层数据模型**

物理层数据模型是对数据最底层的抽象，用以描述数据在计算机系统中的表示方式、存储方式和存取方法。物理层数据模型与计算机系统，尤其是计算机系统中的数据库管理系统，有很大关系。数据库管理系统在1.4节中有详细介绍。

1.3.3 数据库模式

基于数据模型刻画的数据库特征通常用数据库模式表示。数据库模式是创建数据库的理论逻辑框架，是介于经验与理论之间的一种可操作泛型。因此，数据库模式既可以直接从丰富的实践经验中通过理论概括而成，又可以在一定的理论指导下提出一种泛型假设，并通过多次实验后形成。

由于数据模型有概念、逻辑和物理3个层面，因此数据库模式也需要从这3个层面反映数据库的特征。由于逻辑层数据模型是基于机器世界视角来建模数据库的，因此逻辑层数据库模式在数据库的设计中有着非常重要的作用，直接影响了数据库中数据的质量和效率。如果没有特别声明，下文提到的数据库模式指的都是逻辑层数据库模式。

逻辑层数据库模式是基于特定数据模型描述的数据库中全体数据的逻辑结构、数据操作和完整性约束。在特定的上下文中，数据库模式有狭义、一般意义和广义之分。狭义的数据库模式仅仅指数据库中数据的逻辑结构；一般意义的数据库模式指的是数据库的逻辑结构和完整性约束；而广义的数据库模式除了数据库的逻辑结构、完整性约束以外，还包括数据库的数据操作。

由于不同类型数据库的数据模型理论是不同的，因此不同类型数据库的数据库模式存在很大差异。下文将基于关系数据模型构建关系数据库的数据库模式，这方面的内容请参看 1.7 节。

1.4　数据库技术管理数据的基本原理

基于数据库系统管理数据是数据库技术管理数据的基本原理。一般的，基于数据库系统管理数据有直接管理和间接管理两种模式。

1.4.1　数据库系统的组成

数据库系统是在计算机平台上引入数据库后的系统。一般而言，数据库系统包括计算机平台、用户、数据库管理程序、数据库管理系统和数据库 5 个部分，这 5 个部分集成为一个有机整体，共同协作完成论域数据的管理功能。

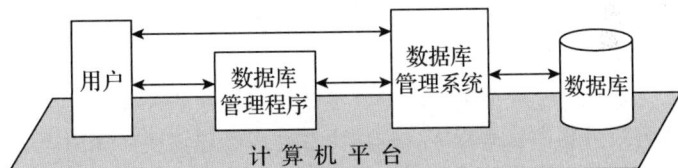

图 1-5　数据库系统的组成

数据库系统的组成如图 1-5 所示。计算机平台大家已经很熟悉了，数据库也在 1.2 节中介绍过了，下面重点介绍数据库管理系统、数据库管理程序和用户。

1. 数据库管理系统

（1）数据库管理系统的概念

数据库管理系统（database management system，DBMS）是一种管理数据库的软件，其主要功能是科学地组织和管理数据库中的数据，为用户提供高效的数据访问服务。数据库管理系统在数据库系统中起核心作用，是用户与数据库之间的桥梁和接口。

由于 DBMS 功能复杂，一般由软件供应商开发并授权用户使用。比较著名的关系数据库管理系统有 Microsoft 公司的 Access、SQL Server，MySQL AB 公司的 MySQL，甲骨文（Oracle）公司的 Oracle，IBM 公司的 DB2 等。尽管还有其他 DBMS 产品，但这 5 种 DBMS 几乎囊括了所有的市场份额。

（2）数据库管理系统的功能

为了进行科学的数据组织、有序的数据管理和高效的数据服务，数据库管理系统应该支持的功能如下：数据库的建模，主要是数据库文件的定义、数据表模式的定义、数据表之间联系的定义；数据库的操纵，主要是数据的插入、修改、删除和查询；数据库的安全控制，主要是用户身份鉴定、用户操作控制及数据库的备份和恢复等；数据库的运行和维护，主要是数据访问服务的实施、数据约束的实施和并发控制等。

（3）数据库管理系统的访问接口

为了向用户提供科学的数据组织、有序的数据管理和高效的数据服务，每一个数据库管理系统都要向用户提供访问接口。一般来说，DBMS 要向用户提供各种类型的接口，以满足不同用户的需求。例如，为了满足管理员对数据库的日常管理需求，DBMS 提供的接口有交互式的图形界面接口、交互式的 SQL 命令接口等；又如，为了满足开发者的开发需求，DBMS 向用户提供了嵌入式的 SQL 命令接口。

2. 数据库管理程序

尽管对数据库的访问和管理可以基于 DBMS 接口实现，但由于 DBMS 接口命令比较专业，因此，非专业用户对数据库的访问和管理一般由数据库管理程序代理实施。典型的数据库管理程序都为用户提供了简单易用的界面，用户只需要单击窗口中的控件，就可以完成大多数的数据库访问和管理任务。需要注意的是，数据库管理程序对数据库的访问和管理也是基于 DBMS 接口命令实现的，但它把用户对界面控件的单击流翻译成了 DBMS 接口命令。

另外，为了提高数据库管理程序的开发效率，现在的 DBMS 都为用户提供了很多开发工具。以 Access 为例，该 DBMS 提供了查询设计器、宏设计器及报表设计器等工具，为功能较为简单的数据库管理程序的开发提供了平台，可提高生产率 $20\sim100$ 倍。但对于功能较为复杂的数据库管理程序的开发，这些工具就无能为力了，还是要依靠 VBA 或者 Python 等高级语言。

3. 用户

数据库系统中的用户可以分为 3 类：管理员、开发者和最终用户。

第一类是管理员，它是数据库系统的管理者。管理员既可以通过 DBMS 对数据库进行直接访问和管理，又可以通过数据库管理程序对数据库进行间接访问和管理。因为管理员大都经过数据库技术的专业学习和训练，所以经常采用直接模式对数据库进行访问和管理。

第二类是开发者，它是数据库管理程序的开发者。开发者根据用户对数据库的访问和管理需求开发数据库管理程序，进而由数据库管理程序代理用户对数据库进行访问和管理。

第三类是最终用户，它是数据库数据资源的使用者。最终用户一般通过数据库管理程序访问数据库中的数据资源，最终用户也可以通过 DBMS 直接访问数据库的数据资源。因为最终用户大都没有经过数据库技术的专业学习和训练，所以经常采用间接模式对数据库进行访问。

1.4.2　数据库系统管理数据的模式

基于数据库系统管理数据的模式一般有两种：第一种是直接管理模式，如图 1-6 所示；第二种是间接管理模式，如图 1-7 所示。这两种模式的区别在于：用户是否借助数据库管理程序这一中介对数据库进行访问和管理。

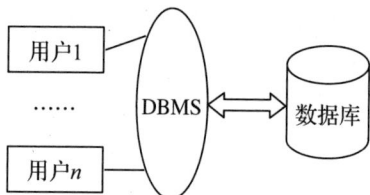

图 1-6　用户访问和管理数据库的直接管理模式　　图 1-7　用户访问和管理数据库的间接管理模式

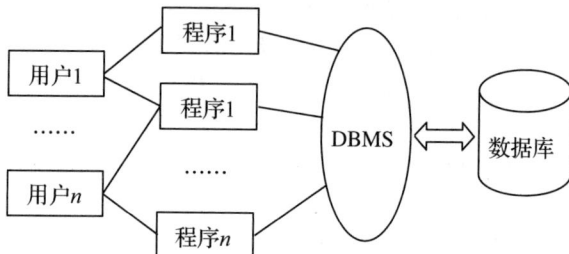

1. 直接管理模式

用户基于直接管理模式访问数据库时，撇开了数据库管理程序，直接基于 DBMS 提供的接口对数据库进行访问和管理，因此效率较高，但用户需要学习 DBMS 的理论、技术和操作。需要特别指出的是，虽然基于直接管理模式访问数据库效率较高，但是数据库可能更易受到攻击。

如果用户基于直接管理模式对关系数据库中的数据进行访问和管理，则需要学习的知识有：理论部分主要包括关系数据库组织数据的基本原理、关系数据库管理数据的基本原理、关系数据库语言等；技术部分主要包括关系数据库建模技术、关系数据库的数据加载技术以及关系数据库的数据操纵技术等；操作部分主要包括关系数据库管理系统工作环境的设置，基于图形命令的关系数据库建模、数据加载及数据操纵等，基于 SQL 命令的关系数据库建模、数据加载及数据操纵等。

因为直接管理模式需要一定的理论知识和管理技术，所以一般由经过专业学习的数据库管理员使用。为了满足非专业人士对数据库访问和管理的需求，数据库系统也支持间接管理模式。

2. 间接管理模式

用户基于间接管理模式访问和管理数据库时，需要借助数据库管理程序的代理功能。数据库管理程序的代理，使得用户访问和管理数据库变得非常简单，但灵活性受到了一定的影响。除了易用性以外，基于间接管理模式访问数据库时，数据库的安全性可以更高。

1.5 关系数据库技术组织数据的基本原理

关系是满足特定规范的二维表，关系数据库是由相互关联的关系组成的。基于关系数据模型刻画关系数据库的组织特征，是关系数据库技术组织数据的基本原理。关系数据模型通常基于数据结构、数据操作和数据完整性约束这 3 个维度来刻画关系数据库的组织特征。

1.5.1 关系数据库的基本概念

下面分别介绍关系数据库的概念和关系的概念，这是本书最重要的两个概念。

1. 关系数据库的概念

前面说过，数据库是相互关联的有结构的数据对象的集合。如果将有结构的数据对象限定为关系，那么数据库就成为关系数据库。因此关系数据库是长期存储在计算机外部存储器中的可共享的关系集合。

由关系数据库的概念可以推出关系数据库的组成原理：关系数据库是由关系组成的；关系是关系数据库的基本组成对象；关系不是孤立的，而是相互关联的。

那么什么是关系呢？下面详细介绍关系的概念。

2. 关系的概念

通俗地讲，关系是一个满足 6 个规范条件的二维表，这 6 个规范条件如下。

①表的每一列表示数据对象的一个属性，不同的属性要给予不同的属性名。例如，在表 1-11 所示的 Sellers 关系中，一共有 5 列，它们的名称各不相同，分别表示销售员编号、销售员姓名、销售员性别、销售员出生日期、销售员地址这 5 个不同的属性。

②表中每一列必须是同质的，即同一列的所有单元格的数据类型必须相同。例如，表 1-11 所示的 Sellers 关系的第 1 行第 4 列是一个日期值，那么该表其他行中的第 4 列也必须是日期值。

③表中列的顺序是任意的，即列的次序可以随便交换。由于列的次序是无所谓的，因此许多 DBMS 在表中增加新属性时，总是在最后一列插入。

④表中任意两行不能有完全相同的数据值。一般来说，表中总有一个关键字，对于表中任意的两行，关键字的值都不同。关键字可以是单独的一个属性，也可以是多个属性的组合。

⑤表中行的顺序是任意的，即行的次序可以任意交换。

⑥表中每个单元格的值都必须是原子的，只能存储一个不可再分的数据项。

在以上 6 个规范条件中，最基本的一条规范是，二维表的每一个单元格的值都不可再分，即不允许表中还有表。表 1-8 就是不满足这一基本规范的示例表，其将单元格"姓名"分成了"姓"和"名"两个数据项；将"出生日期"分成了"年""月""日"3 个数据项。

表 1-8 表中有表的示例

销售员编号	姓名		性别	出生日期			地址
	姓	名		年	月	日	

1.5.2 关系数据库组织数据的基本原理

关系数据库采用关系数据模型作为数据的组织方式。基于关系数据模型刻画关系数据库的组织特征，是关系数据库技术组织数据的基本原理。关系数据模型通常基于数据结构、数据操作和数据完整性约束这 3 个维度来刻画关系数据库的组织特征。

①数据结构。关系数据库用关系这一数据结构描述数据库的数据对象以及数据对象间的联系，它描述了数据库的静态特性。数据结构是关系数据库最核心的组织特征。

②数据操作。数据操作是指对关系数据库的关系允许执行的操作集合，包括操作及相应的操作规则，它描述了数据库的动态特性，其中重要的操作有查询和更新两大类。

③数据完整性约束。数据完整性约束是为了保证数据库中的数据处于正确状态而强制实施的一组约束规则，它们是数据库中的数据所必须遵循的制约规则和依存法则，用于保证数据库中数据的正确、有效和相容。

根据用户的不同需求，在基于关系数据模型刻画关系数据库的组织特征时，可以只描述关系数据库的结构特征，也可以同时描述关系数据库的结构特征和约束特征，还可以全面描述关系数据库的结构特征、约束特征和操作特征。基于关系数据模型刻画的关系数据库组织特征通常用形式化的关系数据库模式表示。关系数据库的数据库模式将在 1.7 节中介绍。

1.5.3 关系数据库的数据结构

由于关系数据库是由关系组成的，因此关系数据库是基于关系组织和管理数据的。那么关系的数据结构是怎样的？在实际应用中关系又有哪些类型呢？下面回答这两个问题。

1. 关系数据结构的形式化定义

数据结构是计算机组织数据的方式。关系数据结构指的是关系如何用二维表来组织数据。由于二维表是一种集合数据结构，因此必须基于集合论形式化地定义关系数据结构。

【定义 1-1】域：域是一组具有相同数据类型的值的集合。

例如，自然数，整数，小数，{"男"，"女"}，{"张颖"，"王伟"，"李芳"，"郑建杰"，"赵军"，"孙林"，"金士鹏"，"刘英玫"，"张雪眉"}，大于 0 且小于 150 的实数等，都是域。

【定义 1-2】域的基数：一个域中可能取得的不同值的个数称为这个域的基数。

如果域是有限集，那么域的基数是一个常数，如{"男"，"女"}这个域的基数是 2。相反，如果域是无限集，那么域的基数是一个未知数，如自然数这个域的基数是一个未知数。

【定义 1-3】笛卡尔积：笛卡尔积是定义在域上的一种集合运算。

给定一组域 D_1，D_2，$\cdots$，D_n，那么 D_1，D_2，$\cdots$，D_n 的笛卡尔积为

$$D_1 \times D_2 \times \cdots \times D_n = \{(d_1, d_2, \cdots, d_n) \mid d_i \in D_i, i = 1, 2, \cdots, n\}$$

其中，每一个元素$(d_1, d_2, \cdots, d_n)$叫作一个 n 元组，简称元组。元组中的每一个量 d_i 叫作一个分量。注意：笛卡尔积中的域是可以相同的。

基于笛卡尔积的定义可知，每一个笛卡尔积的结果可以表示为一个二维表，表的每一行对应一个元组，表的每一列来自一个域。

【例 1-1】给定如下 3 个域：

$D_1 = \{$"张颖"，"王伟"，"李芳"$\}$

$D_2 = \{$"男"，"女"$\}$

$D_3 = \{19\}$

请制表表示 D_1，D_2，D_3 的笛卡尔积的结果。

基于笛卡尔积的定义，基于 D_1，D_2，D_3 的笛卡尔积的计算结果如下。

$D_1 \times D_2 \times D_3 = \{$

（"张颖"，"男"，19）

（"张颖"，"女"，19）

（"王伟"，"男"，19）

（"王伟"，"女"，19）

（"李芳"，"男"，19）

（"李芳"，"女"，19）

$\}$

因此，上述笛卡尔积的结果可以制成表1-9所示的二维表。

【定义1-4】笛卡尔积的基数：如果各个域都是有限集，那么笛卡尔积的基数是一个常数。

给定一组域 D_1，D_2，$\cdots$，D_n，D_i 的基数为 m_i，则 D_1，D_2，$\cdots$，D_n 的笛卡尔积的基数 M 如下。

$M = m_1 \times m_2 \times \cdots \times m_n$

在例1-1中，笛卡尔积的基数为 $3 \times 2 \times 1 = 6$。

【定义1-5】关系：关系是笛卡尔积的有限子集。

给定一组域 D_1，D_2，$\cdots$，D_n，域 D_1，D_2，$\cdots$，D_n 上的关系是 $D_1 \times D_2 \times \cdots \times D_n$ 的有限子集，记作 $R(D_1, D_2, \cdots, D_n)$。其中，R 为关系的名称，n 称为关系的目或度。

因为关系是笛卡尔积的有限子集，所以关系必然是一个二维表。由于每一个关系都可以用唯一的一个二维表来描述，因此关系可以简称表。

注意：尽管关系是笛卡尔积的有限子集，但是在实际应用中，并非每一个子集都是合乎逻辑的。例如，就 $D_1 \times D_2 \times D_3$ 的笛卡尔积而言，表1-10所示的子集 R_1 就可能是不符合应用逻辑的笛卡尔积的子集，除非表中的"张颖"是两个人。

表1-9 $D_1 \times D_2 \times D_3$ 的结果

D_1（姓名）	D_2（性别）	D_3（年龄）
张颖	男	19
张颖	女	19
王伟	男	19
王伟	女	19
李芳	男	19
李芳	女	19

表1-10 基于 $D_1 \times D_2 \times D_3$ 的子集 R_1

D_1（姓名）	D_2（性别）	D_3（年龄）
张颖	男	19
张颖	女	19

【定义1-6】元组：对于一个关系，通常将其中的每一行称为一个元组，或称为一个记录。在表1-11、表1-12和表1-13附近，对这一概念进行了标注。

【定义1-7】属性：将关系中的每一列称为一个属性，或称为一个字段。在表1-11、表1-12和表1-13附近，对这一概念进行了标注。

关系中的每一个字段都有一个取值范围，称为字段的域。域是一组具有相同数据类型的值的集合。例如，商品库存的域是(0，999)，学生性别的域为（"男""女"）。

【定义1-8】关键字：在一个关系中，如果有一组属性的值可以唯一标识一个记录，而其子集不能，那么该属性组称为关键字。关键字简称键。

关键字又可以分为候选关键字和主关键字：候选关键字是未被用户选用的关键字，在关系中不发挥标识记录的作用；而主关键字是被用户选用的关键字，在关系中发挥标识记录的作用。一个关系中可以有多个候选关键字，但只能有一个主关键字。候选关键字简称候选键，主关键字简称主键。例如，就 Sellers 这个关系而言，销售员的居民身份证号码、手机号码、销售员编号都可以作为销售员的关键字，如果用户选择销售员编号作为主关键字，那么居民身份证号码、手机号码就是候选关键字。主关键字的选择原则应该根据应用需求而定。例如，表1-11所示的关系 Sellers 选择销售员编号作为主关键字，原因之一就是销售员编号中蕴含了公司员工的岗位信息（S代表销售岗），便于进行销售业务管理。

表 1-11 实体型关系 Sellers

销售员编号	销售员姓名	销售员性别	销售员出生日期	销售员地址
S01	张颖	女	1999/12/8	齐鲁大道 265 号
S02	王伟	男	1997/2/19	大明湖路 89 号
S03	李芳	女	1999/8/30	兴隆小区 78 号
S04	郑建杰	男	1998/9/19	山东大街 789 号
S05	赵军	男	1995/3/15	学院路 78 号
S06	孙林	男	1997/7/12	金融街 110 号
S07	金士鹏	男	1990/5/29	学府路 119 号
S08	刘英玫	女	1999/1/29	建校门 76 号
S09	张雪眉	女	1969/7/21	黄河路 678 号

← 元组

↑ 主键   ↑ 属性

表 1-12 实体型关系 Products

商品编号	商品名称	价格	库存
P01001	啤酒	42.52	111
P01002	牛奶	10.63	170
P01003	矿泉水	17.72	520
P02001	花生油	134.64	270
P02002	盐	7.09	530
P02003	酱油	31.89	120
P02004	味精	14.17	390
P03001	蛋糕	67.32	360
P03002	饼干	41.10	290

← 记录

↑ 主键   ↑ 字段

表 1-13 事务型关系 ProductSales

销售单编号	销售日期	销售员编号	商品编号	销量
SP0105001	2019-1-5	S05	P03001	2
SP0105002	2019-1-5	S06	P02003	5
SP0108001	2019-1-8	S01	P01001	3
SP0108002	2019-1-8	S02	P01002	2
SP0109001	2019-1-9	S01	P01003	7
SP0110001	2019-1-10	S02	P02001	1
SP0111001	2019-1-11	S05	P02004	1
SP0112001	2019-1-12	S09	P02002	3

↑ 字段   ↑ 外键   ↑ 外键

在最简单的情况下，关键字就是一个字段。在最复杂的情况下，关键字是该关系的所有字段。

【定义 1-9】外部关键字。假定有甲和乙两个关系。如果乙关系中的一个属性或属性组虽然不是乙关系的关键字或只是关键字的一部分，但它是甲关系的关键字，那么对于乙关系而言，这个属性或属性组称为乙关系的外部关键字，简称外键。

例如，在表 1-13 所示的 ProductSales 关系中，销售员编号和商品编号都不是 ProductSales 关系的关键字，但分别是表 1-11 所示的 Sellers 关系和表 1-12 所示的 Products 关系的关键字，因此销售员编号和商品编号都是 ProductSales 关系的外部关键字。

基于外部关键字的定义可知，一个关系的外部关键字必然是另一个关系的关键字，因此外部关键字必然是两个关系的公共字段。由于外部关键字反映了两个关系之间的公共属性，因此，外部关键字又称为关联字段。在建立两个关系之间的联系时，关联字段发挥着重要作用。

2. 关系的类型

前面介绍了关系数据结构的形式化定义，下面介绍关系在实际应用中的类型。一般来讲，关系有 3 种类型的应用：用关系组织论域中实体对象的数据信息；用关系组织论域中的实体对象所执行事务的数据信息；用关系组织实体对象之间的关联数据信息。根据关系的应用类型，本书将关系分为实体型关系、事务型关系及关联型关系 3 种。

假定一家零售型销售公司要建立数据库来组织和记录销售员的商品销售信息，如果不考虑顾客这一数据实体，那么数据库论域主要包括 3 个数据实体：销售员信息、商品信息、销售信息。其中，销售员和商品这两个数据实体应该用实体型关系来组织数据信息，而销售员的商品销售信息应该用事务型关系来组织。不妨将这 3 个关系分别命名为 Sellers、Products 和 ProductSales。这 3 个关系的数据结构分别如表 1-11、表 1-12 和表 1-13 所示。

观察表 1-11、表 1-12 和表 1-13 可以发现：Sellers 关系中只有销售员实体的属性信息；Products 关系中只有商品实体的属性信息，而 ProductSales 关系中除了包括销售员的属性信息、商品的属性信息以外，还包含反映销售事务的属性信息。结合这 3 个表，下面分析一下实体型关系、事务型关系及关联型关系组织数据的特点。

(1)实体型关系组织数据的特点

实体型关系是最常见的关系类型。从理论上讲，实体型关系中的每一行只保存与该实体相关的属性信息，不能保存其他实体的属性信息。

也就是说，表 1-11 描述的关系 Sellers 只能包含销售员实体的属性信息，不能包含商品实体的属性信息；而表 1-12 描述的关系 Products 只能包含商品实体的属性信息，不能包含销售员实体的属性信息。

(2)事务型关系组织数据的特点

事务型关系也是常见的关系类型。从理论上讲，事务型关系中的每一行除了要保存与该事务相关的实体的属性信息之外，还要包含事务发生的时间属性、特征属性等。

表 1-13 描述的关系 ProductSales 就是一个事务型关系，该关系包含的属性信息有 3 类：关系 Sellers 的属性信息，如销售员编号；关系 Products 的属性信息，如商品编号；包含销售事务的属性信息，如销售单编号、销售日期、销量等，其中，销售日期是销售事务发生的时间属性，而销售单编号和销量是销售事务发生的特征属性。

注意：在事务型关系中，几乎总是包含日期/时间型数据，它记录了事务发生的时间。从本质上讲，事务的时间属性也是事务的特征属性之一。另外，在事务型关系中，几乎总是包含执行事务的实体对象的主关键字属性。

（3）关联型关系组织数据的特点

关联型关系一般用来表示两个实体型关系之间的关联。假设有两个实体型关系，一个是甲实体型关系，一个是乙实体型关系，那么关联型关系一般只包含 3 列：第一列来自甲实体型关系；第二列来自乙实体型关系；第三列一般是关联型关系的主键。

例如，在表 1-14 中，关系 R_SellersProducts 就是一个关联型关系，它包含 3 个属性：第一个属性是销售员编号，它来自实体型关系 Sellers；第二个属性是商品编号，它来自实体型关系 Products；第三个属性是销售记录序列号，它是关联型关系 R_SellersProducts 定义的属性，该属性作为关系 R_SellersProducts 的主键。

那么为什么要在关系 R_SellersProducts 中定义一个主键呢？

这是因为在 R_SellersProducts 中，每一行记录了销售员的一次商品销售信息，对于每一次商品销售，销售员编号是可以重复的，商品编号也是可以重复的，另外，"销售员编号＋商品编号"这一组合也是可以重复的。也就是说，在关联型关系 R_SellersProducts 中，找不到一个属性或属性组合可以作为关键字，所以只能定义一个新的属性"销售记录序列号"作为该关系的主键。

对于关联型关系而言，主键一般包括两类：一类是自然主键，另一类是代理主键。如果充当主键的属性本身有一定的业务意义，那么该主键就是自然主键。相反，如果充当主键的属性本身不具有业务意义，只具有主键的标识作用，那么它就是代理主键。在关联型关系中，代理主键是最常用的。

表 1-14　关联型关系 R_SellersProducts

销售记录序列号	销售员编号	商品编号
1	S05	P03001
2	S06	P02003
3	S01	P01001
4	S02	P01002
5	S01	P01003
6	S02	P02001
7	S05	P02004
8	S09	P02002
主键	外键	外键

充当代理主键的属性一般是自动编号类型的，作为自动编号类型的属性，它的值是一个自动增长的 ID，可以由系统自动管理。自动编号类型将在第 3 章中介绍。

1.5.4　关系数据库的数据操作

由于关系数据模型借助集合代数对关系进行操作，因此关系数据库的数据操作是集合操作，即操作的对象和结果都是集合，这种操作称为一次一个集合的方式。

关系数据模型既支持并、差、交等传统集合运算操作，又支持选择、投影和连接等专门关系运算操作。另外，关系数据模型还支持积运算操作。

1. 传统集合运算操作

传统集合运算操作包括并、差、交等集合运算，它们都是二目运算，且要求参与运算的运算对象都是关系。需要特别提醒的是，参与并、差、交 3 种运算的关系必须是相容的。

【定义1-10】相容关系：如果关系 R 和关系 S 都具有 n 个属性，对于 n 个属性中的任意一个属性 i，关系 R 中的属性 i 的属性值和关系 S 的属性 i 的属性值都取自同一个值域，那么关系 R 和关系 S 是相容关系。

基于上述定义可知，两个关系为相容关系，需要满足以下3个条件：两个关系有相同个数的属性；两个关系的属性在语义上是一一对应的；一一对应属性的取值范围是相同的。例如，表1-15所示的关系 R 和表1-16所示的关系 S 都有4个属性，这4个属性显然是一一对应的，且一一对应属性的值域相同，因此 R 和 S 是相容关系。

表1-15 关系 R

商品编号	商品名称	价格	库存
P01001	啤酒	42.52	111
P03001	蛋糕	67.32	360

表1-16 关系 S

商品编号	商品名称	价格	库存
P02001	花生油	134.64	270
P03001	蛋糕	67.32	360

（1）并运算

已知两个相容关系分别是 R 和 S，R 和 S 的并运算记作"$R \cup S$"。$R \cup S$ 的运算结果是一个包含 R、S 中所有不同元组的新关系。

例如，假设关系 R 如表1-15所示，关系 S 如表1-16所示，那么 $R \cup S$ 的操作结果如表1-17所示。

表1-17 $R \cup S$ 的操作结果

商品编号	商品名称	价格	库存
P01001	啤酒	42.52	111
P02001	花生油	134.64	270
P03001	蛋糕	67.32	360

（2）差运算

已知两个相容关系分别是 R 和 S，R 和 S 的差运算记作"$R-S$"。$R-S$ 的运算结果是所有属于 R 但不属于 S 的元组组成的新关系。

例如，假设关系 R 如表1-15所示，关系 S 如表1-16所示，那么 $R-S$ 的操作结果如表1-18所示。

表1-18 $R-S$ 的操作结果

商品编号	商品名称	价格	库存
P01001	啤酒	42.52	111

（3）交运算

已知两个相容关系分别是 R 和 S，R 和 S 的交运算记作"$R \cap S$"。$R \cap S$ 的运算结果是所有既属于 R 又属于 S 的元组组成的新关系。

例如，假设关系 R 如表1-15所示，关系 S 如表1-16所示，那么 $R \cap S$ 的操作结果如表1-19

所示。

表 1-19 　$R \cap S$ 的操作结果

商品编号	商品名称	价格	库存
P03001	蛋糕	67.32	360

2. 专门关系运算操作

专门关系运算操作主要包括选择、投影和连接这 3 种关系运算。选择运算的操作对象通常是一个关系，该运算对一个关系中的数据元组进行横向的抽取并组成新的关系；投影运算的操作对象通常也是一个关系，该运算对一个关系中的数据进行纵向的抽取并组成新的关系；而连接运算是对两个关系进行关联操作，该运算从两个关系中抽取数据组成新的关系。

（1）选择运算

选择运算是从行的角度对关系中的元组进行的筛选操作，经过选择操作后得到的结果形成新的关系，其关系模式不变，其元组集是原关系的一个子集。

例如，从表 1-11 所示的 Sellers 表中筛选出所有的女员工就是一种选择运算，得到的结果如表 1-20 所示。

表 1-20 　选择运算举例——筛选出所有的女员工

销售员编号	销售员姓名	销售员性别	销售员出生日期	销售员地址
S01	张颖	女	1999/12/8	齐鲁大道 265 号
S03	李芳	女	1999/8/30	兴隆小区 78 号
S08	刘英玫	女	1999/1/29	建校门 76 号
S09	张雪眉	女	1969/7/21	黄河路 678 号

（2）投影运算

投影运算是从列的角度对关系进行的筛选操作，经过投影运算后得到的结果形成新的关系。新关系的关系模式所包含的属性个数一般比原关系少，新关系模式是原关系模式的一个子集。

例如，从表 1-11 所示的 Sellers 表中抽取"销售员姓名""销售员性别"两个属性构成一个新表的运算就是一种投影运算，得到的结果如表 1-21 所示。

表 1-21 　投影运算举例——显示销售员的姓名和性别

销售员姓名	销售员性别
张颖	女
王伟	男
李芳	女
郑建杰	男
赵军	男
孙林	男
金士鹏	男
刘英玫	女
张雪眉	女

（3）连接运算

连接运算是将两个关系中的元组按一定的条件横向组合，并将组合获得的新元组形成一个新关系的运算。不同关系中的公共属性或者具有相同语义的属性是实现连接操作的基础。在实际应用中，实现连接操作的属性经常是一个表的主键和另一个表的外键。当然，基于主键公共属性也可以实现连接操作。

常见的连接运算是自然连接，它是利用两个关系中共有的一个属性，将该属性值相等的两个关系中的元组连接起来，并去掉其中的重复属性作为新关系中的一个元组。

例如，将表 1-22 所示的 Products 关系和表 1-23 所示的 ProductSales 关系基于商品编号进行自然连接，得到的结果如表 1-24 所示。

表 1-22　Products 关系

商品编号	商品名称	价格	库存
P01001	啤酒	42.52	111
P01002	牛奶	10.63	170
P01003	矿泉水	17.72	520
P02001	花生油	134.64	270
P02002	盐	7.09	530
P03001	蛋糕	67.32	360

表 1-23　ProductSales 关系

销售单编号	商品编号	销售日期	销售员编号	销量
SP0108001	P01001	2019-1-8	S01	3
SP0108001	P06006	2019-1-8	S02	2
SP0109001	P01001	2019-1-9	S01	7
SP0109001	P02001	2019-1-10	S02	1
SP0109001	P05001	2019-1-12	S09	3
SP0111001	P02002	2019-1-11	S05	1

表 1-24　Products 关系基于商品编号与 ProductSales 关系进行自然连接的结果

商品编号	商品名称	价格	库存	销售单编号	销售日期	销售员编号	销量
P01001	啤酒	42.52	111	SP0108001	2019-1-8	S01	3
P01002	牛奶	10.63	170	SP0109001	2019-1-9	S01	7
P02001	花生油	134.64	270	SP0109001	2019-1-10	S02	1
P02002	盐	7.09	530	SP0111001	2019-1-11	S05	1

假设有两个关系 A 和 B，那么 A 和 B 基于公共属性进行自然连接的过程如下。

Step1：对关系 A 中的第一个元组（不妨设为 Record_1_A）进行自然连接操作：从关系 B 的第一个元组（不妨设为 Record_1_B）开始扫描关系 B，逐一查找与 Record_1_A 公共属性等值的关系 B 的元组，找到后（不妨设为 Record_x_B），将 Record_x_B 和关系 A 中的 Record_1_A 进行拼接，形成查询结果中的一个元组；依此类推，直至关系 B 中的最后一个元组。

Step2：对关系 A 中的第二个元组（不妨设为 Record_2_A）进行自然连接操作：从关系 B 的第一个元组开始扫描关系 B，逐一查找关系 B 中与 Record_2_A 公共属性等值的元组，找到后（不妨设为 Record_y_B）将 Record_y_B 和关系 A 中的 Record_2_A 进行拼接，形成查询结果中的一个元组；依此类推，直至关系 B 中的最后一个元组。

Step3：重复上述 Step1 和 Step2 操作，直到关系 A 中的元组全部自然连接完毕。可见，连接运算是相当耗费计算资源的，应该慎重选择连接运算操作。

3. 积运算操作

已知两个关系分别是 R 和 S，那么 R 和 S 的积运算记作"$R \times S$"。$R \times S$ 的运算结果是 R 中每个元组与 S 中每个元组连接组成的新关系。积运算又称为无条件连接。

显然，积运算是两个关系的笛卡尔积。虽然积运算也是二目运算，但是不要求参与运算的关系是相容关系。如果 R 有 m 个元组，S 有 n 个元组，那么 $R \times S$ 中有 $m \times n$ 个元组。

因为单纯的积运算获得的结果一般没有实际意义，所以需要对积运算进行规范，以获得有意义的运算结果。上文介绍的连接运算就是规范以后的积运算，二者是特殊和一般的关系。由于 1.5.3 小节中已经给出了笛卡尔积的运算示例，这里不再赘述。

1.5.5　关系数据库的数据约束

数据完整性指的是数据库中数据的正确性与一致性，数据完整性是通过用户定义的数据完整性约束实现的。关系数据库系统支持用户定义的数据完整性约束有实体完整性约束、域完整性约束和参照完整性约束。当用户在数据库中进行数据记录的插入、修改及删除等操作时，数据库系统会基于用户定义的数据完整性约束自动实现数据库中数据的正确性和一致性。

1. 实体完整性约束

实体完整性约束用以保证关系中的每一个实体都是可识别和唯一的。实体完整性约束是通过在关系中定义主键来实现的，因此实体完整性约束又称为主键约束。在任何关系的任何一个元组中，主键的值既不能为空值，又不能取重复的值。

例如，在关系 Sellers 中，由于"销售员编号"对每一个销售员来说都是唯一的，因此可以指定"销售员编号"为主键，以指代不同的销售员实体，并对不同的销售员进行识别。又如，关系 Products 中每一个商品的编号都是不同的，显然可以指定"商品编号"为主键。

前文指出，主键是关系中的一个属性或一组属性。如果关系中没有一个属性可以唯一标识关系中的记录，那么可以考虑基于关系中的多个属性建立主键。

例如，表 1-13 所示的关系 ProductSales 就没有一个属性可以唯一标识关系中的记录。关系 ProductSales 中包括"销售单编号""销售日期""销售员编号""商品编号"和"销量"5 个属性。对于不同的销售记录单，销售日期可以相同，销售员可以相同，商品也可以相同，商品销量可以相同，同时，相同的销售记录单可以有不同的商品，因此关系 ProductSales 中没有一个属性可以唯一标识关系中的记录。那么，关系 ProductSales 的主键应该包括哪几个属性呢？请读者给出答案。注意：当主键包括的属性太多时，可考虑引入代理主键。

2. 域完整性约束

域完整性约束用以保证关系中属性取值的正确性和有效性。域完整性约束可以通过在关系中定义属性的数据类型、设置属性的有效性规则等实现。

域完整性约束一般由用户定义。例如，用户可以在关系 Sellers 中指定属性"销售员性别"是文本型属性，它的宽度是 2，并且销售员性别∈{男，女}；又如，用户可以在关系 ProductSales 中指定属性"销量"是整型数据，且"销量"的值要大于等于 1。

3. 参照完整性约束

参照完整性约束定义了一个关系相对于另一个关系所应该遵循的约束规则，描述了两个关系应该共同遵循的业务规则。

例如，如果关系 ProductSales 中的某一元组出现了关系 Products 中不存在的"商品编号"，那么这一销售业务显然是错误的。为了防止此类错误的发生，可以定义一个参照完整性约束规则，要求关系 ProductSales 中出现的"商品编号"必须是关系 Products 中已经存在的"商品编号"。

又如，如果要求关系 ProductSales 中商品的"销量"不高于关系 Products 中该商品的"库存"，那么可以定义一个参照完整性约束规则，要求关系 ProductSales 中商品的"销量"不高于关系 Products 中该商品的"库存"。

因为参照完整性约束涉及两个关系，所以必须基于两个关系的公共属性（组）来建立联系，且这个公共属性（组）在一个关系中充当主键，在另一个关系中充当外键。公共属性（组）为键的关系，一般称为基准表，又称为基表、主表、父表、母表等；而公共属性（组）为外键的关系，一般称为关联表，也称为参照表、副表、从表、子表等。

1.6　关系数据库系统的类型

支持关系数据模型的数据库系统称为关系数据库系统。根据关系数据库系统支持关系数据模型的程度，可以把关系数据库系统分为最小关系数据库系统、关系完备数据库系统和全关系数据库系统。下面分别介绍关系数据库系统的定义。

1.6.1　最小关系数据库系统

一个数据库系统可以定义为最小关系数据库系统，当且仅当这个数据库系统满足以下两个条件时：该系统支持关系数据库，从用户的观点看，数据库由关系构成，且数据库中只能有关系这一种数据结构；该系统支持选择、投影和连接运算。

基于上述分析，可得到最小关系数据库系统的定义。

【定义1-11】最小关系数据库系统：如果一个数据库系统既支持关系数据结构，又支持选择、投影、连接3种关系运算，那么该数据库系统称为最小关系数据库系统。

1.6.2 关系完备数据库系统

一个数据库系统可以定义为关系完备数据库系统，当且仅当这个数据库系统满足以下3个条件时：该系统支持关系数据结构，且数据库系统中只能有关系这一种数据结构；该系统支持关系数据模型所支持的所有运算操作；该系统支持关系数据模型的实体完整性约束和参照完整性约束。

上述3个条件缺一不可。基于上述分析，可得到关系完备数据库系统的定义。

【定义1-12】关系完备数据库系统：如果一个数据库系统既支持关系数据结构，又支持所有的关系代数运算，还支持关系的实体完整性和参照完整性约束，那么该数据库系统称为关系完备数据库系统。

1.6.3 全关系数据库系统

尽管最小关系数据库系统和关系完备数据库系统都不支持关系数据模型的所有特征，但是都支持关系这一数据结构，同时都支持选择、投影、连接这3种关系运算。对于数据组织和管理不是相当复杂的应用场景，这两种数据库系统有足够能力去完成任务。

但是当数据组织和管理的任务相当复杂时，就对关系数据库系统的能力提出了相当高的要求，此时，就需要关系数据库系统支持关系数据模型的所有特征。

【定义1-13】全关系数据库系统：如果一个数据库系统支持关系数据模型的所有特征，那么该数据库系统称为全关系数据库系统。

全关系数据库系统不但在关系上是完备的，而且支持域的概念。全关系数据库系统既支持实体完整性约束和参照完整性约束，又支持用户定义的域完整性约束。现在使用的关系数据库系统大都接近或实现了这个目标。

当然，上述的3种关系数据库系统的定义是理论层面的。在实践层面中，关系数据库系统一般不会严格与理论接轨。例如，根据以上的定义，基于Access设计和实现的数据库系统应该比关系完备数据库系统的能力高，比全关系数据库系统的能力低。

注意：还有一种类关系数据库系统，称为表式系统。表式系统仅支持关系数据结构，不支持基于关系代数的集合操作。表式系统不算关系数据库系统。

1.7 关系数据库的数据库模式

由于基于关系数据模型刻画的关系数据库的组织特征通常用形式化的关系数据库模式表示，因此关系数据库模式是基于关系数据模型理论对特定关系数据库的逻辑结构、完整性约束和数据操作的形式化描述。

1.7.1 关系数据库模式的3种类型

在实际应用中，关系数据库模式有3种类型：普通的关系数据库模式，将关系数据库模式定义为全体数据的逻辑结构和完整性约束；狭义的关系数据库模式，仅仅将关系数据库模式定义为全体数据的逻辑结构；广义的关系数据库模式，在这种情况下，关系数据库模式除了包括关系数据库全体数据的逻辑结构和完整性约束外，还包括关系数据库的数据操作。

至于关系数据库模式到底是普通的关系数据库模式，还是狭义或广义的关系数据库模式，请读者结合上下文来确定。如果上下文不明示，则本书提到的关系数据库模式指的是普通的关系数据库模式。

1.7.2　关系数据库模式的形式化描述

为了便于读者学习关系数据库模式的形式化描述，下面定义 3 个概念。

【定义 1-14】关系模式：关系模式是对关系数据结构和数据约束的描述。

基于定义 1-14，关系模式可以表示如下。

关系名（属性 1 约束 1，属性 2 约束 2，……，属性 n 约束 n）

注意：如果一个属性或属性组合是主键，则该属性和属性组加粗并用下划线标注；如果一个属性或属性组合是外键，则该属性或属性组用斜体标注。

例如，销售员的关系模式如下：

Sellers(**销售员编号** 文本值，姓名 文本值，性别 取值男或女，出生日期 日期值，地址 文本值)。

又如，销售员医保信息的关系模式如下：

SellerMedicalInsurance (**身份证号码** 文本值，参保日期 日期值，销售员编号 文本值)。

【定义 1-15】狭义关系模式：狭义关系模式是对关系数据结构和关系的实体完整性约束的描述。狭义关系模式不考虑域完整性约束和参照完整性约束。

基于定义 1-15，狭义关系模式可以表示如下。

关系名（属性 1，属性 2，…，属性 n）

例如，销售员的狭义关系模式如下。

Sellers(**销售员编号**，姓名，性别，出生日期，地址)

又如，销售员医保信息的狭义关系模式如下。

SellerMedicalIinsurance (**身份证号码**，参保日期，销售员编号)

【定义 1-16】关系数据库模式：关系数据库模式是一系列关系的关系模式的集合，可简记为数据库名＝{关系 1 的关系模式，关系 2 的关系模式，…，关系 n 的关系模式}。

【例 1-2】"销售业务"是一个关系数据库，包含"Sellers""Customers"和"Products"这 3 个实体型关系和一个事务型关系"ProductSales"。下面简要地写出了这个数据库的数据库模式。

销售业务＝{Sellers，Customers，Products，ProductSales}

Sellers(**销售员编号**，姓名，性别，出生日期，地址)

Customers(**顾客编号**，顾客姓名，性别，出生日期，联系电话，收货地址，积分)

Products(**商品编号**，商品名称，价格，库存)

ProductSales(**销售单编号**，销售日期，销售员编号，顾客编号，**商品编号**，商品销量)

限于篇幅，上述数据库模式既没有描述数据库的域完整性约束，又没有描述参照完整性约束。请读者结合自己的生活和工作经验，重写上述的数据库模式，将域完整性约束补上。另外，请读者回答以下几个问题：事务型关系 ProductSales 是否需要与实体型关系 Products 建立参照完整性约束？如果需要，有哪些典型的约束规则？事务型关系 ProductSales 是否需要与实体型关系 Sellers、Customers 建立参照完整性约束？如果需要，有哪些典型的约束规则？

有些读者可能会问，上述数据库模式是不是没有描述各个关系之间的联系？答案是上述数据库模式既描述了各个关系的数据模式，又描述了各个关系之间的联系。那么各个关系之间的联系是怎么描述的呢？主要有两种方法：对于两个关系之间的一对一联系或一对多联系，可以基于两个关系的主键和外键来反映；对于两个关系之间的多对多联系，可以建立关联型关系来反映。这些内容将在后面的章节中展开学习。

请读者思考：事务型关系 ProductSales 是否有关联型关系的功能？如果有，则 ProductSales 是怎样将"Sellers""Customers"和"Products"这 3 个实体型关系关联起来的？

前面的内容告诉大家，关系模式是表达关系数据库模式的基础。为了让读者更容易接受关系和关系模式的概念，图 1-8 对关系、关系模式、属性及元组 4 个概念进行了比较。

由图 1-8 可知：关系就是一个二维表；二维表的表头描述了二维表的所有属性，这属于关系模式的范畴；二维表的每一列是关系模式的一个属性；二维表的每一行是关系的一个元组。

图 1-8　关系、关系模式、属性及元组的比较

最后，在研究关系数据库模式时，首先要界定关系数据库系统的类型。如果读者在最小关系数据库系统中研究关系数据库模式，那么只需考虑狭义数据库模式即可，因为最小关系数据库系统根本不支持关系数据库的数据约束；如果读者在关系完备数据库系统中研究关系数据库模式，那么需要考虑采用普通的关系数据库模式，因为关系完备数据库系统既支持关系数据库的数据结构，又支持关系数据库的数据约束。

1.7.3　关系数据库模式的 3 种形态

前面介绍了关系数据库模式的形式化表示，其表示结果是一种文本形态。因为文本形态的数据库模式比较抽象，所以很多用户用表格形态和图形形态表示关系数据库模式。

限于篇幅，表格形态和图形形态的关系数据库模式可参阅本书的数字教程。

1.8　关系数据库的数据库语言

前面介绍了关系数据库模式，那么怎样建立关系数据库模式呢？关系数据库模式建立以后，又怎样组织数据入库，并对数据库中的数据进行查询和更新呢？这就需要开发一种语言，它至少要满足以下 3 个条件：第一，数据库语言必须支持关系数据模型；第二，数据库语言必须是易学易用的；第三，数据库语言必须是通用的。只有满足上述 3 个条件，数据库用户才能够接受这种语言，并使用该语言定义、更新、查询关系数据库。

对于数据库技术来说，开发这样一种语言是一个至关重要的问题，说它关系到数据库技术的生死存亡也不为过，因此一度出现了很多语言。

随着时间的流逝，其中一种语言——结构化查询语言（structured query language，SQL）成为数据库用户的选择，它最重要的功能包括关系数据库模式的定义、关系数据库数据的加载和更新、关系数据库数据的查询。SQL 已成为国际标准，几乎所有的关系数据库管理系统和程序设计语言都支持 SQL，具有一定计算机文化的人几乎都用过 SQL。

SQL 既是独立的语言，又是嵌入式语言。作为独立的语言，它以联机交互方式供用户独立使用，用户只需要输入 SQL 命令就可以对数据库进行操作；作为嵌入式语言，它以 SQL 语句形式嵌入高级语言（如 Python、Java、C、C++、VB、VBA 等），以高级语言程序的方式完成对数据库的相关操作。

尽管 SQL 有两种不同的使用方式，但是 SQL 的语法结构基本上是一致的。这种以统一的语法结构提供不同使用方式的做法，为用户提供了极大的灵活性与方便性，受到了广大计算机用户的欢迎。那么，SQL 的语法是怎样的呢？SQL 是怎样定义关系数据库模式的呢？SQL 是怎样灵活地操纵关系数据库中的数据的呢？这些内容将在第 7 章中介绍。

1.9　技术拓展与理论升华

1.9.1　数据库的发展方向

从存储容量看，目前数据库主要向两个方向发展：大的越来越大，小的越来越小。所谓大的，是指企业级数据库。若干年前，数据库存储的数据大多以吉字节(GB)为基准衡量，而现在用太字节(TB)甚至拍字节(PB)来衡量。所谓小的，是指微小型数据库。随着移动计算时代的到来，嵌入式系统对微小型数据库的需求为数据库技术开辟了新的发展空间。微小型数据库只需要很小的内存来支持，占用的内存空间通常为2MB左右，而对于掌上设备和其他手持设备，它占用的内存空间只有50KB左右。

从存储方式看，数据库从按行存储发展到按行和按列存储。以前数据库大都是以行的形式存储的，这是因为用户的业务需求大多数是以行为单位展开的，因此用户的数据库操纵对象主要是单个记录。如今，随着用户对数据分析功能需求的日益增加，单纯的行存储和行操纵已经不能满足企业的需求，这是因为数据分析通常是以列的形式展开的，单纯看一个记录一般没有任何意义。既然数据分析通常要以列为单位进行，数据库的数据自然需要按列存储，这就是列存储方式提出和发展的原因。

1.9.2 大数据库技术

面对大数据，传统的关系数据库技术遇到了前所未有的难题：第一，大数据包括结构化、半结构化和非结构化数据类型，非结构化数据越来越成为数据的主要部分，但是基于关系数据库技术对非结构化数据进行组织和管理的成本高、能力弱，无法满足用户需求；第二，大数据无时无刻不在产生，快速增加的海量数据对数据存储的弹性和灵活性提出了很高的要求，但是基于关系数据库技术组织和管理海量数据缺乏弹性和灵活性；第三，大数据对数据处理的速度有非常严格的要求，但是在海量数据快速访问和及时处理的需求面前，关系数据库技术显得力不从心。

那么如何对海量数据进行组织和管理呢？答案就是大数据库技术。大数据库技术具有以下3个特点：第一，大数据库技术擅长组织和管理非结构化数据；第二，大数据库技术对海量数据的组织和管理有足够的弹性和灵活性；第三，大数据库技术面对用户对海量数据的快速访问和及时处理需求，有足够的应对能力和处理智能。

大数据库理论及技术和传统的数据库理论及技术尽管有差异，但是在知识体系上是一脉相承的，因此读者在学习经典的数据库原理与应用技术的过程中，可以进行比较学习，将经典的数据库技术拓展为大数据库技术，将传统的数据库原理升华为大数据库原理。这种技术拓展和理论升华符合知识建构的学习理论，必将促进大数据库知识和小数据库知识的双丰收。

习题：思考题

【1】举例说明使用一个Excel工作表组织两个实体的数据时，会导致哪些操纵异常问题。

【2】Access数据库组织数据与Excel工作簿组织数据的主要区别是什么？

【3】举例说明关系数据库技术组织数据的基本原理。

【4】举例说明关系数据库技术管理数据的基本原理。

【5】在关系数据模型中，什么是关系、属性、元组、域、主关键字、外部关键字？

【6】满足哪些条件的二维表才会成为一个关系？

【7】什么是关系数据库模式？它与关系数据模型有什么区别？

【8】关系数据库的标准语言是什么？操纵泛指哪些操作？

【9】最小关系数据库系统和全关系数据库系统有什么区别？

学习材料：学史力行

在课程之初，有必要系统了解数据管理技术、数据库技术和大数据库技术的发展历史，并通过对技术演变的梳理，厘清技术创新的驱动力、持续性和永无止境性，了解技术发展变革带来的国家发展和社会进步，进而学史力行，树立科技强国的理想和创新报国的信念，并付诸行动。

【学习材料1】数据管理技术的产生和发展。

【学习材料2】数据库技术的产生和发展。

【学习材料3】大数据库技术的产生和发展。

第 2 章　数据库设计原理

本章导读

论域的数据存在 3 个范畴：现实世界、信息世界和机器世界。数据库设计的过程是先厘清用户对现实世界中目标数据的组织和管理需求，再基于用户需求将目标数据的表示从现实世界抽象到信息世界，最后从信息世界转换到机器世界。

就"社区便民超市"运营数据的组织和管理而言，数据库设计的任务就是用数据库模型对超市的"运营数据"进行建模。要实现这一任务，数据库设计的过程大致如下。

首先，基于超市的运营数据需求分析，厘清目标数据库需要提供的数据服务。由于超市的主营业务涉及商品的采购(进)到入库(存)到销售(销)整个购销链，可以用"进销存"3 个字涵盖，因此用户对目标数据库提供的主要数据服务需求是"进销存"数据的组织和管理。

其次，基于目标数据的概念建模，厘清论域的信息结构和信息约束。以"社区便民超市"的运营数据管理为例，概念设计要涵盖该超市"进销存"整个业务链。概念模型要全面反映"进销存"全局业务的信息结构和信息约束：在结构上，论域全局信息由进货信息、存货信息和销售信息组成，这 3 部分信息不是彼此割裂的，它们基于超市所经销的商品联系在一起；在约束上，论域的进货信息、存货信息和销售信息之间必须遵循超市制定的"进销存"业务管理规则。概念模型要分别反映进货信息、存货信息和销售信息三类局部信息的结构及约束。以销售信息的概念建模为例：概念模型的结构由反映销售信息的信息主体及其联系组成，如销售信息由销售员、商品和顾客等信息主体组成，它们之间通过商品的销售事务联系在一起；概念模型的约束要反映信息实体必须遵循的销售业务管理规则，如商品的销售折扣不能低于 5 折等。

再次，基于概念模型进行逻辑建模。逻辑建模既要反映概念模型中的信息结构，又要反映概念模型中的信息约束。基于关系模型理论的逻辑建模，就是用"一系列的关系模式"来映射概念模型中实体的信息结构及信息约束：对于概念模型中的每一个信息实体，用一个关系模式来映射；对于论域中信息实体之间的"一对一""一对多"和"多对多"3 种联系，也用相应的关系模式来映射；对于概念模型中的信息约束，也映射在关系模式中。

最后，将逻辑模型转换为物理模型。数据库的物理设计与 DBMS 息息相关，因此物理设计的第一个任务就是选择实施数据库的 DBMS。DBMS 确定后，物理设计的第二个任务就是将面向理论层面的逻辑模型转换为面向 DBMS 技术层面的物理模型，主要任务有数据库物理存储区的设计、数据库物理存储结构的设计和数据库物理存取方法的设计等。

基于上述分析可知：数据库需求分析的主要任务是厘清用户对现实世界中目标数据的组织和管理需求，包括业务数据的内容需求、业务数据的完整性约束需求以及业务数据的处理需求；数据库概念设计的主要任务是将现实世界的数据抽象到信息世界，用信息世界的概念模型表示目标数据库的信息结构和信息约束；数据库逻辑设计的主要任务是用基于数据模型理论的数据库模式映射概念模型的信息结构和信息约束；数据库物理设计的主要任务是将面向理论层面的逻辑模型转换为面向 DBMS 技术层面的物理模型。

2.1 数据库设计概述

一个机构的数据通常是杂乱无章的，如果不进行合理、有效的组织，数据就很难发挥其资源性的作用。因此，基于数据模型理论科学地组织数据，建立高质量的数据库模式，使其可用、易用，是数据库设计的主要任务。

2.1.1 数据库设计的过程和内容

数据库设计的目的在于提供实际问题的计算机表示，其核心任务就是基于实际问题所需，建立高效、易用的数据库模式，以支持大量用户对数据库的高效存取和访问。

1. 数据库设计的过程

现实世界的实体是客观存在的，其属性的值也是客观存在的，属于现实世界的范畴。实体的属性反映到人的大脑中，在人脑中形成的属性值是主观的，属于信息世界的范畴。要让机器表示现实世界实体的属性，必须将信息世界的属性值转换到机器世界。

因此，数据存在 3 个范畴：现实世界、信息世界和机器世界。数据库设计的过程就是将数据的表示从现实世界抽象到信息世界，再从信息世界转换到机器世界。

2. 数据库设计的内容

将现实世界的数据抽象到信息世界，数据库设计需要考虑的内容如下：基于用户需求，综合、归纳和抽象出论域的信息结构，这包括信息实体组成以及信息实体联系两方面的内容；基于用户需求，综合、归纳和抽象出论域的信息约束，确定实体应该遵循的业务规则。

将信息世界的数据转换到机器世界，数据库设计需要考虑的内容如下：如何将面向用户的概念模型用面向理论层面的逻辑模式来描述；如何将理论层面的逻辑模式用特定 DBMS 技术层面的物理模式来实现。

2.1.2 数据库设计的理论和方法

数据库设计的过程是一个数据建模的过程，其核心任务是在数据库设计理论的指导下，将目标数据库的数据库模式设计出来，并进行形式化的描述。

1. 数据库设计的理论基础

就数据库设计而言，其应该遵循的基本理论是数据库生命周期理论。除此之外，在数据库设计的过程中，还要遵循数据模型理论及数据库规范化理论等。

（1）数据库生命周期理论

数据库生命周期又称为数据库生存周期，是数据库从产生直到停止使用的生命周期。数据库的整个生存周期可以划分为若干阶段，每个阶段都有自己鲜明的特征和明确的任务，用户应该基于各个阶段的特征对特定阶段的任务进行科学控制和管理。

尽管学者们对数据库生命周期理论有一定的争议，但就其阶段划分基本达成一致，他们普遍认为数据库的生命周期包括数据库设计、数据库实施、数据库运行和维护 3 个阶段，如图 2-1 所示。

对于数据库生命周期的每一个阶段，又可以根据实际情况将其划分为若干个子阶段。例如，数据库设计阶段可以划分为需求分析、概念设计、逻辑设计和物理设计 4 个子阶段；又如，数据库实施阶段可以划分为数据库建模和数据入库两个子阶段；再如，数据库运行和维护阶段可以划分为试运行、运行、升级等子阶段。

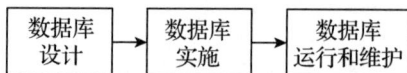

图 2-1 数据库的生命周期

（2）数据模型理论

就数据库生命周期的数据库设计、数据库实施、数据库运行和维护这3个阶段而言，数据库设计无疑是最重要的，它描绘了目标数据库的设计蓝图，是目标数据库的实现根基。

就数据库设计而言，其核心问题是数据的组织。由于数据库技术是基于数据模型组织数据的，因此数据模型理论是数据库设计过程中应该遵循的基本理论。

注意：数据模型理论除了在数据库设计阶段发挥核心作用外，在数据库实施、数据库运行和维护这两个阶段也发挥着重要的指引作用。

（3）数据库规范化理论

就数据库生命周期的数据库设计阶段而言，它又可以划分为需求分析、概念设计、逻辑设计和物理设计4个子阶段，其中逻辑设计阶段是最重要的。

为了保证数据库逻辑设计结果的科学性，必须在数据库的逻辑设计中遵循数据库的规范化理论。所谓的规范化理论，就是指导用户建立正确、合理、有效的数据库模式的一组规则。

数据库规范化理论源于关系数据库的规范化理论。由于关系模型有着严格的数据理论基础，并可以向其他的数据模型转换，因此人们就以关系数据库为背景来讨论数据库规范化理论。

注意：数据库规范化理论虽然以关系数据库的逻辑设计为背景，但它对于一般数据库的逻辑设计同样具有理论上的指导意义。关系数据库规范化理论的核心是范式规则，它在关系数据库的逻辑设计过程中发挥着重要作用。

2. 数据库设计的方法

在过去很长一段时间中，数据库设计大都采用手工试凑法。基于手工试凑法设计数据库与设计人员的经验和水平有直接关系，它更像一种手工技艺而不是工程方法。因为手工试凑法缺乏科学的理论和工程方法支持，所以数据库的设计质量很难得到保证，导致数据库在投入运行后常常会出现很多问题，不得不对数据库模式进行修改和完善。当数据库规模很大时，数据库模式维护的代价是非常高的。

为了提高数据库的设计质量，降低数据库的维护成本，人们认识到必须在科学理论的指导下基于规范的工程方法对数据库进行设计，渐渐地，认识变成了现实，工程设计法也就诞生了。

数据库工程设计法，是数据库设计者为满足人们对目标数据库的数据服务需求，运用数据库基础理论、专业技术、实践经验、系统方法和工程管理手段，对目标数据库的数据库模式进行设想和构思、抽象和模拟，最后以形式化的形式提供目标数据库实现依据的全过程工作。简单地说，数据库工程设计法是人们进行目标数据库设计时应该遵循的工程级别的理论、技术、方法、准则和规程。经过一代又一代数据库设计者的研究和探索，涌现出各种各样的工程设计法，其中新奥尔良方法是一种具有里程碑意义的数据库工程设计法，得到了业界的广泛接受和应用。

新奥尔良方法将数据库设计的过程分为需求分析、概念设计、逻辑设计和物理设计4个阶段，这4个阶段相互衔接，依次进行。新奥尔良方法的设计过程如图2-2所示。

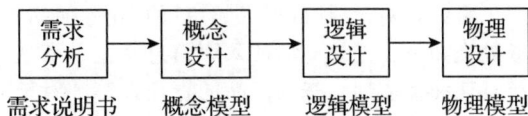

```
需求      概念      逻辑      物理
分析  →   设计  →   设计  →   设计

需求说明书  概念模型  逻辑模型  物理模型
```

图2-2 新奥尔良方法的设计过程

2.1.3 数据库设计的步骤和任务

基于新奥尔良方法的设计过程，本书将数据库设计分为以下4个步骤：需求分析、概念设计、逻辑设计和物理设计。下面对这4个阶段及其主要任务分别进行介绍。

1. 需求分析

就数据库需求分析而言，有狭义和广义之分。狭义的数据库需求分析主要是基于目标数据库用户的业务流程厘清数据流程，进而抽象出用户业务链中各个业务结点的业务数据内容和业务数据约束。广义的需求分析还需要厘清用户业务链中各个业务结点的业务数据处理需求。

(1)需求分析的主要任务

数据库需求分析需要分析者从业务角度切入进去，梳理整个业务条线的流程，找到业务流程中的重要结点，进而基于业务流程分析用户业务链中各个业务结点的业务数据内容、业务数据约束和业务数据处理。

① 业务数据内容分析。业务数据内容分析主要是了解用户希望从目标数据库获得哪些业务结点的哪些方面的业务信息，进而厘清用户期望目标数据库组织和管理哪些业务结点的哪些方面的业务数据。

例如，如果一家"社区便民超市"想建立"购销链数据库"，管理该超市的"购销链"数据，那么目标数据库的业务数据内容分析就是要厘清"购销链"中有哪些业务结点的业务数据。由于"社区便民超市"的"购销链"涵盖商品的采购结点、入库结点和销售结点，因此目标数据库需要组织和管理的业务数据内容主要包括进货、存货、销售这3个方面的业务数据。

再如，如果这家"社区便民超市"只是想建立"商品销售信息"数据库，管理该超市的"销售"数据，那么目标数据库的业务数据内容分析就是要厘清"销售"业务结点中有哪些方面的业务数据。如果将这家公司的销售业务界定为"销售员将商品卖给顾客"，那么目标数据库中的业务数据主要包括以下几个方面的内容：销售员信息、商品信息、客户信息、销售单信息等。

② 业务数据约束分析。业务数据约束分析主要是了解用户期望目标数据库中存放的各个业务结点的业务数据应该满足什么样的约束条件，什么样的业务数据在目标数据库中才是正确的数据等。

以"社区便民超市"的"商品销售信息"数据库为例，企业的销售员数据、商品数据、客户数据以及销售单数据之间存在着先天的业务约束。例如，销售单中客户的收货地址必须与该客户在订单中填写的收货地址一致，否则该客户将无法收到购买的商品。再如，销售单中商品的销量不能超过该商品在超市中的库存量，否则顾客就无法按时购买商品。

③ 业务数据处理分析。业务数据处理分析主要是厘清用户需要目标数据库给用户的各个业务结点提供哪些类型的业务数据处理服务，对于每一个业务结点的每一种类型的业务数据处理服务，用户期望达到的性能指标是什么水平等。

例如，对于"社区便民超市"的"商品销售信息"数据库，销售员和客户期望数据库能够提供的业务处理如下：记录客户基本信息；记录销售员基本信息；记录商品基本信息；记录订单基本信息；记录销售单基本信息；查询客户的订单信息；查询销售员的销售单信息；查询商品的基本信息；查询客户的基本信息；统计销售员的销售业绩；统计商品的销售数量；分析商品是否畅销，等等。对于上述每一类业务处理，用户期望数据库的平均响应时间在1 s以内。

再如，对于"社区便民超市"的"仓库商品管理"数据库，仓库管理员期望数据库能够提供的业务处理如下：记录商品的入库信息；记录商品的出库信息；查询商品的库存数量；查询商品的生产日期和保质期；查询商品的责任人等。对于上述每一类业务处理，仓库管理员期望数据库的平均响应时间在1 s左右，最大延迟不超过5 s。

总之，厘清目标数据库的需求分析，设计者需要基于用户的业务流和数据流从以下3个维度着手：目标数据库应该保存业务链中哪些业务结点的哪些业务数据内容；业务链中各个业务结点的各类业务数据应该满足哪些业务约束；目标数据库为业务链中各个业务结点的业务数据提供的业务处理有哪些类型，每一种类型的业务处理应该达到什么水平的性能。

为了便于读者循序渐进的学习，下面关于需求分析的内容都是狭义层面的。

(2)需求分析的方法

需求分析的经典方法是结构化分析方法。结构化分析方法可以概括为"自顶向下"和"逐层分解"。其核心思想是从目标数据库的最顶层的全局用户需求(第一层)出发，将全局用户需求分解成独立而互不交叉的若干局部用户需求(第二层)，每个局部用户需求解决全局用户需求的一部分或一种情况。再将第二层的各个局部用户需求分别分解为更简单的局部用户需求(第三层),一直分解下去,直到这一层次的局部用户需求可以轻松解决为止。在进行结构化需求分析时,需求分解的层数与数据的复杂度相关。如图 2-3 所示为两层的结构化分析实例图。如图 2-4 所示为三层的结构化分析方法图。这里需要特别指出的是,图 2-3 给出的结构化分析实例的分解是不彻底的,请读者基于某社区便民超市的业务流和数据流对图 2-3 进行修改和完善。

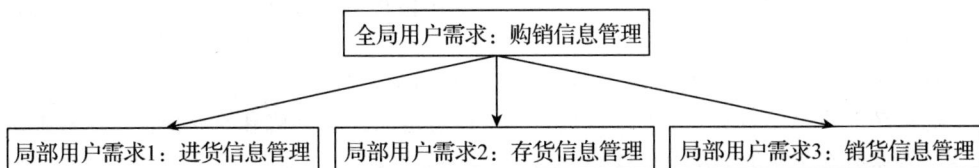

图 2-3　两层的结构化分析实例

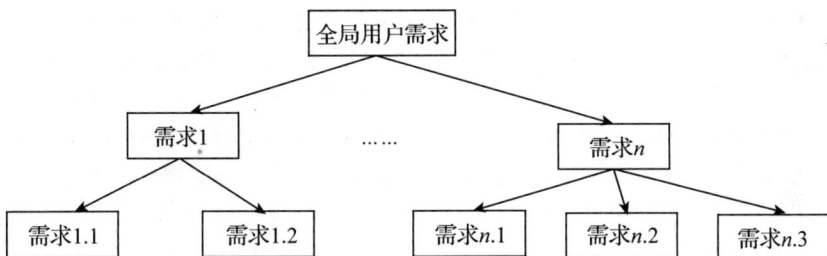

图 2-4　三层的结构化分析方法

结构化分析方法是一种由粗到细、由复杂到简单的需求分析方法。"分解"和"抽象"是结构化分析方法中解决复杂分析问题的两种基本手段。"分解"就是把大需求分解成若干个小需求,再分别解决。对于一个复杂的需求,人们很难考虑到需求的所有方面和全部细节,通常把一个大需求分解成若干个小需求,将每个小需求再分解成若干个更小的需求,经过多次逐层分解,每个最底层的需求都是足够简单、容易解决的,于是复杂的需求分析问题就迎刃而解了。这个过程就是分解的过程。"抽象"是指忽略需求分析中与当前目标无关的那些方面,以便更充分地关注与当前目标有关的方面。

限于篇幅,关于结构化分析更详尽的内容请参阅本书配套的阅读材料。

2. 概念设计

概念设计是在目标数据库需求分析的基础上,建立目标数据库的概念模型,用其描述目标数据库论域的信息结构及信息约束。对需求分析得到的用户需求进行综合、归纳与抽象,得到独立于目标数据库的概念模型的过程,称为数据库的概念设计。经过概念设计得到的论域的信息结构和信息约束称为概念模型。建立概念模型的常用工具有 E-R 工具、UML 工具、EATI 工具等。由于 E-R 工具在概念设计中应用最广泛,因此本书基于 E-R 工具对论域进行概念建模。基于 E-R 工具建立的概念模型又称为 E-R 模型。

例如,就"社区便民超市"的"购销链"数据而言,概念设计要涵盖该企业"进销存"整个业务链,概念模型要全面反映"进销存"业务的信息结构和信息约束。就论域的全局信息而言:在结构上,论域全局信息由进货信息、存货信息和销货信息组成,这 3 部分信息不是彼此割裂的,它们基于超市所经营的商品联系在一起;在约束上,论域的进货信息、存货信息、销货信息之间必须遵循超市制定的"进销存"业务管理规则。

又如,就"社区便民超市"的进货信息、存货信息和销货信息而言,概念设计要分别建立局部的概念模型,以分别反映进货信息、存货信息和销货信息的信息结构及信息约束。就进货信息的概念模型而言:在结构上,进货信息包括采购员、供货商、在途商品等信息实体,这些信息实体基于进货这个事务实体联系在一起；在约束上，采购员、供货商、在途商品、进货等实体必须遵循超市制定的采购业务管理规则。就存货信息的概念模型而言：在结构上，存货信息包括库存管理员、仓库、库存商品等信息实体，这些信息实体基于库存管理这个事务实体联系在一起；在约束上，库存管理员、仓库、库存商品、库存管理等实体必须遵循超市制定的库存业务管理规则。就销货信息的概念模型而言：在结构上，销货信息包括销售员、顾客、商品等信息实体，这些信息实体基于销售这个事务实体联系在一起；在约束上，销售员、顾客、商品、销售等实体必须遵循超市制定的销售业务管理规则。

那么怎样建立概念模型来描绘"社区便民超市"的"购销链"信息的全局信息结构及全局信息约束呢？又怎样建立概念模型来分别描绘进货信息、存货信息及销货信息的局部信息结构和局部信息约束呢？答案将在本章的 2.2 节中找到。

3. 逻辑设计

数据库的逻辑设计就是将面向用户业务层面的概念模型转换为面向计算机理论层面的数据库模式。由于逻辑设计既要反映概念模型中的信息结构，又要反映概念模型的信息约束，因此逻辑设计的结果包括以下 3 个方面：数据对象的结构、数据对象间的联系、数据对象应遵循的约束。

在关系数据库的逻辑设计中，就是将概念模型中的信息结构及信息约束转换为"一系列的关系模式"：概念模型中信息实体的结构转换为一个关系模式；信息实体遵循的信息约束转换为关系模式中的数据完整性约束；信息实体之间的联系也是通过关系模式来建模的，既可以建立独立的关系模式来表示信息实体之间的联系，又可以通过由信息实体所转换的两个关系模式的主键和外键来表示。那么到底怎样进行关系数据库的逻辑设计呢？答案将在本章的 2.3 节中找到。

4. 物理设计

数据库的物理设计与 DBMS 息息相关，因此物理设计的第一个任务就是选择实施数据库的 DBMS。DBMS 确定后，物理设计的第二个任务就是将面向计算机理论层面的逻辑模型转换为面向 DBMS 技术层面的物理模型，主要任务包括数据库物理存储区的设计、数据库物理存储结构的设计和数据库物理存取方法的设计等。这一内容将在本章的 2.4 节中介绍。

2.1.4　数据库的实施

数据库设计任务完成后，就可以基于数据库的设计蓝图对数据库进行实施。所谓的数据库实施就是基于数据库设计获得的物理模型，以计算机系统为平台，运用 DBMS 所提供的功能建立数据库的一系列活动。实施数据库的工作包括 3 个环节：创建数据库存储空间、定义数据库模式、组织数据入库。数据库实施的内容将在第 4 章和第 5 章中介绍。

2.1.5　数据库的运行和维护

数据库实施成功后就可以投入运行，进入运行状态的数据库才能为最终用户提供数据服务，满足用户的数据应用需求，从而发挥自身价值。

数据库的设计不可能是十全十美的。在运行中，总会发现这样或那样的问题，这就需要对数据库进行修改和完善，以纠正运行中发现的问题。这属于数据库维护的任务之一。

用户的需求是动态变化的。在数据库的运行过程中，会发现数据库的功能和性能不能完全满足用户需求的动态变化，这就需要对数据库的功能和性能进行升级维护，以满足用户的新需求。这是数据库维护的任务之二，也是数据库维护的主要驱动。

在数据库运行过程中，还要对数据库的运行状态进行监控、对数据库的数据进行备份和恢复等。这些都是数据库维护的任务。数据库维护的内容将在第 5 章中介绍。

2.2 数据库的概念设计

数据库的概念设计就是将现实世界的数据抽象到信息世界,从而得到论域的信息结构和信息约束。数据库概念设计需要考虑的内容有以下5个方面:第一,论域应该抽取哪些信息实体;第二,每个信息实体有哪些属性;第三,这些信息实体之间有怎样的联系;第四,每个信息实体应该遵循哪些约束;第五,信息实体之间应该遵循哪些约束。

2.2.1 概念设计的任务

通过需求分析,设计者理解了目标数据库组织和管理数据的用户需求,这些用户需求就是目标数据库的求解问题。

为便于建立目标数据库对问题求解,需要用一种形式化方法将用户需求综合、归纳和抽象为规范的信息模型,该信息模型既要反映论域的信息结构,又要反映论域的信息约束。形式化方法需要形式化说明语言的支持。形式化说明语言一般使用文本符号或者图形符号对信息模型进行描述。之所以选择形式化方法描述论域的信息模型,是为了使得信息模型的表达直观、单一、无歧义。

基于形式化方法将论域的用户需求归纳抽象为规范化信息模型的过程,称为数据库的概念设计。通过数据库的概念设计所得到的信息模型是论域信息在人脑中的抽象,是基于用户视角对论域的信息结构和信息约束的归纳及抽象,因此数据库的概念设计又称为数据库的概念模型。

综上所述,数据库概念设计的主要任务是基于目标数据库的求解问题得到目标数据库的概念模型。概念模型是数据库设计人员和用户之间交流的基础。

2.2.2 概念设计的几个术语

在数据库的概念设计中,设计者基于用户需求在人脑中勾勒出论域的信息模型,并将信息模型基于形式化方法进行规范化表达。在概念设计中,经常用到以下几个术语。

1. 实体

论域中客观存在并可相互区分的事物称为实体。实体可以是论域中客观存在的对象,如销售员、商品、顾客等;也可以是抽象的概念,如卖点、思想、方法等。

2. 属性

实体所具有的某一特性称为属性。例如,销售员实体可用编号、姓名、性别、岗位、聘用日期、累计销售额等属性来描述。再如,卖点实体可用编号、设计者、价值等属性来描述。注意:论域中一个实体往往具有很多属性,但设计者只应该抽取用户关注的实体属性。

3. 域

属性的取值范围称为该属性的域。域实际上是属性的一种取值约束。例如,对于销售员实体的性别、岗位和累计销售额3个属性可以指定下列取值范围:性别∈{男,女};岗位∈{主管,线上,线下};累计销售额≥0。

4. 码

在描述实体的所有属性中,可以唯一地标识每个实体的属性或属性组称为码。如果码是属性组,那么属性组中不能包含多余的属性。

有的实体可以有多个码。例如,对于销售员来说,销售员的编号、销售员的身份证号码、销售员的手机号码都可以作为码。当实体有多个码时,通常选定其中的一个码作为主码,其他的码作为候选码。

主码是实体存在的最基本的前提，因此作为主码的属性或属性组的取值必须是唯一的且不能"空置"。所谓的"空置"指码的值必须是确定的，不能是待定的或未知的。

如果乙实体中的一个属性或属性组虽然不是乙实体的主码，但是甲实体的主码，那么对于乙实体而言，这个属性或属性组称为乙实体的外码。

5. 实体型

实体型用于描述同类实体具有的属性，反映了同类实体的公共特征和性质。在构建实体型时，要保证每个实体型的主题是单一的，每个实体型都要有一个主码。

可以基于形式化方法对实体型进行表示。为了便于读者理解实体型的概念，下面给出了实体型的一种简要的形式化表示方法：实体名（属性 1，属性 2，…，属性 n）。

如果一个属性或属性组合是主码，则该属性或属性组用下划线标注。如果一个属性或属性组是外码，则该属性或属性组用斜体标注。例如，销售员实体型可以简记为销售员（编号，姓名，性别，岗位，聘用日期，累计销售额）。

6. 实体集

同一类型实体的集合称为实体集。下面给出了实体集示例，它包括两个销售员个体：

{（S01，张颖，女，线上，1999/12/8，666），（S02，王伟，男，线下，1997/2/19，999）}。

7. 联系

联系反映了两个实体型之间的关联关系，它同时反映了两个实体型之间存在的一种约束。之所以把联系视为约束，是因为联系描述了实体型之间的数量约束。实体型之间的联系有一对一联系、一对多联系和多对多联系。

例如，顾客实体和商品实体之间存在购货的联系。又如，销售员实体和商品实体之间存在销货的联系。再如，销售员实体和顾客实体之间存在服务的联系。那么上述联系是一对一，一对多，还是多对多？这个问题将在本章的 2.2.4 小节中找到答案。

2.2.3 概念设计的工具

对数据库进行概念设计的工具很多，由于 E-R 工具是最经典的概念建模工具，因此本章主要介绍如何基于 E-R 工具进行数据库的概念设计。另外，为了说明 E-R 工具的局限性，本章简要地介绍了 EATI 工具。

1. 概念设计工具

在数据库的概念设计中，最常用的形式化建模工具是 E-R 工具。基于 E-R 工具建立的概念模型又称为 E-R 模型。E-R 工具主要用来建模论域的实体型结构和实体型之间的联系，它不考虑实体型的行为特征，特别适用于静态模型的建立。

由于数据库通常具有行为特征，因此 E-R 建模工具存在局限性。于是以动态模型为设计目标的概念建模工具涌现出来，其中比较著名的工具有 EATI。EATI 以任务为中心，将论域信息分解为实体（E）、活动（A）、任务（T）和交互（I）。

除了 E-R 工具和 EATI 工具以外，比较常用的建模工具还有 Coad/Yourdon、OMT、Booch 和 UML 等。限于篇幅，这里不再展开介绍，有兴趣的读者请查阅相关文献。

这里需要特别指出的是，尽管 E-R 工具存在行为建模方面的局限性，但由于数据库设计主要关注论域中实体型的结构及实体型之间的联系，因此 E-R 工具能够满足大多数用户的需求，也为 E-R 工具的广泛应用奠定了基础。

2. E-R 工具

下面介绍 E-R 工具的特点和使用说明。

(1)E-R 工具的特点

E-R 工具有以下几个特点：该工具以图形方式表示论域的信息结构及信息约束，便于用户和设计者之间进行交流；该工具有丰富的语义表达能力，便于设计者将用户需求转换为概念模型；该工具设计的概念模型与机器世界无关，可以转换为机器世界所支持的各种逻辑模型。E-R 工具的上述特点使得该工具易学、易懂、易用，所以 E-R 工具在数据库概念设计中得到了广泛应用。

（2）E-R 工具的使用说明

E-R 工具描述概念数据模型的图形元素如下：用矩形表示实体型，实体型的名称写在矩形框内；用椭圆表示实体型的属性，属性的名称写在椭圆框内，并用无向边将该属性与相应的实体型连接起来；用菱形表示实体型之间的联系，联系的名称写在菱形框内，并用无向边将菱形框与相关联的实体型连接起来。图 2-5 说明了如何基于 E-R 工具的图形元素描述概念数据模型。

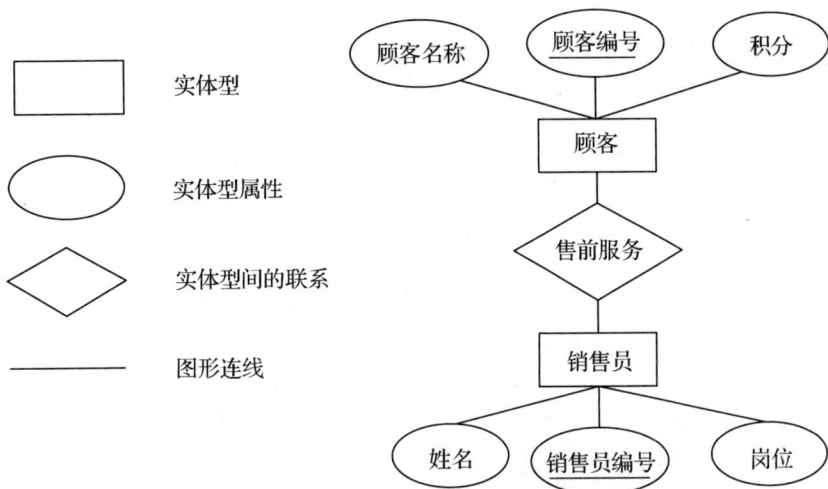

图 2-5　E-R 工具的图形元素

> **注意**
>
> 由于实体型之间有一对一、一对多和多对多 3 种联系，因此在连接联系和实体型的无向边旁可以用专用符号进行"一"或者"多"的标注。本章的 2.2.4 小节对此有详细介绍。

2.2.4　基于 E-R 工具的概念设计

基于 E-R 工具对论域进行概念设计的主要任务有实体型的建模、实体型间联系的建模。基于实体型的建模，信息实体从论域中抽象出来，并被赋予用户关注的信息属性和信息约束。基于实体型间联系的建模，信息实体型之间的关联被抽象出来，也可以被赋予相应的属性和约束。

1. 实体型的建模

基于 E-R 工具对论域中实体型的建模一般有以下 3 个步骤。

①抽取实体型：将论域中具有某些共同特性的一组对象归纳抽象为一个实体型。抽取实体型时，只需要在论域中抽取用户关注的实体型，即抽取目标数据库系统所聚焦的实体型。

②抽取实体型的属性：将实体型中用户关注的实体特征抽象为实体的属性。抽取实体型的属性要遵循 3 个原则：属性必须是不可分的数据项；属性不能与其他实体具有联系，联系只能发生在实体之间；属性必须是用户所关注的实体特征。

③基于 E-R 工具对实体型建模：用矩形表示实体型，矩形框内写明实体名；用椭圆表示实体型属性，并用无向边将其与相应的实体型连接起来；在主码的属性名下面加下划线；将外码属性名设置为斜体。

注意 实体和实体的属性都是有粒度的。粒度越小，实体和实体的属性越细化；粒度越大，实体和实体的属性越概括。要根据用户需求确定实体及实体属性的粒度。

图 2-6 给出了基于 E-R 工具建模实体型的示例，矩形表示销售员实体，椭圆表示销售员实体的一系列属性。作为主码的属性"销售员编号"以加下划线的方式表示。

2. 实体型间联系的建模

实体型之间的关联关系称为联系，它反映了客观事物之间相互依存的状态。实体型之间的联系可以归结为一对一联系、一对多联系和多对多联系。

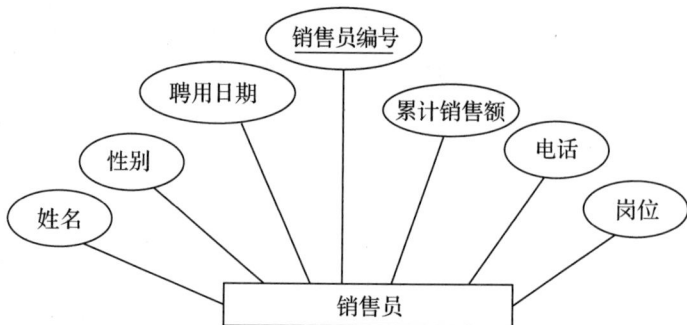

图 2-6 基于 E-R 工具建模实体型的示例

（1）一对一联系（1∶1）

设有 A 和 B 两个实体，如果 A 实体集中的一个实体最多与 B 实体集中的一个实体关联，且 B 实体集中的一个实体最多与 A 实体集中的一个实体关联，那么 A 实体与 B 实体之间存在一对一联系，记作（1∶1）。

这里需要特别说明的是，如果上下文没有歧义，则实体型之间的一对一联系也可以称为实体之间的一对一联系，或实体集之间的一对一联系。

【例 2-1】如果一个公司只有一个总经理，而一个总经理只能管理一家公司，那么公司和总经理这两个实体之间就存在着一对一的联系。此联系的示例如图 2-7 所示。

图 2-7 一对一联系示例：公司与总经理的联系

（2）一对多联系（1∶n）

设有 A 和 B 两个实体，如果 A 实体集中的一个实体在 B 实体集中可以有多个实体关联，且 B 实体集中的一个实体最多与 A 实体集中的一个实体关联，那么实体 A 与实体 B 之间存在一对多联系，记作（1∶n）。

这里需要特别说明的是，如果上下文没有歧义，则实体型之间的一对多联系也可以称为实体之间的一对多联系，或实体集之间的一对多联系。

【例 2-2】如果一家总公司有多家子公司，而这些子公司都属于这家总公司，那么总公司与子公司两个实体之间就存在着一对多的联系。一对多的联系是最普遍的联系，也可以将一对一的联系看作一对多联系的特殊情况。此联系的示例如图 2-8 所示。

图 2-8 一对多联系示例：总公司与子公司的联系

（3）多对多联系（m∶n）

设有 A 和 B 两个实体，如果实体集 A 中的每一个实体在实体集 B 中有 n 个实体（$n \geqslant 0$）与之关联，且实体集 B 中的每一个实体在实体集 A 中有 m 个实体（$m \geqslant 0$）与之关联，那么实体集 A 与实体集 B 之间存在多对多联系，记作（m∶n）。

这里需要特别说明的是，如果上下文没有歧义，则实体型之间的多对多联系也可以称为实体之间的多对多联系，或实体集之间的多对多联系。

【例2-3】如果一家公司经销多款商品，而每款商品又可以被多家公司所经销，那么公司与商品这两个实体之间就存在着多对多的联系。此联系的示例如图2-9所示。

图2-9 多对多联系示例：公司与经销商品的联系

【例2-4】有一家社区便民超市，其运营数据涵盖该超市"进销存"整个业务链，请粗粒度地建立该超市的概念模型，反映该超市的"进销存"业务信息结构。

【分析】粗粒度地建立超市的概念模型时，只需要建模论域的概念模型框架。在建立概念模型框架的时候，只需要考虑论域的核心实体型及其关键联系，不需要考虑非核心实体型及其非关键联系，也无须考虑实体型和联系的属性。就"进销存"运营数据而言，全局信息包括进货信息、存货信息和销货信息，它们基于该超市所经销的商品联系在一起，因此本例的粗粒度概念模型如图2-10所示。

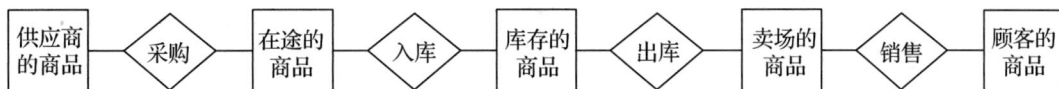

图2-10 粗粒度的概念模型示例：超市的"进销存"信息结构

【说明】如图2-10所示的概念模型概括程度很高，适用于论域信息结构的顶层设计，便于用户和设计者之间的交流。在实际设计工作中，还需要基于顶层设计进行细化设计，这是一种自顶向下的设计理念。对于图2-10所示的粗粒度概念模型，可以进行下述细化设计：将"供应商的商品"细化为两个实体型"供应商"＋"源商品"；将实体型"在途的商品"细化为两个实体型"采购员"＋"在途商品"；将实体型"库存的商品"细化为两个实体型"仓储员"＋"库存商品"；将实体型"卖场的商品"细化为两个实体型"销售员"＋"卖场商品"。相应地，图2-10所示的粗粒度概念模型中的联系也需要进行细化设计，限于篇幅，这里不再赘述。

【例2-5】在社区便民超市中，线上销售员通过互联网向顾客销售超市经销的商品。假定每一次商品销售业务都生成一张销售单，基于E-R工具对"销售员销售商品生成销售单"这一论域进行概念设计，概念设计的结果用E-R图表示。

【分析】由于每一位线上销售员都可以销售超市的多款商品，而每一款商品都可以由多位线上销售员销售，因此销售员和商品之间是多对多联系。由于销售员每销售一次商品就生成一张销售单，因此销售员和商品之间的多对多联系可以用销售单来反映。

图2-11描述了"销售员销售商品生成销售单"这一论域的E-R模型。由该图可知，销售单将实体型销售员和实体型商品联系起来，销售员和商品之间是多对多联系。销售单实际上反映了销售员销售商品的事务，所以销售单有很多事务属性，如销售日期、销量、折扣等。

请读者思考：销售单的商品编号与商品的商品编号之间有约束吗？如果有约束，则应该怎样修改图2-11以表示约束？销售单的销售员编号与销售员的销售员编号有约束吗？如果有约束，则应该怎样修改图2-11以表示约束？

2.2.5 概念设计的常用方法

用户对数据库的需求往往很多，这使得概念设计的任务很复杂，给设计者带来了繁重的工作量。为了解决这一问题，设计者总结出很多设计方法，目的是将繁重的设计工作量化整为零。

尽管进行概念设计的方法很多，但常用的方法只有下述4种。

①自顶向下：先基于用户的"全局需求"设计概念模型的全局框架，再基于全局框架中的"局部需求"分别设计局部概念模型；对于每一个"局部需求"，如果仍然很复杂，则可以将这个"局部需求"视为一个相对的"局部顶"，继续基于自顶向下的思想进行概念设计；依此类推，逐步细化。

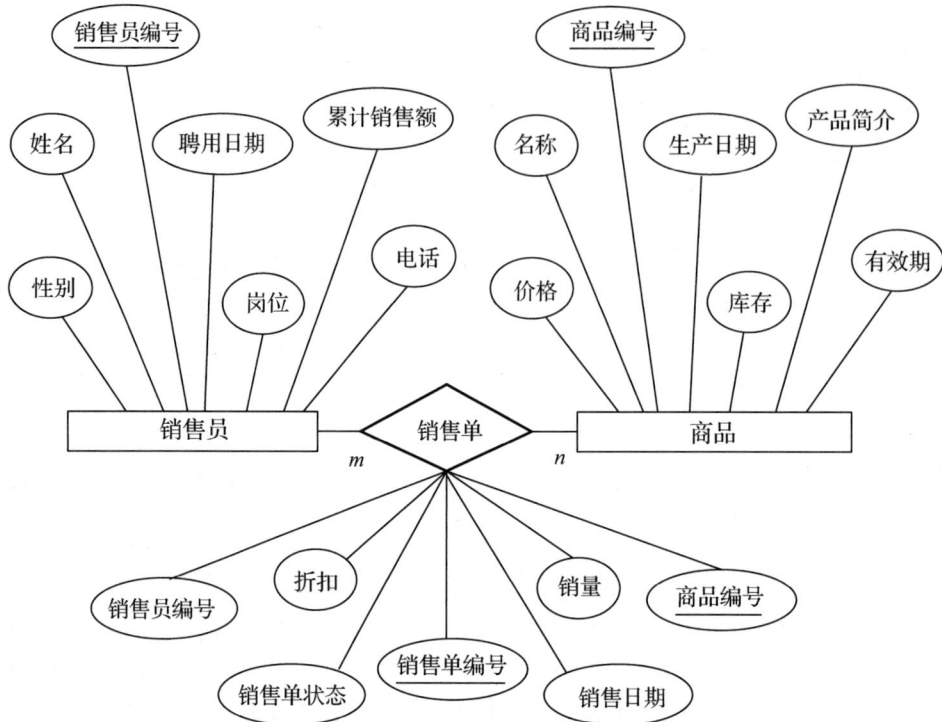

图 2-11　E-R 模型示例：销售员销售商品生成销售单

②自底向上：先将用户的"全局需求"分解为若干个"局部需求"，再分别设计各个"局部需求"的局部概念模型，最后将它们集成，得到全局概念模型。如果"局部需求"仍然非常复杂，那么继续对这个"局部需求"进行分解，直至分解后的需求足够简单为止。

③由里向外：先设计最"核心需求"的局部概念模型，再以"核心需求"的局部概念模型为基础逐步向外扩充，直至完成全部概念模型的设计为止。

④混合方法：混合方法是自顶向下和自底向上两种方法的结合。先基于自顶向下方法设计全局概念模型的框架，再基于自底向上方法设计各局部概念模型，最后将各个局部概念模型集成到全局概念模型的框架中，进而得到全局概念模型。

用户在选择概念设计方法的时候，要注意以下 3 点：概念设计方法要在具有不同经验的设计者之间达成共识；概念设计方法的选择不能受到 DBMS 的限制；不同设计者基于同一方法进行概念设计时，应该得到相同或相似的设计结果。

2.2.6　自底向上的概念设计方法

在自顶向下、自底向上、由里向外及混合设计这 4 种方法中，自底向上是最常用的。下面介绍基于 E-R 工具的自底向上概念设计方法的基本思想、主要步骤和应用示例。

1. 基本思想

自底向上概念设计方法一般与自顶向下的需求分析配合使用，即自顶向下进行需求分析，自底向上设计概念模型。图 2-12 描述了自底向上概念设计方法的基本思想。

如图 2-12 所示，在需求分析阶段，获得了全局需求和各层次的局部需求，这给概念设计提供了依据。以图 2-12 所示的自顶向下的需求分析结果为指引，基于 E-R 工具的自底向上概念设计包括以下 3 项任务：第一项任务，基于需求 1.1、需求 1.2、……、需求 $n.1$、需求 $n.2$ 和需求 $n.3$ 进行局部 E-R 图的设计，分别得到局部 E-R 图 1.1、局部 E-R 图 1.2、……、局部 E-R 图 $n.1$、局

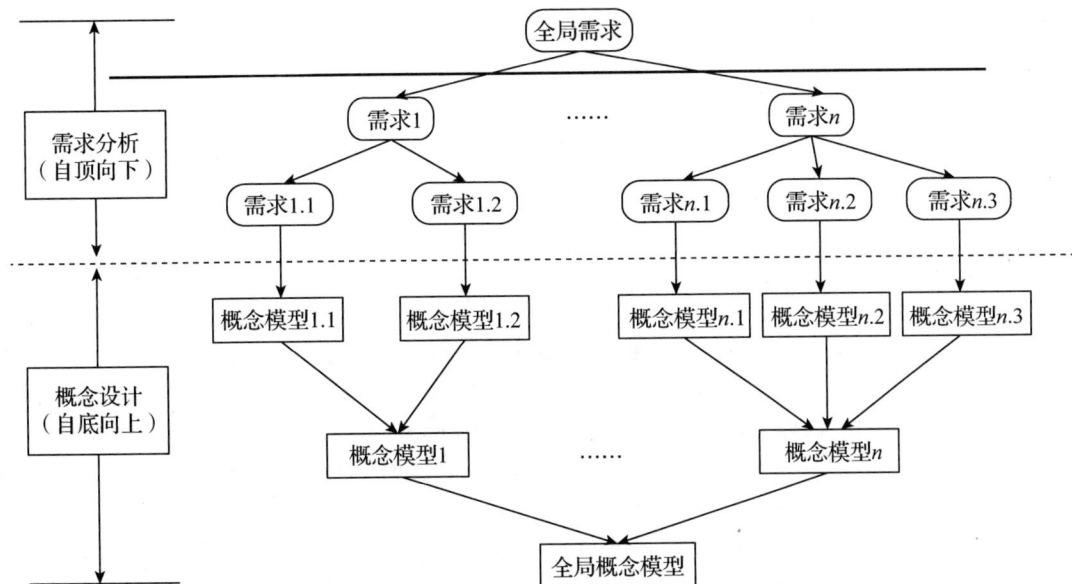

图 2-12　自底向上概念设计方法的基本思想

部 E-R 图 n.2 和局部 E-R 图 n.3，这些图分别对应第三层的一个局部需求；第二项任务，基于局部 E-R 图 1.1 和局部 E-R 图 1.2 建立需求 1 的局部 E-R 图 1，……，基于局部 E-R 图 n.1、局部 E-R 图 n.2 和局部 E-R 图 n.3 建立需求 n 的 E-R 图，局部 E-R 图 1、……、局部 E-R 图 n 分别对应第二层的一个局部需求；第三项任务，将局部 E-R 图 1、……、E-R 图 n 组合为全局 E-R 图，以对应全局需求。

2. 主要步骤

基于 E-R 工具的概念设计方法主要有 3 步：设计局部 E-R 模型；设计全局 E-R 模型；优化全局 E-R 模型。下面分别介绍这 3 个步骤的具体设计任务。

(1)设计局部 E-R 模型

局部 E-R 模型的设计任务主要包括确定局部 E-R 模型的范围、抽取并定义实体及其属性、抽取并定义实体间的联系及其属性。确定局部 E-R 模型的范围就是界定局部 E-R 模型的论域；抽取并定义实体及其属性就是正确地划分局部论域中的实体和属性，这是设计局部 E-R 图的关键；抽取并定义实体间的联系及其属性就是厘清实体之间的联系。

对现实世界中的论域进行数据抽象，可得到实体和属性。实体和属性在形式上并没有显著界限，通常是按照论域中实体和属性的自然划分来定义实体和属性。

在 E-R 工具中，经常用到的数据抽象方法有两种：分类和聚集。在现实世界中，如果一组实体具有某些共同的特性和行为，那么可以将一组实体定义为一类实体型，这就是分类方法。例如，"小赵""小李""小孙"都是在某公司从事商品销售的员工，他们具有相同的特性和行为，因此可以将他们定义为"销售员"这一实体型。分类的示例如图 2-13 所示。在 E-R 模型中，若干个属性的聚集就组成了一个实体型，因此聚集定义了某一实体型的组成属性。例如，工号、姓名、性别、出生日期、聘用公司等属性可聚集为"销售员"实体型。聚集的示例如图 2-14 所示。

经过数据抽象后得到的实体和属性是相对而言的，需要根据实际情况进行调整。那么符合什么条件

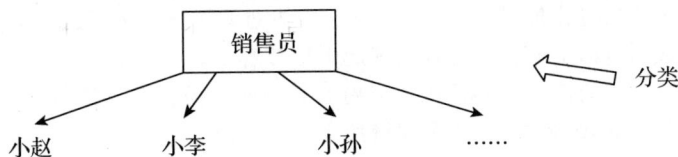

图 2-13　分类的示例

的事物可以作为属性处理呢？可以基于以下两条准则：实体具有特征，而属性没有特征，即属性必须是不可再分的数据项，不能包含其他属性；实体可以与其他实体建立联系，而属性不能与其他实体建立联系。

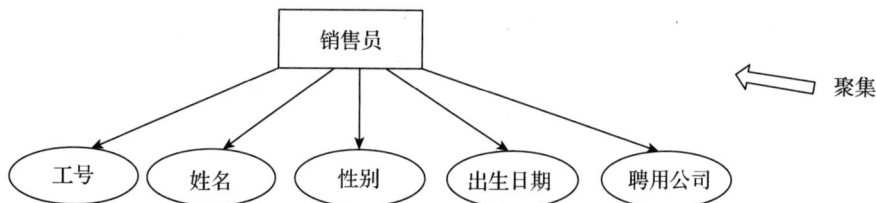

图 2-14　聚集的示例

例如，销售员是一个实体，具有工号、姓名、性别、出生日期、聘用公司等属性，如果用户没有关于"聘用公司"更详细的信息需求，则"聘用公司"抽象为一个属性即可，但如果用户对"聘用公司"有进一步的信息需求，如需要弄清"聘用公司"的员工人数、办公地点、办公电话等，则"聘用公司"就需要抽象为一个实体。"聘用公司"抽象为属性时，不能与其他实体建立联系，"聘用公司"抽象为"公司"实体时，就可以与"销售员"实体建立联系。图 2-15 说明了"聘用公司"从属性升级为实体后 E-R 图的变化。

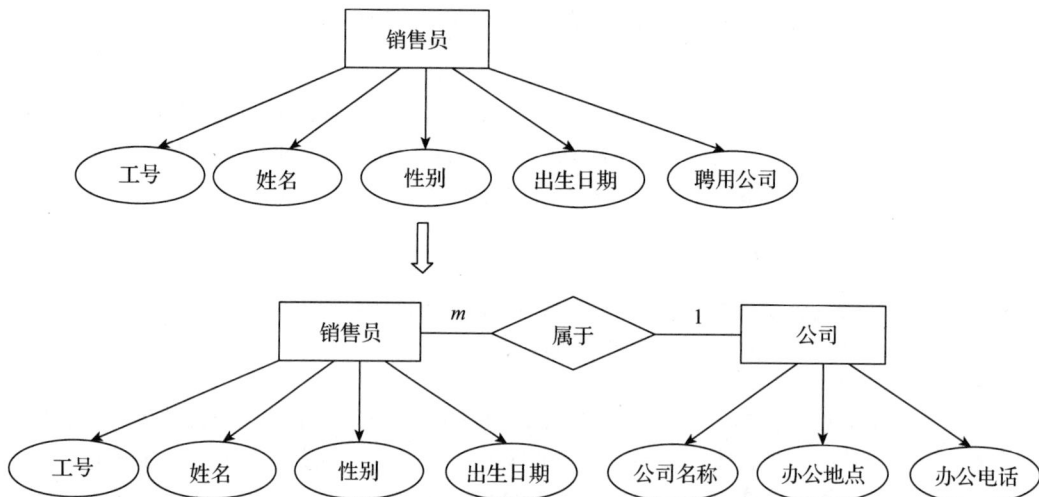

图 2-15　"聘用公司"从属性升级为实体后 E-R 图的变化

抽取实体间联系时，通常是先提炼出现实世界中实体之间的所有固有联系，再根据用户需求提取相应联系。抽取实体间联系的属性时，一般基于用户需求从联系的自然属性中抽取。当然，为了满足用户需求，也可以在实体间联系中添加一些代理属性。自然属性是实体间联系所固有的，而代理属性是设计者人为添加的，主要是满足用户的一些特殊需求。

(2)设计全局 E-R 模型

全局 E-R 模型的设计任务主要是将所有局部 E-R 图集成为一个全局 E-R 图，即全局 E-R 模型。将局部 E-R 图集成为全局 E-R 图时，可以采用一次将所有 E-R 图集成在一起的方式，也可以采用增量化集成的方式，即先集成少量几个核心的 E-R 图，再逐步增加其他 E-R 图，最终累加集成所有的 E-R 图，这样实现起来比较容易。

将局部 E-R 图集成为全局 E-R 图时，需要消除各局部 E-R 图之间的冲突。解决冲突是合并局部 E-R 图的主要工作和关键所在。

各局部 E-R 图之间的冲突主要有 3 类：属性冲突、命名冲突和结构冲突。

属性冲突包括以下两种情况。第一种情况是属性域冲突，即属性类型、属性取值范围或取值集合不同。例如，在一个局部 E-R 图中将"顾客编号"定义为文本型，而在另一个局部 E-R 图中将"顾客编号"定义为数值型。又如，在一个局部 E-R 图中，将"顾客年龄"定义为小数，而在另一个局部 E-R 图中将"顾客年龄"定义为整数。第二种情况是属性取值单位冲突。例如，在一个局部 E-R 图中商品价格以"元"为单位，而在另一个局部 E-R 图中商品价格以"分"为单位。

命名冲突主要包括同名异义和异名同义。同名异义指的是不同语义的实体名、联系名或属性名在不同的局部 E-R 图中具有相同的名称。例如，在一个局部 E-R 图中表示学生身高的"度量值"属性，和另一个局部 E-R 图表示学生信用的"度量值"属性，就是同名异义的命名冲突。异名同义指的是具有相同语义的实体名、联系名或属性名在不同的局部 E-R 图中具有不同的名称。例如，对于顾客的编号，在一个局部 E-R 图中称为顾客号，而在另一个局部 E-R 图中称为 CustomerID。

结构冲突通常有以下 3 种情况。第一种情况是同一数据项在不同局部 E-R 图设计中有不同的抽象，有的局部 E-R 图将其抽象为属性，有的局部 E-R 图将其抽象为实体。例如，"分公司"在某一局部 E-R 图设计中作为实体，而在另一局部 E-R 图设计中作为属性。解决这种冲突的基本原则是根据用户需求把属性转换为实体或者把实体转换为属性。在满足需求的前提下，一般情况下，凡能作为属性对待的应尽可能写为属性，以简化 E-R 图。第二种情况是同一实体在不同的局部 E-R 图中所包含的属性个数和属性次序不完全相同。这是很常见的一类冲突，原因是不同的局部 E-R 模型所关心的实体特征不同。解决这类冲突的方法是让该实体属性集为各局部 E-R 图中属性的并集，再适当调整属性次序。第三种情况是两个实体在不同的局部 E-R 图设计中呈现不同的联系，例如，E1 和 E2 两个实体在某个局部 E-R 图设计中是一对多联系，而在另一个局部 E-R 图设计中是多对多联系。解决这类冲突应该基于用户需求，并参照实体间联系的语义对实体间的联系进行适当调整。

（3）优化全局 E-R 模型

将所有局部 E-R 图集成为一个全局 E-R 图就得到了全局 E-R 模型。但这一全局 E-R 模型往往还存在一些瑕疵，需要对其进行优化。

一个好的全局 E-R 模型，除了能够反映用户数据需求外，还应该满足以下条件：实体个数尽可能少；实体所包含的属性尽可能少；实体间联系尽可能少。因此全局 E-R 模型的优化任务就是使全局 E-R 图满足上述 3 个条件。

要使实体个数尽可能少，可以进行相关实体的合并，一般是把具有相同主码的实体进行合并，也可以考虑将 1：1 联系的两个实体合并为一个实体，同时消除冗余属性和冗余联系。但应该根据具体情况而定，有时候适当的冗余可以提高数据的操纵效率。要使实体包含的属性尽可能少，可以考虑在满足用户需求的情况下，将可由其他属性导出的属性删除，但是导出属性的删除往往意味着数据操纵效率的降低。要使得实体间的联系无冗余，可以分析实体间的所有联系，并将所有可以由其他实体间联系导出的联系删除。

这里需要特别指出的是，冗余属性和冗余联系的分析可以借助于规范化理论。规范化理论的相关内容请参看 2.5 节。

3. 应用示例

下面举例说明基于 E-R 工具的自底向上概念设计方法的主要步骤。

某销售总公司包括山东、北京、上海、广州、陕西、黑龙江、四川共 7 家区域销售分公司，各区域销售分公司独立开展总公司经销产品的销售业务。总公司为调研各销售区域消费者对本公司经销产品的欢迎程度，决定由各销售区域公司向本地注册顾客以成本价销售公司的所有经销产品，相关销售信息记录在成本价商品销售数据库中。为有效开展调研活动，总公司做出如下规定。

第一，一名顾客可以成本价同时购买多款商品，一款商品可同时被多名顾客以成本价购买，但对于每款商品，每位顾客只能购买一次。对于顾客的商品购买行为，需要在数据库中记录商品的购买日期和购买数量。对于每名顾客，需要在数据库中记录顾客的编号、姓名和性别等信息。对于每款商品，需要在数据库中记录商品的编号、名称、价格和库存数量等信息。

第二，一款商品可由多名销售员开展成本价销售活动，一名销售员也可以成本价销售多款商品。对于每位销售员销售的每款商品，需要在数据库中记录销售日期和销售数量。对每名销售员都需要在数据库中记录销售员的编号、姓名和性别等信息。对于每款商品，需要在数据库中记录商品的编号、名称、生产日期和保质期等信息。

第三，一名顾客只能在一个销售区注册，一个销售区可有多名注册顾客。对于每个销售区，需要在数据库中记录销售区名称、注册顾客人数和服务电话等信息。对于每名注册顾客，需要在数据库中记录注册顾客的编号、姓名、出生日期和性别等信息。对于注册顾客在销售区的注册行为，需要在数据库中记录注册日期信息。

第四，一名销售员只能属于一家销售分公司，一家销售分公司可有多名销售员。对于各个销售分公司，需要在数据库中记录分公司的名称、销售员人数和办公地点等信息。对于每位销售员，需要在数据库中记录销售员的编号、姓名、性别和出生日期。对于销售员在销售分公司的入职行为，需要在数据库中记录销售员的入职日期和职级等信息。

根据上述描述可知，该数据库论域共有 5 个实体，分别是顾客、商品、销售员、销售区和分公司。其中，顾客和商品之间是多对多联系；商品和销售员之间是多对多联系；销售区和顾客之间是一对多联系；分公司和销售员之间是一对多联系。

这 5 个实体所包括的属性如下，其中的主码属性用下划线标注。

顾客：顾客编号，顾客姓名，顾客性别，顾客出生日期。

商品：商品编号，商品名称，成本价，库存量，生产日期，保质期。

销售员：销售员编号，销售员姓名，销售员性别，销售员出生日期。

销售区：销售区名称，顾客人数，服务电话。

分公司：分公司名称，销售员人数，办公地点。

(1)局部 E-R 模型的设计

根据公司规定一，顾客购买商品的业务可以用图 2-16 所示的局部 E-R 模型表示。

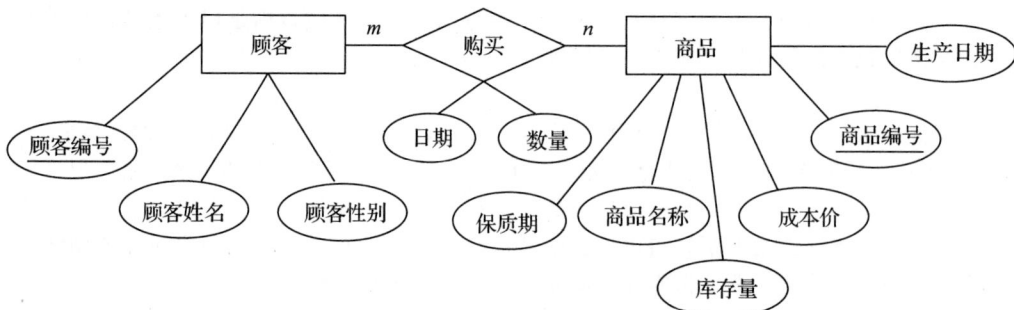

图 2-16　顾客购买商品的局部 E-R 模型

根据公司规定二，销售员销售商品的销售业务可以用如图 2-17 所示的局部 E-R 模型表示。

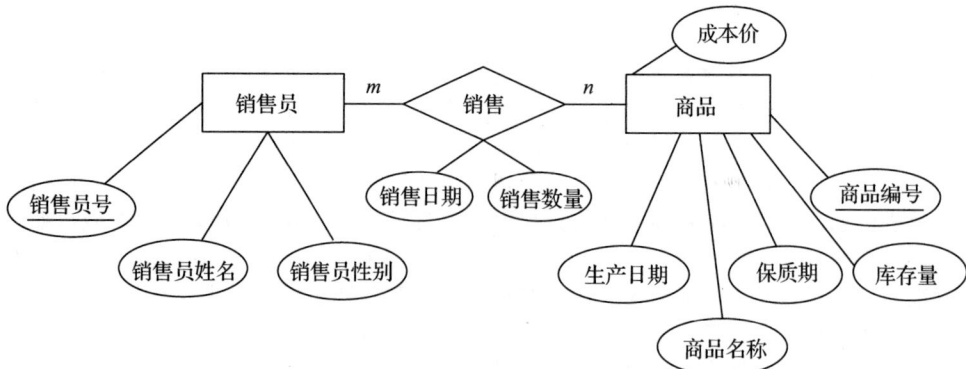

图 2-17　销售员销售商品的局部 E-R 模型

根据公司规定三，顾客在销售区的注册业务可以用图 2-18 所示的局部 E-R 模型表示。

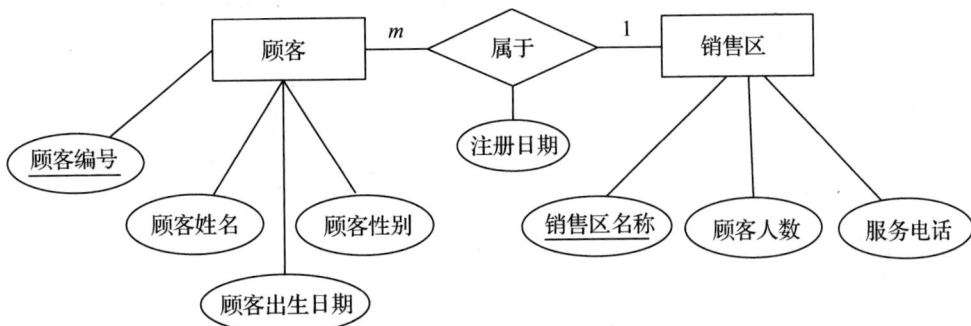

图 2-18　顾客在销售区注册的局部 E-R 模型

根据公司规定四，销售员入职销售分公司的业务可以用如图 2-19 所示的局部 E-R 模型表示。

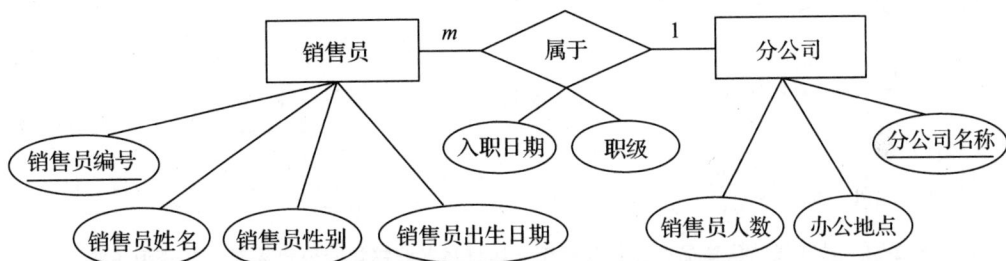

图 2-19　销售员入职销售分公司的局部 E-R 模型

（2）全局 E-R 模型的设计

全局 E-R 模型的设计包括两项重要任务：第一项任务是将局部 E-R 图集成为全局 E-R 图；第二项任务是消除各局部 E-R 模型之间的冲突。

首先合并图 2-16 和图 2-18 所示的局部 E-R 模型。在进行合并时，发现前者的"顾客"实体比后者的"顾客"实体少一个属性"顾客出生日期"，即存在结构冲突。消除该冲突的方法如下：合并后"顾客"实体的属性是两个局部 E-R 模型中"顾客"实体属性的并集，合并后的结果如图 2-20 所示。

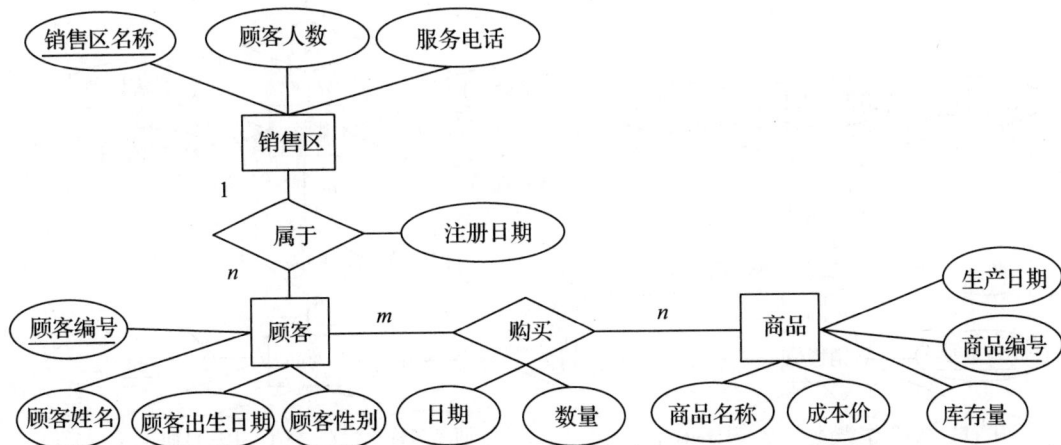

图 2-20　顾客购买商品局部 E-R 模型和顾客在销售区注册局部 E-R 模型的集成

合并图 2-17 和图 2-19 所示的局部 E-R 模型。在进行合并时，发现两个问题：第一个问题是，一个局部 E-R 模型中"销售员"实体比另一个局部 E-R 模型中"销售员"实体少一个属性"销售员出生日期"。第二个问题是，一个局部 E-R 模型中"销售员"实体包括的"销售员编号"属性与另一个局部 E-R 模型中"销售员"实体包含的"销售员号"属性，是具有相同语义的属性名，只是在不同的局部 E-R 图中具有不同的名称。第一个问题是结构冲突问题，解决的方法是合并后"销售员"实体的属性是两个局部 E-R 模型中"销售员"实体属性的并集。第二个问题是命名冲突问题，消除该冲突的方法是将"销售员号"属性和"销售员编号"属性统一命名为"销售员号"。合并后的结果如图 2-21 所示。

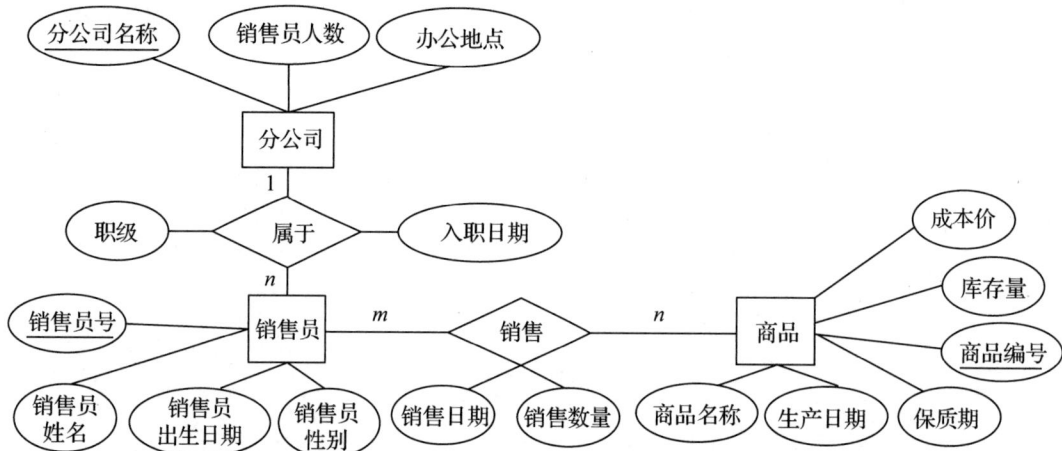

图 2-21　销售员销售商品局部 E-R 模型和销售员入职销售分公司局部 E-R 模型集成

最后将合并后的两个局部 E-R 模型合并为一个全局 E-R 模型，在进行这个合并操作时，发现这两个局部 E-R 模型中都有"商品"实体，但该实体在两个局部 E-R 模型中所包含的属性不完全相同，即存在结构冲突。消除该冲突的方法如下：合并后"商品"实体的属性是两个局部 E-R 模型中"商品"实体属性的并集。合并后的全局 E-R 模型如图 2-22 所示。

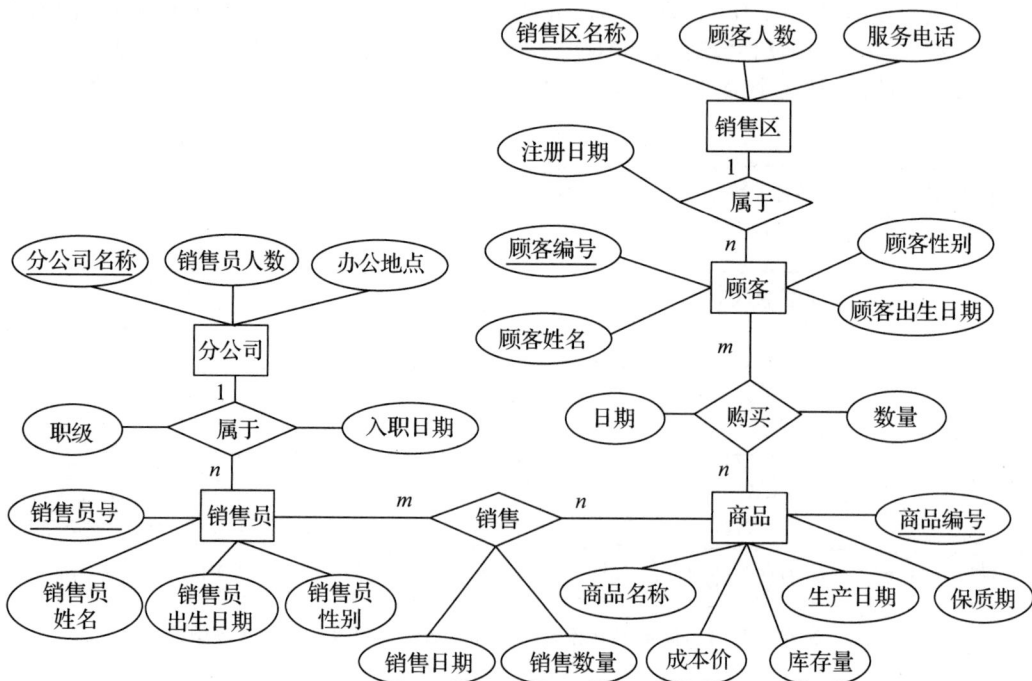

图 2-22　合并后的全局 E-R 模型

（3）全局 E-R 模型的优化

将局部 E-R 模型集成为全局 E-R 模型后，接下来的工作是对全局 E-R 模型进行优化。在满足用户数据需求的前提下，全局 E-R 模型的优化可以从以下 3 个方面着手：尽可能减少实体的个数；尽可能减少实体所包含属性的个数；尽可能减少实体间联系的个数。

图 2-22 是合并后的全局 E-R 模型。分析图 2-22 所示的全局 E-R 模型，发现"销售区"实体和"分公司"实体代表的含义基本相同，因此根据"实体个数尽可能少"的优化原则，可将这两个实体合并为一个实体，这里将合并后的该实体命名为"分公司"。

在合并"销售区"实体和"分公司"实体时，存在如下两个问题。第一个问题是结构冲突。实体"销售区"包含的属性是销售区名称、顾客人数和服务电话，而实体"分公司"包含的属性是分公司名称、销售员人数和办公地点。解决上述结构冲突的方法很简单，只需在合并后的实体"分公司"中包含这两个实体的全部属性即可。第二个问题是命名冲突。实体"销售区"中有一个属性是"销售区名称"，而在实体"分公司"中将这个语义相同的属性命名为"分公司名称"，即存在异名同义属性。为解决上述异名同义属性问题，可将这两个属性合并为一个属性，并命名为"分公司名称"。

除了基于"实体个数尽可能少"的原则对全局 E-R 模型进行优化以外，还可以根据"实体属性尽可能少"以及"实体间联系尽可能少"这两个原则对全局 E-R 模型进行优化。但设计者在优化全局 E-R 模型时，一定要以用户需求第一为前提。

基于"实体个数尽可能少"的原则对全局 E-R 模型优化后，全局 E-R 模型如图 2-23 所示。请读者思考：基于"实体属性尽可能少"及"实体间联系尽可能少"这两个原则，图 2-23 所示的全局 E-R 模型还能继续优化吗？

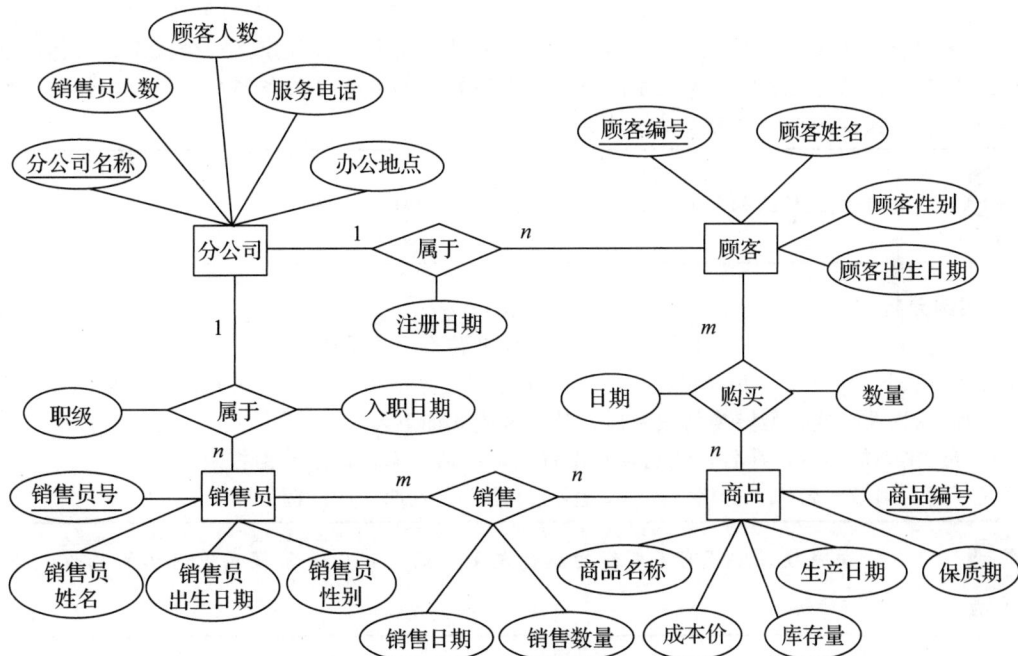

图 2-23 优化后的全局 E-R 模型

2.3 数据库的逻辑设计

数据库的逻辑设计就是基于用户层面的概念模型，建立面向计算机理论层面的数据库模式。数据库模式既要反映概念模型中的信息结构，又要反映概念模型中的信息约束。

2.3.1 逻辑设计的主要任务

数据库逻辑设计的主要任务就是将概念模型映射为数据库模式。由于概念模型包括信息结构和信息约束两个维度，因此将概念模型映射为数据库模式有两个任务。

由于概念模型中信息结构这一维度是基于信息实体结构和信息实体联系这两个方面来表达的，因此将概念模型中的信息结构映射为数据库模式又可以分为两个子任务。

综上，数据库的逻辑设计任务有三：第一，如何用数据库模式来映射概念模型中的信息实体；第二，如何用数据库模式来映射概念模型中的信息实体联系；第三，如何用数据库模式来映射概念模型中的信息实体约束。

就关系数据库而言，数据库模式是"一系列的关系模式"的集合，关系模式既可建模实体结构，又可以建模实体间联系，还可以建模实体约束。因此将概念模型映射为关系数据库模式就是用"一系列的关系模式"来映射概念模型中的实体结构、实体联系和实体约束。

2.3.2 实体型的逻辑设计

实体型的逻辑设计就是将 E-R 模型中的信息实体转换为基于数据模型理论的数据对象。在关系数据库理论中，实体型逻辑设计的结果是关系模式，关系模式既可以表达实体的结构，又可以表达实体的约束。因此，实体型的逻辑设计就是如何用关系模式建模实体结构和实体约束。

1. 设计方法

在 E-R 图中，信息实体的实体型都是由实体名称、实体属性和实体约束这 3 个要素表述的。因此，将 E-R 图中的实体型转换为关系模式的方法如下：为每个实体定义一个关系，实体的名称就是关系的名称；实体的属性就是关系的属性；实体属性的域就是关系属性的域；实体的主码就是关系的主键，实体的外码就是关系的外键。

> **注意** 信息约束的转换表现在 3 个方面：域、码、外码。

2. 案例分析

【例 2-6】将图 2-11 所表示的 E-R 模型中的实体型转换为关系模式。

【分析】由图 2-11 可知，E-R 模型中有两个实体型，分别描述了销售员和商品的信息结构。将销售员和商品这两个实体型转换为关系后，其关系模式如下。

销售员(销售员编号，姓名，性别，聘用日期，电话，岗位，累计销售额)

商品(商品编号，名称，价格，库存，生产日期，有效期，产品简介)

> **注意** 关系模式中带有下划线的属性是关系的主键；关系模式中斜体的属性是关系的外键。

2.3.3 实体型间联系的逻辑设计

就关系数据库而言，由于关系数据库模式是"一系列的关系模式"的集合，因此实体型间联系的逻辑设计就是用关系模式表示 E-R 模型中的联系。下面介绍将 E-R 模型中的联系转换为关系模式的策略。

1. 一对一联系的逻辑设计策略

基于关系模式表示实体型间的一对一联系，主要是通过关系模式的主键和外键来实现的。将

E-R 模型的一对一联系进行逻辑建模，一般有以下两种策略。

第一，隐式建模策略：先将每个实体型转换为一个关系模式，再将其中一个关系模式中的主键置于另一个关系模式中，使之成为另一个关系的外键。

第二，显式建模策略：先将每个实体型转换为一个关系模式，再单独建立一个关联关系，用来表示这两个实体型的联系。关联关系的关系模式中至少要包括被它所联系的两个实体型的关系模式的主键。如果关联关系有属性，则也要归入这个关系的关系模式中。

上述两种策略殊途同归，实际上都是基于关系模式来建模实体型间的一对一联系。显式建模策略专门建立了一个关联关系模式来表达实体型间的一对一联系，而隐式建模策略则在两个实体关系模式中选择其中的一个实体关系模式来表达实体型间的一对一联系。也就是说，对于隐式建模策略而言，其中一个实体关系模式要发挥两个作用：既建模 E-R 模型中的实体型，又建模 E-R 模型中的一对一联系。如果两个实体型之间的一对一联系没有属性，则建议采用隐式建模策略。如果两个实体型之间的一对一联系有属性，则建议采用显式建模策略。

【例 2-7】假设一家集团公司下辖 39 家法人公司。如果每家法人公司只能由一位总经理管理，且一位总经理只能管理一家法人公司，那么法人公司和总经理之间是一对一联系。图 2-24 是对"总经理管理法人公司"这个论域建立的 E-R 模型。

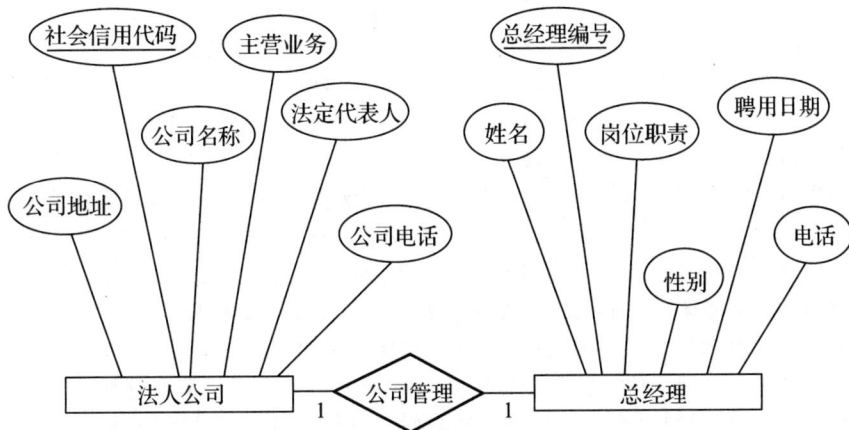

图 2-24　总经理管理法人公司的 E-R 模型

如果 E-R 模型中的两个实体型"法人公司"和"总经理"经过逻辑设计后，分别转换为法人公司和总经理这两个关系模式。

法人公司(**社会信用代码**，公司名称，公司地址，公司电话，主营业务，法定代表人)

总经理(**总经理编号**，姓名，性别，岗位职责，聘用日期，电话)

请选择相应的建模策略，用关系模式建模法人公司和总经理之间的联系"公司管理"。

【分析】由题干可知，在"公司管理"联系中，没有用户关注的属性，因此该联系的建模策略以隐式建模策略为宜。基于隐式建模策略建模"公司管理"联系，只需要重构公司和总经理的关系模式，而不必建立第三个关系：既可以把"法人公司"关系模式中的主键"社会信用代码"放入"总经理"关系模式中，使"社会信用代码"成为"总经理"关系的外键；又可以把"总经理"关系模式的主键"总经理编号"放入"法人公司"关系模式中，使"总经理编号"成为"法人公司"关系的外键。由此得到下面两种设计结果。

关系模式 1：

法人公司(**社会信用代码**，公司名称，公司地址，公司电话，主营业务，法定代表人)

总经理(**总经理编号**，姓名，性别，岗位职责，聘用日期，电话，社会信用代码)

关系模式 2：

法人公司(**社会信用代码**，公司名称，公司地址，公司电话，主营业务，法定代表人，总经理编号)

总经理(**总经理编号**，姓名，性别，岗位职责，聘用日期，电话)

【拓展】如果要对总经理在任期内的累计实现利润进行考核，那么就需要给"公司管理"这个联系增加考核属性。如果给"公司管理"联系增加"累计管理时间""累计实现利润"两个属性，那么"公司管理"联系最好基于显式建模策略进行逻辑建模，这就要求将"公司管理"联系转换为一个独立的关系模式。基于显式建模策略的逻辑设计结果如下。

法人公司(**社会信用代码**，公司名称，公司地址，公司电话，主营业务，法定代表人)

总经理(**总经理编号**，姓名，性别，岗位职责，聘用日期，电话)

公司管理(**总经理编号**，**社会信用代码**，累计管理时间，累计实现利润)

2. 一对多联系的逻辑设计策略

在具有一对多联系的两个实体型中，一方实体型称为"父"方实体型，多方实体型称为"子"方实体型。基于关系模式表示"父"方实体型和"子"方实体型之间的一对多联系时，也是通过关系模式的主键和外键来实现的。对 E-R 模型的一对多联系进行逻辑建模有下述两种策略。

隐式建模策略：先将每个实体型转换为一个关系模式，再将"父"方实体关系模式中的主键置于"子"方实体关系模式中，使其成为"子"方实体关系模式的外键。

显式建模策略：先将每个实体型转换为一个关系模式，再单独建立一个关联关系，用来表示"父"方实体型和"子"方实体型的一对多联系。对于这个新建的关联关系而言，它的关系模式中至少要包括"父"方关系模式和"子"方关系模式中的主键。另外，如果 E-R 模型的一对多联系有属性，则要在这个新建的关联关系的关系模式中进行映射。

上述两种建模策略实际上都是基于关系模式来建模实体型间的一对多联系的。显式建模策略专门建立了一个关联关系来表达实体型间的一对多联系，而隐式建模策略借助于"子"方实体关系模式来表达实体型间的一对多联系。如果两个实体型之间的一对多联系没有属性，则建议采用隐式建模策略。如果两个实体型之间的一对多联系有属性，则建议采用显式建模策略。

【例 2-8】在"仓库管理员管理仓库"这个论域中包括仓库和仓库管理员两个实体，如果每个仓库可以由多位仓库管理员管理，但一位仓库管理员只能管理一个仓库，那么这两个实体之间具有一对多联系。基于 E-R 方法建模"仓库管理员管理仓库"论域，得到该论域的 E-R 模型，如图 2-25 所示。该模型包括实体型"仓库"、实体型"仓库管理员"、实体型之间的一对多联系"仓库管理"，请将该 E-R 模型转换为关系数据库的关系模式。

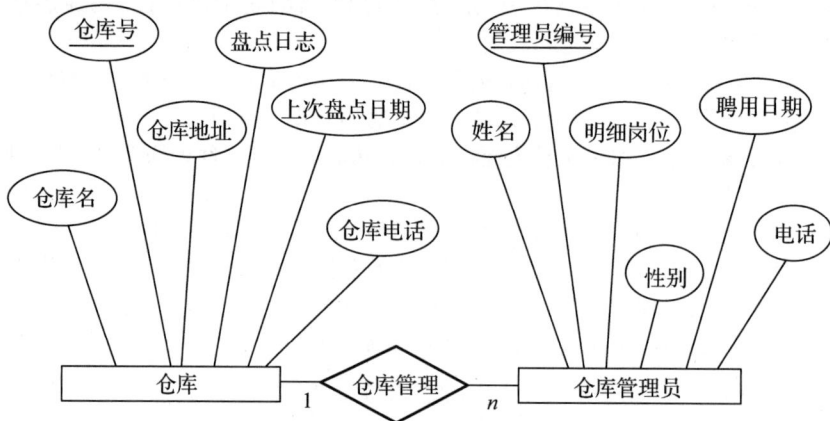

图 2-25　仓库管理员管理仓库的 E-R 模型

【分析】首先不考虑上述 E-R 模型中的联系，那么两个实体型"仓库"和"仓库管理员"分别转换为仓库和仓库管理员这两个关系的关系模式，其关系模式如下。

仓库(**仓库号**,仓库名,仓库地址,仓库电话,上次盘点日期,盘点日志)

仓库管理员(**管理员编号**,姓名,性别,明细岗位,聘用日期,电话)

再对上述的两个关系模式进行完善,以建模上述 E-R 模型中的联系"仓库管理"。根据题干,一对多联系"仓库管理"没有用户关注的属性,因此本例采用隐式建模策略即可。根据一对多联系的转换策略,"一方"仓库与"多方"仓库管理员之间联系的建模,需要把"一方"仓库关系模式的主键"仓库号"放入"多方"仓库管理员的关系模式中,使之成为仓库管理员关系模式的外键。重构后的关系模式如下。

仓库(**仓库号**,仓库名,仓库地址,仓库电话,上次盘点日期,盘点日志)

仓库管理员(**管理员编号**,姓名,性别,明细岗位,聘用日期,电话,仓库号)

【拓展】如果要对仓库管理员的仓库管理活动进行记录,那么就需要给"仓库管理"联系增加管理活动相关的属性。如果给"仓库管理"联系增加"管理活动""开始时间""结束时间"这 3 个属性,那么"仓库管理"联系最好基于显式建模策略进行逻辑建模,这就要求将"仓库管理"联系转换为一个独立的关系模式。基于显式建模策略的逻辑设计结果如下。

仓库(**仓库号**,仓库名,仓库地址,仓库电话,上次盘点日期,盘点日志)

仓库管理员(**管理员编号**,姓名,性别,明细岗位,聘用日期,电话)

仓库管理(**管理员编号**,**仓库号**,管理活动,开始时间,结束时间)

【思考】如果每个仓库只能由一位仓库管理员管理,但一位仓库管理员可以管理多个仓库,那么这两个实体之间还是一对多联系吗?如果是,则关系模式应该怎样表示?

在实际应用中,如果实体型之间的联系是强制性的,且联系中没有用户期望的属性,那么联系建模策略一般采用隐式建模策略;如果实体型之间的联系是非强制性的,或者联系中有用户期望的属性,那么联系建模策略一般采用显式建模策略。所谓的强制性联系,指的是"子"方实体型的所有实体必须加入一对多联系中;而非强制性联系,指的是"子"方实体型的实体既可以加入一对多联系中,又可以不加入一对多联系中。例如,在毕业设计中,如果一名老师可以指导一位或多位学生,而一位学生既可以选择一位指导教师,又可以不选择任何一位指导教师,那么教师和学生之间的一对多联系"教师指导学生"就是非强制性的联系。如果一位教师可以指导一位或多位学生,而一位学生必须且只能选择一位指导教师,那么教师和学生之间的一对多联系"教师指导学生"就是强制性的联系。

【例 2-9】根据毕业设计的具体需求,下面给出了指导教师和学生的关系模式。

教师(**教师号**,姓名,院系,电话)

学生(**学号**,姓名,性别,出生日期,所属院系)

如果一名教师可以指导多位学生,而每位学生有且只有一名教师指导其毕业设计,那么请建模教师和学生之间的联系。

【分析】根据题干,教师和学生之间存在的联系是强制性的一对多联系,其中教师是"一方",学生是"多方";这个一对多联系没有用户期望的属性。鉴于此,基于隐式建模策略建模这个一对多联系更加符合语义,相应的关系模式如下。

教师(**教师号**,姓名,院系,电话)

学生(**学号**,姓名,性别,出生日期,所属院系,教师号)

【拓展】如果在教师指导学生的联系中,还要包括该联系的指导时间、指导地点、指导主题和学生表现 4 个属性,那么使用显式建模策略建模是一个好的选择。如果将该联系命令为"指导",那么基于显式建模策略建模的指导思想,联系"指导"需要单独用以下关系模式表示。

指导(**教师号**,**学号**,指导日期,指导地点,指导主题,学生表现)

【思考】对于关系"指导",它的主键应该怎样设置?

基于隐式建模策略建模一对多联系时,一定是将父方实体关系模式中的主键置于子方实体关系模式中的。

3. 多对多联系的逻辑设计策略

在关系数据库中，两个实体型之间的多对多联系，无法通过这两个实体的关系模式表达，必须建立第三个关系，通过第三个关系的关系模式来表达这两个实体型之间的多对多联系。第三个关系又称为关联关系。关联关系表示两个实体型之间的多对多联系，是通过在关联关系的关系模式中加入实体关系模式的主键实现的。

建模 E-R 模型中的多对多联系的策略如下：将具有多对多联系的两个实体型分别映射为两个独立的实体关系模式，作为两个"父"方关系模式；建立一个关联关系模式，作为"子"方关系模式；将两个"父"方实体关系模式中的主键都置于"子"方关联关系的关系模式中，使其成为"子"方关联关系模式的外键。

基于多对多联系的建模策略，图 2-11 所表示的 E-R 模型可以建模如下。

将实体型"销售员"和"商品"转换为以下关系模式。

销售员（**销售员编号**，姓名，性别，聘用日期，电话，岗位，累计销售额）

商品（**商品编号**，名称，价格，库存，生产日期，有效期，产品简介）

将多对多联系"销售单"转换为以下关系模式。

销售单（**销售单编号**，商品编号，销售日期，销售单状态，销量，折扣，销售员编号）

关系模式"销售单"之所以能够反映"销售员"关系和"商品"关系之间的多对多联系，是因为"销售单"关系模式中有"销售员"关系的主键"销售员编号"及"商品"关系的主键"商品编号"。

【说明】关系数据库理论不支持关系 A 和关系 B 之间多对多联系的直接建模。为表达 A 和 B 之间的多对多联系，通常引入一个关联关系 C，基于 C 的关联作用，A 和 B 之间的多对多联系可以拆分为 A 和 C 之间的一对多联系和 B 和 C 之间的一对多联系。图 2-26 说明了"销售员"和"商品"之间的多对多联系，基于"销售单"关系的关联作用，被分解为两个一对多联系。

图 2-26 "销售员"和"商品"之间的多对多联系被分解为两个一对多联系

【例 2-10】假定顾客在一家无人超市购买商品；每位顾客一次可以购买多款商品；每一款商品都可以被多位顾客购买。图 2-27 描述了"顾客购物"的 E-R 模型。请基于关系数据库的逻辑设计，将图 2-27 所描述的 E-R 模型转换为关系模式。

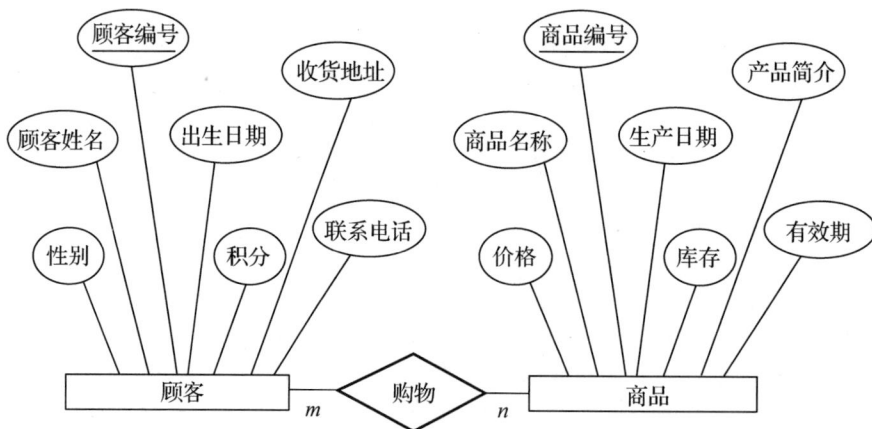

图 2-27 "顾客购物"的 E-R 模型

图 2-27 中的实体型"顾客"和"商品"可转换为以下关系模式。

顾客（**顾客编号**，顾客姓名，性别，出生日期，联系电话，收货地址，积分）

商品(**商品编号**，商品名称，价格，库存，生产日期，有效期，产品简介)

图 2-27 中的联系"购物"可转换为以下关系模式。

购物(**顾客编号，商品编号**)

【说明】认真想一想，可以发现联系"购物"的关系模式有问题：存在重复的记录行。导致这一问题的原因是同一位顾客可以多次购买同一款商品。因此，必须对上述的关系模式进行修改。对"购物"关系模式修改的方法很多：可以引入代理主键；可以加入属性"购物时间"等。引入代理主键或加入属性"购物时间"后，联系"购物"的关系模式如下。

购物(**购物 ID**，顾客编号，商品编号)

购物(**购物时间**，顾客编号，商品编号)

【结论】关系数据库对多对多联系的建模必须引入一个关联关系，基于关联关系的中介，将多对多关系分解为两个一对多联系。

【例 2-11】假定顾客在一家无人超市购买商品；每位顾客一次可以购买多款商品；每一款商品都可以被多位顾客购买；每位顾客的一次购物都需要自己填写一张订单。如果要创建关系数据库对上述论域的"顾客基于订单购物"进行组织和管理，则请写出关系数据库的数据库模式。

【分析】由于顾客每次购物都需要填写一张订单，因此订单反映了商品和顾客之间的联系。根据题干，商品和顾客之间的联系是多对多，因此订单需要建模为一个独立的关系模式。"订单"关系实际上是一个事务型关系，它包含两类属性：顾客购物的事务属性，如"购物时间""订单金额"等；多对多联系的表达属性，包括顾客的主键"顾客编号"、商品的主键"商品编号"。基于上述分析，"顾客基于订单购物"数据库的关系模式如下。

顾客基于订单购物＝{顾客，商品，订单}

顾客(**顾客编号**，顾客姓名，性别，出生日期，联系电话，收货地址，积分)

商品(**商品编号**，商品名称，价格，库存，生产日期，有效期，产品简介)

订单(**订单编号**，商品编号，购物时间，订单金额，顾客编号)

【说明】上述关系模式表达了以下联系：第一，顾客与商品之间的多对多联系，通过"顾客"与"商品"两个关系模式中的主键"顾客编号""商品编号"与"订单"关系模式中的外键"顾客编号"和"商品编号"表达；第二，顾客与订单之间的一对多联系，通过"顾客"关系模式中的主键"顾客编号"和"订单"关系模式中的外键"顾客编号"表达；第三，商品与订单之间的一对多联系，通过"商品"关系模式中的主键"商品编号"与"订单"关系模式中的外键"商品编号"表达。

【拓展】在实际工作中，"顾客基于订单购物"数据库中常常引入关系"订单商品信息"，引入该关系后的数据库模式如下。

顾客基于订单购物＝{顾客，商品，订单，订单商品信息}

顾客(**顾客编号**，顾客姓名，性别，出生日期，联系电话，收货地址，积分)

商品(**商品编号**，商品名称，价格，库存，生产日期，有效期，产品简介)

订单(**订单编号**，购物时间，订单金额，顾客编号)

订单商品信息(**订单编号**，商品编号，商品折扣，订购数量)

请问：在上述数据库模式中，"商品"与"订单"之间能否建立联系？"订单"和"订单商品信息"之间的一对多联系和"商品"与"订单商品信息"之间的一对多联系能表示"商品"与"订单"之间的多对多联系吗？"订单商品信息"关系是否需要定义代理主键？顾客与商品之间的多对多联系是如何实现的？

为了帮助读者回答上述问题，图 2-28 粗粒度地给出了"顾客基于订单购物"这一论域的概念模型。

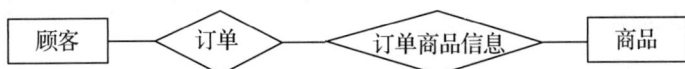

图 2-28 "顾客基于订单购物"的粗粒度概念模型

综上所述，基于关系模式建模 E-R 模型中实体联系的方法如表 2-1 所示。

表 2-1 基于关系模式建模 E-R 模型中实体联系的方法

联系类型	方法
一对一	将一个实体关系模式中的主键置于另一个实体关系的关系模式中
一对多	将父实体关系模式(一方)中的主键置于子实体关系模式(多方)中
多对多	建立"关联关系"，将两个父实体关系模式中的主键置于关联关系的关系模式中，关联关系是两个父关系的子关系。多对多联系实际上分解成了两个一对多联系

2.3.4 应用示例

2.2.6 小节设计了某销售总公司的成本价商品销售数据库的概念模型，如图 2-29 所示。请基于该数据库的逻辑设计策略和方法，将成本价商品销售数据库的概念模型转换为逻辑模型。

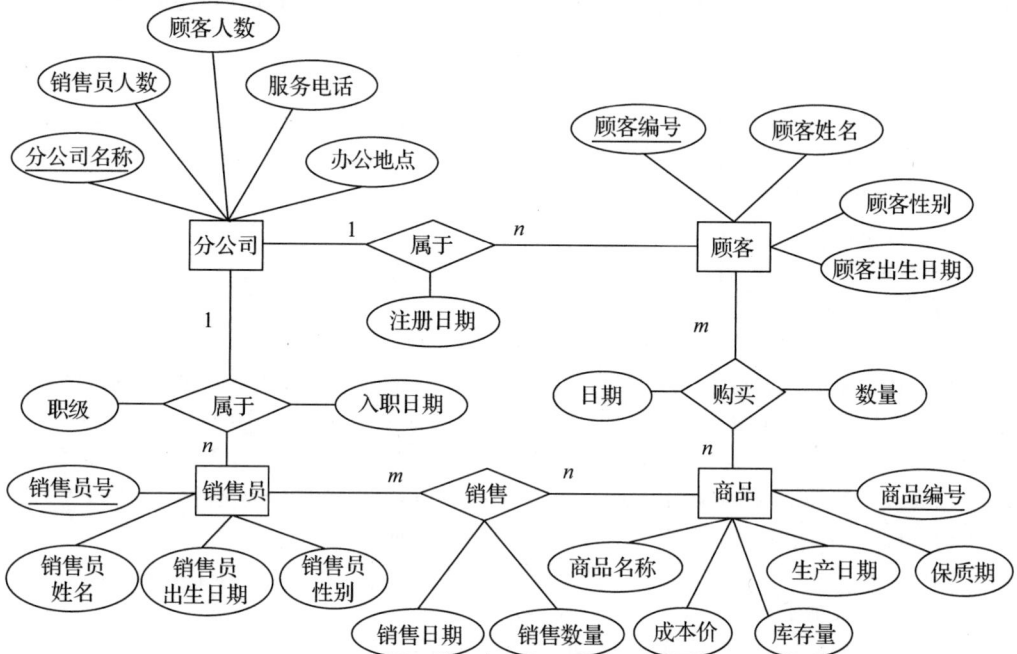

图 2-29 某销售总公司的成本价商品销售数据库的概念模型

限于篇幅，此示例的逻辑设计过程及设计结果请参看本书的数字教程。

2.4 数据库的物理设计

数据库的物理设计有两个关键任务：选择实施数据库的 DBMS(即 DBMS 的选择)；将面向计算机理论层面的逻辑模型转换为面向 DBMS 技术层面的物理模型(即基于 DBMS 的物理设计)。下面仍以关系型数据库为背景，围绕着上述两个任务，介绍关系数据库的物理设计。

2.4.1 DBMS 的选择

物理设计的主要任务就是将面向计算机理论层面的逻辑模型转换为面向 DBMS 技术层面的物

理模型，因此 DBMS 的选择至关重要。

1. 主流 DBMS 的概况

根据 DBMS 的综合能力，主流 DBMS 分为小型、中型和大型 3 类。判断 DBMS 综合能力的指标很多，常见的有数据规模、并发用户数和安全性能等。就小型、中型和大型这 3 类 DBMS 而言，它们所能组织和管理的数据规模逐类增大；所支持的并发用户数逐类增加；所支持的安全性能逐类提高。综合能力的提高意味着 DBMS 投资成本的提高。

在关系型数据库管理系统中，比较著名的小型 DBMS 有 Access、Visual FoxPro 等；比较著名的中型 DBMS 有 MySQL、SQL Server、Informix 等；比较著名的大型 DBMS 有 Sybase、Oracle、DB2 等。需要说明的是，对于同类的 DBMS，它们的综合能力也是不同的。例如，对于大型 DBMS，就综合能力而言，Sybase ＜ Oracle ＜ DB2。

2. 选择 DBMS 的原则

用户在选择 DBMS 时一般要考虑 3 个因素：项目规模，既要考虑数据量的负载规模，又要考虑并发用户的负载数量；安全需求程度的高低；项目成本，即目标数据库的建设、运行和维护的成本。

例如，对于留言板、主题新闻等数据库，数据量一般较小，并发用户数量一般在百人级别，对安全性要求也不高，这类数据库可以考虑使用小型 DBMS，投资成本在千元级别。

又如，对于并发用户数量在千人级别的商务网站，数据规模一般较大，对数据库的安全性也有较高的要求，此时应该考虑中型 DBMS，投资一般在万元级别。

再如，对于海量的数据负载、万人级别的并发用户数量、极高的安全性需求，必须考虑大型 DBMS，用户投资应该在十万元以上。

2.4.2 基于 DBMS 的物理设计

DBMS 确定后，就是基于数据库的逻辑模型建立数据库的物理模型，其主要任务有数据库物理存储区的设计、数据库物理模式的设计和数据库物理存取方法的设计。

物理模型的设计既要考虑数据库的功能需求，又要综合考虑数据库的性能需求，这主要包括响应时间、存储空间及可靠性 3 个方面的因素。

1. 数据库物理存储区的设计

数据库物理存储区的设计与 DBMS 的工作机制密切相关。尽管不同 DBMS 所支持的数据库物理存储区的设计内容不同，但都包括存储方式的设计和存取路径的设计。

(1)存储方式的设计

常见的数据库存储方式包括分布式存储和集中存储。分布式存储将数据库存储在多台计算机上，而集中存储将数据库存储在一台计算机上。

对于集中存储的数据库而言，数据库的存储方式包括单点存储和多点存储两种类型。如果数据库中的数据只用一个数据库文件存放，则该数据库存储方式的类型为单点存储；如果数据库中的数据存放在不同的数据库文件中，则该数据库存储方式的类型为多点存储。

基于多点存储的数据库可以实现高效率的数据库并发访问，数据库的可靠性也较高。基于单点存储的数据库的存储结构较简单，数据库的管理和维护也较容易。

(2)存取路径的设计

数据库的存取路径分为主存取路径与辅存取路径。对于每一个主题的数据，都应该设计一个主存取路径和多个辅存取路径，前者用于主信息存取，后者用于辅助信息存取。

不管物理存储区的设计模式如何优秀，如果 DBMS 和宿主计算机不支持，那么也只是坐而论道。数据库物理存储区的设计将在第 4 章中展开介绍。

2. 数据库物理模式的设计

数据库模式的设计与特定的 DBMS 相关。假定用户选择的 DBMS 是 Access，那么数据库物理模式的主要任务是将关系数据库中的每一个关系映射为 Access 中的一个表对象。这一映射过程就是物理模式的设计过程。

基于 Access 的物理模式设计主要包括：将关系名映射为表对象名；将关系的数据结构映射为表对象的数据结构；将关系的数据约束映射为表对象的数据约束。

将关系的数据结构映射为 Access 表对象的数据结构主要包括以下内容：将关系的属性名映射为表对象的字段名；基于属性的语义确定各个字段的数据类型；基于性能和空间的需求确定各个字段的存储大小；基于用户的功能需求确定各个字段的应用特征。

将关系的数据约束映射为表对象的数据约束主要包括以下内容：将关系的内部数据约束映射为表对象的内部数据约束；将关系之间的数据约束映射为表对象之间的数据约束。

由于数据库物理模式的设计与特定的 DBMS 密切相关，因此这一内容将在第 5 章中展开介绍。需要提醒读者的是，设计数据库物理模式时，既要考虑功能，又要考虑性能。

3. 数据库物理存取方法的设计

为了提高数据库系统对用户访问的响应速度，提高用户共享服务的满意度，数据库必须提供高效的物理存取方法，这样才能满足多用户快速共享数据的需求。

在关系数据库中，常用的数据存取方法有索引方法和聚簇方法。索引方法的设计就是根据应用需求确定对关系的哪些属性建立单索引，对哪些属性建立组合索引；聚簇方法的设计就是把经常一起访问的数据集中存放在一个连续存储区域中，从而显著地减少磁盘访问的次数。

由于数据库物理存取方法的设计与特定 DBMS 的工作机制密切相关，因此这一内容将在第 5 章和第 14 章中展开介绍。

2.5 技术拓展与理论升华

本章重点介绍了数据库的概念设计、逻辑设计和物理设计，其中逻辑设计是重中之重，它承前启后，对目标数据库的功能和性能都有重大影响。为保证逻辑设计取得更优的数据库模式，专家和学者提出了很多优化理论，其中影响最大的就是关系数据库规范化理论。由于关系数据模型可以向其他数据模型转换，因此关系数据库规范化理论对所有类型的数据库逻辑设计都具有指导意义。本节以关系数据库逻辑模型的优化为目标，重点介绍关系数据库规范化理论的应用背景、内涵、范式、理论范式与性能需求的平衡准则等。

2.5.1 关系规范化理论的应用背景

第 1 章中已经指出，类 Excel 技术组织和管理数据时，数据冗余是一个不可避免的问题。数据冗余不但浪费资源，而且会导致一系列的操纵异常，如修改异常、插入异常、删除异常等。导致数据冗余和数据操纵异常问题的根源是，类 Excel 技术用一个大表组织和管理所有实体的数据。

为了解决数据冗余和数据操纵异常等问题，数据库技术诞生了。数据库技术将大表按照主题分解为两个或多个小表，并建立这些小表之间的联系。这种方案既能减小数据的冗余度，又能保证数据的关联访问，还能杜绝操纵异常问题。

那么如何将大表分解为两个或多个小表呢？这就是关系规范化理论要回答的问题。为了便于读者对关系规范化理论有一个直观认识，下面对上述问题进行形式化描述。

类 Excel 技术组织和管理数据遇到的数据冗余问题和数据操纵异常问题，源于将所有实体的数据放在一个大表中。这个问题也可以移植到关系数据库技术中，如果将所有实体的数据组织在一个关系中，那么也会遇到数据冗余问题和数据操纵异常问题。

【定义 2-1】泛关系假设：论域中所有实体的数据可以用一个关系来组织和管理。基于泛关系假设的单一关系被称为泛关系，泛关系的关系模式称为泛关系模式。

基于泛关系假设，泛关系将包含论域中所有实体的数据，那么泛关系必然遇到数据冗余和数据操纵异常问题。为了解决上述问题，必须对泛关系模式进行规范化。

【定义 2-2】关系规范化：关系规范化是解决关系中数据冗余、数据操纵异常等问题的一组规则和方法。关系规范化的基本方法是关系模式的分解。关系规范化的基本规则是模式等价原则。

对泛关系模式进行规范化后，必然生成一组关系模式。如果一个数据库原来是基于泛关系假设的，那么泛关系模式分解后得到的关系模式集合必然是这个数据库的数据库模式。

泛关系模式的分解不是随意的，必须保证泛关系模式与分解后的数据库模式等价。那么怎样保证等价呢？其必须遵循等价分解的规则：无损分解和保持依赖分解。

关系规范化理论中的分解就是关系模式分解。如果是无损分解，则数据库模式与泛关系模式的信息是等价的，不会丢失任何的信息，否则为损失分解。

关系规范化理论中的依赖反映了关系中属性间的相互联系。如果是保持依赖分解，则泛关系模式反映的数据语义将在数据库模式中得到保留，不会出差错。

违反无损分解和保持依赖分解这两个原则的分解不是关系规范化，但是无损分解和保持依赖分解不一定能同时满足。因此关系模式的分解就有了 3 个标准：满足无损分解；满足保持依赖分解；同时满足无损分解和保持依赖分解。

2.5.2 关系规范化理论的内涵

关系规范化的主要任务是关系模式的优化。每个关系模式的优化都要基于数据库模式的全局视角进行，从而在数据库层面使得数据冗余度尽量低，操纵异常尽量少。关系规范化的主要方法是关系模式的分解，特殊场景下，关系规范化的方法是关系模式的综合。关系规范化要在关系规范化理论的指导下进行。关系规范化理论能够帮助设计者预测数据库模式可能出现的问题，并提供解决问题的策略、方法和规则。

1. 关系规范化理论的基本内容

关系数据库规范化理论是研究关系数据库模式优化的理论。关系数据库规范化理论认为，一个关系数据库中所有的关系都应满足一定的规范（约束条件），如果所有的关系都是规范的，那么这个数据库模式就是规范的。

根据关系模式满足的规范条件，规范化理论把关系模式分为不同等级的范式。范式的等级越高，关系应满足的约束条件就越严格。满足最低一级要求的规范叫作第一范式（1NF），在第一范式的基础上提出了第二范式（2NF），在第二范式的基础上又提出了第三范式（3NF），此后又提出了 Boyce-Codd 范式（BCNF）、4NF、5NF。关系数据库规范化理论就是围绕着上述范式建立的。

规范的每一级别都依赖于它的前一级别，例如，若一个关系模式满足 2NF，则它一定满足 1NF。也就是说，BCNF 包含 3NF，3NF 包含 2NF，2NF 包含 1NF。在实际工程中，3NF、BCNF 应用得最广泛，一般场景下，推荐采用 3NF 作为关系模式设计的标准。

2. 关系规范化理论的基本方法

关系规范化理论的基本方法是逐步消除关系模式中不合适的数据依赖，使得关系模式达到某种程度的分离，也就是说，不要将若干个对象实体或事务实体的数据组织在一个关系中，而让它们彼此分开，一个关系只表示一个实体或一个事务。

关系规范化是以函数相关性理论为基础的，其中非常重要的函数相关性理论是函数（数据）依赖。与函数依赖相关的几个术语定义如下。

【定义 2-3】函数依赖：给定一个关系模式 R，有属性（属性组）X 和 Y，如果 X 的属性值相同时，Y 的属性值也相同，并且对于 X 的任意一个值，都只有一个 Y 值与之对应，则称 Y 函数依赖于 X，又称为 X 确定 Y，记作 $X \rightarrow Y$。

【定义 2-4】完全函数依赖：给定一个关系模式 R，有属性（属性组）X 和 Y，如果 Y 函数依赖于 X，并且 Y 不依赖于 X 的任意真子集，则称 Y 完全函数依赖于 X，记作 $X→(F)Y$。

【定义 2-5】部分函数依赖：给定一个关系模式 R，有属性（属性组）X 和 Y，如果 Y 函数依赖于 X，并且 Y 依赖于 X 的某真子集，则称 Y 部分函数依赖于 X，记作 $X→(P)Y$。

【定义 2-6】传递函数依赖：给定一个关系模式 R，有属性（属性组）X、Y、Z，如果 Y 函数依赖于 X，Z 函数依赖于 Y，并且 X 不包含 Y、Y 不确定 X，那么 Z 传递函数依赖于 X，记作 $X→(T)Z$。

【定义 2-7】主属性和非主属性：包含在键中的各个属性称为主属性，不包含在任何键中的属性称为非主属性。

实际上，并非所有的应用场景都要求对关系模式进行分解，以达到某一范式。有些应用需要故意保留部分冗余数据，以便于用户进行数据查询，在这种场景下，设计者需要对关系模式进行某种程度的综合，尤其是那些修改频率不高、查询频度极高的关系。因此，分解和综合是关系数据库模式设计中的两种主要方法。

3. 关系规范化理论的基本原则

关系规范化是基于关系数据库规范化理论将满足低级范式的关系转换为满足高级范式关系的过程。在关系规范化的过程中，要遵循以下 3 个原则。

（1）单一化原则

单一化原则指的是一个关系模式只描述一个对象实体或事务实体。如果一个关系模式不满足单一化原则，那么应该对该关系模式进行规范化，规范化的方法就是将关系模式分解成两个或两个以上的关系模式。

（2）等价原则

关系模式分解后，所得到的关系模式集合应当与原关系模式"等价"，即经过自然连接可以恢复原关系而不丢失信息，并保持属性间的合理依赖。如果分解后得到的关系模式集合经过自然连接可以恢复原关系的数据信息，那么称这个分解满足无损连接性。

一个关系分解成多个关系时，要使得分解有意义，最起码的要求是分解后不丢失原来的信息。这些信息不仅包括数据本身，还包括由函数依赖所表示的数据之间的相互制约。进行分解的目标是达到更高一级的规范化程度，但是分解的同时必须考虑两个问题：无损连接性和保持函数依赖。它们是从两个不同的方面——数据等价和依赖等价来保证等价分解的。有时往往不可能做到既有无损连接性，又完全保持函数依赖，这时就必须根据需要进行取舍。

（3）需求驱动原则

一个关系模式的分解可以得到不同的关系模式集合，也就是说，分解方法不是唯一的。那么应该采取哪种分解方法呢？这需要基于应用需求来确定。

例如，针对要求最小冗余度的用户需求，需要对数据库模式进行彻底的规范化，在保证能够表达原来数据库所有信息的前提下，其根本目标是节省存储空间，避免数据不一致。

又如，针对只有数据查询而没有数据操纵的用户需求，不必对数据库模式进行彻底规范化（分解），这是因为没有数据操纵，就不用担心数据操纵异常问题；分解会导致数据查询频繁进行自然连接，从而降低查询效率。

4. 关系规范化理论的具体步骤

关系数据库的规范化理论是数据库逻辑设计的指南和工具。基于关系数据库的规范化理论，关系规范化的具体步骤如下。

Step1：确定需要进行规范的关系集合。将数据库中的所有关系分解成一个或多个关系集合。关系集合划分的基本依据是各个关系之间的应用联系。

Step2：考察每一个关系集合中所有关系模式的函数依赖关系，确定范式等级。逐一分析每一个关系集合中各关系的关系模式，考察它们是否存在部分函数依赖、传递函数依赖等，确定各个关系模式分别属于第几范式。

Step3：对每一个关系集合中的关系模式进行合并或分解。根据应用要求，逐个考察每一个关系集合中的这些关系模式是否合乎要求，从而确定是否要对这些关系模式进行合并或分解。例如，具有相同主键的关系模式一般可以合并；又如，需要分解的关系模式可以基于规范化方法和理论进行关系模式的分解。

Step4：对规范化后产生的各关系模式集合进行评价，确定出不合适的关系模式集合。

Step5：对于不合适的关系模式集合，转到 Step2，重新进行规范化，直至合理。合理与否的重要评判依据是关系模式集合是否满足应用需求。

5. 泛关系模式的规范化

泛关系模式作为关系数据库模式的一种特例，其规范化方法和原则也遵循关系规范化的一般理论，其中无损分解和保持依赖分解是将泛关系模式规范为等价数据库模式的两个重要准则。在泛关系模式分解的过程中，要注意以下问题。

①同时满足无损分解和保持依赖分解这两个标准的泛关系模式分解，才称得上是一个好的泛关系模式设计。

②无损分解和保持依赖分解之间没有必然联系，两者可能不同时成立。

③同一个泛关系模式按照无损分解的标准进行分解时，分解的结果不是唯一的。这同样适用于保持依赖分解。

④对于同一个泛关系模式而言，其分解后得到的数据库模式包括的关系模式越多，对用户的压力就越大。因此，在泛关系模式的规范化中，除了保证泛关系模式与数据库模式的等价性以外，还要尽量减少数据库模式中的关系模式数。这样既减轻了用户的压力，又使得计算机在操作数据库时能够减少关系连接的时间，以提高操作效率。

2.5.3 关系规范化的理论范式

为了区分关系模式的类型，规范化理论把关系模式分为不同等级的范式。当前在关系数据库系统中常用的范式有 3 种，分别是 1NF、2NF 和 3NF。除此之外，比较常用的范式还有 BCNF，它是修正的第三范式，有时也称为扩充的第三范式。

1. 1NF

1NF 要求关系模式符合以下规范条件：关系中的每个属性不可再分，且每个属性只能存储单个值。例如，如果"销售员"的关系模式中有一个"工作岗位"属性，它包含"电商销售"与"门店销售"两个岗位值，那么"销售员"关系就不满足 1NF。1NF 是最基本的范式，所有关系模式都必须满足 1NF。

(1)1NF 的定义

【定义 2-8】1NF：在关系模式 R 中，如果 R 的每个属性都是不可分解的原子属性，则称 R 是 1NF 的关系模式，也可称 R 是 1NF 的关系。1NF 是对关系的最低要求。

例如，在关系 R(销售员编号，姓名，电话号码)中，如果每个销售员的"电话号码"属性都用来存放办公电话号码和住宅电话号码，那么关系 R 就不满足 1NF。

将 R 规范为 1NF 的方法一般是将"电话号码"分为"办公电话"和"住宅电话"两个属性。分解后，R 的关系模式为 R(销售员编号，姓名，办公电话，住宅电话)。

【例 2-12】基于 1NF 的定义，判断图 2-30 的左表和右表是否满足关系的 1NF 要求。

【分析】在图 2-30(a)所示的学生课程表实体中，实体的课程属性都包括 2 个以上的值，基于 1NF 的定义，(a)不满足 1NF。在图 2-30(b)所示的学生课程表实体中，每一个属性都是原子的，只包含一个值，由 1NF 的定义可知，(b)满足关系的 1NF 要求。

学号	课程
QLU2019gn001	电子商务
QLU2019gn001	数据科学
QLU2019gn001	国际贸易
QLU2019gn001	互联网金融
QLU2019gn002	数据科学
QLU2019gn002	国际贸易
QLU2019gn002	互联网金融

学号	课程
QLU2019gn001	电子商务、数据科学、国际贸易、互联网金融
QLU2019gn002	数据科学、国际贸易、互联网金融

(a) 　　　　(b)

图 2-30　学生课程表

(2)非 1NF 数据表的规范化

对于关系而言，满足 1NF 是最低要求，因此任何一个关系的关系模式都是第一范式。对于普通的二维数据表而言，要使其满足 1NF，必须基于以下标准进行规范化。

①表的每一行只存储一个实体的数据。

②表的每一列只存储实体某个属性的数据。

③表中的每个单元格都不能再分解，只能存储一个值。

④表中每一列所有单元格的数据类型必须一致。

⑤每列都必须有唯一的名称，但表中列的顺序任意。

⑥行的顺序任意，但表中任意两行不能有完全相同的数据值。

在以上规范标准中，最基本的一条是二维表的每一个单元格不可再分，即不允许表中还有表。这就是说，二维表中的数据要在语义上保证二维表的二维结构特征。

在关系模式的设计中，有的设计者经常在关系中包含重复的属性组。所谓重复的属性组指的是关系模式中有两个或两个以上语义和域都相似的属性组。

例如，下列关系模式中存在两个重复的属性组："课程 1，成绩 1"和"课程 2，成绩 2"。

学生成绩(序号，姓名，课程 1，成绩 1，课程 2，成绩 2)

从形式上看，重复的属性组并没有违反二维表的二维结构特征，但从语义上看，重复的属性组意味着二维表中的第三维特征。

(3)1NF 的案例分析

下面首先通过案例分析不满足 1NF 的数据表有哪些典型的组织形式，接着深入地分析这些不满足 1NF 的数据表组织和处理数据的缺点，最后说明将这些不满足 1NF 的数据表规范化为满足 1NF 的数据表的方法。

①非 1NF 数据表的典型表现形式。对于不满足 1NF 的数据表而言，最典型的数据组织形式如表 2-2 所示。观察表 2-2 可以发现，销售单_1 的"商品"字段存在"商品名称"和"销售数量"两个属性的值，这显然不满足 1NF 的规范。就数据语义而言，如果在一个字段中存储多个值，那么意味着数据表的第三个数据维度，这显然违反了关系的二维结构特征。

表 2-2　销售单_1

销售单 ID	销售日期	销售员	商品
1	2019-1-5	赵军	蛋糕，2；牛奶，1
2	2019-1-5	孙林	饼干，1
3	2019-1-8	张颖	啤酒，2；烤鸭，1
4	2019-1-8	王伟	牛奶，1；蛋糕，1
5	2019-1-9	张颖	矿泉水，6
6	2019-1-10	王伟	面包，1
7	2019-1-11	赵军	烤鸭，2；啤酒，1

除了表 2-2 所示的销售单_1 以外，不满足 1NF 的典型数据表组织形式(销售单_2)如表 2-3 所示。数据表"销售单_2"对数据表"销售单_1"进行了修改。与销售单_1 相比，销售单_2 的字段中不再包含多个值，似乎满足了 1NF 的规范条件。但是观察表 2-3 可以发现，该表存在着两个重复的属性组"商品 1"和"销量 1"，"商品 2"和"销量 2"。虽然从形式上看，销售单_2 符合 1NF 的定义，但是从语义上看，重复的字段组意味着数据表的第三个数据维度，也违反了关系的二维结构特征。

表 2-3　销售单_2

销售单 ID	销售日期	销售员	商品 1	销量 1	商品 2	销量 2
1	2019-1-5	赵军	蛋糕	2	牛奶	1
2	2019-1-5	孙林	饼干	1		
3	2019-1-8	张颖	啤酒	2	烤鸭	
4	2019-1-8	王伟	牛奶	1	蛋糕	1
5	2019-1-9	张颖	矿泉水	6		
6	2019-1-10	王伟	面包	1		
7	2019-1-11	赵军	烤鸭	2	啤酒	1

②非 1NF 数据表的缺点。就"销售单_1"这类非 1NF 数据表而言，它在数据组织和数据处理中有以下缺点。

第一，存储空间不确定。由于"销售单_1"所包括的销售商品种类往往是不确定的，所以商品字段的存储空间不确定，最大时可能需要存储所有种类的销售商品，最小时只需要存储 1 个商品。

第二，数据处理效率低。由于"销售单_1"商品字段的单元格中包含多个值，不经过解释，无法确定该单元格包含哪些商品，各自的销量是多少，因此基于"销售单_1"的数据处理效率很低。

就"销售单_2"这类非 1NF 数据表而言，它在数据组织和数据处理中有以下缺点。

第一，浪费存储空间。由于销售单所包含的商品种类不确定，因此在设计"销售单_2"的字段数量时，只能基于销售单所能包含的商品种类最大值来设计。这就是说，如果超市经销 50 种商品，那么"销售单_2"就需要设计 100 个字段来分别记录商品名称和销售数量。"销售单_2"的这种结构会导致存储空间的大量浪费：1 名顾客购买了 50 种商品，那么这个销售单的确需要 100 个字段来存放商品名称和销售数量；如果有的顾客只购买了 1 种商品，那么该销售单也要包含 100 个字段，显然其中 98 个字段将为空值。一般来说，相对于超市经销的商品种类而言，用户购买商品的种类较少，这必然导致存储空间的严重浪费。

第二，处理效率低。就"销售单_2"而言，其销售数据的存放结构是没有规律的，它们可能分布在不同的行和不同的列中。无规律的数据分布使得数据处理难度加大，必然导致处理效率的降低。例如，由于每位销售员的销售数据都可能位于不同的行和不同的列，当计算某位销售员的销售总量时，要获得该销售员的销售数据的行列位置是比较困难的，因此是没有效率的。

第三，关系的结构不确定。就"销售单_2"而言，其结构是不确定的。当公司要增加经销商品的种类时，就需要修改数据表的结构，增加新的字段。这既给数据组织带来了困难，又给数据处理带来了困难。

③非 1NF 数据表的规范化。基于 1NF 设计的数据表如表 2-4 所示。观察"销售单_1NF"发现："销售单_1NF"存储的数据信息与"销售单_1""销售单_2"等价；"销售单_1NF"中所包含的属性是固定的，既没有重复的属性组，又没有存储多个值的属性，因此克服了非 1NF 数据表的缺点，使其数据存储有规律，数据处理效率高，例如，要计算商品的销售总量，只需要对"商品名称"和"销售数量"两个属性进行分类汇总即可；"销售单_1NF"存储的数据记录数增加了，"销售单 ID"有重复值。

表 2-4　销售单_1NF

销售单 ID	销售日期	销售员	商品名称	销量
1	2019-1-5	赵军	蛋糕	2
1	2019-1-5	赵军	牛奶	1
2	2019-1-5	孙林	饼干	1
3	2019-1-8	张颖	啤酒	2
3	2019-1-8	张颖	烤鸭	1
4	2019-1-8	王伟	牛奶	1
4	2019-1-8	王伟	蛋糕	1
5	2019-1-9	张颖	矿泉水	6
6	2019-1-10	王伟	面包	1
7	2019-1-11	赵军	烤鸭	2
7	2019-1-11	赵军	啤酒	1

基于上述观察结论可知，尽管"销售单_1NF"克服了非 1NF 数据表的缺点，但是其仍然存在以下缺点：包含冗余数据，销售员销售商品时，销售员名字会重复，商品名称会重复，销售日期也会重复，如果再增加销售员和商品的其他信息，则冗余数据会更多；"销售单 ID"不能再用作该表的主键，这是因为同一个销售单中，会包含不同的销售商品，所以"销售单 ID"有重复值，不能再用来标识"销售单_1NF"中的各个记录。

关系规范化的下一个任务就是克服上述缺点。方法是关系模式分解，通过将"销售单_1NF"中的属性拆分到多个关系表中以实现 2NF，可以有效地克服上述缺点。

2.2NF

2NF 要求关系模式符合以下规范条件：关系是第一范式；如果关系中的键为复合键，则非主属性不能存在对复合键中的主属性或主属性真子集的部分依赖。

（1）2NF 的定义

【定义 2-9】2NF：如果关系模式 R 为第一范式，且 R 中每个非主属性完全函数依赖于 R 的任何一个键，则称关系 R 是属于 2NF 的关系。

基于 2NF 的定义可知，一个关系要满足 2NF，其关系模式必须满足两个标准：关系是 1NF；非主属性对任何一个键都不存在部分依赖问题。

第一个标准在前面已经介绍了，下面分析第二个标准。假定关系"消费信息"包括"会员""店铺""会员电话""店铺地址""消费金额"等属性，如果"会员"和"店铺"是关系"消费信息"的复合键，那么该关系不符合 2NF 的要求。原因很简单，"消费信息"关系模式中的非主属性存在对键的部分依赖：非主属性"会员电话"依赖于复合键的主属性"会员"，非主属性"店铺地址"依赖于复合键的主属性"店铺"。

（2）非 2NF 关系的规范化

基于 2NF 的定义可知，导致关系不满足 2NF 的主要原因是关系中存在部分函数依赖问题。因此，非 2NF 关系的规范化策略是消除关系中的部分函数依赖。其具体方法是将非 2NF 关系的关系模式分解为若干个满足 2NF 的关系模式，分解步骤如下。

①把关系模式中对键完全函数依赖的非主属性与决定它们的键放在一个关系模式中。

②将对键部分函数依赖的非主属性和决定它们的主属性放在另一个关系模式中。

③检查分解后的关系模式集合，如果仍不满足 2NF，则继续按照前面的步骤进行分解，直至达到 2NF 要求。

【例 2-13】假定关系 PersonBankAccount 的关系模式如下。

PersonBankAccount(**开户银行**，开户行地址，**开户人账号**，开户人姓名，开户人电话，账户余额)

请问：该关系模式是第二范式吗？如果不是，请问应该如何对其进行规范化？

【分析】观察关系 PersonBankAccount 的关系模式发现，该关系的键是复合键，包括"开户银行""开户人账号"两个主属性。显然，PersonBankAccount 关系模式中的非主属性部分函数依赖于该关系的键："开户人姓名""开户人电话"这两个非主属性部分函数依赖于键中的主属性"开户人账号"；非主属性"开户行地址"部分函数依赖于键中的主属性"开户银行"。因此得到结论：关系 PersonBankAccount 不属于 2NF。

【规范化方法】把 PersonBankAccount 关系模式中对键完全函数依赖的非主属性"账户余额"与键放在一个关系模式中，不妨将其命名为 PersonAccount；把 PersonBankAccount 关系模式中对键部分函数依赖的非主属性"开户人电话""开户人姓名"和决定它们的主属性"开户人账号"放在一个关系模式中，不妨将其命名为 PersonInformation；把 PersonBankAccount 关系模式中对键部分函数依赖的非主属性"开户行地址"和决定它的主属性"开户银行"放在一个关系模式中，不妨将其命名为 BankInformation；检查分解后的关系模式集合，发现各个关系模式已经满足 2NF，因此停止关系模式的继续分解。关系模式 PersonBankAccount 的分解结果如下。

PersonInformation(**开户人账号**，开户人姓名，开户人电话)

PersonAccount(**开户银行，开户人账号**，账户余额)

BankInformation(**开户银行**，开户行地址)

> **注意** 部分函数依赖是造成数据冗余和插入异常的原因之一。在 2NF 中，不存在非主属性对主属性的部分函数依赖关系，因此 2NF 在一定程度上解决了这两个问题。

(3)2NF 的案例分析

前面的二维表"销售单_1"和"销售单_2"经过 1NF 规范化后，得到了表 2-4 所示的关系"销售单_1NF"。观察表 2-4，得到关系"销售单_1NF"的关系模式如下。

销售单_1NF(**销售单 ID**，销售日期，销售员，**商品名称**，销售数量)

在"销售单_1NF"这一关系模式中，由于非主属性"销售日期"和"销售员"部分函数依赖于键中的主属性"销售单 ID"，因此关系"销售单_1NF"不属于 2NF。不满足 2NF 的关系一般有两个缺点：数据冗余度比较大；存在插入异常问题。为解决这两个问题，需要对关系"销售单_1NF"基于 2NF 标准进行规范化。

下面将实体关系"销售单_1NF"基于 2NF 的标准进行规范化，具体方法如下：将不完全函数依赖于关系"销售单_1NF"键的非主属性"销售日期""销售员"与键中的主属性"销售单 ID"组成一个关系，将其命名为"销售单_Seller"；将完全函数依赖于关系"销售单_1NF"键的非主属性"销售数量"与键组成一个关系，将其命名为"销售单_Product"。对表 2-4 所示的关系"销售单_1NF"进行规范化后，拆分成两个表：表 2-5 所示的"销售单_Seller"和表 2-6 所示的"销售单_Product"。下面分析这两个关系是否满足 2NF。

观察表 2-5 和表 2-6，得到关系"销售单_Seller"和关系"销售单_Product"的关系模式如下。

销售单_Seller(**销售单 ID**，销售日期，销售员)

销售单_Product(**销售单 ID**，**商品名称**，销售数量)

对于关系"销售单_Seller"而言：键是单一键，只包括一个主属性"销售单 ID"，它作为唯一标识将关系中的不同记录区分开；非主属性"销售日期""销售员"对键完全函数依赖。因此，"销售单_Seller"是 2NF。

对于"销售单_Product"而言：由于同一张销售单可以包含不同的商品，因此关系"销售单_Product"的键是复合键，它包括"销售单 ID"＋"商品名称"这两个主属性。对于"销售单 ID＋商品

表 2-5 销售单_Seller		
销售单 ID	销售日期	销售员
1	2019-1-5	赵军
2	2019-1-5	孙林
3	2019-1-8	张颖
4	2019-1-8	王伟
5	2019-1-9	张颖
6	2019-1-10	王伟
7	2019-1-11	赵军

表 2-6 销售单_Product		
销售单 ID	商品名称	销售数量
1	蛋糕	2
1	牛奶	1
2	饼干	1
3	啤酒	2
3	烤鸭	1
4	蛋糕	1
4	牛奶	1
5	矿泉水	6
6	面包	1
7	烤鸭	2
7	啤酒	1

名称"这一复合键，非主属性"销售数量"显然既不部分函数依赖于主属性"销售单 ID"，又不部分函数依赖于主属性"商品名称"，因此"销售单_Product"满足 2NF。

综上所述，经过上述规范化工作，表 2-5 所示的关系"销售单_Seller"和表 2-6 所示的关系"销售单_Product"都满足了 2NF 的标准。

请读者对关系集合"销售单_Seller"+"销售单_Product"与单一关系"销售单_1NF"进行比较，并回答问题：满足 2NF 的关系集合是否彻底解决了数据冗余和操纵异常问题？

> **注意**
>
> 在关系数据库的数据库模式设计中，实体型"商品"一般单独建模为一个关系模式。如果"商品"单独建模，那么"销售单_Product（销售单 ID，商品名称，销售数量）"关系模式中的主属性"商品名称"应该用"商品编号"代替。原因很简单："商品编号"是超市内部编码的，具有可控性，且具有唯一性；相反，"商品名称"是通用的，不可控且不具有唯一性。同理，如果将实体型"销售员"单独建模为一个关系，那么"销售单_Seller"关系模式中的"销售员"也应该用"销售员编号"代替。

3. 3NF

3NF 要求关系模式符合以下规范条件：关系必须属于 2NF；关系模式中的非主属性之间不能存在传递函数依赖。3NF 解决的是非主属性的互相依赖问题。

（1）3NF 的定义

【定义 2-10】3NF：如果关系模式 R 为第二范式，且 R 中每个非主属性都不传递函数依赖于 R 的任何一个键，则称 R 是属于 3NF 的关系。

例如，如果一个关系中有如下属性："职工号""职工姓名""所属部门""部门办公电话""部门经理"。那么该关系不属于 3NF，原因是非主属性"部门办公电话""部门经理""所属部门"三者间存在互相依赖关系，"所属部门"属性可直接决定"部门办公电话"与"部门经理"这两个属性。

（2）非 3NF 关系模式的规范化

基于 3NF 的定义可知，导致关系不满足 3NF 的主要原因是关系中存在传递函数依赖。因此，非 3NF 关系的规范化策略是消除关系中的传递函数依赖。其具体方法是将非 3NF 关系的关系模式分解为若干个满足 3NF 的独立关系模式。分解步骤如下。

①把直接对键函数依赖的非主属性与决定它们的键放在一个关系模式中。

②把造成传递函数依赖的决定因素连同被它们决定的属性放在一个关系模式中。

③检查分解后的新关系模式集合，如果仍不满足 3NF，则继续按照前面的步骤进行分解，直

到达到 3NF 要求为止。

【例 2-14】假定关系 StudentDepartment 的关系模式如下。

StudentDepartment(**学号**，姓名，系名，系主任)

请问：该关系模式是 3NF 吗？如果不是，则应该如何对其进行规范化？

【分析】由于关系模式 StudentDepartment 中存在传递依赖"学号→系名，系名→系主任"，因此关系 StudentDepartment 不属于 3NF。

【规范化方法】把 StudentDepartment 关系模式中对键完全函数依赖的非主属性"姓名""系名"与键放在一个关系模式中，不妨将其命名为 StudentInformation；把 StudentDepartment 关系模式中造成传递函数依赖的非主属性"系名"和被"系名"决定的非主属性"系主任"放在一个关系模式中，不妨将其命名为 DepartmentInformation；检查分解后的关系模式集合，发现各个关系模式已经满足 3NF，因此停止关系模式的继续分解。关系模式 StudentDepartment 的分解结果如下。

StudentInformation(**学号**，姓名，系名)

DepartmentInformation(**系名**，系主任)

> **注意**　如果关系不满足 3NF，那么该关系存在一定程度的数据冗余和插入异常问题。消除了关系模式中的传递函数依赖后，数据冗余和插入异常问题就基本上解决了。

(3) 3NF 的案例分析

假设对表 2-5 所示的"销售单_Seller"关系加上一个属性"销售员电话"，形成表 2-7 所示的新关系"销售单_SellerDetail"。那么"销售单_SellerDetail"是否属于 3NF 的关系呢？

表 2-7　销售单_SellerDetail

销售单 ID	销售日期	销售员	销售员电话
1	2019-1-5	赵军	Tel601295
2	2019-1-5	孙林	Tel601299
3	2019-1-8	张颖	Tel601297
4	2019-1-8	王伟	Tel601296
5	2019-1-9	张颖	Tel601297
6	2019-1-10	王伟	Tel601296
7	2019-1-11	赵军	Tel601295

观察关系"销售单_SellerDetail"可知，其关系模式如下。

销售单_SellerDetail(**销售单 ID**，销售日期，销售员，销售员电话)

在"销售单_SellerDetail"关系模式中，由于属性"销售员"的值可直接决定属性"销售员电话"的值，因此"销售员电话"与"销售员"之间存在依赖关系。这就使得"销售单_SellerDetail"关系模式中存在"销售单 ID→销售员，销售员→销售员电话"这样的传递函数依赖。因此，表 2-7 所示的关系"销售单_SellerDetail"不满足 3NF。

如果一个关系不属于 3NF，则会导致一定程度的数据冗余和操纵异常问题，因此一般需要对不属于 3NF 的关系模式进行分解。基于 3NF 的规范化方法，对"销售单_SellerDetail"关系模式进行规范化以后，得到以下关系模式集合。

销售单_SellerDetail(**销售员**，销售员电话)

销售单_Seller(**销售单 ID**，销售日期，销售员)

请读者对关系集合"销售单_Seller"+"销售单_SellerDetail"进行分析，并回答问题：满足 3NF 的关系集合是否彻底解决了数据冗余和操纵异常问题？

4. BCNF

当满足 1NF 的关系消除了非主属性对键的部分函数依赖时，就得到了一组满足 2NF 的关系。当满足 2NF 的关系消除了非主属性对键的传递函数依赖时，就得到了一组满足 3NF 的关系。当对满足 3NF 的关系模式进行投影，消除该关系中主属性对键的部分函数依赖与传递函数依赖时，就得到了一组 BCNF 关系。与 3NF 相比，BCNF 又进了一步，但通常认为 BCNF 是修正的第三范式，有时也称其为扩充的第三范式。在数据库设计中，有些应用场景需要关系模式达到 BCNF，但达到 BCNF 有时会破坏原来关系模式的一些固有特点，因此，在数据库设计中，数据库模式以达到 3NF 为主要目标。关于 BCNF 分解破坏原关系模式特点的内容，限于篇幅，这里不再赘述。

（1）BCNF 的定义

【定义 2-11】BCNF：如果关系模式 R 中的所有决定因素都是键，则称 R 是 BCNF。BCNF 消除了关系模式中冗余的键。由 BCNF 的定义可以得到以下结论。

①所有非主属性对每一个键都是完全函数依赖。

②所有主属性对每一个不包含它的键也是完全函数依赖。

③没有任何属性完全函数依赖于非键的任何一组属性。

可以证明：若 R 是 BCNF，则它肯定是 3NF；但若 R 是 3NF，则它不一定是 BCNF。关于该结论的严格证明，读者可查阅相关文献。

【例 2-15】假设关系 Student 的关系模式为 Student（学号，姓名，系名）。请问关系 Student 是不是 BCNF？说明原因。

【分析】关系 Student 是 BCNF。根据 Student 的语义，属性"学号"肯定可以作为键，如果属性"姓名"没有重复值，那么它也可以作为键。由于属性"姓名"可能是键，所以下面分两种情况来分析关系 Student 是 BCNF 的原因：第一种情况，如果"姓名"有重复值，那么"学号"是 Student 关系的唯一决定因素，同时是该关系的键，因此 Student 是 BCNF；第二种情况，如果"姓名"没有重复值，那么"学号"和"姓名"都是 Student 关系的决定因素，同时都是该关系的键，除了"学号"和"姓名"这两个键以外，Student 关系模式中再也没有其他的决定因素，因此 Student 是 BCNF。

（2）非 BCNF 关系的规范化

基于 BCNF 的定义可知，导致关系不满足 BCNF 的主要原因是关系中存在主属性对键的部分函数依赖或传递函数依赖。因此，将 3NF 关系规范化为 BCNF 的策略是消除关系中主属性对键的部分函数依赖与传递函数依赖。具体方法如下：将非 BCNF 关系的关系模式分解为若干个满足 BCNF 的独立关系模式。将 3NF 分解为 BCNF 的步骤如下。

①在 3NF 关系模式中，去掉一些主属性，只保留主键，使该关系只有唯一的键。

②把去掉的主属性分别与各自的非主属性组成新的关系模式。

③检查分解后的新关系模式集合，如果仍不满足 BCNF 的要求，则继续按照前面的步骤进行分解，直到达到 BCNF 的要求。

【例 2-16】设有关系 StudentCourse，其关系模式如下：StudentCourse（学生，教师，课程）。假设每位教师只教授一门课程；一门课程由多位教师讲授；对于每门课程，每个学生的讲授教师只有一位。请问：关系 StudentCourse 是 3NF 吗？是 BCNF 吗？如果不是，请将 StudentCourse 的关系模式规范化为 BCNF。

【分析】分析关系 StudentCourse 的语义，发现该关系存在以下函数依赖：（学生，课程）→教师；（学生，教师）→课程；教师→课程。因此，关系 StudentCourse 有两个键：（学生，课程）和（学生，教师）。显然，关系 StudentCourse 中不存在任何非主属性对该关系键的部分函数依赖和传递函数依赖，因此该关系模式是 3NF。但关系 StudentCourse 不是 BCNF，因为"教师"是"课程"的决定因素，但"教师"属性不是键。将关系 StudentCourse 规范化为 BCNF 的方法是模式分解，分解后的关系模式集合如下。

StudentGrade（学生，教师）

TeacherCourse(教师，课程)

【拓展】设有关系 StudentCourseGrade，其关系模式如下：StudentCourseGrade(学生，教师，课程，学生课程成绩)。假设每位教师只教授一门课程；一门课程由多位教师讲授；对于每门课程，每位学生的讲授教师只有一位；对于每门课程，每位学生都有一个成绩。请问：StudentCourseGrade 的关系模式是 3NF 吗？是 BCNF 吗？如果不是，请将 StudentCourseGrade 的关系模式规范化为 BCNF。

(3)BCNF 的案例分析

有一家销售型公司经销多种商品，商品存放在多个仓库中，并由多个仓库管理员管理。公司规定：每个仓库只有一个仓库管理员，一个仓库管理员只管理一个仓库，一个仓库可以存储多种商品。如果该公司建立了表 2-8 所示的关系 WarehouseManagement 来组织和管理公司的商品库存，则分析以下 3 个问题：该关系为什么满足 3NF 而不满足 BCNF？该关系会出现操纵异常吗？如何对其进行规范化，可以使得该关系满足 BCNF 的要求？

表 2-8　WarehouseManagement

仓库 ID	管理员 ID	存储商品 ID	数量
WH1	K01	P01001	95
WH1	K01	P01002	99
WH2	K02	P01003	97
WH2	K02	P02001	96
WH5	K05	P02002	197
WH6	K06	P02003	96
WH6	K06	P02001	95

【分析-1】WarehouseManagement 关系为什么满足 3NF 而不满足 BCNF？

观察表 2-8，可知关系 WarehouseManagement 的关系模式如下。

WarehouseManagement(仓库 ID，管理员 ID，存储商品 ID，数量)

分析上述关系模式，发现该关系中存在以下函数依赖。

(仓库 ID，存储商品 ID) → (管理员 ID，数量)

(管理员 ID，存储商品 ID) → (仓库 ID，数量)

因此，关系 WarehouseManagement 的关系模式中存在以下两个键。

(仓库 ID，存储商品 ID)

(管理员 ID，存储商品 ID)

这就使得 WarehouseManagement 关系模式中的"数量"成为该关系的唯一非主属性。显然，非主属性"数量"对 WarehouseManagement 关系模式中的键既不部分函数依赖，又不传递函数依赖，因此关系 WarehouseManagement 的关系模式满足 3NF 要求。

由于 WarehouseManagement 关系中存在以下函数依赖。

(仓库 ID) → (管理员 ID)

(管理员 ID) → (仓库 ID)

上述函数依赖使得关系 WarehouseManagement 的关系模式中存在一个主属性决定另一个主属性的情况，所以该关系的关系模式不满足 BCNF 的要求。

【分析-2】不满足 BCNF 的 WarehouseManagement 关系是否会出现操纵异常？

仔细观察和分析关系 WarehouseManagement，可以发现该关系仍然会出现一定程度的操纵异常情况。例如，当仓库商品被清空后，所有的"存储商品 ID"信息和"数量"信息都会被删除，同时"仓库 ID"和"管理员 ID"信息也会被同时删除，这就说明 WarehouseManagement 关系存在删除异常问题。又如，当仓库中没有存储任何商品时，该公司无法给该仓库分配仓库管理员，这就说明 WarehouseManagement 关系存在插入异常问题。再如，如果某仓库更换了仓库管理员，则 WarehouseManagement 关系中所有元组的"管理员 ID"都要修改，因此存在修改异常的问题。

【分析-3】如何将 WarehouseManagement 关系分解为满足 BCNF 的关系模式集合？

既然不满足 BCNF 的关系存在操纵异常，则需要对 WarehouseManagement 关系进行规范化。在本例中，可以将 WarehouseManagement 分解为以下两个关系模式集合。

仓库管理员（管理员 ID，仓库 ID）

仓库存储商品（仓库 ID，存储商品 ID，数量）

基于 BCNF 的定义可知，上述的两个关系模式都是符合 BCNF 范式的，因此消除了关系 WarehouseManagement 中存在的删除异常、插入异常和修改异常问题。

2.5.4 理论范式与性能需求的平衡准则

关系规范化理论中提出的各级理论范式对建立科学规范的数据库模式具有重大意义。但在数据库的逻辑设计中，既要考虑数据库模式的理论范式，又要考虑数据库模式的性能需求，只有将二者结合才能设计出有价值的数据库模式。也就是说，设计者在对目标数据库进行逻辑建模时，一定要先考虑自己设计的数据库模式是否满足用户对目标数据库的性能需求，这包括但不限于目标数据库的数据维度、数据负载、数据存储量、数据安全、数据并发数及响应时间等。在数据库模式能够满足用户性能需求的前提下，设计者再统筹考虑数据库模式的理论范式。当用户性能需求和理论范式二者冲突时，以满足用户的性能需求为先。

数据库领域有两个重要的岗位：一个是数据库管理岗，另一个是数据库开发岗。作为数据库管理员，希望数据库模式的设计方案能尽可能满足范式原则，以方便日后进行数据库维护；而作为数据库开发人员，在设计数据库模式时，总是希望尽可能地提高数据库模式的性能与效率，但在提高性能与效率的同时，总是不可避免地要违反理论范式。

众所周知，在程序设计时，如果一味地提高应用程序的实时并发数，那么应用程序的可靠性和精准度会得不到保障。而如果一味地提升应用程序的可靠性和精准度，那么会不得不降低应用程序的实时并发数。究竟是应用程序的实时并发数量级重要，还是应用程序的可靠性和精准度重要呢？标准只有一个，即一切以用户的实际需求来取舍。

同理，在进行数据库逻辑设计时，也不能一概而论。究竟是提升数据库模式的性能优先，还是保证数据库模式的理论范式重要，也要根据客户需求而定。例如，在进行关系模式设计时，为提升关系操作的响应速度，要避免频繁的关系连接操作，此时一般会考虑在关系中适当增加其他关系的冗余数据，以降低关系连接操作对系统性能所造成的额外开销。这虽然在一定程度上破坏了关系的范式原则，但却是允许和可接受的，特别是当数据规模较大时，这对于满足用户的实时响应需求意义重大。

当然，在进行数据库模式设计时，必须以理论范式为基础，这样才能保证数据库模式的科学性和合理性，从而为满足用户性能需求奠定基础。如果为了提高性能，就盲目地抛开理论范式，结果只会适得其反，不仅不会提高性能，还会大大降低性能。例如，如果为了追求性能，而在数据库的关系中堆积过度的冗余数据，则常常会导致数据库的操作性能变得极差。

习题：思考题

【1】思考数据库设计与现实世界、信息世界与计算机世界分别有哪些关系。

【2】结合一个案例说明在数据库设计过程中应该遵循哪些设计原理。

【3】举例说明数据库设计过程中是否必须严格遵循范式准则。

【4】什么是数据库模式？它与概念模型有什么区别？

【5】说明 1NF、2NF、3NF 和 BCNF 四级范式的主要区别。

【6】关系模式的规范化等级是不是越高越好，为什么？

学习材料：技能报国

当前，随着我国由制造业大国向制造业强国转变，能工巧匠、大国工匠的重要性日益凸显。党的二十大报告强调，"加快建设国家战略人才力量，努力培养造就更多大师、战略科学家、一流科技领军人才和创新团队、青年科技人才、卓越工程师、大国工匠、高技能人才"，将大国工匠、高技能人才列为国家战略人才。

这充分说明，我们既需要顶尖的科学家、工程师攻克"卡脖子"问题，也需要大量能有效解决"从图纸到产品"这一科技成果转化"最后一公里"问题的实用人才。为更好地服务国家战略，大力培育和弘扬工匠精神，培养更多金牌工匠、大国工匠，本章推出下列学习材料。

【学习材料1】论 E-R 图在数据库建模过程中的重要性。

【学习材料2】E-R 图的精细设计。

【学习材料3】数据库设计过程中 E-R 图向关系模型的转换。

【学习材料4】数据库设计中 E-R 图向关系模式的转换。

【学习材料5】关于 E-R 图向关系数据模型转换的探讨。

【学习材料6】数据库建模——ODL 与 E-R 图的比较。

【学习材料7】基于实用型的 E-R 图进行教学探讨。

【学习材料8】基于 UML 的数据库建模技术研究。

【学习材料9】基于 UML 的仓库管理数据库系统设计。

【学习材料10】UML 在关系数据库设计中的应用。

【学习材料11】基于 UML 的数据库设计与实现。

【学习材料12】UML 在数据库建模中的应用。

【学习材料13】UML 模型向关系数据库的映射方法初探。

【学习材料14】用 UML 设计关系数据库。

【学习材料15】基于 UML 的关系数据库模型设计。

【学习材料16】基于 UML 数据库建模分析与应用。

特别说明：读者在学习上述材料的时候，要基于批判性思维进行学习，要去其糟粕、取其精华，要勤于思考、敢于质疑，要勇于创新、提出新点子！

第3章　数据库管理系统概论

本章导读

习近平总书记强调，要"积极学习借鉴，用人类创造的一切文明成果武装自己"。本书将通过学习借鉴微软公司的数据库管理系统 Access 和 SQL Server 来体验数据库的应用技术，进而建构数据库的原理。本章主要介绍 Access 和 SQL Server 的用户界面、数据库所包含的对象、数据库所支持的原子层面的数据及其基本操作等，目的是让读者对数据库管理系统有一个直观认识，并为后续章节学习数据库的创建、管理、维护和应用技术奠定基础。

第 1 章指出，对于一个特定的数据库管理系统而言，它表现为一款具体的软件。那么这一软件到底是什么样子的呢？本章主要基于 Access 回答这一问题。选择 Access 的主要原因如下：第一，Access 与大家熟悉的 Word、Excel、PowerPoint 等软件具有类似的操作界面和使用环境，因此易学易用，容易上手，可以帮助读者快速建立数据库思维；第二，Access 虽然"小"，但"麻雀虽小，五脏俱全"，通过它几乎可以体验数据库所有的基本原理和应用技术；第三，Access 应用成本低、发展趋势好，正在成为桌面数据库管理系统的主流产品。但是 Access 毕竟是桌面级的 DBMS，与 SQL Server、MySQL、Oracle、DB2、OceanBase、TDSQL 等 DBMS 相比，其数据组织和管理能力较低。鉴于此，本书使用了不少篇幅介绍 SQL Server，这样读者就可以基于 Access 与 SQL Server 的比较学习，来掌握数据库的应用技术，升华数据库的原理。

本章的数字教程介绍了 DBMS 的发展史，其中重点介绍了中国 DBMS 的发展史。这一内容旨在鼓励读者"明理、增信、崇德、力行"，进而达到 4 个实现：通过"明理"实现对 DBMS 发展历史的完整认知；通过"增信"实现坚持理想信念不动摇；通过"崇德"实现向杰出人物看齐，树立远大目标；通过"力行"实现在课程学习中培养使用数据库解决实际问题的能力。

注意：如不明示，本书中的 Access 指的都是 Microsoft Access 2016；本书中的 SQL Server 指的都是 Microsoft SQL Server 2017。

3.1　Access 的用户界面

3.1.1　Access 的门户界面

启动 Microsoft Access 2016 后，首先看到的用户界面是 Access 的门户界面，如图 3-1 所示。可以从该界面中获取最近使用的文档信息，也可以打开一个数据库、新建一个数据库或者登录官网查看来自 Office 的特色内容。

3.1.2　Access 的主界面

打开一个数据库后，Access 的主界面如图 3-2 所示。这个界面是用户主要的工作窗口，包括标题栏、功能区、快速访问工具栏、导航窗格、对象工作区及状态栏 6 部分。

1. 标题栏

标题栏位于 Access 主界面的最上端，用于显示当前打开的数据库文件名。在标题栏的右侧有

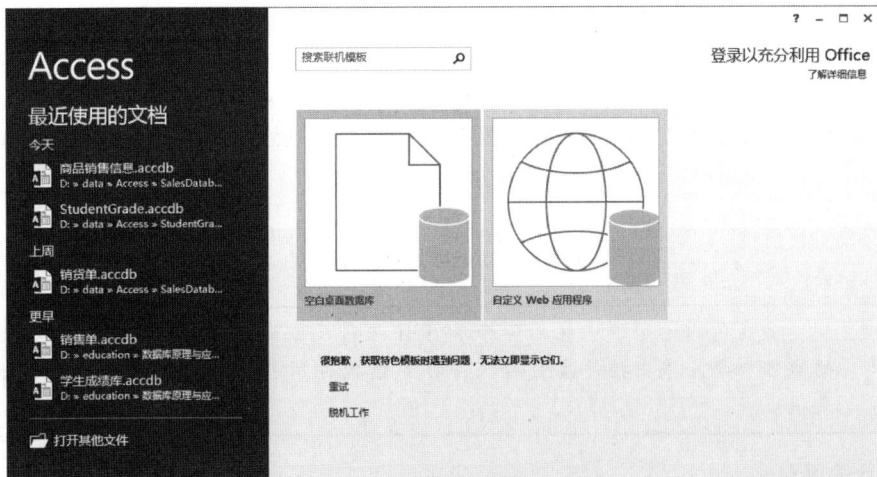

图 3-1　Access 的门户界面

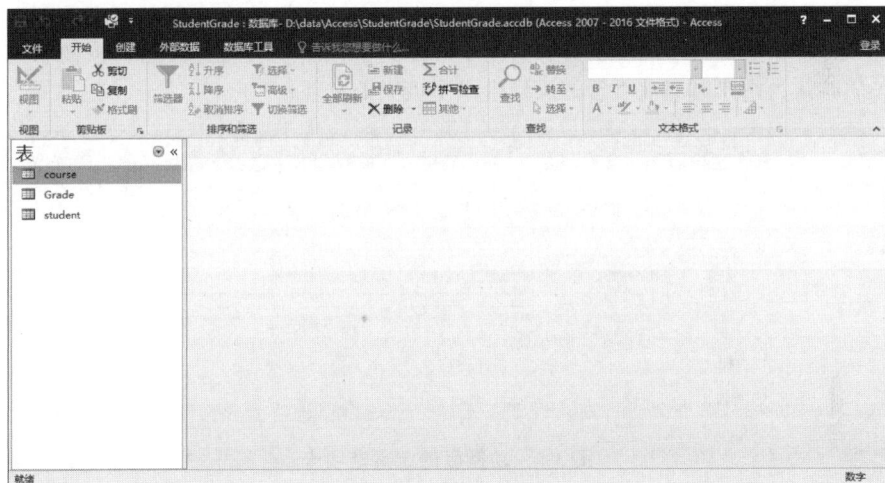

图 3-2　Access 的主界面

3 个小图标，从左到右分别是"最小化""最大化（向下还原）"和"关闭"。这 3 个小图标是 Windows 应用程序窗口的标配，在 Access 中用以对 Access 的窗口进行控制。

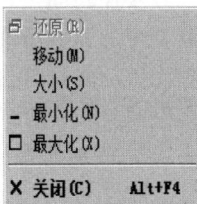

图 3-3　控制菜单

　　右击标题栏的空白处，会弹出如图 3-3 所示的"控制菜单"。通过该菜单可以控制 Access 窗口的还原、移动、大小、最小化、最大化和关闭操作。双击标题栏的空白处，可以将 Access 窗口最大化或还原。

　　2. 功能区

　　功能区是一个包含多组命令且横跨程序窗口顶部的带状区域，它位于标题栏的下方，以选项卡的形式将功能相关的各组命令组合在一起，从而大大方便了用户的使用。

　　功能区中有两类命令选项卡：一类是主选项卡，又称为标准选项卡、标准命令选项卡，它包括 Access 的常用命令，始终出现在功能区中；另一类是工具选项卡，又称为上下文命令选项卡，它只在用户对特定 Access 数据库对象进行设计和操作时才出现。

　　（1）主选项卡

　　默认情况下，如图 3-4 所示的 Access 功能区中有 5 个主选项卡，分别是"文件""开始""创建"

"外部数据"和"数据库工具"。每个选项卡都包含不同主题的多组操作命令，用户可以通过这些命令对数据库中的数据库对象进行相应操作。

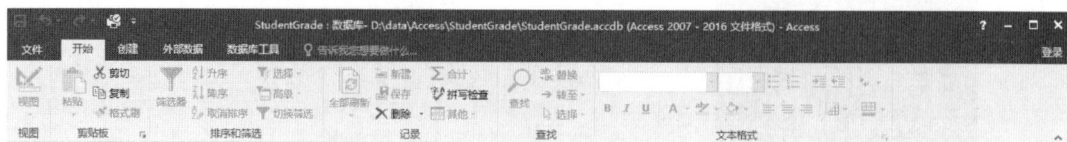

图 3-4　功能区的主选项卡

> **注意**　功能区的选项卡中包括命令和控件两种按钮。单击命令按钮后，将启动相应的操作命令。单击控件按钮后，将打开该控件所包含的命令按钮列表框或选项列表框。

（2）工具选项卡

除了主选项卡外，Access 还包含工具选项卡。工具选项卡就是根据用户正在使用的对象或正在执行的任务而激活的选项卡。

如图 3-5 所示，当用户打开表 course 时，会弹出"表格工具"这个主题的两个上下文命令选项卡，分别是"字段"命令选项卡和"表"命令选项卡。工具选项卡能够根据当前对象的状态不同而自动显示或关闭，这为用户对当前对象的操作带来了极大的方便。

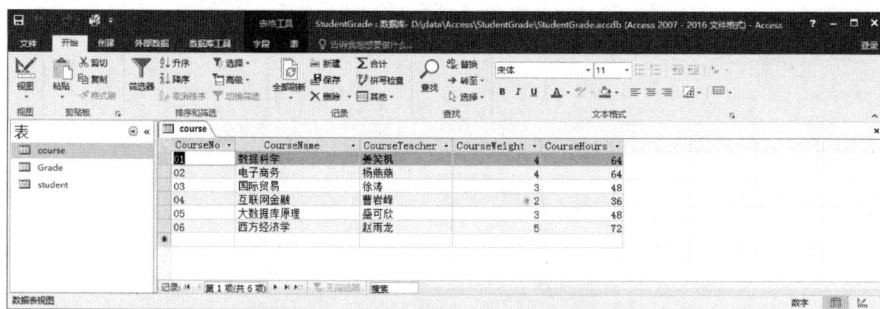

图 3-5　功能区的工具选项卡

3. 快速访问工具栏

快速访问工具栏是一个可以自定义的小工具栏，一般用来放置用户常用的命令。快速访问工具栏中的命令始终可见，只需一次单击即可访问命令。默认情况下，快速访问工具栏位于功能区的上方，包括"保存""恢复"和"撤销"命令。当然，用户可以根据需要自定义快速访问工具栏中包括的命令，并将快速访问工具栏放在功能区的下方。这一内容将在 3.2.3 小节中介绍。

4. 导航窗格

导航窗格位于 Access 窗口的左下方，用于显示和组织当前数据库的所有对象。导航窗格有折叠和展开两种状态，可以通过单击"百叶窗开/关按钮"在折叠状态和展开状态之间进行切换。

5. 对象工作区

对象工作区位于 Access 窗口的右下方、导航窗格的右侧，它是用来对数据库的当前对象进行设计、编辑及显示的区域。

6. 状态栏

状态栏是位于 Access 窗口底部的条形区域，用来显示当前对象的有关状态。状态栏中显示的状态信息与当前对象的类型和模式有关。例如，如果在 Access 中打开了一个表对象，那么状态栏的右侧显示的是该对象的各种视图切换按钮，单击各个按钮可以快速切换视图状态，左侧显示了当前视图状态。

3.1.3　Access 的 Backstage 界面

Backstage 界面又称为 Backstage 视图。在 Backstage 界面中，用户可以对数据库或数据库对象进行全局操作或顶层设置。选择 Access 主界面功能区中的"文件"选项卡，Backstage 界面就呈现在用户面前。图 3-6 所示为 Access 的 Backstage 界面。

在 Backstage 界面中，用户可以对数据库或数据库对象进行全局操作。例如，对数据库进行的全局操作有创建数据库、打开数据库、保存数据库、关闭数据库、数据库的压缩和修复、数据库的密码设置等。又如，对数据库的表对象可以进行的全局操作有表对象的保存、表对象的打印预览、表对象的打印等。

在 Backstage 界面中，用户可以对数据库或数据库对象

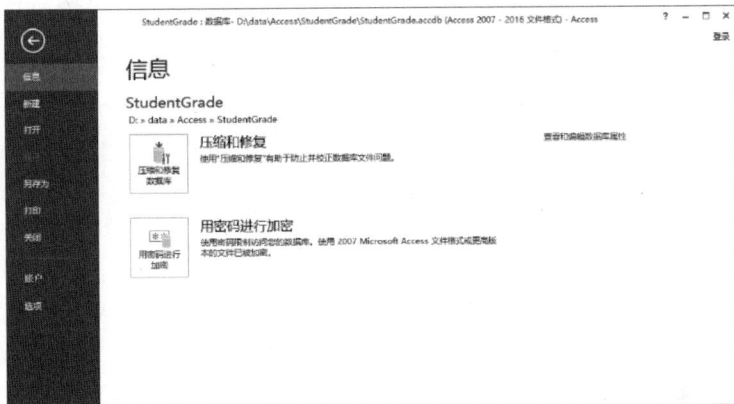

图 3-6　Access 的 Backstage 界面

进行顶层设置。例如，对数据库进行的顶层设置有设置用户界面、设置空白数据库的默认文件格式、设置默认数据库文件夹等。又如，对数据库的表对象可以进行的顶层设置有设置数据表视图的外观、设置表对象设计视图的设计项默认值等；对数据库的查询对象可以进行的顶层设置有设置查询设计器的界面、设置查询设计器所兼容的 SQL 版本等。

3.2　Access 的工作环境

Access 启动后，给用户提供的工作环境是默认工作环境。如果默认工作环境不能满足用户的需要，那么用户可以重新设置 Access 的工作环境。例如，设置数据库的默认保存文件夹，设置 Access 功能区包含的标准选项卡，设置快速访问工具栏中的组成命令等。

Access 工作环境的设置可以在"Access 选项"对话框中进行，具体方法如下。

① 在功能区中选择"文件"选项卡，打开 Backstage 视图。

② 在 Backstage 视图的左侧单击"选项"按钮，打开如图 3-7 所示的"Access 选项"对话框。

③ 在"Access 选项"对话框的左侧窗格中，选择相应的设置主题，打开"主题窗格"，并进行相关环境的设置。例如，使用"常规"主题窗格自定义用户界面、创建数据库的默认文件格式及默认数据库文件夹；使用"自定义功能区"主题窗格设置 Access 功能区的标准选项卡组合；使用"快速访问工具栏"列表框设置工具栏所包含的命令组合及位置。

在未弄清各选项功能之前，应该取其默认值，不要随便更改，以免影响用户使用。下面介绍默认数据库文件夹的设置、功能区的设置以及快速访问工具栏的设置。

3.2.1　默认数据库文件夹的设置

打开"Access 选项"对话框的"常规"主题窗格后，有两种方法可以设置默认数据库文件夹。

① 直接键入默认数据库文件夹存储路径。在图 3-8 所示的"默认数据库文件夹"右侧的文本框

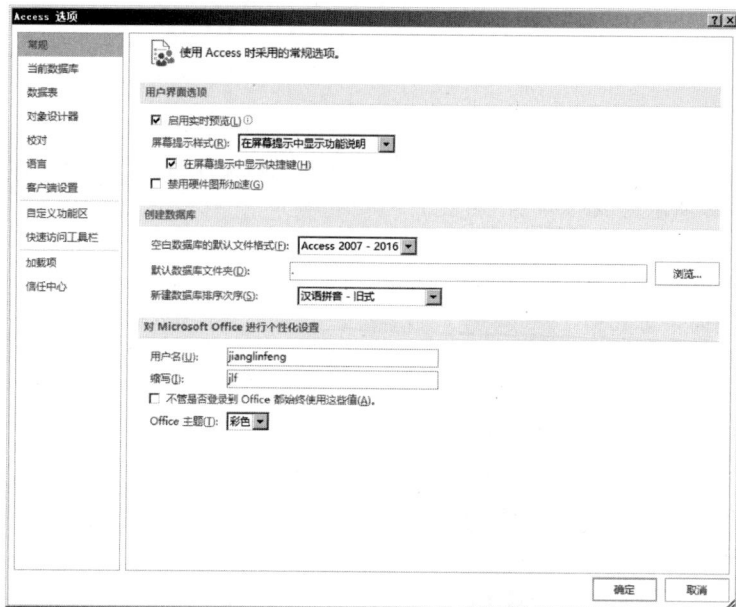

图 3-7 "Access 选项"对话框

中直接键入默认的数据库文件夹存储路径，如键入"D：\ education \ StudentGrade"。

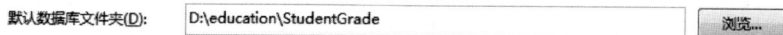

| 默认数据库文件夹(D): | D:\education\StudentGrade | 浏览... |

图 3-8 默认数据库文件夹的设置

② 浏览设定默认数据库文件夹。单击图 3-8 右侧的"浏览"按钮，打开如图 3-9 所示的"默认的数据库路径"对话框，用户可以通过文件夹的浏览指定默认数据库文件夹。

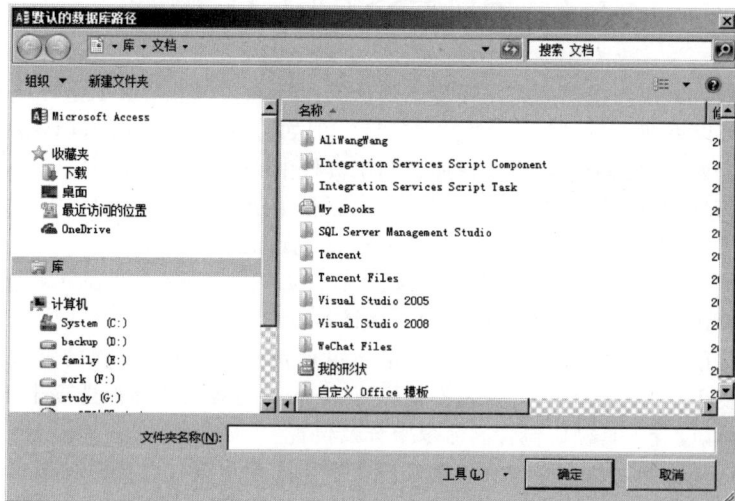

图 3-9 指定默认数据库文件夹

3.2.2 功能区的设置

功能区的设置主要包括功能区的折叠和展开、功能区选项卡的定义。

1. 功能区的折叠和展开

为了扩大数据库对象的工作区，Access 2016 允许用户将功能区折叠。将功能区折叠起来的最简单的方法就是单击功能区右端的"折叠功能区"按钮，也可以按快捷键"Ctrl＋F1"。功能区折叠后，选项卡中的命令会隐藏起来，只保留各个选项卡的名称。

功能区折叠后，右击功能区的任意区域，就会打开快捷菜单，取消"折叠功能区"的勾选，功能区就会还原为展开状态。当然，功能区的展开也可以按快捷键"Ctrl＋F1"。

除了上述方法以外，功能区的折叠和展开还可以通过双击活动选项卡的标签来实现。所谓的活动选项卡，就是当前突出显示的选项卡。双击活动选项卡的标签，展开的功能区将变成折叠，再次双击活动选项卡的标签，折叠的功能区将还原为展开的功能区。

2. 功能区选项卡的定义

Access 2016 允许用户对主界面的功能区进行个性化设置。例如，用户可以在功能区中选择自己需要的主选项卡；又如，用户可以在功能区中创建自定义选项卡。

选择"Access 选项"对话框左侧窗格中的"自定义功能区"选项，打开如图 3-10 所示的"自定义功能区"主题窗格。通过"自定义功能区"主题窗格的相关操作，可以完成主选项卡的选择，改变主选项卡的显示位置，以及建立新的标准选项卡。

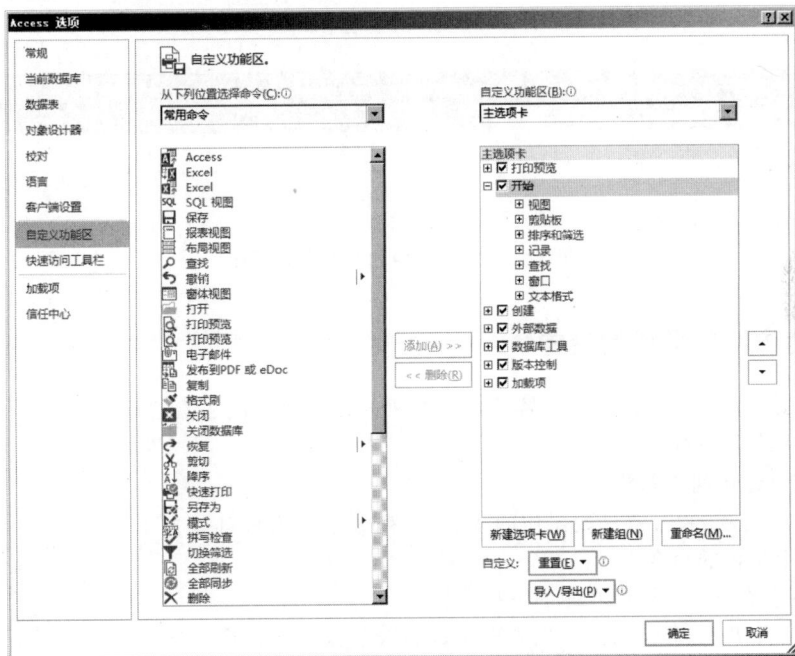

图 3-10 "自定义功能区"主题窗格

图 3-11 中新建了一个"师生"选项卡，它包括"teacher"和"student"两个命令组，其中"teacher"命令组包括 3 个命令，而"student"命令组包括两个命令。

设置完成后，返回 Access 主界面，就会看到功能区已经增加了刚刚创建的"师生"选项卡，如图 3-12 所示。另外，"自定义功能区"主题窗格除了可以选择功能区中的主选项卡以外，还可以改变主选项卡在功能区中的布局位置，这个操作非常简单，请读者自己完成。

除了可以对功能区的主选项卡进行重新定义以外，用户还可以在"自定义功能区"主题窗格中对工具选项卡进行查看。限于篇幅，这里不再展开介绍。

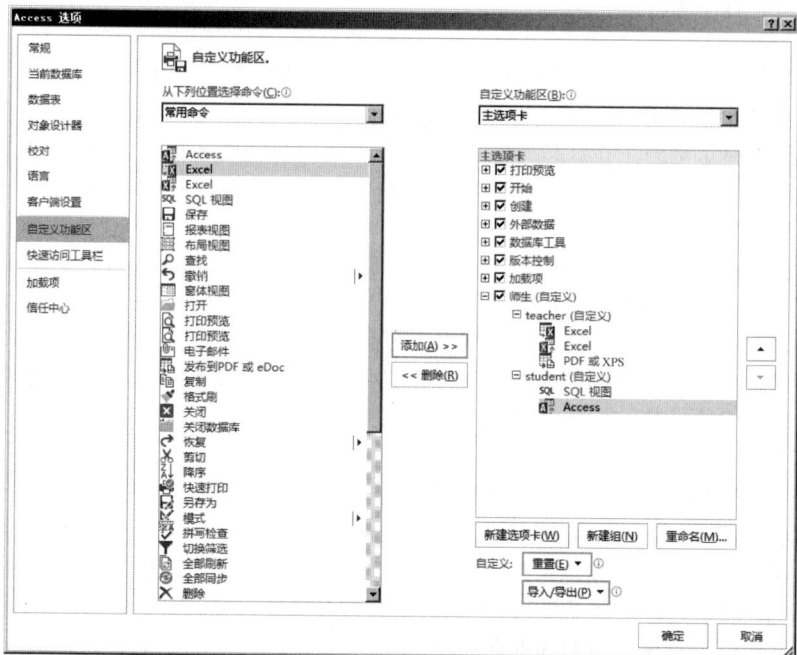

图 3-11　在"Access 选项"对话框中新建"师生"选项卡

图 3-12　功能区中的"师生"选项卡

3.2.3　快速访问工具栏的设置

快速访问工具栏在功能区中的位置是可以修改的，快速访问工具栏所包括的命令也是可以修改的，方法主要有以下两种。

1. 自定义快速访问工具栏

基于图 3-13 所示的"自定义快速访问工具栏"列表框，用户可以自定义该工具栏中包含的命令。

① 单击快速访问工具栏最右侧的下拉按钮。

② 在"自定义快速访问工具栏"列表框中，勾选要添加的命令，即可将该命令添加到快速访问工具栏中。

③ 在"自定义快速访问工具栏"列表框中，取消勾选要添加的命令，即可将该命令从快速访问工具栏中去除。

默认情况下，快速访问工具栏位于功能区的上方。勾选如图 3-13 所示的"自定义快速访问工具栏"列表框中的"在功能区下方显示"命令，可以将该工具栏置于功能区的下方。如果快速访问工具栏位于功能区的下方，那么右击快速访问工具栏的任一位置，在打开的快捷菜单中选择"在功能区上方显示快速访问工具栏"命令即可将该工具栏置于功

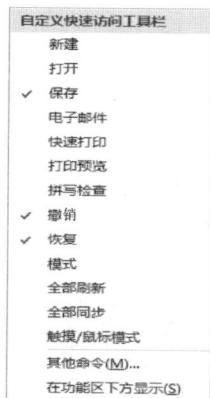

图 3-13　"自定义快速访问工具栏"列表框

能区的上方。

> **注意** 如果要添加的命令在"自定义快速访问工具栏"列表框中未列出，那么选择"自定义快速访问工具栏"列表框中的"其他命令"选项，将打开图 3-14 所示的"Access 选项"对话框，在该对话框的"快速访问工具栏"主题窗格中即可添加列表框中没有的命令。

2. "Access 选项"对话框

如果要添加的命令在"自定义快速访问工具栏"列表框中未列出，那么打开"Access 选项"对话框可以完成列表框中未列出命令的添加或删除。具体步骤如下。

① 打开"Access 选项"对话框的"快速访问工具栏"主题窗格。

② 在该主题窗格的左侧列表框中选择要添加到快速访问工具栏中的命令，单击"添加"按钮；或者直接在左侧列表框中双击要添加的命令。

③ 若要删除快速访问工具栏中的命令，则可在右侧列表框中选择该命令，并单击"删除"按钮；或者直接在右侧列表框中双击该命令。

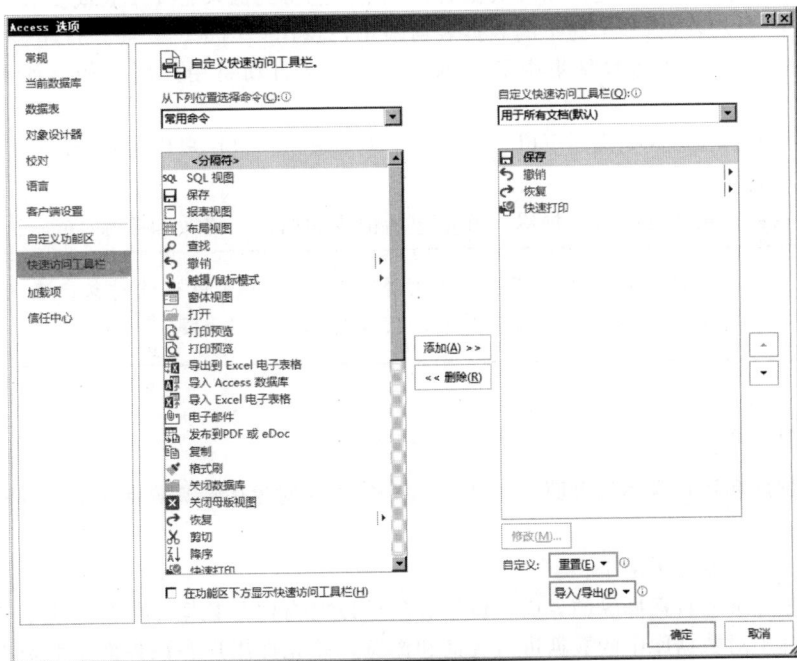

图 3-14 基于"Access 选项"对话框定义快速访问工具栏

3.3 Access 支持的数据库对象

在 Access 中，数据库是一个容器，可存储以下类型的数据库对象：表、查询、窗体、报表、宏和模块。表对象是数据库的核心与基础，组织和存放着数据库中的全部数据；报表、查询对象都会从表对象中获得信息提供给用户，以满足用户的数据服务需求；窗体对象可以提供友好的用户操作界面，通过它既可以直接或间接地访问表对象或查询对象，又可以直接或间接地调用宏对象或模块对象的功能，以实现对数据的综合处理。

3.3.1　表对象

表对象简称表，又称数据表。表对象是数据库中存储数据的唯一对象，是整个数据库的数据源，是创建其他数据库对象的基础，是整个数据库的核心。

创建数据库首先要做的工作就是建立各种数据表。Access 允许一个数据库中包含多个数据表，用户可以在不同的数据表中存储不同主题的数据。通过数据表中的关联字段，用户可以在数据表之间建立联系，以将不同主题的数据表联系起来，向用户提供多表的关联数据。

3.3.2　查询对象

查询对象是数据库中应用得最多的对象之一。查询对象的功能有很多，概括起来包括数据查询和数据操纵。

1. 数据查询功能

查询对象可以按照一定的条件从一个或多个数据表中筛选出用户需要的数据信息，并将它们集中起来，形成动态数据集，这个动态数据集就是用户想得到的来自一个表或多个表的结果数据。

动态数据集可以显示在一个虚拟的数据表窗口中，供用户浏览、查询和打印。如果需要，则用户甚至可以修改这个动态数据集中的数据，Access 会自动将用户所做的修改更新到相应的表中。

作为结果数据的动态数据集还可以保存到一个表对象中，供用户作为其他应用的数据源。

2. 数据操纵功能

Access 的查询对象还支持数据操纵，其中包括记录的插入、修改和删除。

> 查询的数据来源既可以是表对象，又可以是其他查询对象；查询对象可以作为宏对象、窗体对象、报表对象、模块对象的数据来源。

3.3.3　窗体对象

窗体是数据库和用户联系的界面，它是 Access 数据库对象中最具灵活性的一种对象。

1. 窗体的功能

窗体常用的功能有以下两个。

①提供数据查询和数据操纵的界面。窗体对象可以对窗体与数据库中的数据表进行链接，使用户在这个界面中对数据库中的数据进行查询和浏览，并允许用户在该界面中对数据表的数据进行插入、修改和删除操作。

②提供数据库对象组织和控制的方法。在窗体对象中可以将表、查询、宏、模块以及报表等对象有机地组织在一起，由窗体对象统一控制，各个对象分工协作完成数据库的目标业务。

2. 窗体的类型

窗体的类型大致可以分为以下 3 类。

①数据型窗体：该类型的窗体主要给用户提供友好的界面，让用户基于控件的操作就可以对数据库中的数据进行查询和操纵。这是 Access 数据库系统中使用最多的窗体类型。

②提示型窗体：主要用于向用户显示一些提示型文字和图片信息，一般不访问数据库中的数据，因此没有数据组织和管理功能。例如，数据库系统的欢迎界面一般就是提示型窗体。

③控制型窗体：该类型的窗体主要用来对窗体中嵌入的功能模块和功能对象进行调度。

3.3.4 报表对象

报表是基于打印格式展示数据的一种有效方式。在 Access 中，如果要打印数据库中的数据或打印以图表呈现的数据库数据，则可以使用报表。利用报表可以将用户需要打印的数据从数据库中提取出来，并在进行数据处理和统计分析的基础上，将结果数据以格式化的方式打印出来。

> **注意** 报表的数据源是数据表和查询，可以在一个数据表或查询的基础上创建报表，也可以在多个数据表或查询的基础上创建报表。

3.3.5 宏对象

宏是一个或多个宏操作的集合，它可以实现批操作。宏操作是实现特定功能的操作命令。利用宏可以使大量的重复性操作自动完成，以简化用户对数据库的管理和维护。

尽管宏的功能很强大，但用户不必编写任何程序代码，只需要基于工作流的思想将宏操作封装到宏中，就可以实现较为复杂的批操作，从而在一定程度上取代程序的功能。

3.3.6 模块对象

模块是用户基于 VBA 语言所编写的过程集合。由于每一个模块对象都由若干个过程组成，因此创建模块的主要任务就是基于 VBA 语言编写过程代码。

使用模块可以完成宏不能完成的复杂任务。要基于 Access 开发复杂的数据库系统，系统中必然包括 VBA 模块对象。

前面讲述了 Access 数据库所包含的各类对象的概念和功能，下面通过图 3-15 说明 Access 数据库对象之间的关系。

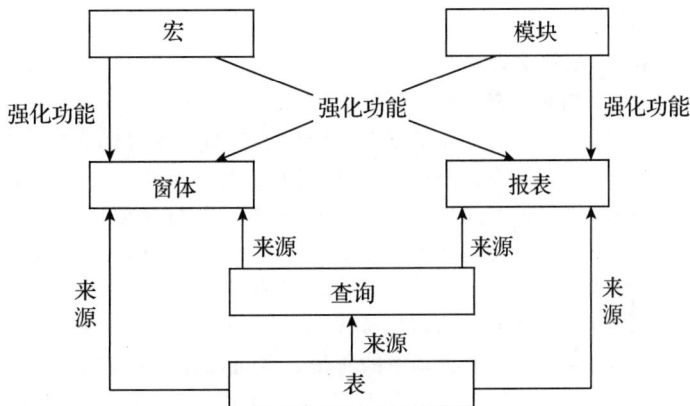

图 3-15 Access 数据库对象之间的关系

3.4 Access 支持的数据库原子数据

基于 Access 数据库对数据进行组织和管理时，常用到的原子数据有两种形式：一种是字段形式的数据，另一种是常量形式的数据。字段是表组织数据的最小的不可分割的单元，常量是查询、宏、窗体、报表及模块等对象所处理的最小的不可分割的基础数据。不管是常量还是字段，都属于某种数据类型。数据类型决定了数据的值域和相关的操作。

3.4.1 常量形式的原子数据

常量用于表示一个具体的、不变的数据。在 Access 中，常用的常量类型有文本型、数字型、日期型、时间型、逻辑型和空值型。

1. 文本型常量

文本型常量是用界定符界定起来的字符串，简称字符串。定义文本型常量时需要使用界定符，界定符通常有单引号(' ')、双引号(" ")两种形式，界定符必须配对使用。

例如，'销售量'"Customer""12345""顾客，OK"等都是文本型常量。

如果单引号是字符串的一个普通字符，那么界定符必须使用双引号。例如，下列字符串的界定符必须使用双引号："She's my customer."。如果双引号是字符串的一个普通字符，那么界定符必须使用单引号。例如，下列字符串的界定符必须使用单引号：'She is my most "honest" customer.'。

某个文本型常量所含字符的个数被称为该文本型常量的长度。Access 允许文本型常量的最大长度为255。例如，字符串"顾客，OK"的长度是5。又如，字符串"Customer"的长度是8。

注意：只有界定符而不含任何字符的字符串也是一个文本型常量，用来表示一个长度为零的空字符串；空字符串和包含空格的字符串是不同的。

2. 数字型常量

数字型常量包括整数和实数。整数用来表示不包含小数的数，如123、−123等；实数用来表示包含小数的数，如9.167、−17.56等。

实数既可用小数格式来表示，又可用指数格式来表示。例如，13.9是小数格式的数字型常量；而1.257E−6是指数格式的数字型常量，1.257E−6代表1.257×10^{-6}，即0.000001257。

注意：实数表示数的范围远远超过整数，当一个数很大，超过整数所能表示的范围时，只能用实数表示。另外，在 Access 中，分数(包括百分数)并不是一个数字型常量，指数格式的实数通常用科学记数法表示。

3. 日期型常量

日期型常量用来表示日期型数据。日期型常量的表示方法为♯年−月−日♯。其中，♯为界定符，−为分隔符。分隔符也可以用/代替。例如，2019年7月9日可以表示为♯2019−07−09♯或♯2019/07/09♯。对于♯年−月−日♯中的月和日，如果是单位数字，则可以省略0。例如，1991年9月1日可以表示为♯1991/9/1♯或♯1991−9−1♯。当然，它也可以表示为♯1991/09/01♯或♯1991−09−01♯。另外，可以省略"年−月−日"中的日，省略日后，表示该月的第一天。例如，1991年9月1日可以表示为♯1991/9♯或♯1991−9♯。

对于♯年−月−日♯中的年份，既可以是4位，也可以是2位。如果年份为2位，则系统默认年份的前两位是20，如果日期型常量的年份数据不在默认的范围内，则应输入4位年份数据。例如，2019年7月19日可以表示为♯19/7/19♯，或♯2019/7/19♯。再如，1991年7月19日只能表示为♯1991/7/19♯或♯1991−7−19♯，而不能将年份中的19省略。

4. 时间型常量

时间型常量用来表示某个日期的某个时间点。时间型常量也用"♯"作为界定符，例如，2019年7月19日11时16分17秒可以表示为以下常量形式：♯2019−7−19 11：16：17♯或♯2019/7/19 11：16：17♯。

对于时间型常量，如果省略日期部分，则日期将取1899这一默认值。例如，11时16分17秒可以表示为以下常量形式：♯11：16：17♯。在时间型常量中，表示秒的值也可以省略。例如，11时16分00秒可以表示为以下常量形式：♯11：16♯。

实际上，日期型常量和时间型常量是同一种常量数据类型，可以称为日期/时间型常量。其中，日期型常量将日期/时间型常量的时间部分省略，而时间型常量将日期/时间型常量的日期部分省略，省略的部分取默认值。日期型常量的时间默认值是00：00：00；时间型常量的日期默认值是1899。

5. 逻辑型常量

逻辑型常量有两个值：真值和假值。真值可以用标识符 True 或 Yes 表示，假值可以用标识符

False 或 No 表示。Access 不区分 True、False、Yes、No 的字母大小写。Access 将逻辑真值存为 -1，将逻辑假值存为 0。当用户需要在数据表中输入逻辑值时，应以 -1 表示真，0 表示假，不能输入表示逻辑值的以下标识符：True、False、Yes、No。

6. 空值型常量

空值型常量用标识符 NULL 表示。空值与数值零、空格字符串以及不含任何符号的空字符串是不同的，它们表示的语义不同。例如，对于一个表示商品价格的数据表字段，空值的语义可以是该商品暂未定价，而数值零则表示该商品免费。

实体的属性是否允许为空值与实际应用有关。例如，作为关键字的实体属性是不允许为空值的；对于暂时无法知道其具体数据的属性，可设定该属性的值为空值。

3.4.2 变量形式的原子数据

变量有两个特点：变量有自己的存储空间；变量的值允许变化。字段是一种特殊的变量：字段会分配一定的存储空间，字段的值允许变化。在 Access 数据库中，表的同一个字段必须具有相同的数据类型。Access 数据库支持的数据类型主要有短文本、数字、货币、自动编号、日期/时间、是/否、长文本、OLE 对象、超链接、附件、计算和查阅向导等。

1. 短文本

短文本数据类型用于表示字符、数字和其他可显示的符号及其组合。例如，顾客的地址、姓名、性别等属性都是短文本；又如，学生的邮政编码、学号、身份证号等属性虽然是数字组合，但这些数字组合不具备数学计算特征，因此也是短文本数据类型。

短文本数据类型是 Access 默认的数据类型，默认的字段大小是 255，最多可以容纳 255 个字符。如果文本型数据包含的字符个数超过了 255，则可使用长文本型字段。

> **注意** 在数据表中不区分中、西文符号，即一个西文字符和一个中文字符都占一个字符长度。例如，定义一个文本型字段的大小为 10，则在该字段中最多可输入的汉字个数和英文字符个数都是 10 个。

2. 数字

数字型字段用来存储进行算术运算的数字数据。数字型字段又可以细分为以下子类型：字节型、整型、长整型、单精度型和双精度型，它们分别占 1、2、4、4 和 8 字节。数字型字段的子类型如表 3-1 所示。

表 3-1 数字型字段的子类型

子类型	取值范围	小数位数
字节型	$0 \sim 255$	无
整型	$-32768 \sim 32767$	无
长整型	$-2147483648 \sim 2147483647$	无
单精度型	$-3.4 \times 10^{38} \sim 3.4 \times 10^{38}$	7
双精度型	$-1.79734 \times 10^{308} \sim 1.79734 \times 10^{308}$	15

3. 货币

货币型字段是一种特殊的数字型数据，占 8 字节，可精确到小数点左边 15 位和小数点右边 4 位，在计算时禁止四舍五入。货币型字段所占字节数和双精度型字段类似。

货币型字段是用于存储货币值的。在数据表的货币型字段中输入值时，不需要输入货币符号和千分位分隔符，Access 会自动添加相应的符号。

4. 自动编号

自动编号型字段由 Access 自动管理，用户可以直接引用该字段的值。当用户数据表插入一个新记录时，Access 会自动给自动编号型字段插入一个唯一编号。经常使用的唯一编号模式有两种：一种是每次增加 1 的顺序编号，另一种是随机编号。

自动编号型字段的长度为 4 字节，Access 保存的是一个长整型数据。每个数据表中只能有一个自动编号型字段，该字段的值一旦插入表中，就不能被修改。

> **注意**　自动编号型字段的值一旦生成，就会永久地与记录绑定在一起。如果删除数据表中含有自动编号型字段的一个记录，则 Access 不会对表中其他记录的自动编号型字段进行重新编号。当插入一个新记录时，被删除的编号也不会被重新使用。

5. 日期/时间

日期/时间型字段用来存储日期、时间或日期/时间的组合，占 8 字节。在 Access 2016 中，数据表的日期/时间型字段中附有内置日历控件，可供用户在字段中输入日期值。

根据不同的需求，用户可以在数据表中指定日期/时间型字段的格式。可设置的格式类型有常规日期、长日期、中日期、短日期、长时间、中时间和短时间等。

6. 是/否

是/否型字段占 1 字节，常用来存放只有两种不同取值的实体属性，如销售员的婚姻情况、性别情况、在岗情况等。在 Access 数据表中，是/否型字段有以下 3 种格式：Yes/No，True/False，On/Off。用户可以根据自己的偏好选择相应的格式。

7. 长文本

短文本型字段的长度最大是 255，当字符串的长度超过 255 时，短文本型字段就无法满足用户需求了，而长文本型字段可以解决这一问题。

在 Access 数据表中，长文本型字段允许用户直接输入的字符个数最多为 65536。当用户以编程方式在长文本型字段中输入数据时，该字段最大可容纳 2 GB 的字符数。因为 Access 不允许数据表基于长文本型字段进行排序和索引，所以在长文本型字段中搜索数据时比较慢。

8. OLE 对象

在 Access 数据表中，OLE 对象型字段既允许插入 OLE 对象的链接，又允许直接插入 OLE 对象。如果在字段中插入 OLE 对象的链接，那么该字段保存的是链接对象的访问路径，链接的对象依然保存在原文件中；如果在字段中直接插入 OLE 对象，那么该对象将存储在该字段中。

可以链接或嵌入 OLE 对象型字段中的 OLE 对象是基于 OLE 协议程序创建的对象，如 Word 文档、Excel 电子表格、Windows 画图文件等。在 OLE 对象型字段中插入的 OLE 对象最大为 1GB。如果以编程方式在 OLE 对象型字段中插入 OLE 对象，那么 OLE 对象最大为 2GB。

9. 超链接

超链接型字段以文本形式保存超链接的地址，用来链接用户指定的链接对象。常用的链接对象有 Web 页、电子邮件、文件、数据库中的对象等。在超链接型字段中输入地址后，单击该地址将自动打开相应的链接对象。该字段可存储的超链接最多有 64000 个字符。

超链接地址的一般格式为 DisplayText#Address。其中，DisplayText 是链接对象的说明性文本，直接显示在超链接字段中，而 Address 是链接对象的链接地址，用户键入后通常被系统隐藏。超链接地址最多有 3 部分，因此该类型数据的完整格式为 DisplayText#Address#Subaddress。其中，Subaddress 是链接地址的子地址，它界定了链接对象的内部位置。再次强调，DisplayText 在字段中是显示的，而 Address 和 Subaddress 在字段中是隐藏的。

10. 附件

附件型字段可以将以文件形式存储的实体属性以附件形式嵌入字段中。使用附件型字段可以将一个或多个相同类型的文件存储在单个字段之中，也可以将多个不同类型的文件存储在单个字段之中。

附件型字段为用户将同一个实体的各种以文件形式存储的属性信息组织在同一记录中提供了手段。附件型字段是用于存放二进制类型文件的首选数据类型。

11. 计算

在数据表中，计算型字段存放的是基于同一个表中其他字段计算的结果值，它对应一个计算表达式，该表达式必须引用当前表的其他字段。计算型字段的长度为 8 字节。注意，其他表中的数据不能用作计算型字段的数据源。

12. 查阅向导

查阅向导型字段的值是通过查阅数据源获得的，其数据类型取决于数据源。因此，严格来说，查阅向导不是一种数据类型，而是一种数据输入方式。查阅向导型字段可以指定以下两种数据来源：一种数据源是表或查询，该字段通过查询表对象或查询对象获得数据，当表对象或查询对象中的数据发生变化时，所有变化均会反映到查阅向导型字段中；第二种数据源是固定不变的列表值，该字段通过查阅列表框或组合框获得数据。注意，查阅向导型字段的值来自其他表或查询。

综上所述，上述数据类型可以分为"小"数据类型和"大"数据类型，划分"小"和"大"的依据是数据类型所允许存储的数据量。"小"数据类型包括短文本、数值、日期/时间、货币、自动编号、是/否、超链接、计算和查阅向导等。"大"数据类型包括长文本、OLE 对象、附件等。一般来说，"小"数据类型存储的数据量少，但数据处理速度快；而"大"数据类型存储的数据量大，但数据处理速度慢。

最后介绍字段变量的引用。引用字段变量一般通过该字段的名称完成，其格式为[字段名]。当需要指明引用字段所属的数据表时，其格式为[数据表名]![字段名]。

3.5 Access 处理数据库原子数据的方法

Access 对数据库原子数据进行处理的基本方法有两种：一种是函数，另一种是表达式。当然，从广义上讲，函数也是表达式的一种特殊形式。也就是说，常量和字段是数据处理的原子数据对象，而函数和表达式是对这两种原子数据对象进行处理的方法。

3.5.1 Access 处理原子数据的模拟方法

在 Access 中，每一个数据库对象都要对原子数据进行处理，但本节基于数据库对象学习原子数据的处理方法显然是不符合学习规律的，因为迄今读者对这些对象都是陌生的。为了避开陌生数据库对象对读者的困扰，便于读者快速掌握函数和表达式的语法及功能，本节建议读者基于 VBA 的立即窗口及两个简单命令模拟学习 Access 处理数据库原子数据的方法。

1. VBA 的立即窗口

如图 3-16 所示为 VBA 的立即窗口，窗口中解释了"定义 VBA 变量"和"计算输出 VBA 表达式值"的两条命令。关于这里的变量和表达式，读者可以基于数学常识来解读。

在立即窗口中执行一条命令时，一般需要以下两步。

①在立即窗口中输入一行命令代码；

②按【Enter】键来执行代码。

注意：在立即窗口中执行的前后命令是在一个会话中的，所以命令是相关的。例如，"x=

999"命令与"? x/y"命令是相关的，它们的关联通过 x 发生。

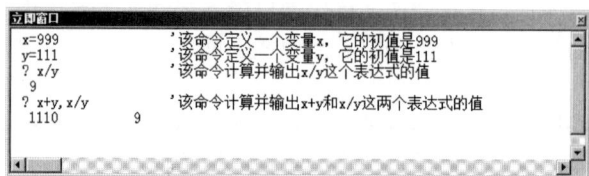

图 3-16　VBA 的立即窗口及两条命令的图解

2. 内存变量的定义命令

该命令用来创建内存变量并为其赋值。该命令的格式、功能及说明如下。

【格式】〈内存变量〉＝〈表达式〉。

【功能】建立内存变量；计算表达式的值，并将表达式的值赋给内存变量。

【说明】内存变量是在内存中开辟的存放数据的临时工作单元，它独立于数据表而存在。内存变量的数据类型由表达式的数据类型决定。

3. 表达式的计算输出命令

在后面的例子中将经常用到以"?"开头的命令，这条命令可用来完成表达式的计算并将其结果在立即窗口中输出。该命令的格式、功能及说明如下。

【格式】? ［〈表达式表〉］。

【功能】计算〈表达式表〉中各表达式的值，并在立即窗口的下一行输出各个表达式的计算结果。

【说明】表达式表是以逗号分隔的表达式序列：表达式 1，表达式 2，……，表达式 n。

【示例】基于 VBA 的立即窗口来模拟变量的建立和表达式的计算输出。

```
myname=  "秋雨枫"
? " 姓名：", myname
? myname +  "先生"
```

结果如下。

姓名：秋雨枫

秋雨枫先生

注意：对于"?"命令，其后的表达式表可以省略，省略"?"时，将输出一个空行。

3.5.2　Access 函数

Access 内置了大量函数，每个函数执行后都可以完成一个特定的数据处理任务。与数学中的函数类似，Access 的函数也有其自变量及其对应的函数返回值。函数经过调用后，会返回给调用者一个结果，即该函数计算的结果值。

函数调用的格式如下：函数名（［参数 1］［，参数 2］［，参数 3，…］）。函数名之后紧跟一对圆括号，括号内可以根据需要指定一个或多个参数作为函数的自变量，当然，有的函数没有参数。各种函数对其参数的个数、排列顺序、值域和数据类型等都有相应的规定及要求，用户必须严格遵守。

有的函数允许嵌套，这样的函数允许其自变量是一个函数。有的函数允许其自变量仍然是本函数，有的函数不允许其自变量是本函数，这要视函数的具体情况而定。

根据函数的数据处理功能，Access 的内置函数可以分为数字、文本、日期/时间、转换及条件等多种类型。

限于篇幅，详细内容请参阅本书的数字教程。

3.5.3 Access 表达式

表达式是由运算符和括号将运算对象连接起来的式子。在 Access 中，常用的运算对象有常量、字段及函数等。注意：常量、字段及函数都可以看成最简单的表达式。

1. 表达式的运算法则

表达式经过运算将得到一个结果，该结果称为表达式的值。根据数据运算的类型，Access 将表达式分为数字、文本、日期、关系和逻辑等类型。

（1）数字表达式

数字表达式是由算术运算符和括号将各类数值型运算对象连接而成的式子，其运算结果为一个数字型数据。Access 的算术运算符如表 3-2 所示。

算术运算符的优先级顺序如下：先括号；在同一括号内，单目运算的优先级最高，然后是双目运算符；双目运算符的优先级依次是幂运算、乘除运算、整数除运算、求余运算、加减运算。

> ⚠️ **注意**
> ① 在进行整数除运算时，Access 基于"四舍六入五成双"的原则对整数进行舍入。舍入结果始终是最接近的偶数值。例如，6.5 舍入为 6，而 7.5 舍入为 8。
> ② 当参与算术运算的运算对象有一个是空值时，数字表达式的结果也是空值。

【例 2-1】求下列表达式的值。

```
? 6 ^ 2 + 5 - null
```

结果如下。

```
Null
? 15 Mod 4, 15 Mod - 4, - 15 Mod 4, - 15 Mod - 4
```

结果如下。

```
33 - 3 - 3
```

表 3-2 Access 的算术运算符

运算符	功能	示例
—	取负值，单目运算	−(2+9)结果为−11
^	乘方运算	4^2 结果为 16
* 和 /	分别为乘、除运算	1/2 * 3 结果为 1.5
\	整数除运算	16 * 2 \ 5 结果为 6
Mod	求余运算（取模运算）	87 Mod 9 结果为 6
＋和 —	分别为加、减运算	2−4+5 结果为 3

（2）文本表达式

文本表达式是由文本运算符和括号将相容的运算对象连接而成的式子，其运算结果为一个字符串。Access 的文本运算符如表 3-3 所示。

表 3-3 Access 的文本运算符

运算符	功能	示例
＋	两个运算对象的字符串相连。返回值为文本型数据	"购物车" ＋ "商品" = "购物车 商品"
&	将两个运算对象的值进行首尾相接。返回值为文本型数据	"购物车" & "商品" = "购物车 商品" "出版日期" & Date() = "出版日期 2020/11/19"

由表 3-3 可知，"＋"和"&"这两个运算符的功能有较大的差别：参与"＋"运算的两个运算对象必须都是文本类型，否则不能进行连接运算；而参与"&"运算的两个运算对象无须都是文本类型，这是因为"&"运算会先将两个运算对象的值转换为文本值，再对转换得到的文本值进行首尾相接。参与"&"运算的运算对象可以是文本、数值、日期或逻辑型数据。

> ① 文本运算符的优先级相同。
> ② 参与"＋"运算的运算对象有一个是 NULL 时，运算结果是 NULL。
> ③ 参与"&"运算的运算对象有一个是 NULL 时，运算结果仍然是文本。

【例 2-2】求下列表达式的值。

    ?   "出版日期" & Date()

结果如下。

出版日期 2019/7/11

    ?   "出版日期" + Date()

结果如下。

运行时错误，类型不匹配

（3）日期表达式

日期表达式是由日期运算符和括号将相容的运算对象连接而成的式子，其运算结果为表示日期语义的日期值或数字值。日期表达式的运算符有"＋"和"－"，其功能既与数学运算符不同，又与字符运算符不同。Access 的日期运算符如表 3-4 所示。

表 3-4　Access 的日期运算符

运算符	功能	示例
＋	加法运算	＃2019-07-15＃ ＋ 10 结果为 2019/7/25
－	减法运算	＃2019-07-15＃ － 10 结果为 2019/7/5

> ① 一个日期型数据加上或减去一个整型数据 n 时，整型数据 n 被作为天数，得到的是这个日期加或减 n 天后的日期。
> ② 两个日期数据可以相减，结果是这两个日期相差的天数，因此两个日期型表达式相减的结果是一个整型数据。
> ③ 两个日期型数据相加是无意义的。
> ④ 当参与日期运算的运算对象有一个是空值时，日期表达式的结果也是 NULL。

【例 2-3】求下列表达式的值。

? ＃2019-9-9＃ - ＃2016-6-6＃

结果如下。

1190

? ＃2019-9-9＃ - NULL

结果如下。

Null

（4）关系表达式

关系表达式是用关系运算符和括号把两个相容的运算对象连接起来的式子。关系表达式对运算符两边的相容运算对象进行比较。当比较关系成立时，表达式的值为真（True）；当比较关系不成立时，表达式的值为假(False)。关系表达式常在各种命令中充当"条件"。

如果参与关系运算的运算对象是空值(NULL)，那么关系表达式的运算结果除了真(True)、假(False)以外，还可能是空值(NULL)。例如，对于等于、不等于、小于、小于等于、大于、大于等于这几个比较运算，如果运算符的一侧为 NULL，那么比较运算的结果为 NULL。

Access 支持"Is Null"和"Is Not Null"这两种专门的空值关系运算，其使用方法将在第7章中详细介绍。如果不考虑空值问题，那么 Access 的关系运算符如表 3-5 所示。

表 3-5 Access 的关系运算符

运算符	功能	示例
<	小于	33<44 的结果为 True
>	大于	"A">"a"的结果为 False
=	等于	11=12 的结果为 False
>=	大于等于	"孙">="刘"的结果为 True
<=	小于等于	#2019-6-6# <= #2019-9-9# 的结果为 True
<>	不等于	4 <> - 6 的结果为 True
In	判断运算符左侧表达式的值是否在运算符右侧的值列表中	商品名称 In ("蛋糕","面包","包子")的结果视商品名称的值而定
Between ... And ...	判断运算符左侧表达式的值是否在该运算符指定的闭区间范围内	商品价格 Between 9 And 99 的结果视商品价格的值而定
Like	判断运算符左侧表达式的值是否符合该运算符右侧指定的匹配模式。如果符合，返回真值，否则为假	"我们"Like "我和你" 的结果为 False，姓名 Like "我和你" 的结果视姓名的值而定

①不同关系运算对运算对象的类型是有要求的，后续内容的上下文对此有说明。

②比较日期型数据时，日期在前者为小，日期在后者为大。

③比较文本型数据时，Access 只对两个文本的字符串从左至右进行逐字符的比较，一旦进行比较的这个字符可以区分不同，那么比较停止；第一个可以区分不同的字符的大小决定了两个文本数据的大小。

④字符的大小是由字符在字符集中的排列顺序决定的，排列在前者为小，排列在后者为大；Access 对字母的比较不区分大小写。

⑤运算符 Like 仅能用于文本型数据之间的比较，其用法将在第7章中详细介绍。

(5)逻辑表达式

逻辑表达式是用逻辑运算符和括号将相容的运算对象连接起来的式子。如果参与逻辑运算的运算对象不是空值，那么逻辑运算的结果是真值和假值。Access 的逻辑运算符如表 3-6 所示。

表 3-6 Access 的逻辑运算符

运算符	功能	示例
NOT	非	NOT(3<6)的结果为 False

运算符	功能	示例
AND	与	(3＞6)AND(4＊5＝20)的结果为 False
OR	或	(3＞6)OR(4＊5＝20)的结果为 True
Xor	异或	"A"＞"a" Xor 1＋3＊6＞15 的结果为 True
Eqv	逻辑等价	"A"＞"a" Eqv 1＋3＊6＞15 的结果为 False

如果参与逻辑运算的对象不是空值，那么逻辑运算的规则如表 3-7 所示，其中的 A 与 B 分别代表两个逻辑型运算对象。

表 3-7　逻辑运算的规则

运算	运算规则
NOT A	当 NOT 后的运算对象 A 为假时，表达式的值为真，否则为假
A AND B	当 AND 前后的运算对象 A 和 B 均为真时，表达式的值为真，否则为假
A OR B	当 OR 前后的运算对象 A 和 B 均为假时，表达式的值为假，否则为真
A Xor B	当 Xor 前后的运算对象 A 和 B 均为假或均为真时，表达式的值为假，否则为真
A Eqv B	当 Eqv 前后的运算对象 A 和 B 均为假或均为真时，表达式的值为真，否则为假

如果参与逻辑运算的对象是空值，那么逻辑运算的结果除了真(True)、假(False)以外，还可能是空值(NULL)。

如果运算对象 A 是 NULL，那么 NOT A 将返回 NULL；如果参与 AND 运算的两个对象一个是空值，一个是真值，那么运算结果是 NULL，如果参与 AND 运算的两个对象都是空值，那么运算结果是 NULL；如果参与 OR 运算的两个对象一个是空值，一个是假值，那么运算结果是 NULL，如果参与 OR 运算的两个对象都是空值，那么运算结果是 NULL；如果参与 AND 运算的两个对象一个是空值，一个是假值，那么运算结果是 FALSE；如果参与 OR 运算的两个对象一个是空值，一个是真值，那么运算结果是 TRUE。

2. 表达式的使用规则

表达式是构建 Access 对象的一个重要元素，正确使用表达式是学好 Access 的一个基本要求。读者在各个对象使用表达式时，需要遵循以下规则。

①每个字符都应该占同样大小的一个字符位，所有字符都应写在同一行上。
②数值表达式中有相乘关系的地方一律采用"＊"表示，不能省略。
③算术运算符乘方^的前后应用空格与其他内容分开。
④在需要括号的地方，一律采用圆括号"()"，且左右括号必须配对。
⑤不得使用罗马字符、希腊字符等特殊字符。
⑥字段名与函数名中的字母既可以大写又可以小写，其效果是相同的。
⑦逻辑运算符 NOT、AND、OR、Xor、Eqv 的前后应用空格与其他内容分开。
⑧表达式中对运算对象的数据类型都有要求，类型不相容时，将出现错误警告。
⑨在构建表达式时，一定要考虑运算对象为空值的情况。

3. 运算符的优先级

当不同运算符出现在同一表达式中时，Access 基于预先确定的运算符优先顺序对表达式进行运算，除非使用括号改变其默认的运算顺序。括号内的运算始终会先于括号外的运算。

对于同一个括号内的表达式，Access 会基于默认的运算符优先顺序对表达式进行运算。下面介绍各类运算符默认的优先顺序。

（1）文本运算符

文本运算符的优先级都是相同的，按照运算符在表达式中的位置自左向右地进行运算。

（2）关系运算符

关系运算符的优先级都是相同的，按照运算符在表达式中的位置自左向右地进行运算。

（3）日期运算符

日期运算符的优先级都是相同的，按照运算符在表达式中的位置自左向右地进行运算。

（4）算术运算符

算术运算符遵循以下优先顺序：乘方运算符＞求反运算符＞乘除运算符＞整数除运算符＞求余运算符＞加减运算符。

（5）逻辑运算符

逻辑运算符遵循以下优先顺序：NOT 运算符＞AND 运算符＞OR 运算符。

如果表达式中包含上述各类运算符，那么 Access 默认的运算符优先顺序如下：首先是算术运算符或日期运算符，其次是文本运算符，再次是关系运算符，最后是逻辑运算符。对于相同优先级的运算，按从左到右的顺序进行运算。

3.6　Access 的设计工具

Access 提供了一整套可视化设计工具，这些工具可以帮助用户轻松地完成数据库及其对象的设计任务，把用户的设计工作规范化、可视化和简单化，从而提高了用户基于数据库技术组织和管理数据的效率。Access 的设计工具包括模板、向导、设计器和生成器四大类。

1. 模板

为了帮助用户快速创建数据库和数据库对象，Access 提供了一些标准的数据库框架和数据库对象框架，又称模板。尽管这些模板不一定完全符合用户的实际需求，但在模板的基础上，对它们稍加修改，即可快速地建立一个新的数据库或新的数据库对象。如何基于模板设计数据库和数据库对象，将在与该内容相关的章节中介绍。

2. 向导

向导是一种交互式的快速设计工具，用户在向导的引导和帮助下，不用复杂的设计就能快速地建立高质量的数据库对象，完成许多数据库的管理功能。

Access 为用户提供了许多功能强大的向导，几乎涉及所有的数据库对象。常用的向导工具有查询向导、报表向导及窗体向导。本章后续的相关章节对此都有相关介绍。

3. 设计器

设计器是用户创建和修改数据库对象的一种可视化工具。在 Access 中，所有的数据库对象都有相应的对象设计器，后续相关章节将分别介绍表设计器、查询设计器、窗体设计器、报表设计器、宏设计器和模块设计器的使用方法。与向导相比，设计器具有更强的设计功能，适合专业人员设计较为复杂的数据库对象。

4. 生成器

生成器是一个生成对象组件的对话框，它包含很多控件，用户通过对控件属性的设置即可生成用户需要的对象组件。生成器简化了对象组件的设计过程，从而提高了数据库对象的设计质量和效率。生成器一般嵌入在各个数据库对象设计器中，在数据库对象的设计中有广泛应用，其中应用最广泛的生成器是表达式生成器。生成器的使用方法将在后续的相关章节中介绍。

3.7 Access 的操作方式

DBMS 是用户和数据库之间的接口，它必须向用户提供数据库的操作方式。作为桌面级应用的 Access，它向用户提供了两种友好的操作方式：交互方式和批处理方式。

3.7.1 交互方式

交互方式是指用户利用 Access 提供的接口命令向 Access 发出操作请求，Access 接收请求后，在后台完成用户要求的操作，并向用户返回操作结果。

1. 图形控件交互方式

图形控件交互方式是指用户基于 Access 提供的各种图形控件，向 Access 发出操作请求，由 Access 完成用户要求的操作并以图形控件的形式返回操作结果的操作方式。常用的图形控件有窗口、对话框、选项卡、快速访问工具栏、快捷键及菜单等。

图形控件交互方式的特点是用户通过图形化界面与 Access 进行人机对话，整个对话过程是可视的。鉴于此，图形控件交互方式又称为可视化交互方式，简称可视化方式。该方式的优点是操作简单，易于学习；该方式的缺点是操作效率低，原因是用户一次只能执行一项操作。

2. 文本命令交互方式

文本命令交互方式简称命令方式。在命令方式中，用户可以直接键入文本命令对数据库及其对象进行交互式的定义、更新、查询和控制。该方式的优点是操作灵活，功能强大；该方式的缺点是需要学习命令语法。

3.7.2 批处理方式

交互方式虽然给用户带来了方便，但是降低了执行效率。在实际工作中，常常需要一次执行一批操作，从而提高执行效率，这就需要将一批操作命令按照业务规则和系统约定封装到一个对象中。Access 提供了宏对象和模块对象来封装批操作。

1. 宏方式

宏方式指的是将一批操作命令封装到宏对象中，宏对象的一次执行可以批量完成多项操作的方式。与交互方式相比，宏方式的效率较高。

但宏对象只能完成逻辑较为简单的批量操作。如果用户的业务逻辑非常复杂，则需要基于模块对象对复杂的业务逻辑进行建模。

2. 模块方式

对于复杂的数据管理问题，通常采用模块方式来完成。模块也是一批操作命令的集合，相对于宏而言，模块允许用户设计逻辑关系复杂的批操作。

Access 支持的面向过程的程序设计方法和面向对象的程序设计方法，开发人员可以基于这两种方法并根据所要解决问题的具体要求设计出相应的模块对象。

模块实际上就是大家平常所说的程序，它是 Access 提供的程序编写单元，也是 Access 提供的程序封装对象，因此模块方式又称为程序方式。

3.8 技术拓展与理论升华

尽管市场上有众多的关系型 DBMS，但是在教学领域中应用最多的是 Access、SQL Server 及

MySQL。本书主要基于 Access 学习数据库的原理和技术，但是 Access 毕竟是桌面级的 DBMS，其数据组织和管理能力较低，因此，本书将介绍 SQL Server，这样读者可以基于 Access 与 SQL Server 的比较学习，来掌握数据库的应用技术，升华数据库的原理。

3.8.1 数据库管理系统 SQL Server

SQL Server 是 Microsoft 公司推出的 DBMS。与桌面级的 Access 相比，SQL Server 提供了企业级的数据管理架构、高性能的并发数据服务、更安全和更可靠的数据存储服务，适用于大容量数据的应用，使"永远在线，永远可用"的业务目标得到保证。因此，SQL Server 是目前各类院校的大学生学习大型数据库管理系统的首选数据库产品之一。

1. SQL Server 的体系结构

体系结构是对系统组成部分及其关系的描述。SQL Server 是典型的客户机/服务器结构的系统。从顶层来看，SQL Server 包括客户机和服务器两部分，它们分工协作，共同完成数据库的组织和管理功能。客户机接收用户的请求，并把请求提交给服务器；服务器解释客户机的请求，基于客户机的请求对数据库进行查询和操纵，并将查询和操纵的结果数据反馈给客户机；客户机对结果数据进行处理后，以相应的形式呈现给用户。

（1）SQL Server 支持的客户机

不同用户有不同的操作习惯和使用偏好，为此 SQL Server 提供了多种类型的客户机供用户选择。常用的客户机有 SQL Server 管理控制台、SQL Server 配置管理器及 SQLcmd 等。

①SQL Server Management Studio：简称 SSMS，又称为 SQL Server 管理控制台。这是一个集成环境，可以用来访问和管理 SQL Server 的所有服务器，其中最重要的就是数据库引擎服务器。SSMS 既支持简单易用的图形操作方式，又支持功能强大的脚本程序操作方式，从而使得专业级用户和非专业级用户都能访问和管理 SQL Server 的服务器，进而使用服务器所提供的各种形式的数据服务。

②SQL Server Configuration Manager：又称为 SQL Server 配置管理器。SQL Server 配置管理器是一款配置软件，它既可以配置 SQL Server 后台服务的运行参数，又可以配置 SQL Server 客户机和服务器的通信协议，还可以对系统的网络连接进行配置。

③SQLcmd：支持用户通过 SQL 文本命令与后台服务器进行交互，从而实现数据库的创建、管理和运行维护等任务。用户在 SQLcmd 提供的文本界面中，通过输入 SQL 命令向后台服务器发出请求，后台服务器完成用户的请求后，将执行结果反馈到 SQLcmd 的文本界面。与 SSMS 相比，SQLcmd 更快、更灵活。对具有一定 SQL 基础的用户而言，SQLcmd 不失为一种好的选择。

（2）SQL Server 支持的服务器

为了满足用户的不同需求，SQL Server 提供了不同的服务器，主要的服务器有如下 4 类：数据库引擎、集成服务、报表服务和分析服务。

①数据库引擎：SQL Server Database Engine，简称 SSDE。SSDE 是 SQL Server 系统的核心服务器，主要用以组织和管理二维结构的数据，向用户提供数据查询和操纵服务。

②集成服务：SQL Server Integration Services，简称 SSIS。SSIS 是一个数据集成平台，它可以将不同数据源的数据提取出来，并按照目标数据库的格式进行转换，进而将数据加载到目标数据库中。

③报表服务：SQL Server Reporting Services，简称 SSRS。SSRS 为用户提供了企业级的报表设计和管理工具。基于 SSRS 提供的设计工具，用户可以高效地创建报表。基于 SSRS 提供的管理工具，用户可以快捷地管理和发布报表。

④分析服务：SQL Server Analysis Services，简称 SSAS。由于 SSAS 既可以处理二维数据结构，又可以处理多维数据结构，因此 SSAS 支持用户建立数据仓库，用以对多维数据进行多角度

分析，从而为用户提供联机分析处理(on-line analytical processing，OLAP)和数据挖掘服务。

2. SQL Server 的并发机制

SQL Server 是基于分布式应用架构的 DBMS，它支持多实例并发和多用户并发。

（1）多实例并发

SQL Server 允许在一台计算机中安装一个或多个独立实例。每个实例的安装都需要执行 SQL Server 的一次安装任务，每一次安装任务都会生成一个"SQL Server 实例"。

SQL Server 实例即 SQL Server 数据库实例，它实质上是一整套 SQL Server 服务程序。SQL Server 实例与数据库之间是一对多的联系，即一个 SQL Server 实例可以包括多个数据库。除了数据库之外，SQL Server 实例还可以包含其他服务体。

基于多实例机制，SQL Server 可以为不同的项目分配不同的实例服务。不同的实例之间没有联系，它们组织和管理的数据库是相对独立的，可以同时并发运行。当某个实例发生故障时，只影响该实例分配的项目，其他实例的服务项目可正常运行。

（2）多用户并发

SQL Server 是基于客户机/服务器模式的 DBMS，这种模式先天支持多用户并发。客户机/服务器模式在实际工作中有广泛应用场景。例如，对于银行的存储款处理系统，全部储户的数据集中存放在银行的中心服务器中，而储户在营业所每个营业柜台前看到的处理程序就是"客户端程序"。由于银行有多个营业所，每个营业所又有多个柜台，因此银行的存储款处理系统需要有多个"客户端程序"，即该系统必须支持多用户并发。

3. SQL Server 数据库支持的数据对象

虽然 SQL Server 实例最多能容纳 32767 个数据库，但是在典型的应用中，一个实例 SQL Server 只有少量的数据库，每一个数据库包括多个数据对象。

SQL Server 数据库包含的重要数据对象如下：数据表是最重要的数据对象之一，它是数据库组织和管理数据的核心对象；视图是数据库数据的导出定义，基于视图，数据库系统可以向不同用户提供不同数据，以满足用户需求，并保证数据库的数据安全；索引可以使数据库中的数据逻辑有序，以实现快速检索；存储过程用于实现用户对数据库的复杂数据进行管理和维护。

4. SQL Server 数据库支持的原子数据类型

与 Access 相比，SQL Server 数据库支持的原子数据类型更多，并支持用户自定义数据类型。用户自定义数据类型使得数据库组织和管理数据的能力更加强大。

SQL Server 2017 支持的数据类型可以分为数字型、字符型、逻辑型、日期/时间型、二进制型及其他特殊数据类型。其中，数字型又分为整数型、精确小数型、浮点数型、货币型；字符型又分为 ANSI 字符型、Unicode 字符型；逻辑型又称为位型；日期/时间型包括表示日期的 date 数据类型，表示时间的 time 数据类型、表示日期和时间组合的 DateTime、DateTime2 和 SmallDateTime 数据类型；二进制型分为 Binary、VarBinary 和 Image 3 种子类型，主要用来存储二进制数据文件；特殊数据类型包括 TimeStamp、UniqueIdentifier、Sql_Variant、XML、max 等。

（1）整数型

根据一个数值数据是否含有小数，可以把数字型数据分为整数型和小数型。

整数型用来存储精确的整数数据，它是最常用的数据类型之一，共有 Int、SmallInt、TinyInt、BigInt 这 4 种子类型。整数型数据的存储效率较高，是数字型数据的首选。

①Int：Int 数据类型存储 -2^{31} 到 $2^{31}-1$ 中的所有整数。Int 类型的数据用 4 字节共 32 位的存储空间，其中 1 位表示整数的正负号，其余 31 位表示整数的绝对值。

②SmallInt：SmallInt 数据类型存储 -2^{15} 到 $2^{15}-1$ 中的所有整数。每个 SmallInt 类型的数据占用 2 字节共 16 位的存储空间，其中 1 位表示整数的正负号，其余 15 位表示整数的绝对值。

③TinyInt：TinyInt 数据类型存储 0 到 255 中的所有正整数。每个 TinyInt 类型的数据占用 1

字节共 8 位的存储空间。TinyInt 是所有整数类型中存储范围最小的子类型。

④BigInt：BigInt 数据类型存储 -2^{63} 到 $2^{63}-1$ 中的所有整数。每个 BigInt 类型的数据占用 8 字节共 64 位的存储空间。BigInt 是所有整数类型中存储范围最大的子类型。

（2）精确小数型

根据精度和位数小数数据类型可以分为精确小数型和近似小数型。在 SQL Server R2 中，精确小数型有 Decimal 和 Numeric 两种子类型，它们都可以精确地指定小数的总位数和小数点右边的位数。

①定义格式。Decimal 数据类型可以简写为 DEC，其定义精确小数的一般形式为 Decimal[（p [，s]）]。其中，p 表示数据存储的总位数（不包括小数点），它的取值是 0～38，默认值为 18；s 表示小数点后存储的位数，它的取值是 0～p，默认值为 0。例如，dec(15，5)定义的小数共有 15 位，其中整数占 10 位，小数 5 位；又如，dec(3，2) 定义的小数共有 3 位，其中整数占 1 位，小数占 2 位，是形如 1.29 这样的小数。

Numeric 数据类型定义精确数据的一般形式为 Numeric([p [，s]])。将数据定义为 Numeric 数据类型与将数据定义为 Decimal 数据类型的方法相同。

②存储空间。精确小数型占用的存储空间与 p 的大小有关。当 p 为 1～9 时，占用 5 字节的存储空间；当 p 为 10～19 时，占用 9 字节的存储空间；当 p 为 20～28 时，占用 13 字节的存储空间；当 p 为 29～38 时，占用 17 字节的存储空间。

③使用说明。尽管 Decimal 类型字段的定义格式与 Numeric 类型字段的定义格式相似，但是当小数位数为 0 时，Numeric 类型的字段可以设置为自动编号字段。

（3）浮点数型

在科学计算或统计领域中，有些绝对值和变化范围都极大的数据，对于这样的数据不需要表示为绝对精确的数，其近似值也不影响计算结果。在 SQL Server 2017 中，近似小数用浮点数型来定义。浮点数型有 Float 和 Real 两种，这两种类型都可以存储近似小数，但 Float 数据类型存储的近似数的范围更大。

①浮点数的数学意义。计算机基于浮点数型表示极大数的方法与数学基于科学记数法表示极大数的方法很相似。科学记数法是用来近似表示极大数的一种方法，其标准的书写格式是 $\pm m.mmm\text{E}\pm nn$。其中，$m.mmm$ 是尾数，nn 是以十为基的阶。例如，1.79×10^{308} 用科学记数法表示为 1.79E+308。

②浮点数的定义和存储。将近似小数定义为 Real 数据类型时直接用标识符 Real 即可。Real 数据的位数精度为 7 位，其值为 $-3.40\text{E}-38～3.40\text{E}+38$。将近似小数定义为 Float 数据类型可以写为 Float[n]的形式。其中，n 为 0～53 中的整数值，它指定了 Float 数据的精度。

当用户基于 Float[n]定义近似小数时：当 n 为 0～24 时，系统自动将 Float 数据类型转换为 Real 数据类型，系统用 4 字节存储该数据，以节约空间；当 n 为 25～53 时，系统才将该近似小数存储为 Float 数据类型，用 8 字节存储该数据。Float 数据的位数精度为 15 位，其值为 $2.23\text{E}-308～1.79\text{E}+308$。

③浮点数使用说明。当用户向近似小数类型的数据表字段插入数据时，既可以使用小数点形式的数值常量，又可以使用科学记数法形式的常量形式。显示数据时也是如此。

浮点数在 SQL Server 中采用上舍入（或称为只入不舍）方式进行存储。例如，对 3.14159265358979 分别进行 2 位和 12 位舍入，结果为 3.15 和 3.141592653590。

（4）货币型

根据一个数值是否可以表示金额，可以将数值数据分为货币型和非货币型。SQL Server 支持两种专门用于表示货币数据的数据类型，它们是 Money 和 SmallMoney。

①Money。Money 数据类型存储的数据是一个有 4 位小数的 Decimal 精确值，其值为 $-2^{63}～2^{63}-1$，数据精度为万分之一货币单位。Money 数据类型使用 8 字节的存储空间。

②SmallMoney。SmallMoney 数据类型类似于 Money 数据类型，但其存储的货币值范围比 Money 数据类型小，其值为 $-214748.3648 \sim +214748.3647$，存储空间为 4 字节。

注意：货币型的数据实际上是带有 4 位小数的精确小数型。在向货币型的数据表字段中插入常量时，可以在常量数据前加上货币符号 $，也可以不加 $。

（5）ANSI 字符型

字符数据是由字母、数字和其他符号组成的字符串。由于不同国家和地区使用的语言往往不同，而每一种语言都对应一个特定的字符集，因此数据库技术需要支持各种语言的字符集，字符数据也因其所支持字符集的不同而呈现不同的特点。

①ANSI 字符编码。为了在计算机中标识和存储一种语言的字符数据，需要对该语言字符集中的每一个字符按照一种标准分配一个代码，这个代码称为字符的编码。最初，各个国家和地区都单独对自己所使用的语言字符集进行编码，因此这种编码统称为本地字符编码，又称为 ANSI 字符编码。

最初，ANSI 字符编码专指 ASCII。后来，很多国家和地区基于 ASCII 扩展定义了自己国家和地区的本地编码，所以 ANSI 字符编码被用来指代本地字符编码。例如，在简体中文 Windows 操作系统中，ANSI 字符编码代表 GBK 编码；在日文 Windows 操作系统中，ANSI 字符编码代表 Shift_JIS 编码。因为不同 ANSI 字符编码之间互不兼容，所以无法将属于两种不同语言的字符数据存储在同一个数据表字段中。

②SQL Server 支持的 ANSI 字符数据类型。在 SQL Server 的安装过程中，允许用户根据自己所使用的语言选择一种字符集，从而支持用户基于自己指定的语言定义 ANSI 字符数据类型的字符编码。SQL Server 支持的 ANSI 字符数据类型包括 Char、VarChar、Text 3 种。

a. Char 数据类型：Char 数据类型的定义方法为 Char(n)。其中，n 表示该类型的字符数据所包含的字符数量。n 的取值为 $1 \sim 8000$。如果在定义 Char 数据类型时不指定 n 的值，则系统默认 n 的值为 1。

以 Char 数据类型存储的数据，每个字符占 1 字节的存储空间。例如，如果字符数据定义为 Char(99)，那么该类型的数据固定占 99 字节的存储空间。当在 Char 类型的数据表字段中插入字符数据时，若插入的数据字符数小于 n，则系统自动在其后添加空格来填满该字段事先分配好的空间。若插入的字符数据过长，则会截掉其超出部分。

b. VarChar 数据类型：VarChar 数据类型的定义方法为 VarChar(n)。其中，n 的取值为 $1 \sim 8000$。但与 Char 数据类型不同的是，VarChar 类型的 n 指定的是该类型数据最多可容纳的字符数量，即 VarChar(n) 类型的数据最多可容纳 n 个 ANSI 字符，最少可容纳 0 个 ANSI 字符。

VarChar 数据类型的存储空间是变长的，存储空间的实际长度是 VarChar 字符串的实际长度加 1，实际存储长度之外所增加的 1 字节用来存储 VarChar 字符串的实际长度。VarChar 数据类型尽管增加了 1 字节的额外开销来存储 VarChar 字符串的实际长度，但因为不保存额外的空格，所以仍然能够节省存储空间。

一般情况下，由于 Char 数据类型长度固定，因此 Char 数据类型的数据处理速度比 VarChar 数据类型的数据处理速度快。

c. Text 数据类型：当文本数据的长度超过 8000 时，可使用 Text 数据类型，即文本型。Text 数据类型用来存储大容量的变长文本数据。在 Text 数据类型中，每个字符占用 1 字节的存储空间。

Text 数据类型的容量为 $1 \sim 2^{31}-1$ 字节，约 2GB。由于 Text 数据类型占用的存储空间特别大，因此，在定义该类型数据表字段时，应该允许其为空值。

ANSI 字符数据类型主要是以单字节来存储数据的，适用于英文数据的存储和处理。如果数据库中既包括英文，又包括汉字，则建议使用 Unicode 字符型。如果数据库使用 ANSI 字符型来存储中英文数据，那么在处理数据库中的数据时，要分别考虑英文字符和中文字符，否则将会导致乱码。

（6）Unicode 字符型

如果每个国家和地区都使用自己的本地编码，那么国际化的数据交流和处理将变得非常困难。随着国际化的加深，越来越需要出现一种全球范围内的统一编码，以兼容各个国家和地区的本地编码。Unicode 就是一种可以容纳全世界所有语言符号的编码方案。

①Unicode 字符编码。Unicode 是为了解决传统的本地字符编码方案的局限性而产生的，它为每种语言中的每个字符设定了统一且唯一的二进制编码，以满足跨语言、跨平台的文本转换、处理和交流。

在数据表中使用 Unicode 字符编码的好处是，可以将全世界的语言文字都囊括在内。例如，在一个数据表的职业字段中可以同时出现中文、英文、法文、德文等文字，而不会出现编码冲突。

②SQL Server 支持的 Unicode 字符编码。SQL Server 既支持 ANSI 字符编码的数据类型，又支持 Unicode 字符编码的数据类型。Unicode 字符类型包括 nChar、nVarChar 和 nText 3 种数据类型。

a. nChar 数据类型：nChar 数据类型的定义方法为 nChar[(n)]。nChar 数据类型的定义方法与 Char 数据类型的定义方法相似，不同之处是 nChar 数据类型中 n 的取值为 1～4000。由于 nChar 类型的字符数据采用 Unicode 字符集，因此每个 nChar 类型的字符占用 2 字节的存储空间，所以 nChar 数据类型占用的存储空间是 Char 数据类型的两倍。

b. nVarChar 数据类型：nVarChar 数据类型的定义方法为 nVarChar[(n)]。nVarChar 数据类型的定义方法与 VarChar 数据类型的定义方法相似，不同之处是，n 的取值为 1～4000。

c. nText 数据类型：nText 数据类型与 Text 数据类型相似，不同之处是，nText 数据类型采用 Unicode 字符编码存储字符，因此 nText 数据类型的字符容量为 $2^{30}-1$ 字节。

（7）逻辑型

逻辑型即位型或 BIT 型，占用 1 字节的存储空间。逻辑型的值有 0、1 或 NULL 共 3 种，其中，1 对应 True、0 对应 False、NULL 对应 Unknown。

如果将 0 或 1 以外的数值赋值给逻辑型，则其将被视为 1。在数据库的某些应用场景中，字符串"TRUE"和"FALSE"可以转换为以下 bit 值："TRUE" 转换为 1，"FALSE" 转换为 0。

（8）日期/时间型

在 SQL Server 中，日期/时间型有 3 类：表示日期的 date 数据类型；表示时间的 time 数据类型；表示日期和时间组合的 DateTime、DateTime2 和 SmallDateTime 数据类型。上述 3 类数据类型占用的存储空间各不相同，表示的数据精度也各不相同，应按需选用。

①Date 数据类型。Date 数据类型只存储日期，不存储时间，精确到天，因此仅需要 3 字节的存储空间。Date 数据类型默认的数据格式是 yyyy-MM-dd，支持的日期为 0001-01-01～9999-12-31。

②Time 数据类型。Time 数据类型只存储时间，不存储日期，因此只需要 5 字节的存储空间。Time 数据类型的定义形式是 Time(n)，其中，n 是小数秒的精度，默认值是 7。

在 SQL Server 中，Time 数据类型默认的数据格式是 hh:mm:ss. nnnnnnn，支持的时间为 00:00:00.0000000～23:59:59.9999999，能精确到 100 ns。

③DateTime2 数据类型。DateTime2 数据类型既存储日期又存储时间，其默认的数据格式是 yyyy-MM-dd hh:mm:ss. nnnnnnn。DateTime2 数据类型的定义方法是 DateTime2(n)，其中 n 是小数秒的精度，默认值是 7。

由于 DateTime2(n)数据类型中小数秒的精度 n 可以自主设置，因此其存储大小不固定。DateTime2(n)占用的存储空间和小数秒的精度 n 之间的关系如下。

a. 当小数秒的精度 $n<3$ 时，DateTime2 占用的存储空间是 6 字节。

b. 当小数秒的精度 n 是 3 或 4 时，DateTime2 占用的存储空间是 7 字节。

c. 当小数秒的精度 n 是 5～7 时，DateTime2 占用的存储空间是 8 字节。

DateTime2 是 DateTime 的升级版本。DateTime2 可以表示比 DateTime 更精确的时间。DateTime2 的数据类型最大的小数秒的精度是 7，即用 7 位小数表示一秒的精度。

④DateTime 数据类型。DateTime 数据类型既存储日期又存储时间。DateTime 占用的存储空间是固定的 8 字节，默认的数据格式是 yyyy－MM－dd hh:mm:ss.nnn。DateTime 表示的日期为 1753 年 1 月 1 日 00:00:00.000～9999 年 12 月 31 日 23:59:59.997，可以精确到 3.33 ms(0.00333 s)。

鉴于 DateTime 的秒精确度(精确度为 3)没有 DateTime2(n)高，且 DateTime 占用的存储空间比 DateTime2(n)高，所以建议以 DateTime2 类型来代替 DateTime 类型。

⑤ SmallDateTime 数据类型。SmallDateTime 数据类型既存储日期又存储时间。SmallDateTime 数据类型的存储空间是固定的 4 字节，默认的数据格式是 yyyy-MM-dd hh：mm：ss，表示的日期为 1900 年 1 月 1 日—2079 年 6 月 6 日的日期和时间数据，只能精确到分钟。

SmallDateTime 数据的分钟的个位以秒数四舍五入，即以 30 s 为界进行四舍五入。例如，如果 DateTime 时间为 16:16:30.217，那么 SmallDateTime 的时间为 16:17:00 。

SmallDateTime 数据类型与 DateTime 数据类型相似，只是 SmallDateTime 数据类型表示的日期/时间范围较小，占用的存储空间也少。

(9)二进制型

二进制型包括 Binary、VarBinary 和 Image 3 种数据类型。

①Binary 数据类型。Binary 数据类型用于存储定长的二进制数据。Binary 数据类型的定义方法为 Binary(n)，其中，n 的取值为 1～8000，表示数据的存储长度。Binary 数据类型的数据固定占用 $n+4$ 字节的存储空间。

②VarBinary 数据类型。VarBinary 数据类型用于存储变长的二进制数据。VarBinary 数据类型的定义方法为 VarBinary(n)，其中，n 的取值为 1～8000，表示可存储数据的最大长度。

与 Binary 数据类型不同的是，VarBinary 数据类型具有变长存储的特性，因此，VarBinary 数据类型的存储长度为实际数据长度+4 字节。

注意：当 Binary 数据类型的数据表字段允许为空值时，SQL Server 将其视为 VarBinary 数据类型。一般情况下，由于 Binary 数据类型长度固定，因此它比 VarBinary 数据类型的数据处理速度快。

③Image 数据类型。Image 数据类型用于存储字节数超过 8KB 的二进制数据。Image 数据类型的存储空间是可变长度的，它的理论容量为 $2^{31}-1$ 字节。

Image 数据类型经常用于存储图像数据文件、Word 文档以及 Excel 工作簿等。

(10) 特殊数据类型

除了上述 9 种常用的数据类型外，SQL Server 支持多种具有特殊用途的数据类型。这些数据类型的应用范围虽然不是很广泛，但是在某些应用场景下，它们会极大地提高数据库组织和管理数据的效率。比较重要的特殊数据类型如下。

①TimeStamp 数据类型。TimeStamp 数据类型的数据是一个 64 位的二进制数字，占用 8 字节的存储空间。一个数据表的字段定义为 TimeStamp 数据类型后，该字段的值由系统自动生成和管理。

TimeStamp 数据类型的字段值在每一个数据库范围内是唯一的，且是单调递增的。当在数据表中插入记录或者修改记录时，该记录的 TimeStamp 字段值会马上发生变化，该记录的 TimeStamp 字段值一定是最大的。因此，数据表中的 TimeStamp 字段值可以反映数据表记录插入或修改的相对顺序，很多学者将 TimeStamp 数据类型称为时间戳数据类型。

一个表只能有一个 TimeStamp 字段。如果一个数据表的字段是 TimeStamp 数据类型，那么该字段又称为该数据表记录的时间戳。之所以称为记录的时间戳，是因为 TimeStamp 数据类型的字段数据可以区分大小，基于该字段的大小可以区分该记录是否为最近插入的或者最近修改的：

基于时间戳的先后次序，可以表示数据表中每一个记录插入的先后次序；基于时间戳的先后次序，可以表示该记录近期是否被修改过。

如果一个 TimeStamp 字段不可为空，那么该字段在语义上等同于 Binary(8)类型的字段。如果一个 TimeStamp 字段可为空，那么该字段在语义上等同于 VarBinary(8)类型的字段。

②UniqueIdentifier 数据类型。UniqueIdentifier 数据类型又称为全球唯一标识符（globally unique identifier，GUID）。UniqueIdentifier 类型的数据是一个全球唯一的二进制数字，共需要 16 字节的存储空间。世界上的任何两台计算机都不会生成重复的 GUID 值。

UniqueIdentifier 数据类型在分布式数据库中具有重要作用。例如，如果在一个分布式数据库的数据表中加入 UniqueIdentifier 类型的字段，那么当该数据表在不同结点上生成多个副本时，不同副本的每一个记录都可以基于 UniqueIdentifier 数据类型的字段来保证唯一性。

③Sql_Variant 数据类型。Sql_Variant 数据类型用于存储 SQL Server 支持的其他类型的数据，但不包括 Text、nText、Image、TimeStamp 和 Sql_Variant 类型的数据。

基于 Sql_Variant 数据类型，用户可以在数据表中管理其他类型的数据。该数据类型为用户基于数据库技术组织和管理数据提供了方便。

④XML 数据类型。XML 数据类型用于存储 XML 类型的文件。在数据表的 XML 数据类型的字段中存储 XML 数据文件时，XML 文档的大小一般不能超过 2 GB。

⑤max 数据类型。通过在 Varchar、nVarchar 和 VarBinary 标识符中引入 max 说明符，可以将这 3 种存储容量较小的数据类型拓展为存储容量较大的数据类型，max 数据类型又称为大容量数据类型。

引入 max 说明符后，Varchar 拓展为 Varchar(max)，nVarchar 拓展为 nVarchar(max)，VarBinary 拓展为 VarBinary(max)。

为便于区分，将 Varchar(max)、nVarchar(max)和 VarBinary(max)统称为 max 数据类型。Varchar 和 VarBinary 的存储容量是 8000 字节，而 Varchar(max)和 VarBinary(max)的存储容量为 $2^{31}-1$ 字节，nVarchar 的存储容量是 4000 字节，而 nVarchar(max)的存储容量为 $2^{30}-1$ 字节。

在引入大容量数据类型之前，SQL Server 使用 Text、nText 和 Image 数据类型来处理大容量数据。但 Text、nText 和 Image 数据类型的操作方法比较特殊，增加了用户的操作难度。

max 数据类型与 Text、nText 和 Image 数据类型的对应关系如下。

$$Varchar(max)\Leftrightarrow Text$$
$$nVarchar(max)\Leftrightarrow nText$$
$$VarBinary(max)\Leftrightarrow Image$$

引入 max 数据类型后，对大容量数据的操作方法比以前简单。例如，之前 Text 数据类型的大容量数据是不能用"Like"运算符的，引入 Varchar(max)数据类型之后就没有这一限制了，因为 Varchar(max)在操作方法上和 Varchar(n)相似。一般的，可以用在 Varchar 数据类型上的操作都可以用在 Varchar(max)上。Text、nText 和 Image 数据类型将被逐步淘汰。

5. SQL Server 支持的常量

SQL Server 2017 支持的常量主要包括整数、小数、浮点数、货币等。

（1）整数常量

整数常量用正负数符号和不包含小数点的数字字符串表示。

下面是整数常量的示例。

1991 2 +16751679 -51698920062012

注意：整数常量中不能包含小数点；整数常量不能用双引号或单引号等界定符括起来。

（2）小数常量

小数常量用正负数符号和包含小数点的数字字符串表示。

下面是小数常量的示例。

167516.79 −516.989 2.25 −17.0 +19.0

注意：小数常量中必须包含小数点；小数常量不能用双引号或单引号等界定符括起来。

（3）浮点数常量

浮点数常量用科学记数法来表示，它的一般格式为±尾数 E±阶码。

下面是浮点数常量的示例。

101.5E6 0.5E−2 101.5E19 0.5E−7 +123E−5 −12E516

注意：在浮点数常量中，尾数一般是小数常量；阶码一般用整数表示；E 表示浮点数的底数是 10；浮点数常量不能用双引号或单引号等界定符括起来。

（4）货币常量

货币常量是以货币符号作为前缀的可以包含小数点的数字字符串。货币常量的默认货币符号是 $，用户可以根据国家或地区来选择。货币常量不能用双引号或单引号等界定符括起来。

下面是货币常量的示例。

$12 $512026 −$45.56 +$711156.99

（5）ANSI 字符串常量

ANSI 字符串常量是由零个或多个 ANSI 字符组成的有限字符序列。字符串常量的字符序列必须放在界定符内。在 SQL Server 中，一般使用单引号作为界定符。

常用的 ANSI 字符串常量是 ASCII 字符串常量。下面是 ASCII 字符串常量的示例。

'China' 'How do you!' 'It is great!'

如果字符串常量中包含单引号，则需要使用两个单引号来表示嵌入的单引号。例如：

'It''s great!'

（6）Unicode 字符串常量

Unicode 字符串常量与 ANSI 字符串常量相似，但每个 Unicode 字符串常量的前面必须附加一个 N 前缀，N 必须是大写字母。下面是 Unicode 字符串常量的示例。

N'China' N'How do you!' N'It''s great!'

（7）日期/时间常量

日期/时间常量是用单引号括起来的由数字和分隔符组成的字符串。在 SQL Server 中，日期/时间常量又分为 Date 常量、Time 常量和 DateTime 常量 3 种。

下面是 Date 常量的示例。

'April 20, 2019' '9/15/2017' '20001207' 'December 25, 1969'

下面是 Time 常量的示例。

'14:30:24' '04:24:PM'

下面是 DateTime 常量的示例。

'May 16, 2019 11:29:17' '9/15/2017 11:29:17'

因为日期/时间常量用由数字和分隔符组成的字符串表示，所以 SQL Server 必须基于上下文将表示日期/时间常量的字符串常量按照某种模式转换为日期/时间类常量。

其转换方法通常有两种：一种是用户通过函数显式转换，另一种是由系统隐式转换。不管是显式转换还是隐式转换，最重要的都是指定转换模式。所谓的转换模式，指表示日期/时间常量的字符串中的哪些字符表示年、月、日，哪些字符表示时、分、秒，应该转换为哪种类型的日期/时间数据等。限于篇幅，这里不再对其展开介绍。

（8）逻辑常量

逻辑常量只有两个：TRUE、FALSE。在 SQL Server 中，因为逻辑常量用 1、0 来存储，所以逻辑常量也可以用 1、0 表示，其中 1 对应 TRUE、0 对应 FALSE。

（9）二进制常量

在 SQL Server 中，二进制常量是具有前缀 0x 的十六进制数字串。二进制常量不能使用引号括起来。

下面是二进制常量的示例。

`0xEBF  0x12Ff  0x69048AEFDD010E`

SQL Server 有一个特殊的空二进制常量，它是一个只有前缀的符号串——0x。

注意：在为二进制型的数据表字段插入二进制常量时，如果常量的二进制位数过长，超过了字段的存储能力，则系统将截掉常量超出的部分；如果插入的二进制常量的位数为奇数，则系统会在该常量的第一位之前添加一个 0，如"0xabc"会被系统自动变为"0x0abc"。

（10）UniqueIdentifier 常量

UniqueIdentifier 常量是用于表示全局唯一值的十六进制数字串。UniqueIdentifier 常量实际上是一种特殊的二进制常量。

下面是 UniqueIdentifier 常量的示例。

`0xff19966f868b11d0b42d00c04fc964ff`

6. SQL Server 支持的原子数据运算

SQL Server 支持的原子数据运算有算术运算、字符串运算、日期/时间运算、位运算、关系运算和逻辑运算。下面分别介绍这 6 类运算。

（1）算术运算

SQL Server 支持的二元算术运算如下：＋（加）、－（减）、＊（乘）、/（除）和％（求模）。这 5 种运算的运算符如表 3-8 所示。

表 3-8　算术运算符

运算符	功能
＋	普通的加法运算
－	普通的减法运算
＊	普通的乘法运算
/	普通的除法运算，如果两个表达式是整数，那么结果是整数，小数部分被截断
％	普通的模除运算，返回两个数相除以后的余数

下面是算术运算的示例。

表达式：5/12　　5.0/12.0　　12/5　　12.0/5.0　　12％7

结果：　0　　　0.416666　　2　　　2.400000　　5

（2）字符串运算

SQL Server 支持的字符串运算只有字符串连接运算。字符串连接运算符是加号（＋），它可以将两个或者多个字符串连接成一个字符串。

例如，'China' ＋ 'a' ＋ 'a great country!' 的结果是'China a great country!'。

又如，N'China' ＋ N 'How great!'的结果是 N 'China How great!'。

（3）日期/时间运算

SQL Server 支持的日期/时间型的数据运算主要有两种：＋（加）、－（减）。这两种运算的运算符如表 3-9 所示。

表 3-9　日期/时间运算符

运算符	功能
＋	将以天为单位的数字加到日期中
－	从日期中减去以天为单位的数字

（4）位运算

SQL Server 支持的位运算主要包括 &（位与）、～（位非）、｜（位或）、ˆ（位异或）。这 4 种位运算的运算对象主要是整数型的数据。位运算符如表 3-10 所示。

表 3-10　位运算符

运算符	功能
&	两个位均为 1 时，结果为 1，否则为 0
～	按位取反
｜	只要一个位为 1，结果就为 1，否则为 0
ˆ	两个位值不同时，结果为 1，否则为 0

位运算的应用示例如下。

168 & 73，168 ｜ 73，168 ^ 73，~ 12

其中，按位取反运算的计算过程如下。

$\sim 12 = \sim (0000\ 0000\ 0000\ 1100)_2 = (1111\ 1111\ 1111\ 0011)_2 = 65523$

（5）关系运算

关系运算又称比较运算，其运算结果为 TRUE 或 FALSE。在 SQL Server 中，除了 Text、nText、Image 数据类型以外，其他数据类型的数据之间都可以进行比较运算。关系运算符如表 3-11 所示。

表 3-11　关系运算符

运算符	功能
=	相等
>	大于
<	小于
>=	大于等于
<=	小于等于
<>、! =	不等于
! <	不小于
! >	不大于

（6）逻辑运算

关系运算主要用在简单条件表达式中。例如，库存>0；库存< 100。当条件表达式比较复杂时，就需要用到逻辑运算。基于逻辑运算构造的条件表达式一般包括两个或多个简单条件表达式。例如，库存>0 AND 库存< 100；库存<0 OR 库存>100。

SQL Server 支持的逻辑运算符非常多，常用的逻辑运算符如表 3-12 所示。逻辑运算的结果为 TRUE 或 FALSE。

表 3-12　逻辑运算符

运算符	功能
AND	如果两个布尔表达式都为 TRUE，则运算结果为 TRUE
OR	如果两个布尔表达式中的一个为 TRUE，则运算结果为 TRUE

续表

运算符	功能
NOT	对布尔表达式的值取反
ALL	如果一组布尔表达式的比较都为 TRUE，则运算结果为 TRUE
ANY	如果一组布尔表达式的比较中有任何一个为 TRUE，则运算结果为 TRUE
BETWEEN… AND	如果操作数在指定的范围内，则运算结果为 TRUE
EXISTS	如果子查询的结果集包含一些行，则运算结果为 TRUE
IN	如果操作数等于表达式列表中的一个，则运算结果为 TRUE
LIKE	如果操作数与一种模式相匹配，则运算结果为 TRUE
SOME	如果在一组比较中，有些比较为 TRUE，则运算结果为 TRUE

注意　限于篇幅，本小节介绍的原子数据运算都没有考虑运算对象是空值的情况。在一个表达式中，当参与运算的运算对象有一个是空值时，表达式的结果大概率是 NULL。当然，有的运算要求运算对象不能是空值，具体内容请读者查阅相关文献和资料。

7. SQL Server 的用户界面

由于 SQL Server 是客户机/服务器结构的系统，因此 SQL Server 的用户界面包括客户机用户界面和服务器用户界面。

在 Windows 平台上，SQL Server 重要的客户机是 SSMS。SSMS 启动后的用户界面如图 3-17 所示，SSMS 成功连接数据库服务器后的用户界面如图 3-18 所示。

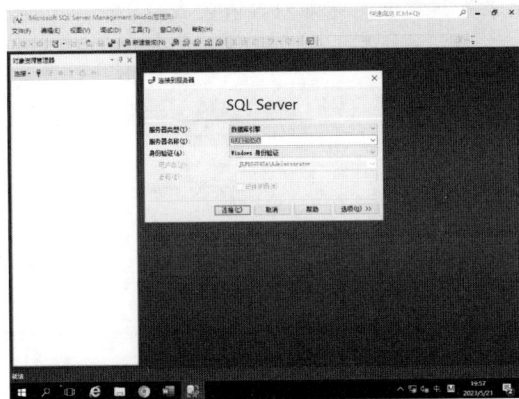

图 3-17　SSMS 启动后的用户界面

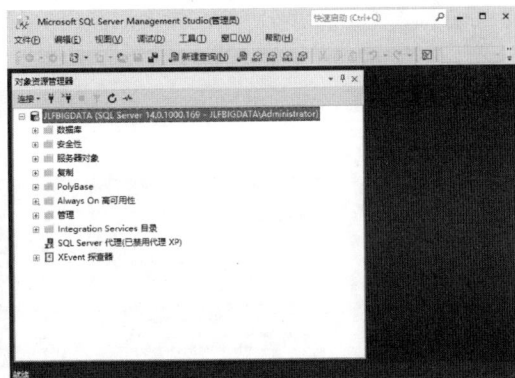

图 3-18　SSMS 成功连接数据库服务器后的用户界面

SSMS 连接数据库服务器后，就可以基于 SSMS 的相应工具创建、操纵和管理数据库及其组成对象。SSMS 提供的工具有很多，其中重要的工具有对象资源管理器、数据库设计器、表设计器、查询设计器、视图设计器等。SSMS 对象资源管理器的用户界面如图 3-19 所示，它是数据库及其组成对象的管理工具。SSMS 查询设计器的用户界面如图 3-20 所示，它是查询脚本程序的设计工具。数据库设计器、表设计器、视图设计器将在本书后续章节中介绍。

图 3-19　SSMS 对象资源管理器的用户界面

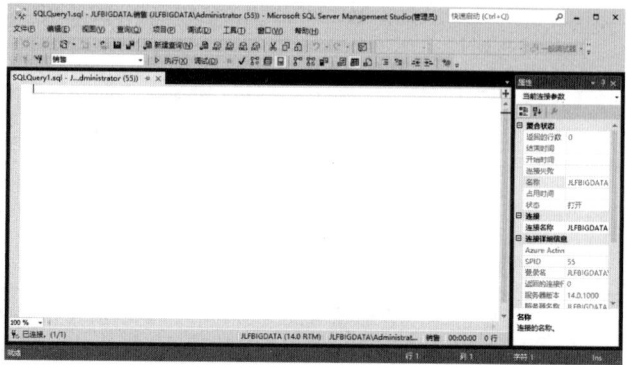

图 3-20　SSMS 查询设计器的用户界面

在 Windows 平台上，SQL Server 服务器是由 Windows 服务管理器管理的。在 Windows 平台上打开控制面板，启用管理工具，选择"服务"选项，即可打开服务管理器。服务管理器的用户界面如图 3-21 所示。

服务管理器用于管理 Windows 平台上的各类服务器，其中包括 SQL Server 服务器。在 Windows 服务管理器的"名称"列中双击所要管理的服务器的名称，即可打开该服务器的管理界面。图 3-22 所示为 MSSQLSERVER 服务器的管理界面。在该界面中，用户可以查看 MSSQLSERVER 服务器的相关信息，也可以启动或停止 MSSQLSERVER 服务，还可以设置该服务是自动启动、手动启动还是禁用等。限于篇幅，关于 SQL Server 服务器管理的详细内容请读者自行查阅相关文献和资料。

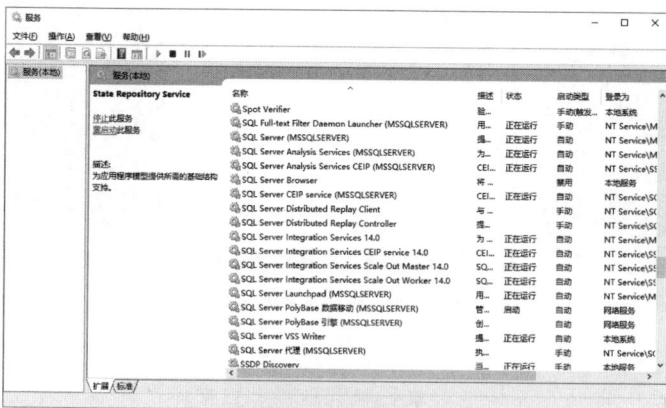

图 3-21　服务管理器的用户界面

图 3-22　MSSQLSERVER 服务器的管理界面

3.8.2　数据库管理系统 MySQL

MySQL 是一种开放源代码的跨平台的数据库管理系统，它是由 MySQL AB 公司开发、发布并支持的 DBMS。MySQL 作为开源软件的代表，已经成为世界上最受欢迎的 DBMS 之一。全球最大的网络搜索引擎公司谷歌（Google）使用的数据库就是 MySQL 数据库。国内很多大型的网络公司也使用了 MySQL 数据库，如网易、新浪等。

MySQL 越来越受欢迎的原因是什么呢？具体原因如下。

（1）MySQL 具有优秀的性能

事实证明，MySQL 特别适用于开发后台依托于数据库的应用系统。从普通的 PC 硬件环境到企业级的服务器硬件环境，MySQL 都可以顺畅地运行，其性能不亚于市场上任何一种主流数据库系统，且 MySQL 能够组织和管理拥有数十亿行的大型数据库。

（2）MySQL 的系统开发和运维成本低

MySQL 能够满足各种企业级数据库应用的需求，但企业付出的商业许可和支持成本仅仅是商业数据库的一小部分。

（3）MySQL 的系统可靠性高

MySQL 数据库系统基于稳定的架构，实现了可靠的数据库访问服务。谷歌、网易、新浪等网络公司给用户提供的可靠服务都离不开 MySQL 的支持。

3.8.3 Access、MySQL、SQL Server 的比较

本章介绍的 Access、SQL Server 及 MySQL 都有各自的特点和优势，那么用户应该怎么选择呢？下面对三者进行综合比较，作为用户选择的基础。

（1）Access

Access 功能最不全面，它是最轻量的 DBMS，适用于组织和管理数据规模较小的数据库。但是 Access 是最容易学习、最容易上手的 DBMS，是用户学习数据库原理和应用技术的首选。Access 一般运行在 Windows 平台上，跨平台性较差。作为 Office 的一款套装软件，Access 数据库系统的开发和运维成本相对比较低。

（2）MySQL

MySQL 功能比 Access 全面，其性能表现优秀，适用于组织和管理数据规模较大的数据库。但是 MySQL 的学习成本比 Access 高得多，不经过专业学习，用户很难上手。MySQL 虽然可以运行于 Windows 平台上，但在类 Linux 的平台上运行更好。作为一款开源软件，MySQL 数据库系统的开发和运维成本相对较低。

（3）SQL Server

与 MySQL 相比，SQL Server 功能更强大，可以支持大规模的数据库，在海量数据下，SQL Server 的运行速度明显更高。SQL Server 的学习成本虽然比 MySQL 低，但是比 Access 高得多。虽然 SQL Server 可以在类 Linux 的平台上运行，但 SQL Server 与 Windows 平台可以进行无缝集成，运行于 Windows 平台上的 SQL Server 的性能表现更优秀。作为一款商业软件，企业级的 SQL Server 数据库系统的开发和运维成本都很高。但 SQL Server 提供了轻量版的免费软件，以供数据库规模较小的数据库用户使用。

> 在选择 DBMS 的时候，有一个总的原则，即没有最好的，只有最适合的，最适合的往往是最实用的。

编者建议：读者应该先基于 Access 学习数据库，再继续基于 Access 的学习体验和学习基础深入学习及掌握 SQL Server 与 MySQL 等 DBMS 的基本理论、技术和操作，从而升华读者 DBMS 范畴的理论水平。如果学习精力不够，则建议二选一。

本书特别建议读者选择 SQL Server，SQL Server 与 Access 一脉相承，便于知识的建构。在上述 3 种 DBMS 中，SQL Server 功能最强大，便于读者拓展技术，升华理论。

习题：思考题

【1】简述 Access 2016、SQL Server 2017 与 DBMS 的关系。

【2】我国自主研发的 DBMS 有哪些？请说明 DBMS 国产替代的重要意义。

【3】举例说明 Access 和 SQL Server 所支持的原子数据类型。

【4】说明 Access 和 SQL Server 中常量、字段、函数及表达式的关系。

【5】举例说明，在 Access 数据库中，长文本字段和短文本字段有什么区别。

【6】举例说明，在 Access 数据库中，附件字段与 OLE 对象字段有什么区别。

【7】说明 Access 和 SQL Server 数据库支持的整数类型的区别。

【8】查阅文献，说明 Access 和 SQL Server 数据库支持的数据对象的区别。

【9】简要说明用户选择 DBMS 的基本原则。

学习材料：学史增信

认真阅读学习材料，然后基于 DBMS 的发展史厘清 DBMS 的技术发展时间线以及中国 DBMS 发展的"奇迹"和"短板"，进而学史增信，树立科技强国的理想和信念。

【学习材料 1】DBMS 的产生和发展。

【学习材料 2】中国 DBMS 的产生和发展。

【学习材料 3】行式数据库与列式数据库。

第 4 章　数据库的创建与管理

本章导读

第 1 章学习了数据库的基本概念和基本原理，第 2 章学习了数据库的设计原理，第 3 章学习了数据库管理系统，本章将学习如何基于数据库管理系统创建和管理数据库。

为便于读者学习，本章首先学习 Access 数据库的创建与管理；然后以此为基础，进一步学习 SQL Server 数据库的创建与管理。Access 数据库的创建与管理侧重于数据库对象的创建与管理；SQL Server 数据库的创建与管理侧重于数据库容器的创建与管理。基于二者的比较学习，读者可以对数据库的创建与管理有一个更深刻的认识。

4.1　数据库实施的主要任务

数据库的实施主要包括数据库空间的创建、数据库组成对象的创建、数据库空间和数据库对象的管理。数据库的实施总是基于特定的数据库管理系统。本章基于 Access 2016 和 SQL Server 2017 的比较体验学习数据库的创建及管理。在学习 Access 数据库的创建和管理时，鉴于 Access 数据库空间创建的方法比较简单，所以这一部分内容侧重数据库对象的创建和管理。在学习 SQL Server 数据库的创建和管理时，鉴于 SQL Server 数据库空间创建的方法比较复杂，所以这一部分内容侧重于数据库空间的创建和管理。

在实际应用中，用户选择 DBMS 实施数据库时会考虑数据库的数据规模，并发用户数量，数据库的功能需求、性能需求及安全需求等。例如，如果数据容量比较大，并发用户数比较多，用户应该选择企业级的 DBMS，而不能选择 Access 之类的桌面级 DBMS。又如，如果数据库的数据安全性要求高，则用户可以选择 OceanBase 及 TDSQL 之类的国产数据库管理系统。

在教学领域中，编者大多基于是否适合教师教和学生学这一原则来选择 DBMS。本书之所以选择 Access 和 SQL Server 来学习数据库的实施，首先是因为这两个 DBMS 都具有可视化实施的工具，便于学习者入门；其次是因为这两个 DBMS 便于安装，学习者学习成本低；最后是因为这两个 DBMS 知识结构互补性强，便于学习者建构数据库原理与应用技术的知识体系。

4.2　Access 数据库的创建

从逻辑上讲，Access 数据库是数据库组成对象的集合体，其中重要的数据库组成对象是数据表、查询、窗体、报表、宏及模块等。从物理上讲，数据库是一个用来存放数据库组成对象的存储区，这个存储区映射为一个扩展名为 .accdb 的文件。方便起见，在没有歧义的情况下，数据库的组成对象简称数据库对象。

Access 提供了两种数据库的创建方法：一种是基于模板创建数据库，另一种是基于空白桌面数据库模板创建数据库。实际上，空白桌面数据库也是一种特殊的模板。

4.2.1　基于模板创建数据库

模板是预设的数据库，预定义了数据库的模式，某些模板甚至包含数据。如果能找到与需求接近的模板，则基于该模板创建数据库是最有效率的方法。一般来说，基于模板创建的数据库往往不能完全满足用户需求，通常需要对其进行修改。即使这样，也能显著地提高数据库的创建效率。

Access 提供了很多数据库模板，用户可以从这些模板中找出与目标数据库相似的模板，所选的模板不一定完全符合用户需求，可以在建立数据库后再对其进行修改，使其符合用户需求。

【例 4-1】基于"销售渠道"模板创建"销售"数据库。

基于"销售渠道"模板创建"销售"数据库的方法和步骤。

Step1：启动 Access，在图 4-1 所示的 Access 启动窗口的右侧窗格中，单击"销售渠道"图标，打开图 4-2 所示的"新建文件"对话框。

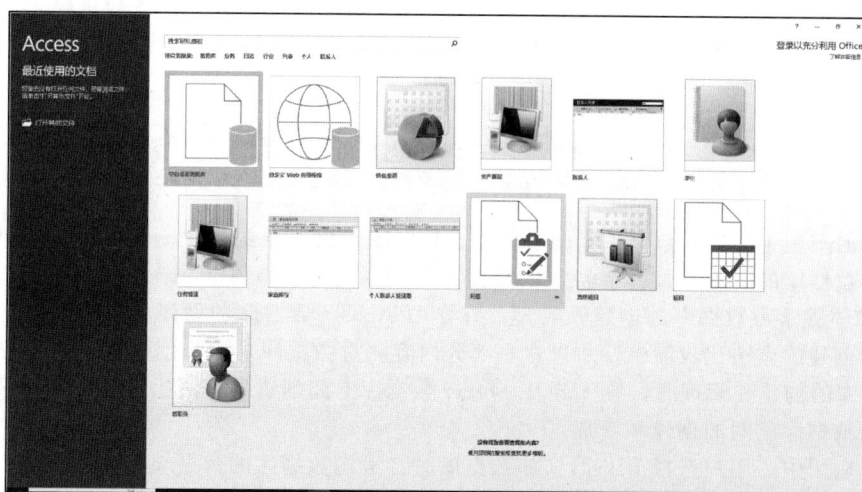

图 4-1　Access 启动窗口

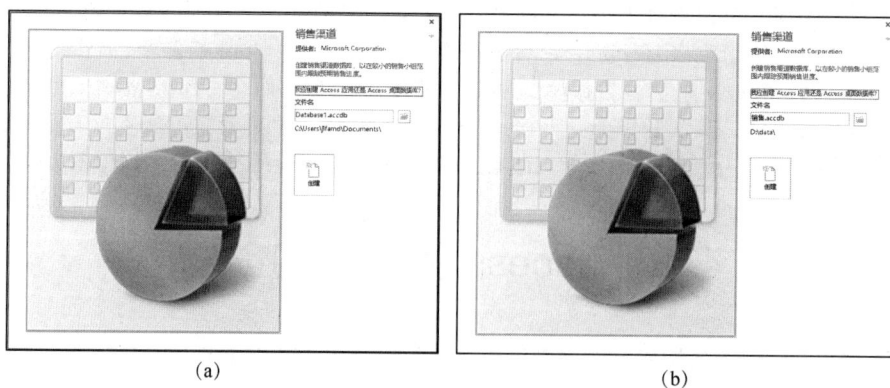

(a)　　　　　　　　　　　　　　　　(b)

图 4-2　"新建文件"对话框

Step2：在图 4-2(a)中单击"文件名"输入框右侧的 按钮，在打开的"文件新建数据库"对话框中，选中保存该数据库文件的文件夹，如 D:\data，并把默认的文件名"Database1.accdb"修改为"销售.accdb"，如图 4-3 所示。

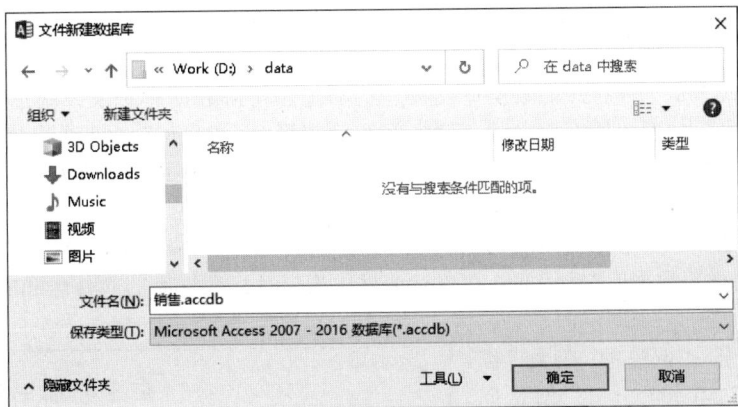

图 4-3 "文件新建数据库"对话框

Step3：单击"文件新建数据库"对话框中的"确定"按钮后，回到图 4-2(b)所示的对话框，显示将要创建的目标数据库名称和保存位置，单击"创建"按钮，Access 就会下载"销售渠道"模板，并基于该模板创建"销售"数据库。目标数据库创建成功后，Access 会自动打开图 4-4 所示的"销售"数据库。打开该数据库的导航窗格，可以查看"销售"数据库包含的数据库对象。

Step4：打开文件夹"D:\data"，可以看到存储"销售"数据库的数据库文件。

【说明】本例从逻辑结构和物理存储两个方面分析了数据库的特点。从逻辑结构上看，该数据库是图 4-4 中导航窗格中的数据库对象的集合体。从物理存储上讲，"销售"数据库是一个用来存放"销售"数据库组成对象的存储区，这个存储区映射为一个名为"销售.accdb"的文件，如图 4-5 所示。

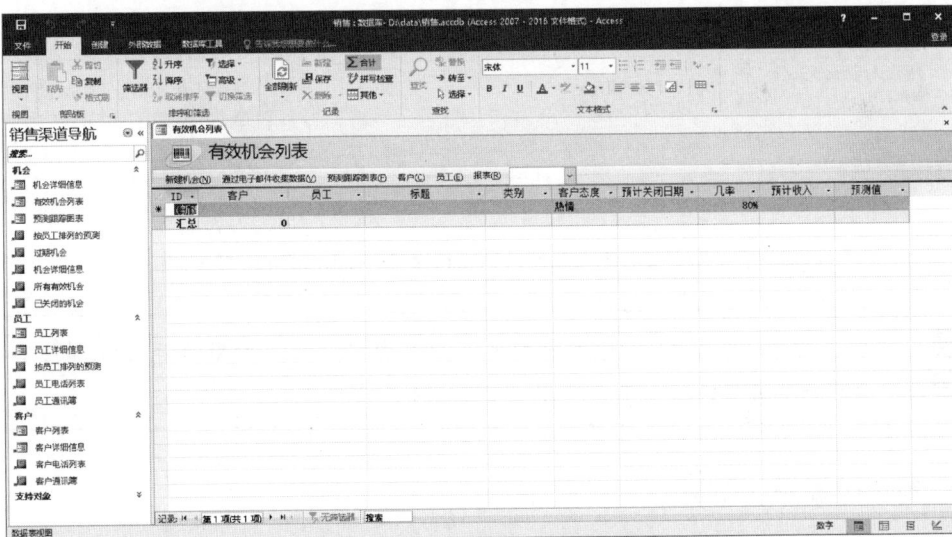

图 4-4 基于模板创建的"销售"数据库

图 4-5 存储"销售"数据库的数据库文件

4.2.2 基于空白桌面数据库模板创建数据库

空白桌面数据库是一种特殊的数据库模板，它不包含任何数据库对象。基于空白桌面数据库建立的目标数据库提供了数据库对象的存储空间和管理平台，基于该空间和平台，用户可以根据需求在数据库中创建或添加数据库对象，并对数据库对象进行有序组织和个性化管理。

【例 4-2】基于空白桌面数据库模板创建"StudentGrade"数据库。

Step1：启动 Access，在图 4-1 所示的 Access 启动窗口的右侧窗格中，单击"空白桌面数据库"模板，打开"空白桌面数据库"对话框。在该对话框中指定目标数据库的文件名和文件夹，如图 4-6 所示。

Step2：单击图 4-6 中的"创建"按钮，目标数据库"StudentGrade"创建成功。"StudentGrade"数据库创建成功后，Access 会自动打开图 4-7 所示的数据库窗口。

需要说明的是，基于空白桌面数据库模板创建目标数据库后，Access 会自动为目标数据库添加一个名为"表 1"的数据表对象。如果不想创建该表，可以直接关闭该表的设计界面，系统会自动删除这个数据表对象。

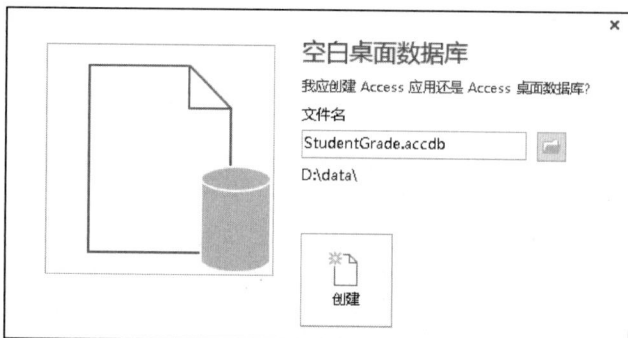

图 4-6 "空白桌面数据库"对话框

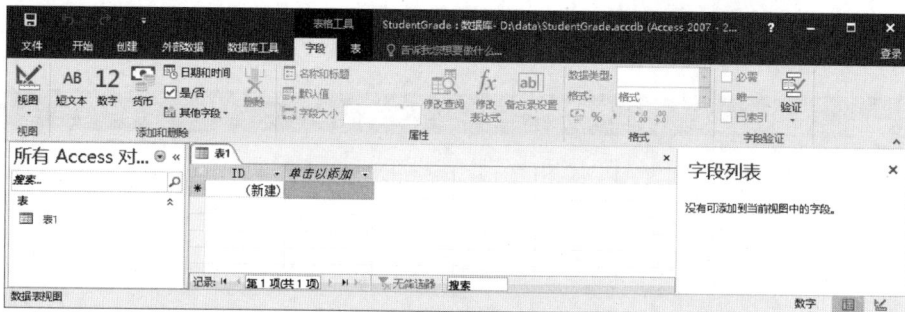

图 4-7 基于空白桌面数据库模板创建的"StudentGrade"数据库

> Access 2016 使用的是 Access 2007 文件库，新建的数据库文件都是 ACCDB 格式。

4.2.3 简单数据表的创建

刚刚创建的"StudentGrade"数据库自动为当前数据库，并自动打开图 4-7 所示的"表 1"的设计界面，用户可以在此设计界面中创建一个名为"表 1"的数据表对象。

为便于读者由浅入深地掌握数据表对象的创建方法和技术，本章介绍简单数据表的创建。所谓的简单数据表，指的是数据表的模式简单，即数据表的模式只涉及表的结构，不涉及表的约束。因此，创建简单数据表的主要任务有两项：创建数据表的结构，也就是定义数据表所包括的所有字段；创建数据表的数据，也就是基于数据表的结构插入数据表的各条记录。在图 4-7 所示的"表 1"的设计界面中，用户既可以创建表的结构，又可以创建表的数据。

在图 4-7 所示的"表 1"的设计界面中，"表 1"自动添加了该表的第 1 个字段，该字段的名称是"ID"，类型为自动编号。用户可以接受第 1 个字段的自动定义，也可以对其进行修改。选择"表格工具│字段"选项卡"属性"命令组中的"名称和标题"命令，可以打开"输入字段属性"对话框，在该对话框中可以更改"ID"字段的名称和标题。用户也可以直接双击"ID"字段名，在打开的编辑框中直接修改该字段的名称。在"表格工具│字段"选项卡"格式"命令组的"数据类型"下拉列表中，用户可以重新指定该字段的数据类型。

定义完该表的第 1 个字段后，用户需要定义该表的其他字段，直至定义完该表包含的所有字段，此后即可在表中插入数据记录。下面通过例子详细说明简单数据表的创建方法。

【例 4-3】假定数据表"student"包括"StudentNo""StudentName""StudentSex""StudentBirthday""StudentMajor""StudentClass""StudentDepartment""ExaminationRoom"8 个字段，请在新建的"StudentGrade"数据库中建立数据表"student"的结构，并插入 8 个学生记录，学生记录的值任意。

【说明】创建数据表"student"的方法和步骤如下。

Step1：在"表 1"中选中"ID"列，选择"表格工具│字段"选项卡"属性"命令组中的"名称和标题"命令，如图 4-8 所示，打开图 4-9 所示的"输入字段属性"对话框，在该对话框中，将该字段的名称改为"StudentNo"即可。也可以直接双击"ID"字段名，在打开的编辑框中修改该字段的名称。

Step2：选中"StudentNo"字段列，在"表格工具│字段"选项卡"格式"命令组的"数据类型"下拉列表中，将该字段的数据类型改为"短文本"，如图 4-10 所示。单击"StudentNo"下方的单元格，输入该字段在第 1 个记录中的字段值"201917111001"。

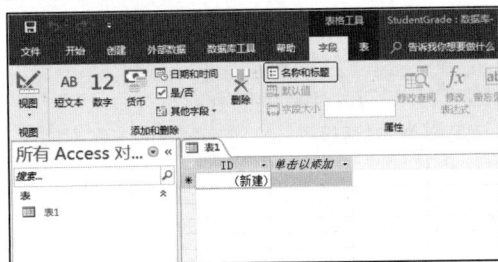

图 4-8　更改数据表的属性

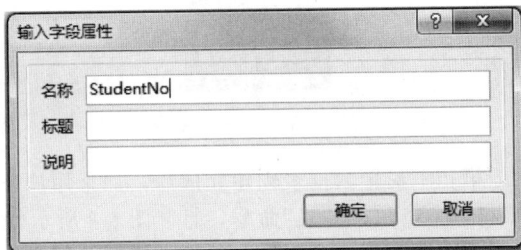

图 4-9　"输入字段属性"对话框

Step3：在第 2 列"单击以添加"下方的单元格中输入"隋玉婷"，此时 Access 自动将新字段命名为"字段 1"，双击"字段 1"，把该字段的名称修改为"StudentName"，如图 4-11 所示。注意，Access 会根据用户输入字段值的特点自动为该字段指定数据类型。当然，如果用户确定 Access 自动指定的数据类型不合适，则可以修改字段的数据类型。这里采用 Access 自动指定的字段数据类型。

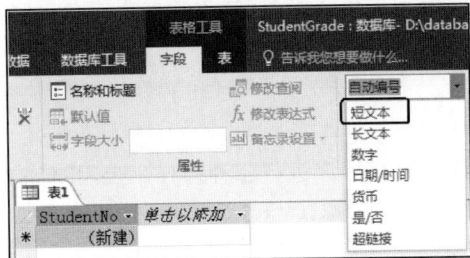

图 4-10　设置字段的数据类型

图 4-11　输入字段的数据和字段的名称

Step4：重复 Step3，添加"表 1"所需要的各个字段的字段值，并修改各字段的名称，直到"表 1"所包含的所有字段全部定义完成。至此，"表 1"的结构创建完成，并插入了第 1 个记录。

Step5：在图 4-8 所示的设计界面中，继续输入"表 1"的第 2 个记录～第 8 个记录。至此，"表 1"的结构和数据全部创建完成，结果如图 4-12 所示。

StudentNo	StudentName	StudentSex	StudentBirthday	StudentMajor	StudentClass	StudentDepartment	ExaminationRoom
201917111001	隋玉婷	女	2000/3/30	国际经济与贸易	2019级国贸1班	国贸系	4
201917111002	卢月	女	1999/4/5	国际经济与贸易	2019级国贸1班	国贸系	1
201917111003	葛菲	女	1999/9/25	国际经济与贸易	2019级国贸1班	国贸系	4
201917111004	明晓	女	2000/1/13	国际经济与贸易	2019级国贸1班	国贸系	5
201917111005	王钰婷	女	1999/1/13	国际经济与贸易	2019级国贸1班	国贸系	2
201917111006	何方敏	女	2000/2/5	国际经济与贸易	2019级国贸1班	国贸系	5
201917111007	苏华	女	1999/11/12	国际经济与贸易	2019级国贸1班	国贸系	5
201917111008	张文汶	女	1999/3/19	国际经济与贸易	2019级国贸1班	国贸系	6

图 4-12　数据表"student"结果

Step6：选择"文件"选项卡中的"保存"命令，如图 4-13 所示，在打开的"另存为"对话框中输入数据表的名称"student"，单击"确定"按钮，如图 4-14 所示。至此，简单数据表就创建好了。

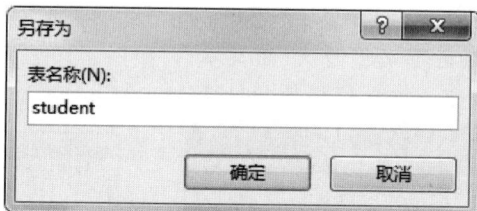

图 4-13　"保存"命令　　　图 4-14　"另存为"对话框

　　第一个简单数据表创建完成后，如果用户还需要创建其他数据表，则可以选择"创建"选项卡"表格"命令组中的"表"命令，打开图 4-8 所示的表设计界面，用户可以创建其他数据表。

　　再次声明，本章创建的数据表是简单数据表，之所以简单，是因为数据表的模式简单，只是定义了数据表的结构，没有定义数据表的约束。复杂数据表的创建将在第 5 章中介绍。

4.3　Access 数据库的管理

　　Access 数据库的管理主要包括数据库的打开和关闭、数据库组成对象（简称数据库对象）的管理、数据库的属性管理、数据库的保存和删除、数据库的压缩和修复等。

4.3.1　数据库的打开和关闭

　　用户使用数据库之前，必须先打开这个数据库，才能对该数据库进行各种操作。当用户完成数据库的操作后，应该将该数据库关闭，以释放该数据库占用的资源。

1. 数据库的打开

Access 数据库的打开方法有 3 种，数据库的使用方式有 4 种，下面分别对其进行介绍。

（1）数据库的打开方法

打开数据库的方法很多，经常使用的方法有以下 3 种。

① 如果 Access 数据库文件已经与 Access 进行了关联，那么双击数据库文件的图标即可打开该数据库。

② 启动 Access 后，Access 启动窗口的左侧窗格中列出了最近使用的数据库文件列表，如

图 4-15 所示。选择列表中的一项，可以快速打开该数据库。或者选择"打开其他文件"命令，Access 将在窗口中列出更多最近使用过的数据库文件，用户可以选择需要的数据库文件并将其打开。

如果最近使用的数据库文件列表中没有用户要打开的数据库，则可以单击图 4-16 中的"浏览"按钮，在打开的图 4-17 所示的"打开"对话框中，选定要打开的数据库文件即可。

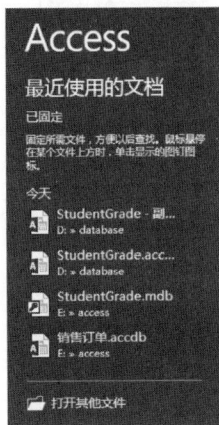

图 4-15　最近使用的数据库文件列表

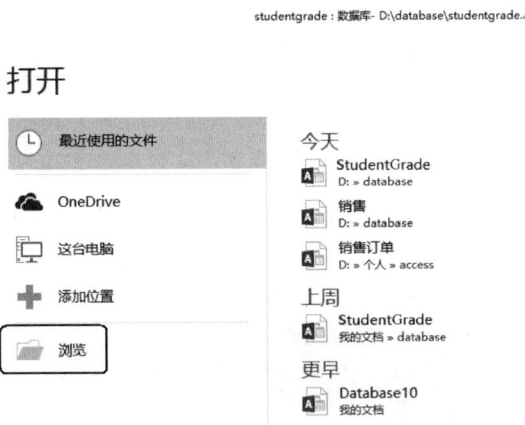

图 4-16　"浏览"按钮

③ 如果用户处于某一 Access 数据库的主窗口中，现在想打开另一个 Access 数据库，则可以选择"文件"选项卡中的"打开"命令，打开"打开"对话框，在该对话框中，用户可以打开期望的数据库。相关操作方法②中已经提到，这里不再赘述。需要指出的是，当用户打开了一个新的数据库时，原来的数据库将被自动关闭。

（2）数据库的使用方式

Access 数据库有以下 4 种使用方式。

① 打开：默认的数据库打开方式，是以共享方式打开数据库的，这意味着其他用户也可以打开该数据库。

② 以只读方式打开：对于此方式打开的数据库，用户只能查看，不能编辑修改。

③ 以独占方式打开：对于此方式打开的数据库，其他用户不能再打开该数据库。

④ 以独占只读方式打开：对于此方式打开的数据库，其他用户仍能打开该数据库，但只能以只读方式打开该数据库。

单击如图 4-17 所示的"打开"按钮右侧的下拉按钮，可以列出数据库的使用方式，用户可根据实际情况选择其中一种打开数据库。如果某用户试图打开其他用户以独占方式打开的数据库，则会收到"文件已在使用中"的消息，如图 4-18 所示。这意味着用户不能打开其他用户已经打开的 Access 数据库。

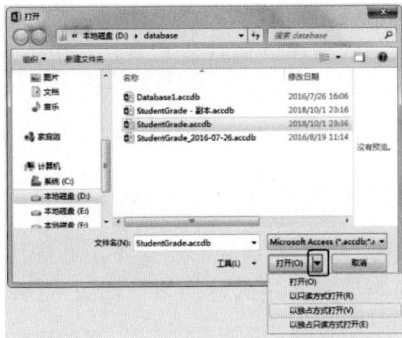

图 4-17　"打开"对话框

图 4-18　"文件已在使用中"消息

如果某用户以独占只读方式打开了某个 Access 数据库,那么其他用户虽然仍能打开该数据库,但是只能以只读方式打开该数据库,如图 4-19 所示。

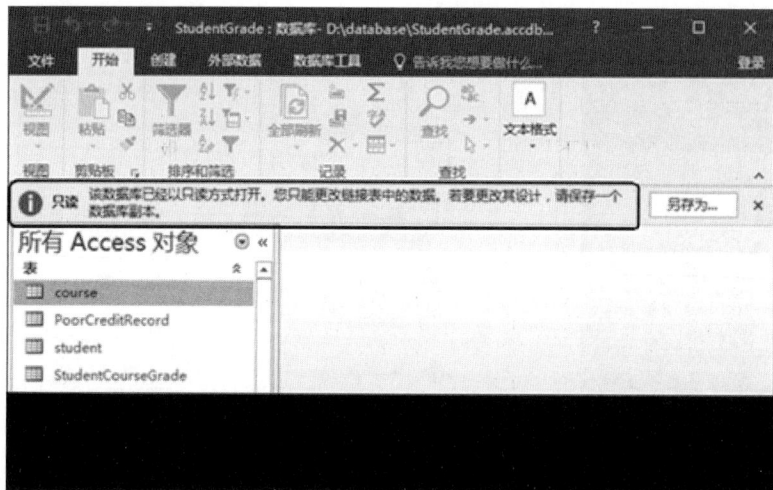

图 4-19   以独占只读方式打开数据库

2. 数据库的关闭

当数据库不再使用或要打开另一个数据库时,就要关闭当前数据库。如果用户要关闭打开的数据库而不退出 Access,那么选择"文件"选项卡中的"关闭"命令即可。

如果用户要先关闭打开的数据库,再退出 Access,则可以选择下列方法之一进行操作。方法 1:单击标题栏右侧的关闭按钮。方法 2:单击窗口左上角的控制图标或按快捷键【Alt+Space】,在打开的控制菜单中选择"关闭"命令。方法 3:双击控制图标。方法 4:按快捷键【Alt+F4】。

4.3.2   数据库组成对象的管理

数据库管理的主要工作是数据库组成对象的管理。Access 数据库对象的管理主要基于 Access 的导航窗格。在导航窗格中,用户可以查看用户创建的各类对象的属性,可以对数据库对象进行分组,可以复制和删除数据库对象,可以重命名数据库对象等。另外,在导航窗格中,还可以打开数据库对象。数据库对象打开后,将进入数据库对象的相应视图,用户在视图中可以对数据库对象进行相应的管理操作。

限于篇幅,详细内容请参阅本书的数字教程。

4.3.3   数据库的属性管理

想了解数据库的基本信息,可以查看该数据库的属性。数据库的属性非常多,其中常规属性包括数据库的文件名、文件类型、大小、存放位置等信息。

限于篇幅,详细内容请参阅本书的数字教程。

4.3.4   数据库的保存和删除

对数据库的操作完成后,要保存数据库,以便后期使用。对于不需要的数据库,可将其删除,以便释放外存空间。数据库的保存功能还可以把数据库的当前版本格式转换为早期版本格式,以便在早期版本的 Access 中打开和使用该数据库。

限于篇幅,详细内容请参阅本书的数字教程。

4.3.5　数据库的压缩和修复

Access 数据库投入运行后，其占用的存储空间通常会越来越大，性能也会随之降低，导致用户体验很差。为此，需要定期对 Access 数据库进行压缩和修复。

1. Access 数据库进行压缩和修复的原因

数据库的压缩和修复基于以下原因：因为 Access 将表、窗体、报表、查询、宏及模块等对象存放在一个物理文件中，所以当用户在数据库中不断地添加、更改或删除数据库对象及其数据时，会使数据库文件越来越大；当数据库对象被删除或数据记录被大量删除时，数据库文件所占用的物理磁盘空间并没有被及时释放，仍占用大量的磁盘空间，并在文件内部产生大量的"碎片"；Access 数据库管理系统为了完成各种任务而创建的一些临时对象有时会保留在数据库中。

鉴于此，Access 提供了数据库压缩和修复功能，通过定期压缩和修复数据库，可以重组数据库文件并释放磁盘空间，重新安排数据库文件在磁盘中保存的位置，进而提高 Access 数据库的运行服务效率。

2. Access 数据库压缩和修复的方法

Access 数据库的压缩和修复有"关闭时自动压缩"以及"手动压缩和修复"两种方法。

（1）关闭时自动压缩

该方法的步骤如下。

Step1：打开要压缩的数据库。

Step2：选择"文件"选项卡中的"选项"命令，如图 4-20 所示。

Step3：在打开的"Access 选项"对话框中，选择"当前数据库"选项。在"应用程序选项"组中，勾选"关闭时压缩"复选框，单击"确定"按钮，如图 4-21 所示。

经过上述设置后，每当数据库关闭时，都会自动对数据库进行压缩。由于关闭时自动压缩只对当前数据库有效，因此每个需要自动压缩修复的数据库都必须单独设置此项。

图 4-20　"选项"命令　　　　图 4-21　"Access 选项"对话框

（2）手动压缩和修复

手动压缩和修复数据库的步骤如下。

打开数据库，选择"文件"选项卡中的"信息"命令，在打开的 Backstage 视图中，单击如图 4-22 所示的"压缩和修复数据库"按钮，即可启动压缩和修复数据库功能。或选择如图 4-23 所示的"数据库工具"选项卡"工具"命令组中的"压缩和修复数据库"命令，也可以启动压缩和修复数据库功能，进而完成对当前数据库的压缩和修复任务。

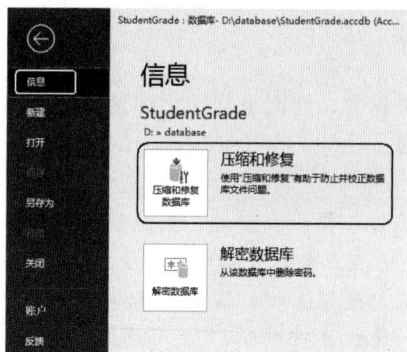

图 4-22 "压缩和修复数据库"按钮

图 4-23 "数据库工具"选项卡

注意：如果压缩和修复数据库的任务比较复杂，耗时较长，则在压缩和修复数据库时，Access 会在状态栏中显示压缩进度。

4.4 技术拓展与理论升华

基于 Access 创建的数据库映射为一个数据库文件，这种单文件存储的数据库的性能和空间都受到制约，当数据规模比较大时，基于 Access 创建的数据库会无法满足用户的性能和空间需求。当数据规模较大时，更多的是用 SQL Server 之类的大型 DBMS 创建数据库。基于 SQL Server 创建的数据库可以映射为存储在多个外部存储器中的多个数据库文件，从而便于数据库存储空间的拓展，也有利于用户的并发访问。另外，基于 SQL Server 创建的数据库可以包含更复杂的数据库对象，以满足复杂应用场景的需求。例如，当数据表的数据量很大且数据逻辑可分时，基于 SQL Server 可以将数据表组织为分区表，进而提高数据访问和操纵的性能。

下面基于 Access 数据库的学习基础和用户体验，介绍 SQL Server 数据库的逻辑结构、物理结构和类型，进而介绍 SQL Server 数据库的创建与管理，以拓展读者的应用技术，升华读者的理论建构。

4.4.1 SQL Server 数据库的逻辑结构

和 Access 数据库一样，SQL Server 数据库也是由不同的数据库对象组成的，其中，最基本的数据库对象是数据表，其他对象包括视图及存储过程等，它们分工协作，共同完成 SQL Server 数据库的功能。因此，从逻辑上讲，SQL Server 数据库也是数据库对象的集合体，是 SQL Server 服务器中数据库对象存储、管理和使用的单位。

注意：尽管数据库包含很多数据库对象，但是数据库是以存储数据的数据表为核心，以其他相关对象为辅助形成的逻辑整体。

SQL Server 支持的数据库对象的类型很多，常用的有数据表、数据库关系图、视图、存储过程、触发器、用户定义数据类型、用户自定义函数、索引、规则、默认值等。上述数据库对象的概念、功能和应用在本书后续章节中都有介绍。

SQL Server 数据库的组成对象有很多，所以 SQL Server 通过架构机制对数据库对象进行分类管理。架构属于某一个数据库，它是 SQL Server 数据库下的一个逻辑命名空间，架构中可以存放表、视图等数据库对象。一个数据库中可以包含一个或多个架构，架构由特定的授权用户拥有。在同一个数据库中，架构的名称必须是唯一的。架构中所包含的数据库对象称为架构对象，一个架构可以由零个或多个架构对象组成。在同一个架构中，每个架构对象的名称都是唯一的。

当用户基于客户端软件，如 SSMS，连接到 SQL Server 服务器后，用户可以看到该服务器创建的数据库，以及数据库中包含的数据库对象。

4.4.2 SQL Server 数据库的物理结构

和 Access 数据库一样，SQL Server 数据库在外部存储器中是以文件为单位存储的，因此 SQL Server 数据库的物理结构是讨论 SQL Server 数据库文件在外部存储器中是如何存储的。基于上述意义，数据库的物理结构又称为数据库的存储结构。

1. 数据库文件的类型

在 SQL Server 中，当创建一个数据库时，SQL Server 会在用户指定的外部存储器中创建相应的数据库文件来存储数据库的组成对象。数据库文件包括数据文件和事务日志文件两种类型。一个数据库应至少包含一个数据文件和一个事务日志文件。当然，该数据库也可以有多个数据文件和多个日志文件，但是一个数据库文件只能属于一个数据库。

一个数据库的所有数据库文件在逻辑上通过数据库名联系在一起，即一个数据库在逻辑上对应一个数据库名，在物理存储上会对应若干个数据库文件。

2. 数据文件

数据文件是存放数据库数据和数据库对象的文件。数据文件又可以分为主要数据文件和次要数据文件两种类型。在每个数据库中主要数据文件有且只有 1 个，而次要数据文件可以有 0 到多个。主要数据文件对任何数据库来说都是必不可少的，它是数据库的起点，每一个数据库都有且仅有一个主要数据文件，用来存储数据的启动信息和部分(或全部)数据。次要数据文件是可选的，数据库既可能没有次要数据文件，又可能有多个次要数据文件。次要数据文件作为主要数据文件的空间补充，可以用来存储主数据文件未存储的其他数据。

采用多个数据文件存储数据的优点有两个：数据文件可以不断扩充，不受操作系统文件大小的限制；可以将数据文件存储在不同的磁盘中，这样可以同时对几个磁盘进行并行存取，提高了数据的处理性能。例如，可以将一个数据表的数据存放在位于不同磁盘的数据文件中，当检索这个数据表的时候，可以从多个文件中同时查找，这样可以显著提高查询效率。

SQL Server 主要数据文件的扩展名通常为 .mdf，次要数据文件的扩展名通常为 .ndf。尽管 SQL Server 不强制使用 .mdf 或者 .ndf 作为文件的扩展名，但鉴于这些扩展名在业界已经广为使用，所以使用这些扩展名有助于标识文件的用途。

3. 事务日志文件

事务日志文件用于保存恢复数据库的日志信息，扩展名通常是 .ldf。每一个数据库至少必须拥有一个事务日志文件，且允许拥有多个事务日志文件。

SQL Server 的事务日志文件是由一系列日志记录组成的。SQL Server 将任何一次数据库的更新操作以日志记录的形式立即写入事务日志文件，之后更改计算机缓存中的数据，再以固定的时间间隔将缓存中的内容批量写入数据文件。SQL Server 重启时，会将事务日志中最新标记点后面的事务记录抹去，因为这些事务记录并没有真正地从缓存写入数据文件。当数据库发生损坏时，可以根据事务日志文件来分析损坏的原因，进而修复数据库。

注意：数据文件用于存放数据库的数据和各种对象，它存储的数据反映了用户业务的瞬时状态；而事务日志文件用于存放事务日志，它存储的数据反映了数据库中数据的变化过程。

4. 文件组

文件组是将多个数据文件集合起来形成的一个整体，每个文件组都有一个组名。与数据文件一样，文件组也分为主要文件组和次要文件组。

一个数据文件只能存在于一个文件组中，一个文件组也只能属于一个数据库。当建立数据库时，主要文件组包括主要数据文件和未指定文件组的其他文件。在次要文件组中，可以指定一个默认文件组。在创建数据库对象时，如果没有指定将其放在某一个文件组中，则会将其放在默认文件组中。如果没有指定默认文件组，则主要文件组为默认文件组。

由于事务日志文件的存储空间与数据文件的存储空间是分开管理的，因此事务日志文件不能包含在文件组内。也就是说，事务日志文件不分组，它不属于任何文件组。

综上所述，SQL Server 的数据库文件和文件组必须遵循以下规则：一个数据库可以有一个或多个文件组，其中只有一个主要文件组；一个文件只能属于一个文件组，一个文件组只能属于一个数据库；事务日志文件不能属于文件组。

5. 数据库文件的属性

在定义数据库的存储空间时，除了定义数据库的名称之外，还要定义存储数据库的数据库文件。数据库文件的定义主要是指定下列数据库文件属性的值。

(1)文件名

数据库的每个数据文件和事务日志文件都有一个逻辑文件名和物理文件名。逻辑文件名是SQL Server 内部引用物理文件时所使用的名称。逻辑文件名与物理文件名是一一对应的，其对应关系由 SQL Server 自动维护。逻辑文件名必须符合 SQL Server 标识符的命名规则，且在数据库的范畴中，逻辑文件名必须是唯一的。物理文件名是包括文件存储路径的文件标识符，它必须符合操作系统的文件命名规则。再次强调，尽管 SQL Server 不强制数据库的物理文件使用 .mdf、.ndf 和 .ldf 等文件扩展名，但使用它们有助于用户识别文件的类型和用途。

(2)初始大小

数据库的每个数据文件和事务日志文件都可以指定一个存储空间的初始大小。在指定主要数据文件的初始大小时，其大小不能小于 Model 数据库主要数据文件的大小，因为系统会将 Model 数据库主要数据文件的内容复制到用户数据库的主要数据文件中。

(3)增长方式

数据库的每个数据文件和事务日志文件都可以指定其大小是否自动增长，默认设置是自动增长，即当数据库文件分配的空间用完后，系统自动扩大数据库文件的空间，这样可以防止由于数据库空间用完而造成的不能插入新数据等操作错误出现。

(4)最大空间大小

数据库文件的最大空间大小指的是文件增长的最大空间限制，默认设置是无限制。一般来说，要根据数据库的容量指定数据库文件的最大存储空间的大小。

6. SQL Server 的空间分配机制

创建 SQL Server 数据库之前，必须估算数据库所需存储空间的大小，这就要求用户了解 SQL Server 的空间分配机制。

在 SQL Server 中，数据库存储空间分配的基本单位是数据页，也就是说，数据库数据文件分配的磁盘空间可以从逻辑上划分为一个或多个数据页。为了方便使用，这些数据页从 0 到 n 连续编号，n 与数据文件的大小有关。数据页是数据库存储数据的最小空间分配单位，它是一块固定的 8KB 大小的连续磁盘空间，其中 132 字节被系统占用，用于存储有关页的系统信息，包括页码、页类型、页的可用空间和拥有该页的对象的分配单元 ID 等信息。因此，每个数据页有 8060 字节用于存储用户数据。在没有歧义的情况下，数据页简称页。

在 SQL Server 中，数据的 I/O 操作以页为单位执行。例如，在进行数据存储时，SQL Server 不允许数据表中的一行数据存储在不同页中，也就是说，数据表的数据记录不能跨页存储，但大数据类型除外。这样看，数据表中一个数据记录的大小，即各字段所占空间之和，不能超过 8060 字节。

由于关系数据库管理系统不允许一行数据跨页存储，因此当一页中剩余的空间不够存储一行数据时，系统将舍弃页内的这块空间，并分配一个新的数据页，将这行数据完整地存储在新的数据页中。根据一行数据不能跨页存储的规则，以及一个数据表中包含的数据记录的行数和每行占用的字节数，就可以估算出一个数据表所需占用的存储空间。

例如，假设某数据表有 10000 行数据，每行 2000 字节，那么每个数据页可存放 4 行数据，该数据表需要的空间大小为(10000/4) * 8KB＝20MB。其中，每页中有 8000 字节用于存储数据，有 60 字节是浪费的。因此，该数据表的空间浪费比例不超过 1%。如果某数据表有 10000 行数据，每行 3000 字节，那么每个数据页可存放 2 行数据，该数据表需要的空间大小为(10000/2) * 8KB＝40MB。其中，每页中有 6000 字节用于存储数据，有 2060 字节是浪费的。因此，该数据表的空间浪费比例大约为 26%。所以，在设计关系数据表的时候，应考虑数据表中每行数据的大小，使一个数据页尽可能存储更多的数据行，以减少空间浪费。

SQL Server 数据文件中的页是从 0 开始按顺序编号的。数据库中的每个文件都有一个唯一的文件 ID。若要唯一标识数据库中的页，则需要同时使用文件 ID 和页码。

这里需要特别指出的是，在创建用户数据库时，Model 数据库的内容自动被复制到新建的用户数据库中，而且是复制到存储数据库的主要数据文件中。因此，用户新建数据库的主要数据文件大小不能小于 Model 数据库的大小。

4.4.3 SQL Server 数据库的类型

SQL Server 支持两种类型的数据库，即用户数据库和系统数据库。其中，用户数据库是由用户创建的用来存放用户数据库对象的数据库；而系统数据库是 SQL Server 安装时创建的数据库，主要包括 Master、Tempdb、Model、Msdb 及 Resource。

1. Master 数据库

Master 数据库是最重要的系统数据库之一，它记录了 SQL Server 所有的系统级信息，这些系统级信息包括数据库服务器实例范围内的登录账户信息、服务器配置信息、所有用户数据库的存储位置和初始化信息、SQL Server 初始化信息等。

Master 数据库对于 SQL Server 来说至关重要，一旦受到损失，如被用户无意删除了该数据库中的某个数据表，就有可能导致 SQL Server 彻底瘫痪。因此，应该禁止用户直接访问 Master 数据库，并经常对它进行备份。

2. Tempdb 数据库

Tempdb 数据库是连接 SQL Server 服务器的所有用户都可用的全局资源数据库，它保存了所有临时表和临时存储过程。每次启动 SQL Server 时，系统都要重新创建 Tempdb 数据库，以便使该数据库在系统启动时是空的。在断开连接时，系统会自动删除该连接会话期间所创建的临时表和存储过程，因此 Tempdb 数据库的内容不会从一个 SQL Server 会话保存到另一个 SQL Server 会话。

3. Model 数据库

Model 数据库是在 SQL Server 服务器中创建的所有数据库的模板数据库。因为每次启动 SQL Server 时都会创建 Tempdb 数据库，所以 Model 数据库必须始终存在于 SQL Server 中。Model 数据库的存在，使得新建的数据库和 Model 数据库完全一样。

如果新建的数据库都包含某个数据库对象，那么可以考虑在 Model 数据库中创建这个数据库对象，以后创建的数据库中都会自动包含这个数据库对象。

4. Msdb 数据库

Msdb 数据库用于记录 SQL Server Agent 的工作信息。SQL Server Agent 是 SQL Server 中的一个 Windows 服务，该服务用来运行用户指定的计划任务。计划任务是一个在 SQL Server 中定义的程序，该程序不需要干预即可自动开始执行。如果不需要执行用户指定的计划任务，那么 Msdb 数据库是可以删除的，且其在删除后并不影响 SQL Server 服务器的运行。

5. Resource 数据库

Resource 数据库是系统资源数据库，它包含了 SQL Server 中的所有系统对象和系统数据。这里需要注意的是，系统对象虽然在物理上保存在 Resource 数据库中，但在逻辑上它们同时出现在每个数据库的 sys 架构中。另外，Resource 数据库为只读数据库，DBA 无法对该数据库的系统表进行操作。为此，Resource 数据库提供了方便用户查询的系统视图。Resource 数据库是自动隐藏的，这可以显著地提高系统资源的安全性。

4.4.4 SQL Server 数据库的创建

数据库的创建过程实际上就是数据库物理设计的实现过程。在 SQL Server 中创建数据库有两种方法：基于 SSMS 的可视化界面创建数据库和基于 SQL 代码创建数据库。基于 SQL 代码创建数据库的内容可参阅第 7 章。下面以"Sale"数据库的创建为例，介绍基于 SSMS 的可视化界面创建 SQL Server 数据库的方法和步骤。

Step1：启动数据库服务器。SQL Server 安装成功之后，默认情况下数据库服务器会随着操作系统的启动而自动启动；如果没有启动，则其会在用户连接服务器时自动启动；当然，用户也可以手动启动数据库服务器。

Step2：启动 SSMS，并连接数据库服务器。在基于 SSMS 可视化界面创建 SQL Server 数据库之前，要先启动 SSMS，再基于某个服务器用户连接到数据库服务器。注意，连接服务器创建数据库的用户必须具有数据库的创建权限。这里基于 Administrator 用户连接数据库服务器 JLFBIGDATA，其界面如图 4-24 所示。

基于 Administrator 用户连接数据库服务器 JLFBIGDATA 成功后，会打开对象资源管理器，如图 4-25 所示。

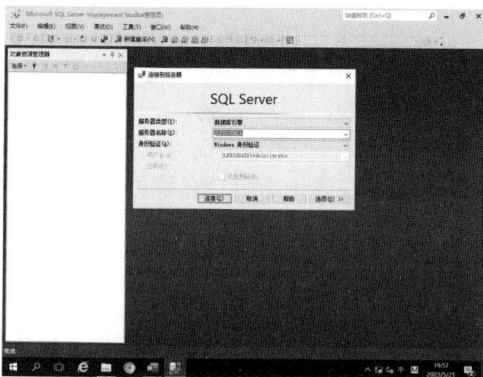

图 4-24　基于 Administrator 用户连接数据库服务器
JLFBIGDATA 的界面

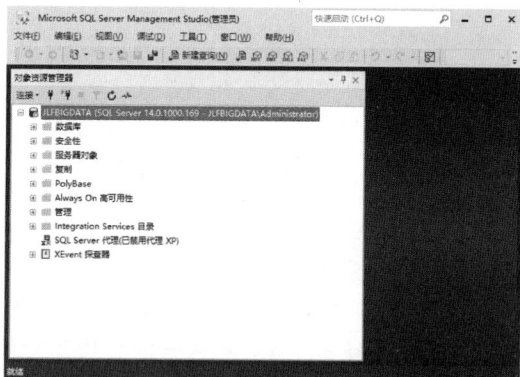

图 4-25　数据库服务器 JLFBIGDATA 的
对象资源管理器

Step3：打开"新建数据库"窗口。右击对象资源管理器中的"数据库"结点，在打开的如图 4-26 所示的快捷菜单中选择"新建数据库"命令，打开如图 4-27 所示的"新建数据库"窗口。

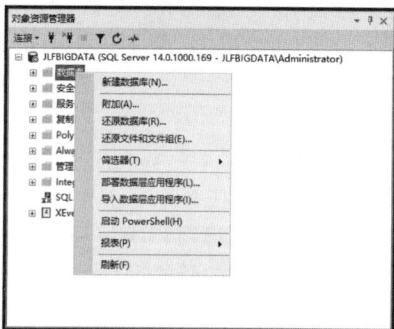

图 4-26　"数据库"结点及"新建数据库"命令

图 4-27　"新建数据库"窗口

Step4：定义数据库的名称和所有者。在如图 4-27 所示的"新建数据库"窗口的"数据库名称"文本框中输入数据库名，这里为"Sale"。当输入完数据库名称后，SQL Server 会自动创建两个数据库文件，分别为"Sale"和"Sale_log"，如图 4-28 所示。其中，"Sale"是 SQL Server 自动创建的数据文件，其逻辑名默认与数据库名一致；"Sale_log"是 SQL Server 自动创建的事务日志文件，其逻辑名默认为"数据库名_log"。用户可以根据需要对这两个数据库文件的逻辑名进行个性化修改。SQL Server 自动创建的两个数据库文件的其他属性都可以取默认值，但用户也可以根据需要对它们进行修改，下面将详细介绍其他属性修改的方法。

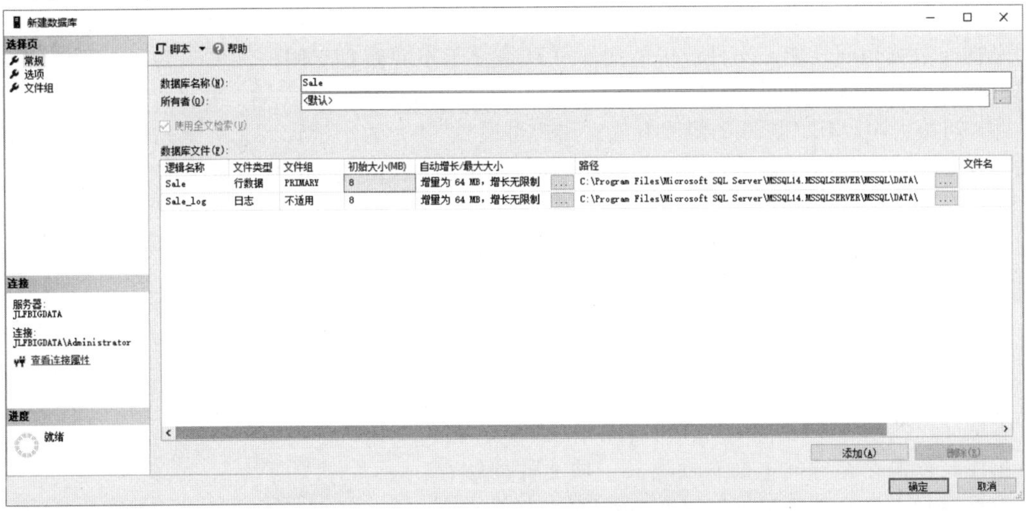

图 4-28 SQL Server 自动创建的两个数据库文件

"数据库名称"下方是"所有者"。在默认情况下，数据库的所有者为"〈默认〉"，表示该数据库的所有者是当前连接到 SQL Server 服务器的用户。数据库所有者对该数据库具有全部操作权限。服务器用户及其权限的相关内容可参阅第 11 章。

Step5：添加其他数据库文件。用户可以在如图 4-28 所示的"数据库文件"下方的列表框中添加该数据库包含的其他数据文件和事务日志文件。单击图 4-28 中的"添加"按钮，SQL Server 会在数据库文件列表框中增加一个新的数据库文件，如图 4-29 所示。

图 4-29 增加的新的数据库文件

用户可以对新增加的数据库文件的属性进行修改，以满足个性化需求。数据库文件的属性包括"逻辑名称""文件类型""文件组""初始大小（MB）""自动增长/最大大小""路径""文件名"。各属性的修改方法如下。

① "逻辑名称"属性的修改方法。在"逻辑名称"文本框中可以指定数据库文件的逻辑名称，逻辑名称必须符合 SQL Server 标识符的命名规则。默认情况下，主要数据文件的逻辑名称与数据库名称相同，第一个日志文件的逻辑名称为"数据库名"+"_log"。如果用户需要，则上述两个数据库文件的逻辑名称可以根据用户意愿进行修改。

② "文件类型"属性的修改方法。用户可通过"文件类型"列表框指定数据库文件的类型。文件类型列表框中有"行数据"和"日志"两种选择。其中，"行数据"表示该数据库文件是数据文件，而

"日志"表示该数据库文件是事务日志文件。由于一个数据库必须包含一个主要数据文件和一个事务日志文件，因此在创建数据库时，最开始的两个文件的类型通常是不修改的。

③"文件组"属性的修改方法。用户可通过"文件组"列表框指定一个文件所属的文件组。"文件组"列表框中包含系统预定义和用户自定义的所有文件组。新建数据库通常只有系统预定义的PRIMARY 文件组，该文件组是数据库的主要文件组，默认情况下，所有的数据文件都属于PRIMARY 文件组。每个数据库都必须有一个主要文件组，且主要数据文件必须存放在主要文件组中。用户可以根据需要添加其他的文件组，其他的文件组通常用于组织和管理次要数据文件，目的是提高数据访问性能。文件组中的文件可以是位于不同磁盘空间的文件。为了简便，可以将全部数据文件都放置在 PRIMARY 文件组中。

④"初始大小(MB)"属性的修改方法。用户可通过"初始大小(MB)"文本框指定数据库文件创建后的初始空间大小。在默认情况下，SQL Server 的主要数据文件和事务日志文件的初始大小都是 8MB。

⑤"自动增长/最大大小"属性的修改方法。用户可以打开如图 4-30 所示的"更改 Sale 的自动增长设置"对话框，修改数据库文件的增长方式和最大文件大小。在默认情况下，数据库文件被设置为"启用自动增长"，每次增长 64MB，最大文件大小为"无限制"。

在图 4-30 中，若取消勾选"启用自动增长"复选框，则数据库文件的存储空间不会自动增长，该文件能够存储的数据容量以该文件的初始空间大小为限。若勾选"启用自动增长"复选框，则可进一步设置该数据库文件的"文件增长"大小和"最大文件大小"。"文件增长"大小可以按 MB 或百分比增长，如果按百分比增长，则增量大

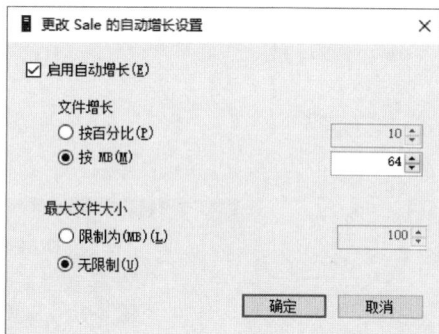

图 4-30 "更改 Sale 的自动增长设置"对话框

小为发生增长时该数据库文件大小的指定百分比。"最大文件大小"可设置为该文件允许的最大空间，也可以设置为"无限制"。

⑥"路径"属性的修改方法。"路径"属性可以指定数据库文件的物理存储位置。如果不设置"路径"，那么 SQL Server 默认的数据库文件存储位置如图 4-31 所示。单击数据库文件"路径"文本框后面的带省略号的按钮，可以打开"定位文件夹"对话框，以修改数据库文件的存储路径。当然，用户也可以在"路径"文本框中直接输入数据库文件的存储路径。

⑦"文件名"属性的修改方法。在"文件名"文本框中可以指定数据库文件的物理文件名，即操作系统文件名。如果用户没有指定"文件名"，那么数据库文件将采用系统自动赋予的物理文件名。系统自动赋予的物理文件名为"逻辑文件名＋文件类型的扩展名"。例如，如果是主要数据文件，且逻辑名为 Sale，那么其物理文件名为"Sale.mdf"。又如，如果是次要数据文件，且逻辑文件名为 Sale21，那么其物理文件名为"Sale21.ndf"。再如，如果是事务日志文件，且逻辑文件名为 Sale_log2，那么其物理文件名为"Sale_log2.ldf"。

Step6：基于数据库的定义创建数据库。添加完该数据库包含的所有数据库文件以后，单击图 4-29 中的"确定"按钮，SQL Server 开始执行数据库的创建任务。数据库创建成功之后，在

图 4-31 SQL Server 默认的数据库文件存储位置

SSMS 的对象资源管理器中将看到新建数据库的名称，这里为"Sale"数据库，如图 4-31 所示。

【例 4-5】假设用户正在基于 SSMS 创建"Sale"数据库，该工作已经完成的任务如图 4-32 所示。请继续进行该数据库的创建工作，主要任务是将"Sale"数据库的数据文件分为两组，一组是 PRIMARY，另一组是 secondary。其中，PRIMARY 文件组包括 Sale 和 Sale12 两个数据文件；secondary 文件组包括 Sale21 和 Sale22 两个数据文件。

图 4-32 基于 SSMS 创建"Sale"数据库的部分工作

【说明】将"Sale"数据库的数据文件分为两组的步骤如下。

Step1：在如图 4-32 所示的"数据库文件"列表框中，打开"Sale21"数据文件的"文件组"列表框，其中有"PRIMARY"和"〈新文件组〉"两个选项，如图 4-33 所示。

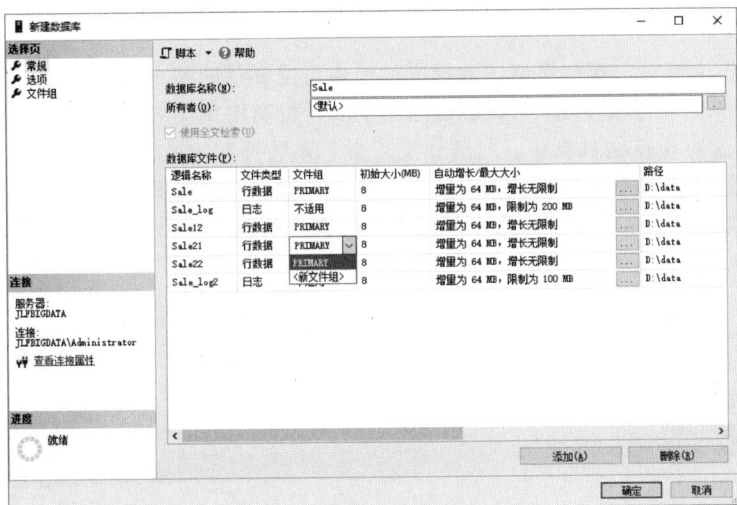

图 4-33 "文件组"列表框

Step2：在如图 4-33 所示的"文件组"列表框中，选择"〈新文件组〉"选项，打开如图 4-34 所示的"Sale 的新建文件组"对话框。

Step3：在该对话框的"名称"文本框中输入新建文件组的名称为"secondary"，其他选项保持默认。单击"确定"按钮，完成新文件组"secondary"的创建任务，并返回"新建数据库"窗口。此时，"Sale"数据库中包括 PRIMARY 和 secondary 两个文件组。

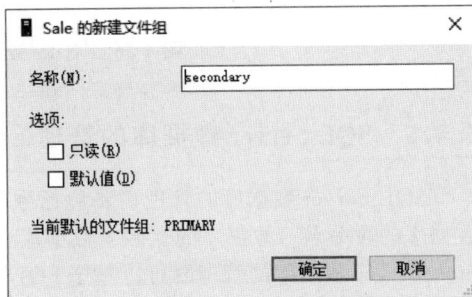

图 4-34 "Sale 的新建文件组"对话框

Step4：在"新建数据库"窗口中，将 Sale21 和 Sale22 两个数据文件的文件组指定为"Secondary"，而 Sale 和 Sale12 两个数据文件的文件组保持默认值 PRIMARY 不变，如图 4-35 所示。

Step5：单击图 4-35 中的"确定"按钮，数据文件分组任务就完成了。

【例 4-6】假设用户创建的"Sale"数据库如图 4-35 所示，请问该数据库的数据库文件存储在哪个

图 4-35　指定数据文件所属的文件组

文件夹中？打开该文件夹，观察存储该数据库的操作系统文件的基本情况。

【说明】观察图 4-35 可以发现，"Sale"数据库中所有数据库文件的路径都是"D：\data"，说明该数据库存储在 D 盘的 data 文件夹中。打开该文件夹，该数据库的操作系统文件包含 Sale、Sale12、Sale21 和 Sale22 这 4 个数据文件以及 Sale_log、Sale_log2 两个事务日志文件。在 4 个数据文件中，Sale 文件是主要数据文件。"Sale"数据库的操作系统文件的基本情况如图 4-36 所示。

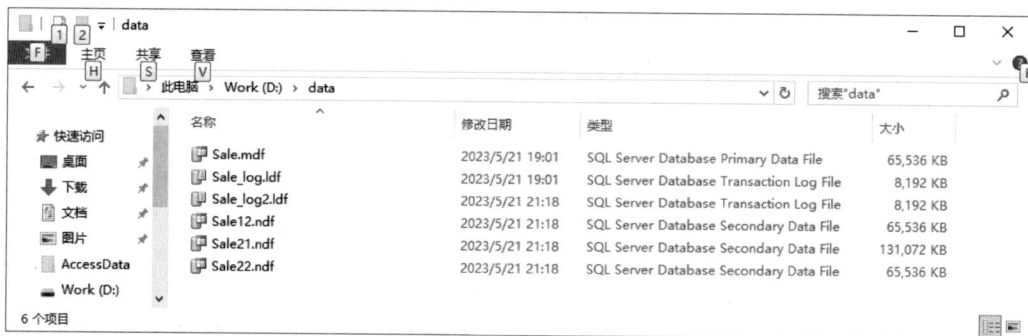

图 4-36　"Sale"数据库的操作系统文件的基本情况

4.4.5　SQL Server 数据库的管理

SQL Server 数据库的管理主要包括数据库属性的查看、数据库属性的修改、数据库的收缩、数据库的重命名、数据库的删除、数据库的分离和附加，以及基于架构机制管理数据库对象等。SQL Server 数据库的管理既可以基于 SQL 命令，又可以基于 SSMS。基于 SQL 命令管理数据库的内容可参阅第 7 章。下面将介绍基于 SSMS 管理数据库的方法和技术。

1. 数据库属性的查看

打开 SSMS 后，在对象资源管理器中选择要查看属性的数据库结点并右击，在打开的快捷菜单中选择"属性"命令，在打开的数据库属性窗口中即可查看数据库的常规属性、文件属性及文件组属性等。"Sale"数据库的常规属性、文件属性及文件组属性分别如图 4-37～图 4-39 所示。

2. 数据库属性的修改

数据库创建完成以后，数据库的有些属性可能有错误，或者不符合用户的要求，这就需要对数据库的属性进行修改。下面以"Sale"数据库为例介绍数据库属性的修改方法。

在 SSMS 的对象资源管理器中，打开数据库结点，右击需要修改的数据库名称"Sale"，在打开的快捷菜单中选择"属性"命令，打开如图 4-37 所示的"数据库属性－Sale"窗口。在"数据库属性－Sale"窗口中，用户可以从"常规""文件""文件组""选项""更改跟踪""权限""扩展属性""镜像""事务日志传送"及"查询存储"选项卡中，选择其一进行数据库相关属性的修改。经常修改的数据库属性有"常规""文件"和"文件组"。

（1）数据库常规属性的修改

在如图 4-37 所示的数据库"常规"选项卡中，SQL Server 会根据用户对数据库的操作以及数据库的瞬间状态，对数据库的常规属性进行自动修改。需要特别指出的是，用户通常不能对数据库的常规属性进行修改。

（2）数据库文件属性的修改

在如图 4-38 所示的数据库"文件"选项卡中，用户可以对数据库文件的部分属性进行修改，可以添加数据库文件，也可以删除数据库文件，但是不能删除主要数据文件。另外，用户可以修改数据库文件的"逻辑名称""初始大小（MB）""自动增长/最大大小"这 3 个属性，但"文件类型""文件组""路径""文件名"属性通常不能修改。

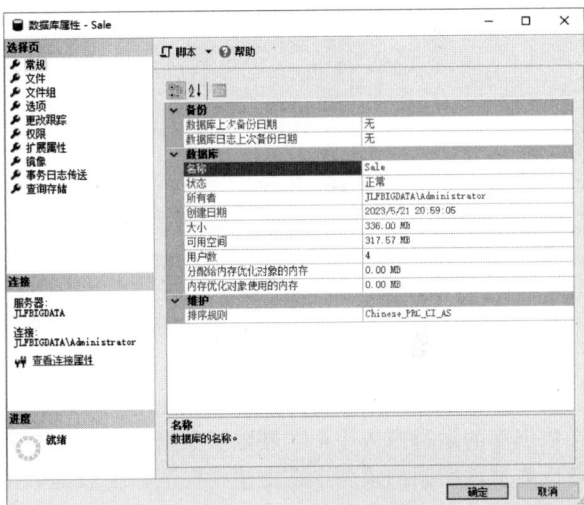

图 4-37 "Sale"数据库的常规属性

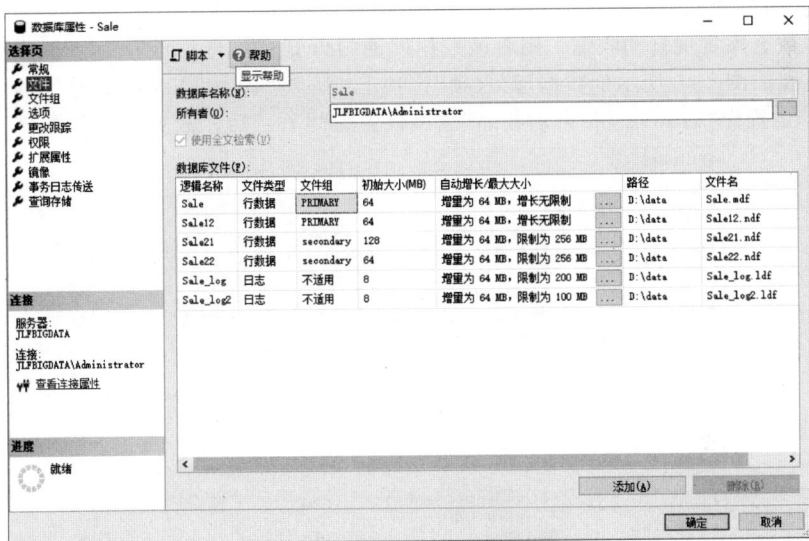

图 4-38 "Sale"数据库的文件属性

（3）数据库文件组属性的修改

在如图 4-39 所示的数据库"文件组"选项卡中，用户可以对数据库的文件组属性进行修改，可以添加文件组、修改文件组的参数，也可以删除文件组。注意如果文件组中有数据文件，则不能删除该文件组，除非将数据文件迁出此文件组。

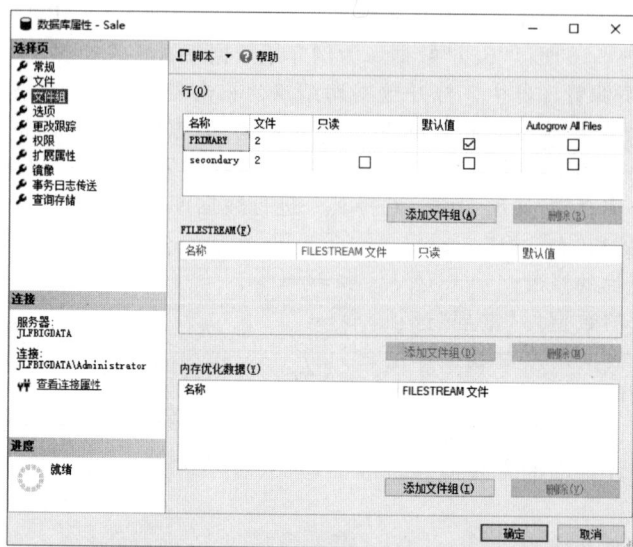

图 4-39　"Sale"数据库的文件组属性

3. 数据库的收缩

如果事先分配给数据库的空间远远大于数据库的数据容量，则造成存储空间的浪费。另外，在数据库的运行服务中，若删除了数据库中的大量数据，也会使得数据库所需的空间减少，进而造成数据库空间的浪费。在上述情况下需要收缩数据库。收缩数据库就是释放数据库中未使用的外部存储空间，并将释放的空间交还给操作系统。

在 SQL Server 中，既可以自动对整个数据库的空间进行收缩，又可以手动对数据库的空间进行收缩。另外，SQL Server 还支持对数据库文件的空间进行收缩。

（1）数据库的自动收缩

如果希望数据库实现自动收缩，则将该数据库的"自动收缩"选项设置为"True"即可。具体实现方法如下：在如图 4-40 所示的数据库"选项"选项卡中，将"自动"选项组中的"自动收缩"选项的默认值"False"设置为"True"。将"自动收缩"选项设置为"True"后，数据库服务器会在后台定期研

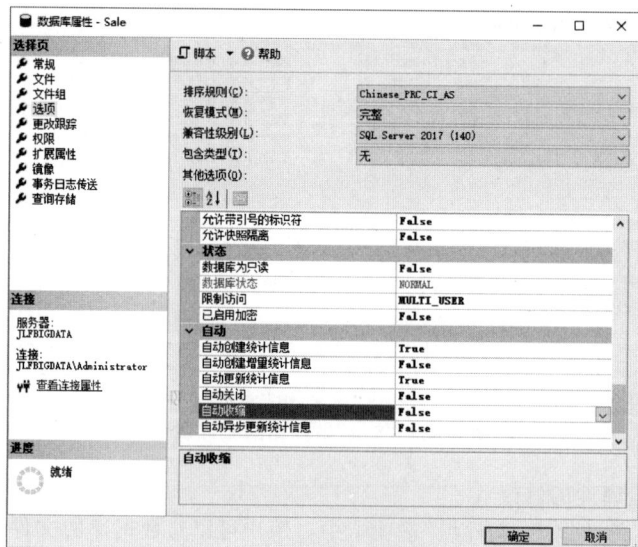

图 4-40　数据库的自动收缩

判数据库空间的使用情况，并根据研判结论回收数据库用不到的空间。

这里需要特别指出的是，除非有特定要求，否则不建议启动数据库的自动收缩功能。

（2）数据库的手动收缩

数据库的手动收缩指收缩整个数据库中所有数据库文件所占用的存储空间。注意，当收缩整个数据库空间的大小时，收缩后数据库的大小不能小于创建数据库时指定的初始大小。

数据库手动收缩的方法很简单，具体如下：在 SSMS 中，右击要收缩的数据库名称"Sale"，在打开的快捷菜单中选择"任务"→"收缩"→"数据库"命令，如图 4-41 所示，打开图 4-42 所示的"收缩数据库－Sale"窗口。

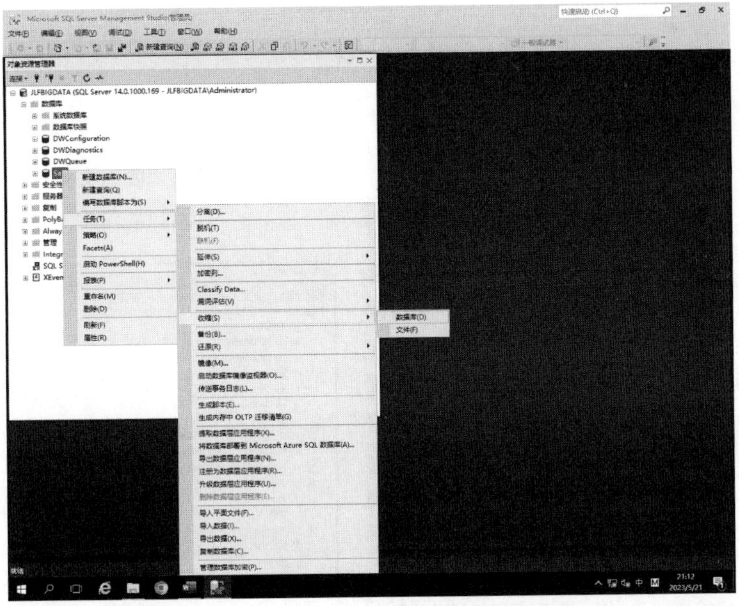

图 4-41　选择 SSMS 手动收缩数据库的命令

在图 4-42 中进行必要的参数设置，或者采用默认参数值，单击"确定"按钮，即可完成数据库的收缩操作。限于篇幅，相关参数的设置在此不再展开介绍。

（3）数据库文件的手动收缩

数据库文件的手动收缩指收缩数据库中某个数据文件或事务日志文件所占用的外部存储空间。注意，收缩数据库文件占用的存储空间时，收缩后数据库文件的大小不能小于创建数据库文件时指定的初始大小。

数据库文件手动收缩的方法很简单，具体如下：在 SSMS 中，右击要收缩的数据库名称"Sale"，在打开的快捷菜单中选择"任务"→"收缩"→"文件"命令，打开图 4-43 所示的"收缩文件－Sale"窗口。

在"收缩文件－Sale"窗口中，设置要收缩的数据库文件的文件类型和文件名等参数，单击"确定"按钮，即可完成数据库文件的收缩操作。数据库文件收缩参数与文件类型相关，文件类型不同，需要设置的参数也不同。例如，如果选择的文件类型是"数据"，那么可以指定数据文件的"文件组"参数，而事务日志类型的文件无法指定"文件组"参数。限于篇幅，相关参数的设置在此不再展开介绍。

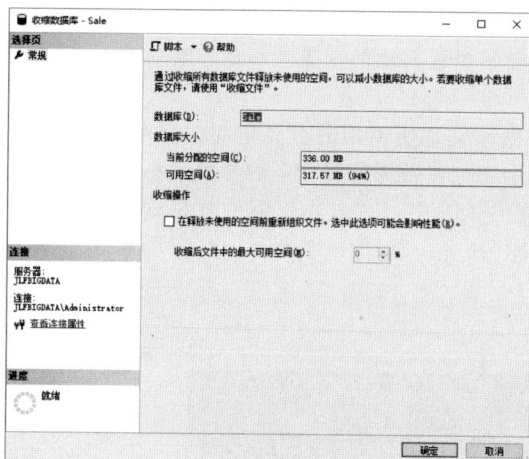

图 4-42 "收缩数据库-Sale"窗口

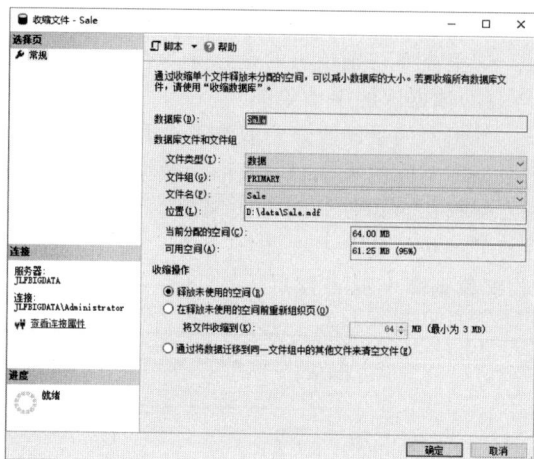

图 4-43 "收缩文件-Sale"窗口

4. 数据库的重命名

基于 SSMS 对数据库重命名的方法和步骤都很简单。假设用户要将"Sale"数据库的名称修改为"SaleDatabase",那么只需要 3 步即可完成:在"Sale"数据库结点上右击,在打开的快捷菜单中选择"重命名"命令;如图 4-44 所示;在显示数据库名称的文本框中输入新的数据库名称"SaleDatabase";输入完成之后,按【Enter】键确认即可。

5. 数据库的删除

当数据库不再需要时,为了节省外部存储空间,可以将其删除。下面以"Sale"数据库为例,介绍基于 SSMS 删除数据库的方法和步骤。

Step1:在 SSMS 的对象资源管理器中,选择要删除的数据库结点"Sale"并右击,在打开的快捷菜单中选择"删除"命令,打开如图 4-45 所示的"删除对象"窗口。

图 4-44 选择"重命名"命令

Step2:在"删除对象"窗口中,可以确认要删除的目标数据库对象,也可以选择是否要"删除数据库备份和还原历史记录信息",还可以选择是否要"关闭现有连接"。选择并确认数据库的删除信息后,单击"确定"按钮,即可将"Sale"数据库删除。

删除数据库时一定要慎重,因为数据库一旦被删除,恢复起来就很困难,甚至无法恢复,除非有数据库的备份。请注意:每次只能删除一个数据库。

6. 数据库的分离和附加

用户可以分离数据库文件,并将它们重新附加到同一 SQL Server 服务器实例中,也可以将其

图 4-45 "删除对象"窗口

附加到相容的 SQL Server 服务器实例中。如果要将数据库复制到同一台服务器的不同 SQL Server 实例中，或要移动数据库文件的位置，则分离和附加数据库是一个不错的选择。

数据库被分离后，其所包含的数据库文件不再受 DBMS 的管理，此时用户可以将该数据库的全部文件复制到另一台服务器中，或者同一台服务器的不同存储位置。如果需要，则用户可以将数据库文件附加到同一台数据库服务器中，也可以附加到相容的其他数据库服务器中。

（1）分离数据库

分离数据库是指将数据库从 SQL Server 服务器实例中逻辑删除，但并不实际删除数据库的数据库文件。分离数据库与删除数据库是不同的，删除数据库会将数据库中的所有数据库文件删除，而分离数据库会保留数据库中的数据库文件，用户可以随时附加到服务器实例中。在实际应用中，分离数据库主要是用来将数据库文件复制到另一台服务器或者同一台服务器的其他存储位置。下面以"Sale"数据库为例介绍基于 SSMS 分离数据库的方法和步骤。

Step1：在 SSMS 的对象资源管理器中，右击 "Sale" 结点，在打开的快捷菜单中选择 "任务" → "分离" 命令，打开如图 4-46 所示的 "分离数据库" 窗口。

Step2：在 "分离数据库" 窗口的 "要分离的数据库" 列表框中，SQL Server 列出了要分离的数据库的名称及状态信息，用户基于列表框列出的信息可以确认是否分离该数据库。

Step3：如果 "分离数据库" 窗口中列出的 "要分离的数据库" 列表框中的信息正确，且该数据库的分离状态为 "就绪"，那么单击 "确定" 按钮即可分离该数据库。

图 4-46 "分离数据库"窗口

这里需要特别说明的是，"状态" 列显示了当前数据库的状态。如果 "状态" 为 "就绪"，表示该数据库可以被分离；如果 "状态" 为 "未就绪"，则表示该数据库不能被分离。

如果状态是 "未就绪"，则用户可以单击 "消息" 列的消息链接查看未就绪的原因，并排除未就绪问题，继续数据库的分离工作。例如，当前被分离的数据库有用户连接，则默认情况下是不能执行分离操作的。为避免出现这种情况，在分离数据库前，应先断开该数据库的所有连接，再实施数据库的分离操作。也可以在 "分离数据库" 窗口中勾选 "删除连接" 复选框，此时，SQL Server 会先删除数据库的连接，再进行数据库的分离操作。

（2）附加数据库

附加数据库就是将分离的数据库文件重新附加到用户期望的 SQL Server 服务器实例中。附加数据库是分离数据库的逆操作。

在附加数据库之前，应先定位将要附加的数据库文件，再指定主要数据文件的物理存储位置和文件名。之所以指定主要数据文件的信息，是因为主要数据文件通常包含了该数据库中其他数据库文件的位置信息。下面以 "Sale" 数据库为例说明基于 SSMS 附加数据库的方法和步骤。

Step1：在 SSMS 资源管理器中，右击 "数据库" 结点，在打开的快捷菜单中选择 "任务" → "附加" 命令，打开如图 4-47 所示的 "附加数据库" 窗口。

Step2：单击 "附加数据库" 窗口中的 "添加（A）..." 按钮，在打开的 "定位数据库文件 — JLFBIGDATA" 窗口中指定 "Sale" 数据库主要数据文件的存储位置，并选中该文件，如图 4-48 所示，这里是 D：\Data 文件夹中的 Sale.mdf 数据文件。

Step3：单击 "确定" 按钮，SQL Server 将返回 "附加数据库" 窗口，如图 4-49 所示。

图 4-47 "附加数据库"窗口

图 4-48 "定位数据库文件－JLFBIGDATA"窗口

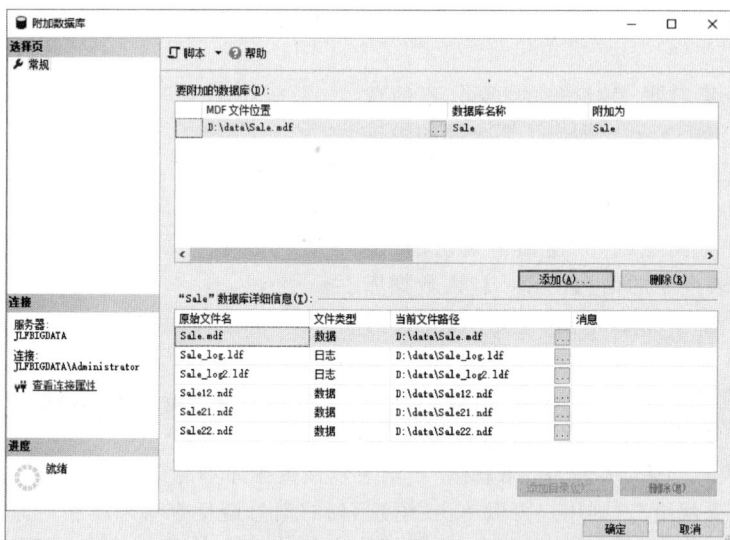

图 4-49 定位数据库文件后返回的"附加数据库"窗口

Step4：在"附加数据库"窗口中单击"确定"按钮，即可完成"Sale"数据库的附加操作。

需要特别说明的是，当数据库文件与 SQL Server 服务器实例不相容时，附加数据库的操作通常是失败的。在这种情况下，用户可以基于备份和恢复机制实现数据库的多服务器应用。

7. 基于架构机制管理数据库对象

当数据库组成对象比较多时，用户可以基于架构机制管理数据库对象，以提高数据库对象的管理效率。例如，基于架构机制可以管理同类问题的数据库对象，以方便用户定位和使用；又如，如果用户想在数据库中包含同名数据库对象，则可以将同名数据库的对象放置在不同架构中；再如，基于架构，可以实施个性化的安全管理，这部分内容将在第 11 章中介绍。

在 SQL Server 中，数据库对象的引用可以通过使用以下标识符。

[[[服务器名称.][数据库名称].][架构名称].]〈对象名称〉

例如，若用户在 JLFBIGDATA 服务器的"Sales"数据库的 dbo 架构中创建了 Seller 数据表，那么引用服务器"JLFBIGDATA"的数据库"Sale"中的表"Seller"时，完整的引用标识符为"JLFBIGDATA.Sale.dbo.Seller"。

上述标识符包括 4 个命名元素。在实际引用时，在能够区分对象的前提下，前 3 个部分是可以省略的。如果用户基于没有架构命名元素的标识符引用数据库对象，那么 SQL Server 将尝试在用户的默认架构(通常为 dbo)中定位该对象。

这里需要特别指出的是，架构是在 SQL Server 2000 中提出的，此时数据库用户和架构是隐式连接在一起的，每个数据库用户都拥有一个与该用户同名的架构；从 SQL Server 2005 开始，架构与用户分离；在 SQL Server 2017 中，一个用户可以拥有多个架构，多个用户可以使用同一个架构。这意味着可删除用户而不删除相应架构中的数据库对象。

SQL Server 数据库架构包括系统预定义的架构和用户自定义的架构。用户自定义的架构可以通过 T-SQL 语句实现，也可以使用 SSMS 工具实现。因为架构的定义涉及数据库安全管理技术方面的内容较多，所以创建数据库架构的内容将在第 11 章中介绍。下面介绍 SQL Server 系统预定义的架构。

在 SQL Server 数据库中，数据库用户通过架构来拥有表、视图等数据库对象，因此 SQL Server 预定义的架构往往与内置数据库用户具有相同的名称。dbo 架构是 SQL Server 预定义的架构中最重要的，该架构由 dbo 用户拥有，是创建数据库对象的默认架构。当用户创建一个新数据库时，SQL Server 会自动为该数据库创建一个 dbo 架构。sys 架构是包含系统对象的默认架构，该架构包括系统的元数据、视图和函数等，sys 架构只能由系统管理员访问和修改。guest 架构是一个特殊架构，用于限制未经授权的用户访问数据库，它是 guest 用户的默认架构。INFORMATION_SCHEMA 架构主要包含独立于系统表的元数据库视图。

SQL Server 还预定义了其他架构，限于篇幅，这里不再展开介绍。需要特别指出的是，新建的数据库都是从 Model 模型数据库复制而成的，因此，如果从 Model 数据库中删除了某个系统预定义的架构，则它们不会显示在新建的数据库中。此外，很多系统预定义架构是不允许被删除的，前面提到的几个架构都不能被删除。

习题：思考题

【1】数据库实施的主要任务有哪些？
【2】简要说明 Access 数据库的创建方法。
【3】简要说明 Access 简单数据表的创建方法。
【4】Access 数据库的打开方式有哪几种？它们有什么区别？
【5】Access 数据库压缩和修复的原因是什么？
【6】简要回答 SQL Server 数据库的逻辑结构。
【7】简要回答 SQL Server 数据库的物理结构。
【8】简要回答 SQL Server 数据库的创建方法。
【9】简要说明 SQL Server 数据库的管理任务。

学习材料：家国情怀

尽管国产数据库起步晚于国外，但在党和国家的鼓励、支持和引导下，一个又一个的国产数据库创新团队秉承"心怀家国情怀，笃行报国之志"的工作理念，使得中国数据库走过了从无到有的过程，加速进行着从有到优的蜕变，用加速前进的方式书写着初心，诠释着担当。请认真阅读学习材料，体验中国数据库的特色，并树立不负国家和人民的家国情怀。

【学习材料 1】TDSQL 创建与管理数据库的特色。
【学习材料 2】OceanBase 创建与管理数据库的特色。
【学习材料 3】MySQL 创建与管理数据库的特色。
【学习材料 4】国产数据库发展之路。
【学习材料 5】国产数据库替代国外数据库演化过程分析。

第 5 章　数据表的创建与运维

本章导读

第 2 章以社区便民超市为背景讨论了"商品销售信息"数据库逻辑模型的设计；第 3 章讲解了关系数据库管理系统 Access 和 SQL Server，第 4 章介绍了如何基于 Access 和 SQL Server 建立数据库容器存储和管理数据库对象；本章将学习如何基于 Access 和 SQL Server 在数据库容器中创建数据表，以及如何对数据表进行操纵。为使知识结构无缝衔接，本章继续以社区便民超市的"商品销售信息"数据库为背景学习数据表的创建和操纵。

鉴于读者已经对 Access 有了感性认识，本章首先对"商品销售信息"数据库中的数据表进行物理设计，得到该数据库细化的物理模型；其次以"商品销售信息"数据库的物理模型为基础，全面介绍数据表的创建、操纵和维护；再次以"大学生信用指标"数据库为背景全面介绍数据表设计和创建的过程；最后，为了拓展大学生的理论素养和应用能力，基于 Access 数据表的学习基础，介绍 SQL Server 数据表的创建、操纵和维护。另外，在 5.7 节中，就 SQL Server 数据表的增强功能做了重点介绍。

数据表物理设计的主要工作有 3 个：设计数据表的存储结构，设计数据表的物理约束，以及设计数据表的索引存取方法。数据表物理设计的成果是数据表的物理模式，它是数据表创建的基础，也是数据表操纵效率的决定性因素。

创建数据表的主要工作有两个：数据表的建模，组织数据入表。数据表的建模可以基于 DBMS 提供的表设计器完成，其主要工作是定义表的存储结构、物理约束和索引存取方法。组织数据入表的主要方法有表数据的导入和表数据的手工插入等。

数据表操纵的主要工作有两项：数据表的查询、数据表的更新。数据表的查询主要是为用户提供期望数据集，这涉及数据表的排序和筛选等。数据表的更新主要是数据记录的插入、修改和删除。

数据表维护的主要工作有两项：数据表数据的备份和归档，以保障用户数据的安全性；数据表模式的动态修改和完善，以满足用户需求的动态变化。

综上，本章的主要任务是以"商品销售信息"数据库的物理模型为蓝图，建立一系列的数据表，并为用户提供操纵服务；为了安全地向用户提供操纵服务，对数据表要定期进行备份和归档；当数据表模式不能满足用户的需求时，需要及时对数据表模式进行修改和完善，以满足用户的动态需求。

5.1　Access 数据表物理模式的设计

数据表是数据库中最基本的对象，主要用来组织和管理原始数据，是整个数据库系统的基础。数据表的创建涉及模式和数据两个方面的内容。要在数据库中创建一个数据表，必须先根据用户需求定义数据表的模式，然后再按照数据表的模式组织数据入表，这包括在表中插入数据或导入数据。

5.1.1　数据表的物理模式

尽管数据表的创建涉及模式和数据两个方面的内容，但表模式的创建是关键。表模式的质量决定了这个数据表是否能够有效地组织和管理数据，进而提供高质量的数据服务，因此在创建数据表之前，必须对数据表的模式进行科学设计。如果一个数据表与数据库的其他数据表没有联系，我们称这个数据表为孤立数据表，反之称为非孤立数据表。对于孤立数据表而言，数据表的物理模式包括存储结构、表内数据约束和索引访问方法三个维度。对于非孤立数据表而言，数据表的物理模式还要考虑表间联系和表间数据约束。

1. 数据表的存储结构

数据表的存储结构简称表结构，它指的是该数据表所包括的字段及每一个字段的存储属性。字段的存储属性主要有：数据表所包含的各个字段的字段名、各个字段的数据类型、各个字段的存储大小。

（1）字段名

字段名是字段在数据表中各个列的标识，最长可以包含 64 个字符。表中的每一列都应有一个唯一的字段名。为字段命名时应注意以下规则。

①字段名通常由英文字母、汉字、数字和下划线等符号组成，建议以字母或汉字开头。

②字段名中不区分字母的大小写。

③因为 Access 采用 Unicode 字符编码，所以汉字同字母、数字及其他英文符号一样被看作一个字符进行处理。

④字段名称不宜太长，最好具有一定的语义，以便用户见名知义。

⑤尽管 Access 不限制在字段名中使用系统的关键字，如 Integer、Select、Insert 等，但应尽量避免使用，以避免意外错误的发生。

⑥尽管 Access 不限制在字段名中使用特殊字符，如空格、运算符、句号、单引号、双引号等，但特殊字符的存在可能会导致应用中的意外错误，所以应尽量避免。

（2）字段类型

字段的数据类型简称字段类型，它决定了该字段的值集以及定义在这个值集上的操作。Access 中经常使用的数据类型有短文本、数字、日期/时间、货币、自动编号、是/否、长文本、OLE 对象、超链接、附件、计算和查阅向导等，这些在第 3 章中有详细说明。

（3）字段大小

字段的存储大小简称字段大小，又称为字段宽度，只有数字型和文本型字段需要定义字段大小，其他类型的字段无须指定大小，它们由系统统一规定，占用固定长度的存储空间。数字型字段的大小指该字段的取值范围；文本型字段的大小指该字段的最大长度，即该字段可存储的最多字符个数。在定义字段的大小时应注意以下几点。

①字段大小应能容纳所要存储在该字段中的数据。

②短文本型字段的大小为 1～255 个字符，超过时应作为长文本存储。

③由于数字型字段又细分为字节型、整型、长整型、单精度型、双精度型和小数型等，因此定义数字型字段的大小时，首先应该指定该字段的子类型，再根据该字段的子类型的特点定义其大小。例如，如果指定数字型字段的子类型是小数型，那么用户需要定义该字段小数点前后的总位数、小数点左边的位数、小数点右边的位数。

④对每一种类型的字段而言，它的大小都有一个默认值，对数字型和文本型字段而言，这个默认值可以更改，对于其他类型的字段而言，这个值不能改变。例如，短文本型的字段大小默认值是 255，用户根据实际情况可以将字段的大小修改为 1～255 中的一个值；又如，逻辑型、日期型、货币型等类型的字段大小是固定的，不能修改。

需要特别指出的是，如果一个数据表是非孤立数据表，那么定义该数据表的存储结构时，必须定义一个字段用来与其他数据表建立联系，本书将这样的字段称为关联字段。关联字段一般是建立联系的两个数据表的公共字段，这个公共字段通常是一个表的主键、另一个表的外键。

2. 数据表的数据约束

在 Access 中，数据表的数据约束主要包括 3 类：实体完整性约束、域完整性约束、参照完整性约束。其中，实体完整性约束和域完整性约束属于表内约束的范畴，而参照完整性约束属于表间约束的范畴。

3. 数据表的索引访问方法

可以通过索引定义数据表的数据访问方法，提高数据表数据的访问速度。索引可以使得数据表有序，从而提高数据表的存取速度，尤其是读取速度。定义数据表的存取方法实际上就是根据应用需求确定对数据表的哪些字段建立索引，对哪些字段建立组合索引，将哪个索引定义为唯一索引，将哪个索引定义为主索引等。

【例 5-1】已知某社区便民超市的"商品销售信息"数据库的逻辑模式如下。

商品销售信息＝{Product，Seller，Customer，SalesOrder，ProductOfSalesOrder}

商品（Product）（**商品编号**，商品名称，生产日期，有效期，价格，存量，畅销否，商品详情，商品照片）

销售员（Seller）（**销售员编号**，销售员姓名，性别，出生日期，明细岗位，聘用日期，电话，邮箱，通讯地址）

顾客（Customer）（**顾客编号**，顾客姓名，性别，出生日期，联系电话，顾客地址，最近购买时间，消费积分）

销售单（SalesOrder）（**销售单编号**，顾客编号，销售员编号，销售时间，销售单状态）

销售单商品（ProductOfSalesOrder）（**销售单编号**，**商品编号**，商品名称，销售折扣，实际销售价格，销售数量，实际销售金额）

请设计数据表的物理模式。

【分析】对于数据库的这 5 个表而言，"销售员""商品"和"顾客"这 3 个表是实体表，而"销售单"和"销售单商品"这 2 个表是事务表。"销售单"反映了销售事务发生的时间、当前的状态、参与销售事务的销售员和顾客，它将"销售员"和"顾客"这两个表的数据关联起来。"销售单商品"反映了每一张销售单所销售的商品，它将"销售单"和"商品"这两个表关联起来。为了便于读者学习，表 5-1～表 5-5 分别设计了这 5 个表的物理模式，设计方法不再赘述。

表 5-1　Product 表的物理模式

字段名称	数据类型	字段大小	约束	索引
商品编号	短文本	6	主键	主索引
商品名称	短文本	19	非空、唯一键	唯一索引
生产日期	日期/时间	系统默认	非空	普通索引
有效期	长整型	系统默认	0＜有效期＜6000	
价格	货币	系统默认	0＜价格＜10000	普通索引
存量	整型	系统默认	5＜存量＜1000	
畅销否	是/否	系统默认	默认值：否	
商品详情	长文本	系统默认		
商品照片	OLE 对象	系统默认		

表 5-2　Seller 表的物理模式

字段名称	数据类型	字段大小	约束	索引
销售员编号	短文本	3	主键	主索引
销售员姓名	短文本	9	非空	普通索引

续表

字段名称	数据类型	字段大小	约束	索引
性别	短文本	1	"男"或"女"	
出生日期	日期/时间	系统默认	非空	普通索引
明细岗位	短文本	16	非空	
聘用日期	日期/时间	系统默认	非空	普通索引
电话	短文本	16	非空	
邮箱	短文本	29		
通讯地址	短文本	29		

表 5-3　Customer 表的物理模式

字段名称	数据类型	字段大小	约束	索引
顾客编号	短文本	9	主键	主索引
顾客姓名	短文本	9	非空	普通索引
性别	短文本	1	"男"或"女"	
出生日期	日期/时间	系统默认		
联系电话	短文本	16	非空	普通索引
最近购买时间	日期/时间	系统默认		
顾客地址	短文本	29		
消费积分	长整型	系统默认	消费积分>0	

表 5-4　SalesOrder 表的物理模式

字段名称	数据类型	字段大小	约束	索引
销售单编号	短文本	11	主键	主索引
顾客编号	短文本	9	外键，非空	普通索引
销售员编号	短文本	3	外键，非空	普通索引
销售时间	日期/时间	系统默认	非空	普通索引
销售单状态	短文本	3	非空	

表 5-5　ProductOfSalesOrder 表的物理模式

字段名称	数据类型	字段大小	约束		索引
销售单编号	短文本	11	主键	外键	主索引
商品编号	短文本	6		外键	
商品名称	短文本	19	非空、唯一键		唯一索引
销售折扣	小数	（3，2）	0<销售折扣<1		
实际销售价格	货币				
销售数量	整型	系统默认	0<销售数量<存量		
实际销售金额	计算				

请注意：上述 5 个表所定义的 5 个数据表的物理模式，通过主键和外键隐式地给出了这 5 个数据表之间的表间联系，请思考：这 5 个数据表存在哪些表间联系？

5.1.2　数据表物理模式的设计点

如果数据表是孤立的，那么表模式的设计内容主要包括表的存储结构、表内部的约束规则及表的索引；如果数据表是非孤立的，那么表模式的设计必须考虑数据表之间的联系以及数据表之间应该遵循的约束规则。为了便于读者理解，这里将数据表的设计分解为以下 5 个设计点。

1. 数据表的设计一（设计点：表结构）

数据表结构的设计是数据表设计任务中最基础的设计点。数据表结构设计完成后，需要在数据表中插入数据，以验证数据表结构是否满足用户的需求。

①定义表的结构：主要定义表中各个字段的名称、数据类型及字段大小等基本属性，也可以根据需要定义表中各个字段的显式布局及输入掩码等应用属性。

②测试表的结构：为了测试数据表的结构是否合理，一般需要在表中插入数据，从而对表结构的科学性进行测试。在表中插入数据的方法主要包括手工插入数据和批量导入数据两种。如果有可用的数据源，则可以采用批量导入数据的方法，否则只能采用手工插入数据的方法。

表 5-1～表 5-5 的前 3 列分别设计了 Product、Seller、Customer、SalesOrder 以及 ProductOf SalesOrder 这 5 个表的存储结构。

这 5 个表的存储结构设计得是否合理仅靠目测和经验是不可能给出答案的，需要在表中插入数据以验证它们的合理性。

为了便于初学者体验，这里采用手工插入数据的方法对表的存储结构进行测试。表 5-6 给出了 Product 表的测试数据，限于篇幅，"商品详情"和"商品照片"这两个字段的数据都为空值。在设计数据表的测试数据时，数据样本要有代表性，且数据样本的量不能太小。

表 5-6 Product 表的测试数据

商品编号	商品名称	生产日期	有效期	价格	存量	畅销否	商品详情	商品照片
P01001	有机韭菜	2019/1/16	3	2.59	119	是	NULL	NULL
P01002	阳光大白菜	2019/1/16	5	2.60	118	是	NULL	NULL
P01003	生态西红柿	2019/1/15	3	1.90	89	否	NULL	NULL
P01004	南海菠萝	2019/1/16	5	6.90	91	是	NULL	NULL
P01005	胶东苹果	2019/1/11	30	5.60	138	是	NULL	NULL
P01006	东北鲜菇	2019/1/16	7	7.10	62	否	NULL	NULL
P02001	南山里脊	2019/1/17	7	12.60	137	是	NULL	NULL
P02002	渤海鸡腿肉	2019/1/17	7	15.90	92	否	NULL	NULL
P02003	中华牛肉	2019/1/17	7	91.00	131	否	NULL	NULL
P03001	东海带鱼	2019/1/16	60	65.00	65	是	NULL	NULL
P03002	生态鲤鱼	2019/1/16	3	168.50	102	否	NULL	NULL
P03003	南海鲳鱼	2019/1/16	60	65.00	167	否	NULL	NULL
P04001	生态鸽子蛋	2019/1/17	7	29.00	110	是	NULL	NULL
P04002	家常鸡蛋	2019/1/17	7	5.10	98	是	NULL	NULL
P05001	鲜牛奶	2019/1/17	3	3.60	157	是	NULL	NULL
P05002	花生蛋白乳	2019/1/17	6	7.50	108	否	NULL	NULL
P06001	有机花生油	2019/1/11	365	160.00	66	否	NULL	NULL
P06002	好吃面包	2019/1/17	5	6.90	155	是	NULL	NULL
P06003	方便面	2019/1/11	365	6.00	97	是	NULL	NULL
P06004	龙须面条	2019/1/11	180	9.00	113	否	NULL	NULL
P06005	生态瓜子	2019/1/11	365	5.50	137	否	NULL	NULL
P06006	速冻水饺	2019/1/11	90	26.00	66	否	NULL	NULL
P07001	绿色大米	2019/1/11	365	69.00	120	是	NULL	NULL

商品编号	商品名称	生产日期	有效期	价格	存量	畅销否	商品详情	商品照片
P07002	生态红豆	2019/1/11	365	21.00	107	是	NULL	NULL
P08001	齐鲁啤酒	2019/1/11	365	6.00	90	否	NULL	NULL
P08002	可口苹果汁	2019/1/11	180	16.00	123	否	NULL	NULL
P09001	盒装抽纸	2019/1/11	700	7.00	125	否	NULL	NULL
P09002	高级香皂	2019/1/11	700	12.00	87	是	NULL	NULL
P09003	安心插排	2019/1/11	3650	29.00	88	否	NULL	NULL

2. 数据表的设计二(设计点：表内约束)

科学地设计数据表内部的约束规则是保证表中数据正确的重要手段，因此表内约束是数据表重要的设计点。数据表内部约束的设计主要包括以下两方面的内容：定义表的实体完整性约束，主要是定义表的主键和唯一键；定义表的域完整性约束，主要是定义表中字段是否可以为空值、是否需要满足某一特定的验证规则，以及是否有默认值等。

例如，表5-1的第4列定义了Product表的表内约束："商品编号"是主键；"商品名称"和"生产日期"不能为空值；0<有效期<6000；0<价格<10000；5<存量<1000；"是否畅销"的默认值是"否"。

又如，表5-3的第4列定义了Customer表的表内约束："顾客编号"是主键；"顾客姓名"及其"联系电话"不能为空值；顾客性别只能从"男"或"女"这两个值中选取一个；消费积分>0。

3. 数据表的设计三(设计点：表索引)

科学地设计表索引是提高表数据的访问速度的重要方法。不同DBMS所支持的索引类型是不同的，就Access而言，它仅仅支持用户定义以下3类索引：主索引、唯一索引、普通索引。注意：主索引和主键是相关的；唯一索引和唯一键是相关的。下文对此有专门介绍。

例如，表5-1的第5列定义了Product表的索引：基于"商品编号"字段建立主索引(因为"商品编号"是主键，所以Access一定会基于"商品编号"字段建立主索引)；基于"商品名称"字段建立唯一索引(因为"商品名称"是唯一键，所以Access一定会基于"商品名称"字段建立唯一索引)；基于"生产日期"字段建立普通索引；基于"价格"字段建立普通索引。

4. 数据表的设计四(设计点：表间联系)

因为社区便民超市的商品销售数据是按照主题分别保存在Product、Seller、Customer、SalesOrder以及ProductOfSalesOrder这5个数据表中的，所以必须基于关联字段建立这5个表之间的联系，这样才能够对这5个表的数据进行关联访问。

就"商品销售信息"数据库而言，可以建立以下联系：基于"销售员编号"建立Seller表和SalesOrder表之间的一对多联系；基于"顾客编号"建立Customer表和SalesOrder表之间的一对多联系；基于"销售单编号"建立SalesOrder表和ProductOfSalesOrder表之间的一对多联系；基于"商品编号"建立ProductOfSalesOrder表和Product表之间的一对多联系。

因为Access不支持多对多联系，所以SalesOrder表和Product表之间的多对多联系需要通过以下两个一对多联系来间接表示：SalesOrder表与ProductOfSalesOrder表之间的一对多联系，以及ProductOfSalesOrder表和Product表之间的一对多联系。

表间联系是通过公共字段实现的，且这个公共字段必然是一个表的主键、另一个表的外键。例如，如果要在Seller表和SalesOrder表之间建立联系，那么需要将"销售员编号"公共字段定义为Seller表的主键(唯一键)、SalesOrder表的外键。

5. 数据表的设计五(设计点：表间约束)

数据表之间建立联系后，就可以基于联系定义表间约束了。Access支持用户基于一对一联系或一对多联系建立下列两类表间约束：定义表间的级联更新约束，以及定义表间的级联删除约束。

例如，如果修改了 Seller 表中某个销售员的"销售员编号"，那么 SalesOrder 表中该销售员的"销售员编号"必须进行同步修改，否则会导致数据错误。为了强制 Seller 表和 SalesOrder 表中的"销售员编号"同步修改，可以基于这两个表的联系建立级联更新约束。

又如，如果删除了 SalesOrder 表中一个销售单记录，那么 ProductOfSalesOrder 表中与 SalesOrder 表中"销售单编号"相同的记录应该同步删除，只有这样才能保证数据的正确性。为了强制 SalesOrder 表和 ProductOfSalesOrder 表"销售单编号"相同的记录同步修改，可以基于这两个表的联系建立级联删除约束。

5.2 Access 数据表物理模式的创建

创建数据表的主要任务是基于数据表的物理模式定义表的存储结构、表的约束及表的索引；如果数据表与其他数据表存在关联，则需要定义数据表之间的联系和参照完整性约束。鉴于数据表物理模式的创建很复杂，下文将按照表结构、表内约束、表索引、表间联系及表间约束这一顺序由浅入深地学习数据表物理模式的创建，以便读者理解和掌握。

在 Access 中，创建数据表物理模式主要有以下两种方法：基于表设计器创建数据表的物理模式和基于 SQL 命令创建数据表的物理模式。本节主要介绍第一种方法，第二种方法将在第 7 章中介绍。基于表设计器创建数据表的物理模式通常要用到两种视图：设计视图和数据表视图。

5.2.1 表结构的创建

创建表的存储结构是创建数据表最基础和最重要的工作。创建表结构的第一个任务是定义字段的存储属性，主要是定义所有字段的名称、类型和大小。创建表结构的第二个任务是在数据表中插入数据，以验证字段存储属性的合理性。

1. 定义数据表结构

就 Access 数据表而言，定义数据表结构就是完成以下 3 个任务：定义数据表所包含的各个字段的字段名，定义各个字段的数据类型，以及定义各个字段的存储大小。

【例 5-2】观察如表 5-1 所示的 Product 表的物理模式，基于表设计器的设计视图，在"商品销售信息"数据库中创建 Product 数据表的存储结构，并插入如表 5-6 所示的数据对 Product 数据表的存储结构进行测试。

基于表设计器的设计视图创建数据表存储结构的方法和步骤如下。

Step1：启动 Access，打开"商品销售信息"数据库，如图 5-1 所示。

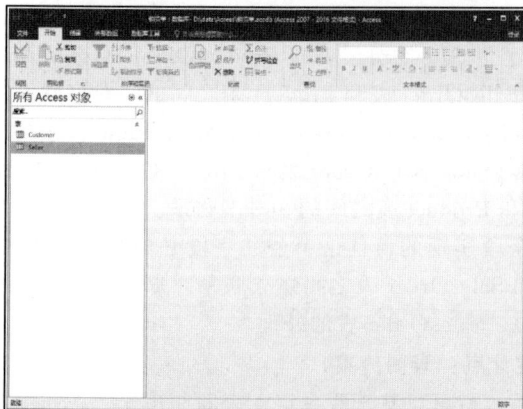

图 5-1 "商品销售信息"数据库

Step2：如图 5-2 所示，选择"创建"选项卡的"表格"命令组中的"表设计"命令，打开如图 5-3 所示的表设计器的设计视图。

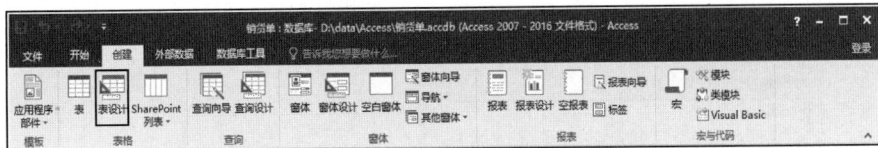

图 5-2 "表格"命令组中的"表设计"命令

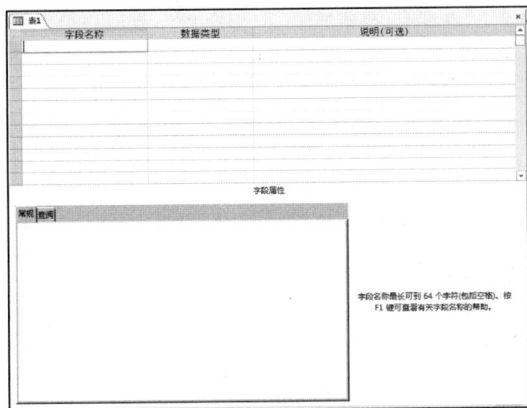

图 5-3 表设计器的设计视图

Step3：在设计视图中定义"商品编号"字段的名称、类型和字段大小。如图 5-4 所示，在"字段名称"列中输入"商品编号"；在"数据类型"下拉列表中选择"短文本"选项，在设计视图下方"字段属性"选项组的"字段大小"文本框中输入"6"。

Step4：基于 Product 表的物理模式，在设计视图中依次定义 Product 表的其他字段，包括商品名称、生产日期、有效期、价格、存量、畅销否、商品详情和商品照片，如图 5-5 所示。

图 5-4 在设计视图中定义"商品编号"字段

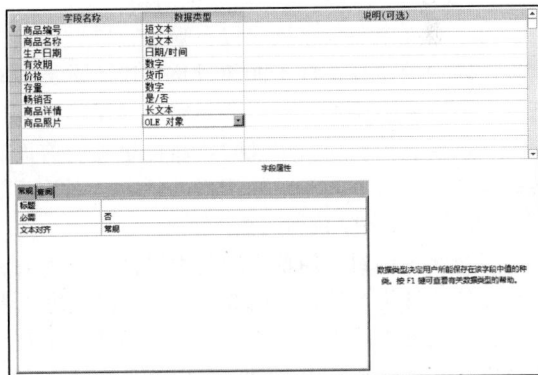

图 5-5 在设计视图中定义"Product"表的其他字段

Step5：单击快速访问工具栏中的"保存"按钮，打开如图 5-6 所示的"另存为"对话框，在"表名称"文本框中输入"Product"，单击"确定"按钮。如果 Product 表保存成功，则在数据库导航窗格中会出现 Product 表的图标标识，如图 5-7 所示。

图 5-6 "另存为"对话框

图 5-7 导航窗格中的 Product 表图标标识

如果在定义表结构时没有定义主键，则 Access 将打开如图 5-8 所示的提示对话框，提示用户当前表尚未定义主键。一般来说，主键是必须定义的，否则数据表的语义不完整。由于主键的内容将在 5.2.2 小节中介绍，因此这里单击提示对话框中的"否"按钮即可。

图 5-8 提示对话框

2. 测试数据表结构

设计好数据表结构后，可以在数据表中插入数据以对表结构进行测试。

Access 表数据的手工插入可以在数据表视图中完成。在该视图中可按顺序逐条输入记录的字段值。在字段中输入数据时，要注意与字段的数据类型和存储大小一致。

（1）短文本和数字型字段数据的输入

对于短文本和数字型字段，通常在字段的编辑区中直接输入字段值即可。对于短文本型字段，字段中输入的字符个数不能超过该字段所定义的存储大小。对于数字型字段，字段中输入的数据与其子类型密切相关，一定要与字段的子类型一致。

在数据表中插入新记录时，新记录行的前面会显示"＊"标记。向新记录输入数据时，此标记会高亮显示，表示此记录处于输入状态。带"＊"标记的行不计入记录总数。

（2）日期型字段数据的输入

当光标定位到日期型字段的编辑区时，字段编辑区右侧会出现"日期选择器"图标。单击该图标可以打开日历控件，如图 5-9 所示。用户可以基于日历控件将日期数据插入日期型字段中。日期型数据也可以手工方式输入，数据格式必须符合日期型字段"格式"约束的要求。字段的"格式"约束将在 5.2.2 小节中介绍。常用的日期格式有"2023-8-31"或"2023/8/31"。

（3）长文本型字段数据的输入

长文本型字段也可以像短文本型字段那样，直接在该字段的文本框中输入文本。但长文本型字段的文本框空间有限，如果长文本内容很多，则在文本框中直接输入会比较困难。

用户可以按快捷键【Shift＋F2】，打开长文本型字段的"缩放"对话框，在空间较大的"缩放"对话框中输入长文本型字段的数据，这样会使得数据输入比较方便。"缩放"对话框如图 5-10 所示。

图 5-9 日历控件

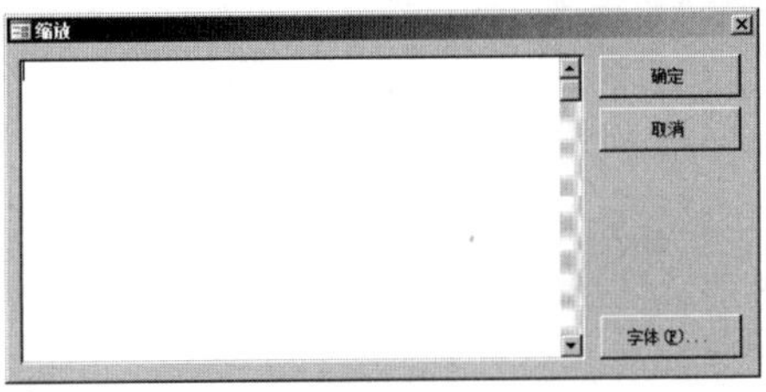

图 5-10 "缩放"对话框

（4）OLE 对象型字段数据的输入

Access 中的 OLE 对象型字段可以用来存储文本、图形、图片、音频、视频及其他类型的二进制文件数据。在 OLE 对象型字段中输入数据有两种方式：新建和由文件创建。

①新建方式。如果插入 OLE 对象型字段的对象文件不存在，那么需要基于对象的注册程序进行创建。基于新建方式可以打开对象的注册程序，进而在字段中输入对象文件的数据。具体步骤如下。

a. 在 OLE 对象型字段空间的空白处右击，在打开的快捷菜单中选择"插入对象"命令，打开如图 5-11 所示的新建对象类型对话框。

b. 在新建对象类型对话框中选择要建立对象的类型，单击"确定"按钮。

c. 在随后启动的对象注册程序中，完成对象的实际创建工作，并关闭对象注册程序。

例如，如果想创建一张图片，则可在新建对象类型对话框中选择"Bitmap Image"对象类型，单击"确定"按钮后，用户需要在随之启动的"画图"程序中创建用户需要的图片，关闭画图程序后，位图图片会自动存入 OLE 对象型字段中。

②由文件创建方式。如果要将现有文件作为对象插入数据表的 OLE 对象型字段中，那么应该基于由文件创建方式输入 OLE 对象型字段的数据。

其关键步骤如下：用户打开由文件创建对象对话框，单击"浏览…"按钮，在打开的"浏览"对话框中选择并打开要插入的文件即可。打开由文件创建对象对话框的步骤与新建对象类型的步骤类似，这里不赘述。由文件创建对象对话框如图 5-12 所示。

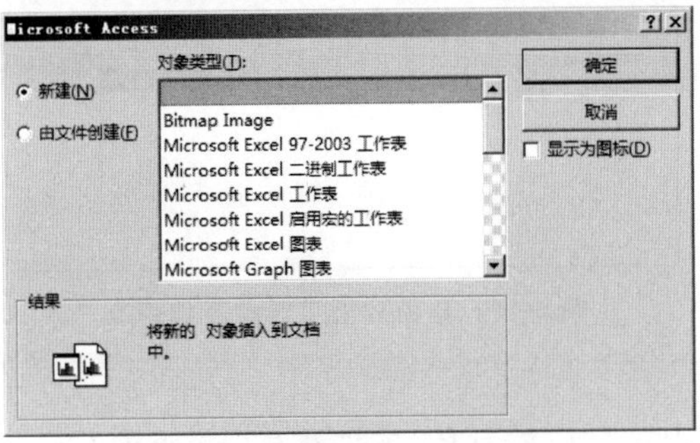

图 5-11 新建对象类型对话框

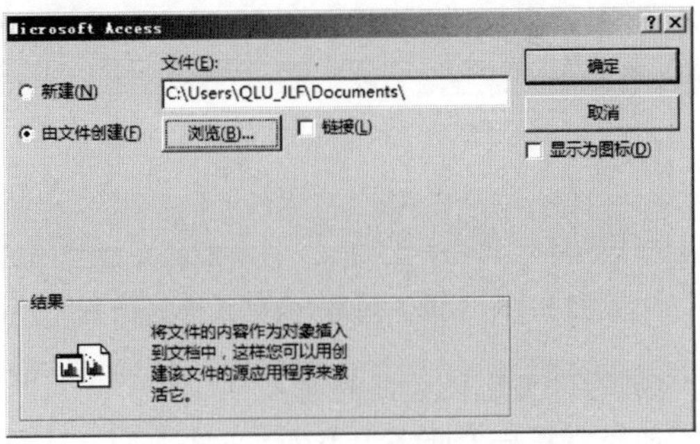

图 5-12 由文件创建对象对话框

（5）查阅列表字段的创建

如果某字段的取值是一组固定数据，如销售员的"明细岗位"字段的值为"经理""时令果蔬""海鲜水产""肉蛋奶""粮油副食"和"日用百货"6 个固定的值，那么可以将这个字段的类型定义为查阅列表字段。当查阅列表字段获得输入焦点时，会打开一个下拉列表，让用户在下拉列表的各选项中选择一个作为该字段的值。合理地设计查阅列表字段可以提高用户的输入效率，减少用户的输入错误。

【例 5-3】将 Seller 表的"明细岗位"字段定义为查阅列表类型，该字段的取值为"经理""时令果蔬""海鲜水产""肉蛋奶""粮油副食"和"日用百货"。

将 Seller 表的"明细岗位"字段定义为查阅列表类型的步骤如下。

Step1：打开 Seller 表的设计视图，选择"明细岗位"字段。

Step2：在"数据类型"下拉列表中选择"查阅向导"选项，打开"查阅向导"的第 1 个对话框，如图 5-13 所示。在该对话框中选中"自行键入所需的值"单选按钮，单击"下一步"按钮，打开如图 5-14 所示的"查阅向导"的第 2 个对话框。

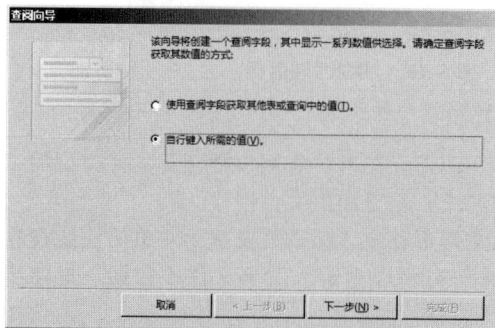

图 5-13　"查阅向导"的第 1 个对话框

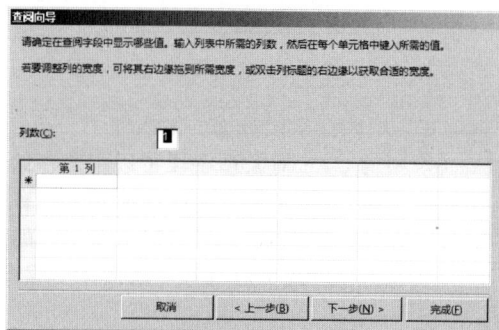

图 5-14　"查阅向导"的第 2 个对话框

Step3：在"查阅向导"的第 2 个对话框的"第 1 列"中，依次输入"经理""时令果蔬""海鲜水产""肉蛋奶""粮油副食"和"日用百货"6 个值，如图 5-15 所示。

Step4：输入完成后，单击"完成"按钮。单击快速访问工具栏中的"保存"按钮，保存定义。

Step5：切换到 Seller 表的数据表视图，使"明细岗位"字段获得输入焦点，此时可以看到"明细岗位"字段右侧出现▾按钮，单击该按钮，会打开一个下拉列表，其中列出了"经理""时令果蔬""海鲜水产""肉蛋奶""粮油副食"和"日用百货"6 个值，如图 5-16 所示。

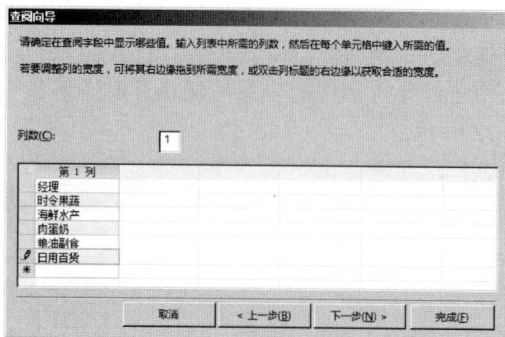

图 5-15　"查阅向导"的第 3 个对话框

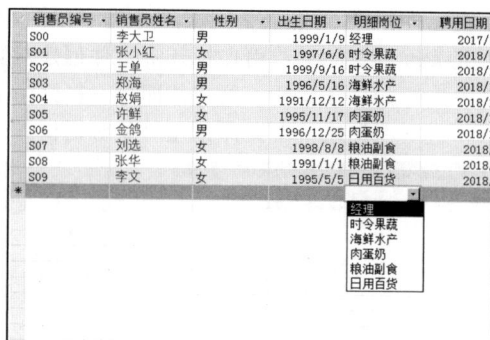

图 5-16　查阅列表字段的下拉列表

（6）附件型字段数据的输入

如果要将一个或多个 BMP 文件、Excel 文件、Word 文件、PPT 文件及其他类型的二进制文件插入数据表的字段中，则可以在数据表中创建一个附件型字段。

例如，如图 5-17 所示的数据表包含"销售员编号""销售员姓名"和"个人档案"3 个字段，其中"个人档案"是附件型的字段。因为数据表中所有销售员的附件型字段都没有插入数据，所以各个销售员记录的"个人档案"字段的值都用图标 @(0) 表示。

如果在销售员 S00 的"个人档案"字段中添加 3 个文件，那么该记录的"个人档案"字段的图标会自动修改为 @(3) ，如图 5-18 所示。在附件型字段中每添加或删除一个文件，附件型字段的图标就会发生变化，以表示该字段中所插入的附件文件数的增加或减少。

在附件型字段中添加附件文件的步骤如下。

Step1：打开 Seller 表的数据表视图，选择要插入附件文件的附件型字段。

销售员编号	销售员姓名	⫏
S00	李大卫	⫏(0)
S01	张小红	⫏(0)
S02	王单	⫏(0)
S03	郑海	⫏(0)
S04	赵娟	⫏(0)
S05	许鲜	⫏(0)
S06	金鸽	⫏(0)
S07	刘选	⫏(0)
S08	张华	⫏(0)
S09	李文	⫏(0)
*		⫏(0)

销售员编号	销售员姓名	⫏
S00	李大卫	⫏(3)
S01	张小红	⫏(0)
S02	王单	⫏(0)
S03	郑海	⫏(0)
S04	赵娟	⫏(0)
S05	许鲜	⫏(0)
S06	金鸽	⫏(0)
S07	刘选	⫏(0)
S08	张华	⫏(0)
S09	李文	⫏(0)
*		⫏(0)

图 5-17 没有插入文件的附件型字段图标　　　图 5-18 已经插入文件的附件型字段图标

Step2：在要插入附件文件的附件型字段空间中右击，打开如图 5-19 所示的快捷菜单，在快捷菜单中选择"管理附件"命令，打开如图 5-20 所示的"附件"对话框。

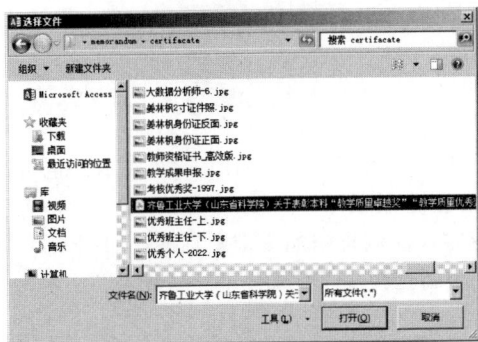

Step3：单击"附件"对话框中的"添加"按钮，打开"选择文件"对话框，如图 5-21 所示。

Step4：基于"选择文件"对话框将用户选择的文件添加到"附件"对话框中。

Step5：单击"附件"对话框中的"确定"按钮，即可完成在附件型字段中添加文件的操作。

插入附件型字段中的文件可以进行查看和编辑。双击附件型字段的图标，即可打开如图 5-22 所示的"附件"对话框。在"附件"对话框中，用户可以添加或删除附件文件，也可以打开附件文件进行查看，还可以将选定的附件文件保存到指定的文件夹中。

对于附件型的字段，尽管可以添加多个文件，但是随着文件的增多，数据库会迅速膨胀。因此，在数据表中使用附件型字段时，应该权衡利弊，仅在利大于弊时使用。

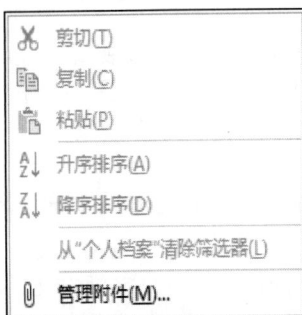

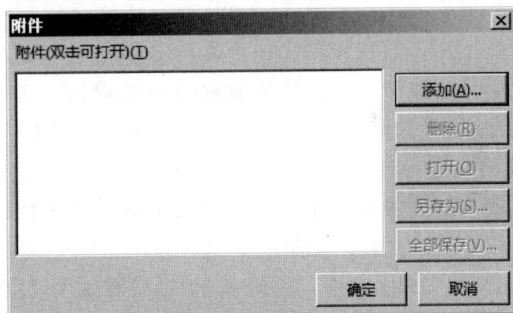

图 5-19 快捷菜单　　　图 5-20 "附件"对话框

图 5-21 "选择文件"对话框　　　图 5-22 已经插入文件的"附件"对话框

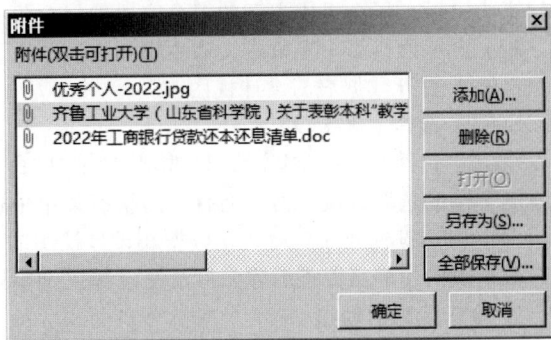

(7) 自动编号型字段的输入

对于自动编号型字段，系统会自动在字段中插入值，用户无须也无法手动输入。每当向数据表中插入一个新记录时，Access 都会自动向自动编号型字段插入一个唯一的整数，这个整数可以是顺序递增的，也可以是随机数。

对于顺序递增的自动编号型字段，其值是一直增加的，每当插入一个新记录时，该记录自动编号型字段的值会在前面记录字段值的基础上加 1 或其他递增值。

自动编号型字段的值一旦插入就不能修改了。当数据表中发生记录的删除操作时，顺序递增的自动编号型字段的编号值就不连续了。如果想让自动编号型字段的值重新连续编号，则可以执行以下操作：删除数据表中原来的自动编号型字段；对数据库进行压缩和修复；在数据表中插入新的顺序递增的自动编号型字段。

> **注意** 一个数据表中只能创建一个自动编号型字段。自动编号型字段的初始值和递增值默认都是 1。基于 SQL 命令可以修改自动编号型字段的初始值和递增值，命令格式如下：Alter TABLE 表名称 Alter COLUMN 自动编号型字段名称 COUNTER（初始值，递增值）。

5.2.2 表内约束的创建

数据表的约束分为表内约束和表间约束。前面学习了数据表结构的定义，本小节学习表内约束的定义，表间约束将在 5.2.5 小节中学习。

就关系数据库理论而言，表内约束包括实体完整性约束和域完整性约束。Access 定义表内约束的方法主要有两种：第一种方法是定义数据表的主键，实现数据表的实体完整性约束；第二种方法是定义数据表的验证规则，实现数据表的域完整性约束。

除此之外，Access 还支持用户定义字段的输入约束和显示约束，以屏蔽表结构对用户操作的困扰，提高用户的使用体验，并使数据表的数据输入规范、显示美观、布局统一。上述约束实际上是特殊的域完整性约束，它们大多与用户的输入输出有关，这里统称其为界面约束。

1. 主键的创建

Access 既支持用户将一个字段定义为主键，又支持用户将多个字段定义为主键。前者称为单主键，后者称为复合主键。如果一个字段是主键或主键的一部分，则该字段称为主键字段。例如，在 ProductOfSalesOrder 表中，主键基于"销售单编号"和"商品编号"这两个字段定义，因此"销售单编号"和"商品编号"这两个字段都是主键。

如果将一个字段定义为主键，那么该主键的值必须是唯一的，且不能是空值；如果将多个字段定义为主键，那么组成主键的多个字段的组合值必须是唯一的，且不能是空值。

将一个字段或多个字段定义为主键的方法如下。

Step1：打开数据表的设计视图。

Step2：选择主键字段

Step3：选择"表格工具｜设计"选项卡"工具"命令组中的"主键"命令，如图 5-23 所示。也可以在主键字段的选取区域右击，在打开的快捷菜单中选择"主键"命令。

Step4：主键创建成功后，在数据表设计视图的主键字段左侧将添加主键图标，如图 5-24 所示。数据表的主键可以被删除，方法是选择主键字段，重新选择"主键"命令。

2. 验证规则的创建

在 Access 中，验证规则包括字段和记录两个层面。字段层面的验证规则仅对数据表的某一个字段实施约束规则检查；而记录层面的验证规则负责对数据表中的两个或两个以上的字段实施约束规则检查。验证规则的创建既可以使用数据表的设计视图，又可以使用数据表的数据表视图。

由于基于设计视图创建验证规则更灵活，因此下面基于数据表的设计视图创建验证规则。

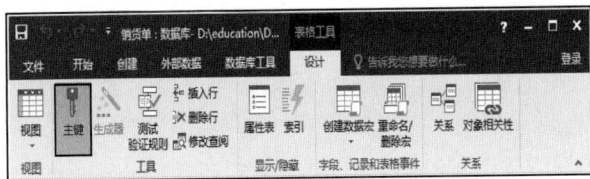

图 5-23 "主键"命令

图 5-24 "销售单编号"和"商品编号"
字段的主键图标

（1）字段层面的验证规则

字段层面的验证规则基于"字段属性"选项组的"验证规则"文本框和"验证文本"文本框进行定义。"验证规则"的定义实际上就是设置一个条件，对用户输入该字段的数据进行检查，只有满足设定条件的数据才能被 Access 接收并存储到该字段中。"验证文本"是用户定义的警示信息，当用户在字段中的输入不满足字段的"验证规则"时，Access 将打开提示对话框并显示"验证文本"。

例如，为保证 Seller 表的"性别"字段的数据只能是"男"或"女"，可以在"性别"字段的"验证规则"文本框中输入下列条件表达式：［性别］="男" or ［性别］="女"。如果上述"性别"字段的"验证

规则"设置成功，那么当用户在"性别"字段中输入"楠"时，Access 经验证会发现"楠"不满足"性别"字段的验证规则，于是会打开提示对话框。提示对话框中提示的信息可以采用默认

图 5-25 默认的提示信息

值，也可以自定义。自定义提示信息的方法是在该字段的"验证文本"文本框中输入提示信息。如果用户没有自定义提示信息，那么 Access 将采用默认信息提示用户。默认的提示信息对话框如图 5-25 所示，该提示信息与用户定义的验证规则密切相关。

【例 5-4】为 Product 表的"价格"字段定义一个验证规则，确保"价格"字段可输入和接受的数据区间是(0，10000)，当用户输入的数据位于(0，10000)之外时，Access 将提示用户"您的输入非法，价格必须大于 0 且小于 10000"。

【说明】根据题意，本例需要设定一个验证规则和一个验证文本。验证规则一般用条件表达式表示，本例设定为 $0<[价格]$ And $[价格]<10000$；验证文本一般用文本字符串表示，本例设定为"您的输入非法，价格必须大于 0 且小于 10000"。当用户的输入满足验证规则时，用户的输入被 Access 接收；否则用户的输入将被视为非法数据，不予接收并打开提示对话框，通知用户"您的输入非法，价格必须大于 0 且小于 10000"。

本例设定验证规则的方法和步骤如下。

Step1：打开"商品销售信息"数据库，在导航窗格中右击 Product 表，在打开的快捷菜单中选择"设计视图"命令，打开 Product 表的设计视图。

Step2：在设计视图中，选择"价格"字段。

Step3：在"价格"字段"字段属性"选项组的"验证规则"文本框中输入"$0<[价格]$ And $[价格]<$ 10000；在"验证文本"文本框中输入"您的输入非法，价格必须大于 0 且小于 10000"，如图 5-26 所示。

Step4：单击快速访问工具栏中的"保存"按钮，保存验证规则和验证文本的定义。

Step5：测试验证规则和验证文本的有效性。切换到 Product 表的数据表视图，在"价格"字段的编辑区中输入 99999 后，单击数据表视图的其他区域，此时，Access 打开如图 5-27 所示的提示对话框。

Step 6：单击"确定"按钮，返回数据表的数据表视图，继续其余操作或关闭数据表。

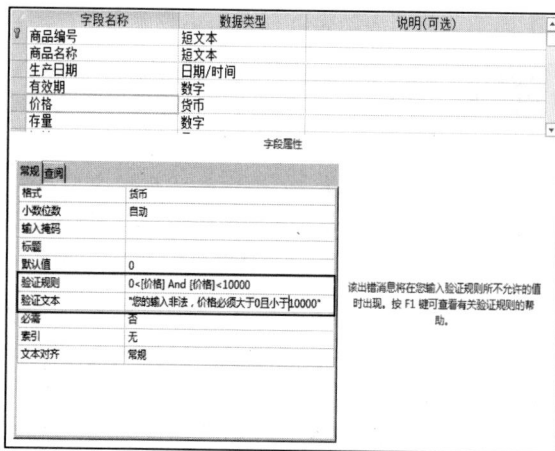

图 5-26　设置"价格"字段的验证规则和验证文本

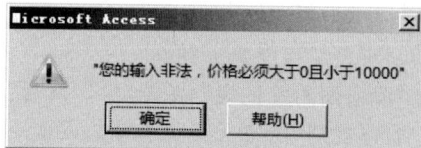

图 5-27　基于用户自定义的"验证文本"
显示提示信息

如果定义验证规则的条件表达式比较复杂，则可以单击"验证规则"文本框右侧的"表达式生成器"按钮，打开"表达式生成器"对话框来定义条件表达式。

（2）记录层面的验证规则

记录层面的验证规则基于"属性表"窗格中的"验证规则"文本框和"验证文本"文本框进行定义。切换到数据表的设计视图，选择"表格工具｜设计"选项卡的"显示/隐藏"命令组中的"属性表"命令，即可打开图 5-28 所示的"属性表"窗格。

在"属性表"窗格中定义记录层面的验证规则就是在该窗格的"验证规则"文本框和"验证文本"文本框中定义一个条件表达式和一个文本字符串，定义方法与字段层面的验证规则类似。

【例 5-5】为 Seller 表定义一条记录层面的验证规则。该规则的验证表达式是"［聘用日期］＞［出生日期］"该规则的提示信息是"输入错误！聘用日期必须大于出生日期！"。

【说明】根据题意，本例需要基于"属性表"窗格给 Seller 表的"聘用日期"和"出生日期"两个字段定义一个验证规则和一个验证文本。验证规则是"［聘用日期］＞［出生日期］"。验证文本是"输入错误！聘用日期必须大于出生日期！"。验证规则和验证文本的定义如图 5-29 所示。

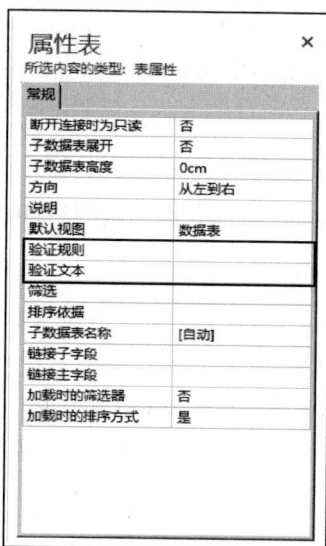

图 5-28　"属性表"窗格

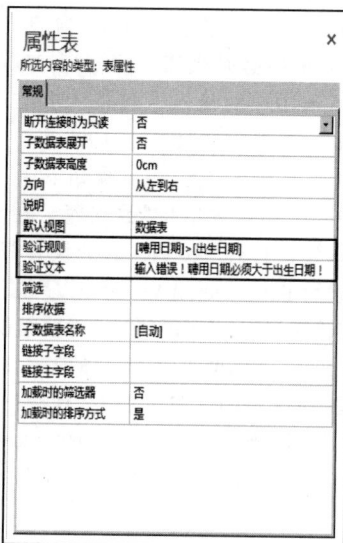

图 5-29　例 5-5 验证规则和验证文本的定义

3. 界面约束的创建

除了支持关系数据库理论范畴的主键、验证规则、默认值等约束规则外，Access 还支持用户创建理论范畴之外的某些约束规则，主要包括定义字段的输入约束和显示约束，本书统称其为界面约束。Access 支持的界面约束有字段的界面标题、显示格式、输入掩码、小数位数、默认值、是否必需和输入法模式为空值等。它们用来屏蔽数据表结构对用户的操作困扰，规范和方便用户输入数据。

(1) 定义字段的界面标题

字段的"标题"是字段在界面中显示的标签。在数据表的数据表视图中，标题是字段在数据表视图列标题处显示的标签。如果没有设置字段标题，那么字段标题默认是字段名称。

为兼容各类程序对数据表字段的访问，数据表的字段名一般采用英文缩略词。对最终用户来说，基于英文缩略词的字段名语义不清晰。为了兼顾程序和用户需求，可以为字段设置标题属性。

注意：字段标题不是字段名称，程序不能用字段标题访问数据表字段。

(2) 定义字段的显示格式

字段的"格式"属性可以在不改变字段内部存储的前提下，改变字段数据在界面中的显示格式，从而使数据表数据的输出有一定的规范，方便用户的浏览和使用。字段的显示格式用"格式"属性定义，不同的数据类型有不同的"格式"属性和"格式"设置方法。

注意：格式设置只改变数据输出的样式，对数据的输入没有影响，也不影响数据的存储格式。若要让数据按输入时的格式显示，则不要设置"格式"属性。

① 定义文本型字段的显示格式。文本型字段的"格式"属性可以通过格式符号串来定义。格式符号串由一个或多个格式控制符号组成，每个格式控制符号可以作为占位符，也可以作为分隔符。表 5-7 列出了文本型字段的格式控制符号。

表 5-7　文本型字段的格式控制符号

符号	说明
@	该位置显示一个字符；不足规定长度时，自动在数据前补空格，右对齐
&	该位置显示一个字符；不足规定长度时，自动在数据后补空格，左对齐
<	强制将所有字符转换为小写，一般在格式字符串的开头使用此字符
>	强制将所有字符转换为大写，一般在格式字符串的开头使用此字符
—	该符号一般充当分隔符使用，该位置显示一个分隔符
"文字文本"	显示使用双引号括起来的任何文字文本，与转义符号的功能类同
\	强制显示该符号后面紧跟的字符，与使用双引号括起的字符相同
!	强制从左到右填充占位符字符，必须在任何格式字符串的开头使用此字符

格式符号串包括三部分：第一部分指定文本字段不是空串和空值时的显示格式；第二部分指定文本字段是空串时的显示格式；第三部分指定文本字段是空值时的显示格式。如果格式符号串只定义了前两部分，那么第二部分定义的格式符号串既适用于空字符串，又适用于空值。

【例 5-6】某个文本型字段的格式符号串设置为 @；"None"；"Unknown"，请说明这个文本型字段在数据表的数据表视图中如何显示？

【说明】因为文本型字段的格式符号串设置为 @；"None"；"Unknown"，所以当文本型字段是空字符串时，该字段在数据表视图中显示 None；当文本型字段是空值时，该字段显示 Unknown；如果不是上述两种情况，那么该字段在数据表视图中显示文本型字段的文字文本。

为进一步说明格式符号串的使用方法，表 5-8 给出了更多的应用示例。

表 5-8　文本型字段的格式符号串应用示例

格式符号串	文本型字段的值	文本型字段值的显示
	任何文本	显示字段的文本值
@;"未知"	NULL	未知
"S"@@@@@@@@@	1	S　　1
"S"@@@@@@@@@	19	S　　19
\ S@@@@@@@@@	1	S　　1
\ S@@@@@@@@@	19	S　　19
"S"@@@@@@@@@	123456789	S123456789
\ S@@@@@@@@@	123456789	S123456789
@@@—@@—@@@@	165017799	165-01-7799
@@@—@@—@@@@	5017799	5-01-7799
@@@@@@@@@	165-01-3799	165-01-3799
@@@@@@@@@	165017799	165017799
@@@@@@@@@	5017799	5017799
&&&-&&-&&&&	165017799	165-01-7799
&&&-&&-&&&&	5017799	5-01-7799
&&&&&&&&&	165-01-99	165-01-99
&&&&&&&&&	165017799	165017799
&&&&&&&&&	5017799	5017799
<	linfeng	linfeng
<	LINFENG	linfeng
>	linfeng	LINFENG

　　【例 5-7】对 Seller 表中"邮箱"字段的显示格式进行设置，使得 Seller 表"邮箱"字段的数据在数据表视图中全部显示为大写字符。

　　【说明】Seller 表"邮箱"字段显示格式的设置方法和步骤如下。

　　Step1：启动 Access，打开"商品销售信息"数据库。

　　Step2：右击导航窗格中的 Seller 表，在打开的快捷菜单中选择"设计视图"命令。

　　Step3：在 Seller 表的设计视图中，选择"邮箱"字段所在的行，在该字段"字段属性"选项组中，选择"常规"选项卡，在"格式"文本框中输入">"，如图 5-30 所示。

　　Step4：切换到 Seller 表的数据表视图，Seller 表中"邮箱"字段的数据显示格式如图 5-31 所示。可以发现，"邮箱"字段的所有数据均以大写字符方式显示。

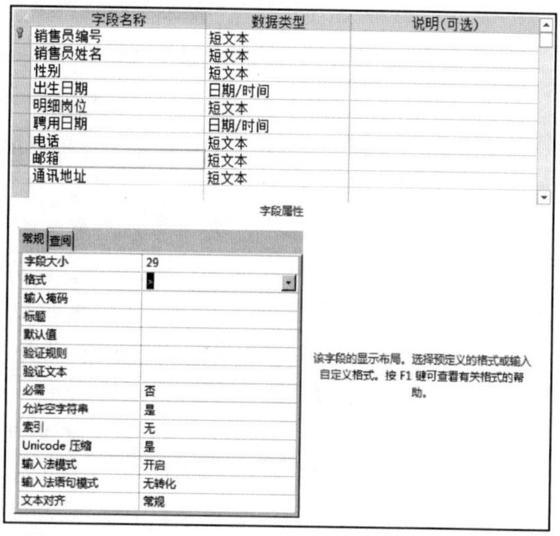

　　②定义数字型和货币型字段的显示格式。对于数字型和货币型字段，用户既可以基于系统预定义的格式直接设置字段的显示格式，又

图 5-30　设置 Seller 表的"邮箱"字段的显示格式

销售员编号	销售员姓名	性别	出生日期	明细岗位	聘用日期	电话	邮箱	通讯地址
S00	李大卫	男	1999/1/9	经理	2017/12/1	19999999999	SBO@QLU.COM	景山路516号
S01	张小红	女	1997/6/6	时令果蔬	2018/12/1	15588816831	ZHSHG@QLU.COM	信息学院路6号
S02	王单	男	1999/9/16	时令果蔬	2018/12/1	18105318732	WSHO@QLU.COM	金融学院路9号
S03	郑海	男	1996/5/16	海鲜水产	2018/11/1	18766166311	ZHHX@QLU.COM	大数据小区119号
S04	赵娟	女	1991/12/12	海鲜水产	2018/11/1	18573211233	ZHSHO@QLU.COM	黄河大街789号
S05	许鲜	女	1995/11/17	肉蛋奶	2018/10/1	16666666666	XXR@QLU.COM	管理学院路78号
S06	金鸽	男	1996/12/25	肉蛋奶	2018/10/1	13333333333	JGZ@QLU.COM	风华路110号
S07	刘选	女	1998/8/8	粮油副食	2018/9/1	15588876321	LXX@QLU.COM	泰山小街119号
S08	张华	女	1991/1/1	粮油副食	2018/9/1	15505312796	ZHQE@QLU.COM	清水河路7711号
S09	李文	女	1995/5/5	日用百货	2018/7/1	18766166319	LRH@QLU.COM	智能公社6789号

图 5-31　Seller 表中"邮箱"字段的数据的显示格式

可以基于格式符号串自定义字段的显示格式。限于篇幅，本书只介绍系统预定义的显示格式。

系统预定义的数字型和货币型字段的显示格式有"常规数字""货币""欧元""固定""标准""百分比""科学记数"7 种，如表 5-9 所示。

表 5-9　数字型和货币型字段的预定义格式

格式名称	说明
常规数字	3456.789
货币	￥3，457
欧元	€3，456.79
固定	3456.79
标准	3，456.79
百分比	123.00%
科学记数	3.46E＋03

③定义日期/时间型字段的显示格式。对于日期/时间型字段，用户既可以基于系统预定义的格式直接设置字段的显示格式，又可以基于格式符号串自定义字段的显示格式。限于篇幅，本书只介绍系统预定义的显示格式。

系统预定义的日期/时间型字段的显示格式与控制面板中区域和语言的设置有密切关系。如果区域和语言设置为"中文(简体，中国)"，那么预定义显示格式有"常规日期""长日期""中日期""短日期""长时间""中时间""短时间"7 种，如表 5-10 所示。

表 5-10　日期/时间型字段的预定义格式

格式名称	说明
常规日期	2023/11/12 17：34：23
长日期	2023 年 11 月 12 日
中日期	23-11-12
短日期	2023/11/12
长时间	17：34：23
中时间	5：34 下午
短时间	17：34

④定义逻辑型字段的显示格式。对于逻辑型字段，用户既可以基于系统预定义的格式直接设置字段的显示格式，又可以基于格式符号串自定义字段的显示格式。限于篇幅，本书只介绍系统预定义的显示格式。

逻辑型字段的显示格式有"真/假""是/否""开/关"3 种，如表 5-11 所示。

表 5-11　逻辑型字段的预定义格式

格式名称	说明
真/假	True
是/否	Yes
开/关	On

(3)定义字段的输入掩码

字段的输入掩码主要用来设置字段的数据输入格式，可以限制不符合规格的数据输入字段中。输入掩码尤其适用于具有固定数据模式的字段。例如，对于"邮政编码"字段，通过设置相应的输入掩码属性，可以使用户为该字段输入数据时既保证字段内容是数字，又保证数据长度固定为6位。数据模式固定的字段有电话号码、日期、邮政编码、身份证号码、员工编码等。

字段的输入掩码是基于输入掩码字符串来定义的。用户可以在字段的"输入掩码"文本框中直接输入掩码字符串来定义该字段的输入掩码属性。输入掩码符号如表5-12所示。

表 5-12　输入掩码符号

符号	说明
0	必须输入数字(0~9)，不允许使用加号和减号
9	可以选择输入数字(0~9)或空格，不允许使用加号和减号
♯	可以选择输入数字(0~9)或空格，允许使用加号和减号
L	必须输入字母(A~Z，a~z)
?	可以选择输入字母或数字
A	必须在该位置输入一个字母或数字
a	可以在该位置选择输入一个字母或数字
&	必须输入任意字符或一个空格
C	可以选择输入任意一个字符或一个空格
.	小数分隔符
,	千位分隔符
:; －/	日期和时间分隔符
<	将其后全部字符转换为小写
>	将其后全部字符转换为大写
密码	输入的字符显示为"＊"，其个数与输入字符的个数一致

Access提供了两种设定字段输入掩码的方法：一种是基于表5-12的符号自行定义字段的输入掩码字符串，另一种是基于系统预定义的输入掩码模板定义字段的输入掩码。

对于一些格式不规范的数据或者格式个性化很强的数据，基于输入掩码字符串自定义字段的输入掩码的效果比较好。

例如，如果用户要求"手机号码"字段的输入数据必须是11个数字，且这11个数字用分隔符分割，形如×××-××××-××××，则该字段的输入格式可以基于下列输入掩码字符串来实现：999-9999-9999。

对于一些格式规范的数据，如邮政编码、身份证号码和日期等，基于系统预定义的输入掩码模板定义字段的输入掩码的效率特别高。

【例5-8】基于系统预定义的输入掩码模板，定义Customer表"邮政编码"字段的输入掩码，保证该字段的数据必须是6位，且6个字符必须是数字。

【分析】由于Customer表的"邮政编码"字段的格式是规范的，因此可以直接基于系统预定义的输入掩码模板定义该字段的输入属性。具体方法和步骤如下。

Step1：打开Customer表的设计视图，选择"邮政编码"字段，在"字段属性"选项组中单击"输入掩码"文本框右侧的按钮，打开如图5-32所示的"输入掩码向导"对话框。

Step2：在"输入掩码向导"对话框的输入掩码模板列表框中，选择"邮政编码"选项，其他内容保持系统默认，单击"完成"按钮，即可得到如图5-33所示的系统预定义的"邮政编码"字段的输入掩码属性值。

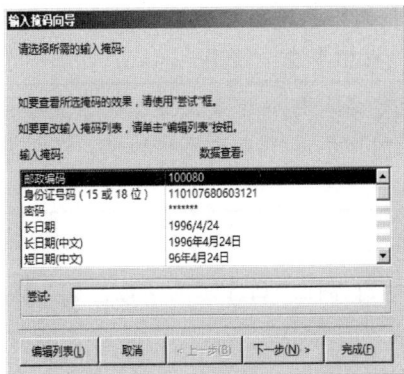

图 5-32 "输入掩码向导"对话框

图 5-33 系统预定义的"邮政编码"字段的输入掩码属性值

Step3：单击快速访问工具栏中的"保存"按钮，保存输入掩码的定义。

【说明】如图 5-33 所示，字段输入掩码属性值由 3 部分组成，其完整格式为"掩码字符串；存储方式；占位符"。其中，"掩码字符串"是由表 5-12 中的符号定义的符号串；"存储方式"用空、0、1 表示，1 或者空表示部分存储方式，即系统只保存用户输入的字符数据，0 表示完整保存方式，即系统既保存用户输入的字符数据，又保存掩码字符串中的分隔符；"占位符"显示在字段的输入区域，提示用户该字段预期包含的字符个数。尽管输入掩码表达式包括 3 部分，但通常只设置掩码字符串，后面取系统默认值。

【例 5-9】基于输入掩码格式符，定义 Product 表的"商品编号"字段的输入掩码，保证数据必须是 6 位，且首字符必须是字母，其余 5 个字符必须是数字。

【分析】由于 Product 表的"商品编号"字段的格式是不规范的，因此基于系统预定义的输入掩码模板无法实现"商品编号"字段的输入掩码属性。基于输入掩码格式符，定义 Product 表的"商品编号"字段的输入掩码的方法和步骤如下。

Step1：使用设计视图打开 Product 表。选择"商品编号"字段，在该字段的"字段属性"选项组中，单击"输入掩码"文本框右侧的按钮，打开"输入掩码向导"对话框。

Step2：在"输入掩码向导"对话框中，保持系统默认，单击"下一步"按钮。

Step3：在新打开的"输入掩码向导"对话框的"输入掩码"文本框中输入"L00000"，在"占位符"下拉列表中选择空字符""，如图 5-34 所示。输入完成后，单击"下一步"按钮。

Step4：在新打开的"输入掩码向导"对话框中保持系统默认，单击"完成"按钮，"输入掩码向导"对话框关闭，返回设计视图，"输入掩码"文本框中的表达式如图 5-35 所示。

Step5：单击快速访问工具栏中的"保存"按钮，保存输入掩码的定义。

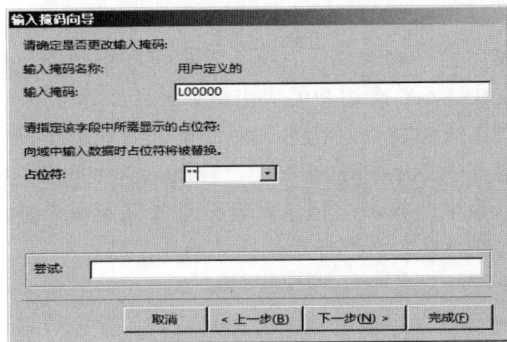

图 5-34 "输入掩码向导"对话框

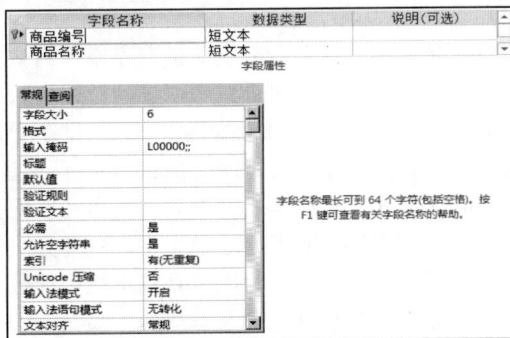

图 5-35 设置输入掩码属性值

【说明】对于高级用户，可以在"商品编号"字段的"输入掩码"文本框中直接输入该字段的输入掩码属性值"L00000;;"。该属性的值包括三部分：第一部分是掩码字符串"L00000"；第二部分是存储方式，这里为空，取部分存储方式；第三部分是占位符，这里取空字符串。

> **注意**　如果某个字段既设置了格式约束，又设置了输入掩码约束，那么，在显示该字段的值时，会忽略输入掩码约束，因为格式约束优先于输入掩码约束。若要让字段按输入时的格式显示，则不要设置格式约束。

(4)定义字段显示的小数位数

小数位数约束主要用于定义数字型字段和货币型字段在用户界面中所显示的小数位数。该约束仅仅影响字段数据的显示方式，对字段存储和计算时的精度没有影响。

(5)定义字段的默认值

字段的默认值是在数据表中插入新记录时，自动出现在字段输入界面中的值。如果数据表中每一个记录在一个字段中的数据内容完全相同或者部分相同，则应该将频繁出现的数据内容设置为该字段的默认值。默认值的设置可以减少用户输入数据时的重复操作。

(6)定义字段是否必需

字段的必需约束用来限定字段值是否可以为空值。字段是否允许为空可以基于"字段属性"选项组中的"必需"列表框选择。"必需"列表框中只有"是"或"否"两个选项，如果字段的必需约束为"是"，那么当在该字段获得输入焦点时，其值必须输入，不允许为空。

(7)定义字段的输入法模式

输入法模式约束用于文本型字段。设置字段的输入法模式时，可以基于"字段属性"选项组中"输入法模式"列表框进行设置。输入法模式列表框中包括"随意""开启"以及"关闭"等多个选项。如果字段的输入法模式为"开启"，那么在字段获得输入焦点时，会自动切换到中文输入模式；如果输入法模式为"关闭"，那么在字段获得输入焦点时，会自动切换到英文输入模式；如果输入法模式为"随意"，那么在字段获得输入焦点时，会保留焦点切换之前的输入模式。

5.2.3　表索引的创建

索引也是数据表物理模式的一部分，它定义了数据表的读取方法。用户可以根据需要在数据表中建立一个或多个索引，从而提供多种记录的存取路径，以提高记录在不同路径中的查找速度。下面介绍索引的应用背景、基本概念、基本类型和创建方法等。

1. 表索引

索引是使数据表中的数据记录逻辑有序的方法和技术，基于索引进行检索可以大大提高数据表的数据检索速度。下面介绍索引的应用背景和基本概念。

(1)索引的应用背景

通常情况下，记录会按照随机顺序添加到数据表中。一般来说，数据表中记录的自然顺序就是记录插入的顺序。按照自然顺序排列记录的数据表往往不符合用户的应用需求。

例如，如果用户以"商品名称"作为关键字查询数据表中的商品信息，而数据表中的记录没有按照"商品名称"字段进行排序，那么Access只能采用数据表扫描的方法进行查询，也就是按照数据表中记录的自然顺序从上到下逐个搜索和匹配数据表中的每一个记录，直至查找到与用户查询的"商品名称"字段相匹配的记录为止。这种方法的速度很慢，必然导致用户体验非常差。

采用数据表扫描方法的原因是数据表中的数据没有按照检索关键字进行排序。如果数据表中的记录是基于用户检索关键字有序的，那么DBMS就可以采用快速检索的方法，从而摆脱数据表扫描方法的束缚，提高用户的查询速度。

那么怎样才能够使数据表记录基于某一关键字有序呢？DBMS给出了多种解决方法，其中索引是使用最广泛的方法之一。

（2）索引的基本概念

大家一定很熟悉《新华字典》中的索引，它是字典正文内容之前的一个独立信息结构。基于字典的索引，大家可以快速地得到每一个字在正文中的页码。

就结构和作用而言，数据库技术中的索引与《新华字典》中的索引是类似的。数据表的索引至少包括用户的搜索关键字以及包含该搜索关键字的数据表记录的地址。索引中的搜索关键字又称为索引关键字，也称为搜索码。包含某搜索关键字的数据表记录的地址也称为该记录的索引指针。也就是说，最简单的索引包括索引关键字和索引指针两部分。索引关键字是基于数据表的一个字段或一组字段（称为索引字段）创建的，因此索引关键字的值与数据表的索引字段的值是一致的。需要特别指出的是，由于索引字段是数据表中的一个字段或多个字段的组合，因此索引关键字的值可能是数据表中一个索引字段的值，也可能是数据表中多个索引字段的组合值。索引指针是索引结构中的另一项重要信息，它的值与数据表记录的存储地址是一致的。

索引的这种结构使得用户可以基于索引字段值快速得到与索引字段值相匹配的数据记录的存储地址，从而快速定位和获得该数据记录的信息。另外，由于索引自身是按照索引关键字进行有序组织的，因此每一个索引实际上是基准数据表记录的一个排序映射，基于索引可以使得基准数据表记录在逻辑上按照索引关键字有序。DBMS 支持为一个数据表创建多个索引，不同的索引对应不同的排序映射。

2. 表索引的基本类型

尽管不同 DBMS 所支持的索引类型不同，但基本划分原则是相似的。在 Access 中，有两种划分表索引类型的原则：一种是按索引字段的个数进行划分；另一种是按索引字段值是否允许重复进行划分。

（1）根据索引字段的个数划分索引类型

数据表的索引是基于数据表的一个或多个字段来创建的。建立索引所依靠的数据表字段被称为索引字段。

根据索引中索引字段的个数，Access 将索引类型分为两种：单索引和复合索引。单索引只包含一个索引字段，又称为单字段索引；复合索引包含多个索引字段，又称为多字段索引。

（2）根据索引字段值是否允许重复划分索引类型

根据索引字段是否允许重复，Access 将索引分为 3 种类型：普通索引、唯一索引、主索引。普通索引的索引字段允许有重复值，而唯一索引和主索引的索引字段不允许有重复值。

主索引是一种特殊的唯一索引。对于索引字段而言，唯一索引中的索引字段可以取空值，而主索引的索引字段不能为空值。一个数据表只能创建一个主索引，但可以创建多个唯一索引。

对于一个数据表而言，主索引是必须创建的，它既可以提高查询速度，又可以实施数据表的实体完整性；普通索引和唯一索引要根据用户需求来创建，没有需求可以不创建。普通索引主要用来满足用户的查询性能需求，而唯一索引既能满足用户的查询性能需求，又能满足用户的数据唯一性约束需求。

> 在 Access 中，主索引和主键是等价的。用户一旦定义了主键，系统就会基于主键字段建立主索引，反之，用户一旦建立主索引，系统就会基于相应的索引字段建立主键。另外，Access 是基于唯一索引定义数据表的候选键（唯一键）的。

3. 表索引的创建方法

表索引的创建既可以使用 SQL 命令，又可以使用表设计器。基于表设计器创建表索引的方法通常有两种：一种是基于数据表设计视图的"字段属性"选项组中的"索引"列表框进行创建；另一种是基于数据表设计视图的索引对话框进行创建。另外，基于数据表的数据表视图也可以创建索引，但由于数据表视图创建索引的能力不足，因此这里默认基于设计视图创建索引。

（1）基于"索引"列表框创建索引

基于"索引"列表框创建索引的方法如下。

Step1：打开数据表的设计视图。

Step2：选择一个字段作为当前字段，即单击该字段的"字段名称"框或者"数据类型"框。

Step3：如图5-36所示，在"字段属性"选项组的"索引"列表框中指定当前字段的索引类型。

①选择"无"选项，表示该字段不建立索引。

②选择"有（有重复）"选项，表示该字段建立普通索引。

③选择"有（无重复）"选项，表示该字段建立唯一索引。

这种方法虽然简单，但存在以下3个问题：该方法只能基于当前字段定义单字段索引；该方法创建的索引名称及排序方向都是默认的，在列表框中无法选择；该方法无法建立主索引。

（2）基于索引对话框创建索引

基于索引对话框创建索引的方法如下。

Step1：打开数据表的设计视图。

Step2：选择"表格工具｜设计"选项卡"显示/隐藏"命令组中的"索引"命令，打开如图5-37所示的"索引"对话框。

Step3：在索引对话框中定义索引名称、字段名称及排序次序。

这种方法虽然更复杂，但有3个优点：该方法既可以一次创建一个索引，又可以一次创建多个索引；该方法既可以创建单字段索引，又可以创建多字段索引；该方法既可以创建普通索引、唯一索引，又可以创建主索引。

另外，与"索引"列表框相比，基于索引对话框创建索引时，用户可以个性化地定义索引名称、索引字段及排序次序。因此基于索引对话框创建索引是主要方法。

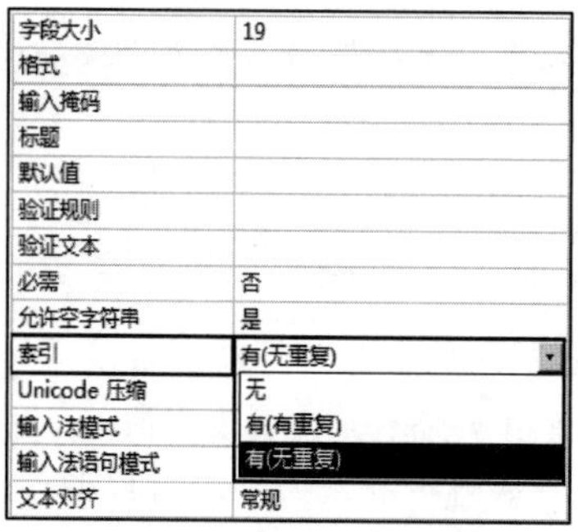

图5-36　"索引"列表框

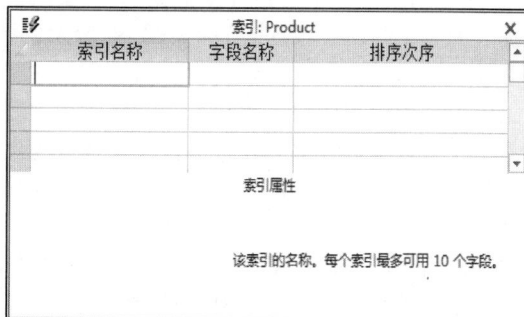

图5-37　索引对话框

4．表索引的正作用和副作用

表索引是一把"双刃剑"，它具有正副两方面的作用。

表索引的正作用：数据表的记录基于索引字段有序；基于索引字段进行查询时，检索速度能显著提高；建立主索引和唯一索引可以实施数据完整性约束。

表索引的副作用：创建索引要花费额外时间，这种时间代价随着数据量的增加而增加；虽然索引加快了检索速度，但减慢了数据更新的速度，这是因为每执行一次数据更新操作，就需要对索引进行重新维护，以更新索引结构；每一个索引要占用一定的物理存储空间。

5．表索引的创建原则

既然表索引既具有正作用，又具有副作用，那么在创建表索引的时候，应该考虑清楚哪些字段需要创建索引，哪些字段不能创建索引。

（1）应该创建索引的场景

一般来说，在以下场景中，应该在相关字段上创建索引。

①在经常需要检索的字段上，索引可以加快检索的速度。

②通过创建唯一索引可以保证数据表中各记录的唯一性。

③在连接的关联字段上创建索引，可以加快连接的速度。

④在分组字段上创建索引，可以显著提高分组查询的速度。

⑤在根据范围进行检索的字段上创建索引，可以显著提高范围查询的速度。

⑥在需要有序化应用的字段上创建索引，可以使数据表基于索引字段逻辑有序。

（2）不应该创建索引的场景

一般来说，在以下场景中，不应该对相关字段创建索引。

①在查询中很少作为检索词的字段上不应该创建索引。

②当修改性能的需求远远大于检索性能的需求时，不应该基于该字段创建索引。

③对于取值个数很少的字段也不应该创建索引，如 Customer 表的"顾客性别"字段。当字段的取值个数很少时，增加索引并不能显著提高检索速度，这是因为索引字段的重复值太多，检索时需要对该数据表中的记录进行大比例的搜索。

6. 表索引的创建示例

下面通过两个示例详细介绍单索引和复合索引的创建方法。

（1）单索引的创建

【例 5-10】基于"字段属性"选项组的"索引"列表框为 Product 表的"价格"字段创建单索引，在表设计器的索引对话框中查看该索引的名称、类型和排序次序。

【说明】通过"索引"列表框创建索引，通过"索引"对话框查看索引的方法和步骤如下。

Step1：打开 Product 表的设计视图。

Step2：选择"价格"字段为当前字段。

Step3：单击"字段属性"选项组中的"索引"下拉按钮，在弹出的下拉列表中选择"有（有重复）"选项，如图 5-38 所示；

Step4：选择"表格工具｜设计"选项卡"显示/隐藏"命令组中的"索引"命令，打开如图 5-39 所示的"索引"对话框；

Step5：在"索引"对话框中发现索引名称、索引字段以及排序次序分别为"价格""价格""升序"。

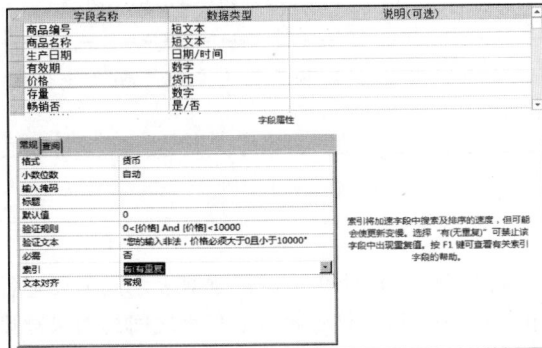

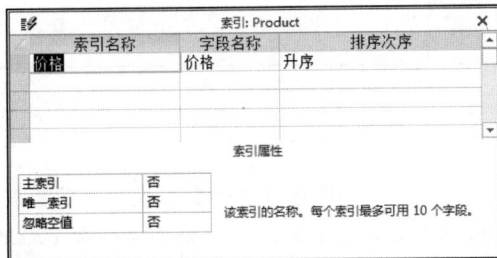

图 5-38　基于"索引"列表框定义"价格"字段的普通索引　图 5-39　基于"索引"对话框查看"价格"字段的索引

【思考】请问：基于"存量"字段创建索引是否科学？

（2）复合索引的创建

【例 5-11】打开 Seller 表的数据表视图，观察记录的先后次序；打开 Seller 表的设计视图，以"性别"升序、"出生日期"降序创建复合索引，索引名为"Seller_xb_csrq"；重新打开 Seller 表的数据表视图，观察记录的先后次序，分析说明索引前后记录次序的变化。

【说明】复合索引可以基于 Seller 表设计视图的"索引"对话框创建，下面给出"Seller_xb_csrq"索引的创建方法和步骤。

Step1：打开 seller 数据表的"设计视图"。

Step2：选择"表格工具｜设计"选项卡"显示/隐藏"命令组中的"索引"命令，如图 5-40 所示。

Step3：打开 Seller 表的"索引"对话框，如图 5-41 所示。

Step4：在图 5-41 所示的"索引"对话框中定义复合索引"Seller_xb_csrq"：在第一行的"索引名称"列、"字段名称"列和"排序次序"列分别选择或输入"Seller_xb_csrq""性别""升序"；在第二行的"字段名称"列和"排序次序"列分别选择或输入"出生日期""降序"。

Step5：单击快速访问工具栏中的"保存"按钮，关闭"索引"对话框，保存索引的定义。

【分析】观察 Seller 表的数据表视图，发现创建索引之前 Seller 表的记录次序如图 5-42 所示，记录是无序的；而创建索引之后 Seller 表的记录次序如图 5-43 所示，记录是基于索引的两个索引字段排序的：先按照"性别"字段升序排列；"性别"字段相同时再按照"出生日期"字段降序排列。

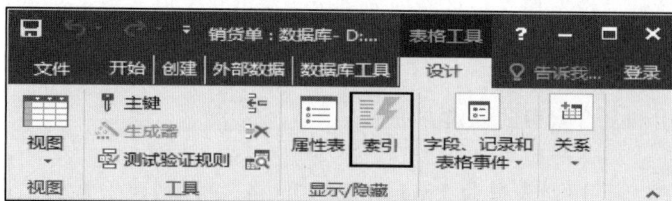

图 5-40 "索引"命令

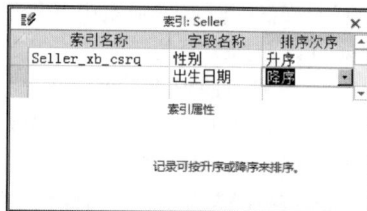

图 5-41 复合索引的定义

图 5-42 创建索引之前 Seller 表的记录次序

图 5-43 创建索引之后 Seller 表的记录次序

> **注意** 复合索引最多可以包括 10 个字段。如果复合索引不是表的主键，那么复合索引中的任何字段都可以为空。

5.2.4 表间联系的创建

数据库中一般包含多个数据表，这些数据表之间往往具有某种联系，且数据表之间需要遵循某些约束规则。那么 Access 是如何在数据表之间建立联系的呢？又是如何定义表之间的约束规则的呢？本小节将介绍表间联系的创建，表间约束的创建将在 5.2.5 小节中介绍。

1. 表间联系的应用背景

前面的内容都是基于一个假定展开的：数据库中只包括孤立的一个数据表。在数据库技术的实际应用中，这个假定成立的概率很低，也就是说，数据库中一般包含多个数据表，且这些数据表都不是完全孤立的，它们之间往往具有某种联系，用户的大多数据需求需要对数据库的各个数据表进行关联查询和协同操作。

如果能够在数据库的各个数据表之间建立一对一或一对多联系，那么数据表之间的关联记录就可以是一对一或一对多联系，从而使得用户在相互联系的数据表之间开展关联查询和协同操作，这样才能充分体现数据库技术的先进性。

例如，每位销售员都有很多次销售业务，每一次销售业务都产生一个销售单，因此 Seller 表和 SalesOrder 表之间存在着一对多联系。如果基于"销售员编号"字段在 Seller 表和 SalesOrder 表之间建立一对多联系，那么可以对这两个表的数据记录进行如下关联查询：当在 Seller 表的数据表视图中选择某一编号的销售员记录时，可以马上在视图中查询到该销售员在 SalesOrder 表中的销售单记录信息；基于某一特定的销售员编号信息，可以查询该销售员的姓名及其所有销售单中的顾客编号信息。

又如，每张销售单上都记录着社区便民超市一次销售业务所销售的一款或多款商品的信息，因此 SalesOrder 表和 ProductOfSalesOrder 表之间存在着一对多联系。如果基于"销售员编号"字段在 SalesOrder 表和 ProductOfSalesOrder 表之间建立一对多联系，那么可以对这两个表的数据记录进行如下协同操作：当删除 SalesOrder 表中某一编号的销售单记录时，ProductOfSalesOrder 数据表中该编号的记录将同步删除；当修改 SalesOrder 表中某销售单记录的销售单编号时，ProductOfSalesOrder 表中编号相同的所有记录的销售单编号将同步修改。

2. 表间联系的创建方法

尽管表间联系有一对一、一对多和多对多 3 种类型，但 Access 只支持一对一和一对多这两种类型联系的建模。鉴于一对一和一对多这两种类型联系的创建方法及技术相似，下面以一对多联系为例介绍表间联系的创建方法和步骤。

【例 5-12】在 Seller 表和 SalesOrder 表之间建立一对多联系，并打开 Seller 表的数据表视图，测试一对多联系的作用。

【说明】在数据表之间建立一对多联系，主要任务有 6 项：确定父表和子表；指定父表和子表之间的关联字段；基于关联字段建立主表的主键；基于关联字段建立子表的普通索引（本项任务为选做）；基于关联字段建立主表和子表之间的联系；打开父表的数据表视图，测试一对多联系的作用。为了完成上述任务，本例的实施步骤如下。

Step1：准备工作。打开"商品销售信息"数据库，观察和分析 Seller 表和 SalesOrder 表的模式，做出下列决策：选择 Seller 表作为父表，选择 SalesOrder 表作为子表，选择"销售员编号"字段作为两个数据表之间的关联字段。

Step2：建立主键和外键。打开 Seller 表的设计视图，基于"销售员编号"字段建立 Seller 表的主键；打开 SalesOrder 表的设计视图，指定"销售员编号"字段不能为空值，最好基于"销售员编号"字段建立普通索引。

Step3：关闭 Seller 表和 SalesOrder 表的所有视图。

Step4：打开数据库的"关系"窗格。选择"数据库工具"选项卡的"关系"命令组中的"关系"命令，打开数据库的"关系"窗格。

Step5：打开"显示表"对话框。选择"设计"选项卡中的"显示表"命令，打开如图 5-44 所示的"显示表"对话框。

Step6：基于"显示表"对话框向"关系"窗格中添加数据表。在"显示表"对话框的"表"选项卡中，选择相应的数据表标识，单击"添加"按钮，即可将数据表添加到"关系"窗格中。也可以双击"显示表"对话框的"表"选项卡中选定的数据表标识，将数据表添加到"关系"窗格中。基于上述方法，本例将 Seller 表和 SalesOrder 表添加到"关系"窗格中，单击"关闭"按钮，完成数据表的添加。建立联系之前的"关系"窗格，如图 5-45 所示。

Step7：基于"销售员编号"关联字段的拖动，打开 Seller 表和 SalesOrder 表间的"编辑关系"对话框。在"关系"窗格中，将鼠标指针移到 Seller 表中的"销售员编号"字段上，按住鼠标左键，将该字段拖动到 SalesOrder 表中的"销售员编号"字段上，松开鼠标左键后，即可打开如图 5-46（a）所示的"编辑关系"对话框。

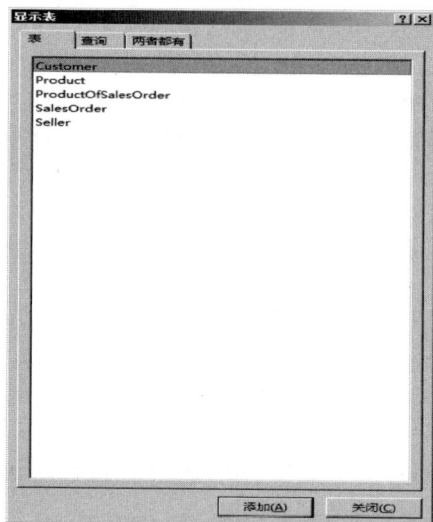

图 5-44 "显示表"对话框

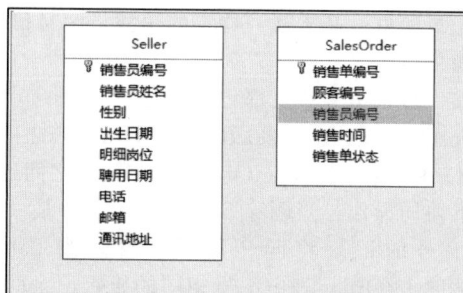

图 5-45 建立联系之前的"关系"窗格

Step8:创建一对多联系。如果在图 5-46(a)"编辑关系"对话框中直接单击"创建"按钮,那么 Seller 表和 SalesOrder 表之间所创建的联系如图 5-47(a)所示。如果在图 5-46(b)"编辑关系"对话框中,勾选"实施参照完整性"复选框,并单击"创建"按钮,那么 Seller 表和 SalesOrder 表之间所创建的联系如图 5-47(b)所示。

Step9:测试数据表之间的联系。保存数据库的一对多联系,并关闭数据库的"关系"窗格。打开 Seller 表的数据表视图,可以发现 Seller 表每个记录的左侧都出现了一个折叠符号"+"。单击记录左侧的"+"按钮,即可显示该记录在 SalesOrder 表中的关联记录,如图 5-48 所示。

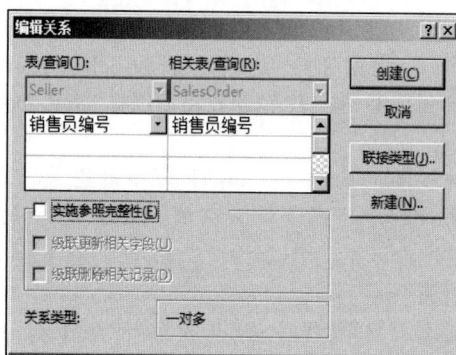

(a)

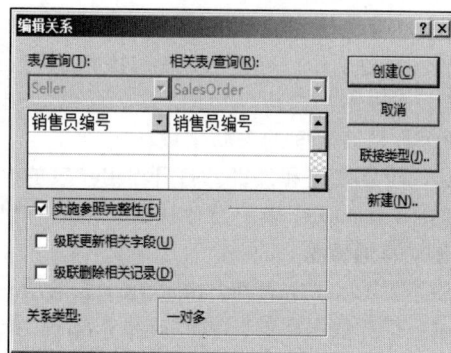

(b)

图 5-46 "编辑关系"对话框

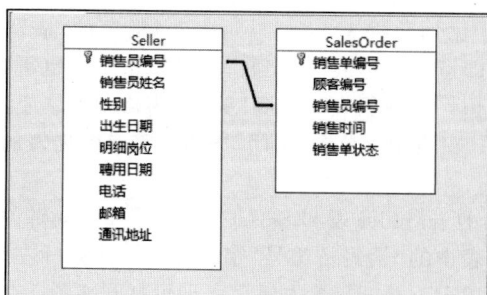

(a)

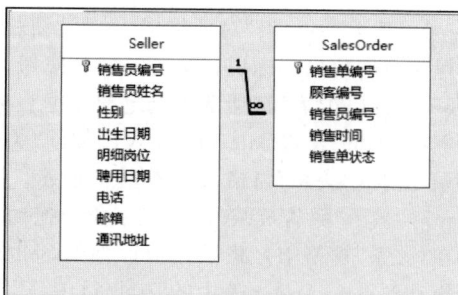

(b)

图 5-47 建立联系之后的"关系"窗格

销售员编号	销售员姓名	性别	出生日期	明细岗位	聘用日期	电话	邮箱	通讯地址	单击
⊞ S00	李大卫	男	1999/1/9	经理	2017/12/1	19999999999	bbg@qlu.com	晋山路516号	
⊟ S01	张小红	女	1997/6/6	时令果蔬	2018/12/1	15588816831	zhshg@qlu.com	信息学院路6号	

销售单编号	顾客编号	销售时间	销售单状态	单击以添加
20190119001	C11010001	2019/1/19 9:16:15	已完成	
20190119002	C11010002	2019/1/19 9:29:19	已完成	
20190120002	C37020001	2019/1/20 9:19:15	已完成	
20190121001	C37010001	2019/1/21 9:36:20	已撤单	
20190121002	C37020001	2019/1/21 11:36:21	已完成	
20190121003	C11010001	2019/1/21 11:16:25	已完成	

⊞ S02	王单	男	1999/9/16	时令果蔬	2018/12/1	18105318732	wshc@qlu.com	金融学院路9号	
⊞ S03	郑海	男	1996/5/16	海鲜水产	2018/11/1	18766166311	zhhx@qlu.com	大数据小区119号	
⊞ S04	赵娟	女	1991/12/12	海鲜水产	2018/11/1	18573211233	zhshc@qlu.com	黄河大街789号	
⊞ S05	许鲜	女	1995/11/17	肉蛋奶	2018/10/1	16666666666	xxr@qlu.com	管理学院路78号	
⊞ S06	金鸽	男	1996/12/25	肉蛋奶	2018/10/1	13333333333	jgz@qlu.com	风华路110号	
⊞ S07	刘选	女	1998/8/8	粮油副食	2018/9/1	15588876321	lxx@qlu.com	泰山小街119号	
⊞ S08	张华	女	1991/1/1	粮油副食	2018/9/1	15505312796	zhqe@qlu.com	清水河路7711号	
⊞ S09	李文	女	1995/5/5	日用百货	2018/7/1	18766166319	lbh@qlu.com	智能公社6789号	

图 5-48　Seller 表的"S01"记录在 SalesOrder 表中的关联记录

> **注意**　在定义表间联系之前，必须基于关联字段在父表中创建主键，而不是唯一键。原因很简单，唯一键字段可能是空值，而关联字段是空值的主表记录在子表中无法找到匹配的记录。基于相同的原因，子表中的外键字段也不允许为空值。

5.2.5　表间约束的创建

本小节将学习表间约束的创建。

1. 表间约束概述

表间约束是两个相互关联的数据表之间应该遵循的业务规则。例如，"商品销售信息"数据库，包含 seller、customer、product、SalesOrder、ProductOf SalesOrder 5 个相互关联的表，它们需要遵循下列的约束规则：product 表中不存在的商品编号不能出现在 ProductOfSalesOrder 表中；当 SalesOrder 表中记录的一笔销售业务完成时，customer 表中相关顾客的积分要增加，而 product 表中的商品存量要减少等。在 Access 中，表间约束既可以通过数据宏来实施，也可以通过参照完整性约束来实施。本小节只介绍基于参照完整性约束实施表间约束的方法和技术，数据宏的内容请参阅第 8 章。

（1）参照完整性约束的解读

为了便于理解参照完整性约束，本书给出了如下的解读：假定有两个相互关联的甲表和乙表，那么甲表相对于乙表应该遵循的业务规则，称为参照完整性约束，反之亦然。

由于参照完整性约束涉及两个相互关联的表，为了便于描述，本书将两个表中的一个称为基准表，另一个称为参照表。基准表又称为基本表、父表、主表等，该表的关联字段通常是主键字段；参照表又称为相关表、子表、从表等，该表的关联字段通常是外键字段。

对于基准表的任意一条记录，我们称之为基准记录，相应的，与基准记录关联字段值相同的参照表的所有记录，我们称之为参照记录，又称为相关记录。

（2）参照完整性约束的实施基础

参照完整性约束是两个相互关联的数据表应该遵循的约束规则，因此约束的实施必须基于表间联系。由于表间联系是基于关联字段建立的，因此合理地选择和定义两个表的关联字段是实施参照完整性约束的基础。

用户选择数据表之间的关联字段时要遵循以下 3 个原则：关联字段应该是两个表的公共字段；关联字段通常是基准表中最重要的字段，是基准表记录的代表字段；关联字段通常是参照表中不可或缺的字段，是参照表记录的业务字段之一。

根据上述原则，基准表应该将关联字段定义为主键。注意，一定要将关联字段定义为基准表的主键，而不是唯一键，这是因为唯一键字段可能是空值，而关联字段是空值的基准表记录在参照表中无法找到匹配记录，自然无法在两个表的关联记录上实施参照完整性约束。对于参照表而言，参照表的关联字段自然成为基准表的外键。

（3）参照完整性约束的类型

在数据库技术中，互相关联的两个表要遵循的参照完整性约束种类有很多，但 DBMS 普遍能够直接实现的约束可以归纳为以下 5 类。

①级联删除：当基准表的基准记录被删除时，参照表中的关联记录将同步被删除。

②级联更新：当基准表的基准记录的主键值被更新时，参照表关联记录的外键值将同步被更新。

③拒绝删除：若基准表的某基准记录在参照表中有关联记录时，则基准表的该记录不能被删除。

④拒绝插入：在参照表中，不得插入没有基准表基准记录主键值参照的记录。

⑤拒绝更新：在参照表中，不得将参照记录关联字段的值修改为基准表中不存在的关联字段值。

用户基于 DBMS 定义上述 5 类约束时，要分别处理好以下问题。

①级联删除：确定级联删除的方向并选取两个表级联删除的参照字段（通常是关联字段）。

②级联更新：确定级联更新的方向并选取两个表级联更新的参照字段（通常是关联字段）。

③拒绝删除：确定拒绝删除记录的数据表并选取两个表的参照字段（通常是关联字段）。

④拒绝插入：拒绝插入记录的数据表及其参照字段（通常是关联字段）的选取。

⑤拒绝更新：拒绝更新记录的数据表及其参照字段（通常是关联字段）的选取。

尽管 Access 是桌面版的 DBMS，但也支持上述 5 类参照完整性约束。下面以"商品销售信息"数据库为背景，介绍 Access 数据库参照完整性约束的创建方法和技术。

2. 参照完整性约束的创建方法和技术

在 Access 中，参照完整性约束主要通过数据库的"编辑关系"对话框来定义，数据表之间的联系是定义参照完整性约束的基础。下面以级联删除、拒绝插入和级联更新 3 类约束为背景，分别通过 3 个例子介绍参照完整性约束的创建方法和技术。

【例 5-13】请基于"商品编号"字段创建 Product 表与 ProductOfSalesOrder 表之间的级联删除约束，并设计案例对级联删除约束的作用进行测试。

【分析】本例有两个任务：第一个任务是创建级联删除约束，第二个任务是测试该约束的作用。其中，第一个任务又有两个子任务：第一个子任务是建立一对多联系，第二个子任务是定义约束。

（1）创建级联删除约束

由于级联删除约束是两个数据表之间的参照完整性约束，因此这两个数据表必须建立联系，否则无法创建两个数据表之间的级联删除约束。相应的方法和操作步骤如下。

Step1：打开"商品销售信息"数据库，基于"商品编号"字段建立 Product 数据表的主键，基于"商品编号"字段建立 ProductOfSalesOrder 数据表的普通索引，并指定该字段不能为空值。

Step2：打开"商品销售信息"数据库的"关系"窗格，基于"显示表"对话框将 Product 表与 ProductOfSalesOrder 表添加到"关系"窗格中。

Step3：在"关系"窗格中，将鼠标指针移到 Product 表中的"商品编号"字段上，将该字段拖动到 ProductOfSalesOrder 表的"商品编号"字段上，在打开的"编辑关系"对话框中勾选"实施参照完整性"和"级联删除相关记录"复选框，单击"创建"按钮，即可完成 Product 表与 ProductOfSalesOrder 表之间一对多联系及级联删除约束的创建。"编辑关系"对话框的设置如图 5-49 所示。Product 表与 ProductOfSalesOrder 表建立联系并实施约束后，"关系"窗格如图 5-50 所示。

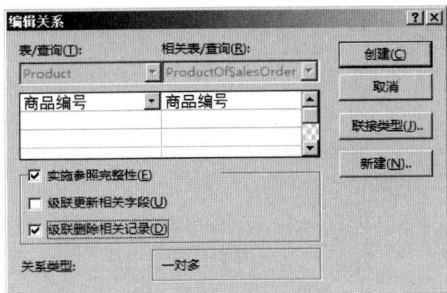

图 5-49 "编辑关系"对话框的设置

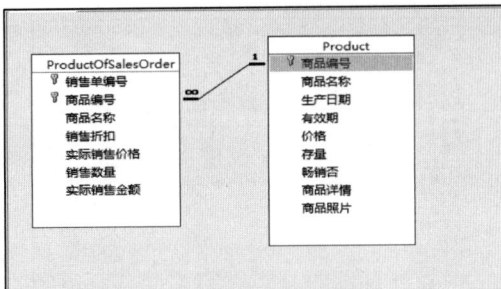

图 5-50 "关系"窗格

（2）对级联删除约束的作用进行测试

Product 表与 ProductOfSalesOrder 表之间的级联删除约束创建成功后，基准表 Product 的基准记录的删除与参照表 ProductOfSalesOrder 关联记录的删除必定会同步。基于这一论断，对级联删除约束的作用进行测试的方法和步骤如下。

Step1：打开基准表 Product 的数据表视图，可以发现该表的记录基于"商品编号"字段排序，这是因为"商品编号"字段是该表的主索引字段。

Step2：打开参照表 ProductOfSalesOrder 的数据表视图，选择"商品编号"字段为当前字段，选择"开始"选项卡的"排序与筛选"命令组中的"升序"命令，使得参照表中的数据记录基于"商品编号"字段排序，保存该数据表视图。

Step3：切换到 Product 表的数据表视图，随机选取一个记录作为基准记录，单击该记录左侧的加号，观察该记录在参照表 ProductOfSalesOrder 中的关联记录。如图 5-51 所示，这里选取的基准记录的商品编号是"P01005"，该记录在参照表中的所有关联记录呈现在该记录下方。

Step4：选中 Product 表的基准记录，选择"开始"选项卡的"记录"命令组的"删除"命令，打开如图 5-52 所示的对话框，提示用户：基准记录的删除将导致其关联记录的删除。

Step5：单击"是"按钮，基准表中的基准记录及参照表中的关联记录都同步被删除。记录删除后，Product 表的数据表视图如图 5-53 所示，ProductOfSalesOrder 表的数据表视图如图 5-54 所示。

Step6：仔细观察可以发现，商品编号是"P01005"的基准记录和关联记录的删除是同步的，因此 Product 表与 ProductOfSalesOrder 表的级联删除约束是有效的。

Step7：关闭所有数据表，关闭"商品销售信息"数据库，完成所有操作。

图 5-51 基准表记录在参照表中的关联记录

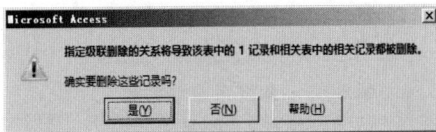

图 5-52 删除基准表记录时的提示信息

商品编号	商品名称	生产日期	有效期	价格	存量	畅销否
P01001	有机韭菜	2019/1/16	3	¥2.59	119	☐
P01002	阳光大白菜	2019/1/16	5	¥2.60	118	☐
P01003	生态西红柿	2019/1/15	5	¥1.90	89	☐
P01004	南海菠萝	2019/1/16	5	¥6.90	91	☐
P01006	东北鲜菇	2019/1/16	7	¥7.10	62	☐
P02001	南山里脊	2019/1/17	7	¥12.60	137	☐
P02002	渤海鱿鱼	2019/1/17	7	¥15.90	92	☐
P02003	中华牛肉	2019/1/17	7	¥91.00	131	☐
P03001	东海带鱼	2019/1/16	60	¥65.00	65	☐
P03002	生态鲶鱼	2019/1/16	3	¥168.50	102	☐
P03003	南海鳊鱼	2019/1/16	60	¥65.00	167	☐
P04001	生态鸽子蛋	2019/1/16	7	¥29.00	110	☐
P04002	家常鸡蛋	2019/1/17	7	¥5.10	98	☐
P05001	鲜牛奶	2019/1/17	3	¥3.60	157	☐
P05002	花生蛋白乳	2019/1/17	6	¥7.50	108	☐
P06001	有机花生油	2019/1/11	365	¥160.00	66	☐
P06002	好吃面包	2019/1/17	5	¥6.90	155	☐

图 5-53　Product 表的数据表视图

销售单编号	商品编号	商品名称	销售折扣	实际销售价格	销售数量	实际销售金额
20190116001	P01001	有机韭菜	.9	¥2.33	6	¥13.99
20190116003	P01001	有机韭菜	.7	¥1.81	3	¥5.44
20190116006	P01001	有机韭菜	1	¥2.59	2	¥5.18
20190117002	P01001	有机韭菜	1	¥2.59	1	¥2.59
20190119003	P01001	有机韭菜	1	¥2.59	9	¥23.31
20190120002	P01001	有机韭菜	1	¥2.59	5	¥12.95
20190116001	P01002	阳光大白菜	1	¥2.60	6	¥15.60
20190117003	P01002	阳光大白菜	1	¥2.60	3	¥7.80
20190121004	P01002	阳光大白菜	1	¥2.60	10	¥26.00
20190116002	P01003	生态西红柿	.6	¥1.14	7	¥7.98
20190119001	P01003	生态西红柿	1	¥1.90	1	¥1.90
20190120003	P01003	生态西红柿	1	¥1.90	10	¥19.00
20190119004	P01004	南海菠萝		¥6.90	6	¥41.40
#已删除的	#已删除的	#已删除的	#已删除的	#已删除的	#已删除的	#已删除的
#已删除的	#已删除的	#已删除的	#已删除的	#已删除的	#已删除的	#已删除的
#已删除的	#已删除的	#已删除的	#已删除的	#已删除的	#已删除的	#已删除的
#已删除的	#已删除的	#已删除的	#已删除的	#已删除的	#已删除的	#已删除的
20190116005	P01006	东北鲜菇		¥7.10	4	¥28.40
20190119002	P01006	东北鲜菇		¥7.10	3	¥21.30

图 5-54　ProductOfSalesOrder 表的数据表视图

【例 5-14】在"商品销售信息"数据库中创建一个表间约束，该约束创建成功后，能够自动拒绝用户下述业务操作：用户需在 ProductOfSalesOrder 表中插入 Product 表不存在的商品。该约束创建完成后，测试该约束是否有效。

【说明】根据题意，本例要创建和测试的表间约束类型是"拒绝插入"。本例有两个任务：创建"拒绝插入"约束，对该约束进行测试。

①创建表间约束："拒绝插入"。由于"拒绝插入"型表间约束的创建方法和步骤与"级联删除"型表间约束相似，因此本例不再给出具体方法和步骤。如图 5-55 所示为参照完整性约束"拒绝插入"的定义。

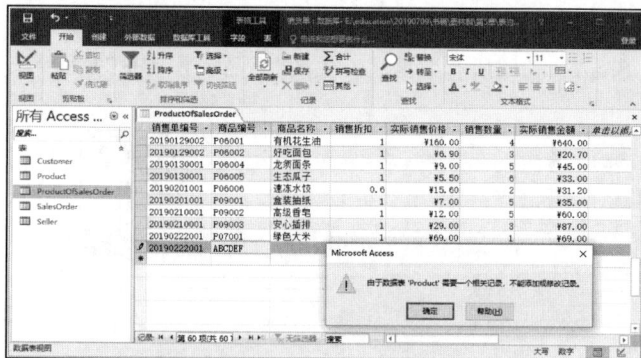

②测试表间约束："拒绝插入"。该约束定义成功后，可以打开 ProductOfSalesOrder 表的数据表视图，并在该表的数据表视图中手工输入以下记录：销售单编号是"20190222001"、商品编号是"ABCDEF"，其他字段取默认值。输入完成后，单击数据表视图的其他空间，打开提示对话框拒绝用户的插入操作，如图 5-56 所示。原因很简单，当前插入记录的"商品编号"字段是"ABCDEF"，而"商品编号"是"ABCDEF"的商品在 Product 表中不存在。因此 Access 会提示用户"由于数据表'Product'需要一个相关记录，不能添加或修改记录。"

【拓展】请通过实验回答以下问题：图 5-55 除了定义了"拒绝插入"型表间约束之外，是否定义了"拒绝更新"型表间约束？

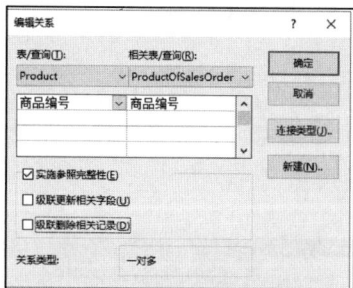

图 5-55　参照完整性约束
"拒绝插入"的定义

图 5-56　参照完整性约束"拒绝插入"的测试

【例 5-15】假定"商品销售信息"数据库中 Seller 表和 SalesOrder 表之间已经建立了一对多联系，请基于该联系创建两个数据表的级联更新约束，并测试该约束是否有效。

【说明】本例的主要任务有两项：定义级联更新约束，以及对级联更新约束是否有效进行测试。鉴于定义级联更新约束与定义级联删除约束的步骤相似，这里不再展开介绍。下面简单介绍如何测试数据库中的级联删除约束是否有效：打开基准表 Seller 的数据表视图，仔细观察该表的数据记录；打开参照表 SalesOrder 的数据表视图，仔细观察该表的数据记录；③切换到 Seller 表下的数据表视图，随机选取一个基准记录，修改该记录"销售员编号"字段的值；④切换到参照表 SalesOrder 的数据表视图，查看与基准记录相关联的参照记录的"销售员编号"字段的值能否同步更新。

【拓展】请举例说明本例中级联更新约束的语义。

5.3 组织数据进入 Access 数据表

数据表的物理模式创建后，就可以基于物理模式组织数据进入数据表了。对于有可用数据源的表，可以采用批量导入的方法，否则只能采用手工插入的方法。前面已经介绍了在数据表中手工插入数据的方法，本节主要介绍如何基于批量导入方法在数据表中批量插入数据记录。

5.3.1 Access 的数据导入和导出功能

为了便于不同的系统之间共享数据，DBMS 具有数据的导入和导出功能。基于 DBMS 的导出功能，可以将该数据库中数据表的数据导出，供其他系统使用；基于 DBMS 的导入功能可以将其他系统生成的数据导入该 DBMS 所管理的数据库中，存储在其数据库的特定数据表中，供用户共享使用。下面介绍 Access 所支持的数据导入和导出功能。

1. Access 的数据导入和导出功能的特点

尽管 Access 是桌面版的 DBMS，但是它具有强大的数据导入和导出功能。基于导入和导出方法，Access 可以与众多主流的应用程序进行数据交换和共享，因此，数据库业界的很多用户将 Access 称为数据的"着陆架"。

实际上，Access 的数据导入和数据导出是相对的，只是 Access 的主体性质不同。也就是说，对甲和乙两个主体而言，如果将甲的数据导出到乙中，那么甲是实施主体，它主动实施数据导出，而乙实际上被动地实施了数据导入；如果将乙的数据导出到甲中，那么乙是实施主体，它主动实施数据导出，而甲实际上被动地实施了数据导入。因此，数据导入和数据导出是相对的。

例如，将 Access 2016 数据库中的表数据导出到 Access 2007 数据库中，实际上就是将 Access 2016 数据库中的表数据导入 Access 2007 数据库中，前者的执行主体是 Access 2016，而后者的执行主体是 Access 2007。

又如，将 Access 2016 数据库中的数据导出到 Excel 2003 工作表中，实际上就是将 Access 2016 的数据导入 Excel 2003 的工作表中，前者的执行主体是 Access 2016，而后者的执行主体是 Excel 2003。

2. Access 的数据导入功能

基于数据导入功能，Access 可以将数据源中的数据复制到 Access 数据库的数据表中。在数据导入过程中，Access 会自动识别数据源中的数据类型并将其转换为 Access 数据表支持的数据类型。当然，用户也可以人工干预数据类型的识别和转换等操作。

Access 2016 支持导入的主流数据文件类型有文本文件、Excel 工作表、XML 文件、HTML 文件、Access 数据库文件以及支持 ODBC 协议的数据库等。除上述类型的数据外，Access 还可以导入 SharePoint 列表及 Outlook 文件夹。尽管不同类型的数据导入 Access 数据库中的方法有所区别，但是差异不大，本节主要以 Excel 工作表数据为代表进行介绍。

2. Access 的数据导出功能

基于数据导出功能，Access 可以将数据库中的表数据自动转换为特定应用程序的文件格式，并将其存储到外部应用程序可以读取的文件中。Access 支持导出的数据文件类型有文本文件、

Excel 工作表、XML 文件、HTML 文件、PDF 或 XPS 文件、Word 文件、Access 数据库文件以及支持 ODBC 协议的数据库文件等。除了上述类型的数据文件外，Access 还支持将数据表中的数据导出到电子邮件及 SharePoint 列表中等。

5.3.2 在 Access 数据表中批量导入记录

前面介绍了 Access 数据导入和导出功能的特点，下面通过一个例子深入介绍如何基于 Access 的数据导入功能，在数据表中批量插入数据记录。

【例 5-16】已知 Excel 工作簿文件"顾客.xlsx"中的"Customer"工作表的数据如图 5-57 所示，"商品销售信息"数据库中的"顾客表"的物理模式如图 5-58 所示。请问：是否可以使用数据导入功能将"Customer"工作表的数据插入"顾客表"对象中，如果可以，请给出实现步骤。

	A	B	C	D	E	F	G	H	I	J
1	顾客编号	顾客姓名	顾客性别	出生日期	联系电话	最近购买时间	顾客地址	消费积分	邮政编码	
2	C11010001	黄小姐	女		187666666678	2019/1/29	济南市兴隆东区128号	1200	250000	
3	C11010002	孙皓	男		053186666516	2019/2/1	济南市兴隆东区10号	900	250000	
4	C11020001	徐先生	男		155555555555		山大南路1号	0	250100	
5	C11020001	盛老师	女		166666666666		兴隆山路1号	0	250100	
6	C11020002	王先生	男		053186385555	2019/1/16	济南市兴隆南区128号	900	250100	
7	C11020006	孙老师	女		053199999999	2019/1/17	济南市兴隆东区126号	666	250100	
8	C11030001	陈玲	女		053116678965	2019/2/22	济南市兴隆北区79号	1000	250200	
9	C11030002	李先生	男		053199999998	2019/1/17	济南市兴隆北区79号	999	250200	
10	C37010001	王女士	女		053188826056		济南市大明湖路19号	800	250001	
11	C37010001	王先生	男		053156325987	2019/1/30	济南市文化路100号	700	250001	
12	C37010006	姜先生	男		053199999999	2019/1/17	济南市大明湖路1号	999999	250001	
13	C37020001	程大哥	男		053256789567	2019/1/21	青岛市大海路999号	123456	250001	
14	C37020002	方先生	男		053188566619	2019/2/10	青岛市大山路9号	1000	250001	
15	C56019971	刘伟	男		053199999999	2019/1/16	黄河市二环南路1777777号	567	260001	
16	C56019977	张红	女		189999999999	2019/1/16	黄河市二环南路1777779号	99791	260001	
17										

图 5-57 "Customer"工作表的数据

【分析】观察图 5-57 和图 5-58 可知，Excel 工作表"Customer"的数据模式与 Access 数据表"顾客表"的物理模式是一致的，因此可以基于导入方法将"Customer"工作表的数据插入"顾客表"对象中。下面介绍该方法的实现步骤。

Step1：打开"商品销售信息"数据库，选择"外部数据"选项卡的"导入并链接"命令组中的"Excel"命令，打开如图 5-59 所示的"获取外部数据－Excel 电子表格"对话框。

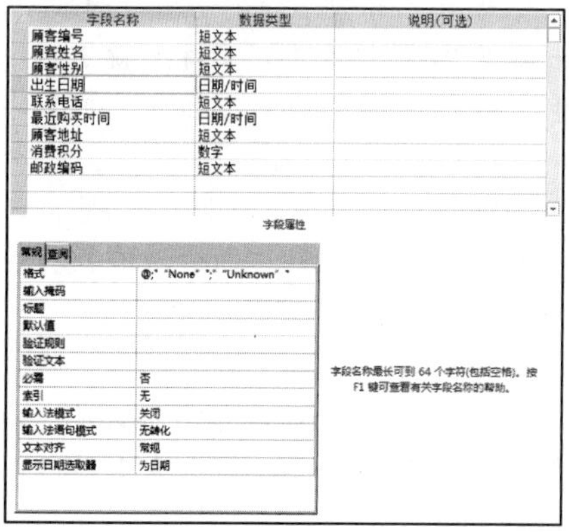

图 5-58 "顾客表"的物理模式

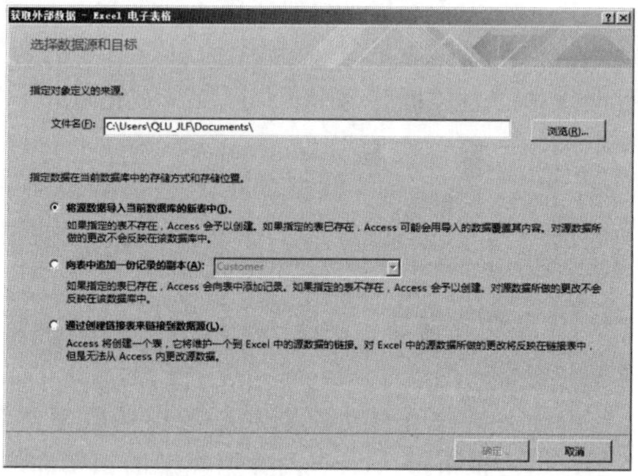

图 5-59 "获取外部数据－Excel 电子表格"对话框

Step2：在"获取外部数据－Excel 电子表格"对话框中，单击"浏览"按钮，打开如图 5-60 所示的"打开"对话框。在该对话框中选择文件"顾客.xlsx"，单击"打开"按钮，返回"获取外部数据－Excel 电子表格"对话框。

Step3：在图 5-61 所示的对话框中，选中"向表中追加一份记录的副本"单选按钮，在该选项右侧激活的下拉列表中选择"Customer"表，单击"确定"按钮，打开如图 5-62(a)所示的"导入数据表向导"对话框。

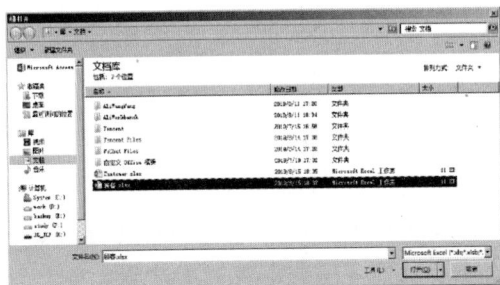

图 5-60　选择文件"顾客.xlsx"

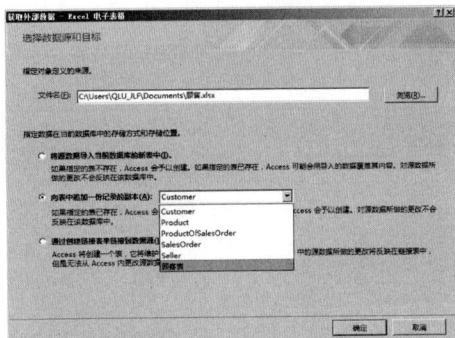

图 5-61　选择数据源和目标

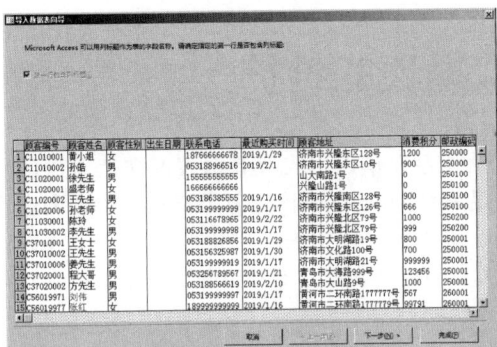

(a)

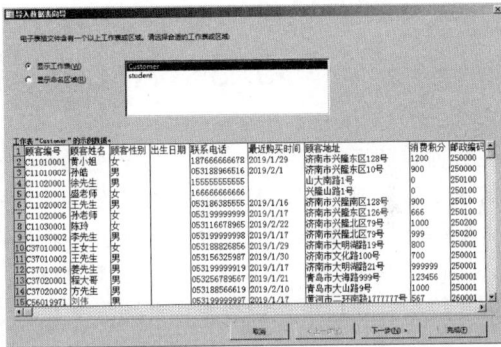

(b)

图 5-62　"导入数据表向导"对话框

Step4：在图 5-62(a)所示的"导入数据表向导"对话框中，勾选"第一行包含列标题"复选框，单击"下一步"按钮，在打开的如图 5-62(b)所示的"导入数据表向导"对话框中，选择"显示工作表"列表框中的"Customer"选项，单击"下一步"按钮，返回如图 5-63 所示的"获取外部数据－Excel 电子表格"对话框，询问用户是否"保存导入步骤"，以供以后使用。这里保持默认选择，不保存导入步骤，单击"关闭"按钮。至此，数据导入操作完成。

Step5：如图 5-64 所示，在"商品销售信息"数据库中，打开"Customer"工作表的数据表视图，可以发现该数据表中已经正确插入了 Excel 工作表"Customer"的数据。

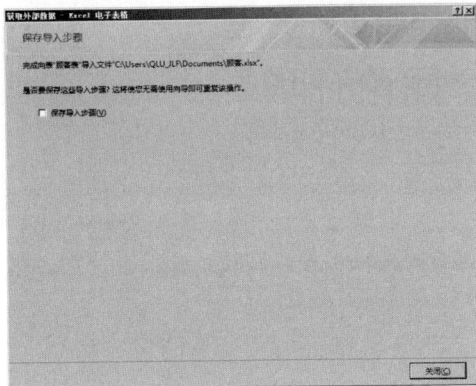

图 5-63　设置是否保存导入步骤

图 5-64　"顾客表"对象的数据表视图

> 将 Excel 工作簿中的数据导入 Access 数据库时，如果 Excel 工作簿包含多个工作表，那么"导入数据表向导"对话框会先让用户选择要导入的"工作表"，再继续进行导入操作。

5.4 Access 数据表的操纵

数据表创建成功后即可投入运行，为用户提供数据操纵服务。数据表提供的数据操纵包括数据表的浏览、数据表的定位、数据表的更新、数据表的排序和数据表的筛选等。对于不同的 DBMS 而言，数据表提供的操纵服务的方法和技术是不同的。限于篇幅，详细内容请参阅本书的数字教程。

5.5 Access 数据表的维护

在数据表的运行服务中，常常会发现数据表的设计存在错误，或者数据表的功能无法满足用户的需求变化，或者数据表的运行服务性能无法满足系统的应用需求，这就需要对数据表进行维护，主要的维护性操作包括表模式的维护、表数据的维护等。数据表的维护既可以基于表设计器完成，又可以基于 SQL 命令完成。维护数据表的 SQL 命令将在第 7 章中介绍。

限于篇幅，详细内容请参阅本书的数字教程。

5.6 Access 数据表设计应用示例

面对大学生不断扩大的消费和创业商机，很多金融机构开始推出大学生信用贷款，为大学生提供消费资金或创业资金。但并不是每位大学生都能申请到大学生信用贷款，只有那些信用状况良好的大学生才能获批信用贷款。信用评价总是基于信用评估对象的信用指标数据展开的，对于不同的信用评估对象，反映其信用状况的指标数据是不同的。

基于大学生信用评价数据库系统的数据需求，对数据库进行概念设计、逻辑设计和物理设计，并创建"一系列相互关联的数据表"来组织和管理信用评价指标数据及信用评价结果数据。

限于篇幅，相关内容请参阅本书的数字教程。

5.7 技术拓展与理论升华

与 Access 相比，SQL Server 数据表的功能更加强大。在 SQL Server 中，除了支持类 Access 的数据表以外，还支持基于分区组织的数据表，以支持大容量数据的组织和访问操纵。另外，SQL Server 数据表支持的索引更加丰富，为用户的快速访问提供了更多路径。在没有特别说明的情况下，本书提到的数据表就是基本表，也称为基本数据表，简称表。

5.7.1 SQL Server 支持的数据表

根据数据的存储和访问方式，SQL Server 支持的数据表可以进一步分为基本表和分区表。基本表就是本章前面学习的数据表，它从逻辑上和物理上都是一个表，表中记录不分区存储，所有数据存储在一个物理区段上；而分区表是把一个大表的数据分成 n 个区块，从逻辑上看只是一个表，但底层是由 n 个物理区块组成的，每个物理区块保存大表的一部分数据记录。

1. 基本表

就基本表的定义、操纵和维护而言，SQL Server 与 Access 是类似的：既可以使用 SQL 命令，又可以使用可视化界面。基于 SQL 命令创建基本表的方法请参见第 7 章，下面简单介绍基于 SSMS 创建 SQL Server 表的方法和步骤。

Step1：打开表设计器。在 SSMS 的对象资源管理器中展开"数据库"结点。在"数据库"结点中展开"销售"结点，在"表"结点上右击，在打开的图 5-65 所示的快捷菜单中选择"新建"→"表"命令，将打开如图 5-66 所示的表设计器。

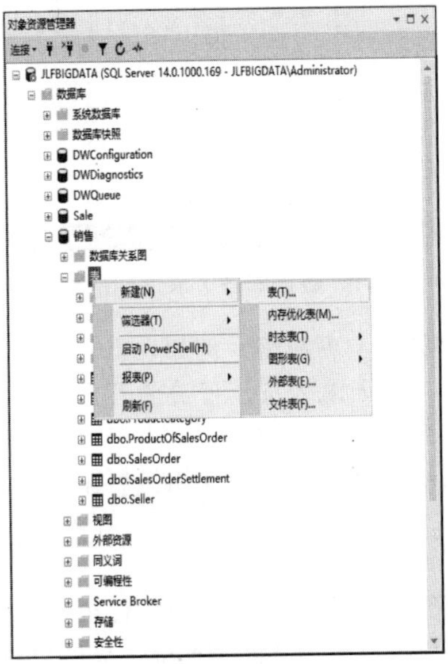

图 5-65　选择"新建"→"表"命令

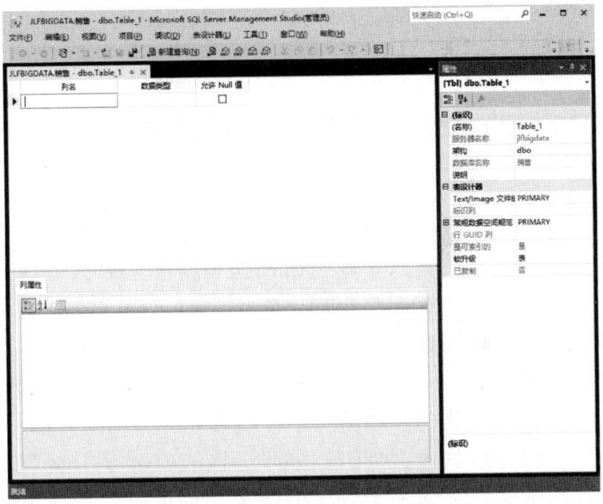

图 5-66　表设计器

Step2：定义表的存储结构。在表设计器中依次定义组成该表的各个字段的属性。鉴于 SQL Server 定义表字段属性的方法与 Access 类似，这里不赘述。将各个字段的属性定义好以后，表的存储结构如图 5-67 所示。这里仍然以 Product 表的定义为例进行介绍。

Step3：定义表的表内约束和表间约束。鉴于 SQL Server 定义表内约束和表间约束的方法与 Access 类似，这里不赘述。

Step4：定义表间的联系。定义完成的"销售"数据库各个表之间的联系如图 5-68 所示。鉴于 SQL Server 定义表间联系的方法与 Access 类似，这里不赘述。

Step5：在表中插入数据。鉴于 SQL Server 在表中插入数据记录的方法与 Access 类似，这里不再赘述。这里需要特别指出的是，在大数据类型字段中插入数据时，Access 可以实现可视化插入，而 SQL Server 不可以。

限于篇幅，基于 SSMS 创建 SQL Server 基本表的详细内容请自行查阅相关文献和资料。

2. 分区表

分区表是一种特殊的数据表，其数据被分割成多个物理部分（分区），每个分区可以独立地存储和维护数据。简单来说，分区表就是将一个大表分成若干个小表，每个小表的所有数据记录存储在单独的分区中，进而基于分区进行查询和维护，以提升查询的效率和维护的灵活性。

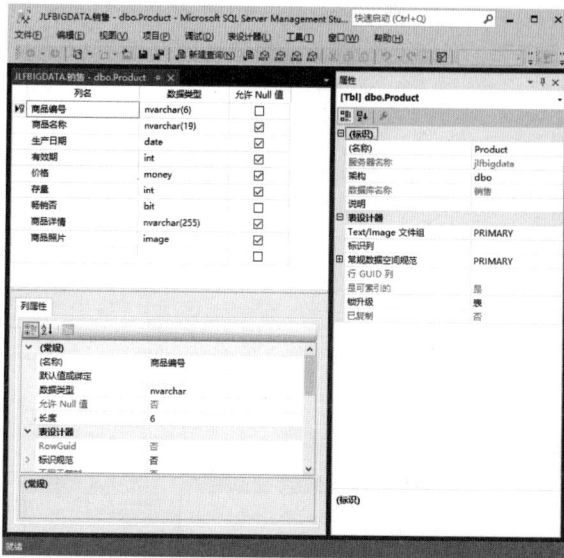

图 5-67　Product 表的存储结构

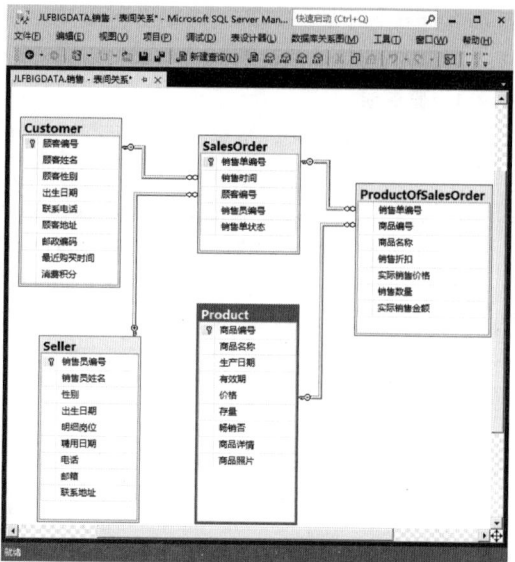

图 5-68　"销售"数据库各个表之间的联系

处理大型数据集时，与基本表相比，分区表在查询性能的提高上更显著。例如，有一个销售单记录表，其中记录了其超市的销售情况，那么可以把这个销售单记录表按年份分为几个小表并分区存储。当要查询某年的销售记录时，只需到相应分区的小表中进行查询即可。由于每个分区的小表中的记录数少了，因此可以提高查询效率。当然，分区表在查询时必须使用分区限制，以便使 SQL Server 只查找所需的分区，避免扫描全部数据。

创建分区表的步骤分为以下 5 步。

①创建数据库文件组：如果分区表有 n 个分区，为了方便管理，可以建立 n 个文件组，每个文件组的文件存储一个分区的数据；也可以少于 n 个分区，用户可以根据实际情况决定分区数目。

②创建数据库文件：应将文件组和文件存放于同一个服务器的不同硬盘，甚至不同服务器的不同硬盘中，因为数据的读取瓶颈很大程度在于硬盘的读写速度，多个硬盘存储一个表不同分区的小表可以实现负载均衡。

③创建分区函数：声明分区的标准，告诉 SQL Server 以什么方式对表进行分区。常用的分区函数包括 RANGE、HASH 和 LIST。RANGE 函数将数据记录按照一定的范围划分成若干分区；HASH 函数根据数据的哈希值将数据记录随机分配到不同的分区中；LIST 函数将数据记录按照指定的值列表划分为多个分区。

④创建分区方案：声明分区键、分区函数及分区与文件组的映射，目的是将分区函数生成的分区映射到文件组中。分区键是用来指定数据分区的基准，如按照年份分区、按照地理位置分区等。分区函数的作用是告诉 SQL Server 如何对数据进行分区。分区与文件组的映射的作用是告诉 SQL Server 将已分区的数据放在哪个文件组中。

⑤创建分区表：用户在定义分区表的时候必须使用 SQL Server Enterprise 版或 SQL Server Developer 版，因为 SQL Server 的其他版本不支持分区表。另外，分区表必须有一个分区列，用于决定如何分割数据。分区列通常是一个时间戳或范围查询列，它可以指定分区的键值。创建分区表之前，必须先创建分区函数和分区方案。

例如，基于如图 5-69 所示的分区信息创建分区表，则分区列可以是一个时间戳。分区函数可以使用 RANGE 函数，它可以将数据记录划分为 3 个分区，分别存储 2020 年前、2020 年以及 2021 年及之后的数据记录。

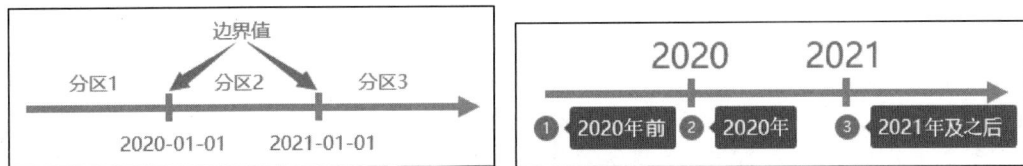

图 5-69 分区表的分区方案示例

是否创建分区表主要取决于数据表当前以及未来数据量的大小，同时取决于数据表数据操纵的特点。通常情况下，如果某数据表同时满足下列两个条件，则比较适合进行分区。

①该数据表包含的数据量大，且数据适宜分段组织和管理。例如，大型超市的销售记录数据量很大，且可以年度为单位进行分段组织和管理。又如，某集团的销售记录数据量很大，且可以地域为单位进行分段组织和管理。

②该数据表的数据操纵方式是多样的。例如，对数据表当前年度的数据经常执行插入、修改、删除和查询操作，而对以前年度的数据几乎不进行任何操作，或者操作仅限于查询，那么可以按年度对数据表进行分区。也就是说，当对数据的操纵是多样的，且操纵只涉及数据表的一部分数据而不是所有数据时，就可以考虑建立分区表。

注意：数据量大并不是创建分区表的唯一条件，如果大容量数据都是经常使用的，且它们的操纵方式基本上一致，那么最好不要使用分区表。也就是说，只有数据表的数据操纵只针对数据表的一个数据子集时，建立分区表才有明显优势。这是因为此时如果数据表没有分区，那么需要对整个数据集执行数据操纵，这样会消耗大量的资源。

基于 SQL Server 创建分区表、修改分区表和删除分区表可以使用 SQL 命令，也可以使用图形化界面。SQL 命令方式将在第 7 章中详细介绍，图形化界面方式请自行查阅相关文献和资料。

5.7.2 SQL Server 支持的索引

为了实现快速检索，与 Access 一样，SQL Server 也支持用户基于数据表创建索引结构。每个索引结构与特定的搜索关键字相关联。搜索关键字是指在基准数据表中建立索引的字段或字段组合。索引结构由若干索引项组成，每个索引项由一个搜索关键字和指向具有该搜索关键字值的一个或多个记录的指针构成。在 SQL Server 中，常见的索引类型包括聚簇索引、非聚簇索引、唯一索引、覆盖索引、分区索引、筛选索引、全文索引等。下面分别介绍这些索引。

1. 聚簇索引

聚簇索引是一种表级索引。聚簇是为了提高用户在某个字段(或某个字段组)上的查询速度，把聚簇码(该字段或该字段组)上具有相同值的元组集合存放在连续的物理块中。如果数据表中的记录按照聚簇码指定的排序顺序存储，那么该聚簇码对应的索引称为聚簇索引。例如，汉语字典的正文就是以拼音为聚簇码建立的聚簇索引。

在带有聚簇索引的表中插入数据记录后，数据记录的排列顺序与数据记录输入的先后顺序无关，而是由数据记录聚簇码的值所决定的。聚簇索引强制表中插入记录时按聚簇码顺序存储。因此，聚簇码上具有相同值的元组集合存放在连续的物理块中。

每个数据表只能有一个聚簇索引，因为只有一种物理排序方式。聚簇索引的聚簇码常常是主码。在建立聚簇索引的数据表中，数据行按照聚集索引的顺序存储，因此可以进行快速查询。

在 SQL Server 中，按照数据表是否创建了聚簇索引可以将表分为堆表和聚集表。堆表是指没有创建聚簇索引的表。在堆表中，数据行按照插入的顺序存储，因此在查询时需要扫描整个表以找到符合条件的行。这样的查询效率低，在大型表中的性能差。聚集表是指按照聚簇索引的顺序存储数据的表，这种有序性可以提高数据的查询效率。

2. 非聚簇索引

非聚簇索引是一种表级索引。建立了非聚簇索引的数据表，数据与索引的存储位置完全独立，索引存储在一个地方，数据存储在另一个地方。索引中带有指向数据存储位置的逻辑指针。非聚簇索引与聚簇索引的不同之处在于：它并不控制表中数据行的物理排序方式，因此可以在一个表上建立多个非聚簇索引。一般来说，先创建聚簇索引，后创建非聚簇索引。

非聚簇索引的数据结构通常是 B 树，它指向表中数据行的物理位置。因此，在使用非聚簇索引进行查询时，系统会先查找 B 树以找到需要查询的数据行，再根据聚簇索引中的排序规则进行排序。

3. 唯一索引

唯一索引是一种非聚簇索引，它的作用是确保列中的值是唯一的。如果在一个字段上创建了唯一索引，那么数据库引擎会在每次插入操作时检查重复值，生成重复值的插入操作将被回滚，因此建立唯一索引的字段不会出现重复的值。

4. 覆盖索引

覆盖索引是一种特殊的索引，它能够覆盖所有需要查询的列，因此查询时可以直接从索引中获取所需的数据，而不必再访问数据表。这样可以显著提高查询的效率。

例如，如果要查询表中"id"和"name"两列的数据，则可以创建一个包含"id"和"name"列的索引。这个索引就是一个覆盖索引，查询时可以直接从索引中获取数据。

5. 分区索引

为了改善大型表的操纵性能，提高大型表的可管理性，常对其进行分区。分区表在逻辑上是一个大表，而在物理上是多个小表。相应的，可以在已分区表中建立分区索引。有时也可以在未分区的表中使用分区索引，为数据表创建一个使用分区方案的聚簇索引后，一个普通数据表就变为了分区表。

6. 筛选索引

筛选索引是一种经过优化的非聚簇索引，适用于从表中选择少数行的查询。筛选索引使用筛选谓词对表中的部分数据进行索引。与全文索引相比，设计良好的筛选索引可以提高查询性能，减少索引维护开销，降低存储成本和维护成本。

7. 全文索引

全文索引是一种用于搜索文本的索引。它可以对表中某些列中的文本进行分析和索引，并通过全文搜索语句来搜索这些文本。全文索引有助于提高关键字搜索的效率和精度。

索引的创建需要根据具体的业务场景和查询需求进行选择。在实际应用中，需要考虑到索引的维护成本、占用的存储空间和查询性能等因素。

基于 SQL Server 创建索引、修改索引和删除索引可以使用 SQL 命令完成，也可以使用可视化界面完成。SQL 命令方式将在第 7 章中详细介绍，可视化界面方式请读者自行查阅相关文献和资料。

习题：思考题

【1】Access 和 SQL Server 支持的数据表分别有哪些类型？

【2】Access 和 SQL Server 各支持哪些类型的索引？

【3】在 Access 中，如何建立数据表的存储结构？

【4】在 Access 中，如何定义数据表的实体完整性约束？

【5】在 Access 中，如何定义数据表的域完整性约束？

【6】在 Access 中，如何建立数据表的一对一联系？

【7】在 Access 中，如何建立数据表的一对多联系？

【8】在 Access 中，如何建立数据表的多对多联系？

【9】在 Access 中，如何建立数据表的参照完整性约束？

【10】举例说明 Access 数据库支持的参照完整性约束有哪些类型。

【11】举例说明如何将 Access 数据表的数据导出到 Excel 工作表中。

【12】举例说明如何将 Excel 工作表中的数据导入 Access 数据表中。

【13】查阅资料，简述 MySQL 创建与维护数据表的特色。

【14】查阅资料，简述 Oracle 创建与维护数据表的特色。

【15】查阅资料，简述 TDSQL 创建与维护数据表的特色。

【16】查阅资料，简述 OceanBase 创建与维护数据表的特色。

学习材料：科技报国

本章基于 Access 和 SQL Server 的比较体验介绍了基于数据表组织和管理"数据"的基本方法和技术，为用户利用"数据"这种新型生产要素开展数字经济活动奠定了基础。但本章内容还很基础，不能满足读者在数字经济活动中进行科技报国的需求。鉴于此，本书推出了下列学习材料，以抛砖引玉，助力读者涉猎和发现数据组织和管理领域更多和更深的知识。

【学习材料 1】Access 数据表的物理排序和逻辑排序。

【学习材料 2】SQL Server 数据表索引的结构。

第6章 查询的设计方法与技术

本章导读

用户在数据库中创建数据表之后，就可以对数据表中的数据进行查询了。狭义的查询指的是对数据表数据的检索，广义的查询还包括对数据表数据的修改、删除及插入。在没有特别说明的情况下，本章提到的查询是狭义层面的查询。

在 Access 中，承担查询任务的是"查询"对象。在 SQL Server 中，承担查询任务的是"查询"脚本程序。本章主要以 Access 查询为抓手，学习查询的设计方法与技术。SQL Server 与 Access 查询的设计方法和技术在理念上是相通的。限于篇幅，本章对关于 SQL Server 查询设计方法与技术的相关内容只是简单介绍，详细内容请读者自行参阅相关文献和资料。

在 Access 中，用户既可以基于 Access 查询设计器的设计视图设计查询，又可以基于 Access 查询设计器的 SQL 视图设计查询。基于设计视图设计查询是一种可视化的设计方法，是入门者的最佳选择，也是本章的学习重点。基于 SQL 视图设计查询实际上是编写 SQL 命令，这是培养读者高级思维能力的设计方法，这种方法将在第 7 章中学习。实际上，这两种方法是统一的。用户基于 Access 查询设计器的设计视图中设计的查询会被 Access 在后台自动转换为 SQL 命令。用户在 Access 查询设计器的 SQL 视图中编写的 SQL 命令在 Access 查询设计器的设计视图中也有相应的可视化对照。

视图是关系数据库中的一个重要对象，是基于数据查询结果集的可视化虚表，是关系数据库管理系统提供给用户的以多种角度洞察数据库数据的一种重要机制。鉴于视图是查询结果集的可视化虚表，本章 6.6 节介绍了视图的基本理论以及视图基本理论在 Access 和 SQL Server 中的实现技术。

6.1 Access 查询概述

数据表是数据库中存储数据的对象，它属于数据结构的理论范畴；查询是数据库中检索数据的对象，它属于数据操作的理论范畴。Access 基于"查询对象"实现数据查询。需要提醒读者的是，Access 查询对象的主要功能是数据查询，但 Access 查询对象也具备数据更新功能。也就是说，Access 查询对象具备数据查询、数据修改、数据删除及数据插入四大功能。

6.1.1 Access 查询的概念

1. 查询对象

为了解决数据冗余问题和操作异常问题，在设计数据库的时候，经常需要将数据组织和存储在多个相互关联的数据表中。但在实际应用中，经常需要对存储在不同数据表中的数据进行连接和重组，进而生成用户视角的应用数据。在 Access 中，上述任务是查询对象承载的。

Access 查询对象是 Access 数据库的一个组成对象，简称查询。查询能够将存储在数据表中的数据按用户要求筛选出来，并使筛选结果按照用户指定的规则进行处理和分析，进而得到查询的结果集并返回给用户。这一功能被称为查询对象的查询功能。

在没有特别说明的情况下，本书提到的查询对象指的仅仅是"检索"意义上的查询对象，而不是"更新"意义上的查询对象。

2. 查询源

为查询提供数据的数据库对象称为查询的数据源，又称为查询源。数据表是最基本的查询源。由于查询返回的结果集也是一个二维表，因此查询也可以作为数据库中其他对象的数据源。如果查询作为数据源，则本书将其称为数据源型查询对象。在关系数据库理论中，数据源型查询对象属于视图的理论范畴，因此本书将数据源型查询对象称为 Access 视图。

尽管数据表对象和数据源型查询对象都可以作为查询、宏、窗体、报表及模块的查询源，但数据表是最终的数据源，因为查询的数据是从数据表中导出的。另外，一个查询只能作为另一个查询的数据源，不能作为其自身查询的数据源。

6.1.2 Access 查询和 Access 数据表的关系

查询对象和数据表对象都是 Access 数据库的重要组成对象，数据表对象的基本功能是存储数据，而查询对象最重要的功能是检索数据，因此数据表是查询的操作对象。

数据表对象中的数据是物理存在的，并存储在特定外部存储器中。查询对象本身不存储数据，它存储的实际上是一条 SQL 命令。打开查询对象后，用户看到的数据实际上是查询对象中存储的 SQL 命令检索数据表中的数据后返回给用户的数据集。

6.1.3 Access 查询的类型

Access 查询对象的分类方法有很多，本书按照查询对象的实现功能、设计特点和结果形式将查询分为下列 4 种类型：检索型查询、计算型查询、分析型查询和更新型查询。

1. 检索型查询

检索型查询的特点是用户可以直接从数据库中提取所需要的数据信息，通常不需要对提取的数据信息进行二次计算。检索型查询的结果集通常只包含数据库中数据表的字段。

2. 计算型查询

计算型查询的特点是用户无法从数据库中直接提取所需要的全部数据信息，部分数据信息或全部数据信息需要通过二次计算获得。计算型查询的结果集中除了包含数据库中数据表的字段之外，通常还包括计算字段。所谓的计算字段是以数据表中的字段为核心元素所构造的一个表达式。计算型查询的计算功能就是通过这个表达式实现的。

3. 分析型查询

分析型查询是一种特殊的计算型查询，Access 中的分析型查询是对数据库数据的概括总结和分组研究。概括总结是对数据库数据的总体特征进行描述性统计分析，而分组研究是将数据库数据分组，并对每组数据进行汇总计算，提取用户需要的指标信息，供用户对比分析。

4. 更新型查询

更新型查询包括插入查询、修改查询、删除查询和生成表查询。用户基于插入查询、修改查询和删除查询可以在数据表中插入记录、修改记录和删除记录；用户基于生成表查询可以将用户在数据库中查询的结果数据集以新数据表的形式保存起来。

6.1.4 Access 查询设计器的视图

为了便于用户基于查询设计器设计查询和查看查询的运行结果，Access 提供了 3 种查询视图，分别是设计视图、SQL 视图和数据表视图。

1. 设计视图

如图 6-1 所示，查询的设计视图是查询设计器的图形化形式，通常由上、下两个窗格构成，

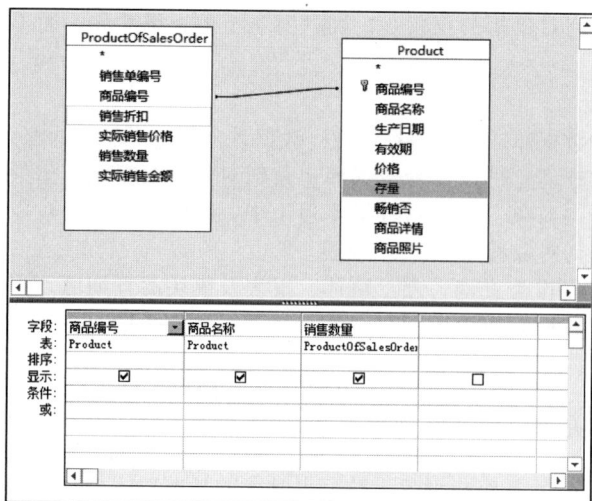

图 6-1　查询的设计视图

分别是数据源对象窗格和查询设计窗格。

2. 数据表视图

查询的数据表视图是查询运行结果的显示视图，通常表现为以行和列的格式显示查询结果的窗口。在这个视图中，除了可以调整视图的显示风格，对行高、列宽及单元格的风格进行设置外，还可以对结果集进行数据的查找、添加、修改和删除等操作，也可以对结果集中的记录进行排序和筛选等。这些操作的方法与数据表类似。

3. SQL 视图

查询的 SQL 视图用来显示或编辑当前查询的 SQL 命令。要基于 SQL 视图设计查询，必须熟练掌握 SQL 命令的语法和使

用方法，相关内容将在第 7 章中介绍。

这 3 种类型视图的切换非常简单，常用的方法有 3 种：在 Access 界面右下角的视图切换按钮中单击相应的视图按钮；在查询标题上右击，在打开的快捷菜单中选择具体视图即可；选择"查询工具设计"选项卡的"结果"命令组中的"视图"命令，打开如图 6-2 所示的下拉菜单，选择相应的视图选项即可切换到指定查询视图。

图 6-2　视图切换下拉列表

6.2　Access 查询的设计方法

　　Access 查询的设计方法有两种：查询设计向导和查询设计器。基于查询设计向导（简称查询向导）工具，用户可以快速设计查询。但基于查询向导设计的查询存在一定的局限性，一般只能设计一些模式化的查询，对于条件查询、复杂的嵌套查询及个性化极高的查询，查询设计向导就无法设计了。在大多数情况下，基于查询设计向导设计的查询需要在查询设计器中进行修改，才能满足用户的需求。

　　因此，查询设计器是 Access 中创建查询的主要方法，查询设计向导只需简单了解即可。本节先介绍查询设计向导的使用方法，再介绍查询设计器的工作界面。基于查询设计器设计查询的内容将在 6.3 节中详细介绍。

6.2.1　查询设计向导

　　要在 Access 数据库中通过查询设计向导设计查询，需要先打开某数据库，再选择"创建"选项卡的"查询"命令组中的"查询向导"命令。

　　Access 查询设计向导有以下 4 种类型：简单查询向导、查找重复项查询向导、查找不匹配项查询向导和交叉表查询向导。其中，交叉表查询向导用于设计交叉表查询，而其他类型的查询向导设计的都是选择查询。

1. 简单查询向导

　　基于简单查询向导设计的查询有以下 3 个特点：可以从一个或多个数据源对象中查询数据；既可以查询明细信息，又可以查询汇总信息；不能指定查询条件。

在 Access 中，能够提供数据源对象的主要是数据表。另外，查询可以向其他对象提供数据，因此查询也可以作为数据源对象。鉴于读者刚刚开始学习查询，本章使用的数据源对象以数据表为主。

下面通过例子分析基于简单查询向导设计查询的方法。

【例 6-1】在"销售单"数据库中，基于简单查询向导建立一个查询，查询各种商品的单次销量信息，查询结果包括商品编号、商品名称和销售数量。

基于简单查询向导设计本例查询的方法如下。

Step1：打开"销售单"数据库，如图 6-3 所示。

Step2：在"销售单"数据库窗口中，打开"关系设计"窗口，基于关联字段"商品编号"建立 Product 和 ProductOfSalesOrder 两个数据表的联系，如图 6-4 所示。

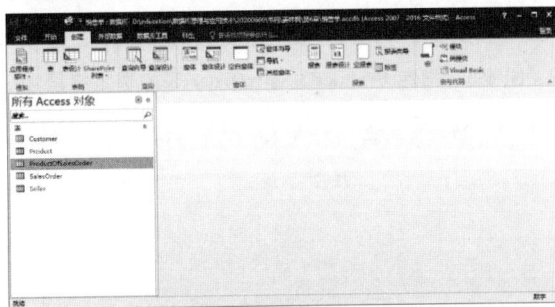

图 6-3 "销售单"数据库

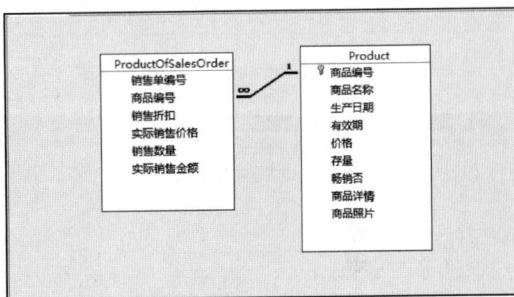

图 6-4 "销售单"数据库的"关系设计"窗口

注意：本例的查询信息来自 Product 和 ProductOfSalesOrder 两个数据表，因此需要基于"商品编号"这一关联字段事先建立起表间关系，否则，选择数据表及其字段后，单击"下一步"按钮，会打开如图 6-5 所示的错误提示对话框。

图 6-5 错误提示对话框

Step3：在"销售单"数据库窗口的导航窗格中，单击 Product 表的图标，使之成为当前对象，选择"创建"选项卡的"查询"命令组中的"查询向导"命令，打开如图 6-6 所示的"新建查询"对话框。

Step4：在"新建查询"对话框中，选择"简单查询向导"选项，单击"确定"按钮，打开"简单查询向导"对话框。

Step5：在"简单查询向导"对话框中指定查询源并选定结果集中包含的字段：先指定 Product 表的选定字段，如图 6-7 所示；再指定 ProductOfSalesOrder 表的选定字段，如图 6-8 所示。

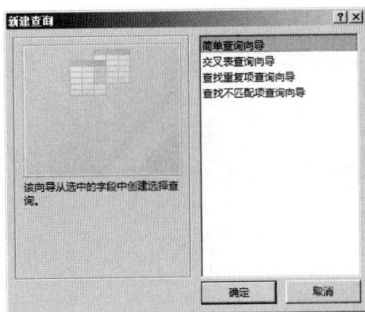

图 6-6 "新建查询"对话框

Step6：指定查询源并选定字段后，单击"下一步"按钮，指定简单查询的类型是"明细（显示每个记录的每个字段）"还是"汇总"。根据题干，本例选择默认的"明细（显示每个记录的每个字段）"类型，如图 6-9 所示，单击"下一步"按钮。

Step7：在如图 6-10 所示的"简单查询向导"对话框中，如果直接单击"完成"按钮，本例设计的查询将以默认的标题名"Product 查询"保存，并打开图 6-11 所示的查询结果窗口，显示查询的结果信息。如果在如图 6-10 所示的对话框中，为该查询指定非默认标题"各商品单次销量查询"，那么本例设计的查询将以指定标题名保存，查询结果的数据表视图将采用这一标题。

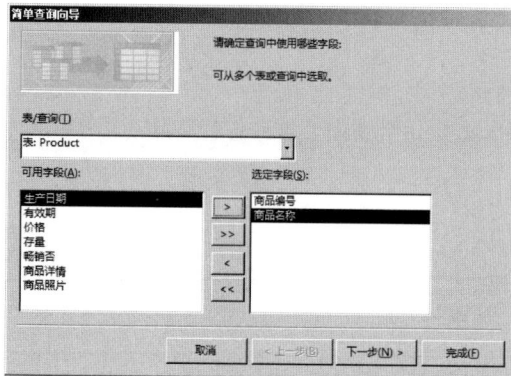

图 6-7　指定 Product 表的选定字段

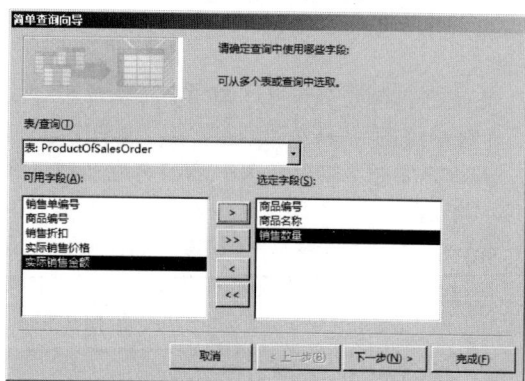

图 6-8　指定 ProductOfSalesOrder 表的选定字段

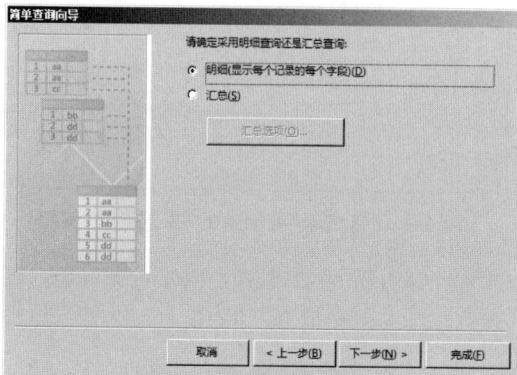

图 6-9　指定简单查询的类型

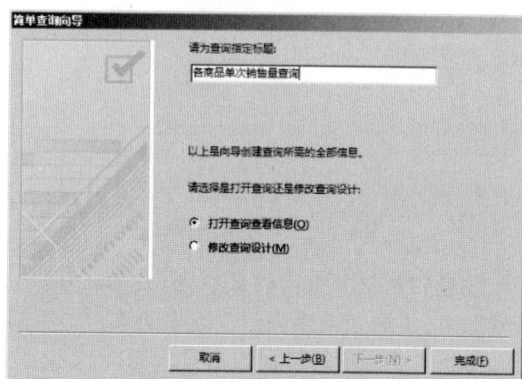

图 6-10　为查询指定标题

图 6-11　查询结果窗口

Step8：如果基于查询向导设计的查询结果包括商品编号、商品名称和销售数量，那么用户应该在图 6-12 中指定该查询为"汇总"类型，并单击"汇总选项"按钮，打开如图 6-13 所示的"汇总选项"对话框，在该对话框中指定查询的汇总方式是对"销售数量"字段进行"汇总"，"汇总"就是求累加和。"汇总"类型的查询结果如图 6-14 所示。

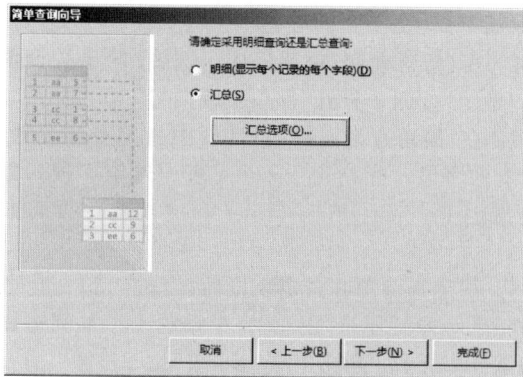

图 6-12　指定查询类型为"汇总"

商品编号	商品名称	销售数量 之 合计
P01001	有机韭菜	26
P01002	阳光大白菜	26
P01003	生态西红柿	20
P01004	南海菠萝	6
P01005	胶东苹果	16
P01006	东北鲜菇	13
P02001	南山里脊	11
P02002	渤海腱肉	14
P02003	中华牛肉	5
P03001	东海带鱼	35
P03002	生态鲤鱼	6
P03003	南海鲳鱼	2
P04001	生态鸽子蛋	11
P06001	有机花生油	4
P06002	好吃面包	11
P06003	方便面	7
P06004	龙须面条	6
P06005	生态瓜子	13
P06006	速冻水饺	3
P07001	绿色大米	7
P07002	生态红豆	3
P08001	齐鲁啤酒	5
P08002	可口苹果汁	13
P09001	盒装抽纸	11
P09002	高级香皂	9
P09003	安心插排	3

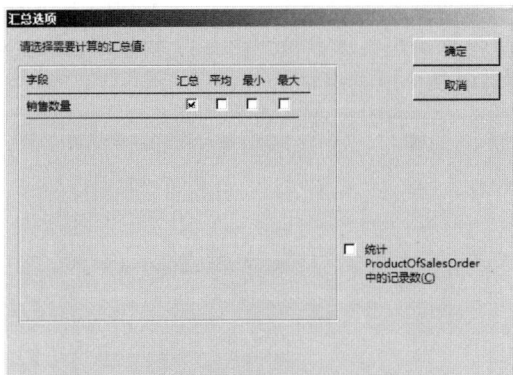

图 6-13　指定对"销售数量"字段进行"汇总"　　图 6-14　"汇总"类型的查询结果

Step9：如果用户觉得基于简单查询向导设计的"各商品单次销量查询"不能满足要求，则可以在如图 6-10 所示的对话框中选中"修改查询设计"单选按钮，单击"完成"按钮，就会打开如图 6-15 所示的"各商品单次销量查询"设计视图，用户可以基于简单查询设计视图对基于简单查询向导设计的"各商品单次销量查询"进行修改，以达到用户的要求。

同理，如果用户觉得基于简单查询向导设计的"各商品销售总量查询"不能满足要求，则可以在如图 6-16 所示的"各商品销售总量查询"设计视图中对查询进行修改，直至达到用户的要求。

如果用户觉得基于简单查询向导设计的查询能够满足要求，那么可以直接关闭"销售单"数据库，并退出 Access。

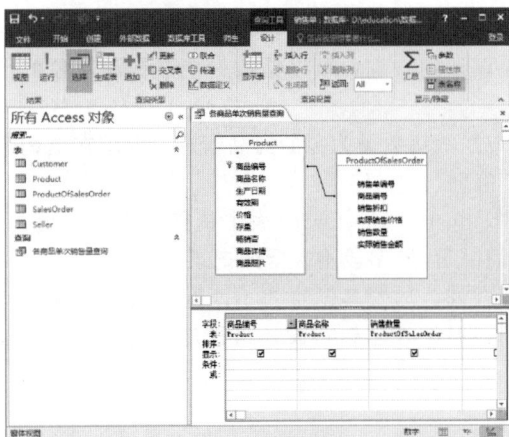

图 6-15　"各商品单次销量查询"设计视图　　图 6-16　"各商品销售总量查询"设计视图

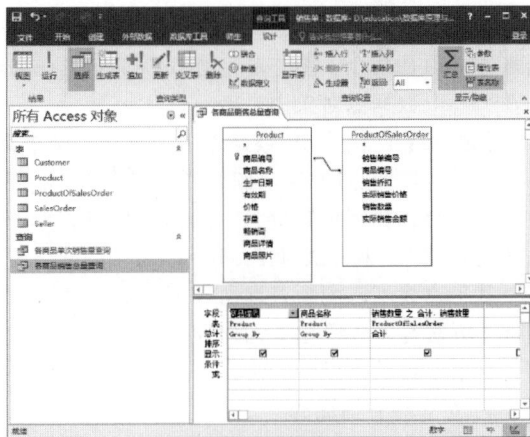

2. 查找重复项查询向导

数据表中经常有字段值相同的记录，这样的记录被称为具有重复项的记录，值相同的字段被称为重复项。基于查找重复项查询向导可以设计一个查询来寻找数据表中具有重复项的记录。

需要指出的是，重复项可能是一个字段，也可能是两个以上字段的组合。另外，基于向导创建重复项查询时，其数据来源只能有一个。

【例 6-2】在 SalesOrder 表中查询同一位销售员的销售单完成状态，要求显示该销售员的编号、所负责的销售单编号、销售时间及销售单状态。

【分析】由于“销售员编号”“销售单编号”“销售时间”及“销售单状态”都包含在单表 SalesOrder 中，因此可以基于查找重复项查询向导设计一个查询，找到 SalesOrder 表中的“销售员编号”相同的记录的“销售员编号”“销售单编号”“销售时间”及“销售单状态”信息。

尽管基于查找重复项查询向导设计查询的方法与基于简单查询向导设计查询的方法不同，但设计思想和设计路径是相同的。限于篇幅，这里不再给出设计方法。图 6-17 描述了 SalesOrder 表中的原始记录信息；图 6-18 描述了同一位销售员的销售单完成状态。

销售单编号	顾客编号	销售员编号	销售时间	销售单状态
20190116001	C56019977	S09	2019/1/16 9:16:15	已完成
20190116002	C56019971	S09	2019/1/16 9:19:17	已完成
20190116003	C56019977	S08	2019/1/16 9:21:25	已完成
20190116004	C37010006	S09	2019/1/16 11:16:15	已完成
20190116005	C11010001	S09	2019/1/16 11:19:19	已完成
20190116006	C11020002	S08	2019/1/16 11:26:29	已撤单
20190117001	C56019971	S07	2019/1/17 9:29:56	已完成
20190117002	C37010006	S07	2019/1/17 19:56:21	已完成
20190117003	C11020006	S07	2019/1/17 21:11:12	已完成
20190117004	C11030002	S06	2019/1/17 21:21:17	已完成
20190119001	C11010001	S01	2019/1/19 9:16:15	已完成
20190119002	C11010002	S01	2019/1/19 9:29:19	已完成
20190119003	C11010001	S03	2019/1/19 9:56:06	已完成
20190120001	C37010001	S02	2019/1/20 9:16:17	已完成
20190120002	C37020001	S01	2019/1/20 9:19:15	已完成
20190121001	C37010001	S01	2019/1/21 9:36:20	已撤单
20190121002	C37020001	S01	2019/1/21 11:36:21	已完成
20190121003	C11010001	S01	2019/1/21 11:16:25	已完成
20190121004	C37020001	S03	2019/1/21 11:56:51	已完成
20190121005	C37010002	S03	2019/1/21 11:59:59	已完成
20190121006	C37020002	S02	2019/1/21 15:16:25	已完成
20190121007	C11010002	S02	2019/1/21 15:56:25	已完成
20190121008	C56019971	S02	2019/1/21 16:16:25	已完成
20190121009	C56019971	S03	2019/1/21 17:16:15	已完成
20190129001	C11010001	S06	2019/1/29 7:56:09	已完成
20190129002	C37010001	S06	2019/1/29 11:06:27	已完成
20190130001	C37010002	S05	2019/1/30 17:31:59	已完成
20190201001	C11010002	S04	2019/2/1 12:01:57	已完成
20190210001	C37020002	S06	2019/2/10 10:15:16	已完成
20190222001	C11020006	S06	2019/2/22 18:30:16	已完成
*				

图 6-17　SalesOrder 表中的原始记录信息

销售员编号	销售单编号	销售时间	销售单状态
S01	20190120002	2019/1/20 9:19:15	已完成
S01	20190119001	2019/1/19 9:16:15	已完成
S01	20190119002	2019/1/19 9:29:19	已完成
S01	20190121001	2019/1/21 9:36:20	已撤单
S01	20190121002	2019/1/21 11:36:21	已完成
S01	20190121003	2019/1/21 11:16:25	已完成
S02	20190120001	2019/1/20 9:16:17	已完成
S02	20190121007	2019/1/21 15:56:25	已完成
S02	20190121008	2019/1/21 16:16:25	已完成
S02	20190121006	2019/1/21 15:16:25	已完成
S03	20190121005	2019/1/21 11:59:59	已完成
S03	20190121004	2019/1/21 11:56:51	已完成
S03	20190121009	2019/1/21 17:16:15	已完成
S03	20190119003	2019/1/19 9:56:06	已完成
S06	20190129002	2019/1/29 11:06:27	已完成
S06	20190210001	2019/2/10 10:15:16	已完成
S06	20190129001	2019/1/29 7:56:09	已完成
S06	20190222001	2019/2/22 18:30:16	已完成
S06	20190117004	2019/1/17 21:21:17	已完成
S07	20190117003	2019/1/17 21:11:12	已完成
S07	20190117002	2019/1/17 19:56:21	已完成
S07	20190117001	2019/1/17 9:29:56	已完成
S08	20190116006	2019/1/16 11:26:29	已撤单
S08	20190116003	2019/1/16 9:21:25	已完成
S09	20190116001	2019/1/16 9:16:15	已完成
S09	20190116005	2019/1/16 11:19:19	已完成
S09	20190116004	2019/1/16 11:16:15	已完成
S09	20190116002	2019/1/16 9:19:17	已完成
*			

图 6-18　同一位销售员的销售单完成状态

3. 查找不匹配项查询向导

查找不匹配项是指查找一个数据源对象和另一个数据源对象某个字段值不匹配的记录，其数据来源必须是两个。用户基于查找不匹配项查询向导设计的查询，可以检索一个数据源对象的记录在另一个数据源对象中是否有相关记录。

【例 6-3】在“销售单”数据库中，设计一个查询，查找销售数量为零的商品信息，要求在查询结果中显示此类商品的“商品编号”“商品名称”和“库存”信息。

【分析】查找销售数量为零的商品信息，即查找 ProductOfSalesOrder 表中销售单编号的商品，也就是查找 Product 表和 ProductOfSalesOrder 表中“商品编号”字段不匹配的记录。

基于查找不匹配项查询向导可以轻松地设计本例查询。尽管基于查找不匹配项查询向导设计查询的方法与基于简单查询向导设计查询的方法不同，但设计思想和设计路径是相同的。限于篇幅，这里不再给出设计方法。

4. 交叉表查询向导

交叉表是一种常用的分类汇总表格，它可以分组显示数据源中某个字段的汇总值。分组字段有行分组字段和列分组字段两类，其中，行分组字段在数据表的左侧，而列分组字段在数据表的上部。汇总值只有一项，它位于行和列的交叉处，显示了汇总字段的计算值。汇总字段的计算方式主要有以下几种：和、平均值、计数、最大值、最小值。

设计交叉表查询有两种方式：交叉表查询向导和查询设计器。基于交叉表查询向导设计交叉表查询时，要求查询的数据源对象只能是一个。如果查询的数据源来自两个或两个以上的对象，那么只能基于查询设计器来设计交叉表查询。

不管是交叉表查询向导还是查询设计器，设计交叉表查询都包括3部分内容：一是指定交叉表左侧的行标题字段；二是指定交叉表上方的列标题字段；三是指定交叉表行与列的交叉处显示的汇总字段及其汇总方式。简要来说，设计交叉表就是指定行标题、列标题和汇总字段。

在交叉表查询向导中，系统最多允许有3个行标题，但只能有1个列标题。为支持在交叉处对汇总字段进行汇总，系统提供了以下函数：Count、First、Last、Max和Min。

【例6-4】在"销售单"数据库中，基于交叉表查询向导设计一个交叉表查询，统计各销售单的"实际销售金额"、各种商品的销售金额。

【分析】根据题干，本例设计的交叉表查询的数据源是ProductOfSalesOrder，行标题是"销售单编号"，列标题是"商品编号"，行和列交叉处的汇总字段是"实际销售金额"。

尽管基于交叉表查询向导设计交叉表查询的方法与基于简单查询向导设计简单查询的方法不同，但设计思想和设计路径是相同的。限于篇幅，这里不再给出设计方法。

图6-19给出了基于交叉表查询向导设计的交叉表查询的运行结果。请读者基于交叉表查询向导独立设计这个查询，并将自己设计的查询的运行结果与图6-19进行比对。

销售单编号	总计 实际销售金额	P01001	P01002	P01003	P01004	P01005	P01006	P020
20190116001	¥29.59	¥13.99	¥15.60					
20190116002	¥49.38			¥7.98	¥41.40			
20190116003	¥5.44	¥5.44						
20190116004	¥16.80					¥16.80		
20190116005	¥91.40						¥28.40	
20190116006	¥36.98	¥5.18						
20190117001	¥845.00							
20190117002	¥132.59	¥2.59						
20190117003	¥137.80		¥7.80					
20190117004	¥116.00							
20190119001	¥151.22			¥5.32		¥11.20		
20190119002	¥735.62					¥40.32	¥21.30	
20190119003	¥91.32	¥23.31						
20190120001	¥336.20					¥11.20		
20190120002	¥31.95	¥12.95		¥19.00				
20190121001	¥310.50		¥18.20				¥12.50	
20190121002	¥458.80							
20190121003	¥28.40						¥28.40	
20190121004	¥26.00		¥26.00					
20190121005	¥122.20							
20190121006	¥200.37							
20190121007	¥700.00							
20190121008	¥191.10							
20190121009	¥548.00							
20190129001	¥102.90							
20190129002	¥660.70							
20190130001	¥78.00							
20190201001	¥66.20							
20190210001	¥147.00							
20190222001	¥74.60					¥5.60		

图6-19 交叉表查询的运行结果

6.2.2 查询设计器

对于模式化的查询，使用查询向导进行设计比较方便，但是对于条件查询、复杂的嵌套查询、操作查询等，无法使用查询向导来进行设计，而必须使用查询设计器工具。

查询设计器有查询设计视图、数据表视图和SQL视图3种设计界面。用户打开某个数据库后，选择"创建"选项卡的"查询"命令组中的"查询设计"命令，即可打开查询设计器的查询设计视图。图6-20是在"销售单"数据库中打开的查询设计视图。下面介绍查询设计视图的组成、查询的设计内容以及查询属性的设置等。

1. 查询设计视图的组成

查询设计视图由两部分构成：上半部分为数据源窗格，下半部分为设计窗格。

（1）数据源窗格

数据源窗格用来添加或移除数据源对象，包括数据表或其他查询。添加数据源对象的方法如下：右击数据源窗格的空白处，在打开的快捷菜单中选择"显示表"命令，在打开的"显示表"对话框中添加查询的数据源对象即可；或者直接把导航窗格中的数据源对象拖动到数据源窗格中，这样可以快速添加数据源对象。移除数据源窗格中现存数据源对象的方法如下：右击要移除的数据源对象，在打开的快捷菜单中选择"删除表"命令即可。

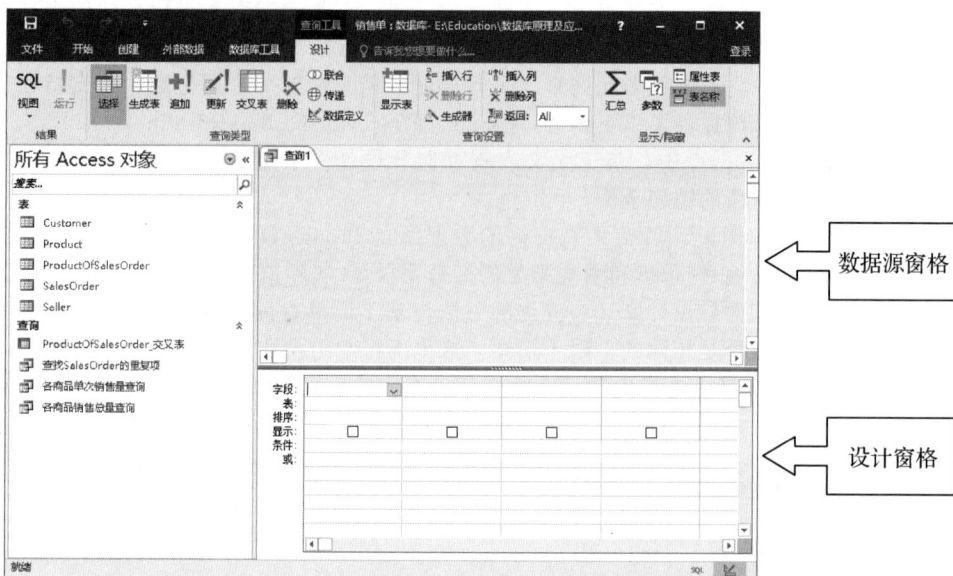

图 6-20 查询设计视图

（2）设计窗格

设计窗格由若干行组成。设计窗格通常包括"字段"行、"表"行、"排序"行、"显示"行、"条件"行和"或"行。注意：当查询类型不同时，设计窗格包含的行会有所变化，相关变化将在介绍相关类型查询的设计时指出。下面简单介绍"字段"行、"表"行、"排序"行、"显示"行、"条件"行、"或"行及空行在设计查询中的作用。

①"字段"行：用于指定查询结果中包含的字段。在"字段"行中，既可以指定数据源对象中包含的字段，又可以指定一个计算字段。所谓的计算字段就是以数据源中的字段为核心元素所构造的表达式，通过这个表达式对字段数据进行加工处理，进而获得用户期望的信息。特殊情况下，计算字段是一个与数据源字段无关的表达式。方便起见，下文以字段指代数据源字段和计算字段。

②"表"行：用于指定包含"表"行所在栏字段的数据源对象名称。

③"排序"行：用于指定查询结果是否基于"排序"行所在栏字段进行排序。在一个查询中，可以指定单一字段作为排序依据，也可以指定多个字段作为排序依据。当按多字段排序时，出现在设计窗格最左边的排序字段为第一关键字，出现在次左的排序字段为第二关键字，依此类推。

④"显示"行：用于决定"显示"行所在栏目的字段是否包含在查询结果中。在默认情况下，所有栏目的字段都包含在查询结果中，如果不希望某栏目的字段被包含，但又需要该字段作为查询条件的元素或参与其他设计工作，则可以在"显示"行中指定不显示该栏目的字段。

⑤"条件"行：用于设置查询的条件，满足条件的记录才会包含在查询结果中。"条件"行中的条件既可以是一个简单条件表达式，又可以是包含多个条件的复杂条件表达式。若复杂条件中包含多个条件，且多个条件之间是逻辑"与"的关系，则必须在同一"条件"行中进行设置。

⑥"或"行：用于设置查询条件中"或"关系的条件。当查询的条件包含多个，且条件之间是"或"的关系时，可以将查询的条件分别填写在"条件"行与"或"行中。

⑦ 空行：用于放置更多的查询条件。

注意 打开查询设计视图后，在窗口的功能区中会出现"查询工具｜设计"选项卡，其中包含4个命令组，它们为用户设计查询提供了更大的方便。

2. 查询的设计内容

查询的设计包括3项重要内容：一是指定查询源对象；二是指定查询结果中所包含的数据源字段或计算字段；三是指定查询条件，即查询结果要满足的条件。在查询的设计中，查询条件是最复杂的，它通常用一个或多个条件表达式表示。下面介绍条件表达式的设定。

（1）基于表达式生成器设定条件表达式

表达式生成器可以协助用户设定条件表达式。在设计窗格的"条件"单元格上右击，在打开的快捷菜单中选择"生成器"命令，即可打开如图 6-21 所示的"表达式生成器"对话框。

表达式生成器提供了当前查询可以使用的表达式元素，其中包括函数、数据库及其包含的对象、常量、操作符和通用表达式。用户只需要对上述元素按表达式规则进行组合，就可以方便地构建自己所需要的任何一个表达式。

默认情况下，数据库所包含的对象会折叠起来，单击数据库标识符前面的折叠（展开）符号，就可以将数据库所包含的对象展开（折叠）。

图 6-21 "表达式生成器"对话框

（2）在"条件"单元格中直接设定条件表达式

对于高级用户，可以先选中要设置条件的字段，再在该字段同栏目的"条件"单元格中直接设定条件表达式。例如，想查询顾客"刘伟"的信息，可以在"字段"行中指定"顾客姓名"字段，并在与该字段同栏目的"条件"单元格中输入"［顾客姓名］＝"刘伟""。

> 设置条件表达式时，其中的符号输入要严格遵守 Access 的语法规则。条件表达式主要在查询设计窗格的"条件"行及"或"行中设置。写在同一个"条件"行中的多个条件是"与"关系，写在不同"条件"行中的条件是"或"关系。

3. 查询属性的设置

在查询设计视图中，可以对查询的属性进行设置，以控制查询的运行。要想设置查询属性，可以在数据源对象窗格中右击，在打开的快捷菜单中选择"属性"命令，或直接选择"设计"选项卡的"显示/隐藏"命令组中的"属性表"命令，打开如图 6-22 所示的"属性表"窗格。用户可以在"属性表"窗格中对查询的执行和访问属性进行设置。

尽管"属性表"窗格中包含很多属性，但经常用到的属性只有以下 5 项。

① 输出所有字段：该选项用来控制查询结果是否输出所有字段。

② 上限值：当用户希望查询返回一个或一部分记录时，可使用该选项。

③ 唯一值：当用户希望查询结果的字段返回"唯一值"时，可使用该选项。

④ 唯一的记录：当用户希望查询结果的记录返回"唯一值"时，可使用该选项。

图 6-22 "属性表"窗格

⑤ 记录锁定：控制是否对查询的记录进行锁定。

6.3 Access 查询的设计技术

6.3.1 检索型查询的设计

检索型查询的特点是用户可以直接从数据库中提取所需要的数据信息，通常不需要对提取的数据信息进行二次计算。检索型查询的结果集通常只包含数据库中数据表的字段。根据检索时是否指定查询条件，检索型查询又可以分为无条件检索查询和有条件检索查询两种类型。对于有条件检索查询，根据条件是否需要在查询执行时进行动态调整，又可以分为静态条件检索查询和动态条件检索查询。下面分别对无条件检索查询、静态条件检索查询和动态条件检索查询进行介绍。

1. 无条件检索查询

无条件检索查询是查询中最简单的一种。在设计查询的时候，这种查询无须指定查询条件，只需要从一个或多个数据源对象中将用户需要查询的字段添加到设计窗格中即可。下面通过两个例子讲解如何基于查询设计视图设计无条件检索查询。

【例 6-5】在"销售单"数据库中，使用查询设计视图设计一个查询，检索所有顾客的姓名、性别和最近购买时间。

【分析】由于顾客的姓名、性别和最近购买时间都源于 Customer 表，因此本例设计的查询是一个单表查询，即查询只需要从 Customer 表中检索数据。另外，本例对检索结果没有条件限制，因此是一个无条件检索查询。

使用查询设计视图设计无条件检索查询的方法和步骤如下。

Step1：打开"销售单"数据库，如图 6-23 所示。

Step2：选择"创建"选项卡的"查询"命令组中的"查询设计"命令，打开"销售单"数据库的查询设计视图，如图 6-24 所示。

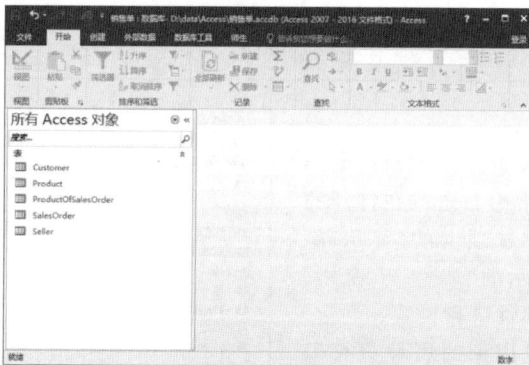

图 6-23 "销售单"数据库

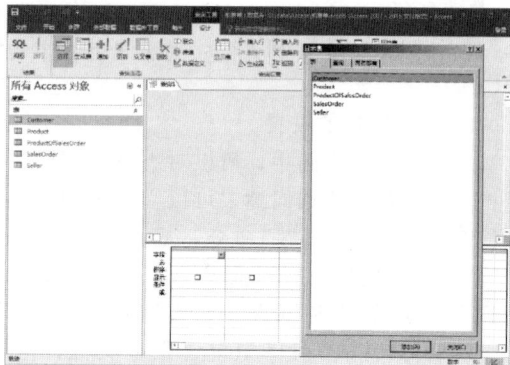

图 6-24 "销售单"数据库的查询设计视图

Step3：在"显示表"对话框中，选择查询数据源"Customer"，单击"添加"按钮，单击"关闭"按钮关闭"显示表"对话框，此时的查询设计视图如图 6-25 所示。

Step4：在图 6-25 的查询设计视图中，依次添加用户所要查询的字段。可以将数据源对象中的字段拖动到设计窗格的字段单元格中，或者在字段单元格的下拉列表中选择用户需要添加的字段，或者直接双击数据源对象中的字段。字段添加完成后的查询设计视图如图 6-26 所示。

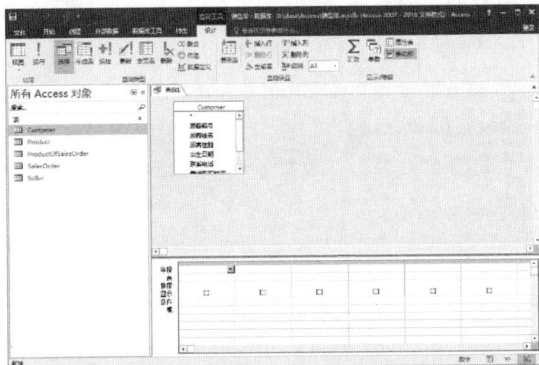

图 6-25　添加数据源"Customer"后的查询设计视图

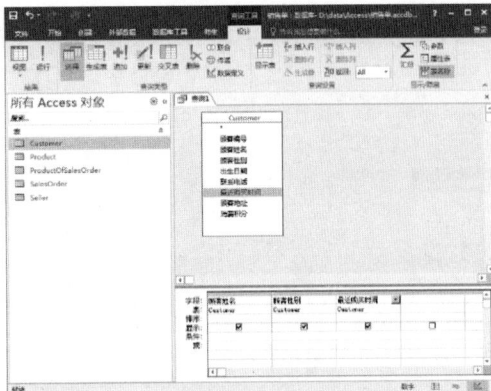

图 6-26　字段添加完成后的查询设计视图

Step5：单击快速访问工具栏中的"保存"按钮，将查询命名为"查询顾客最近购买时间"。

Step6：选择"查询工具｜设计"选项卡的"结果"命令组中的"视图"命令，选择"数据表视图"选项，顾客最近购买时间信息就呈现在用户眼前，如图 6-27 所示。

至此，基于查询设计器创建查询的任务就完成了。如果用户没有其他任务，则直接关闭"销售单"数据库，并退出 Access 即可。

【例 6-6】在"销售单"数据库中，使用查询设计器设计一个查询，该查询的任务是检索每一张销售单的明细销量信息，包括商品编号、商品名称、销售单编号和销售数量。

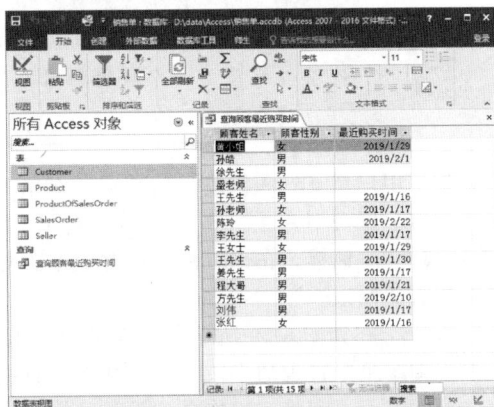

图 6-27　顾客最近购买时间信息

【分析】由于"商品编号""商品名称""销售单编号"和"销售数量"都源于 Product 和 ProductOf SalesOrder 这两个数据表，因此本例设计的查询是一个两表查询，这就需要基于"商品编号"这一关联字段事先建立起 Product 表和 ProductOfSalesOrder 表之间的联系。如果没有建立联系，那么查询无法从 Product 表和 ProductOfSalesOrder 表中获得相关数据。数据表之间的联系既可以在"关系"对话框中建立，又可以在查询设计视图的数据源窗格中建立。

基于查询设计视图设计本例查询的方法和步骤如下。

Step1：打开"销售单"数据库。

Step2：选择"创建"选项卡的"查询"命令组中的"查询设计"命令，打开查询设计视图。

Step3：在"显示表"对话框中，依次添加查询数据源对象 Product 和 ProductOfSalesOrder，关闭"显示表"对话框，此时的查询设计视图如图 6-28 所示。

Step4：如图 6-28 所示的数据源窗格中有两个数据源对象，但它们并没有基于关联字段"商品编号"建立联系，因此建立联系是当前的任务。在 Product 表和 ProductOfSalesOrder 表之间建立联系的方法很简单，只需要将 Product 表的"商品编号"字段拖动到 ProductOfSalesOrder 表的"商品编号"字段上即可，如图 6-29 所示。

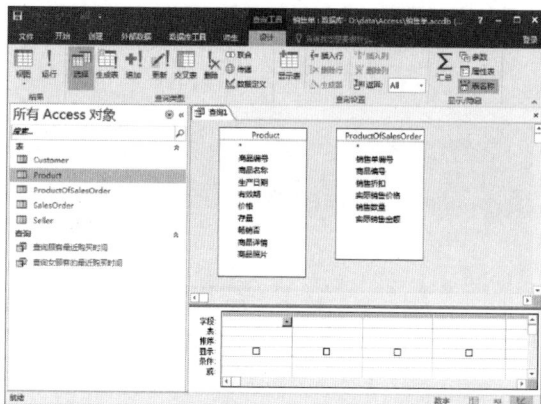

图 6-28　添加查询数据源后的查询设计视图　　　图 6-29　建立数据源对象之间的联系

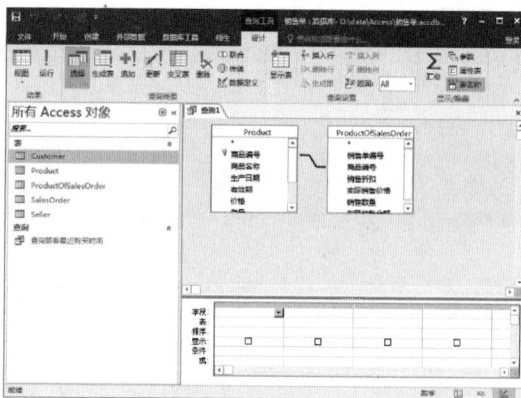

> 如果两个数据源对象之间已经建立了联系，那么查询设计器会自动使用这一联系。如果两个数据源对象事先没有建立联系，但两个对象具有公共字段，且这个公共字段是一个数据源对象的主键，那么 Access 会自动基于数据源对象的公共字段建立联系。

如果用户想查看和修改当前数据源对象之间的联系，则可以双击数据源对象之间的联系线，打开如图 6-30 所示的"连接属性"对话框，在该对话框中对数据源对象之间的联系进行查看或修改。

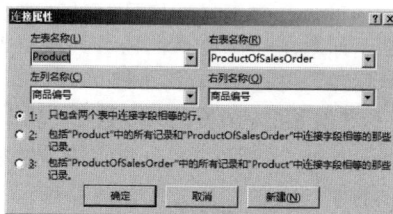

图 6-30　"连接属性"对话框

Step5：在如图 6-29 所示的查询设计视图中，依次添加用户查询结果中包含的字段。方法如下：直接双击相应数据表的字段名；或者将字段拖动到设计窗格的字段行相应栏目的单元格中；或者在字段单元格的下拉列表中选择需要添加的字段。例 6-6 查询的设计细节如图 6-31 所示。

Step6：选择"查询工具｜设计"选项卡的"结果"命令组中的"视图"命令，选择"数据表视图"选项，每一张销售单的明细销量信息会以数据表视图的形式呈现在用户眼前，如图 6-32 所示。

Step7：单击快速访问工具栏中的"保存"按钮，将查询保存为默认名称的对象。

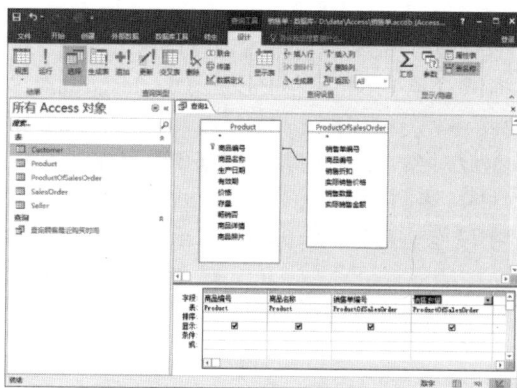

图 6-31　例 6-6 查询的设计细节　　　图 6-32　例 6-6 查询的运行结果

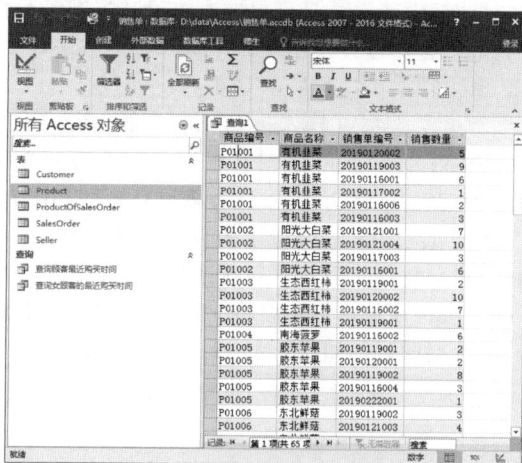

至此，基于查询设计器创建查询的任务就完成了。如果用户没有其他任务，则直接关闭"销售单"数据库，并退出 Access 即可。

2. 静态条件检索查询

前面基于查询向导和查询设计器创建的查询都很简单，都是无条件检索查询，但在实际应用中，几乎所有查询都是有条件查询，这就需要在设计查询时根据用户要求设定查询条件。

下面通过两个例子介绍静态条件检索查询的设计方法和步骤。

【例 6-7】在"销售单"数据库中，用设计视图设计一个查询，该查询的任务是检索所有女顾客的姓名、性别、最近购买时间信息。

【分析】由于姓名、性别、最近购买时间都源于 Customer 表，因此本例设计的查询是单表查询；由于检索结果限定为女顾客，因此本例是条件查询，条件是"顾客性别是女"。

基于查询设计视图设计本例查询的方法和步骤如下。

Step1：打开"销售单"数据库。

Step2：选择"创建"选项卡的"查询"命令组中的"查询设计"命令，打开查询设计视图。

Step3：在"显示表"对话框中，添加数据源对象 Customer 表。

Step4：在如图 6-33 所示的查询设计窗格的字段行的相应栏目中，依次添加用户要查询的字段，包括"顾客姓名""顾客性别"和"最近购买时间"。

Step5：在如图 6-33 所示的查询设计窗格的"顾客性别"字段栏目所对应的条件单元格中，输入查询条件"[顾客性别]＝"女""。当然，也可以只输入"女"。

Step6：单击快速访问工具栏中的"保存"按钮，将查询保存为默认名称的对象。

Step7：选择"查询工具｜设计"选项卡"结果"命令组中的"视图"命令，选择"数据表视图"选项，女顾客的最近购买时间信息会以数据表视图的形式呈现在用户眼前，如图 6-34 所示。

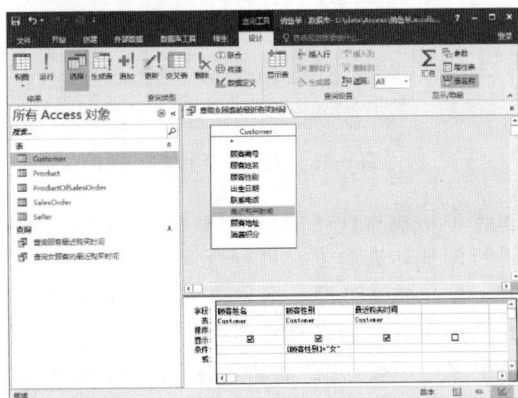

图 6-33　例 6-7 查询的设计细节　　　　图 6-34　例 6-7 查询的运行结果

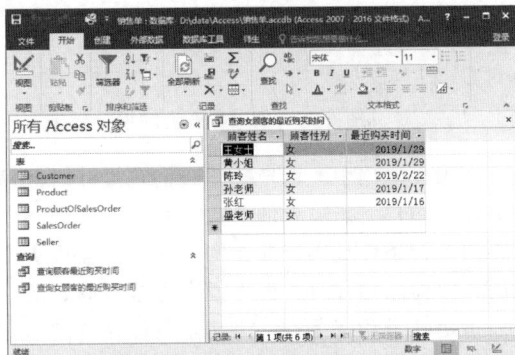

> "显示"行的作用是指定本栏目中的所选字段是否在查询结果中显示。若某一字段只参与查询的设计而并非查询结果的内容，则应该将该字段设置为不显示。

【例 6-8】在"销售单"数据库中，使用查询设计视图设计一个查询，完成以下检索任务：检索一次销量不低于 5 的商品的明细信息，包括 Product 表中的"商品编号""商品名称""畅销否"以及 ProductOfSalesOrder 表中的"销售数量"和"销售折扣"。

【分析】本例是一个两表单条件查询。两个数据表是 Product 和 ProductOfSalesOrder；条件是"商品的销售数量不低于 5"。

基于查询设计视图创建本查询的方法和步骤如下。

Step1：打开"销售单"数据库。

Step2：打开查询设计视图，添加数据源 Product 表和 ProductOfSalesOrder 表，并确保这两个数据源对象基于关联字段"商品编号"建立联系，如图 6-35 所示。

Step3：在如图 6-35 所示的查询设计视图的设计窗格中，依次添加用户要查询的字段。

Step4：在"销售数量"字段所在栏目的条件单元格中，基于图 6-36 的"表达式生成器"对话框生成查询的条件"［ProductOfSalesOrder］！［销售数量］＞＝5"。

Step5：单击快速访问工具栏中的"保存"按钮，将查询保存为默认名称的对象。

Step6：选择"查询工具｜设计"选项卡的"结果"命令组中的"视图"命令，选择"数据表视图"选项，就可以看到查询结果。

3. 动态条件检索查询

前面介绍的查询中的查询条件是在设计查询时设定的固定条件。所谓的固定条件，指的是查询条件一旦在查询的设计阶段设定，该查询条件在查询的执行阶段就是确定的，不能基于用户的交互对查询条件进行动态调整。

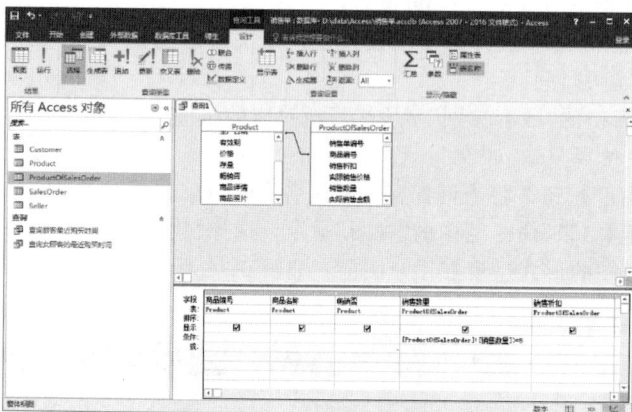

图 6-35　例 6-8 查询的设计细节

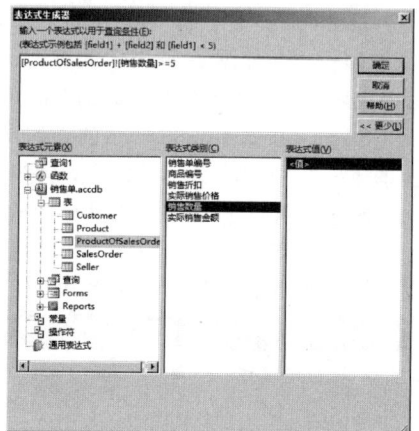

图 6-36　例 6-8 条件表达式的生成

在很多应用中，用户期望查询在设计时能够设定一个动态条件，当用户执行该查询时，查询能够基于用户动态输入的参数，对查询的动态条件进行调整，进而生成进行查询的确定条件，即最终的查询条件是固定的。例如，顾客在购买商品时，往往要通过商品名称事先查询商品的基本情况，但商品名称对查询来说事先是不固定的，因此无法在查询的设计视图中指定固定条件，但可以指定一个动态条件，该动态条件在查询运行时将根据用户输入的"商品名称"参数生成确定的查询条件。

为此，Access 提供了条件查询，即动态条件查询，又称参数查询。动态条件查询是在查询设计阶段将查询条件设置为可变化的"参数"条件。当用户执行动态条件查询时，Access 会打开预定义的对话框，提示用户输入"参数值"，Access 将根据用户输入的"参数值"，对"参数"条件进行动态调整，进而生成确定的固定条件，并根据固定条件得到查询结果。

动态条件查询是一种交互式查询，根据交互时参数的个数，动态条件查询分为单参数查询和多参数查询。例如，基于顾客输入的商品名称调整查询设计视图中设定的"参数"条件，那么商品名称就是这个查询的单参数，该查询即为单参数查询。又如，读者在图书馆中往往需要基于书名和作者名查询图书的存量，那么书名和作者名就是所谓的多参数。

设置动态条件查询的参数条件时，可在某一字段栏目的"条件"单元格中输入以成对英文方括号界定的"参数"。Access 会认为成对英文方括号界定的"参数"是一个变量，并尝试使用以下测试将特定值绑定到该变量上：第一步，Access 会检查该变量是否为数据源对象的字段，如果是，那么 Access 将该字段绑定到该变量上，否则进入第二步；第二步，如果该变量不是一个字段，那么 Access 会检查该变量是不是一个计算字段，如果是，那么将计算字段绑定到该变量上，否则进入第三步；第三步，如果该变量不是一个计算字段，那么 Access 会检查该变量是不是本数据库中其他对象的数据项，如果是，那么将其他对象的数据项绑定到该变量上，否则进入第四步；第四步，如果上述所有测试都不成功，那么剩下的唯一选择就是 Access 向用户询问该变量究竟是什么，因此 Access 会打开"输入参数值"对话框，提示用户给该变量输入一个参数值。

下面仍然通过两个例子介绍动态条件检索查询的设计方法和步骤。

【例 6-9】在"销售单"数据库中，使用查询设计视图设计一个查询，实现以下检索任务：当销售员指定顾客性别后，查询检索出与指定性别一致的顾客姓名、性别和最近购买时间。

【分析】本例基于销售员指定的"性别"参数值检索信息，因此本例设计的查询是一个动态条件检索查询，需要在查询的设计视图中指定动态条件。

基于查询设计视图设计本例查询的方法和步骤如下。

Step1：打开"销售单"数据库。

Step2：选择"创建"选项卡的"查询"命令组中的"查询设计"命令，打开查询设计视图。

Step3：在随即打开的"显示表"对话框中，添加查询的数据源 Customer 表。

Step4：在如图 6-37 所示的查询设计窗格"字段"行的各栏目中，依次添加用户要查询的字段，包括"顾客姓名""顾客性别"和"最近购买时间"。

Step5：在如图 6-37 所示的查询设计窗格"顾客性别"字段栏目所对应的条件单元格中，输入条件参数"请输入顾客性别："。

Step6：单击快速访问工具栏中的"保存"按钮，将查询保存为默认名称的查询。

Step7：运行查询，打开"输入参数值"对话框，如图 6-38 所示。

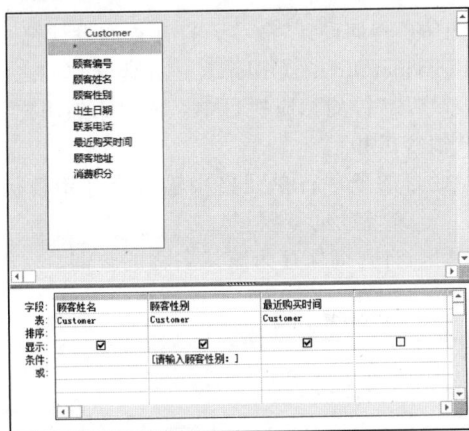

图 6-37 动态条件查询的设计细节   图 6-38 "输入参数值"对话框

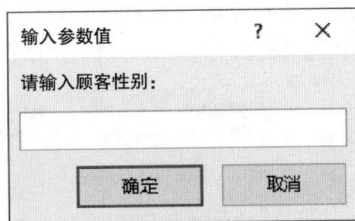

Step8：在如图 6-38 所示的对话框中，如果输入"男"，那么查询将返回"男顾客"的最近购买信息；如果输入"女"，那么查询将返回"女顾客"的最近购买信息。

图 6-39 针对用户输入的参数值对查询结果进行了比较。该图直观地说明：查询条件因用户输入的条件参数不同而动态改变，查询结果因条件的动态改变而相应发生变化。

【说明】除了通过数据表视图的切换来查看查询的结果外，还可以通过选择"查询工具｜设计"选项卡的"结果"命令组中的"运行"命令来得到查询结果，这两种方法的效果是一样的。

【例 6-10】在"销售单"数据库中，使用查询设计视图设计一个查询，检索出满足下列动态条件的所有商品的商品编号、商品名称、销售数量和销售折扣；销售折扣等于销售员输入的销售折扣值，且销售数量超过销售员输入的销售数量值。

【分析】本例设计的查询是一个多参数条件查询，条件中的一个参数是"销售折扣"，另一个参

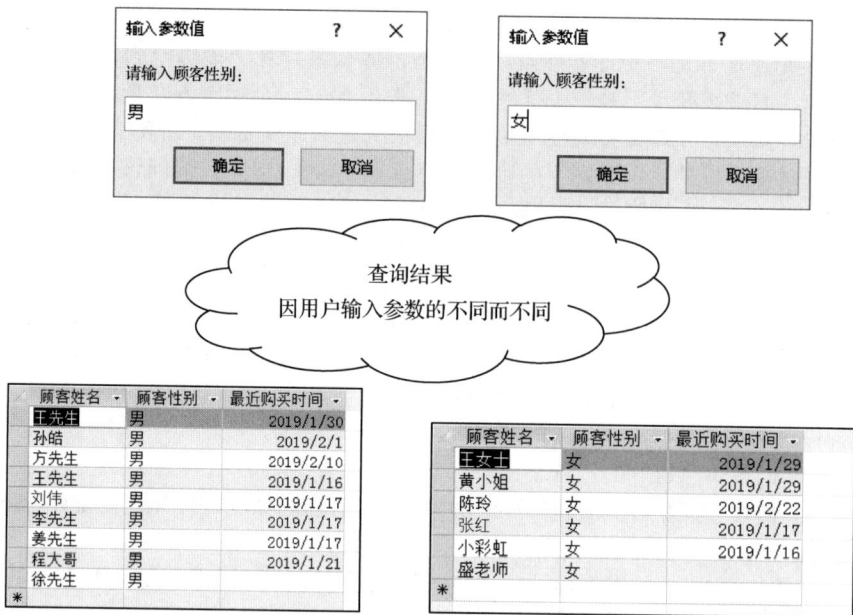

图 6-39　动态条件的比较说明

数是"销售数量"。

基于查询设计视图设计本例查询的方法和步骤如下。

Step1：打开"销售单"数据库。

Step2：选择"创建"选项卡的"查询"命令组中的"查询设计"命令，打开查询设计视图。

Step3：在数据源窗格中添加 Product 表和 ProductOfSalesOrder 表，并建立它们之间的联系。

Step4：在如图 6-40 所示的查询设计窗格中"字段"行的相应栏目中，依次添加用户要查询的字段，包括"商品编号""商品名称""销售数量"和"销售折扣"。

Step5：在如图 6-40 所示的"销售折扣"字段栏目的条件行单元格中输入"=［销售折扣参数］"，在"销售数量"字段栏目的条件行单元格中输入"＞［销售数量参数］"。

Step6：单击快速访问工具栏中的"保存"按钮，将查询保存为默认名称的查询。

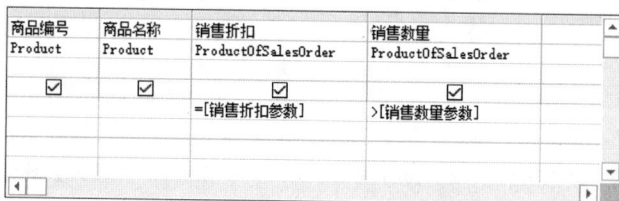

图 6-40　多条件参数的设置

Step7：运行查询，打开"输入参数值"对话框，如图 6-41 所示。

Step8：输入销售折扣和销售数量的参数值后，查询结果就呈现在用户面前，如图 6-42 所示。

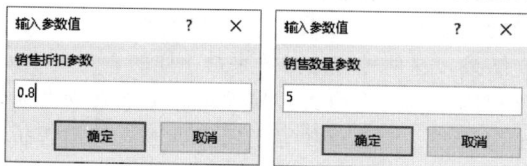

图 6-41　"输入参数值"对话框

图 6-42　例 6-10 查询的运行结果

当查询包含多个查询条件时，若多个条件之间是逻辑"与"的关系，则必须在同一"条件"行中进行设置；若是逻辑"或"的关系，则应分别在"条件"和"或"两行中进行设置。

6.3.2 计算型查询的设计

计算型查询的特点是用户无法从数据库中直接提取所需要的全部数据信息，部分数据信息或全部数据信息需要通过二次计算获得。计算型查询的结果集除了包含数据库中数据表的字段之外，通常还包括计算字段。所谓的计算字段是以数据表中的字段为核心元素所构造的一个表达式。计算型查询的计算功能就是通过这个表达式实现的。

在查询时，人们会关心数据表中的某个字段的部分信息，而不是数据表的某个字段的完全信息，这就需要对这个字段进行计算，从而获取这个字段的部分信息。例如，从"顾客姓名"字段的完全信息中通过计算获得部分信息"姓"；又如，从销售员的出生日期的完全信息"年—月—日"中获取部分信息"年"。

从字段的完全信息中提取部分信息时，需要对这个字段进行计算，这需要在查询中添加计算字段。常用的表达式是一个函数，例如，从 Customer 表中的"顾客姓名"字段中提取"姓"信息时，可以使用函数"left(顾客姓名,1)"来实现；又如，从"出生日期"字段的"年—月—日"完全信息中获取"年"时，可以使用函数"year(出生日期)"。

上面提到的计算字段仅仅涉及一个字段，更复杂的计算字段往往涉及两个以上的字段。例如，计算存量商品价值就涉及 Product 表的两个字段，一个是"存量"，另一个是"价格"，获取商品的"存量商品价值"可以通过"存量×价格"这一计算字段来实现。

在运行查询时，计算字段的计算结果会作为一个数据列包含在查询的结果中。计算字段既不会影响数据表的值，又不会保存在数据表中，只是在运行查询时，Access 基于计算字段获得用户期望的信息。

为了便于理解，本书将计算型查询分为行计算型查询和列计算型查询。在行计算型查询中，计算字段以同一个记录的相关字段为计算对象；在列计算型查询中，计算字段以某一列字段为计算对象。下面通过 3 个例子来分析计算型查询的设计和应用。

1. 行计算型查询设计的案例分析

【例 6-11】在"销售单"数据库中，使用查询设计器设计一个查询，该查询的任务如下：计算所有商品的存量价值，并返回商品的编号、名称、存量、价格和存量价值。

【分析】本查询的结果包括商品的存量价值，这一信息在数据源对象中没有直接提供，必须通过计算字段来获得，计算公式是存量价值＝存量＊价格。由于计算字段的计算发生在同一个记录的"存量"和"价格"这两个字段上，所以本例是一个典型的行计算型查询。

基于查询设计器设计本例查询的方法和步骤如下。

Step1：打开"销售单"数据库。

Step2：选择"创建"选项卡的"查询"命令组中的"查询设计"命令，打开查询设计视图。

Step3：在随即打开的"显示表"对话框中添加数据源对象 Product 表。

Step4：在如图 6-43 所示的查询设计视图"字段"行的相应栏目中，依次添加用户要查询的字段，包括"商品编号""商品名称""价格"和"存量"这 4 个普通字段，以及"存量价值"这一计算字段。添加计算字段的语法格式是"表达式名称：表达式"。本例"存量价值"这一计算字段可以表示为"表达式1：［存量］＊［价格］"。注意：表达式名与表达式之间使用英文冒号来分割。

Step5：单击快速访问工具栏中的"保存"按钮，将查询保存为默认名称的查询。

Step6：运行查询，Access 返回如图 6-44 所示的运行结果。

需要指出的是，当用户在设计窗格中添加计算字段时，系统会自动将该计算字段命名为"表达式1"；如果有第二个计算字段，则会自动命名为"表达式2"；若有更多的字段，则会自动按相同的规则顺序命名。但计算字段的命名最好与表达式值的语义一致，这样查询结果更易于用户理解。按照这一原则，本例中的计算字段最好命名为"存量商品价值"，如图6-45所示。

计算字段重命名后，查询的运行结果如图6-46所示，该结果显然更易于用户理解。限于篇幅，如图6-44所示的查询的运行结果有删减，图6-46所示的查询的运行结果删减更多。

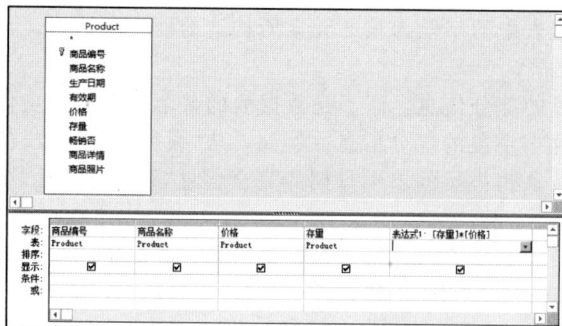

图6-43　例6-11查询的设计细节

图6-44　例6-11查询的运行结果

图6-45　计算字段的重命名

图6-46　计算字段重命名后的查询的运行结果

【例6-12】在"销售单"数据库中，使用查询设计视图设计一个查询，查询所有女销售员的年龄，要求查询结果中包括销售员编号、姓名和年龄。

【分析】本查询的结果包括的"年龄"这一信息必须通过计算字段来获得，计算公式是 Year(Date())－Year([出生日期])。因为计算都是以每一个记录的"出生日期"字段为操作对象的，所以本例也是一个典型的行计算型查询。另外，例6-11是无条件查询，而本例是条件查询，在设计查询时，需要构建"[性别]＝"女""这样一个条件。

【说明】本例的解决方案与例6-11类似，为了培养读者的自主学习能力，这里不再给出详细的设计步骤。读者可以根据图6-47和图6-48的提示来完成查询的设计。图6-47提示了计算字段和查询条件的添加方法，图6-48给出了查询的运行结果。

图6-47　计算字段和查询条件的添加方法

图6-48　例6-12查询的运行结果

2. 列计算型查询设计的案例分析

【例6-13】在"销售单"数据库中，使用查询设计器设计一个查询，查询所有商品的平均存量、最大存量和最小存量。

【分析】平均存量、最大存量和最小存量这 3 项信息在 Product 表中都是不存在的，显然需要以"存量"这一字段为核心元素构造表达式来获取这 3 项信息。另外，计算平均存量、最大存量和最小存量都是在列的方向上对所有记录的"存量"字段值进行统计计算，因此本例是一个典型的列计算型查询。

基于查询设计视图设计本例查询的方法和步骤如下。

Step1：打开"销售单"数据库。

Step2：选择"创建"选项卡的"查询"命令组中的"查询设计"命令，打开查询设计视图。

Step3：在随即打开的"显示表"对话框中添加数据源对象 Product 表。

Step4：在查询设计窗格"字段"行的相应栏目中依次添加 3 个计算字段，如图 6-49 所示。

Step5：单击快速访问工具栏中的"保存"按钮，将查询保存为默认名称的查询。

Step6：运行上述查询，运行结果如图 6-50 所示。

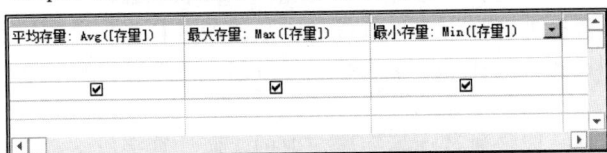

图 6-49　例 6-13 查询中的计算字段

图 6-50　例 6-13 查询的运行结果

【例 6-14】在"销售单"数据库中，基于查询设计器设计一个查询，根据用户输入的性别，查询用户指定性别的所有销售员的人数和平均年龄。

【分析】本查询结果包括的"人数"和"平均年龄"这两项信息在 Seller 表中是不存在的，必须通过计算字段来获得。其中，获取人数的计算字段为"Count([销售员编号])"，获取平均年龄的计算字段为"Avg(Year(Date())−Year([出生日期]))"。计算人数和平均年龄都是在列的方向上进行的统计计算，因此本例是一个典型的列计算型查询。

【说明】限于篇幅，本例通过图 6-51 给出了设计提示，没有给出具体的设计方法和步骤。

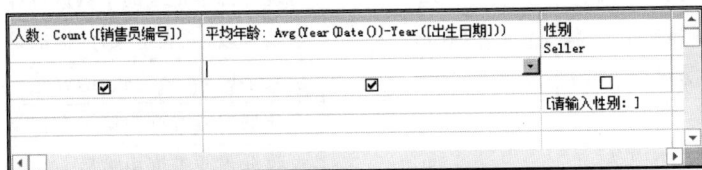

图 6-51　例 6-14 查询的设计提示

6.3.3　分析型查询的设计

1. 数据分析

（1）描述性数据分析的概念

在日常学习和工作中，大家经常需要进行数据分析，其中描述性数据分析是最基础的。描述性数据分析是对数据的数据特征进行概括总结和详细研究。在没有特别指出的情况下，本书提到的数据分析指的都是描述性数据分析。

（2）数据特征的概括总结

数据特征的概括总结是指对数据库中总体数据的数量特征进行统计分析，本书称之为总体分析。实际上，总体分析就是对数据库中的总体数据的一个或多个数量特征进行汇总计算，并提取用户需要的指标信息，便于用户掌握数据库总体数据的数量特征。例如，对数据库中所有学生的"平均成绩"进行汇总计算，并将计算得到的指标数据返回给用户使用；又如，对数据库中所有学生的"学生人数""平均成绩""最高成绩""最低成绩""成绩极差"和"成绩标准差"进行汇总计算，并将计算得到的各个指标数据返回给用户使用。

（3）数据特征的详细研究

数据特征的详细研究是对数据库中的总体数据进行分组，对每组数据的数量特征进行汇总计算，并提取用户需要的指标信息，供用户对比分析。基于上述意义，数据特征的详细研究又称为数据特征的对比分析，简称对比分析。

根据数据库数据分组属性的个数，对比分析又分为一维对比分析、二维对比分析、三维对比分析等。一维对比分析是对数据库中的总体数据按某一个属性进行分组，并对各组数据的分析指标进行汇总计算和对比。例如，按照班级这一属性将学生成绩分组，并对各个班级的"平均成绩"指标进行汇总计算和对比。二维对比分析是按照数据总体的某两个属性对总体数据进行分组，并对各组数据的分析指标进行汇总计算和对比。例如，按照班级和课程这两个属性对学生成绩进行分组，并对各个班级各门课程的"平均成绩"指标进行汇总计算和对比。三维和三维以上的对比分析，是基于3个或3个以上的属性对总体数据进行分组，再对每一组数据的分析指标进行汇总计算和对比。例如，按照班级、课程和性别这3个属性对学生成绩进行分组，并对各个班级各门课程男女生的"平均成绩"指标进行汇总计算和对比。

对于数据库的数据分析而言，分析指标一般是通过计算字段获取的，而计算字段常常是一个统计函数。表6-1归纳了分析型查询经常用到的统计函数。

表6-1　分析型查询经常用到的统计函数

类别	名称	标识符	功能
函数	总计	Sum	求某字段(或表达式)的累加和
	平均值	Avg	求某字段(或表达式)的平均值
	最小值	Min	求某字段(或表达式)的最小值
	最大值	Max	求某字段(或表达式)的最大值
	计数	Count	对统计源中记录的个数进行计数
	标准差	StDev	求某字段(或表达式)的标准差
	方差	Var	求某字段(或表达式)的方差
其他	第一个记录	First	求数据表或查询中第一个记录的字段值
	最后一个记录	Last	求数据表或查询中最后一个记录的字段值

（4）基于 Access 进行描述性数据分析的方法

进行数据分析时总是需要一种数据分析工具，Access 也可以作为数据分析的工具。Access 操作界面友好，集数据的组织、存储、处理和分析于一体，是初级用户进行数据分析的选择之一。

Access 用数据表来组织和存储数据，用查询来处理和分析数据，支持常用的总体分析法和对比分析法。

2. 分析型查询设计技术入门

这里主要介绍如何设计 Access 查询对象进行简单的描述性数据分析。简单的描述性数据分析主要包括汇总计算总体(或者各个分组)的个数、均值、最大值、最小值、方差和标准差等。

（1）总体分析法

总体分析法是对某个主题范围内的所有数据记录的数量特征进行总体分析的方法。总体分析通常是通过汇总型查询设计视图来设计的。下面通过一个例子来介绍这类问题的解决方法。

【例6-15】在"StudentGrade"数据库中，使用查询设计视图建立一个查询，分析所有参加"大数据库原理"课程考试的学生人数、最高成绩、最低成绩和平均成绩。

【分析】本例的总体是参加“大数据库原理”课程考试的所有学生，分析主题是“大数据库原理”课程成绩，分析指标是参加课程考试的学生人数、最高成绩、最低成绩和平均成绩。

基于查询设计器创建本例查询的方法和步骤如下。

Step1：打开“StudentGrade”数据库。

Step2：选择“创建”选项卡的“查询”命令组中的“查询设计”命令，打开查询设计视图。

Step3：在随即打开的“显示表”对话框中添加数据源对象 Course 表和 Grade 表，并建立二者的关系。

Step4：选择“设计”选项卡的“显示/隐藏”命令组中的“汇总”命令，打开如图 6-52 所示的“汇总型”查询设计视图。

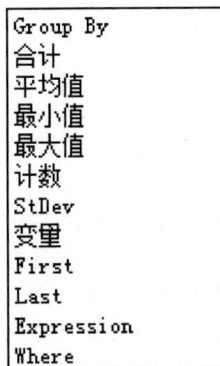

与普通的查询设计视图相比，“汇总型”查询设计视图的设计窗格中多了一个“总计”行如图 6-52 所示。将插入点置于“总计”行，单击其右侧的下拉按钮，在“汇总型”查询设计视图中的“设计窗格”中，将打开总计项列表，如图 6-53 所示。

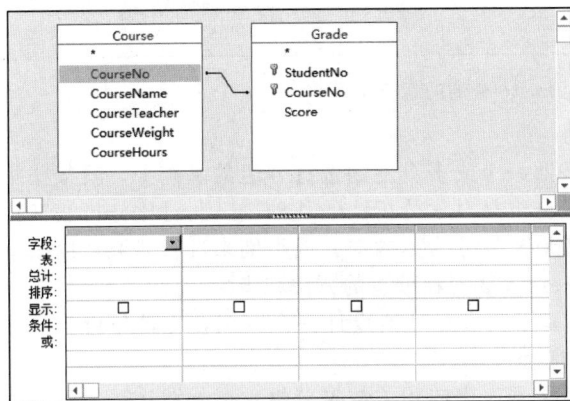

图 6-52 “汇总型”查询设计视图

图 6-53 “汇总型”查询设计视图中的总计项列表

Step5：在查询设计视图设计窗格“字段”行的相应栏目中，依次添加“StudentNo”“Score”“Score”“Score”和“CourseName”5 个字段，并将这 5 个字段栏目的“总计”单元格依次设置为“计数”“最大值”“最小值”“平均值”和“Where”，并将“CourseName”字段栏目的“条件”单元格设置为“[Course]![CourseName]="大数据库原理"”，如图 6-54 所示。

Step6：单击快速访问工具栏中的“保存”按钮，将查询保存为默认名称的查询。

Step7：运行查询，将返回如图 6-55 所示的运行结果。

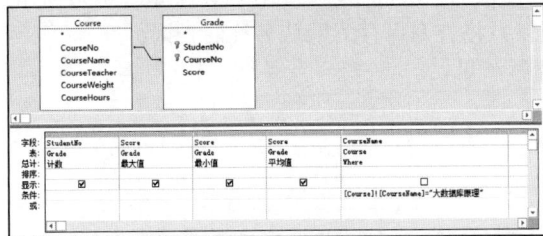

图 6-54 例 6-15 查询的设计

StudentNo	Score之最大值	Score之最小值	Score之平均值
81	91	55	70.518518518519

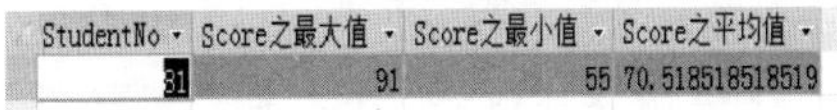

图 6-55 例 6-15 查询的运行结果

【例 6-16】在“StudentGrade”数据库中，使用查询设计视图建立一个查询，分析所有参加“大数据库原理”课程考试的学生人数、最高成绩、最低成绩、平均成绩、成绩的标准差和方差。

【分析】本例与例 6-15 类似，只是多了标准差和方差两个统计指标。基于例 6-15 的方法和步骤，完全可以解决本例的问题。限于篇幅，这里不再赘述。由于分析型查询是一种特殊的计算型查询，所以通过设计计算型查询也可以解决本例的数据分析问题。图 6-56 给出了计算型查询的设计细节，图 6-57 给出了该查询的运行结果。

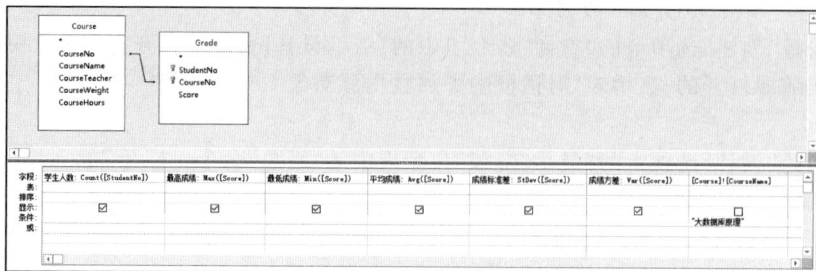

图 6-56　总体分析型查询的设计细节

学生人数	最高成绩	最低成绩	平均成绩	成绩标准差	成绩方差
81	91	55	70.62962962963	7.621424480	58.08611111

图 6-57　例 6-16 查询的运行结果

（2）对比分析法

对比分析法是在对分析源的所有数据按照一个或多个主题进行分组的基础上，就某些指标进行计算和比较的数据分析方法。显然，数据分组是对比分析法的基础，因此对比分析法又称为分组分析法。对比分析法的优点是将数据分析对象划分为不同部分或类别来进行研究，以揭示其内在的规律性。下面通过一个例子来说明 Access 实现对比分析的方法和步骤。

【例 6-17】在"StudentGrade"数据库中，基于查询设计器设计一个查询，比较分析各门课程考试的学生人数、最高成绩、最低成绩和平均成绩。

【分析】本例是先按照"课程"这一主题将数据库中的相关数据分组，再分别计算各门课程考试的学生人数、最高成绩、最低成绩和平均成绩，以便用户比较分析。

基于查询设计器设计本例查询的方法和步骤如下。

Step1：打开"StudentGrade"数据库。

Step2：打开查询设计视图。

Step3：添加数据源对象 Course 表和 Grade 表，并建立二者的关系。

Step4：打开"汇总型"查询设计视图。

Step5：在查询设计窗格中，先添加 4 个总计项，即 Grade 表的"StudentNo"字段的"计数"项，Grade 表的"Score"字段的"最大值"项，Grade 表的"Score"字段的"最小值"项，Grade 表的"Score"字段的"平均值"项；再添加 Course 表中"CourseName"字段的"Group By"项。各总计项如图 6-58 所示。

Step6：单击快速访问工具栏中的"保存"按钮，将查询保存为默认名称的查询。

Step7：运行查询，返回如图 6-59 所示的运行结果。

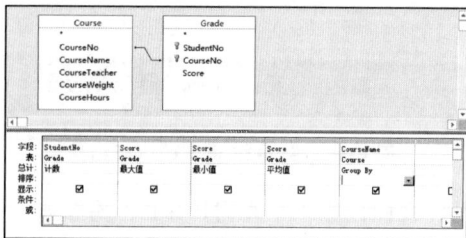

图 6-58　对比分析型查询的设计

StudentNo之计数	score之最大值	score之最小值	score之平均值	CourseName
81	91	55	70.5185185185195	大数据库原理
361	86	47	69.7534626038781	电子商务
81	94	55	76.2592592592593	国际贸易
361	96	33	79.2465373961219	互联网金融
80	99	60	80.5125	数据科学
127	89	12	69.259842519685	西方经济学

图 6-59　例 6-17 查询的运行结果

【说明】在设计窗格中添加总计字段后，Access 将在查询结果中为总计字段自动创建默认的列标题，一般由总计项字段名和总计项名组成。若要对列标题进行自定义，则可在"字段"行中实现，即在总计字段名前插入该字段的新标题名，标题名和字段名之间用英文冒号分割。

例如，在如图 6-60 所示的"字段"单元格中分别输入以下内容："考生人数：StudentNo""最高分：Score""最低分：Score""平均分：Score""课程名：CourseName"，字段"StudentNo""Score""Score""Score""CourseName"的标题将分别被重命名为"考生人数""最高分""最低分""平均分""课程名"。字段重命名后，将查询保存并运行，返回的运行结果如图 6-61 所示。

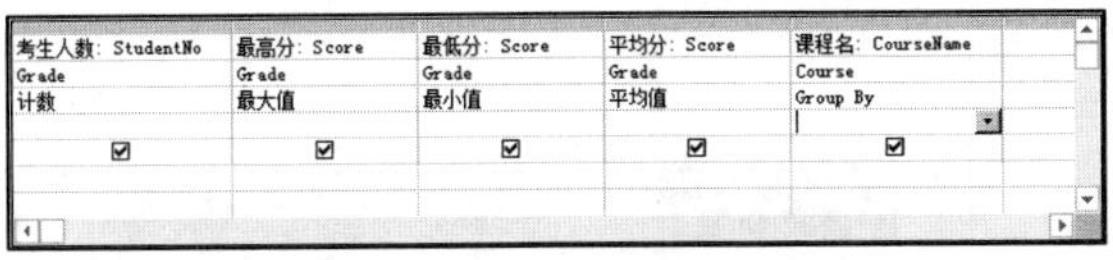

图 6-60 字段的重命名

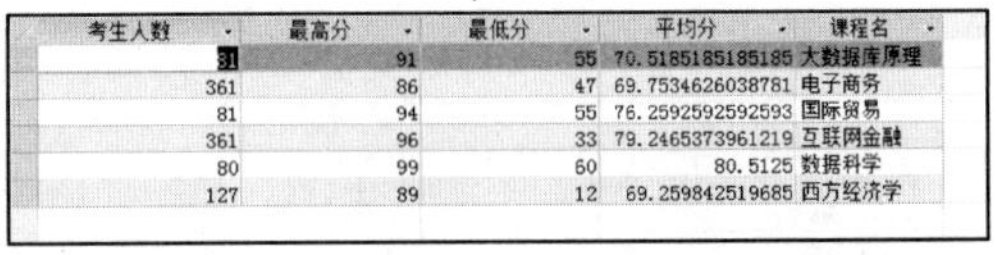

图 6-61 字段重命名后查询的运行结果

【拓展】本例的总体分析结果中带有很多位小数，既不需要，又不美观。请读者思考，对查询进行怎样的修改才能让所有的成绩都只保留两位小数。

（3）交叉分析法

交叉分析法是一种特殊的对比分析法，常用在多维度的分组对比分析中。Access 支持用户设计交叉表实现交叉分析。基于 Access 设计交叉表查询，需要指定 3 种字段：行标题、列标题和总计字段。行标题、列标题和总计字段（行列交叉聚焦位置上的值）构成了交叉表查询的 3 个要素。下面通过一个例子来介绍交叉表查询的设计和应用。

【例 6-18】基于查询设计器设计交叉表查询，比较分析"StudentGrade"数据库中男生和女生各门课程的平均分。

【分析】交叉表查询设计的关键是指定 3 个要素。本例查询的 3 个要素分别如下：行标题为"CourseName"；列标题为"StudentSex"；行列交叉处的总计值为"Score"，计算方式为"平均值"。

基于查询设计器设计交叉表查询的具体方法和步骤如下。

Step1：打开"StudentGrade"数据库。

Step2：打开查询设计视图，添加数据源对象 Student 表、Course 表和 Grade 表，如图 6-62 所示。

Step3：选择"设计"选项卡的"查询类型"命令组中的"交叉表"命令，将查询设计视图的设计窗格转换为交叉表设计窗格，如图 6-63 所示。

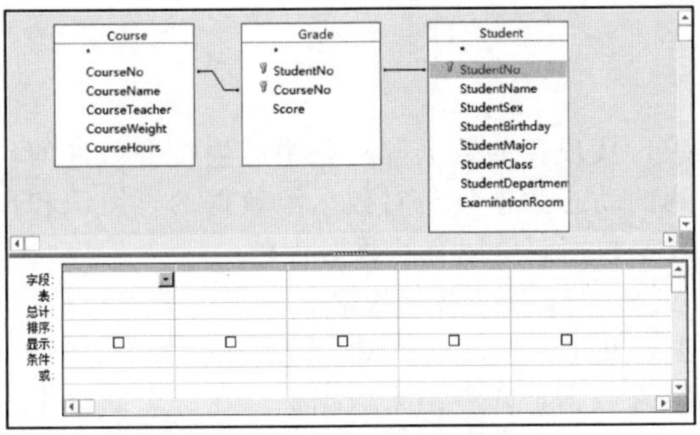

图 6-62 添加 3 个数据源对象

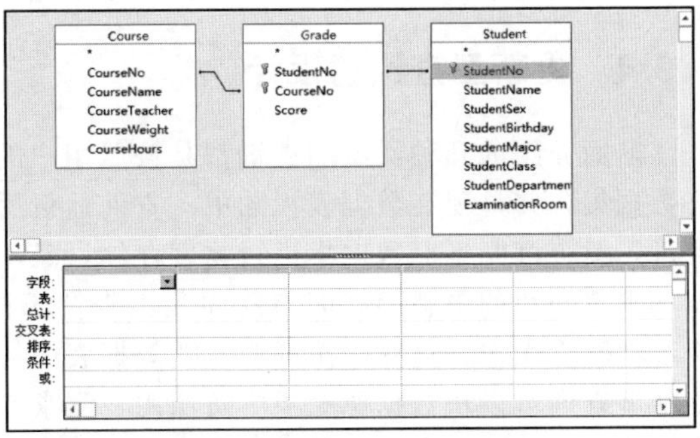

图 6-63 交叉表设计视图

Step4：指定 Course 表的"CourseName"作为行标题；指定 Student 表的"StudentSex"作为列标题；指定 Grade 表的"Score"作为总计值，计算方式为"平均值"，如图 6-64 所示。

Step5：单击快速访问工具栏中的"保存"按钮，将查询保存为默认名称的查询。

Step6：运行该查询，运行结果如图 6-65 所示。

Step7：关闭“StudentGrade”数据库，退出 Access。

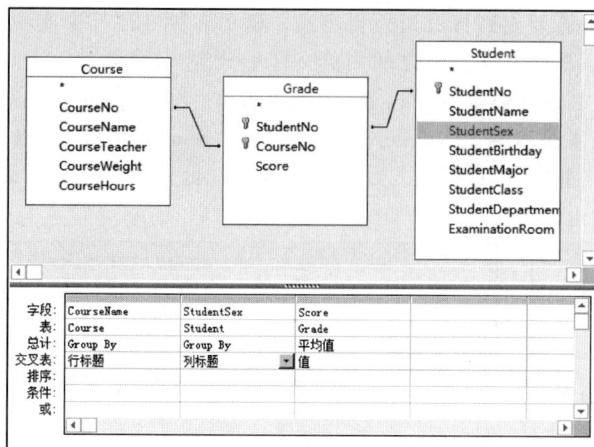

图 6-64　交叉表查询的设计

CourseName	男	女
大数据库原理	70.9677419354839	70.24
电子商务	70.3785714285714	69.3574660633484
国际贸易	76.4761904761905	76.1833333333333
互联网金融	80.3785714285714	78.5294117647059
数据科学	82.3333333333333	79.2340425531915
西方经济学	68.8181818181818	69.5972222222222

图 6-65　例 6-18 查询的运行结果

【说明】与检索型查询的设计窗格相比，交叉表设计窗格中增加了“总计”行和“交叉表”行。“总计”行用于指定本栏字段是用于分组、汇总、条件还是其他。如果“总计”行指定本栏目字段是“Group By”，那么“交叉表”单元格应该定义该字段是“行标题”或“列标题”；如果“总计”行指定本栏目字段是汇总字段，那么“交叉表”单元格应该定义该字段是“值”；如果“总计”行指定本栏目字段是“Where”，那么“交叉表”单元格应该定义该字段“不显示”，并在该栏目的条件单元格中设置查询条件；“总计”行还有其他用途，这里不赘述。

【拓展】基于查询向导可以设计交叉表查询，基于查询设计器也可以设计交叉表查询。请读者思考，二者除了对查询数据源数量的要求不同外，还有哪些区别。(提示：在交叉表查询向导中，Access 允许查询最多有 3 个行标题和 1 个列标题，设计视图是否也有这一限制?)

3. **分析型查询设计技术进阶**

这里主要介绍如何设计 Access 查询对象进行复杂的描述性数据分析。复杂的描述性数据分析主要包括从数据集中随机抽样，确定样本记录的排名，计算样本记录的众数和中位数，计算样本记录的百分点排名，确定样本记录的四分位数及创建样本记录的频率分布等。限于篇幅，相关内容请参阅本书的数字教程。

【拓展】请读者思考列计算型查询与分析型查询之间的异同。

6.3.4　更新型查询的设计

前面介绍的几种类型的查询都是按照用户的需求，从现存的数据源对象中产生符合条件的动态数据集，并呈现在数据表视图中。查询运行后得到的动态数据集是对数据源数据的再组织和再处理，但查询既不对数据集进行物理存储，又不会改变数据源中原有的数据状态。

本节介绍的更新型查询与前面几类查询不同。更新型查询可以对数据表中的记录进行插入、修改和删除操作，这些操作都会改变数据表中的数据，并将改变后的数据存储到数据表中。另外，更新型查询可以从数据源对象中按照用户需求获得结果数据，并将结果数据保存在一个新数据表中，这也涉及物理存储。需要注意的是，更新型查询运行后，必须打开被插入、删除、修改和生成的数据表，才能在数据表视图中看到操作结果。

更新型查询又称为动作型查询。更新型查询的类型包括 4 种：插入查询、修改查询、删除查询和生成表查询。其中，插入查询可以将数据源中的一组记录添加到数据表中；修改查询可以对数据表中满足条件的记录值进行修改；删除查询可以删除数据表中满足条件的记录；生成表查询可以从数据源对象中查询数据，并基于查询获得的数据集创建一个新数据表。

在实际工作中，更新型查询更多的是基于 SQL 命令设计的。鉴于此，这里不再对基于设计视图设计更新型查询的内容展开介绍。有学习需求的读者可参看本书的数字教程。

6.4 Access 查询的应用示例

查询在数据处理和数据分析中有广泛应用。本节以零销量商品的查询和商品存销比的分析为应用示例，分析查询在实际工作中的应用方法和设计技术。

1. 零销量商品的查询

【任务】查找销量为零的商品信息，要求显示商品的编号、名称和存量信息。

【分析】由于销量为零的商品在 ProductOfSalesOrder 表中不可能存在销售单，因此将与 ProductOfSalesOrder 表没有关联记录的 Product 表记录返回即可。基于查找不匹配项查询向导可以设计一个查询，完成上述任务。

基于查询向导设计本例查询的具体方法与操作步骤如下。

Step1：打开"销售单"数据库。

Step2：打开"查找不匹配项查询向导"对话框，如图 6-66 所示。

Step3：指定基准表如图 6-67 所示，在"查找不匹配项查询向导"对话框中选择 Product 表，单击"下一步"按钮。

Step4：指定匹配表。如图 6-68 所示，选择与 Product 表中的记录不匹配的 ProductOfSalesOrder 表，单击"下一步"按钮。

Step5：如图 6-69 所示，选择"商品编号"作为两个数据表之间的匹配字段，单击"下一步"按钮。

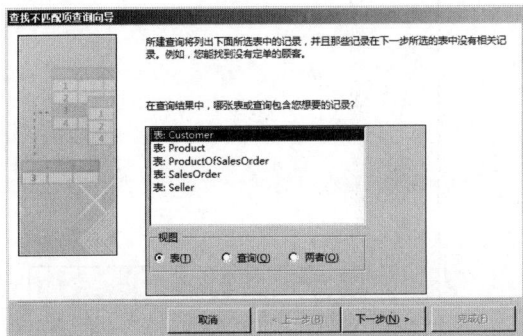

图 6-66 "查找不匹配项查询向导"对话框

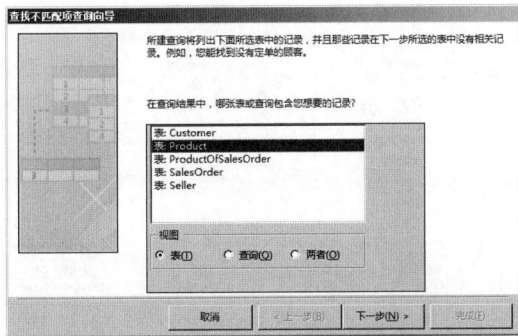

图 6-67 指定基准表

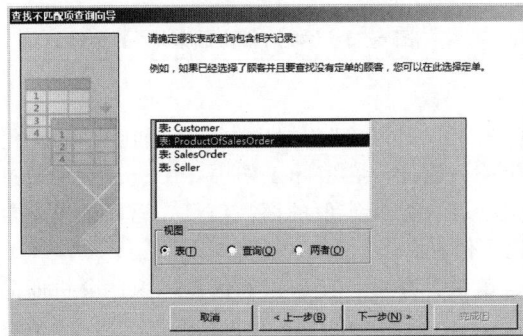

图 6-68 指定匹配表

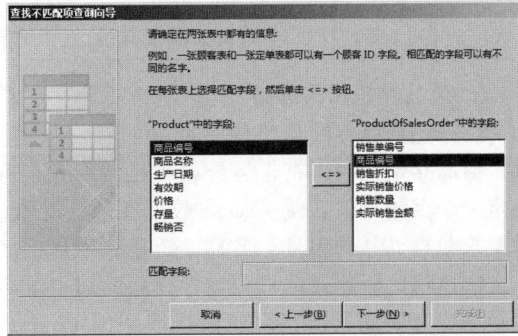

图 6-69 指定匹配字段

Step6：指定查询结果包含的字段。如图 6-70 所示，选择查询结果中所需的字段，单击"下一步"按钮。

Step7：指定查询名称。如图 6-71 所示，在"请指定查询名称："文本框中输入"零销量商品查询"。如果用户选中"修改设计"单选按钮并单击"完成"按钮，则可以看到基于向导所设计的查询的设计细节，如图 6-72 所示。如果用户选中"查看结果"单选按钮并单击"完成"按钮，则可以看到如图 6-73 所示的运行结果。

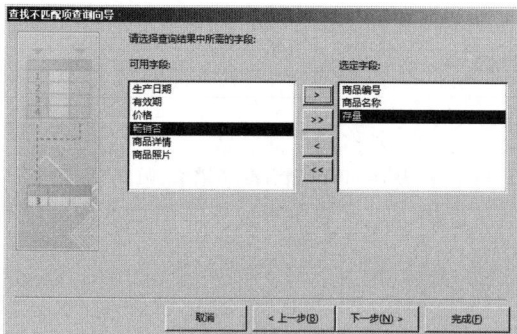

图 6-70　指定查询结果包含的字段

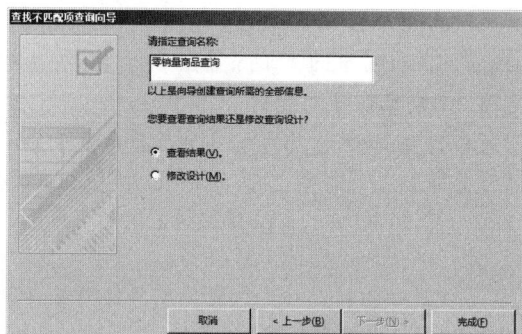

图 6-71　指定查询名称

Step8：保存查询，关闭"销售单"数据库，退出 Access。

【拓展】如果用户想查询零销量商品的编号、名称、存量和存量价值信息，基于查询向导是否可以直接得到用户期望的设计对象？如果不能，基于查询设计器修改"零销量商品查询"，是否可以得到用户期望的设计对象？如果可以，请给出修改方案。

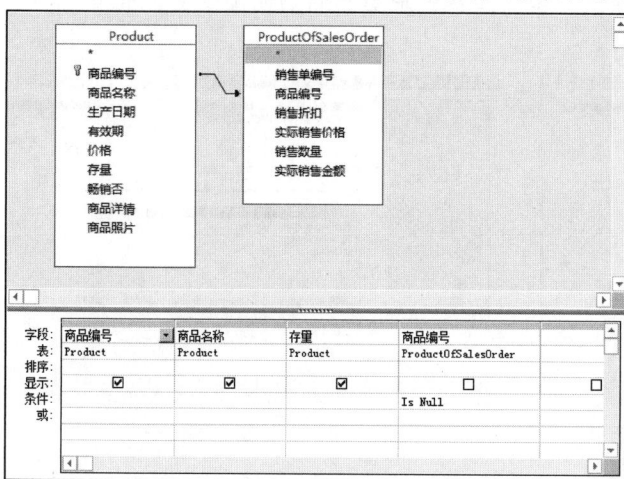

图 6-72　"零销量商品查询"的设计细节

图 6-73　"零销量商品查询"的运行结果

2. 商品存销比的分析

【任务】商品存销比指的是商品的存量与销量之比。在"销售单"数据库中，存销比＝存量/销量。商品存销比对于销售型公司的经营策略有重要影响，因此，在实际工作中，用户常常想通过指定一个存销比值，使 Access 数据库系统返回存销比低于用户指定值的商品信息，返回结果中常常要求包含商品的编号、名称、销量、存量、存销比等信息。

【分析】由于返回结果中包含商品的编号、名称、销量、存量、存销比等信息，因此分析商品的存销比时要基于"销售单"数据库中的 Product 和 ProductOfSalesOrder 两个数据表；由于"销售单"数据库中没有"存销比"字段，因此本例的主要任务是获得商品的"存销比"。

获得商品的"存销比"可以基于数据库的数据表和查询，方法如下。

Step1：打开"销售单"数据库。

Step2：设计第一个查询，对 Product 和 ProductOfSalesOrder 两个数据表的数据进行关联查询，获得"销售数量"不是 0 的商品的"销售单编号""商品编号""商品名称""销售数量""存量"，将该查询命名为"非零销量商品明细销售信息_查询"。

Step3：设计第二个查询，对第一个查询"非零销量商品明细销售信息_查询"中的数据进行总体汇总分析，分析结果包括"商品编号""商品名称""销量""存量"，将该查询命名为"非零销量商品汇总销售信息_查询"。

Step4：设计第三个查询，对"非零销量商品汇总销售信息_查询"中的数据进行计算处理，并返回非零销量商品的"存销比"，返回结果包括"商品编号""商品名称""销量""存量""存销比"，将该查询命名为"非零销量商品存销比_查询"，将查询结果保存到数据表"非零销量商品存销比_表"中。

Step5：设计第四个查询，对 Product 表和"非零销量商品存销比_表"中的数据进行关联查询，生成"商品存销比信息表"。"商品存销比信息表"中既包括非零销量商品的存销比信息，又包括零销量商品的存销比信息。对于零销量商品的存销比，可以取一个特殊值，如－1。

Step6：设计第五个查询，对"商品存销比信息表"中的数据进行查询。该查询会打开一个参数对话框，当用户在该对话框中指定"存销比"值后，Access 数据库系统将返回"存销比"低于用户指定值的商品信息，返回结果中包含商品的编号、名称、销量、存量、存销比等信息。

Step7：关闭"销售单"数据库。

为了培养读者的自主学习能力，上述设计细节不再给出，希望读者能够独立完成。

【说明】之所以要对零销量商品的存销比和非零销量商品的存销比信息分开进行处理，是因为存销比＝存量/销量，当销量为 0 时，存销比存在执行错误。

6.5　SQL Server 查询设计概述

前面说过，承担 Access 数据库查询任务的是查询对象，该对象实际上是一条 SQL 命令。在 SQL Server 中，承担数据库查询任务的是查询脚本程序，它是存储在文本文件中的一条或多条 SQL 命令的集合。从 SQL 命令的数量级上可知，SQL Server 查询脚本程序的查询能力比 Access 查询对象的查询能力大得多。

鉴于 SQL 命令比较复杂，为了减轻用户的设计压力，Access 提供了查询设计器，帮助用户可视化地设计 SQL 命令。与 Access 类似，SQL Server 的 SSMS 也提供了可视化的查询设计器。下面结合"按商品名称升序呈现 C01 类商品销售折扣"案例，简单介绍基于 SSMS 查询设计器设计 SQL 命令的方法和技术。限于篇幅，详细内容请读者参阅相关文献和资料。

（1）启动查询编辑器

如果用户已经基于 sa 登录账户连接了数据库服务器实例"JLFBIGDATA"，并选择了"销售单"数据库为当前数据库，那么当用户单击 SSMS"标准"工具栏中的"新建

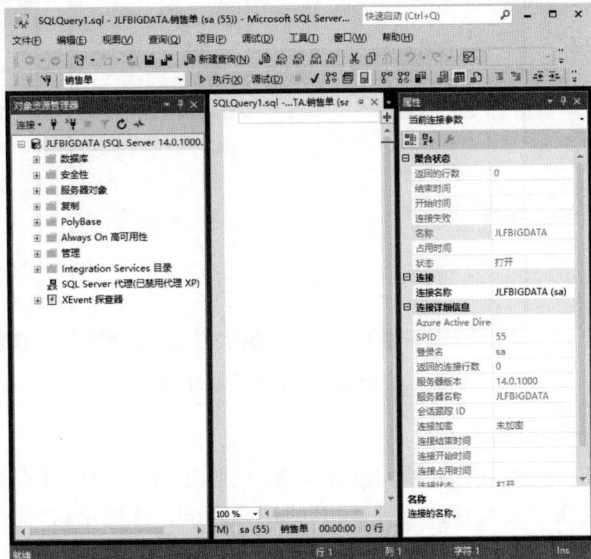

图 6-74　SSMS 的查询编辑器

查询"按钮时，SSMS将启动查询编辑器，并打开一个名为"SQLQuery1.sql"的文件，如图6-74所示。

用户在SSMS查询编辑器中可以直接输入实现查询任务的一条或多条SQL命令。如果用户直接写入SQL命令有困难，则可以打开查询设计器可视化地设计SQL命令，并把该命令粘贴到查询编辑器中。

（2）打开查询设计器

选择SSMS"查询"→"在编辑器中设计查询（D）…"命令，如图6-75所示，打开查询设计器。查询设计器包括3部分，分别是数据源窗格、设计窗格和SQL窗格。用户在数据源窗格中可以指定查询命令的数据源，在设计窗格中可以指定查询命令的查询列、筛选条件及排序列等，在SQL窗格中可以呈现基于查询设计器设计的SQL命令。

（3）指定查询源

基于查询设计器设计查询命令时首先要指定该查询命令的数据源。SQL Server打开查询设计器时，会先打开如图6-76所示的"添加表"对话框，使用户在该对话框中选择查询命令的数据源。根据"按商品名称升序呈现C01类商品销售折扣"的用户需

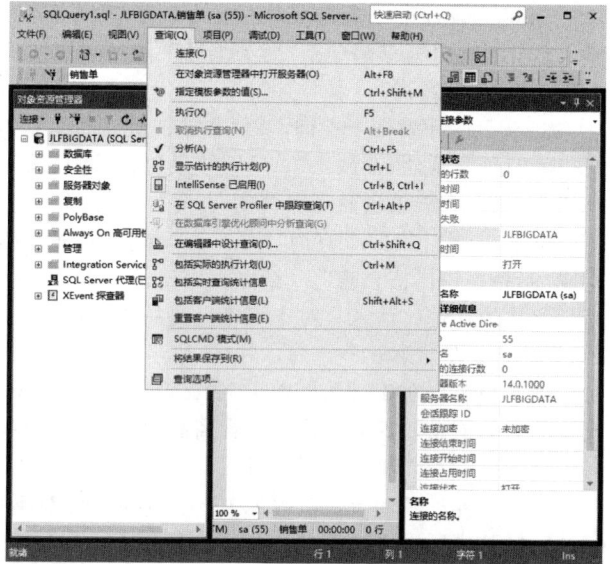

图6-75　选择"查询"→"在编辑器中设计查询（D）…"命令

求，这里需要添加Product和ProductOfSalesOrder两个数据表作为数据源，如图6-77所示。指定数据源后，单击"添加表"对话框中的"关闭"按钮。

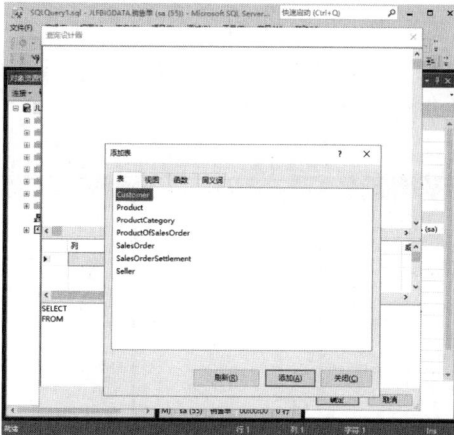

图6-76　查询设计器的"添加表"对话框

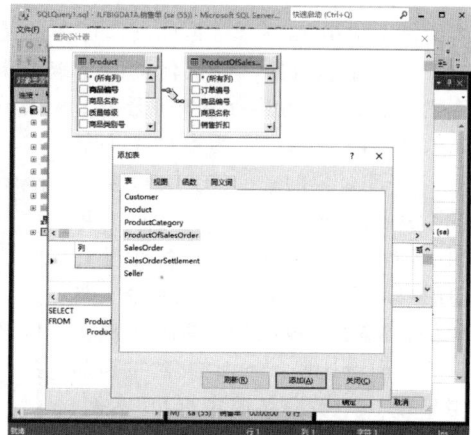

图6-77　添加查询命令的数据源

（4）指定查询列

在查询设计器的设计窗格的"列"栏中可以设计查询结果包含的查询列。根据"按商品名称升序呈现C01类商品销售折扣"的用户需求，这里添加"商品名称"和"销售折扣"这两个字段，如图6-78所示。

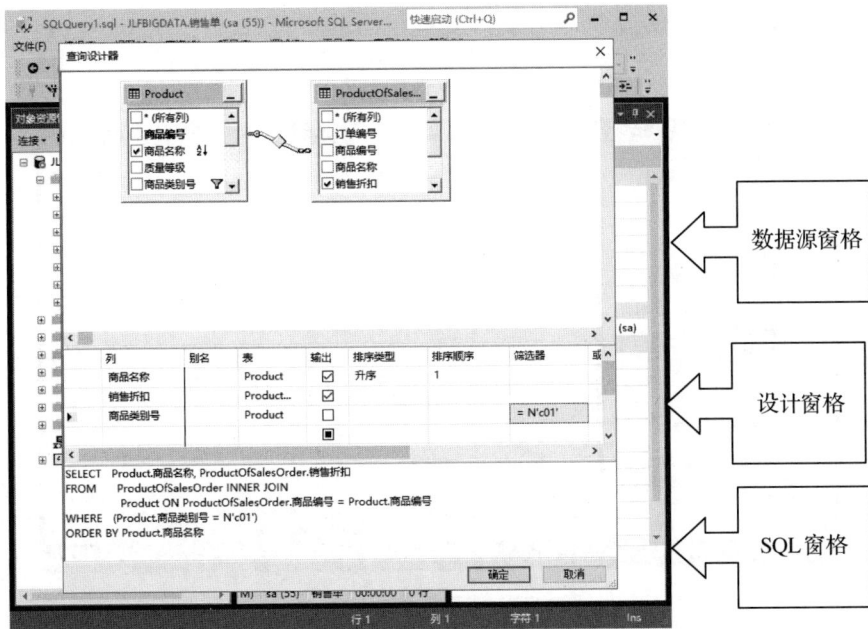

图6-78 基于查询设计器设计查询命令的结果列、筛选条件和排序列

（5）指定筛选条件

在查询设计器设计窗格的"列"栏和"筛选器"栏中可以设计查询命令的筛选条件。根据"按商品名称升序呈现C01类商品销售折扣"的用户需求，先在"列"栏中添加"商品类别号"字段，再在"筛选器"栏中指定"＝N'C01'"这一条件，如图6-78所示。注意，因为查询结果中不包含"商品类别号"字段，所以应该取消勾选"商品类别号"列的"输出"复选框。

（6）指定查询结果的排序列

在查询设计器设计窗格的"列"栏、"排序类型"栏和"排序顺序"栏中可以设计查询命令的排序列。根据"按商品名称升序呈现C01类商品销售折扣"的用户需求，这里指定"商品名称"列的排序类型为"升序"，"排序顺序"为"1"，如图6-78所示。至此，就完成了"按商品名称升序呈现C01类商品销售折扣"的查询命令。

（7）粘贴SQL命令

单击图6-78所示的查询设计器中的"确定"按钮，查询设计器的SQL窗格中的SQL命令会被粘贴到查询编辑器中，查询设计器随即关闭。粘贴后的SQL命令如图6-79所示。

（8）分析SQL命令

单击SSMS"SQL编辑器"工具栏中的"分析"按钮，SQL Server将分析查询编辑器中的SQL命令是否存在语法错误，如果有语法错误，则用户可以根据分析结果修改SQL命令。用户输入的SQL命令通常会存在一些语法问题，所以"分析"按钮非常有用。如果SQL命令是基于查询设计器设计的，则SQL命令通常没有语法错误。

（9）执行SQL命令

单击SSMS"SQL编辑器"工具栏中的"执行"按钮，该命令的执行结果如图6-80所示。

查询命令执行完成之后，如果用户需要保存该查询命令，则可以选择"文件"→"保存SQLQuery1.sql"命令。另外，用户也可以单击"标准"工具栏中的"保存SQLQuery1.sql"按钮保存该查询命令。查询命令保存完成后，用户可以打开SQLQuery1.sql文件，对该文件中的SQL命令进行再次执行或修改。

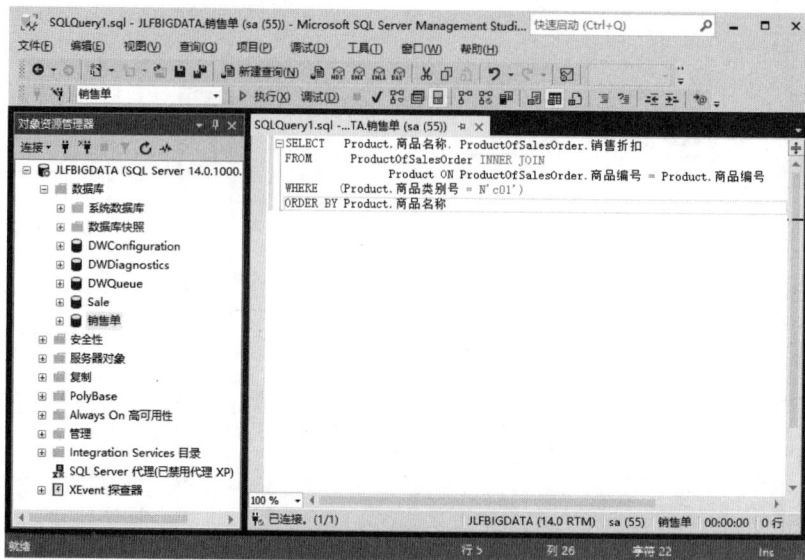

图 6-79　粘贴后的 SQL 命令

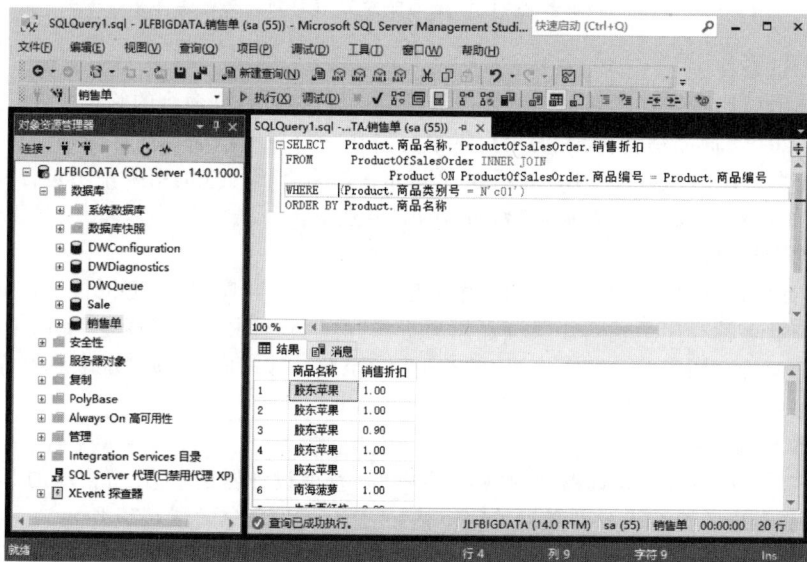

图 6-80　查询命令的执行结果

6.6　技术拓展与理论升华

　　视图是关系数据库中的一个对象，是基于数据查询结果集的可视化虚表，是关系数据库管理系统提供给用户的以多种角度洞察数据库数据的一种重要机制。本节将先介绍视图的基本理论，再介绍视图在 Access 和 SQL Server 中的实现技术。

6.6.1　视图理论

关系数据库中的"视图"理论即数据库中的"用户模式"理论。换句话说，"视图"理论是"用户模式"理论在关系数据库中的特殊实现。

1. 数据库的三级模式理论

从数据库系统角度看，数据库包括用户模式、逻辑模式和存储模式。

（1）用户模式

用户模式也称为外模式或子模式，它是数据库用户能够看见和使用的局部数据的数据模型。由于用户模式是与某一应用有关的数据的逻辑表示，因此一个数据库可以有多个用户模式。同一用户模式可以被同一用户的多个应用使用，但一个应用只能使用一个用户模式。

（2）逻辑模式

逻辑模式简称模式，是数据库中全体数据的数据模型，一个数据库只有一个逻辑模式。当没有明确的上下文时，数据库模式指的就是逻辑模式。

（3）存储模式

存储模式也称内模式，它是数据物理结构和存储方式的描述，是数据在数据库底层的表示方式，一个数据库只有一个内模式。

由于用户模式是用户能够看见和使用的局部数据的数据模型，因此用户模式是数据库全局模式的一个局部视角，是数据库用户的一个局部视图。基于这一观点，在关系数据库理论中，用户模式被称为"视图"。

2. 关系数据库中的视图理论

下面介绍在关系数据库背景下，视图的概念、视图与数据表的联系、视图与数据表的区别、视图的作用及视图的经典应用。

（1）视图的概念

视图是基于关系数据库的数据查询所定义的一个数据库对象，该对象存储的实际上是一条SELECT语句，它可以多角度抽取数据库中的数据并以二维表的形式呈现给用户使用。

对用户而言，视图是数据库中一个或多个数据表的部分行和部分列的数据组合。方便起见，把导出视图数据的数据源表称为视图的基本表。

视图是一个虚表。之所以用"虚"这个字，是因为视图中存储的是一条 SQL 命令，而不是数据本身；之所以用"表"这个字，是因为视图呈现给用户的是二维表形式的结果集，结果集的格式与数据表相同，且用户可以像数据表一样访问和操纵视图。

（2）视图与数据表的联系

视图可以从一个数据表中提取数据，也可以从多个数据表中提取数据，甚至可以从其他视图中提取数据，以构成新的视图。但不管怎样，视图中的数据最终都来源于数据库的数据表。相应地，用户对视图的操作最终会转换为用户对数据表的操作。

视图呈现给用户的数据始终与数据表的数据保持一致。当数据表中的数据发生变化时，从视图中返回的数据也随之变化。因为每次从视图返回数据时，实际上都是执行定义视图的查询语句，最终都落实到对数据表的数据查询上。

（3）视图与数据表的区别

视图主要是为了满足用户对数据的查询需求，它把用户需要的数据从数据库的各个数据表中抽取出来，组合成二维表并展示给用户。视图与数据表的区别有以下几点。

第一，数据表是数据集合，视图是 SQL 语句。视图是已经编译好的 SQL 语句，是基于 SQL 语句的结果集的可视化表，而数据表不是 SQL 语句，数据表是数据记录的集合。

第二，数据表占用物理存储空间，而视图几乎不占用物理存储空间。因为数据表是数据记录的集合，所以随着数据记录的增加，数据表占用的物理存储空间越来越大。而视图中存储的主要是导出用户数据集的 SQL 语句，它占用的物理存储空间很小，几乎可以忽略不计。

第三，数据表属于数据库全局模式的概念范畴，而视图属于数据库局部模式的概念范畴。

第四，视图的建立、修改和删除只影响视图本身，不影响与之相关的基本表。

(4)视图的作用

与数据表相比，视图的作用主要体现在以下 5 个方面。

第一，简化数据查询语句。如果用户查询的数据来自多个数据表或其他视图，且查询条件比较复杂，那么用户编写的查询语句会很长。如果先将数据表与数据表之间复杂的连接操作及查询条件封装到视图中，那么用户的查询语句基于一个视图编写即可。因此，视图可以简化数据查询语句，这在频繁执行相似的数据查询时尤为有用。

第二，提供数据的多视角洞察。基于视图，同一个用户可以从多个视角洞察同一数据，不同用户可以不同方式洞察同一数据，这给用户提供了更好的应用体验。

第三，提高了数据的安全性。通过视图，用户只能操纵其所能看到的数据，无法操纵其看不到的数据，这极大地提高了数据的安全性。

第四，提高了数据的逻辑独立性。视图可以使应用程序和数据表在一定程度上分离，进而提高数据的逻辑独立性。如果没有视图，则应用程序一定是直接访问和操纵数据表的。有了视图之后，应用程序可以基于视图间接访问和操纵数据表，从而使应用程序与数据表被视图分割开来，进而提高了数据的逻辑独立性。在关系数据库中，数据表的重构是不可避免的。数据表重构后，其结构就发生了变化，如一个数据表分解成多个数据表，或者数据表增加了一个字段，或者数据表字段的名称发生了变化等。数据表重构后，直接访问数据表的应用程序通常需要修改，以适配数据表结构的变化。基于视图机制，可以屏蔽数据表的重构。也就是说，尽管数据表的结构发生了改变，但视图的结构可以不变，因此基于视图访问数据表的应用程序可以不变。需要说明的是，视图只能在一定程度上提高数据的逻辑独立性，由于视图对数据的更新是有条件的，因此，应用程序在修改数据时可能会因数据表结构的改变而受到一定影响。

第五，节省存储空间。当数据量非常大时，重复存储数据是非常消耗存储空间的。由于视图只是一组 SQL 语句，是基于 SQL 语句的结果集的可视化虚表，因此视图基本上不消耗存储空间。

(5)视图的经典应用

尽管视图是一个虚表，但视图一旦定义就成为数据库的一个组成部分，具有与普通数据表类似的功能，可以像数据表一样接受用户的访问和操纵。

当然，视图毕竟不是数据表，与数据表相比，用户访问视图存在很多限制。为培养读者的自主学习能力，这里不再展开说明，请读者自行查阅相关文献和资料。

6.6.2 视图理论在 Access 中的实现

Access 基于查询对象实现数据库的视图理论。由于 Access 的查询对象既可以进行数据查询，又可以进行数据更新，因此 Access 查询对象的功能超出了关系数据库传统理论中视图的功能。为了便于与理论衔接，本书将实现视图功能的查询对象称为数据源型查询，也称为 Access 视图。

1. Access 视图的定义

Access 视图可以基于 Access 查询设计器创建；如果创建完成的 Access 视图有问题，则可以基于 Access 查询设计器进行修改；如果不再需要 Access 视图，则可以在 Access 数据库的导航窗格中将其删除。另外，Access 视图的创建、修改和删除可以基于 Access-SQL 来实现，相关内容请参阅第 7 章。

Access 视图的创建实际上就是 Access 数据源型查询的创建。既然数据源型查询作为用户视图来使用，那么必须基于用户的个性化需求创建数据源型查询，以提高用户体验。另外，在创建数据源型查询的时候，要结合关系理论，使得基于数据源型查询得到的 Access 视图具备关系的特征，从而发挥数据表的功能。

【例 6-19】在"StudentGrade"数据库中，创建"'大数据库原理'课程不及格学生信息视图"，用户基于这个 Access 视图可以看到"大数据库原理"课程成绩不及格的学生的学号、姓名、专业、课程名称和分数。

可以基于 Access 的查询设计器创建"'大数据库原理'课程不及格学生信息视图"，设计细节如图 6-81 所示，该视图呈现给用户的数据如图 6-82 所示。

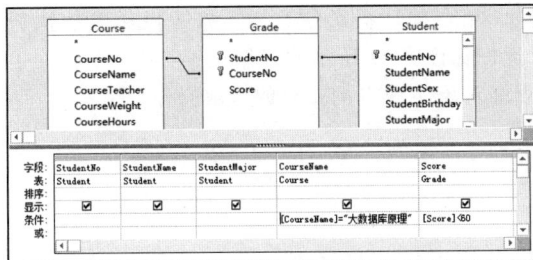

图 6-81　Access 视图的设计细节

图 6-82　Access 视图呈现给用户的数据

实际上，基于查询设计器创建的 Access 视图是一条从数据表中导出数据的 SELECT 语句。SELECT 语句将在第 7 章中学习。下面给出了这条语句的内容。

SELECT Student.StudentNo, Student.StudentName, Student.StudentMajor, Course. CourseName, Grade. Score

FROM (Grade INNER JOIN Course ON Grade.CourseNo = Course.CourseNo) INNER JOIN Student ON Grade.StudentNo = Student.StudentNo

WHERE (((Course.CourseName)= "大数据库原理") AND ((Grade.Score)< 60));

【说明】由于 Access 视图中只包含用户需要的"大数据库原理"课程成绩不及格的学生信息，因此本例定义的 Access 视图既可以简化用户对数据的理解，又可以降低用户基于该视图设计查询语句的复杂度。另外，通过这个 Access 视图，用户只能查询和更新其在视图中见到的数据，对于视图中没有的数据，用户既看不见也取不到。也就是说，通过视图，用户被限制在数据库中数据的一个子集上，从而提高了数据库数据的安全性。

2. Access 视图的应用

Access 视图创建成功以后，就成为数据库中的一个组成部分，具有与普通表类似的功能，可以像数据库中的数据表一样接受用户的访问和操纵。

【例 6-20】查询"'大数据库原理'课程不及格学生信息视图"中，成绩高于 55 分的学生信息。

可以基于 Access 的查询设计器创建本例要求的查询，如图 6-83 所示。该查询运行后，返回如图 6-84 所示的查询结果。

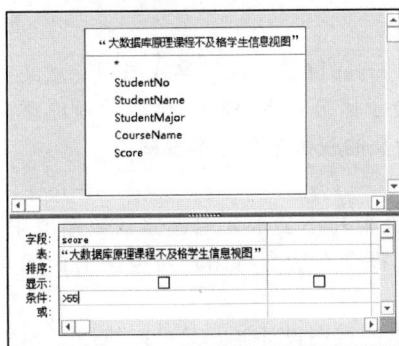

图 6-83　Access 查询的设计细节

图 6-84　Access 查询的运行结果

也可以基于下列 Access－SELECT 语句创建本例要求的查询。

```
SELECT *
FROM 大数据库原理课程不及格学生信息视图
WHERE Score > 55;
```

上述语句的相关内容请参阅第 7 章。

【例 6-21】为"'大数据库原理'课程不及格学生信息视图"中成绩大于等于 57 分的学生加 3 分。

可以基于 Access 的查询设计器创建查询对象并实现本例要求的修改操作，如图 6-85 所示。该修改操作执行时，将给出如图 6-86 所示的提示信息，用户确认提示信息后，修改操作成功执行。打开"'大数据库原理'课程不及格学生信息视图"，返回如图 6-87 所示的数据集。

也可以基于下列 Access－UPDATE 语句创建查询对象实现本例要求的修改操作。

```
UPDATE 大数据库原理课程不及格学生信息视图
SET Score = Score + 3
WHERE Score >=57;
```

上述语句的相关内容请参阅第 7 章。

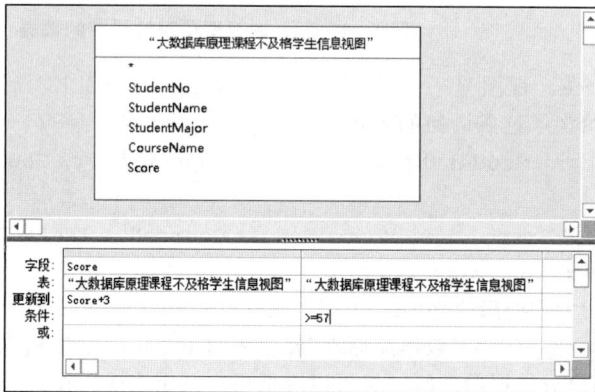

图 6-85　Access 更新操作的设计细节　　　图 6-86　Access 更新操作的警示

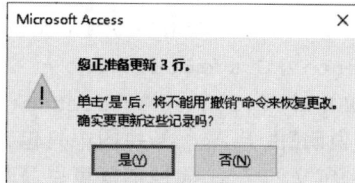

图 6-87　修改操作执行后 Access 视图返回的数据集

6.6.3　视图理论在 SQL Server 中的实现

与 Access 相比，SQL Server 的视图功能更加强大。SQL Server 除了支持经典视图理论意义上的视图之外，还支持分区视图、索引视图和系统视图。为了便于区分，本书将经典视图理论意义上的视图称为标准视图。在没有特别说明的情况下，本书中涉及的视图都是标准视图。

1. 标准视图

满足经典视图理论的视图称为标准视图。标准视图的结果集并不会永久地存储在数据库中，用户每次通过标准视图访问和操纵数据库时，数据库管理系统都会在后台将用户对视图的访问和操纵映射为用户对数据表的访问和操纵。

基于 SQL Server 定义标准视图时，既可以使用 SSMS 提供的视图设计器，又可以使用 T-SQL 提供的 SQL 命令。基于 SQL 命令定义标准视图的方法和技术请参阅第 7 章。下面简要介绍 SSMS

提供的视图设计器。

如图 6-88 所示为 SSMS 视图设计器的设计界面，它包括数据源窗格、可视化设计窗格、SQL 窗格及结果窗格等部分。

在视图设计器中，既可以基于视图设计器的可视化窗格设计视图，又可以在 SQL 窗格中直接输入 SELECT 命令设计视图，二者在功能上是等价的。如图 6-89 所示为基于视图设计器设计的简单视图。执行 SQL 窗格中的 SQL 命令后，将在结果窗格中呈现该视图透视的数据。

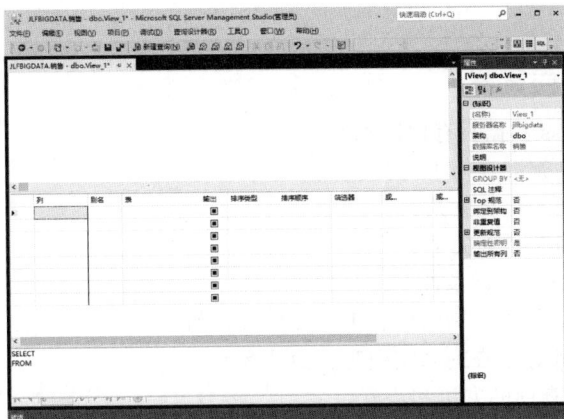

图 6-88　SSMS 视图设计器的设计界面

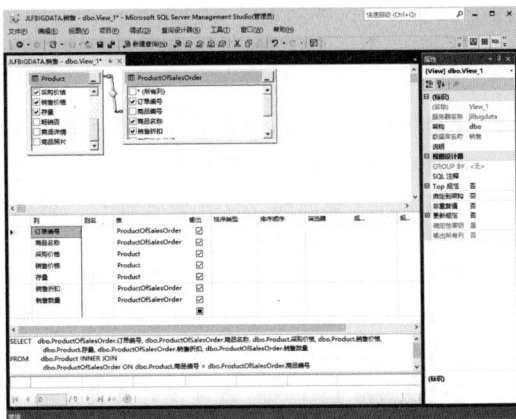

图 6-89　基于视图设计器设计的简单视图

为培养读者的自主学习能力，对于基于 SSMS 视图设计器设计标准视图的步骤，请读者通过实验自己掌握。

2. 索引视图

当用户以标准视图为数据源对数据库进行查询时，DBMS 将在后台基于视图的定义为引用标准视图的查询动态地生成结果集作为其数据源，这个工作的开销往往是很大的，特别是数据量较大且涉及聚合和连接之类的复杂处理时。如果用户查询频繁地引用这类视图，则系统的负载会很重，查询的性能也会受到影响。

为了解决上述问题，可以对标准视图创建唯一索引。对视图创建唯一索引后，视图就固化了查询的结果集。创建唯一索引的视图与标准视图最大的区别是，视图中直接存储了数据本身，而非一个查询。也就是说，创建唯一索引的视图返回的结果集将被存储在数据库中，就像带有聚簇索引的数据表一样。这样，当用户以创建唯一索引的视图为数据源对数据库进行查询时，DBMS 就不必在后台动态地生成数据源的数据集了。

创建唯一索引的视图称为索引视图，也称物化视图。在索引视图上建立的聚簇索引必须是唯一索引，当索引视图基表中的数据更新时，所做更新将反映到索引视图存储的数据中。

索引视图可以显著提高动态数据集开销大的查询，尤其适用于聚合许多行的查询，但不太适用于基表经常更新的数据集。限于篇幅，索引视图的详细内容请查阅相关文献和资料。

3. 分区视图

为了提高数据操纵效率，用户常常将数据量大的数据表分为几个小的物理表来存储，如将 1 年的销售数据按月份划分为 12 个小表。但是当数据被分配到不同的物理小表中后，如果用户的查询涉及多个小表的数据，则查询的设计任务会比较复杂。这是因为，用户设计查询时需要基于数据的物理划分情况，指定查询数据分布的物理小表，这无疑会增加用户使用的复杂度。

使用分区视图可以解决上述问题。在定义分区视图前，先将大数据表中的数据拆分成较小的成员表，再定义一个分区视图，将所有成员表中的用户需要的数据组合成单个结果集。这样，用户查询的设计以分区视图为数据源即可，设计复杂度高的问题就化解了。

如果分区视图引用的所有成员表都在同一台服务器中，则该视图是本地分区视图。如果成员表在多台服务器中，则该视图是分布式分区视图。分布式分区视图可以将数据库的处理负载均匀地分布在各台服务器中。限于篇幅，关于分区视图的详细内容请查阅相关文献和资料。

4. 系统视图

系统视图存放 SQL Server 服务器系统的一些信息。可以基于系统视图返回 SQL Server 实例的有关信息，也可以基于系统视图返回 SQL Server 实例中定义的对象信息。限于篇幅，关于系统视图的详细内容请查阅相关文献和资料。

习题：思考题

【1】什么是 Access 查询？Access 查询与 Access 数据表有何区别？

【2】Access 查询的类型有哪几种？各种类型的查询有何不同？

【3】Access 查询的设计方法有哪些？它们之间有什么关系？

【4】Access 查询设计器有哪些视图？它们之间有什么关系？

【5】在 Access 查询设计器的设计视图中如何设置查询条件？

【6】在 Access 中，总体分析法是否可以解决重复项查询问题和不匹配项查询问题？

【7】在 Access 中，分析型查询的功能可以用计算型查询来实现吗？为什么？

【8】说明基于 Access 查询设计器设计 Access 查询的方法和步骤。

【9】说明基于 SQL Server 查询设计器设计 SQL Server 查询的方法和步骤。

【10】阅读本书的数字教程，说明计算一组样本描述性统计指标的方法和技术。

【11】在 SQL Server 中，分区视图和分区表有什么区别？

【12】在 SQL Server 中，标准视图和索引视图有什么区别？

【13】查阅文献和资料，说明 TDSQL 查询的设计方法和技术。

【14】查阅文献和资料，说明 OceanBase 查询的设计方法和技术。

【15】查阅文献和资料，说明 MySQL 查询的设计方法和技术。

学习材料：精益求精

学习完本章介绍的查询设计方法与技术，读者就可以设计查询对数据库数据进行简单的数据处理和数据分析了，但要进行复杂的数据处理和数据分析，读者还需要深入学习查询语句、查询语句的执行过程、查询的优化等内容。鉴于此，建议读者能够认真阅读下列学习材料，以实现查询设计的精益求精。

【学习材料1】SQL 查询语句优化研究。

【学习材料2】关系数据库 SQL 语言查询过程分析和优化设计。

【学习材料3】关系数据库的查询优化技术。

第 7 章　数据库语言 SQL

本章导读

第 6 章从"可视化设计"的视角学习了数据库的数据查询和数据更新，本章将从"SQL 命令设计"的视角学习数据库的数据查询和数据更新。事实上，"可视化设计"的查询和更新最终也是由数据库管理系统映射为相应的 SQL 命令来实现的。

例如，对于可视化设计的数据查询而言，数据库管理系统将其映射为相应的 SQL-SELECT 命令；再如，对于可视化设计的数据更新而言，数据库管理系统分别将插入、修改和删除操作映射为相应的 SQL-INSERT 命令、SQL-UPDATE 命令、SQL-DELETE 命令。

概括来说，SQL 的功能主要包括定义、更新、查询和控制 4 个方面：数据定义功能，可以定义数据库的存储空间和数据库物理模式；数据更新功能，可以实现数据记录的插入、数据记录的修改、数据记录的删除等；数据查询功能，既可以实现投影、选择和连接等查询操作，又可以实现传统的集合查询操作；数据控制功能，可以实现数据保护和事务管理两方面的功能。

Access 是桌面级的以"易用"为特色的数据库管理系统，相比之下，Access-SQL 的功能有一定的局限性，它并不支持所有的 SQL 语句，只支持其中的子集，包括数据定义、数据查询和数据更新 3 个方面的功能。与桌面级的 Access 相比，SQL Server 是企业级的以"高性能、高可用和高安全"为特色的大容量数据库管理系统。

本章先基于 Access-SQL 学习数据库的定义、查询和更新，从而建立数据库语言 SQL 的学习基础；再基于 T-SQL 与 Access-SQL 的比较学习，强化读者对数据库语言 SQL 的知识建构，升华读者数据库语言 SQL 的理论水平和实践能力。

7.1　标准 SQL 概述

关系数据库是迄今最为成功的数据库，其中一个重要原因就是关系数据库推出了深受欢迎的数据库操纵语言——结构化查询语言（Structured Query Language，SQL）。目前 SQL 已经成为业界的标准，几乎所有的关系数据库管理系统都支持 SQL。

随着数据库技术的发展，SQL 的版本也在不断更新，1992 年推出了 SQL92，1999 年更新为 SQL99。在每一次更新中，SQL 都添加了新特性，并在语言中集成了新的命令和功能。经过多年的不断完善，SQL 已经成为数据库领域的主流语言。

7.1.1　SQL 的功能

SQL 的功能主要表现在定义、更新、查询和控制 4 个方面，它是一种综合的、通用的、功能极强的关系数据库语言。SQL 的功能如下。

①数据定义功能。SQL 最基本的功能就是数据定义，这主要包括定义、修改和删除数据表的模式，定义、修改和删除数据表的索引，定义、修改和删除数据表的视图。

②数据更新功能。数据定义功能只是建立新的数据表的模式，刚刚定义的数据表是一个空表，其中没有任何数据，需要使用插入命令在数据表中插入数据记录，如果插入的数据记录有问题，

则可以使用修改命令对数据记录进行修改，也可以通过删除命令删除不需要的数据。数据记录的插入、修改和删除统称为数据更新功能。

③数据查询功能。数据查询是 SQL 最重要的功能，SQL 既可以进行单表查询，又可以进行多表查询。另外，SQL 还支持汇总查询、集合查询等。

④数据控制功能。数据控制功能主要包括数据保护和事务管理。数据控制主要完成数据库的安全性控制和完整性控制，事务管理主要完成数据库的恢复控制及并发控制等。

由上述分析可知，SQL 并不像高级程序设计语言那样具有流程控制语句。但 SQL 可以嵌入大多数的高级语言中进行使用，这为数据库的应用和开发提供了方便。

7.1.2 SQL 的特点

SQL 的主要特点如下。

①SQL 是一种一体化的语言，它提供了完整的数据定义和操纵功能。使用 SQL 可以实现数据库生命周期中的全部活动，包括定义数据库文件、定义数据表模式，实现数据库中数据的查询与更新，以及实现数据库的重构、数据安全性控制等一系列活动。

②SQL 具有完备的数据查询功能。只要数据是按关系方式存放在数据库中的，就能够构造适当的 SQL 命令将其检索出来。事实上，SQL 的查询命令不仅具有强大的检索功能，还在检索的同时提供了计算与分析功能。

③SQL 非常简洁，易学易用。虽然 SQL 的功能强大，但只有为数不多的几条命令。此外，SQL 的语法相当简单，接近自然语言，用户可以很快掌握。

④SQL 是一种高度非过程化的语言。和其他数据库操作语言不同的是，SQL 只需要用户说明想要做什么操作，而不必说明怎样去做，用户不必了解数据的存储格式、存取路径及 SQL 命令的内部执行过程，就可以方便地对关系数据库进行各种操作。

⑤SQL 的执行方式多样，既能以交互式命令方式直接执行，又能嵌入各种高级语言程序内间接执行。尽管使用方式不同，但其语法结构是一致的。

⑥SQL 既支持用户定义物理数据库模式，又支持用户基于物理数据库模式定义用户数据库模式，以满足不同用户的个性化应用需求。物理数据库模式的定义主要是数据表的定义。用户数据库模式的定义主要是视图的定义。视图是一种虚表，它是数据表和用户之间的一种数据映射定义，而不是实际数据。视图的数据既可以源于一个数据表，又可以源于多个数据表。既可以通过视图把物理数据库的数据全部提供给用户使用，又可以有选择性地屏蔽部分敏感数据，只对用户开放非敏感数据。数据表和视图对象的无缝协作，既可以满足用户的个性化应用需求，又可以提高数据的独立性，同时有利于物理数据库中的数据安全与保密。

7.1.3 SQL 语句

实现 SQL 的每一项功能都借助于 SQL 语句。SQL 语句又称为 SQL 命令，每一条 SQL 语句都由一个动词打头，它蕴含着该语句的功能类型。SQL 设计巧妙，语言简单，完成数据定义、数据查询、数据更新和数据控制的这四大核心功能只使用了表 7-1 所示的 9 个动词。

表 7-1 SQL 语句中的命令动词

SQL 语句功能	SQL 命令动词
数据定义	CREATE, DROP, ALTER
数据查询	SELECT
数据更新	INSERT, UPDATE, DELETE
数据控制	GRANT, REVOKE

7.1.4 SQL 语句语法格式的书写约定

为了便于书写，本书给出 SQL 语句语法格式的 8 个书写约定：第一，SQL 命令的关键字通常使用大写字符；第二，竖线(｜)用来分隔小括号、中括号或大括号中的语法项，它所分割的语法项只能选择其中一项；第三，方括号([])中的语法项为可选项；第四，大括号({ })中的语法项为必选项；第五，语法项[，...n]，指示前面的语法项可以重复 n 次，每一项由逗号分隔；第六，语法项[...n]指示前面的语法项可以重复 n 次，每一项由空格分隔；第七，分号(；)是可选的 SQL 语句终止符；第八，〈label〉∷＝语法块用于定义可在 SQL 语句中的多个位置使用的语法块，既可以使得过长的 SQL 语句语法格式变短，又可以提高该 SQL 语句语法格式的可读性。

7.2 Access-SQL 简介

基于个性化战略和商业化战略的考虑，没有一个 DBMS 百分之百地支持 SQL 的某一标准。目前主流的 DBMS 一般只是支持 SQL92 的大部分功能以及 SQL99 的部分新功能。同时，许多 DBMS 对标准 SQL 进行了不同程度的扩充和修改，以支持标准以外的一些功能特性。

7.2.1 Access-SQL 的特点

由于 Access 定位为桌面级的 DBMS，因此 Access 支持的 SQL 功能有一定的局限性，相应的，SQL 命令的语法格式也存在一些限制。尽管如此，Access 的小巧、便捷、易学、易用、灵活及成本低廉等优势，使得 Access 数据库管理系统成为初学者学习 SQL 的一个最佳选择。

1. 功能特点

由于 Access 定位为桌面级应用，因此与企业级的 DBMS 相比，其支持的 SQL 在功能上有一定的局限性，它并不支持所有的 SQL 语句，只支持其中的子集。

例如，Access 不支持数据控制功能，这使得 Access 的安全性大打折扣。

又如，Access-SQL 只实现了投影、选择和连接等关系运算，对于传统的集合运算，只是实现了并运算，交运算和差运算没有实现。

再如，对于连接运算而言，外连接的实现有局限性，没有考虑外连接的直接实现。

2. 语法特点

与标准 SQL 相比，Access 在 SQL 命令的语法和格式上存在一些差异。这些差异体现在具体的 SQL 命令上，本书在介绍相应内容时会有提示。

7.2.2 Access-SQL 的版本

SQL 标准自公布以来，新版本不断推出，但应用最广泛的版本是 ANSI-89 和 ANSI-92。与 ANSI-89 相比，ANSI-92 增加了一些新的功能，也提出了一些新的关键字、语法规则和通配符。也就是说，尽管 ANSI-89 和 ANSI-92 类似，但并不完全兼容。

Access 2016 既支持 ANSI-89，又支持 ANSI-92。ANSI-89 是 Access 2016 的默认选择。修改 SQL 版本一般在"Access 选项"对话框中进行，具体方法如下。

① 在 Access 数据库窗口的功能区中选择"文件"选项卡，打开 Backstage 视图。

② 在 Backstage 视图左侧选择"选项"选项，打开如图 7-1(a)所示的"Access 选项"对话框。

③ 在"Access 选项"对话框的左窗格中，选择"对象设计器"选项卡，右窗格随即切换到"对象设计器"这一主题的选项设置区，如图 7-1(b)所示。

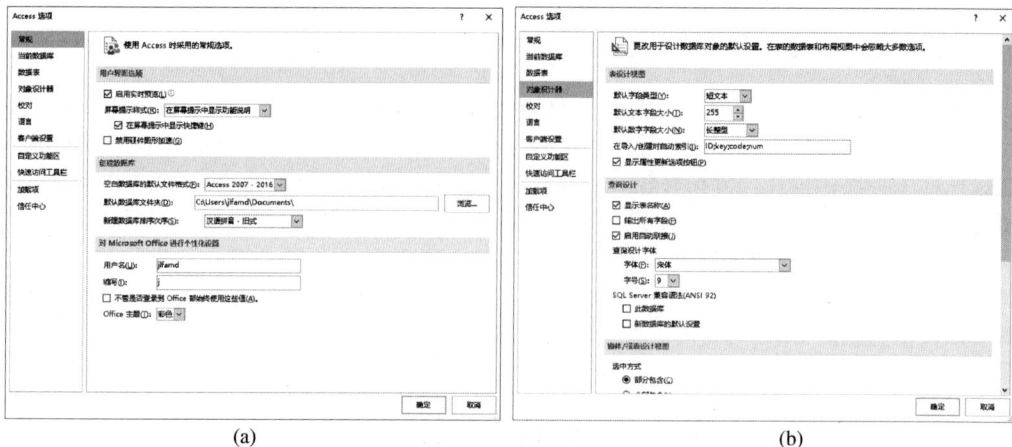

(a)　　　　　　　　　　　　　　　(b)

图 7-1　"Access 选项"对话框

④ 如果在"查询设计"选项设置区的"SQL Server 兼容语法（ANSI 92）"选项组中，勾选"此数据库"复选框，那么当前数据库的 SQL 版本被设置为 ANSI-92 。如果同时勾选"新数据库的默认设置"复选框，那么用户基于 Access 创建的新数据库默认采用 ANSI-92。

⑤如果在"查询设计"选项设置区的"SQL Server 兼容语法（ANSI 92）"选项组中，取消勾选"此数据库"复选框，那么当前数据库的 SQL 版本被设置为 ANSI-89。但是如果同时勾选"新数据库的默认设置"复选框，那么用户基于 Access 创建的新数据库默认采用 ANSI-92。

7.2.3　Access-SQL 的数据类型

数据类型反映了数据表中字段的重要特征。Access 并不完全支持标准 SQL 的各种数据类型，表 7-2 列出了 Access 2016 支持的数据类型。

表 7-2　Access 2016 支持的数据类型

数据类型	主要别名	说明
Byte		0 到 255 中的数字
Short	Smallint	−32768 到 32767 中的数字
Long	Integer、Int	−2147483648 到 2147483647 中的数字
Counter		自动为每个记录分配数字，通常从 1 开始
$Dec[(p[,s])]$	Numeric	十进制数，p 指定精度，s 指定小数位数
Single	Real	单精度浮点数，共 7 位小数
Double	Float	双精度浮点数，共 15 位小数
Currency	Money	支持 15 位的元，外加 4 位小数
$Char[(n)]$	Varchar、Text	用于存储最大长度为 n 的变长字符串；n 最大为 255
Bit	Logical、Yesno	用于存储逻辑值
DateTime	Date、Time、SmallDateTime	用于日期和时间，与 DateTime 无差异
Memo		存储大尺寸的文本，最多 65536 个字符
OLEObject	Image	存储图片、音频、视频或其他 OLE 对象

表 7-2 列出的数据类型较多，这里以十进制数为例介绍数据类型的语法格式。十进制数的语法格式为 Dec[(p[，s])]。其中，Dec 指明数据类型是十进制数；p 指出十进制数最多可以存储的十进制数字的总位数，它必须是 1 到最大精度 38 中的值，包括小数点左边和右边的位数；s 指出小数点右边可以存储的十进制数字的总位数，它必须是 0 和 p 中的值。如果省略 p 和 s，则十进制数的默认精度是 18 位，小数是 0 位。

7.2.4 Access-SQL 的交互界面

Access 数据库的查询、宏、窗体、模块都提供了 SQL 的交互界面。其中，查询提供的 SQL 交互界面最为便捷，是 Access 与 SQL 交互的主界面。在 Access 查询设计器的 SQL 视图中，用户可以直接输入和编辑 SQL 命令，也可以执行设计视图中的 SQL 命令。打开 Access 查询 SQL 视图的方法如下。

①在 Access 数据库窗口中，选择"创建"选项卡的"查询"命令组中的"查询设计"命令。

②关闭 Access 打开的"显示表"对话框。

③选择"查询工具｜设计"选项卡"结果"命令组中的"SQL 视图"命令，Access 随即打开如图 7-2 所示的"查询 1"的 SQL 视图，用户可以在该视图中编写和执行 SQL 语句。

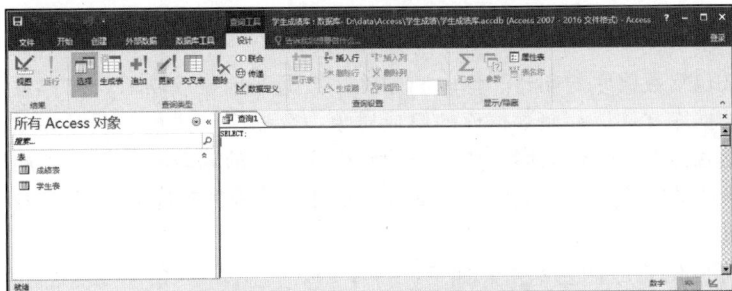

图 7-2 "查询 1"的 SQL 视图

用户在查询 SQL 视图中输入和编辑的 SQL 命令也可以保存，SQL 命令保存后，以查询的形式存储。实际上，查询的功能就是基于 SQL 命令实现的。如果查询已经存在，则用户可以打开该对象的 SQL 视图，并在 SQL 视图中查看和编辑相应的 SQL 语句。具体方法如下：打开查询的设计视图，如图 7-3(a)所示；单击"查询工具｜设计"选项卡"结果"命令组中的"视图"下拉按钮，在下拉列表中选择"SQL 视图"选项；在如图 7-3(b)所示的 SQL 视图中可以查看和编辑 SQL 语句。

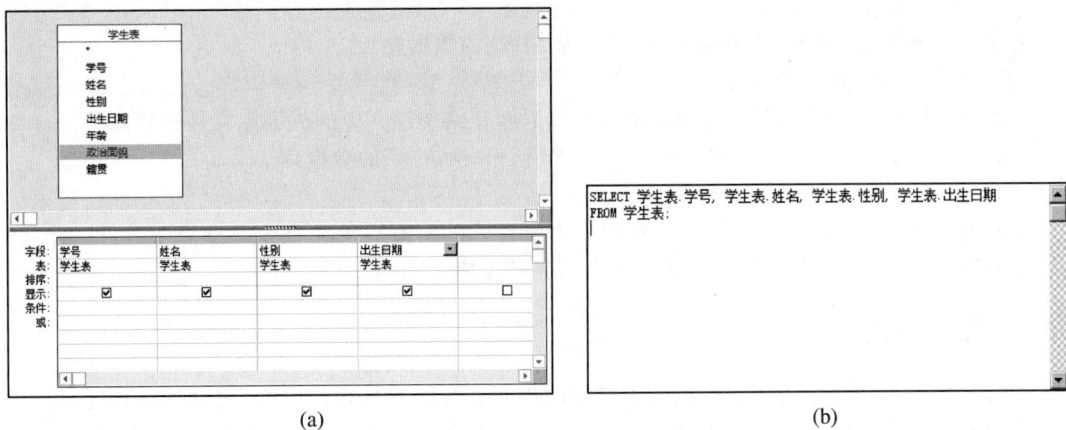

(a)   (b)

图 7-3 查询的设计视图和 SQL 视图

在 SQL 视图中输入和编辑 SQL 语句需注意以下几点。

① 每次只能输入一条 SQL 语句，但可分行输入，系统会把英文标点符号";"作为语句的结束标志；当需要分行输入时，不能把 SQL 的关键字或字段名分写在两行中。

②语句中所有的标点符号和运算符号均为 ASCII 字符。

③每两个单词之间至少要有一个界定符，常用的界定符是空格、逗号、英文句号及英文叹号等。SQL 语句中不同的语法元素对界定符的使用有相应规定，一定要特别注意。

7.3　Access-SQL 的定义功能

Access-SQL 的定义功能主要包括数据库的定义和数据库组成对象的定义。数据库的定义实际上就是定义数据库的存储空间。数据库组成对象的定义实际上就是定义数据表等对象的模式。只有定义了数据库，才能定义数据库的组成对象。数据库的组成对象定义好以后，用户即可基于 SQL 命令对数据库进行更新和查询，这属于 SQL 的操纵功能。本节主要介绍 Access-SQL 的定义功能，Access SQL 的更新功能将在 7.4 节中介绍，Access-SQL 的查询功能将在 7.5 节中介绍。

7.3.1　数据库的定义

数据库的定义包括数据库的创建、修改和删除。数据库创建成功后，操作系统会在计算机外部存储器中创建数据库文件以存储数据库的组成对象。数据库创建成功后可以被修改和删除。数据库的修改实际上就是对存储数据库组成对象的数据库文件的修改，数据库的删除实际上是对存储数据库组成对象的数据库文件的删除。下面介绍创建和删除数据库的 SQL 命令。

1. 创建数据库

创建数据库的 SQL 命令的基本格式如下。

```
CREATE DATABASE 数据库名
```

例如，创建名为"学生成绩库"数据库的 SQL 命令如下。

```
CREATE DATABASE 学生成绩库
```

上述命令执行成功后，用户可以在默认数据库存储文件夹中找到与数据库名一致的数据库文件。

2. 删除数据库

删除数据库的 SQL 命令的基本格式如下。

```
DROP DATABASE 数据库名 [, … n]
```

例如，下述 SQL 命令用于删除名为"学生成绩库"的数据库。

```
DROP DATABASE 学生成绩库
```

上述命令执行成功后，用户可以发现默认数据库存储文件夹中的数据库文件被删除了。

再如，下述 SQL 命令用于删除名为"学生成绩"和"销货单"的数据库。

```
DROP DATABASE 学生成绩, 销货单
```

需要说明的是，如果删除数据库，则数据库所包含的所有对象会被全部删除。另外，作为桌面级 DBMS 的 Access，不支持通过 SQL 命令定义数据库。

7.3.2　数据表的定义

SQL 对数据表的定义功能包括数据表模式的创建、数据表模式的修改、数据表的删除等。数据表模式的创建可以使用 CREATE TABLE 命令，数据表模式的修改可以使用 ALTER TABLE 命令。使用 SQL 命令创建和修改数据表模式，与使用表设计器创建和修改数据表模式的功能是等价

的。数据表的删除命令是 DROP TABLE。

1. 数据表模式的创建

由于数据表模式包括数据结构和数据约束两个维度，因此创建数据表模式的 SQL 命令语法比较复杂。为了便于读者理解和掌握，本书将创建数据表模式的命令分为 3 种：命令格式 1、命令格式 2、命令格式 3。命令格式 1 语法较为简单，它创建的数据表模式只包括数据表的数据结构；命令格式 2 语法较为复杂，是命令格式 1 的超集，它创建的数据表模式除了包括数据表的数据结构之外，还包括数据表的字段级数据约束；命令格式 3 语法最为复杂，它是命令格式 2 的超集，它创建的数据表模式除了包括数据结构和字段级数据约束之外，还包括数据表级数据约束。

(1)命令格式 1——数据结构

【格式】

```
CREATE TABLE〈表名〉
(
    〈字段名 1〉〈字段类型〉[(字段宽度)]
    [, ……]
    [,〈字段名 n〉]〈字段类型〉[(字段宽度)]
);
```

【功能】通过描述组成表的各个字段的类型、宽度等特征来定义表的结构。命令格式 1 实际上是命令格式 2 的一个子集，与命令格式 2 相比，它省略了定义表约束的相关语法元素。

【例 7-1】定义"学生表"的模式，包含"学号""姓名""性别""出生日期"4 个字段。

本例是定义"学生表"的模式，只有表结构，因此使用命令格式 1 即可。SQL 命令如下。

```
CREATE TABLE  学生表 (学号 Char(7), 姓名 Char(8), 性别 Char(2), 出生日期
Datetime);
```

上述命令的书写格式没有层次感，不便于理解。如果与命令的语法格式相对应，将各字段分行书写，那么 SQL 命令就会结构清晰，便于读者理解了。

```
CREATE TABLE  学生表
(
    学号 Char(7),
    姓名 Char(8),
    性别 Char(2),
    出生日期 Datetime
);
```

此命令执行以后，"学生表"的模式就创建好了。打开"学生表"的设计视图，该数据表的模式如图 7-4 所示。本例说明 SQL CREATE 语句完全可以替代表设计器的功能。

(2)命令格式 2——数据结构＋字段级数据约束

【格式】

```
CREATE TABLE〈表名〉
(〈字段名 1〉〈字段类型〉[(字段宽度)] [字段 1 数据约束]
    [, ……]
    [,〈字段名 n〉〈字段类型〉[(字段宽度)] [字段 n 数据约束]
);
```

【功能】与命令格式 1 相比，命令格式 2 复杂一些。命令格式 2 中多出的语法元素主要是定义字段的数据约束。下面说明定义字段级数据约束的语法元素。

字段级数据约束= =

    [NULL| NOT NULL]

    [DEFAULT〈表达式〉]

    [PRIMARY KEY| UNIQUE]

    [REFERENCES]〈表名〉[(字段名)]

在上述语法元素中，"[NULL｜NOT NULL]"短语用来指定当前字段是否允许为空值，默认为 NULL；"[DEFAULT〈表达式〉]"短语用来指定当前字段的默认值；"[PRIMARY KEY]"短语用来基于当前字段定义主键；"[UNIQUE]"短语用来基于当前字段定义唯一键；"[REFERENCES]〈表名〉[(字段名)]"短语用来定义参照完整性约束，该短语中的"〈表名〉"用来指定基准表，"[(字段名)]"用来指定基准表的关联字段。

下面举例说明命令格式 2 的使用方法。

【例 7-2】基于 SQL 命令定义"成绩表"的模式，该表含有"学号""姓名""法律成绩""数学成绩""外语成绩""计算机成绩"5 个字段，其中"学号"和"姓名"不允许为空值。

本例定义的"成绩表"模式既包含表结构，又包含字段级约束，因此需要使用命令格式 2。定义"成绩表"模式的 SQL 命令如下。

```
CREATE TABLE   成绩表
(
    学号 Char(7) NOT NULL,
    姓名 Char(8) NOT NULL,
    法律成绩 Dec(5, 2),
    数学成绩 Dec(5, 2),
    外语成绩 Dec(5, 2),
    计算机成绩 Dec(5, 2)
)
```

此命令执行以后"成绩表"的模式就创建好了，打开该表的设计视图，可以看到如图 7-5 所示的表模式。仔细观察图 7-4 和图 7-5，可以发现字段"学号"在"必需"常规项上的值是不同的。导致差异的原因就在于"成绩表"的"学号"字段定义了"NOT NULL"这一约束。

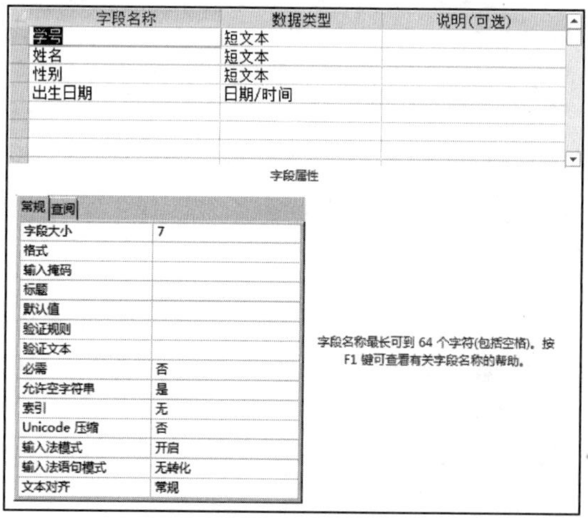

图 7-4 "学生表"的模式

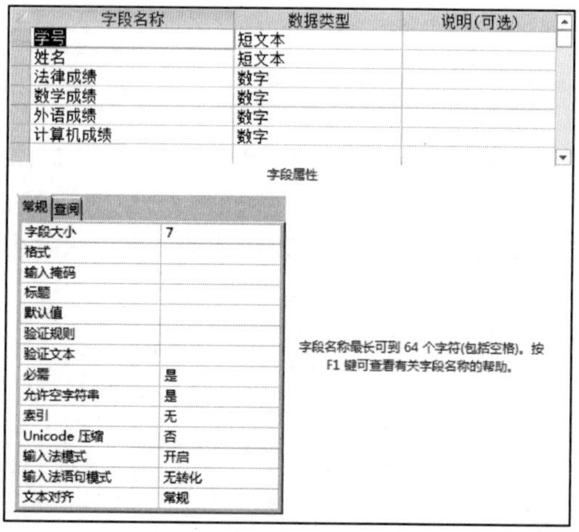

图 7-5 "成绩表"的模式

(3)命令格式 3——数据结构＋字段级数据约束＋表级数据约束

【格式】

```
CREATE TABLE〈表名〉
     (〈字段名 1〉〈字段类型〉[(字段宽度)] [字段 1 数据约束]
     [, ……]
     [, 〈字段名 n〉〈字段类型〉[(字段宽度)] [字段 n 数据约束]
     [, 〈表级数据约束 1〉]
     [, ……]
     [, 〈表级数据约束 n〉]
);
```

【功能】与命令格式 2 相比，命令格式 3 更复杂。命令格式 3 中多出的语法元素主要是定义表级的数据约束。下面说明定义表级数据约束的语法元素。

```
表级数据约束= =
     [, 〈PRIMARY KEY| UNIQUE〉(字段名列表)]
     [, 〈FOREIGN KEY〉(字段名列表)〈REFERENCES〉〈表名〉[(字段名列表)]]
     [, 〈CHECK〉(条件)]
```

在上述语法元素中，"字段名列表"就是用逗号分隔的字段名序列，其基本形式为"〈字段名 1〉，〈字段名 2〉，……，〈字段名 n〉"；"〈PRIMARY KEY〉(字段名列表)"短语用来基于字段名列表中的所有字段建立多字段主键；"〈UNIQUE〉(字段名列表)"短语用来基于字段名列表中的所有字段建立多字段唯一键；"〈FOREIGN KEY〉(字段名列表)〈REFERENCES〉〈表名〉[(字段名列表)]"短语用来建立表间的参照完整性约束，其中"〈FOREIGN KEY〉(字段名列表)"指明关联表中的外键字段，而"REFERENCES〈表名〉[(字段名列表)]"指明建立参照完整性约束的基准表及关联字段；"〈CHECK〉(条件)"短语用来为表指定验证规则。

> 在 Access 数据库中，如果主键和唯一键建立在多个字段的基础上，那么它们必须定义为表级约束，否则既可以定义为表级约束，又可以定义为字段级约束。另外，空值约束和默认值约束只能定义为字段级约束；而 CHECK 约束只能定义为表级约束。

对于主键约束、外键约束、唯一键约束及检查约束，用户还可以基于 CONSTRAINT 短语显式地指定约束的名称，限于篇幅，这里不再展开介绍，感兴趣的读者请参阅相关资料。

【例 7-3】在"StudentGrade"数据库中定义 Student 表的模式：该表包含"XH""XM""XB""CSRQ""ZY""JG"6 个字段；该表的"XH"字段是主键。

本例定义的 Student 表模式既包含表结构，又包含主键约束。由于 Student 表的主键是单字段主键，因此既可以使用命令格式 2，又可以使用命令格式 3。

基于命令格式 2 创建 Student 表模式的 SQL 命令如下。

```
CREATE TABLE Student
   (   XH Char(7) PRIMARY KEY,
       XM Char(16), XB Char(1), CSRQ Date, ZY Char(12), JG Char(6)
   );
```

基于命令格式 3 创建 Student 表模式的 SQL 命令如下。

```
CREATE TABLE Student
   (   XH Char(12),
       XM Char(16), XB Char(1), CSRQ Date, ZY Char(12), JG Char(6),
       PRIMARY KEY (XH)
   );
```

执行上述任一个 SQL 命令后，Student 表的模式即被创建好。打开 Student 表的设计视图，可以看到如图 7-6 所示的表模式。

【例 7-4】在"StudentGrade"数据库中定义 Grade 表的模式：Grade 表包含"XH""KCM""KCCJ"3 个字段；基于字段"XH"和"KCM"定义主键约束；设置"XH"和"KCM"字段不能为空值；基于关联字段"XH"在 Grade 表和 Student 表之间建立一对多联系，并在这两个表之间定义参照完整性约束。

本例创建的 Grade 表的模式既包括表结构，又包括表约束。基于命令格式 3 的 SQL 命令如下。

```
CREATE TABLE Grade
(
    XH Char(12) NOT NULL,
    KCM Char(16) NOT NULL,
    KCCJ Single,
    PRIMARY KEY (XH, KCM),
    FOREIGN KEY (XH)   REFERENCES Student
);
```

在创建 Grade 表模式的命令中，除了定义了该表包含的字段外，还建立了以下约束：基于"XH"和"KCM"字段建立了主键约束；设定"XH"和"KCM"字段的值不能为空值；以"XH"字段为关联字段，建立了 Grade 表与 Student 表之间的联系，并创建了参照完整性约束。执行上述 SQL 命令后，Grade 表的模式即被创建好。打开 Grade 表的设计视图，可以看到如图 7-7 所示的表模式。

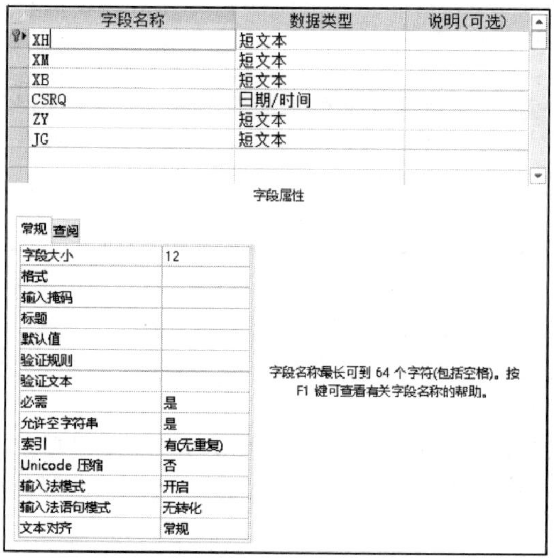

图 7-6　Student 表的模式 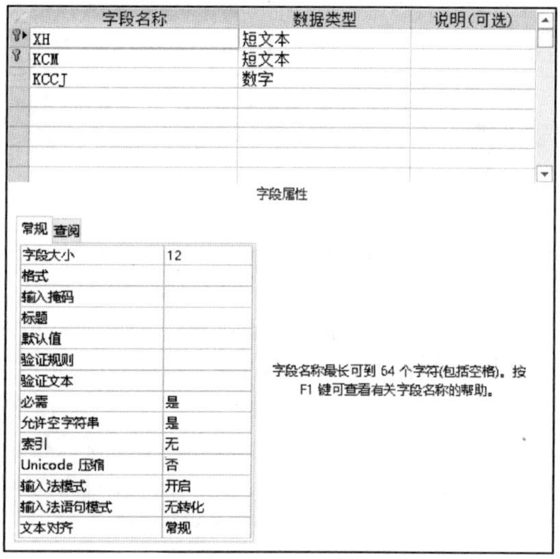　　　　图 7-7　Grade 表的模式

打开"StudentGrade"数据库的"关系"对话框，可以看到 Grade 表与 Student 表之间建立了一对多联系，如图 7-8(a)所示。

双击"关系"对话框中的一对多联系线，在打开的"编辑关系"对话框中，可以看到 Grade 表与 Student 表之间建立的参照完整性约束，如图 7-8(b)所示。

(a)   (b)

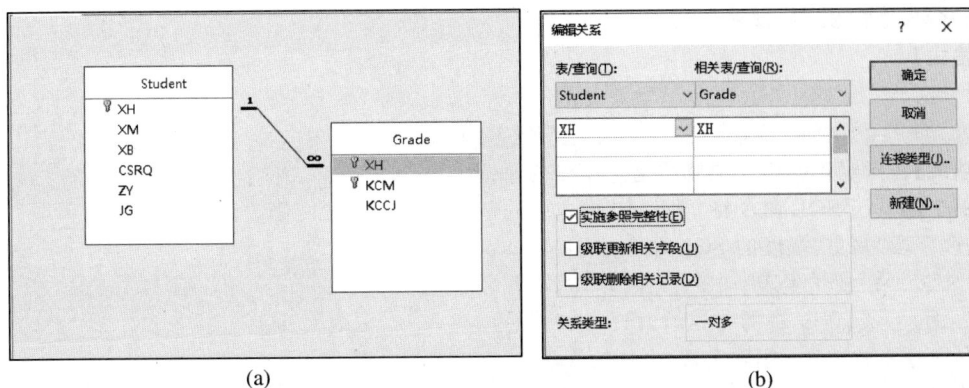

图 7-8　关系图和参照完整性约束

2. 数据表模式的修改

数据表模式的修改包括结构和约束两个方面的内容。基于 SQL 命令 ALTER TABLE 可以修改数据表的结构，这包括增加字段、修改字段和删除字段。同时，基于 ALTER TABLE 命令可以修改数据表的约束，这包括增加约束、修改约束和删除约束。为了便于学习，本书将 ALTER TABLE 命令分解为 6 种格式，每一种格式都实现一种特定的数据表模式修改功能。

(1)命令格式 1——增加字段

【格式】

```
ALTER TABLE〈表名〉
    ADD [COLUMN]〈字段名 1〉〈字段类型〉[(字段宽度)]
            [, ……]
            [,〈字段名 n〉〈字段类型〉[(字段宽度)]]
```

【功能】在指定表的模式中增加新字段，一次可以增加一个或多个字段。

【例 7-5】编写 SQL 命令，为例 7-1 创建的"学生表"的模式添加"年龄""政治面貌"和"籍贯"3 个字段，类型和宽度分别为 Byte、Char(4)、Char(6)。

给"学生表"增加 3 个字段的 SQL 命令如下。

```
ALTER TABLE 学生表
    ADD COLUMN 年龄 Byte, 政治面貌 Char(4), 籍贯 Char(6)
```

例 7-1 创建的"学生表"只包含"学号""姓名""性别""出生日期"4 个字段，执行上述 SQL 命令后，字段增加为 7 个。修改后的"学生表"的模式如图 7-9 所示。

图 7-9　修改后的"学生表"的模式

(2)命令格式 2——修改字段

【格式】

ALTER TABLE〈表名〉
　ALTER[COLUMN]〈字段名〉〈字段类型〉[(字段宽度)]

【功能】在指定表的模式中修改指定字段的属性。

【例 7-6】基于 SQL 命令将"学生表"模式中的字段"籍贯"的宽度修改为 Char(20)。

修改字段"籍贯"宽度的 SQL 命令如下。

ALTER TABLE 学生表
　ALTER COLUMN 籍贯 Char(20)

(3)命令格式 3——删除字段

【格式】

ALTER TABLE〈表名〉
　DROP [COLUMN]〈字段名 1〉[,……][,〈字段名 n〉]

【功能】在指定表的模式中删除指定的字段，一次可以删除一个或多个字段。

【例 7-7】基于 SQL 命令，删除例 7-2 创建的"成绩表"模式中的下列字段："法律成绩""外语成绩""计算机成绩"。

删除 3 个字段的 SQL 命令如下。

ALTER TABLE 成绩表
　DROP COLUMN 法律成绩，外语成绩，计算机成绩

(4)命令格式 4——增加字段并定义该字段的约束

【格式】

ALTER TABLE〈表名〉
ADD [COLUMN]〈字段名〉〈字段类型〉[(字段宽度)]
　　　　　　[NULL| NOT NULL]
　　　　　　[PRIMARY KEY| UNIQUE]
　　　　　　[DEFAULT〈表达式〉]

【功能】在指定表中增加新字段，并同时定义新字段的约束。

【例 7-8】修改"成绩表"的模式：增加"考号"字段，类型是文本，宽度为 12，不允许为空值，其值不允许重复；增加"课程号"字段，类型是文本，宽度为 3，不允许为空值；增加"最后得分"字段，类型是字节，允许为空值，默认值为 60。

增加"考号"字段的 SQL 命令如下。

ALTER TABLE 成绩表 ADD COLUMN 考号 Char(12) NOT NULL UNIQUE

增加"课程号"字段的 SQL 命令如下。

ALTER TABLE 成绩表 ADD COLUMN 课程号 Char(3) NOT NULL

增加"最后得分"字段的 SQL 命令如下。

ALTER TABLE 成绩表 ADD COLUMN 最后得分 Byte NULL DEFAULT 60

(5)命令格式 5——修改字段并修改字段的约束

【格式】

ALTER TABLE〈表名〉
ALTER [COLUMN]〈字段名〉〈字段类型〉[(字段宽度)]
　　　　　　[NULL| NOT NULL]
　　　　　　[PRIMARY KEY| UNIQUE]
　　　　　　[DEFAULT〈表达式〉| DROP DEFAULT]

【功能】修改指定表中指定字段的数据类型和数据约束。

【说明】DROP DEFAULT 短语用来删除默认值。

【例7-9】修改"成绩表"的模式：将"考号"字段的宽度改为 6，同时将其设置为主键；将"最后得分"字段的默认值删除。

修改"考号"字段的 SQL 命令如下。

ALTER TABLE 成绩表 ALTER COLUMN 考号 Char(6) PRIMARY KEY

删除"最后得分"字段默认值的 SQL 命令如下。

ALTER TABLE 成绩表 ALTER COLUMN 最后得分 DROP DEFAULT

(6)命令格式 6——定义表级约束

【格式】

```
ALTER TABLE〈表名〉
    [ADD [CONSTRAINT〈约束名〉] PRIMARY KEY (〈字段列表〉)]
    [ADD [CONSTRAINT〈约束名〉] UNIQUE (〈字段列表〉)]
    [ADD [CONSTRAINT〈约束名〉] CHECK (条件)]
    [ADD [CONSTRAINT〈约束名〉] FOREIGN KEY(〈字段列表〉) REFERENCES〈引用表〉]
    [DROP[CONSTRAINT〈约束名〉]]
```

【功能】增加或删除表的下列约束：主键约束、唯一键约束、检查约束和外键约束。

【说明】一条 SQL 命令一次只能修改一项约束，当需要修改多项约束时，用户需要执行多条 SQL 命令。"DROP[CONSTRAINT〈约束名〉]"短语用来删除指定名称的表级约束。

【例7-10】在"成绩表"模式中：删除主键约束"PK_考号"；指定"学号"和"课程号"字段为主键，主键约束名为"PK_grade"；设定"最后得分"不能高于100，不能低于10。

下列 SQL 命令用于删除基于"考号"字段建立的主键约束"PK_考号"。

ALTER TABLE 成绩表 DROP CONSTRAINT PK_考号

下列 SQL 命令用于指定"学号"和"课程号"字段为主键：

ALTER TABLE 成绩表 ADD CONSTRAINT PK_grade PRIMARY KEY (学号, 课程号)

下列 SQL 命令用于设定"最后得分"不能高于100，不能低于10。

ALTER TABLE 成绩表 ADD CHECK (最后得分 >= 10 AND 最后得分 <= 100)

【例7-11】以"学号"字段为关联字段，在"成绩表"和"学生表"之间建立一对一联系，并基于一对一联系在"成绩表"和"学生表"之间实施参照完整性约束。

参照完整性约束是基准表和关联表之间应该遵循的约束规则。建立参照完整性约束的前提是基准表和关联表建立联系。建立一对一联系的条件有两个：一是基准表和关联表存在关联字段；二是基准表和关联表分别基于关联字段建立主键或唯一键。

修改"学生表"的约束，基于"学号"字段建立"学生表"的主键，SQL 命令如下。

ALTER TABLE 学生表 ADD PRIMARY KEY(学号)

修改"成绩表"的约束，基于"学号"字段建立"成绩表"的主键，SQL 命令如下。

ALTER TABLE 成绩表 ADD PRIMARY KEY(学号)

修改"成绩表"和"学生表"的约束，基于"学号"字段在"成绩表"和"学生表"之间建立一对一联系，并实施参照完整性约束，SQL 命令如下。

ALTER TABLE 成绩表
      ADD CONSTRAINT grade_student FOREIGN KEY(学号) REFERENCES 学生表(学号)

上述命令执行后，打开"学生成绩库"的"关系"对话框，可以看到"学生表"与"成绩表"之间建立的一对一联系，如图 7-10 所示。

双击"关系"对话框中的一对一联系线，在打开的"编辑关系"对话框中，可以看到"学生表"与"成绩表"之间建立的参照完整性约束，如图 7-11 所示。

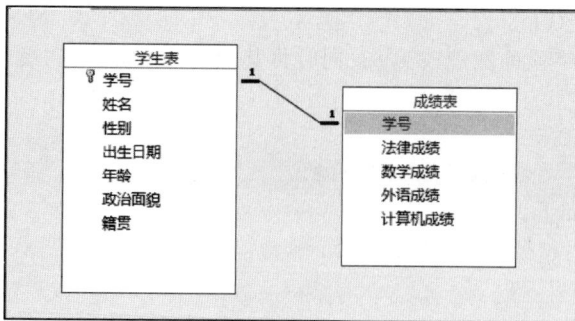

图 7-10 "学生表"与"成绩表"之间的一对一联系

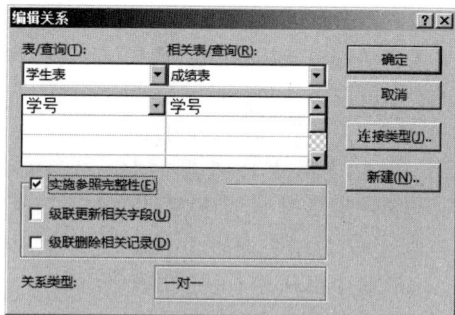

图 7-11 "学生表"与"成绩表"之间的
参照完整性约束

注意：如果基准表没有基于关联字段建立相应的主键，那么在执行上述建立参照完整性约束的 SQL 命令时，Access 将报错。

（7）删除数据表模式

删除数据表模式的 SQL 命令是 DROP TABLE，其语法和用法都很简单，具休如下。

【格式】

```
DROP TABLE〈表名〉
```

【功能】从数据库中删除指定的表，既包括表的模式，又包括表的记录。

3. 数据表索引的定义

数据表索引实际上也是数据表物理模式的一部分，它主要定义数据表中数据的访问方法。

（1）索引概述

①索引的概念。索引实际上是一个二维表结构。最简单的索引包括两列：一列是索引列，该列用于存放表中的字段值，可以是一个字段的值，也可以是多个字段的值，索引列中包含的字段称为索引字段；另一列是地址列，用于存放数据表中每一个记录的存储地址。索引表的每一行与表中的每一行是相互映射的：索引表中每一行的索引列与表中每一行的索引字段相互映射，索引表中每一行的地址列与表中每一行的存储地址相互映射。由于索引表中的行是按索引列有序存放的，而索引列与表的索引字段相互映射，因此表的记录可以基于索引实现逻辑上的有序性。

②索引字段的重要性。索引字段是 Access 建立索引的依据，它决定了索引表中索引列的值。如果基于单个字段建立索引，那么该索引称为单字段索引。如果基于多个字段建立索引，那么该索引称为多字段索引。

③索引的类型。Access 有 3 种索引类型：普通索引、唯一索引、主索引。普通索引的索引字段允许有重复值，唯一索引和主索引的索引字段不允许有重复值。唯一索引和主索引的区别如下：表中可以有多个唯一索引，但只能有一个主索引；主索引的索引字段不能为空值，而唯一索引的索引字段可以为空值。

（2）索引的创建和删除

索引的定义主要包括索引的创建、修改和删除。创建索引主要是定义索引的名称、类型、索引字段及排序次序等。删除索引时，系统会从数据库中删除索引的定义及其物理结构。索引创建后也可以修改，修改索引实际上是重新定义索引的名称、类型、索引字段及排序次序等。下面介绍创建和删除索引的 SQL 命令。修改索引的 SQL 命令是 ALTER INDEX，限于篇幅，这里不再介绍，感兴趣的读者请查阅相关资料。

①索引的创建。创建索引的 SQL 命令比较简单，其语法如下。

```
CREATE [UNIQUE] INDEX 索引名 on〈表名〉(字段名[ASC| DESC][, ...n ]) [WITH
PRIMARY]
```

例如，基于"学生表"的"姓名"字段建立普通索引的 SQL 命令如下。

```
CREATE INDEX general_index_name on 学生表(姓名)
```

又如，基于"成绩表"的"学号"字段创建唯一索引的 SQL 命令如下。

```
CREATE UNIQUE INDEX unique_index_学号 on 成绩表(学号)
```

再如，在"学生表"中基于"学号"字段建立主索引的 SQL 命令如下。

```
CREATE INDEX primary_index_学号 on 学生表(学号) WITH PRIMARY
```

【例 7-12】"StudentGrade"数据库中包含 Student 和 Grade 两个数据表。Grade 表的模式为 Grade(XH char(12)，KCM char(16)，KCCJ integer)。请给 Grade 表建立一个单字段索引和一个多字段索引：单字段索引的名称是 Index_score，索引类型是普通索引，索引字段是"KCCJ"；多字段索引的名称是 Index_XHandKCM，索引类型是唯一索引，索引字段是"XH"和"KCM"。

基于"KCCJ"字段建立单字段普通索引的 SQL 命令如下。

```
CREATE INDEX Index_score on Grade(KCCJ)
```

上述命令执行后，打开 Grade 表设计视图的索引对话框，如图 7-12 所示。

基于"XH"和"KCM"两个字段建立多字段唯一索引的 SQL 命令如下：

```
CREATE UNIQUE INDEX Index_XHandKCM on Grade(XH, KCM)
```

上述命令执行后，打开 Grade 表设计视图的索引对话框，如图 7-13 所示。

②索引的删除。删除索引的 SQL 命令很简单，其语法如下。

```
DROP INDEX〈索引名〉ON〈表名〉
```

例如，删除"Grade"的索引"Index_score"的 SQL 命令如下。

```
DROP INDEX  Index_score on Grade
```

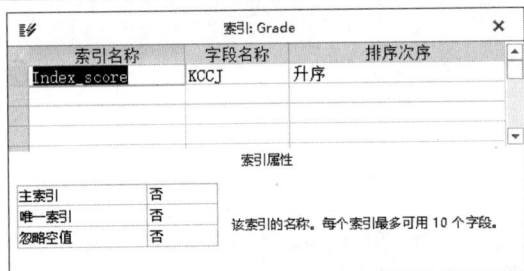

图 7-12 单字段索引 Index_score

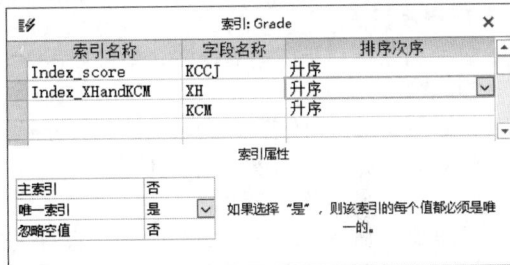

图 7-13 多字段索引 Index_XHandKCM

7.3.3 视图的定义

视图的定义功能包括视图的创建、修改和删除。下面介绍如何基于 SQL 命令创建和删除视图。

1. 创建视图

创建视图的 SQL 命令的语法如下。

【格式】

```
CREATE VIEW〈视图名〉[(字段名 1[，字段名 2]…)]
    AS〈SELECT 语句〉
```

【说明】

①当未指定视图的字段名时，视图的字段名与 SELECT 语句中指定的结果列同名。

②基于 SQL 命令创建的视图是一个表数据导出定义，该定义保存在数据库中。

【例 7-13】在"StudentGrade"数据库中，创建一个名为"不及格学生成绩"的视图。"不及格学生成绩"视图的数据记录由 Grade 表中 KCCJ 小于 60 的记录构成。

本例创建的视图从一个表中导出数据，创建视图的 SQL 命令如下。

```
CREATE VIEW 不及格学生成绩 AS SELECT *  FROM Grade WHERE KCCJ< 60
```

由于视图中只包含用户需要的数据，即"KCCJ 小于 60"的不及格学生的成绩数据，因此本例定义的视图可以简化用户对数据的理解，从而简化用户的数据操作任务。

【例 7-14】在"StudentGrade"数据库中，创建一个名为"不及格学生信息"的视图。该视图由 Grade 表中的"KCM""KCCJ"以及 Student 表中的"XM""ZY"共 4 个字段构成。

本例创建的视图从多个表中导出数据，创建视图的 SQL 命令如下。

```
CREATE VIEW 不及格学生信息 AS
    SELECT Grade. KCM, Grade. KCCJ, Student. XM, Student. ZY
    FROM Grade, Student
    WHERE Grade. XH=Student. XH
```

此例中，用户刚刚定义的视图只能够看到"KCM""KCCJ""XM"和"ZY"这 4 个字段，用户无法看到诸如 Student 的"XB"和"CSRQ"等数据。

2. 修改视图

若创建的视图不能满足用户需求，则可以修改视图。修改视图就是修改视图的定义。修改视图的 SQL 命令是 ALTER VIEW，其具体语法如下。

```
ALTER VIEW〈视图名〉[(字段名 1[，字段名 2]…)]
    AS〈SELECT 语句〉
```

例如，如果要使例 7-13 定义的视图"不及格学生成绩"显示"KCCJ 小于 55"的数据，可以执行以下的 SQL 命令。

```
ALTER VIEW 不及格学生成绩 AS SELECT *  FROM Grade WHERE KCCJ< 55
```

3. 删除视图

若要删除用户所创建的视图，则可使用下述 SQL 命令。

【格式】

```
DROP VIEW〈视图名〉
```

【示例】删除名为"不及格学生信息"的视图，SQL 命令如下。

```
DROP VIEW 不及格学生信息
```

这里要特别指出的是，尽管 Access 没有"视图"这一概念，但 Access 用查询实现了"视图"的功能。Access 是基于数据源型查询实现 SQL 中的"视图"功能的。

7.4 Access-SQL 的更新功能

在数据库论域中，数据更新指的是数据记录的插入、修改和删除。SQL 支持数据更新，与插入、修改和删除相对应的 SQL 命令分别是 INSERT、UPDATE 和 DELETE。这里需要特别指出的是，如果数据表之间存在参照完整性约束，那么执行数据更新的 SQL 命令必须遵守表间约束，否则 SQL 命令会被拒绝执行。本节将学习的更新命令都不考虑表间约束。

7.4.1 插入数据

在数据库中插入数据记录时，既可以一次插入一个记录，又可以一次插入多个记录。相应地，Access-SQL 有两种格式的 SQL 命令。

1. 单记录插入格式

【格式】

```
INSERT INTO〈表名〉[(〈字段名 1〉[，〈字段名 2〉，…])]
VALUES(〈表达式 1〉[，〈表达式 2〉，…])
```

【功能】在指定表的尾部添加一个新记录。

【说明】

①VALUES短语决定了用户在表中所插入记录的值。

②当VALUES短语包含表的所有字段值时，命令中的字段名列表可以省略，但是VALUES短语中各个表达式的类型、宽度和先后顺序必须与表的结构完全吻合。

③当VALUES短语只包含表部分字段的值时，命令中的字段名列表不能省略，且VALUES短语中各个表达式的类型、宽度和先后顺序须与INSERT命令中的字段名列表一致。

【例7-15】使用SQL命令在"学生表"中插入新记录。

如果插入所有字段的数据，则SQL命令如下。

```
INSERT INTO 学生表
        VALUES("201901","姜开来","女", #1999-09-10# , 21,"党员","山东")
INSERT INTO 学生表(学号, 姓名, 性别, 出生日期, 年龄, 政治面貌, 籍贯)
        VALUES("201903","刘丽","女", #1999-09-20# , 23,"团员","山东")
```

如果插入部分字段的数据，则SQL命令如下。

```
INSERT INTO 学生表(学号, 姓名, 籍贯)
        VALUES("赵大伟","201902","河北")
```

如果"学生表"是空表，那么执行上述命令后，将打开"学生表"的数据表视图，插入的记录如图7-14所示。

学号	姓名	性别	出生日期	年龄	政治面貌	籍贯
201901	姜开来	女	1999-09-10	21	党员	山东
201903	刘丽	女	1999-09-20	23	团员	山东
赵大伟	201902					河北

图7-14 例7-15插入的记录

仔细观察图7-14，可以发现"赵大伟"出现在"学号"字段中，而"201902"出现在"姓名"字段中。请读者思考：这个结果是如何产生的？

2. 批记录插入格式

【格式】

```
INSERT INTO〈表名〉[((〈字段名1〉[,〈字段名2〉, …])]〈SELECT语句〉
```

【功能】将SELECT语句得到的查询结果插入指定表的尾部。

【说明】

①批记录插入格式实际上是在INSERT语句中嵌入了一条SELECT语句。

②批记录插入格式中的SELECT语句的作用是产生插入表中的数据源。

③如果指定了字段列表，那么SELECT语句结果集的结构必须与该字段列表一致。

【例7-16】假设"新生"表与"学生表"在同一个数据库中，且这两个表的结构完全相同。请使用SQL命令将"新生"表中的所有记录作为新记录插入"学生表"中，但新记录只包括"学号""姓名""性别""出生日期"4个字段。

将"新生"表中的所有记录作为新记录插入"学生表"中，这显然是批记录插入，需要使用INSERT命令的批记录插入格式，SQL命令如下。

```
INSERT INTO 学生表(学号, 姓名, 性别, 出生日期)
        SELECT 学号, 姓名, 性别, 出生日期 FROM 新生
```

7.4.2 修改数据

对数据库中的数据进行修改就是修改数据表中的记录。由于每个记录包含多个字段，因此记

录的修改实际上是修改记录的字段值。下面介绍修改数据的 SQL 命令。

【格式】

UPDATE〈表名〉
SET〈字段名 1〉=〈表达式 1〉[,〈字段名 2〉=〈表达式 2〉…]
[WHERE〈条件〉]

【功能】对满足条件的表记录进行修改,用指定表达式的值来修改指定字段的值。

【说明】"WHERE〈条件〉"短语用来指定筛选条件,只有满足筛选条件的表记录才能被修改。"WHERE〈条件〉"短语可以省略,省略此短语时,UPDATE 命令将对所有的记录进行修改。

【例 7-17】使用 SQL 命令,对"学生表"中的记录进行两次修改:第一次将每个学生的"年龄"增加 2;第二次将图 7-14 中第 3 行记录的"学号"值和"姓名"值互换,并将"性别"字段的值设置为"男"。

基于下述 SQL 命令可以将每个学生的"年龄"增加 2。

UPDATE 学生表 SET 年龄= 年龄+ 2

基于下述 SQL 命令可以将指定学生的"学号"值和"姓名"值互换,并将"性别"设置为"男"。

UPDATE 学生表
SET 学号= "201902", 姓名= "赵大伟", 性别= "男"
WHERE 姓名= "201902"

【拓展】SQL 允许在 UPDATE 语句中嵌入一条 SELECT 语句,使 SELECT 语句成为 UPDATE 语句的一个语法元素。常见的用法是将 SELECT 语句嵌入 UPDATE 语句的 WHERE 子句中,此时的 SELECT 语句是 WHERE 子句中条件表达式的一个组成元素,相应的语法如下。

UPDATE〈表名〉
SET〈字段名 1〉=〈表达式 1〉[,〈字段名 2〉=〈表达式 2〉…]
[WHERE … (SELECT 语句) …]

【例 7-18】编写 SQL 命令,将"计算机成绩"低于平均分的学生的"计算机成绩"加 1。

UPDATE 成绩表
SET 计算机成绩= 计算机成绩+ 1
WHERE 计算机成绩 < (SELECT avg(计算机成绩) FROM 成绩表)

7.4.3　删除数据

删除数据指的是删除数据表中的一个记录或多个记录。下面介绍相应的 SQL 命令。

【格式】

DELETE FROM〈表名〉[WHERE〈条件〉]

【功能】对指定表中符合条件的记录进行删除。

【说明】"WHERE〈条件〉"短语用于指定被删除记录所要满足的条件,省略此短语时表示删除所有记录。

【例 7-19】编写 SQL 命令,将"成绩表"中"外语成绩"在 60 分以下的学生记录全部删除。

DELETE FROM 成绩表 WHERE 外语成绩< 60

注意:DELETE 命令只删除表中的数据记录,不删除表的模式。若要删除表的模式和数据,则应该使用 DROP TABLE 命令。

【拓展】SQL 允许在 DELETE 语句中嵌入一条 SELECT 语句,使 SELECT 语句成为 DELETE 语句的一个语法元素。常见的用法是将 SELECT 语句嵌入 DELETE 语句的 WHERE 子句中,此时的 SELECT 语句是 WHERE 子句中条件表达式的一个组成元素,相应的语法如下。

DELETE FROM〈表名〉
[WHERE … (SELECT 语句) …]

【例7-20】使用SQL命令，将"计算机成绩"低于10的学生从"学生表"中全部删除。

```
DELETE FROM 学生表
WHERE 学号 IN (SELECT 学号 FROM 成绩表 WHERE 计算机成绩 < 10)
```

7.5　Access-SQL 的查询功能

SQL 的查询功能是由 SELECT 命令实现的，它是数据库操纵中最常用的命令之一。SELECT 命令由若干子句组成，其中基本子句有 SELECT 子句、INTO 子句、FROM 子句、WHERE 子句、ORDER BY 子句、GROUP BY 子句及 HAVING 子句。下面概要地说明 SELECT 命令的用法。

【格式】

```
SELECT〈结果列序列〉
[INTO〈新表名〉]
FROM〈数据源〉
[WHERE〈条件〉]
[ORDER BY〈排序字段序列〉]
[GROUP BY〈分组字段序列〉] [HAVING〈组筛选条件〉]
```

【说明】SELECT 命令中的各个子句的功能如下。

① SELECT 子句用于指定查询结果包含的列。

② INTO 子句用于指定将查询结果保存到一个表中。省略 INTO 子句时，默认输出到浏览窗口。

③ FROM 子句用于指定要查询结果的数据源。

④ WHERE 子句用于指定查询命令的筛选条件或者连接条件。

⑤ ORDER BY 子句用于指定对查询结果进行排序后输出。

⑥ GROUP BY 子句用于指定对数据源进行分组查询。

⑦ HAVING 子句与 GROUP BY 子句配合使用，用于指定各个分组应满足的条件。

【功能】SELECT 命令的功能如下。

① 非分组查询：根据 WHERE 子句中指定的查询条件从 FROM 子句中指定的数据源中查询 SELECT 子句中指定的结果数据。结果数据可以按照 ORDER BY 子句指定的排序字段进行排序。结果数据最终在浏览窗口中输出，或者保存到 INTO 子句指定的表中。

② 分组查询：首先根据 WHERE 子句中指定的查询条件从 FROM 子句中指定的数据源中获取查询数据，然后根据 GROUP BY 子句指定的分组字段对查询数据进行分组，最后根据 SELECT 子句中指定的结果列得到分组结果数据。分组结果数据除了可以根据 HAVING 子句中的条件进行分组筛选之外，还可以按照 ORDER BY 子句指定的排序字段进行排序。分组查询的最终结果数据或者在浏览窗口中输出，或者保存到 INTO 子句指定的表中。

【拓展】事实上，SELECT 命令可以实现对表的选择、投影和连接 3 种关系操作，SELECT 子句对应投影操作，WHERE 子句对应选择操作，而 FROM 子句和 WHERE 子句都可以对应连接操作。关系数据库的数据操作除了包括选择、投影和连接这 3 种专门的关系操作外，还包括并、交和差等传统的集合操作。对于大多数的数据库管理系统而言，基本上可在 SELECT 命令中实现对传统集合操作的支持。下面给出 SELECT 命令相应的语法。

```
SELECT 语句 1
〈UNION| INTERSECT| EXCEPT〉
SELECT 语句 2
```

[......]

[〈UNION| INTERSECT| EXCEPT〉]

[SELECT 语句 N]

在上述语法中，UNION 实现的是传统的并运算，INTERSECT 实现的是传统的交运算，EXCEPT 实现的是传统的差运算。注意，Access 2016 只实现了 UNION 操作。

因为 SELECT 命令的语法非常复杂，所以本书按照该命令的执行逻辑对 SELECT 命令的语法进行了分解，以便于读者学习。基于 SELECT 命令中的标志性子句，本书将 SELECT 命令分解为投影查询、选择查询、连接查询、排序查询、统计查询、嵌套查询和集合查询。

为便于读者学习，本节以比较简单的"学生成绩库"为操作对象。"学生成绩库"中只包含"学生表"和"成绩表"。

为便于读者在学习过程中对命令执行的结果进行对照和验证，表 7-3 列出了"学生表"的数据记录，表 7-4 列出了"成绩表"的数据记录。

表 7-3 "学生表"的数据记录

学号	姓名	性别	出生日期	年龄	政治面貌	籍贯
2019001	姜开来	女	1996-9-10	21	党员	山东
2019003	刘丽	女	1991-9-20	26	团员	山东
2019002	赵大伟	男	1996-8-16	21	团员	河北
2019004	李志	男	1996-10-14	21	群众	河北
2019005	陈翔	男	1995-9-15	22	党员	山东
2019006	王倍	男	1995-8-9	22	团员	北京
2019007	黄岩	男	1989-6-12	27	团员	河北
2019008	徐梅	女	1997-8-11	20	团员	内蒙古
2019009	陈小燕	女	1996-12-18	21	群众	黑龙江
2019010	王进	男	1991-11-23	26	团员	内蒙古
2019011	李歌	女	1995-2-1	22	团员	北京
2019012	马欣欣	女	1997-9-12	20	团员	浙江

表 7-4 "成绩表"的数据记录

学号	法律成绩	数学成绩	外语成绩	计算机成绩
2019001	56	78	78	92
2019003	67	66	85	76
2019002	63	75	67	92
2019004	52	92	88	84
2019005	68	79	91	77
2019006	71	77	52	53
2019007	50	65	66	60
2019008	76	78	79	90
2019009	66	58	70	82
2019010	62	79	87	89
2019011	65	85	80	75
2019012	68	88	74	79

为便于读者比较学习，本节以语义基本相同但数据库模式有较大差异的"StudentGrade"数据库为比较操作对象。"StudentGrade"数据库也很简单，也只包含两个表，它们分别是 Student 表和 Grade 表，这两个表的模式如下。

```
Student
(  XH Char(7)，XM Char(6) , XB Char(1),
     CSRQ Date, ZZMM Char(6), ZY Char(12), JG Char(6)
)
Grade
(  XH Char(7), KCM Char(16), KCCJ Dec(5, 2) )
```

请读者想一想："学生成绩库"和"StudentGrade"数据库的语义是不是完全相同？如果不完全相同，它们有什么差异？另外，在什么场景下，"StudentGrade"数据库的数据库模式比"学生成绩库"的数据库模式更优？在什么场景下，"StudentGrade"数据库的数据库模式比"学生成绩库"的数据库模式差？

为了便于读者在学习过程中对命令执行的结果进行对照和验证，表7-5列出了 Student 表的数据记录，表7-5列出了 Grade 表的数据记录。

表 7-5　Student 表的数据记录

XH	XM	XB	CSRQ	ZZMM	ZY	JG
2019001	姜开来	女	1996-9-10	党员	国贸	山东
2019003	刘丽	女	1991-9-20	团员	国贸	山东
2019002	赵大伟	男	1996-8-16	团员	国贸	河北
2019004	李志	男	1996-10-14	群众	金融	河北
2019005	陈翔	男	1995-9-15	党员	金融	山东
2019006	王倍	男	1995-8-9	团员	金融	北京
2019007	黄岩	男	1989-6-12	团员	金融	河北
2019008	徐梅	女	1997-8-11	团员	金融	内蒙古
2019009	陈小燕	女	1996-12-18	群众	金融	黑龙江
2019010	王进	男	1991-11-23	团员	金融	内蒙古
2019011	李歌	女	1995-2-1	团员	金融科技	北京
2019012	马欣欣	女	1997-9-12	团员	金融科技	浙江

表 7-6　Grade 表的数据记录(部分)

XH	KCM	KCCJ
2019001	法律	56
2019001	数学	78
2019001	外语	78
2019001	计算机	92
2019003	法律	67
2019003	数学	66
2019003	外语	85
2019003	计算机	76

续表

XH	KCM	KCCJ
2019002	法律	63
2019002	数学	75
2019002	外语	67
2019002	计算机	92
……	……	……

7.5.1 投影查询

本书基于下述两个原则界定投影查询：此类查询只对单表进行操作；此类查询涉及的运算只包括投影运算。基于上述界定，下面介绍实现投影查询的 SELECT 命令。

【格式】

```
SELECT〈结果列 1〉[[,……][,结果列 N]]
INTO〈新表名〉
FROM〈表名〉
```

【说明】

①结果列既可以是表中的普通字段，又可以是计算字段。

②结果列可以重新命名，重命名的语法为"〈结果列〉AS 别名"。

③如果 SELECT 子句中的结果列包括数据源的所有字段，则可以用 * 表示。

根据查询命令的结果集是否保存，投影查询分为 INTO 型、非 INTO 型。

1. INTO 型投影查询

下面举例说明 INTO 型投影查询命令的语法和使用方法。

【例 7-21】在"学生成绩库"中，使用 SELECT 命令检索学生的"学号""姓名"和"出生日期"，并将结果集保存到"学生成绩库"的新表"学生出生日期表"中。

```
SELECT 学号，姓名，出生日期
INTO 学生出生日期表
FROM 学生表
```

【说明】Access 要求"INTO"子句必须放在 SELECT 子句之后，否则语法检查无法通过。执行上述 SQL 命令之后，Access 随即创建一个名为"学生出生日期表"的表，并显示在"学生成绩库"导航窗格中，如图 7-15 所示。在导航窗格中双击"学生出生日期表"图标，即可打开"学生出生日期表"，其结果如图 7-16 所示。

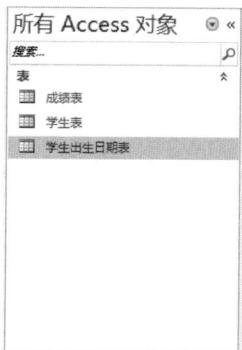

图 7-15　"学生成绩库"导航窗格

图 7-16　例 7-21 查询的运行结果

【练一练】在“StudentGrade”数据库中，使用 SELECT 命令检索所有学生的学号、姓名和出生日期信息，并将结果集保存到“StudentGrade”数据库的新表“XSCSRQB”中。

2. 非 INTO 型投影查询

下面举例说明非 INTO 型投影查询命令的语法和使用方法。

【例 7-22】在“学生成绩库”中，使用 SELECT 命令检索所有学生的“籍贯”信息，即使是重复的“籍贯”值也返回到查询结果集中。

实现该查询任务的 SQL 命令如下，命令的执行结果如图 7-17 所示。

```
SELECT 籍贯
FROM 学生表
```

【练一练】在“StudentGrade”数据库中，使用 SELECT 命令检索所有学生的籍贯信息，即使是重复的籍贯信息也返回到查询结果集中。

【例 7-23】在“学生成绩库”中，用 SELECT 命令检索所有学生的“籍贯”信息，如果“籍贯”值重复，则不返回。

实现该查询任务的 SQL 命令如下，命令的执行结果如图 7-18 所示。

```
SELECT DISTINCT 籍贯
FROM 学生表
```

【例 7-24】在“学生成绩库”中，使用 SELECT 命令检索所有学生的出生年。

实现该查询任务的 SQL 命令如下，命令的执行结果如图 7-19 所示。

```
SELECT  year(出生日期) AS 出生年
FROM 学生表
```

【思考】如果要检索所有学生的出生年(不显示重复值)，则 SQL 命令应该怎样编写呢？

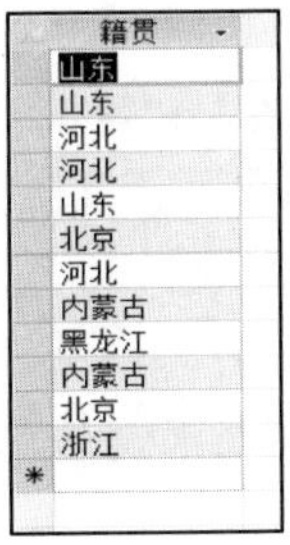

籍贯
山东
山东
河北
河北
山东
北京
河北
内蒙古
黑龙江
内蒙古
北京
浙江
*

图 7-17 例 7-22 查询的运行结果

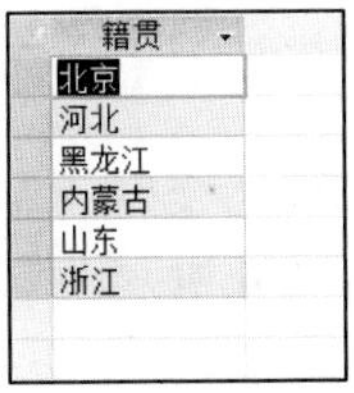

籍贯
北京
河北
黑龙江
内蒙古
山东
浙江

图 7-18 例 7-23 查询的运行结果

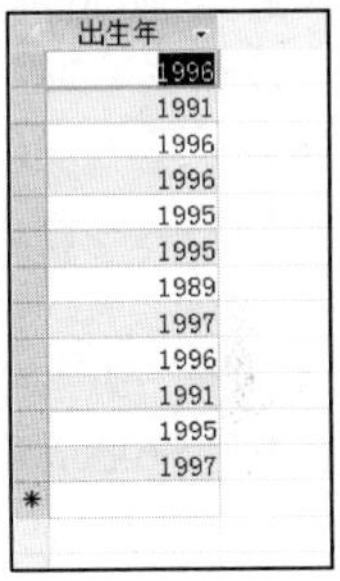

出生年
1996
1991
1996
1996
1995
1995
1989
1997
1996
1991
1995
1997
*

图 7-19 例 7-24 查询的运行结果

【练一练】在“StudentGrade”数据库中，使用 SELECT 命令检索所有学生的出生年信息。

7.5.2 选择查询

本书基于下述两个原则界定选择查询：此类查询只对单表进行操作；此类查询涉及的运算除了包括投影运算之外，还包括选择运算。下面介绍实现选择查询的 SELECT 命令。

【格式】

```
SELECT〈结果列 1〉[[, ……][, 结果列 N]]
INTO〈新表名〉
FROM〈表名〉
WHERE〈筛选条件〉
```

【说明】根据“WHERE〈筛选条件〉”子句中筛选条件所使用的运算符，本书将选择查询又分为 4 种：第一种是基于经典条件的选择查询；第二种是基于范围比较条件的选择查询；第三种是基于模糊比较条件的选择查询；第四种是基于空值比较条件的选择查询。

1. 基于经典条件的选择查询

所谓的经典条件指的是构成选择查询的筛选条件为一个关系表达式或逻辑表达式。经常用于关系表达式的比较运算符有 6 个，分别是 ＝、＜、＜＝、＞、＞＝、＜＞。经常用于逻辑表达式的逻辑运算符共有 3 个，分别是 AND、OR、NOT。

【例 7-25】在"学生成绩库"中，使用 SELECT 命令检索"学生表"中所有的女生记录，并将结果存入新表"女生表"中。

```
SELECT *
INTO 女生表
FROM 学生表
WHERE 性别= "女"
```

【说明】在上述 SQL 命令中，标识符 SELECT 后的"＊"表示所有字段。执行上述 SQL 命令之后，即创建一个名为"女生表"的表，并显示在"学生成绩库"导航窗格中，如图 7-20 所示。在导航窗格中双击"女生表"图标，随即打开"女生表"的数据表视图，其结果如图 7-21 所示。

学号	姓名	性别	出生日期	年龄	政治面貌	籍贯
2019001	姜开来	女	1996/9/10	21	党员	山东
2019003	刘丽	女	1991/9/20	26	团员	山东
2019008	徐梅	女	1997/8/11	20	团员	内蒙古
2019009	陈小燕	女	1996/12/18	21	群众	黑龙江
2019011	李歌	女	1995/2/1	22	团员	北京
2019012	马欣欣	女	1997/9/12	20	团员	浙江

图 7-20　导航窗格　　　　　图 7-21　例 7-25 查询的运行结果

【练一练】在"StudentGrade"数据库中，使用 SELECT 命令检索 Student 表中所有的女生记录，并将结果存入新表"NSB"中。

【例 7-26】在"学生成绩库"中，检索"学生表"中所有男团员的"姓名""年龄"与"籍贯"。

```
SELECT 姓名, 年龄, 籍贯
FROM 学生表
WHERE 性别= "男" AND 政治面貌= "团员"
```

【练一练】在"StudentGrade"数据库中，使用 SELECT 命令检索 Student 表中所有男团员的姓名、年龄与籍贯信息。注意，年龄需要通过"出生日期"信息导出。

2. 基于范围比较条件的选择查询

在 SELECT 命令中，范围比较运算符有两个："BETWEEN …… AND ……"和"IN"。"BETWEEN …… AND ……"是一个连续范围查询的运算符，这个连续范围用"BETWEEN 取值下界 AND 取值上界"来指定；"IN"是一个列表查询运算符，列表"（值 1，值 2，……，值 n）"中的值是离散的。

基于范围比较运算符的 WHERE 子句的一般格式如下。

①WHERE　字段名　[NOT]　BETWEEN　取值下界　AND　取值上界

②WHERE　字段名　[NOT] IN　　（值 1，值 2，……，值 n）

下面举例说明这两个范围运算符的使用方法。

【例 7-27】在"学生成绩库"中，使用 SELECT 命令检索"成绩表"中"法律成绩"为 60～70 分的学生记录。

```
SELECT *
FROM 成绩表
WHERE 法律成绩 BETWEEN 60 AND 70
```

【说明】"WHERE 法律成绩 BETWEEN 60 AND 70"等价于"WHERE 法律成绩＞＝60 AND 法

律成绩≤=70"。例 7-27 查询的运行结果如图 7-22 所示。

【拓展】使用 SQL 命令，实现以下交互式查询：用户输入 X 和 Y，SQL 命令返回"成绩表"中"法律成绩"为 X～Y 分的学生记录。

【练一练】在"StudentGrade"数据库中，使用 SELECT 命令检索 Grade 表中法律成绩为 60～70 分的学生的学号和法律成绩。

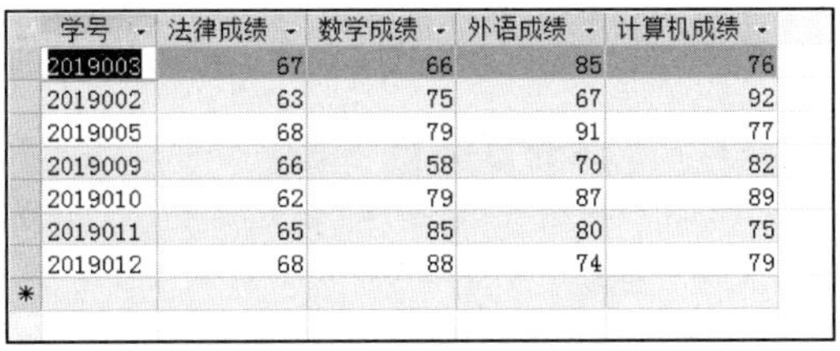

学号 ·	法律成绩 ·	数学成绩 ·	外语成绩 ·	计算机成绩 ·
2019003	67	66	85	76
2019002	63	75	67	92
2019005	68	79	91	77
2019009	66	58	70	82
2019010	62	79	87	89
2019011	65	85	80	75
2019012	68	88	74	79

图 7-22　例 7-27 查询的运行结果

【例 7-28】在"学生成绩库"的"学生表"中，使用 SELECT 命令查询所有"籍贯"为"内蒙古"或"山东"的学生记录。

```
SELECT *
FROM 学生表
WHERE 籍贯  IN  ("内蒙古","山东")
```

【说明】IN 是一个离散范围查询的运算符，"WHERE 籍贯 IN（"内蒙古","山东"）"等价于"WHERE 籍贯＝"内蒙古" OR 籍贯="山东""。

【练一练】在"StudentGrade"数据库中，使用 SELECT 命令查询所有籍贯是"内蒙古"或"山东"的学生记录。

3. 基于模糊比较条件的选择查询

模糊比较用于判断一个字段的值是否与指定的模式字符串进行匹配。模糊比较表达式返回逻辑值 TRUE 或 FALSE。在 SELECT 命令中，用于模糊比较的运算符是 LIKE。

基于模糊比较运算符的 WHERE 子句的一般格式如下。

```
WHERE   字段名  [NOT]  LIKE   "模式匹配字符串"
```

下面举例说明模糊比较运算符的使用方法。

【例 7-29】在"学生成绩库"的"学生表"中查询所有姓"李"的学生记录。

```
SELECT *
FROM 学生表
WHERE 姓名  LIKE  "李％"
```

【说明】"WHERE 姓名 LIKE   "李％""指定的是一个模糊条件，该条件只要求"姓名"字段的第一个字是"李"，后面的字任意。在模式匹配字符串中除了可以指定确定的字符之外，还可以指定通配符。通配符用以匹配不确定的字符。

Access-SQL 允许使用的通配符如表 7-7 所示。Access 2016 既支持 ANSI-92，又支持 ANSI-89，但是这两个版本的 SQL 所使用的通配符不完全相同。

表 7-7　Access-SQL 允许使用的通配符

通配符（ANSI-92）	通配符（ANSI-89）	说明
％	*	代表任意长度的字符串
_（下划线）	?	代表任意的一个字符
[ ]	[ ]	指定某个字符的取值范围
[^]	[^]	指定某个字符要排除的取值范围

【注意】ANSI-89 还支持通配符♯，一个♯代表任意的一个数字符号。

【例 7-30】在"学生成绩库"的"学生表"中，查询所有姓"李"且名为单字的学生记录。

```
SELECT *
FROM 学生表
WHERE 姓名  LIKE  "李_"
```

【练一练】在"StudentGrade"数据库中，查询所有姓"李"且名为单字的学生记录。

【例 7-31】在"学生成绩库"的"学生表"中，查询所有"学号"尾数是 1~5 的学生记录。

```
SELECT *
FROM 学生表
WHERE 学号 LIKE "%[1-5]"
```

【练一练】在"StudentGrade"数据库中，查询所有学号尾数是 1~5 的学生记录。

4. 基于空值比较条件的选择查询

如果表中存在 NULL，那么怎样查找值是 NULL 的记录呢？有的读者觉得这好像不是问题，只需要执行以下 SQL 命令即可：SELECT * FROM 表名 WHERE 字段名 = NULL。

但这是错误的，因为 NULL 表示的是待定值或未知值，NULL 与任何值比较都没有意义。在 SQL 中，NULL 与任何其他值的比较永远不会为"真"或"假"。如果表达式中包含 NULL 这样的操作数，则表达式的计算结果总是 NULL，除非有专门规定。

正确查找字段值是 NULL 的记录时需要使用专有语法，其格式如下。

```
WHERE   字段名 IS [NOT] NULL
```

当不使用 NOT 时，若字段的值为空值，返回 TRUE，否则返回 FALSE；当使用 NOT 时，结果刚好与使用 NOT 时相反。

【例 7-32】在"学生成绩库"的"学生表"中，查询所有"出生日期"未知的学生记录。

```
SELECT *
FROM 学生表
WHERE 出生日期 IS NULL
```

【练一练】在"StudentGrade"数据库中，查询所有出生日期信息未知的学生记录。

7.5.3 连接查询

本书基于以下 3 个原则界定连接查询：此类查询对两个表进行操作；此类查询涉及的运算必须包括投影运算、连接运算；此类查询可以涉及选择运算。

连接查询从两个相互关联的表中查询数据：先根据连接条件对两个表中的记录进行连接运算，从而产生连接表；再对连接表进行选择运算，从而产生满足选择条件的连接表；最后对满足选择条件的连接表进行投影运算，产生连接查询的结果集。

常用的连接查询有内连接和外连接两种类型。外连接又分为左外连接、右外连接和全外连接 3 种类型。3 种外连接的区别在于产生连接表的方法不同。下面举例说明这 4 种类型的连接查询。

1. 内连接查询

内连接查询只是将满足连接条件的记录包含在查询结果中。常用的内连接查询就是等值连接。等值连接运算产生结果集的方法如下：对两个表中所有记录的关联字段逐个进行比较，如果关联字段的值相等，则将两行记录拼接起来，作为连接表的记录行。

在 SQL 中，实现两个表的内连接查询的语法有以下两种。

【格式 1】

```
SELECT … FROM 表1, 表2 WHERE 连接条件 [AND 查询条件]
```

【格式 2】

```
SELECT … FROM 表1 [INNER] JOIN 表2 ON 连接条件 [WHERE 查询条件]
```

【说明】对于标准 SQL 而言，格式 2 中关键字 JOIN 之前的 INNER 可以省略。但对于 Access-SQL 而言，INNER 不能省略。等值连接的连接条件如下：表1.关联字段=表2.关联字段。

> 在连接条件中，当两个表中的字段名相同时，需加上表名进行界定；不同时，可省去表名。

DBMS执行连接查询的过程如下：取表1的第一个记录，再从头开始扫描表2，逐一查找满足连接条件的记录，找到后，将该记录和表1中的第一个记录进行拼接，形成结果集中的一个记录；表2中的记录全部查找完毕以后，再取表1中的第2个记录，从头开始扫描表2，逐一查找满足连接条件的记录，找到后，将该记录和表1中的第2个记录进行拼接，形成结果集中的又一个记录；重复上述操作，直到表1中的记录全部处理完毕。可见，连接查询是相当耗费计算资源的，应该慎重使用连接操作。

图7-23描述了"StudentGrade"数据库中Student表和Grade表根据关联字段"学号"相等进行等值连接的运算法则。请仔细观察这个图，并回答以下几个问题：Student表和Grade表为什么可以进行等值连接？等值连接的条件应该怎么写？相应的查询命令应该怎样写？

下面通过两个例子说明实现内连接查询的SQL命令。

【例7-33】在"学生成绩库"中，检索"计算机成绩"在77分及以上的学生，结果集包括"姓名""性别""数学成绩""计算机成绩"和"外语成绩"这5个字段。

本例的结果数据来自"学生表"和"成绩表"，因而必须采用连接查询，SQL命令如下。

XH	XM	ZY
S01		
S02		
S03		
S04		

XH	KCM	KCCJ
S01		
S01		
S03		
S05		

内连接的查询结果

XH	XM	ZY	XH	KCM	KCCJ
S01			S01		
S01			S01		
S03			S03		

图7-23　内连接示意图

```
SELECT 学生表.姓名,性别,成绩表.数学成绩,计算机成绩,外语成绩
FROM 学生表,成绩表
WHERE 学生表.学号= 成绩表.学号    AND 计算机成绩>=77
```

【说明】WHERE子句中的"学生表.学号＝成绩表.学号"是连接条件。WHERE子句中的"计算机成绩＞＝77"是筛选条件。连接查询涉及两个表，对于两个表中共有的字段名，必须在字段名之前加上表名作为前缀，以示区别。例7-33查询的运行结果如图7-24所示。

姓名	性别	数学成绩	计算机成绩	外语成绩
姜开来	女	78	92	78
赵大伟	男	75	92	67
李志	男	92	84	88
陈翔	男	79	77	91
徐梅	女	78	90	79
陈小燕	女	58	82	70
王进	男	79	89	87
马欣欣	女	88	79	74

图7-24　例7-33查询的运行结果

【练一练】在"StudentGrade"数据库中，检索计算机课程成绩在77分以上的学生，结果集包括学号、姓名、性别、专业和计算机成绩5个方面的信息。

【例7-34】在"学生成绩库"中，检索"年龄"在25岁以下且"籍贯"以"山"打头的学生，列出这些学生的"姓名""性别""籍贯""年龄""计算机成绩"和"外语成绩"。

```
SELECT 学生表.姓名,性别,籍贯,年龄,计算机成绩,外语成绩
FROM 学生表 INNER JOIN 成绩表 ON 学生表.学号= 成绩表.学号
WHERE   年龄<25   AND 籍贯 LIKE '山%'
```

例7-34查询的运行结果如图7-25所示。

姓名	性别	籍贯	年龄	计算机成绩	外语成绩
姜开来	女	山东	21	92	78
陈翔	男	山东	22	77	91

图7-25　例7-34查询的运行结果

【练一练】在"StudentGrade"数据库中，检索年龄在25岁以下且籍贯以"山"打头的学生，结果集包括这些学生的学号、姓名、性别、籍贯、年龄和计算机课程成绩信息。

2. 左外连接查询

内连接查询只将满足连接条件的记录包含在查询结果中。外连接与内连接不同，它的结果集除了包括满足连接条件的记录外，还包括两个表中不满足连接条件的记录。

进行左外连接查询时，结果集中除了包括左表和右表通过内连接产生的记录外，还包括左表中不满足连接条件的记录与右表空值记录拼接而成的记录。所谓的空值记录指的是该记录的各个字段都是空值的一种特殊记录，这是一种特定的称谓。对于本书定义的空值记录，不同的数据库管理系统有不同的显示方式：有的 DBMS 在表的字段中显示 NULL；有的在表的字段中显示空白。Access 采用的是后面一种显示方式。

实现左外连接的 SQL 命令的语法如下。

```
SELECT …
FROM 表 1 LEFT [OUTER] JOIN 表 2 ON 连接条件
WHERE 查询条件
```

如图 7-26 所示为左外连接示意图：左外连接的操作对象有两个表，左表是 Student 表，右表是 Grade 表；左外连接的关联字段是"XH"；左外连接的结果中除了包括左表和右表通过内连接得到的记录外，还包括左表中不满足连接条件的记录与右表空值记录拼接而成的记录。

左外连接的应用场景有很多。例如，左表(书号，书名)与右表(书号，销量，销售单价)进行左外连接，得到的查询结果是所有书的销售情况，即使该书没有销量。又如，左表(课程号，课程名)与右表(课程号，学号，姓名)进行左外连接，得到的查询结果是所有课程的选课情况，即使该课程没有任何学生选修。

3. 右外连接查询

进行右外连接查询时，结果集中除了包括右表和左表通过内连接产生的记录外，还包括右表中不满足连接条件的记录与左表空值记录拼接而成的记录。实现右外连接的 SQL 命令的语法如下。

```
SELECT …
FROM 表 1 RIGHT [OUTER] JOIN 表 2 ON 连接条件
WHERE 查询条件
```

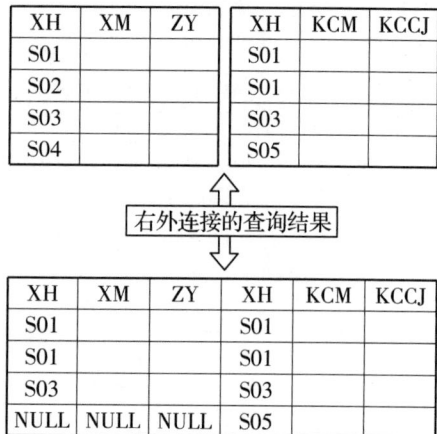

如图 7-27 所示为右外连接示意图：右外连接的操作对象有两个表，左表是 Student 表，右表是 Grade 表；右外连接的关联字段是"XH"；右外连接的结果中除了包括右表和左表通过内连接得到的记录外，还包括右表中不满足连接条件的记录与左表空值记录拼接而成的记录。

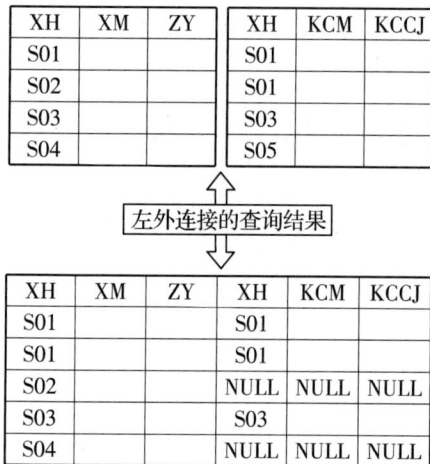

图 7-26　左外连接示意图　　　　图 7-27　右外连接示意图

右外连接的应用场景也有很多。例如，左表(书号，销量，销售单价)与右表(书号，书名)进行右外连接，得到的查询结果是所有书的销售情况，即使该书没有销量。又如，左表(课程号，学号)与右表(课程号，课程名，主讲教师)进行右外连接，得到的查询结果是所有课程的选课情况，即使主讲教师开设的课程没有任何学生选修。

XH	XM	ZY
S01		
S02		
S03		
S04		

XH	KCM	KCCJ
S01		
S01		
S03		
S05		

全外连接的查询结果

XH	XM	ZY	XH	KCM	KCCJ
S01			S01		
S01			S01		
S02			NULL	NULL	NULL
S03			S03		
S04			NULL	NULL	NULL
NULL	NULL	NULL	S05		

图 7-28　全外连接示意图

4. 全外连接查询

使用全外连接时，结果集包括 3 部分：左表和右表通过内连接产生的记录；左表中不满足连接条件的记录与右表空值记录拼接而成的记录；右表中不满足连接条件的记录与左表空值记录拼接而成的记录。实现全外连接的 SQL 命令的语法如下。

```
SELECT …
FROM 表 1 FULL [OUTER] JOIN 表 2 ON 连接条件
WHERE 查询条件
```

如图 7-28 所示为全外连接示意图。全外连接的应用场景不多，所以很多 DBMS 不支持全外连接运算。请读者仔细观察图 7-28，并分析这两个表进行全外连接可能有什么实际意义。

> **注意**　请读者注意，因为全外连接在实际应用中很少用到，所以 Access 2016 并不支持全外连接。如果用户需要实现全外连接的功能，则可以用 LEFT JOIN 和 RIGHT JOIN 的 UNION 操作来实现。UNION 操作将在 7.5.6 小节中介绍。

7.5.4　排序查询

前面所学的查询命令执行后得到的结果集都是无序的，这种无序的结果集往往不满足用户的应用需求。例如，按照成绩高低评定学生的奖学金时，需要先按成绩对学生记录进行排序。SQL 的 SELECT 命令使用 ORDER BY 子句实现结果集的有序化。

本书基于以下 3 个原则界定排序查询：此类查询必须包括排序运算；此类查询必须包括投影运算；此类查询可以涉及选择运算和连接运算。

【格式】

```
SELECT [谓词]〈结果列 1〉[[, ……][, 结果列 N]]
INTO〈新表名〉
FROM〈表名〉
WHERE〈筛选条件〉
ORDER BY〈排序字段 1〉[, [……][, 排序字段 N]]
```

【说明】

①SELECT 子句中的谓词用来限制查询结果的记录数目，常用的谓词有 ALL、DISTINCT 和 TOP n：ALL 指定结果集中允许出现重复记录，是 SELECT 子句的默认值；DISTINCT 用来指定结果集中不允许有重复记录；TOP n 必须与 ORDER BY 配合使用，用于选取排序结果集中的前 n 条记录。

②根据 ORDER BY 子句中排序字段的个数，有序查询又分为单字段排序查询和多字段排序查询两类。单字段排序查询基于一个排序字段对查询结果集进行排序，而多字段排序查询基于两个以上的排序字段对查询结果集进行排序。

③ORDER BY〈排序字段 N〉可以用 ORDER BY N 来代替，其中 N 是排序字段的顺序号。

1. 单字段排序查询

【例 7-35】在"学生成绩库"中，使用 SELECT 命令，检索"成绩表"中"计算机成绩"位于前三名且"外语成绩"不低于 60 分的学生成绩记录。

本例的 SQL 命令如下。

```
SELECT TOP 3 *
FROM 成绩表
WHERE 外语成绩>= 60
ORDER BY 计算机成绩 DESC
```

例 7-35 查询的运行结果如图 7-29 所示。

【练一练】在"StudentGrade"数据库中，使用 SELECT 命令，检索 Grade 表中计算机课程成绩位于前三名且外语课程成绩不低于 60 分的学生成绩记录。

学号	法律成绩	数学成绩	外语成绩	计算机成绩
2019002	63	75	67	92
2019001	56	78	78	92
2019008	76	78	79	90
*				

图 7-29　例 7-35 查询的运行结果

2. 多字段排序查询

【例 7-36】在"学生成绩库"中，使用 SELECT 命令，对"学生表"中的学生记录按照"性别"和"出生日期"字段进行排序，结果集存放在新表"一览表"中。

```
SELECT *
INTO 一览表
FROM 学生表
ORDER BY 性别，出生日期
```

【说明】上述命令实现的是表的物理排序功能。需要注意的是，按照"出生日期"字段排序排列和按照"年龄"字段升序排列，其排序结果是相反的，原因请读者自己思考。

【练一练】在"StudentGrade"数据库中，使用 SELECT 命令，对 Student 表中的学生记录按照性别和出生日期进行排序，结果集存放在新表"YLB"中。

7.5.5　统计查询

SQL 中的 SELECT 命令支持对数据源进行统计汇总。在进行统计汇总时，SELECT 命令经常要用到统计函数。表 7-8 列出了常用统计函数的名称及其功能。

根据统计时是否进行分组，本书将统计查询分为总体统计查询和分组统计查询。总体统计查询对数据源中满足查询条件的所有记录进行汇总统计，而分组统计查询先将满足查询条件的数据记录按照分组条件进行分组，再对每一分组中的所有记录分别进行汇总统计。

表 7-8　常用统计函数的名称及其功能

函数名	功能
SUM(字段名)	统计指定数值型字段的总和
AVG(字段名)	统计指定数值型字段的平均值
MAX(字段名)	统计指定(数值、文本、日期)字段的最大值
MIN(字段名)	统计指定(数值、文本、日期)字段的最小值
COUNT(字段名)	统计指定字段值的个数
COUNT(*)	统计查询结果中记录的个数

1. 总体统计查询

总体统计查询先要对数据源中的所有记录按照查询条件进行筛选，以获得总体记录；再基于表7-8中的统计函数对总体的统计指标进行汇总计算，以获得总体指标的统计值。总体统计查询与分组统计查询的区别如下：是否对总体记录进行分组。下面举例说明总体统计查询的 SQL 命令。

【例 7-37】 在"学生成绩库"中，使用 SELECT 命令，统计"成绩表"中外语的最高成绩和数学的最低成绩。

本例要对所有学生的课程成绩指标进行统计。SQL 命令如下，统计结果如图 7-30(a)所示。

SELECT MAX(外语成绩), MIN(数学成绩) FROM 成绩表

为了使得结果列标题语义明确，上述命令可改写如下，统计结果如图 7-30(b)所示。

SELECT MAX(外语成绩) AS 外语最高分, MIN(数学成绩) AS 数学最低分
FROM 成绩表

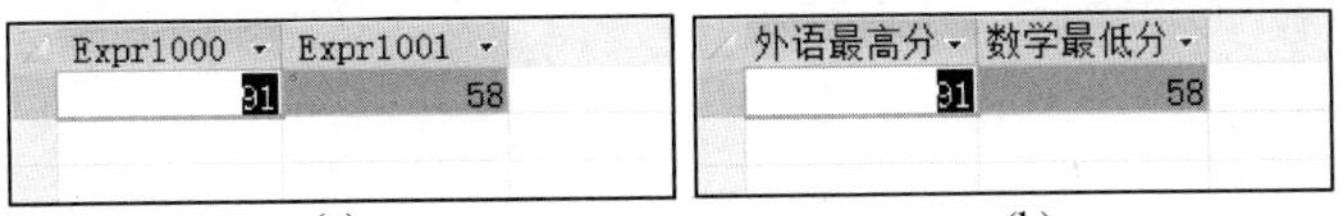

Expr1000 ·	Expr1001 ·
31	58

(a)

外语最高分 ·	数学最低分 ·
31	58

(b)

图 7-30 例 7-37 查询的运行结果

【练一练】 在"StudentGrade"数据库中，使用两条 SELECT 命令，统计 Grade 表中外语及数学的最高成绩和最低成绩。

【例 7-38】 在"学生成绩库"中，使用两条 SELECT 命令，统计"学生表"的下列指标：年龄最大的男学生的生日；女学生的平均年龄。

SELECT MIN(出生日期) FROM 学生表 WHERE 性别= "男"

SELECT AVG(年龄) FROM 学生表 WHERE 性别= "女"

【说明】 年龄最大是对男学生这个总体进行统计，而平均年龄是对女学生这个总体进行统计，因此必须使用两条 SELECT 命令分别进行统计查询。统计年龄最大的结果列用"MIN(出生日期)"而不是"MAX(出生日期)"，这是因为出生日期越小的学生，其实际年龄越大。

【练一练】 在"StudentGrade"数据库中，使用两条 SELECT 命令，统计 Student 表的下列指标：年龄最大的男学生的生日；女学生的平均年龄。

【例 7-39】 在"学生成绩库"中，使用两条 SELECT 命令，统计"学生表"的下列指标：女学生中团员的人数；学生的籍贯个数。

统计女学生中团员人数的 SQL 命令如下。

SELECT COUNT(*) AS 女学生团员人数
FROM 学生表
WHERE 政治面貌= "团员" AND 性别= "女"

统计学生籍贯个数的 SQL 命令如下。

SELECT COUNT(籍贯) AS 籍贯个数
FROM 学生表

【说明】 本例第一条 SELECT 命令中的 COUNT(*)是 COUNT( )函数的特殊形式，用于统计满足条件的所有行数。该命令的执行结果如图 7-31(a)所示。本例第二条 SELECT 命令执行后，籍贯个数是 12，如图 7-31(b)所示。显然，这个结果是错误的。之所以得到这一错误结果，是因为"学生表"的学生籍贯有相同值。为了得到正确结果，应该怎样修改

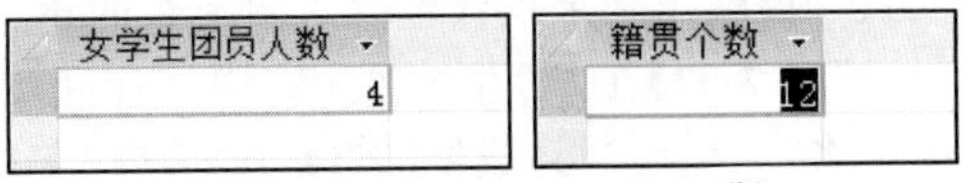

女学生团员人数 ·
4

(a)

籍贯个数 ·
12

(b)

图 7-31 例 7-39 查询的运行结果

第二条 SQL 命令？

【练一练】在"StudentGrade"数据库中，使用两条 SELECT 命令，统计 Student 表的下列指标：女学生中团员的人数；学生的籍贯个数。

2. 分组统计查询

分组统计查询先将数据源中的数据按照查询条件进行筛选，再基于分组字段将筛选的结果集划分为多个组，最后对各组记录的统计指标进行汇总计算。数据源的筛选通过 WHERE 子句实现。筛选结果的分组通过 GROUP BY 子句实现。统计指标在 SELECT 子句中指定。由于统计指标都是汇总计算的结果，因此 SELECT 子句中的结果列经常是一个统计函数。

【例 7-40】在"学生成绩库"中，使用 SELECT 命令，统计"学生表"中不同"政治面貌"的学生的人数。

本例实际上是按照"学生表"中的字段"政治面貌"将学生表中的记录分组，并分别统计各组学生的人数。执行下列 SQL 命令后，结果如图 7-32 所示。

```
SELECT 政治面貌, COUNT(*) AS 人数
FROM 学生表
GROUP BY 政治面貌
```

如果要求统计"学生表"中不同"政治面貌"的学生的人数，并按"政治面貌"字段降序输出分组统计的结果，那么 SQL 命令应该增加 ORDER BY 子句，相应的 SQL 命令如下。

```
SELECT 政治面貌, COUNT(*) AS 人数
FROM 学生表
GROUP BY 政治面貌
ORDER BY 政治面貌 DESC
```

【练一练】在"StudentGrade"数据库中，使用 SELECT 命令，统计 Student 表中不同政治面貌学生的人数。

【例 7-41】在"学生成绩库"中，使用 SELECT 命令，统计"学生表"中各种籍贯的学生人数，但输出结果仅仅包含人数为 2 的籍贯组的籍贯及其人数。

执行下列 SQL 命令后，结果如图 7-33 所示。

```
SELECT 籍贯, COUNT(*)   AS 人数
FROM   学生表
GROUP BY 籍贯 HAVING COUNT(*) = 2
```

政治面貌	人数
党员	2
群众	2
团员	8

图 7-32　例 7-40 查询的运行结果

籍贯	人数
北京	2
内蒙古	2

图 7-33　例 7-41 查询的运行结果

【说明】本例用到了 HAVING 短语，其用来筛选结果集中要输出的分组。HAVING 短语只能用在 GROUP BY 短语的后面，不能单独使用。注意：HAVING 短语与 WHERE 短语是不同的，WHERE 短语用来限定数据源中的记录应满足的条件，而 HAVING 短语用来限定各个分组应满足的条件，只有满足 HAVING 短语条件的分组才能被输出到最终结果中。

【练一练】在"StudentGrade"数据库中，使用 SELECT 命令，统计 Student 表中各种籍贯的学生人数，但输出结果仅仅包含人数为 2 的籍贯组的籍贯及其人数。

【例 7-42】在"学生成绩库"中，使用 SELECT 命令，将"学生表"与"成绩表"基于"学号"字段进行等值连接，并分别统计男生和女生数学、外语、计算机 3 门课程的最高分。

性别	Expr1001	Expr1002	Expr1003
男	92	91	92
女	88	85	92

图 7-34　例 7-42 查询的运行结果

执行下列 SQL 命令后，结果如图 7-34 所示。

```
SELECT 性别，MAX(数学成绩)，MAX(外语成绩)，MAX(计算机成绩)
FROM 学生表，成绩表
WHERE 学生表.学号= 成绩表.学号
GROUP BY 性别
```

【练一练】在"StudentGrade"数据库中，使用 SELECT 命令，将 Student 表与 Grade 表基于"学号"字段进行等值连接，并分别统计男生和女生计算机课程的最高分。

7.5.6　集合查询

SELECT 语句的执行结果是一个记录集合，因此，对于多个 SELECT 语句的执行结果可以进行传统的集合操作。传统的集合运算包括并运算(UNION)、交运算(INTERSECT)以及差运算(EXCEPT)。如果 SELECT 查询语句中包含集合运算，则称其为集合查询。由于 Access 2016 只支持并运算，因此下面以 UNION 运算为代表介绍集合查询。

【格式】

```
SELECT 语句 1
〈UNION〉[ALL]
SELECT 语句 2
[……]
[〈UNION〉[ALL]]
[SELECT 语句 N]
```

【说明】如果"〈UNION〉[ALL]"短语中含有关键字 ALL，则集合查询返回的结果集中包含重复记录；若不含，则集合查询返回的结果集中会消除重复记录。

【例 7-43】在"学生成绩库"中，使用 SQL 命令，将有一门课程成绩大于等于 90 分的学生成绩信息检索出来，并将结果集保存到单独的一个表中。

执行下列 SQL 命令，可以将有一门课程成绩大于等于 90 分的学生成绩信息检索出来。

```
SELECT *  FROM 成绩表 WHERE 数学成绩>= 90
UNION
SELECT *  FROM 成绩表 WHERE 外语成绩>= 90
UNION
SELECT *  FROM 成绩表 WHERE 计算机成绩>= 90
```

例 7-43 查询的运行结果如图 7-35 所示。

学号	数学成绩	外语成绩	计算机成绩
2019001	78	78	92
2019002	75	67	92
2019004	92	88	84
2019005	79	91	77
2019008	78	79	90

图 7-35　例 7-43 查询的运行结果

执行下列 SQL 命令，可以将有一门课程成绩大于等于 90 分的学生成绩信息检索出来，并将结果集保存到单独的一个表中。这里用到了 7.5.7 小节中要介绍的嵌套查询。

```
SELECT *
INTO 单科成绩优秀学生名单表
FROM (  SELECT *  FROM 成绩表 WHERE 数学成绩>= 90
        UNION
```

```
    SELECT *  FROM 成绩表 WHERE 外语成绩>=90
    UNION
    SELECT *  FROM 成绩表 WHERE 计算机成绩>=90
)   AS 优秀学生结果集;
```

【说明】当两个 SELECT 语句查询结果的结构完全一致时，才可以让这两条 SELECT 语句执行并操作。查询结果的结构完全一致，这意味着参加 UNION 操作的两条 SELECT 语句的结果集的结果列的数目必须相同，对应的数据类型也必须相同。

【练一练】在"StudentGrade"数据库中，使用 SQL 命令，将有一门课程成绩大于等于 90 分的学生成绩信息检索出来，并将结果集保存到单独的一个表中。

7.5.7　嵌套查询

SQL 语句以集合作为操作对象，同时以集合作为输出结果。SQL 语句的集合操作特性使得一条 SQL 语句的输出可以作为另一条 SQL 语句的输入，从而使得 SQL 语句可以嵌套使用。就 SQL 而言，可以将一条 SELECT 语句嵌入另外一条 SELECT 语句，也可以将一条 SELECT 语句嵌入另外一条 INSERT 语句，还可以将一条 SELECT 语句嵌入另外一条 UPDATE 语句。如果一条 SELECT 语句的某语法元素是另外一条 SELECT 语句，则这条 SELECT 语句称为嵌套查询。

1. 嵌套查询的概念

SQL 允许一条 SELECT 语句（内层）成为另一条 SELECT 语句（外层）的一个语法元素，这样就形成了嵌套查询。外层的 SELECT 语句被称为外层查询，又称为父查询；内层的 SELECT 语句被称为内层查询，又称为子查询。

2. 嵌套查询的功能

当一条 SELECT 语句不能求解时，就需要使用多条 SELECT 语句嵌套查询。嵌套查询的主要用途是允许外层的 SELECT 语句在执行的过程中使用另一条 SELECT 语句的查询结果，从而实现分步求解。也就是说，嵌套查询使得用户可以用多个简单查询构造复杂的查询，从而增强 SQL 的查询能力。以层层嵌套的方式来构造 SQL 命令正是 SQL 中"结构化"的含义所在。

根据子查询的返回结果，可以将子查询分为单行子查询和多行子查询。如果子查询返回的结果集只有一行记录，那么该子查询称为单行子查询；如果子查询返回的结果集有多行记录，那么该子查询称为多行子查询。

子查询在嵌入外层查询的 SELECT 语句时，不同应用场景对子查询的结果有不同的要求，有的应用场景需要使用单行子查询，有的应用场景要求使用多行子查询。

3. 子查询的语法形式

实现子查询的 SELECT 语句必须用括号界定起来。子查询可以嵌套在 SELECT 语句的很多子句中，其中常用的场景是将子查询嵌套在外层 SELECT 语句的 WHERE 子句、FROM 子句和 SELECT 子句中，分别作为外层查询中 WHERE 子句中的一个条件元素、FROM 子句中的一个数据源元素和 SELECT 子句中的一个计算字段。方便起见，本书将这 3 种子查询分别称为 WHERE 子查询、FROM 子查询和 SELECT 子查询。

（1）WHERE 子查询

如果一条 SELECT 语句是 WHERE 子查询，那么当它作为一个语法元素嵌入外层查询的 WHERE 子句中时，常常与比较运算符、列表运算符 IN、范围运算符 BETWEEN 等一起构成查询条件。注意：WHERE 子查询返回结果的数据类型必须与外层查询 WHERE 子句中条件表达式的数据类型相匹配。在外层查询中嵌入 WHERE 子查询的一般形式如下：

```
SELECT 子句
    FROM 子句
```

```
WHERE……   (SELECT 语句)  ……
    ……
```

【例 7-44】在"学生成绩库"中，查询法律成绩在 69 分以上的学生的姓名、籍贯与政治面貌。

【分析】上述查询任务可以分解成两层：第一层由子查询完成，获得法律成绩在 69 分以上的学生的学号集合；第二层由外层查询完成，基于子查询获得的学号集合，获得这些学生的姓名、籍贯与政治面貌。本命令中的 IN 运算符是"包含在……之中"的意思。

姓名	籍贯	政治面貌
王信	北京	团员
徐梅	内蒙古	团员
*		

图 7-36   例 7-44 查询的运行结果

实现上述查询任务的 SQL 命令如下，其结果如图 7-36 所示。

```
SELECT 姓名，籍贯，政治面貌
  FROM 学生表
  WHERE 学号 IN (SELECT 学号 FROM 成绩表 WHERE 法律成绩 > 69)
```

【练一练】在"StudentGrade"数据库中，使用 SQL 命令，查询 Grade 表中法律成绩在 69 分以上的学生的姓名、籍贯与政治面貌。

【例 7-45】在"学生成绩库"中，查询外语、数学、计算机 3 门课程总成绩大于等于 180 分的女生的学生记录。

【分析】上述查询任务可以分解成两层：第一层由子查询完成，它从"成绩表"中获得外语、数学、计算机 3 门课程总成绩小于 180 分的学生的学号集合；第二层由外层查询完成，它从"学生表"中获得学号不在子查询结果集中的女生的记录信息。本命令中的 NOT IN 运算符是"不包含在……之中"的意思。实现上述查询任务的 SQL 命令如下。

```
SELECT *
FROM 学生表
WHERE 性别 = "女" AND 学号 NOT IN
    (SELECT 学号 FROM 成绩表 WHERE 外语成绩 + 数学成绩 + 计算机成绩 < 180)
```

例 7-45 查询的运行结果如图 7-37 所示。

学号	姓名	性别	出生日期	年龄	政治面貌	籍贯
2019001	姜开来	女	1996-09-10	21	党员	山东
2019003	刘丽	女	1991-09-20	26	团员	山东
2019008	徐梅	女	1997-08-11	20	团员	内蒙古
2019009	陈小燕	女	1996-12-18	21	群众	黑龙江
2019011	李歌	女	1995-02-01	22	团员	北京
2019012	马欣欣	女	1997-09-12	20	团员	浙江
*						

图 7-37   例 7-45 查询的运行结果

【想一想】在"StudentGrade"数据库中，使用 SQL 命令，能不能查询外语、数学、计算机 3 门课程总成绩大于等于 180 分的女生的学生记录？

(2)FROM 子查询

如果一条 SELECT 语句是 FROM 子查询，那么它就嵌入外层查询的 FROM 子句中。如果在 FROM 子句中只有这一条 SELECT 语句，那么该语句实际上是外层查询数据源的唯一产生者。如果 FROM 子句中除了这条 SELECT 语句外，还有其他的数据源产生者，那么这条 SELECT 语句实际上是外层查询数据源的协作产生者。一般情况下，FROM 子查询都是多行多列子查询。在外层查询中嵌入 FROM 子查询的一般语法如下。

```
SELECT 子句
  FROM…… (SELECT 语句) ……
    ……
```

【例7-46】假定学生的综合评价成绩＝数学成绩×0.5＋外语成绩×0.3＋计算机成绩×0.2，请基于"成绩表"的数据记录获得每名学生的综合评价成绩。

【分析】基于"成绩表"获得学生的综合评价成绩分两步实现：使用子查询获得每一名学生的数学成绩加权分值、外语成绩加权分值和计算机成绩加权分值；基于子查询获得的各门课程的加权分值，在外层查询中获得每一名学生的综合评价成绩。基于上述分析，SQL命令如下。

```
SELECT 学号, g1+g2+g3 AS 综合评价成绩 FROM
   (SELECT 学号，数学成绩*0.5 AS g1，外语成绩*0.3 AS g2，计算机成绩*0.2 AS g3 FROM
成绩表)
```

【想一想】在"StudentGrade"数据库中，使用SQL命令，能否计算学生的综合评价成绩？

（3）SELECT 子查询

如果一条SELECT语句是SELECT子查询，那么它是作为一个相对独立的语法元素嵌入外层查询的SELECT子句中的。SELECT子查询只能是单列子查询，因为SELECT子查询实际上定义了一个计算列，即子查询的运行结果用来作为外层查询结果集中的一列。在外层查询中嵌入SELECT子查询的一般语法如下。

```
SELECT 列1，列2，……，(SELECT 语句)，……，列 N
   FROM 子句
   ……
```

【例7-47】假定学生的综合评价成绩＝数学成绩×0.5＋外语成绩×0.3＋计算机成绩×0.2，请从"学生成绩库"中查询学号是"2019001"的学生的姓名和综合评价成绩。

【分析】基于"学生成绩库"获得学号是"2019001"的学生的姓名和综合评价成绩可以分两步实现：使用子查询从"成绩表"中获得学号是"2019001"的学生的综合评价成绩，并将综合评价成绩返给外层查询，作为外层查询结果集中的一个列；在外层查询中检索学号是"2019001"的学生的姓名，作为外层查询结果集中的另一个列。基于上述分析，SQL命令如下。

```
SELECT 姓名，
   (  SELECT 数学成绩*0.5+ 外语成绩*0.3+ 计算机成绩*0.2
      FROM 成绩表
      WHERE 学号 = "2019001"
   )  AS 综合评价成绩
FROM 学生表
WHERE 学号 = "2019001";
```

【想一想】在"StudentGrade"数据库中，使用SQL命令，能否查询学号是"2019001"的学生的姓名和综合评价成绩？

4. 子查询的嵌套原则

在外层查询中嵌入子查询时要遵循以下原则。

①实现子查询的SELECT语句必须用括号界定起来。

②只要子查询返回单个值，就可以在外层查询中将该子查询作为表达式使用。

③实现子查询的SELECT语句不能使用Memo、OLE对象等类型的数据。

④实现子查询的SELECT语句一般不使用ORDER BY子句，这是因为ORDER BY子句只能对最终查询结果进行排序。但是，当实现子查询的SELECT命令的SELECT子句是SELECT TOP或SELECT TOP PERCENT时，可以使用ORDER BY子句。

⑤不能在包含GROUP BY子句的子查询中使用DISTINCT关键字。

⑥如果外层查询和内层查询中均使用某个表，那么在包含该表的查询中必须使用表别名。

⑦SQL允许多层嵌套查询，即在一个子查询中可以嵌套其他子查询。理论上讲，嵌套查询的层次可以达到31。但嵌套层次的具体数字取决于系统的能力及子查询的复杂程度。

7.6　T-SQL 简介

标准 SQL 的功能主要包括数据库的定义、数据库的操纵、事务管理和数据控制 4 个方面，数据库的非过程化处理能力很强，但缺少高级程序设计语言的流程控制能力，难以进行复杂的业务逻辑处理和分析。为解决这一问题，很多数据库厂商对标准 SQL 进行了拓展，将高级程序设计语言具有的流程控制能力与标准 SQL 所具有的数据库操作能力有机结合起来，从而大大拓展了标准 SQL 的应用范围。

不同的数据库管理系统，如 Microsoft SQL Server 的 T-SQL、Oracle 的 PL/SQL、Sybase 的 SQLAnywhere 和 Kingbase 的 PL/SQL 中都对标准 SQL 进行了实现及扩展，但是每个实现方案都在既定标准上有各自不同的扩展和变化。

T-SQL 是 Microsoft 公司在 SQL Server 数据库管理系统中 ANSI SQL-99 的实现。T-SQL 不仅支持标准 SQL 的数据定义、数据操纵、事务管理和数据控制，还增加了类高级语言的流程控制能力，这使得 T-SQL 的数据处理和分析能力非常强大。

T-SQL 主要由以下几部分组成：数据定义语言、数据操纵语言、数据控制语言、事务管理语言、流程控制语言等。流程控制语言是 T-SQL 对标准 SQL 的增强，它主要包括标识符、常量、变量、运算符、函数、表达式、控制流语句等。

下面将以 Access-SQL 为基准，对比介绍 T-SQL 的数据定义、数据操纵和流程控制功能。数据控制和事务管理方面的内容将在第 11 章和第 8 章中介绍。

为便于读者比较学习，T-SQL 的案例数据库仍然使用 Access-SQL 的两个案例数据库："学生成绩库"和"StudentGrade"。

7.7　T-SQL 的定义功能

前面说过，作为桌面级 DBMS 的 Access，不支持用户基于 SQL 命令定义数据库，但支持用户基于 SQL 命令定义数据库的组成对象，这主要包括表的定义及视图的定义等。与 Access-SQL 相比，T-SQL 的定义功能很强大，基于 T-SQL 既可以定义数据库，又可以定义表及视图等组成对象。

7.7.1　数据库的定义

数据库的定义包括数据库的创建、数据库的修改和数据库的删除等。创建数据库是在系统磁盘中划分一块区域用于数据的存储与管理。当数据库的空间无法满足用户需求或者存储空间已经填满时，可以对数据库进行修改。当数据库的生命周期结束时，可以删除数据库，从而将系统分配给数据库的空间收回。数据库删除后，数据库中的所有数据将一同被删除，执行该操作时要特别谨慎。

1. 数据库的创建

数据库的创建就是定义数据库名称，数据库所有者，相关数据库文件的逻辑名、文件组、操作系统名称、存储路径、初始值、最大值以及是否启用自动增长等信息的过程。

具有 CREATE DATABASE、CREATE ANY DATABASE 或 ALTER ANY DATABASE 权限的用户才可以执行定义数据库的操作。

定义数据库可以使用图形化工具，也可以使用 SQL 命令。下图给出了 SQL 命令的语法。

【格式】

```
CREATE DATABASE database_name
[AUTHORIZATION <database_user_name>]
[ ON          /* 定义数据库文件和文件组 * /
   [<filespec> [, …n]]
   [, <filegroup> [, …n]]
]
[ LOG ON {<filespec> [, …n] }]   /* 定义日志文件 * /
<filespec> ::=
{
   [PRIMARY]
   (  NAME = logical_file_name,
      FILENAME = 'os_file_name'
      [, SIZE = size]
      [, MAXSIZE = {max_size | UNLIMITED}]
      [, FILEGROWTH = growth_increment]
   ) [, …n]
}
<filegroup> ::=
{
      FILEGROUP filegroup_name [DEFAULT]
      <filespec> [, …n]
}
```

【说明】

①CREATE DATABASE database_name：该短语是创建数据库的标志性短语，其中 database_name 是要创建的新数据库的名称。如果在创建数据库时未指定主要数据文件的逻辑名，则 SQL Server 用 database_name 作为其逻辑名；如果未指定事务日志文件的逻辑名，则 SQL Server 用 database_name 后加"_log"作为事务日志文件的逻辑名。数据库名在 SQL Server 实例中必须是唯一的，且应符合标识符规则。标识符的命名规则可看 7.9.1 小节。

②AUTHORIZATION <database_user_name>：该短语是数据库使用权授权短语，数据库的创建者可以基于该短语将该数据库的使用权授予 database_user_name 指定的用户。

③ON：指定用来存储数据库中数据的文件（磁盘文件）。ON 后面是用逗号分隔的、用以定义数据文件的<filespec>项列表。

④LOG ON：指定用来存储数据库中事务日志的事务日志文件（磁盘文件）。其后是以逗号分隔的用以定义事务日志文件的<filespec>项列表。如果未指定 LOG ON，则系统将自动创建一个事务日志文件。

⑤PRIMARY：指定关联数据文件的主要文件组。带有 PRIMARY 的<filespec>部分定义的第一个文件将成为主要数据文件。如果未指定 PRIMARY，则 CREATE DATABASE 语句中列出的第一个文件将成为主要数据文件。

⑥<filespec>：定义文件的属性。文件的属性包括文件的逻辑名称、文件的物理名称、文件的初始大小、文件可增大到的最大大小、文件的自动增量等。这些属性分别基于 NAME 短语、FILENAME 短语、SIZE 短语、MAXSIZE 短语、FILEGROWTH 短语定义。

⑦NAME=logical_file_name：指定文件的逻辑名称。指定 FILENAME 时，需要使用 NAME 的值。在一个数据库中，逻辑名必须唯一，且必须符合标识符规则。名称可以是字符或 Unicode

常量，也可以是常规标识符或分隔标识符。

⑧FILENAME＝'os_file_name'：指定物理（操作系统）文件名称。'os_file_name'是创建文件时操作系统使用的路径和文件名。如果未指定物理文件名，则 SQL Server 用该文件的逻辑名作为其物理名，并将文件建立在系统默认的存储位置。

⑨SIZE＝size：指定文件的初始大小。如果没有为主要数据文件提供 size，则数据库引擎将使用 model 数据库中的主要数据文件的大小。model 数据库主要数据文件和事务日志文件的默认初始大小均为 8MB。如果指定了次要数据文件，但未指定该文件的 size，则数据库引擎将以 8MB 作为新文件的初始大小。SIZE 可以使用千字节（KB）、兆字节（MB）、吉字节（GB）或太字节（TB）作为度量单位，默认为 MB。size 是一个整数值，不能包含小数位。

⑩MAXSIZE＝max_size：指定文件可增大到的最大大小，可以 KB、MB、GB 和 TB 为度量单位，默认为 MB。max_size 为一个整数值，不能包含小数位。如果未指定 maxsize，则表示文件大小无限制，文件将一直增大，直至占满磁盘空间。

⑪UNLIMITED：指定文件的增长无限制。在 SQL Server 中，指定为不限制增长的事务日志文件的最大大小为 2TB，而数据文件的最大大小为 16TB。

⑫FILEGROWTH＝growth_increment：指定文件的自动增量。FILEGROWTH 的大小不能超过 MAXSIZE 的大小。growth_increment 表示每次需要增加新空间时为文件添加的空间量。该值可以 MB、KB、GB、TB 或百分比（％）为度量单位。如果未在数字后面指定单位，则默认为 MB。如果指定了"％"，则增量大小为发生增长时文件大小的指定百分比。指定的大小舍入为最接近的 64KB 的倍数。FILEGROWTH＝0 表示关闭文件自动增长功能，即不允许自动增加空间。

⑬〈filegroup〉：定义文件组的属性。主要包括文件组的逻辑名称、是否默认文件组、文件组包括的文件等属性。

⑭FILEGROUP filegroup_name：指定文件组的逻辑名称。filegroup_name 在数据库中必须唯一，必须符合标识符的命令规则，且不能是 PRIMARY 和 PRIMARYLOG。

⑮DEFAULT：指定该文件组为数据库中的默认文件组。

基于上述语句定义数据库时，最简单的创建方法就是省略所有参数，只提供一个数据库名，此时系统会按各参数的默认值创建数据库。注意：文件的逻辑名和物理文件名一般不建议省略。

需要特别注意的是，在执行 CREATE DATABASE 语句前，指定的路径必须已经存在。不应将数据文件放在压缩文件系统中，除非这些文件是只读的次要数据文件或数据库是只读的。事务日志文件一定不能放在压缩文件系统中。另外，在 SQL Server 2012 中，如果未指定 FILEGROWTH，则数据文件的默认增长值为 1MB，事务日志文件的默认增长比例为 10％，且最小值为 64KB。从 SQL Server 2016 开始，数据文件和事务日志文件的默认增长值均为 64MB。

为了便于读者理解创建数据库命令的语法，下面给出创建数据库的一个案例的代码。该代码较完整地包含了语法的各个组成要素。

```
CREATE DATABASE SaleDatabase
ON PRIMARY
    (NAME= pri_df_sale11,
    FILENAME= 'E:\sqldata\sale11.mdf',
    SIZE= 5MB,
    MAXSIZE= 10MB,
    FILEGROWTH= 1MB
    ),
    (NAME= pri_df_sale12,
    FILENAME= 'E:\sqldata\sale12.ndf',
```

```
    SIZE= 5MB,
    MAXSIZE= 10MB,
    FILEGROWTH= 0MB
    ),
FILEGROUP secondary
    (NAME= sec_df_sale21,
    FILENAME= 'E:\sqldata\sale21.mdf'
    ),
    (NAME= sec_df_sale22,
    FILENAME= 'E:\sqldata\sale22.ndf',
    SIZE= 5MB,
    MAXSIZE= 10MB,
    FILEGROWTH= 1MB
    )
LOG ON
    (NAME= lf_sale1,
    FILENAME= 'E:\sqldata\logsale1.ldf',
    SIZE= 5MB,
    MAXSIZE= 10MB,
    FILEGROWTH= 1MB
    ),
    (NAME= lf_sale2,
    FILENAME= 'E:\sqldata\logsale2.ldf',
    SIZE= 5MB,
    MAXSIZE= unlimited,
    FILEGROWTH= 1MB
)
```

上述代码所创建的数据库"SaleDatabase"包括 4 个数据文件和 2 个事务日志文件。4 个数据文件分为两个文件组：其中，主要文件组包括 pri_df_sale11、pri_df_sale12 两个数据文件；次要文件组包括 sec_df_sale21、sec_df_sale22 两个数据文件。2 个事务日志文件分别是 lf_sale1、lf_sale2。

下面通过几个例子由浅入深地说明一下定义数据库的语法。

【例 7-48】使用 CREATE DATABASE 语句定义一个数据库，数据库的名称是"StudentGrade"，其他所有参数采用默认值。

```
CREATE DATABASE StudentGrade
```

【例 7-49】使用 CREATE DATABASE 语句定义一个数据库，数据库的名称是"StudentGrade"，数据文件的逻辑名是 xscj_data，数据文件的物理名是 xscj，数据文件存储在 E:\data 中，其他参数采用默认值。

```
CREATE DATABASE StudentGrade
ON
( NAME = xscj_data,
    FILENAME = 'E:\data\xscj.mdf'
)
```

【例 7-50】使用 CREATE DATABASE 语句定义一个数据库，数据库的名称是"StudentGrade"，

数据文件的初始大小为 5MB，最大大小为 50MB，允许数据库自动增长，增长方式是按 10％比例增长；事务日志文件初始为 2MB，最大可增长到 5MB，按 1MB 增长。

```
CREATE DATABASE StudentGrade
ON
(NAME= XSCJ_Data,
    FILENAME= 'f:\data\XSCJ.mdf',
    SIZE=5MB,
    MAXSIZE=50MB,
    FILEGROWTH=10%
)
LOG ON
(NAME= XSCJ_Log,
    FILENAME= 'E:\data\XSCJ_Log.ldf',
    SIZE=2MB,
    MAXSIZE=5MB,
    FILEGROWTH=1MB
)
```

【例 7-51】使用 CREATE DATABASE 语句定义一个数据库，数据库的名称是"StudentGrade"，它有 3 个数据文件，其中主要数据文件为 100MB，最大大小为 200MB，按 20MB 增长；2 个次要数据文件为 20MB，最大大小不限，按 10％增长；2 个事务日志文件，大小均为 50MB，最大大小均为 100MB，按 10MB 增长。

```
CREATE DATABASE StudentGrade
ON PRIMARY
(NAME = XSCJ_data1,
    FILENAME = 'E:\data\XSCJ_data1.mdf',
    SIZE = 100MB,
    MAXSIZE = 200MB,
    FILEGROWTH = 20MB
),
(NAME = XSCJ_data2,
    FILENAME = 'E:\data\XSCJ_data2.ndf',
    SIZE = 20MB,
    MAXSIZE = UNLIMITED,
    FILEGROWTH = 10%
),
(NAME = XSCJ_data3,
    FILENAME = 'E:\data\XSCJ_data3.ndf',
    SIZE = 20MB,
    MAXSIZE = UNLIMITED,
    FILEGROWTH = 10%
)
LOG ON
(NAME = XSCJ_log1,
```

```
        FILENAME = 'E:\data\XSCJ_log1.ldf',
        SIZE = 50MB,
        MAXSIZE = 100MB,
        FILEGROWTH = 10MB
),
(NAME = XSCJ_log2,
        FILENAME = 'E:\data\XSCJ_log2.ldf',
        SIZE = 50MB,
        MAXSIZE = 100MB,
        FILEGROWTH = 10MB
)
```

2. 数据库的修改

创建数据库之后，根据需要可以使用 ALTER DATABASE 语句对数据库进行修改。下面给出了数据库修改的 SQL 命令的语法。

【格式】

```
ALTER DATABASE database_name
{ ADD FILE < filespec> [, … n] [ TO FILEGROUP filegroup_name]  /* 在文件组中增加
数据文件* /
    | ADD LOG FILE < filespec> [, … n]                       /* 增加事务日志文件* /
    | REMOVE FILE logical_file_name                          /* 删除数据文件* /
    | ADD FILEGROUP filegroup_name                           /* 增加文件组* /
    | REMOVE FILEGROUP filegroup_name                        /* 删除文件组* /
    | MODIFY FILE ⟨filespec⟩                                 /* 更改文件属性* /
    | MODIFY NAME = new_dbname                               /* 数据库重命名* /
    | MODIFY FILEGROUP filegroup_name {filegroup_property | NAME = new_
filegroup_name }
    | SET ⟨optionspec⟩ [ , … n] [ WITH ⟨termination⟩ ]      /* 设置数据库属性* /
    | COLLATE ⟨collation_name⟩                               /* 指定数据库排序规则* /
}
```

下面给出几个例子，说明修改数据库的 SQL 命令的语法。

【例 7-52】首先，创建数据库"StudentGrade"，它只有一个主要数据文件，其逻辑文件名为 XSCJ_Data，物理文件名为 E:\data\XSCJ_Data.mdf，大小为 5MB，最大大小为 50MB，增长方式为按 10% 增长；其次，将主要数据文件的最大大小改为不限制；最后，将主要数据文件的增长方式改为按 5MB 增长。

```
--数据库的创建
CREATE DATABASE StudentGrade
ON( NAME = 'XSCJ_Data',
        FILENAME = 'E:\data\XSCJ_Data.mdf',
        SIZE=5MB,
        MAXSIZE=50MB,
          FILEGROWTH=10%
          )
--数据库的修改
```

```
ALTER DATABASE StudentGrade
  MODIFY FILE
  (  NAME =  XSCJ_Data,
      MAXSIZE =  UNLIMITED
  )
```
--数据库的修改
```
ALTER DATABASE StudentGrade
  MODIFY FILE
  (  NAME =  XSCJ_Data,
      FILEGROWTH =  5MB
  )
```

【例7-53】先为"StudentGrade"数据库增加数据文件"XSCJBAK",再删除数据文件"XSCJBAK"。

```
--增加数据文件"XSCJBAK"
ALTER DATABASE StudentGrade
  ADD FILE
  (  NAME =  XSCJBAK,
      FILENAME= 'E:\data\XSCJBAK_dat.ndf',
      SIZE =  10MB,
      MAXSIZE =  50MB,
      FILEGROWTH =  5%
  )
--删除数据文件"XSCJBAK"
ALTER DATABASE StudentGrade REMOVE FILE XSCJBAK
```

【例7-54】为"StudentGrade"数据库添加文件组"FGROUP",并为此文件组添加两个大小均为10MB的数据文件。

```
ALTER DATABASE StudentGrade ADD FILEGROUP FGROUP
GO
ALTER DATABASE StudentGrade
  ADD FILE
  (  NAME =  XSCJ_DATA2,
FILENAME =  'E:\data\XSCJ_Data2.ndf',
SIZE =10MB,
MAXSIZE =30MB,
FILEGROWTH =5MB
  ),
  (  NAME =  XSCJ_DATA3,
FILENAME =  'E:\data\XSCJ_Data3.ndf',
SIZE =10MB,
MAXSIZE =30MB,
FILEGROWTH =5MB
  )
TO FILEGROUP FGROUP
```

【例7-55】将例7-54添加到"StudentGrade"数据库中的数据组"FGROUP"删除。注意,必须先删除被删除的文件组中的数据文件，且不能删除主要文件组。

```
ALTER DATABASE StudentGrade REMOVE FILE XSCJ_DATA2
GO
ALTER DATABASE StudentGrade REMOVE FILE XSCJ_DATA3
GO
ALTER DATABASE StudentGrade REMOVE FILEGROUP FGROUP
```

【例 7-56】为"StudentGrade"数据库添加一个事务日志文件。

```
ALTER DATABASE StudentGrade
ADD LOG FILE
(   NAME = XSCJ_LOG2,
       FILENAME = 'E:\data\XSCJ_Log2.ldf',
       SIZE = 5MB,
       MAXSIZE = 10 MB,
       FILEGROWTH = 1MB
)
```

【例 7-57】从"StudentGrade"数据库中删除一个事务日志文件，将事务日志文件"XSCJ_LOG2"删除。注意，不能删除主要事务日志文件。基于 ALTER DATABASE 语句将"StudentGrade"数据库的名称修改为"学生成绩库"。

```
ALTER DATABASE StudentGrade REMOVE FILE XSCJ_LOG2
ALTER DATABASE StudentGrade MODIFY name=学生成绩库
```

3. 数据库的删除

如果数据库不再需要了，那么可以使用 DROP DATABASE 语句删除该数据库。该命令的语法如下。

```
DROP DATABASE database_name[, … n]
```

例如，删除"StudentGrade"和"SaleDatabase"数据库的命令如下。

```
DROP DATABASE StudentGrade, SaleDatabase
```

7.7.2 数据表的定义

下面基于案例介绍 T-SQL 定义基本表和分区表的 SQL 命令。

1. T-SQL 定义基本表的 SQL 命令

基于 T-SQL 定义基本表的 SQL 语句在基本语法上与 Access-SQL 类似，但不完全相同。下面以 7.3.2 小节的几个例子为线索，比较 T-SQL 与 Access-SQL 在定义基本表时的异同。

（1）案例分析："学生成绩库"基本表的定义

基于 Access-SQL 定义"学生成绩库"的两个基本数据表的 SQL 命令如下。

```
CREATE TABLE  学生表
(
  学号 Char(7) NOT NULL,
  姓名 Char(8),
  性别 Char(2),
  出生日期 Datetime
);

CREATE TABLE  成绩表
(
```

```
    学号 Char(7) NOT NULL,
    姓名 Char(8),
    法律成绩 Dec(5, 2),
    数学成绩 Dec(5, 2),
    外语成绩 Dec(5, 2),
    计算机成绩 Dec(5, 2)
);
```

上述命令在 SQL Server 2017 中不用修改，可以直接成功运行。这说明基于 T-SQL 定义基本数据表的 SQL 命令与基于 Access-SQL 定义基本数据表的 SQL 命令在语法上基本相同。

但是，基于 Access-SQL 修改"学生成绩库"的基本数据表模式的 SQL 命令在 SQL Server 2017 中无法直接运行。

```
ALTER TABLE 学生表
    ADD COLUMN 年龄 Byte, 政治面貌 Char(6), 籍贯 Char(6)
```

原因是 T-SQL 中不支持 Access-SQL 的 Byte 数据类型，需要把关键字 Byte 改为 T-SQL 中相应的数据类型 TinyInt。另外，与 Access-SQL 中的 ADD COLUMN 短语不同，在 T-SQL 中，该短语不能加 COLUMN。将上述的 SQL 命令修改如下，其即可在 SQL Server 2017 中运行成功。

```
ALTER TABLE 学生表
    ADD 年龄 TinyInt, 政治面貌 Char(6), 籍贯 Char(6)
```

这里需要特别指出的是，Access-SQL 定义表的 SQL 命令大多可以在 T-SQL 中直接运行，它们的差异性很小。例如，以下 SQL 命令在 Access-SQL 和 T-SQL 中都可以直接运行。读者不妨上机体验一下。

```
ALTER TABLE 学生表
ALTER COLUMN 籍贯 Char(20)
ALTER TABLE  学生表 ADD PRIMARY KEY(学号)
ALTER TABLE  成绩表 ADD PRIMARY KEY(学号)
ALTER TABLE 成绩表
    ADD CONSTRAINT grade_student FOREIGN KEY(学号) REFERENCES 学生表(学号)
```

(2)案例分析："StudentGrade"数据库

基于 Access-SQL 定义"StudentGrade"数据库的 Student 数据表的 SQL 命令如下。

```
CREATE TABLE Student
    (XH Char(7) PRIMARY KEY,
    XM Char(6), XB Char(1), CSRQ Date, ZZMM Char(16), ZY Char(12), JG Char(6)
    );
```

上述命令在 SQL Server 2017 中不用修改，可以直接成功运行。

但是基于 Access-SQL 定义"StudentGrade"数据库的 Grade 数据表的 SQL 命令在 SQL Server 2017 中无法成功运行。

```
CREATE TABLE Grade
(
    XH Char(7) NOT NULL,
    KCM Char(16) NOT NULL,
    KCCJ Single,
    PRIMARY KEY (XH, KCM),
    FOREIGN KEY (XH)  REFERENCES Student
);
```

其原因是 T-SQL 中不支持 Access-SQL 的 Single 数据类型，需要把关键字 Single 改为 T-SQL 中相应的数据类型 Real 即可。修改后的下列 SQL 命令可在 SQL Server 2017 中成功运行。

```
CREATE TABLE Grade
(
    XH Char(7) NOT NULL,
    KCM Char(16) NOT NULL,
    KCCJ REAL,
    PRIMARY KEY (XH, KCM),
    FOREIGN KEY (XH)  REFERENCES Student
);
```

2. T-SQL 定义分区表的 SQL 命令

T-SQL 创建分区表的核心步骤有 3 个：创建分区函数，告诉 SQL Server 如何对数据进行分区；创建分区方案，告诉 SQL Server 将已分区的数据放在哪些文件组中；基于分区函数和分区方案创建分区表。与上述核心步骤相匹配，基于 T-SQL 定义分区表包括创建分区函数、创建分区方案和创建分区表 3 条 SQL 命令。

（1）创建分区函数

在 SQL Server 2017 中，创建分区函数的主要目的是告诉 SQL Server 以什么方式对数据表的数据进行分区。常用的分区函数包括 RANGE、HASH 和 LIST。其中，RANGE 函数将数据按照一定的范围划分为若干分区；HASH 函数根据数据的哈希值将数据随机分配到不同的分区中；LIST 函数将数据按照指定的值列表划分为多个分区。

创建 RANGE 分区函数的 SQL 命令的语法如下。

【格式】

```
CREATE PARTITION FUNCTION partition_function_name(input_parameter_type)
AS RANGE [LEFT | RIGHT]
FOR VALUES([boundary_value[, …n]])
[;]
```

【功能】基于上述 SQL 命令创建的 RANGE 分区函数的作用域仅限于创建该分区函数的数据库。

【说明】

①partition_function_name：该参数用于指定分区函数名。基于该参数定义的分区函数名在数据库中必须是唯一的，且必须符合标识符的命名规则。

②input_parameter_type：该参数用于指定分区字段的数据类型。如果数据表的字段是 TEXT、NTEXT、IMAGE、XML、TIMESTAMP、VARCHAR(MAX)、NVARCHAR(MAX)、VARBINARY(MAX)或者用户定义的数据类型，那么该字段不能作为分区字段。这里需要特别指出的是，实际的分区字段是在 CREATE TABLE 语句中指定的。

③LEFT | RIGHT：该参数指定边界值是属于边界值的左侧区间还是右侧区间。如果该参数的值是 LEFT，那么两个分区之间的边界值属于边界值的左侧区间。如果该参数的值是 RIGHT，那么两个分区之间的边界值属于边界值的右侧区间。如果未指定该参数，则默认值为 LEFT。需要特别说明的是，如果数据记录的分区字段为空值，那么这些数据记录都会被放在最左侧的分区中，除非将 NULL 指定为边界值，并指定了 RIGHT 参数。在这种情况下，最左侧分区为空分区，NULL 值被放置在后面的分区中。

④boundary_value：该参数用于指定分割两个分区的边界值。如果 boundary_value 为空，则分区函数将整个数据表的所有数据记录映射到单个分区中。注意，boundary_value 可以是常量，也可以是引用变量的表达式。另外，boundary_value 的数据类型必须与 input_parameter_type 相匹

配，或者可以被隐式转换为 input_parameter_type 指定的数据类型。

⑤boundary_value[, …n]：该参数是一个边界值列表，用于指定各个分区的边界值，进而指定分区的个数。该参数指定的分区数等于 n+1。在 SQL Server 2017 中，n 不能超过 14999，也就是说，SQL Server 2017 最多支持创建 15000 个分区。该参数给出的边界值列表通常会按边界值的大小顺序列出。如果未按大小顺序列出各个边界值，则数据库引擎会对它们进行排序，并返回一个警告，说明分区函数未按顺序指定边界值列表。如果边界值列表中含有重复的边界值，数据库引擎会返回错误。

【例 7-58】基于 Int 类型的分区字段创建一个左侧分区函数。

```
CREATE  PARTITION  FUNCTION  QLU_RangePF1(Int)
AS  RANGE  LEFT  FOR  VALUES(1, 100, 1000);
```

上述分区函数将数据表划分为 4 个分区。表 7-9 说明了分区函数基于分区字段 Xid 对数据表进行分区的情况。

表 7-9 例 7-58 的分区情况

分区	1	2	3	4
值	Xid ≤ 1	Xid >1 AND Xid ≤ 100	Xid >100 AND Xid ≤ 1000	Xid >1000

【例 7-59】基于 Int 类型的分区字段创建一个右侧分区函数。

```
CREATE  PARTITION  FUNCTION  QLU_RangePF2(Int)
AS  RANGE  RIGHT  FOR  VALUES(1, 100, 1000);
```

上述分区函数与例 7-58 使用了相同的分区边界值，但指定边界值属于右侧分区。表 7-10 说明了分区函数基于分区字段 Xid 对数据表进行分区的情况。

表 7-10 例 7-59 的分区情况

分区	1	2	3	4
值	Xid < 1	Xid ≥1 AND Xid < 100	Xid ≥100 AND Xid < 1000	Xid ≥1000

【例 7-60】基于 Datetime 类型的分区字段创建一个右侧分区函数。

```
CREATE  PARTITION  FUNCTION  QLU_DateRangePF1(Datetime)
AS RANGE RIGHT FOR VALUES
('20210201', '20210301', '20210401', '20210501',
  '20210601', '20210701', '20210801', '20210901',
  '20211001', '20211101', '20211201'
);
```

上述分区函数将数据表划分成 12 个分区，每个分区存储 2021 年中一个月的数据记录。表 7-11 说明了分区函数基于分区字段 Xdate 对数据表进行分区的情况。

表 7-11 例 7-60 的分区情况

分区	1	2	…	11	12
值	Xdate < '2021-02-01'	Xdate ≥ '2021-03-01' AND Xdate < '2021-04-01'	…	Xdate ≥ '2021-04-01' AND Xdate < '2021-05-01'	Xdate ≥ '2021-12-01'

（2）创建分区方案

在 SQL Server 2017 中，创建分区方案的 SQL 命令的语法如下。

【格式】

```
CREATE PARTITION SCHEME partition_scheme_name
AS PARTITION partition_function_name
[ALL] TO ( {file_group_name | [PRIMARY]}[, …, n])
[;]
```

创建分区方案的 SQL 命令需要声明分区字段、分区函数及各个分区与文件组的映射，目的是将分区函数生成的分区映射到文件组中。

【说明】

①partition_scheme_name：该参数用于指定分区方案的名称。基于该参数定义的分区方案名在数据库中必须是唯一的，且必须符合标识符的命名规则。

②partition_function_name：该参数用于指定该分区方案所使用的分区函数名。该分区函数在分区表所在的数据库中必须已经创建成功。

③ALL：该参数用于指定将所有分区都映射到 file_group_name 或者 PRIMARY 指定的文件组中。注意，如果指定了 ALL，则只能指定一个 file_group_name 或者指定 PRIMARY。

④file_group_name | [PRIMARY][, … n]：该参数用于指定一个文件组列表，将各个分区按顺序依次分配到相应的文件组中。file_group_name 必须在分区表所在数据库中事先定义。各个分区按文件组列表中列出的文件组顺序进行分配。在文件组列表中，可以多次指定同一个文件组。注意，在 SQL 命令中使用 PRIMARY 关键字指定主要文件组时，必须对该关键字进行界定，相关内容参见 7.9.1 小节。

注意：如果分区方案中指定的文件组数比基于分区函数划分的分区数少，则 CREATE PARTITION SCHEME 语句将执行失败，并返回错误信息。如果基于分区函数生成的分区数少于指定的文件组数，则第一个未分配的文件组将被标记为 NEXT USED。

【例 7-61】写出两条 SQL 命令，创建一个分区方案，将每个分区映射到不同的文件组。

【分析】下列两条 SQL 命令创建了本例要求的分区方案。第一条命令用于创建一个分区函数 QLU_RangePF1，该函数将表划分为 4 个分区；第二条命令用于创建一个分区方案 QLU_RangePS1，该方案指定了各个分区所分配的文件组。

```
CREATE  PARTITION  FUNCTION  QLU_RangePF1(Int)
AS  RANGE  LEFT  FOR  VALUES(1, 100, 1000)
GO
CREATE  PARTITION  SCHEME  QLU_RangePS1
AS  PARTITION  QLU_RangePF1
To(Sale11, Sale12, Sale21, Sale22)
```

例 7-61 的分区所分配的文件组情况如表 7-12 所示。

表 7-12　例 7-61 的分区所分配的文件组情况

文件组	Sale11	Sale12	Sale21	Sale22
分区	1	2	3	4
值	$Xid \leqslant 1$	$Xid > 1$ AND $Xid \leqslant 100$	$Xid > 100$ AND $Xid \leqslant 1000$	$Xid > 1000$

【例 7-62】创建一个分区方案，将多个分区映射到同一个文件组。

【分析】如果要将所有分区都映射到同一个文件组，则可使用 ALL 关键字。但是如果要将多个分区（而不是全部分区）映射到同一个文件组，则必须在 SQL 命令中指定文件组列表。

创建本例分区方案的 SQL 命令如下。

```
CREATE  PARTITION  FUNCTION  QLU_RangePF2(Int)
AS  RANGE  LEFT  FOR  VALUES(1, 100, 1000)
GO
CREATE  PARTITION  SCHEME  QLU_RangePS2
AS  PARTITION  QLU_RangePF2
To(Sale11, Sale11, Sale11, Sale12);
```

例 7-62 的分区所分配的文件组情况如表 7-13 所示。

表 7-13　例 7-62 的分区所分配的文件组情况

文件组	Sale11	Sale11	Sale11	Sale12
分区	1	2	3	4
值	Xid ≤ 1	Xid > 1 AND Xid ≤ 100	Xid > 100 AND Xid ≤ 1000	Xid > 1000

【例 7-63】创建一个分区方案，将分区表的所有分区都映射到同一个文件组。

【分析】如果要将所有分区都映射到一个文件组，则可使用 ALL 关键字。

创建本例分区方案的 SQL 命令如下。

```
CREATE  PARTITION  FUNCTION  QLU_RangePF3(Int)
AS  RANGE  LEFT  FOR  VALUES(1, 100, 1000);
GO
CREATE  PARTITION  SCHEME  QLU_RangePS3
AS  PARTITION  QLU_RangePF3  ALL  TO(Sale11);
```

【例 7-64】创建一个分区方案，该方案指定的文件组数目超过分区函数所创建的分区数。

创建本例分区方案的 SQL 命令如下。

```
CREATE  PARTITION  FUNCTION  QLU_RangePF4(Int)
AS  RANGE  LEFT  FOR  VALUES(1, 100, 1000)
GO
CREATE  PARTITION  SCHEME  QLU_RangePS4
AS  PARTITION  QLU_RangePF4
To(Sale11, Sale12, Sale21, Sale22, Sale5)
```

执行上述 SQL 命令后，系统将返回以下消息：分区方案"QLU_RangePS4"已成功创建。'Sale5'在分区方案 QLU_RangePS4 中标记为下次使用的文件组。如果分区函数 QLU_RangePF4 将数据表分为 5 个分区，则文件组 Sale5 将接收第 5 个分区。

（3）创建分区表

就 SQL 命令的语法而言，创建分区表和创建基本表基本相同，在创建基本表的 SQL 命令的后面加上"ON 分区方案名（分区字段名）"短语即可。该短语表示使用哪个分区方案对数据表进行分区处理。

【格式】

```
CREATE TABLE table_name
(    {< column_definition> [, …, n]})
ON partition_scheme_name(partition_column_name)[;]
```

【例 7-65】在"SaleDatabase"数据库中，先基于一个整型分区字段创建一个分区函数 QLU_

RangePF1，将数据划分为 4 个分区；再基于分区函数 QLU_RangePF1 创建一个分区方案 QLU_RangePS1，将这 4 个分区分配到"SaleDatabase"数据库的 4 个文件组 Sale11、Sale12、Sale21、Sale22 中；最后基于分区方案 QLU_RangePS1 创建分区表 QLU_Table。

```
USE SaleDatabase
GO
CREATE  PARTITION  FUNCTION  QLU_RangePF1(Int)
AS  RANGE  LEFT  FOR  VALUES(1, 100, 1000);
GO
CREATE  PARTITION  SCHEME  QLU_RangePS1
AS  PARTITION  QLU_RangePF1
TO(Sale11, Sale12, Sale21, Sale22);
GO
CREATE TABLE QLU_Table (
  QLU_ID INT PRIMARY KEY,
  CreateDate DATE
)
ON QLU_RangePS1(QLU_ID)
GO
```

分区函数、分区方案、分区表都创建成功后，还可以基于相应的 SQL 命令对其进行删除。另外，分区表中的分区可以基于相应的 SQL 命令进行拆分、合并和移动。限于篇幅原因，这里对相关内容不再赘述。有学习需求的读者请查阅相关文献和资料。

7.7.3 视图的定义

第 6 章指出，SQL Server 支持标准视图、索引视图、分区视图及系统视图，而 Access 只支持定义标准视图。因此 T-SQL 视图定义的功能更强大，相应命令的语法也更复杂。

定义标准视图的 T-SQL 命令与 Access-SQL 命令的语法基本相同。7.3.3 小节中定义标准视图的 Access-SQL 命令在 SQL Server 2017 中不用修改即可运行成功。

`CREATE VIEW 不及格学生成绩 AS SELECT *  FROM Grade WHERE KCCJ< 60`

7.3.3 小节中修改标准视图的 Access-SQL 命令在 SQL Server 2017 中不用修改即可运行成功。

`ALTER VIEW 不及格学生成绩 AS SELECT *  FROM Grade WHERE KCCJ< 55`

7.3.3 小节中删除标准视图的 Access-SQL 命令在 SQL Server 2017 中不用修改即可运行成功。

`DROP VIEW 不及格学生信息`

由于 T-SQL 支持的 SELECT 命令功能更为强大，因此基于 T-SQL 定义的标准视图，其语义可以更丰富，数据可以更贴近用户需求。

限于篇幅，对于索引视图、分区视图及系统视图的定义方法，这里不赘述。感兴趣的读者请查阅相关文献和资料。

7.7.4 索引的定义

由于 Access-SQL 和 T-SQL 支持的索引类型存在较大差异，因此二者在建立索引和使用索引的 SQL 命令上存在差异，但删除索引的 SQL 命令基本相同。

1. 索引的创建

第 5 章指出，SQL Server 支持的索引包括聚簇索引、非聚簇索引、唯一索引、覆盖索引、分区索引、筛选索引、全文索引等。而 Access 支持的索引主要包括主索引、唯一索引和普通索引。

由于 T-SQL 支持的索引类型更加丰富,因此 T-SQL 创建索引的命令与 Access-SQL 创建索引的命令在语法上有一定差异。

Access-SQL 创建索引命令的语法如下。

【格式】

```
CREATE [UNIQUE] INDEX 索引名
ON〈表名〉(字段名[ASC| DESC][,... n])
```

T-SQL 创建索引命令的语法如下。

【格式】

```
CREATE [UNIQUE] [CLUSTERED| NONCLUSTERED] INDEX 索引名
ON {表名| 视图名} (列名 [ASC| DESC] [,... n])
[INCLUDE (列名 [,... n])]
[WHERE 筛选条件]
[WITH〈索引选项〉]
```

由 Access-SQL 和 T-SQL 创建索引命令语法的比较可知,二者创建普通索引和唯一索引的格式基本一致。因此下列 SQL 命令在 Access 和 SQL Server 中都可以成功执行。

在"StudentGrade"数据库的 Grade 表中,基于"KCCJ"字段建立普通索引的 SQL 命令如下。

```
CREATE INDEX Index_score ON Grade(KCCJ)
```

在"StudentGrade"数据库的 Grade 表中,基于"XH"和"KCM"建立唯一索引的 SQL 命令如下。

```
CREATE UNIQUE INDEX Index_XHandKCM ON Grade(XH, KCM)
```

在"学生成绩库"的"学生表"中,基于"姓名"字段建立普通索引的 SQL 命令如下。

```
CREATE INDEX general_index_name ON 学生表(姓名)
```

在"学生成绩库"的"成绩表"中,基于"学号"字段创建唯一索引的 SQL 命令如下。

```
CREATE UNIQUE INDEX unique_index_学号 ON 成绩表(学号)
```

由 Access-SQL 和 T-SQL 创建索引命令语法的比较可知:Access-SQL 支持主索引,T-SQL 不支持主索引;T-SQL 支持聚簇索引,Access-SQL 不支持聚簇索引。因此下列 SQL 命令只能在 Access 中执行成功,或者在 SQL Server 中执行成功。

在"学生成绩库"的"学生表"中,基于"学号"字段建立主索引的 SQL 命令只能在 Access 中成功执行,在 SQL Server 中无法执行。

```
CREATE INDEX primary_index_学号 ON 学生表(学号) WITH PRIMARY
```

在"学生成绩库"的"学生表"中,基于"学号"字段建立唯一索引的 SQL 命令只能在 SQL Server 中成功执行,在 Access 中无法执行。

```
CREATE UNIQUE CLUSTERED INDEX primary_index_学号 ON 学生表(学号)
```

2. 索引在 SELECT 语句中的协同应用

T-SQL 支持 SELECT 命令指定的一个索引协同执行检索,以便提高查询性能。SELECT 语句是基于 WITH (INDEX())短语指定查询时的协同索引的。

例如,在"学生成绩库"的"学生表"中,查询"姜书华"的所有信息的 SQL 命令如下。

```
SELECT *
FROM 学生表
WITH (index(general_index_name))
WHERE 姓名= '姜书华'
```

上述命令中,基于 WITH (index(general_index_name))短语指示了 SELECT 命令在执行检索时使用协同索引 general_index_name,以提高检索性能。

如果用户没有在 SELECT 命令中明确指示协同索引,则 SELECT 命令将按照系统预定的索引协同机制运行查询。Access-SQL 就采用了系统预定的索引协同机制;与 Access-SQL 相比,

T-SQL 多了一种途径，可以优化 SELECT 命令的查询性能。

3. 索引的删除

Access-SQL 删除索引命令的语法如下。

【格式】

```
DROP INDEX〈索引名〉ON〈表名〉
```

T-SQL 删除索引命令的语法可以任选如下一种。

【格式】

```
DROP INDEX   {表名. | 视图名.}索引名 [, … n]
DROP INDEX〈索引名〉ON〈表名或视图名〉
```

例如，在 Access 和 SQL Server 中，删除 Grade 表的索引 Index_XH and KCM 和 Index_score 时，可以用以下两条 SQL 命令。

```
DROP INDEX   Index_score on Grade
DROP INDEX   Index_XHandKCM on Grade
```

在 SQL Server 中，可以使用如下命令删除索引。

```
DROP INDEX   Grade.Index_XHandKCM, Grade.Index_score
```

但是，在 Access 中无法使用上述命令删除索引。

限于篇幅，基于 T-SQL 定义索引的详细内容请参阅相关文献和资料。

7.8   T-SQL 的操纵功能

数据操纵包括数据更新和数据查询。数据更新包括记录的插入、修改和删除，它们分别使用 INSERT、UPDATE 及 DELETE 等语句实现。数据查询基于 SELECT 语句实现。

T-SQL 的数据更新命令及其功能与 Access-SQL 的数据更新命令及其功能类似，但 T-SQL 的命令功能更强大一些。下面简要说明 T-SQL 的部分增强功能。

7.8.1   T-SQL 的更新功能

相对于 Access-SQL，T-SQL 的 INSERT、UPDATE 及 DELETE 命令的功能都有所增强。

1. INSERT

在 Access-SQL 中，INSERT 命令的语法如下。

【格式】

```
INSERT INTO 表名 [(列名 1，列名 2，……，列名 n)]
VALUES(表达式 1，表达式 2，……，表达式 n)
```

该命令可以在已经存在的表中插入新的数据记录，但一次只能插入一个数据记录。当需要向表中插入多个数据记录时，需要使用多条 INSERT 语句。

例如，要向"学生成绩库"的"学生表"中插入两个记录，需要执行以下两条 INSERT 命令。

```
INSERT INTO 学生表(学号，姓名) VALUES('S01', 'JiangLinfeng')
INSERT INTO 学生表(学号，姓名) VALUES('S02', 'XuChangtao')
```

而 T-SQL 的一条 INSERT 命令可以在已经存在的表中一次插入多个数据记录。在 T-SQL 中，INSERT 命令的语法如下。

【格式】

```
INSERT INTO 表名 [(列名 1，列名 2，……，列名 n)]
VALUES (表达式 1-1，表达式 1-2，……，表达式 1-n)
```

```
        [, (表达式 2-1, 表达式 2-2, ……, 表达式 2-n)]
        [……]
        [, (表达式 m-1, 表达式 m-2, ……, 表达式 m-n)]
```

基于 T-SQL 中 INSERT 命令的语法，向"学生成绩库"中的"学生表"中插入两个记录，执行以下一条 INSERT 命令即可。

```
INSERT INTO 学生表(学号, 姓名)
VALUES('S01', 'JiangLinfeng'), ('S02', 'XuChangtao')
```

2. UPDATE

在 Access-SQL 中，UPDATE 命令的语法如下。

【格式】

```
UPDATE {表名}
SET {列 1= 表达式 1}[, 列 2= 表达式 2[, ……], [列 n= 表达式 n]]
[WHERE {条件表达式}]
```

在 Access-SQL 中，执行一条 UPDATE 命令，既可以一次性修改表中所有记录的指定字段，又可以修改满足 WHERE 条件的部分记录的指定字段。

例如，以下 SQL 命令用于将"学生成绩库"中计算机成绩高于 90 分的学生的成绩全部修改为 100 分。

```
UPDATE 成绩表
SET 计算机成绩= 100
WHERE 计算机成绩 > 90
```

在 T-SQL 中，UPDATE 命令的语法如下。

```
UPDATE [TOP(m)] {表名}
SET {列 1= 表达式 1}[, 列 2= 表达式 2[, ……], [列 n= 表达式 n]]
[WHERE {条件表达式}]
```

与 Access-SQL 的 UPDATE 命令的语法格式相比，T-SQL 的 UPDATE 命令的 UPDATE 子句可以添加 TOP(m) 短语，从而使得该命令只对满足条件的前 m 个记录进行修改。显然，相对于 Access-SQL，T-SQL 的 UPDATE 命令的功能得到了增强。也就是说，在 T-SQL 中，执行一条 UPDATE 命令，既可以一次性修改表中所有记录的指定字段，又可以修改满足 WHERE 条件的部分记录的指定字段，还可以修改满足条件的前 m 个记录。

例如，使用以下 SQL 命令将"学生成绩库"中计算机成绩高于 90 分的前 3 名学生的计算机成绩修改为 100 分。

```
UPDATE TOP(3) 成绩表
SET 计算机成绩= 100
WHERE 计算机成绩 > 90
```

3. DELETE

在 Access-SQL 中，DELETE 命令的语法如下。

【格式】

```
DELETE {表名}
[WHERE {条件表达式}]
```

在 Access-SQL 中，执行一条 DELETE 命令时，既可以一次性修改表中所有记录的指定字段，也可以修改满足 WHERE 条件的部分记录的指定字段。

例如，使用以下 SQL 命令将"学生成绩库"中计算机成绩高于 90 分的学生记录全部删除。

```
DELETE 成绩表
WHERE 计算机成绩 > 90
```

在 T-SQL 中，DELETE 命令的语法如下。

【格式】

```
DELETE [TOP(m)] {表名}
[WHERE {条件表达式}]
```

与 Access-SQL 的 DELETE 命令的语法相比，T-SQL 的 DELETE 命令的 DELETE 子句可以添加 TOP(m) 短语，从而使得该命令只对满足条件的前 m 个记录进行删除。显然，相对于 Access-SQL，T-SQL 的 DELETE 命令的功能得到了增强。也就是说，在 T-SQL 中，执行一条 DELETE 命令，既可以一次性删除表中的所有记录，又可以删除满足 WHERE 条件的部分记录，还可以删除满足条件的前 m 条记录。

例如，使用以下 SQL 命令将计算机成绩高于 90 分的前 3 名学生的记录删除。

```
DELETE TOP(3) 成绩表
WHERE 计算机成绩 > 90
```

7.8.2 T-SQL 的查询功能

相对于 Access-SQL，T-SQL 的 SELECT 命令功能有了显著增强。例如，Access-SQL 的统计函数 COUNT 不支持去重统计，而 T-SQL 的统计函数 COUNT 支持去重统计；又如，Access-SQL 不支持全外连接，而 T-SQL 支持全外连接；再如，Access-SQL 只支持查询结果的并运算，而 T-SQL 支持查询结果的并、交、差运算等。

下面举例说明 T-SQL 实现并、交、差运算的 SQL 命令的语法。对于 T-SQL 的其他增强功能，请读者查阅相关文献和资料。

1. UNION

并运算返回两个查询结果集的并集。实现交运算的 SQL 运算符为 UNION，其语法如下。

【格式】

```
SELECT 语句 1
UNION [ ALL ]
SELECT 语句 2
UNION [ ALL ]
……
SELECT 语句 n
```

使用多个 UNION 可以将多个查询结果集合并为一个结果集。ALL 表示在合并后的结果集中不去除重复的记录。如果没有指定 ALL，则去除合并后结果集中的重复记录。

基于 UNION 实现并运算要注意以下几点。

①所有查询语句中列的个数和列的顺序必须相同。

②所有查询语句中对应列的数据类型必须兼容。

③ORDER BY 语句要放在最后一个查询语句的后边。

下面来看两个例子。

【例 7-66-1】在"StudentGrade"数据库中。对"姜书华"和"马欣欣"所选课程进行查询，并将查询结果合并为一个结果集，结果集包括："XM""KCM"和"KCCJ"3 列信息。

【分析】该查询是对"姜书华"和"马欣欣"所选的课程进行并运算，SQL 命令如下。

```
SELECT XM, KCM, KCCJ
FROM Student INNER JOIN Grade ON Student.XH= Grade.XH
WHERE XM= '姜书华'
UNION
```

```
SELECT XM, KCM, KCCJ
FROM Student INNER JOIN Grade ON Student. XH= Grade. XH
WHERE XM= '马欣欣'
```

【例 7-66-2】查询要求同上例，但将查询结果按 KCM 从大到小排序。

```
SELECT XM, KCM, KCCJ
FROM Student INNER JOIN Grade ON Student. XH= Grade. XH
WHERE XM= '姜书华'
UNION
SELECT XM, KCM, KCCJ
FROM Student INNER JOIN Grade ON Student. XH= Grade. XH
WHERE XM= '马欣欣'
ORDER BY KCM DESC
```

2. INTERSECT

交运算返回同时在两个集合中出现的记录，即返回两个查询结果集中各个列的值均相同的记录，并用这些记录构成交运算的结果集。

实现交运算的 SQL 运算符为 INTERSECT，其语法如下。

【格式】

```
SELECT 语句 1
INTERSECT
SELECT 语句 2
INTERSECT
......
SELECT 语句 n
```

使用 INTERSECT 进行交运算的注意事项同 UNION 运算。

【例 7-67】在"StudentGrade"数据库中，查询"姜书华"和"马欣欣"选修的相同课程，结果集包括"KCM"列信息。

【分析】该查询是对"姜书华"和"马欣欣"所选的课程进行交运算，SQL 命令如下。

```
SELECT KCM
FROM Student INNER JOIN Grade ON Student. XH= Grade. XH
WHERE XM= '姜书华'
INTERSECT
SELECT KCM
FROM Student INNER JOIN Grade ON Student. XH= Grade. XH
WHERE XM= '马欣欣'
```

3. EXCEPT

差运算是返回一个集合中有但另一个集合中没有的记录。实现差运算的 SQL 运算符是 EXCEPT，其语法如下。

【格式】

```
SELECT 语句 1
EXCEPT
SELECT 语句 2
EXCEPT
......
SELECT 语句 n
```

使用 EXCEPT 进行差运算的注意事项同 UNION 运算。

【例 7-68】在"StudentGrade"数据库中，查询"姜书华"选修但"马欣欣"未选修的课程，结果集包括"KCM"列信息。

【分析】该查询是对"姜书华"和"马欣欣"选修的课程集合进行差运算，SQL 命令如下。

```
SELECT KCM
FROM Student INNER JOIN grade ON student. XH= grade. XH
WHERE XM= '姜书华'
EXCEPT
SELECT KCM
FROM Student INNER JOIN grade ON student. XH= grade. XH
WHERE XM= '马欣欣'
```

7.9 T-SQL 的流程控制功能

作为标准 SQL 的扩展，T-SQL 中不仅包含数据定义语言、数据操纵语言、事务管理语言和数据控制语言，还包括程序控制语言。T-SQL 的程序控制语言提供了丰富的编程功能，允许用户使用标识符、常量、变量、运算符、函数、表达式、流程控制语句等实现类高级语言的流程控制功能。T-SQL 附加的流程控制语言主要包括 3 类元素：第一类是流程控制基础类元素，主要有标识符、常量、变量、运算符、表达式、函数等；第二类是流程控制辅助类元素，包括注释语句、变量的声明和赋值语句、表达式的计算和结果输出语句等；第三类是流程控制核心类元素，主要包括块定义、选择流程定义、循环流程定义及无条件转移流程的定义等控制流语句。

7.9.1 流程控制基础类元素

流程控制基础类元素在第 3 章中已经有了相关内容，所以本节不再深入讨论。有学习需求的读者请查阅相关的文献和资料。

1. 标识符

标识符是一个由用户定义的，SQL Server 可识别的有意义的字符序列，通常用来表示服务器名、数据库名、数据库对象名以及常量和变量等。在定义标识符的时候，字符序列包含的字符数不能超过 128 个，对于本地临时表，其名称不能超过 116 个字符。

一般情况下，用户需要给数据库组成对象指定标识符，作为该对象的标识。例如，用户创建表时，必须为表指定表名，表名就是表的标识符。但是也有一些对象的标识符由系统自动生成，用户可以不给该对象指定标识符。例如，创建约束时，其标识符由系统自动生成，用户可以不指定。

标识符有两类：界定标识符和规范标识符。界定标识符又称为分隔标识符，这类标识符要求用户将标识符所包含的字符序列包含在一对双引号（" "）或者一对方括号（[ ]）内，以确定标识符字符序列的开始和结束。双引号和方括号称为界定符或分隔符。所谓的规范标识符是按照下列规范直接用字符序列表示的标识符，字符序列的两端不加界定符。

①标识符的第一个字符必须是英文字母、汉字、下划线、@、#等符号。
②标识符的后续字符可以包括英文字母、汉字、下划线、@、#、数字、$等符号。
③标识符不区分英文字母的大小写。
④标识符中不允许嵌入空格或其他特殊字符。
⑤标识符不能是 T-SQL 保留字。

⑥不符合上述规则的标识符必须用双引号或方括号进行界定。

这里需要特别指出的是，规范标识符的命名规则与 SQL Server 的语言版本和数据库支持的兼容级别有关。上述 6 规则的有效前提如下：语言版本是 SQL Server 简体中文版、兼容级别为 80。

由于界定标识符采用界定符界定字符序列的边界，因此标识符的字符序列既可以遵守标识符的命名规则，又可以不遵守标识符的命名规则。与界定标识符不同，规范标识符必须严格遵守标识符的命名规则。因为规范标识符很"规范"，所以它可以在 T-SQL 语句中直接使用，而不用使用双引号或者方括号将其界定起来。在没有特别声明的情况下，本书提到的标识符都是规范标识符。

下面通过几个例子帮助读者理解规范标识符和界定标识符的应用场景。

【例 7-69】在下列 SQL 命令中，标识符是规范标识符，可以去掉界定符。

```
SELECT *
FROM [TableX]          --界定符是任选的
WHERE [KeyCol] = 124   --界定符是任选的
```

【例 7-70】在下列 SQL 命令中，标识符是不规范的，不能去掉界定符。

```
SELECT *
FROM [My Table]        --界定符是必需的
WHERE [order] = 10     --界定符是必需的
```

【例 7-71】"TheTest"数据库中的 ThePerson 表包含的字段如表 7-14 所示，写出 SQL 命令，查询 ThePerson 表中所有记录的姓名、性别、年龄和出生日期。

表 7-14 ThePerson 表包含的字段

别名	数据类型	长度
Id	BigInt	8
Name	Nchar	10
Sex	Char	10
[age]	TinyInt	1
[date]	Datetime	8

【说明】在 ThePerson 表中，有两个不符合规范标识符规则的字段标识符，它们必须进行界定。也就是说，在 SQL 语句中，必须使用界定标识符。实现本例任务的 SQL 命令如下。

```
SELECT Name, [date] AS 出生日期, [age] AS 年龄
FROM ThePerson
```

【注意】在基于 SELECT 语句实现查询时，若 SELECT 语句中含有不规范命名的标识符，则用户在 SQL 语句中必须使用界定标识符，必须用 AS 短语来给界定标识符定义替代名称。

需要特别指出的是，在 SQL Server 中，处于标识符开始位置的某些符号具有特殊意义，例如，以@开始的标识符表示局部变量，以@@开始的标识符表示全局变量，以♯开始的标识符表示局部临时对象，以♯♯开始的标识符表示全局临时对象。所以用户在标识符中要避免使用上述特殊符号，以免引起混乱。

2. 常量

常量是表示固定数值的符号，也称为字面量，是在程序的运行过程中保持不变的量。常量的书写格式取决于它所表示的值的数据类型。T-SQL 支持的常量主要包括整数、小数、浮点数、ANSI 字符串、Unicode 字符串、逻辑常量、日期/时间常量、二进制常量以及 UniqueIdentifier 常量等类型。这些类型的常量在第 3 章中已经介绍过，这里不赘述。有学习需求的读者，可以基于第 3 章的学习基础查阅相关文献和资料。

3. 变量

变量与常量相反，是表示非固定值的符号，变量在程序的执行过程中是可以改变值的。更加深入地讲，变量是一个命名的存储单元，它可以保存特定类型的值。变量包括变量名、存储空间和数据类型等属性。

在 T-SQL 中，变量的作用域大多是局部的，也就是说，变量的生命周期仅限于用户定义它的程序块，出了这个程序块，它的生命就结束了。T-SQL 也支持全局性变量，它由 SQL Server 系统定义并维护，其作用范围并不局限于某一程序，几乎所有的程序都可以随时访问和使用全局性变量。

局部变量可以用 DECLARE 语句声明，并用 SET 或 SELECT 语句赋值。所有变量在声明后均初始化为 NULL。显示变量的值可以使用 PRINT 语句，也可以使用 SELECT 语句。

全局变量的生命周期从用户连接数据库实例开始，到用户断开数据库实例的连接为止。全局变量一般用于提供当前会话的系统信息。同一时刻，同一个全局变量在不同的会话(用基于不同登录名所登录的同一个实例)中的值不同。

T-SQL 规定局部变量的名称必须以 at 符（@）开头。为了区别于局部变量，T-SQL 规定全局变量的名称前通常加两个"@@"符号。

全局变量是由 SQL Server 提供并预先声明，并由系统自动维护，用户可以直接访问并使用的变量。例如，全局变量@@CONNECTIONS 保存着自最近一次启动 SQL Server 以来用户连接或试图连接的次数，用户可以用 SELECT @@CONNECTIONS AS '连接次数' 来显示该全局变量的值。

T-SQL 变量的数据类型与 SQL Server 数据库支持的数据类型相似，相关内容在第 3 章中已经介绍过，这里不赘述。

4. 运算符

运算符是一种符号，用来指定要在一个或多个表达式中执行的操作。在 T-SQL 中，可以使用的运算符有以下几类：算术运算符、字符串运算符、日期/时间运算符、位运算符、一元运算符、关系运算符和逻辑运算符等。相关内容在第 3 章中已经介绍过，这里不赘述。

5. 表达式

表达式分为简单表达式和复杂表达式。简单表达式包括常量、变量、标量函数、表字段及子查询等。可以用运算符将简单表达式组合成复杂表达式。

将两个表达式由一个运算符组合为一个复杂表达式，需要满足两个条件：两个简单表达式具有相容的数据类型；该运算符支持简单表达式的数据类型。两个简单表达式的数据类型相容时，至少满足下列一个条件：两个表达式的数据类型相同；低优先级的表达式的数据类型可以转换为高优先级的表达式的数据类型。

T-SQL 中表达式的计算结果呈现为两种数据结构：标量和表。标量是最简单的数据量，它只包含一个单独的数据项，而表则包含多个数据项。标量之所以这样命名，是为了将它们与能够存储多个数据项的数据结构区分开来。在 T-SQL 中，表是能存储多个数据项的常用数据结构。

根据表达式计算结果的数据类型，表达式可以分为多种类型。与 Access-SQL 支持的表达式相比，T-SQL 支持的表达式的功能更强大，语法规则也更复杂。表达式的相关内容在第 3 章中已经详细介绍过，这里不赘述。

6. 函数

函数是能够完成特定功能并返回处理结果的一组 T-SQL 语句。函数的处理结果称为返回值，函数的处理过程称为函数体，函数处理时需要提供的值称为函数参数。

T-SQL 提供强大的函数功能，函数有以下几种分类方法。

（1）按函数返回值的类型分类

按照函数的返回值，函数可以分为标量值函数和表值函数。只有一个返回值的函数被称为标量值函数，返回结果为一个表的函数被称为表值函数。

（2）按函数返回值是否确定分类

根据函数得到的结果是否能够明确确定，函数可以分为确定性函数和非确定性函数。对于确定性函数，每次使用特定的输入值集调用该函数时，总是返回相同的结果。对于非确定性函数，每次使用特定的输入值集调用时，可能返回不同的结果。

例如，函数 SQRT(81)是确定性函数，因为对于特定的输入值 81 而言，函数的返回值始终是 9；而 GETDATE()是非确定性函数，因为不同时间运行该函数都有不同的结果。

（3）按函数提供者分类

按照函数的提供者，函数可以分为内置函数和用户自定义函数。其中，内置函数由 T-SQL 提供，而用户自定义函数由用户根据实际应用定义。用户自定义函数是对 T-SQL 对象处理能力的扩展。在 T-SQL 中用户可以创建、修改和删除自定义函数，并在程序中使用自定义函数。

根据应用范畴，T-SQL 可以将内置函数分为统计函数、算术函数、字符串函数、日期/时间函数、类型转换函数及条件函数等。与 Access-SQL 相应的内置函数相比，T-SQL 支持的内置函数的功能和使用方法类似，只是函数更丰富一些，功能也更强大一些。鉴于相关内容在第 3 章中已经详细介绍过，这里不赘述。

7.9.2 流程控制辅助类元素

流程控制辅助类元素有很多，常用的元素包括注释语句、变量的声明和赋值语句、表达式的计算和结果输出语句、当前数据库的切换语句、数据库的备份和还原语句等。

1. 注释语句

所有的程序设计语言都有注释，T-SQL 也有注释。注释是程序代码中不被执行的文本字符串，用于对语句代码进行说明或暂时注释掉正在进行诊断的部分语句。T-SQL 支持两种类型的注释方式：单行注释和块注释。

（1）单行注释

单行注释以两个连字符(--)开始，作用范围从注释符号开始到一行的结束。单行注释可与要执行的代码处在同一行，也可另起一行。从双连字符开始到行尾的内容均为注释。

例如：

```
WAITFOR TIME '12: 00: 00'          --等到 12 点
--查询 S01 学生的各门课程成绩
SELECT *  FROM Grade WHERE 学号= 'S01'
--SELECT *  FROM Grade WHERE 学号= 'S02'
```

在上述代码中，以下 3 行由两个连字符引导的字符串都是注释，它们都不会被执行。

```
--等到 12 点
--查询 S01 学生的各门课程成绩
--SELECT *  FROM Grade WHERE 学号= 'S02'
```

（2）块注释

块注释的开始符号为正斜杠－星号字符对"/ *"，结束符号为星号－正斜杠字符对" * /"。从"/ *"开始到" * /"结束的中间所有内容都为注释。块注释可与要注释的执行代码处在同一行，也可另起一行，甚至可以在可执行代码的内部。

2. 局部变量的声明和赋值语句

局部变量必须先声明，再使用。在 T-SQL 中，可以使用 DECLARE 语句声明变量。在声明变量时需要注意：第一，为变量指定名称，且名称的第一个字符必须是@；第二，指定该变量的数据类型和长度；第三，默认情况下将该变量值设置为 NULL。局部变量声明后可以基于 SET 语句或 SELECT 语句给局部变量赋值。

（1）局部变量的声明

局部变量声明的一般语法如下。

【格式】

```
DECLARE {@ local_variable [AS] data_type} [,... n]
```

基于上述语法可知：一个 DECLARE 语句可以只声明一个变量，也可以依次声明多个变量。如果在一个 DECLARE 语句中声明多个变量，则各个变量之间用逗号","隔开。

另外，局部变量的声明主要是指定变量的名称、变量的数据类型和变量的存储长度。局部变量名必须以@开头，并符合规范标识符的命名规则。局部变量的类型既可以是系统数据类型，又可以是用户自定义数据类型。例如：

```
DECLARE @xyz AS int
--以下 DECLARE 语句声明了两个变量，一个为日期变量，另一个为可变字符串变量
DECLARE @mydate date, @mychar varchar(16)
```

（2）局部变量的赋值

如果要为局部变量赋值，则既可使用 SET 语句，又可使用 SELECT 语句。

用 SET 语句给局部变量赋值的语法如下。

【格式】

```
SET @local_variable＝expression
```

一个 SET 语句只能为一个局部变量赋值。声明一个变量后，该变量将被初始化为 NULL。使用 SET 语句可以将一个不是 NULL 的值赋给声明的变量。如果要初始化多个局部变量，那么需要为每个局部变量使用单独的 SET 语句。

用 SELECT 语句给局部变量赋值的语法如下。

【格式】

```
SELECT { @local_variable = expression } [ ,... n ]
[FROM ……]
[WHERE ……]
```

基于上述语法可知：一个 SELECT 语句可以为多个局部变量赋值；基于 SELECT 语句可以将计算字段的值赋给局部变量。

基于 SELECT 语句将计算字段的值赋给局部变量的 SELECT 语句的一般格式如下。

【格式】

```
SELECT{@变量名＝ 计算字段} [ , ... n ]
FROM 表名
WHERE 条件表达式
```

【例 7-72】声明两个整型局部变量，基于 SELECT 语句，将"学生成绩库"中"姜开来"的数学成绩和计算机成绩赋值给这两个局部变量。

```
--以下 DECLARE 语句声明了两个整型变量，它们的名称分别是@ jsjcj 和@ sxcj
USE 学生成绩库
DECLARE @jsjcj Int, @sxcj Int
SELECT @jsjcj = 计算机成绩, @sxcj = 数学成绩
FROM 成绩表
WHERE 姓名= '姜开来'
```

因为计算字段可能返回多个值，所以 T-SQL 规定，SELECT 语句计算字段所返回的最后一个

值赋给局部变量。如果 SELECT 语句的计算字段没有返回值，则局部变量将保留当前值。

注意：SELECT 语句既能为变量赋值，又能检索数据，但是这两种功能不能同时在一条 SELECT 语句中实现。

3. 表达式的计算和结果输出语句

要计算表达式的值并将计算结果输出到计算机屏幕上，既可以使用 PRINT 语句，又可以使用 SELECT 语句。

PRINT 语句的语法如下。

【格式】

```
PRINT {expression}
```

例如，print 3.6；print 6/7；print 8/6＋89；print 'QLU'＋'JLF'；print getdate()。

基于上述语法可知：一个 PRINT 语句只能计算并输出一个表达式的值。需要特别指出的是，PRINT 语句最适合计算并返回字符串表达式的计算结果。如果表达式计算所返回的字符串为非 Unicode 字符串，那么最长不能超过 8000 个字符；如果所返回的字符串是 Unicode 字符串，那么最长不能超过 4000 个字符。超过最大长度的字符串会被截断。

如果 PRINT 语句所计算的表达式不是字符串，则系统会自动基于类型转换函数 CONVERT() 将其转换为字符串并输出。因此，基于 PRINT 语句计算的数值表达式的结果不一定精确。

基于 SELECT 语句计算并显示表达式值的语法如下。

【格式】

```
SELECT {expression} [ ,... n ]
```

基于上述语法可知：一个 SELECT 语句可以计算并输出多个表达式的值。

【例7-73】创建局部变量@var1、@var2 并赋值，输出变量的值。

```
DECLARE @var1 Char(20), @var2 Char(20), @var3 Varchar(16)
SET @var1= '中国'        /* 一个 SET 语句只能给一个变量赋值* /
SET @var2= @var1+ '是一个伟大的国家'
SELECT @var3= '我爱我的祖国'
SELECT @var1, @var2, @var3
```

4. 当前数据库的切换语句

T-SQL 使用 USE 语句切换 SQL Server 服务器实例的当前数据库，其语法如下。

【格式】

```
USE {databasename}
```

USE 语句将当前数据库指定为 databasename 标识的数据库。只有当执行 USE 命令的用户具有目标数据库的相应权限时，才能使用 USE 命令成功将当前数据库切换到目标数据库。

5. 数据库的备份语句

BACKUP 命令用于将数据库文件备份到存储介质中。BACKUP 命令的语法如下。

【格式】

```
BACKUP DATABASE {databasename}
TO DISK {= 'filepath'}
[WITH DIFFERENTIAL;]
```

例如，以下 SQL 命令用于将现有数据库"学生成绩库"完整备份到 D 盘中。

```
BACKUP DATABASE 学生成绩库
TO DISK= 'd:\data\xscj.bak'
```

又如，以下 SQL 命令用于创建"学生成绩库"数据库的差异备份。

```
BACKUP DATABASE 学生成绩库
TO DISK= 'D:\DATA\XSCJ.BAK'
WITH DIFFERENTIAL;
```

6. 数据库的还原语句

RESTORE DATABASE 命令用于将存储介质中的数据库备份恢复到当前数据库实例。该命令的语法如下。

【格式】

```
RESTORE DATABASE {databasename}
FROM DISK {= 'filepath'}
[ WITH NORECOVERY ]
```

例如，以下 SQL 命令用于将 D 盘"D:\DATA\XSCJ.BAK"的完整备份恢复到"学生数据库"。

```
RESTORE DATABASE 学生成绩库
FROM DISK = 'D:\DATA\XSCJ.BAK'
```

又如，以下 SQL 命令用于将 D 盘"D:\DATA\XSCJ.BAK"的差异备份恢复到"学生数据库"。

```
RESTORE DATABASE 学生成绩库
FROM DISK = 'D:\DATA\XSCJ.BAK'
WITH DIFFERENTIAL;
```

7.9.3 流程控制核心类元素

流程控制核心类元素包括块定义语句(BEGIN …… END 语句)、两分支流程条件选择语句(IF …… ELSE 语句)、多分支 CASE 表达式语句(CASE …… END 语句)、循环语句(WHILE 语句)、返回语句(RETURN 语句)、等待语句(WAITFOR 语句)、无条件转移语句(GOTO 语句)等，下面逐一对其进行介绍。

1. BEGIN …… END 语句

BEGIN 和 END 用来定义一个语句块，它将一系列 T-SQL 语句定义为一个整体来执行。BEGIN 和 END 是控制语句的关键字，分别表示语句块的开始和结束。

BEGIN …… END 语句的具体语法如下。

【格式】

```
BEGIN          --以 BEGIN 作为块的开始标志
  sql_statement_1
  [……]
  [sql_statement_n]
END            --以 END 作为块的结束标志
```

用户在使用 BEGIN …… END 定义语句块的时候要注意以下几点。

①块语句至少要包含一个 T-SQL 语句。

②块语句的 BEGIN 和 END 必须配对使用，不能单独使用。

③BEGIN 和 END 必须单独占一行。

④块语句可以嵌套在其他的块语句中。

⑤块语句常用于分支结构和循环结构中。

⑥理论上可将任意多个语句组合为块，但建议只将逻辑上关联的语句定义为块。

2. IF …… ELSE 语句

T-SQL 允许程序对用户设定的条件进行判定，当条件为真或假时分别执行不同的 T-SQL 语句或语句块。基于单条件从两分支流程中选择其一执行时，可用 IF …… ELSE 语句实现。

IF …… ELSE 语句的具体语法如下。

【格式】

```
IF Boolean_expression /* 条件表达式* /
```

```
    { sql_statement | statement_block }   /* 条件表达式为真时执行* /
  [ELSE
    { sql_statement | statement_block }]    /* 条件表达式为假时执行* /
```

在上述语法中，Boolean_expression 就是用户设定的条件表达式，它返回 TRUE、FALSE 或 NULL；{ sql_statement | statement_block }是任意的 T-SQL 语句或语句块。

根据上述语法，IF 语句可以分为带 ELSE 子句和不带 ELSE 子句两种形式。

带 ELSE 子句的 IF 语句的语法如下。当条件表达式的值为 TRUE 时执行 A，并执行 IF 语句的下一条语句；当条件表达式的值为 FALSE 或 NULL 时执行 B，并执行 IF 语句的下一条语句。

【格式】

```
IF Boolean_expression
    { sql_statement | statement_block } A
ELSE
    { sql_statement | statement_block } B
```

【例 7-74】基于"StudentGrade"数据库中的课程成绩给出成绩评语。如果所有学生所有课程的课程成绩都不低于 60 分，则成绩评语为"全部及格"；否则成绩评语为"存在不及格"。

```
USE StudentGrade
DECLARE @pingyu Char(10)
IF(SELECT MIN(KCCJ) FROM Grade)>=60
    SET @pingyu= '全部及格'
ELSE
    SET @pingyu= '存在不及格'
PRINT @pingyu
```

不带 ELSE 子句的 IF 语句的语法如下。当条件表达式的值为 TRUE 时执行 A，并执行 IF 语句的下一条语句；条件表达式的值为 FALSE 或 NULL 时直接执行 IF 语句的下一条语句。

【格式】

```
IF Boolean_expression
    { sql_statement | statement_block } A
```

【例 7-75】以下程序用于查询有一门课程的成绩是 100 分的学生的总人数。

```
USE StudentGrade
DECLARE @num Int
SELECT @num= (SELECT COUNT(DISTINCT xh) FROM Grade WHERE KCCJ=100)
IF @num<> 0
    SELECT @num AS '有一门课程的成绩是 100 分的学生的总人数'
```

【说明】当遇到多条件多分支的流程控制时，可以基于 IF 语句的嵌套来实现。限于篇幅，这里不再展开介绍。感兴趣的读者请查阅相关文献和资料。

3. CASE …… END 语句

T-SQL 允许程序对用户设定的多个条件依次进行判定，当条件匹配成功时，返回相应表达式的值，当所有条件都没有匹配成功时，可以返回默认表达式的值或者不返回任何值。

T-SQL 基于 CASE 表达式语句，通过计算条件列表并返回可能结果表达式中的一个。CASE 表达式语句有两种不同的语法格式，本书称之为简单条件 CASE 表达式语句和复杂条件 CASE 表达式语句。

(1)简单条件 CASE 表达式语句

简单条件 CASE 表达式语句的具体语法如下。

【格式】

```
CASE input_expression
    WHEN when_expression THEN result_expression
    [... n]
    [ELSE else_result_expression]
END
```

简单条件 CASE 表达式语句各组成要素的说明如下。

①CASE …… END 语句以 CASE input_expression 开始。本书称 input_expression 为测试表达式，它可以是一个变量、字段、函数或表达式，甚至可以是一个子查询。

②CASE …… END 语句中可包含一个或多个 WHEN …… THEN 子句，但至少包含一个 WHEN …… THEN 子句。

③when_expression 用于与 input_expression 进行比较，它是一个简单表达式。所谓的简单表达式，指的是该表达式不能包含比较运算符和逻辑运算符，它的数据类型必须与测试表达式的数据类型相同，或者可以隐式转换为测试表达式的数据类型。

④在所有 WHEN …… THEN 子句的后面可以包含一个 ELSE else_result_expression 子句，也可以不包含该子句。

⑤result_expression 和 else_result_expression 的计算结果都是简单条件 CASE 表达式语句的可能返回值，但只能返回其中一个表达式的值。

⑥CASE …… END 语句以 END 子句结束。

简单条件 CASE 表达式语句的执行过程如下：对一个测试表达式的计算结果和一组简单表达式的计算结果进行比较，如果某个 WHEN 子句中简单表达式的值与测试表达式的值相等，则返回相应结果表达式的值；如果都无法匹配，则返回 ELSE 子句相应的结果表达式的值；如果没有指定 ELSE 子句，则返回 NULL。

以下程序是简单条件 CASE 表达式语句的一个应用案例，请读者分析一下该程序的执行流程。

```
DECLARE @var1 Varchar (1)
SET @var1= 'B'
DECLARE @var2 Varchar (10)
SET @var2=
CASE @var1
  WHEN 'R' THEN '红色'
  WHEN 'B' THEN '蓝色'
  WHEN 'G' THEN '绿色'
  ELSE '错误'
END
PRINT @var2
```

(2)复杂条件 CASE 表达式语句

复杂条件 CASE 表达式语句与简单条件 CASE 表达式语句的语法有两点差异：CASE 子句的后面没有测试表达式 input_expression；WHEN …… THEN 子句中的 when_expression 替换为布尔表达式 Boolean_expression。其具体语法如下。

【格式】

```
CASE
    WHEN Boolean_expression THEN result_expression
    [... n]
    [ELSE else_result_expression]
END
```

复杂条件 CASE 表达式语句的执行流程与简单条件 CASE 表达式语句的执行流程也有所差异，它的执行流程如下：按照从上到下的顺序为每个 WHEN …… THEN 子句后面的 Boolean_expression 求值，并返回第一个取值为 TRUE 的布尔表达式所对应的 WHEN 子句中结果表达式 result_expression 的值；如果没有一个 Boolean_expression 的值为 TRUE，则返回 ELSE 子句中表达式 else_result_expression 的值；如果没有 else_result_expression 语句，则返回 NULL。

以下程序是复杂条件 CASE 表达式语句的一个应用案例，请读者分析一下该程序的执行流程。

```
DECLARE @chengji Float, @pingyu Varchar (40)
SET @chengji= 80
SET @pingyu=
CASE
    WHEN @chengji>100 OR @chengji<0 THEN '您输入的成绩超出范围'
    WHEN @chengji>=60 AND @chengji<70 THEN '及格'
    WHEN @chengji>=70 AND @chengji<85 THEN '良好'
    WHEN @chengji>=85 AND @chengji<=100 THEN '优秀'
    ELSE '不及格'
END
PRINT '该生的成绩评语是'+ @pingyu
```

这里需要特别指出的是，简单条件 CASE 表达式语句和复杂条件 CASE 表达式语句经常嵌套到 SQL 语句中使用。限于篇幅，相关案例请查阅相关文献和资料。

4. WHILE 语句

T-SQL 提供了 WHILE 语句，用于重复执行某一个语句或某一个语句块。WHILE 语句的具体语法如下。

【格式】

```
WHILE Boolean_expression /* 条件表达式* /
{ sql_statement | statement_block }    /* T-SQL 语句序列构成的循环体* /
```

该语句的执行过程如下：先判断 WHILE 后面的布尔表达式是否为"真"，若为 TRUE，则执行循环体中的语句或语句块；若为 FALSE，则不执行循环体中的语句或语句块，而直接执行 WHILE 语句后面的语句。

【例 7-76】利用 WHILE 语句计算 0～100 中所有整数的和。

```
DECLARE @x Int, @sum Int
SET @x=0
SET @sum=0
WHILE @x=<100
  BEGIN
    SET @x=@x+1
    SET @sum=@sum+@x
  END
PRINT '1~100 中所有整数的和是'+ltrim(str(@sum))
```

在 WHILE 语句中，还可以使用 BREAK 语句终止整个循环的执行。BREAK 语句的语法为 BREAK。BREAK 语句一般与 IF 语句协同出现在 WHILE 语句的循环体内，当 IF 语句中的条件满足时，会终止循环的执行，继续执行 WHILE 语句后面的语句。

【例 7-77】求 1～100 中的所有整数之和，但是如果和大于 1000，则立刻跳出循环，并输出结果。

```
DECLARE @x Int, @sum Int
SET @x=0
SET @sum=0
WHILE @x=<100
  BEGIN
    SET @x=@x+1
    SET @sum=@sum+@x
    if @sum>1000  BREAK
  END
PRINT '结果是'+ltrim(str(@sum))
```

与 WHILE 语句配合使用的还有 CONTINUE 语句。CONTINUE 语句的语法格式为 CONTINUE。CONTINUE 和 BREAK 语句一样，一般与 IF 语句协同出现在 WHILE 语句的循环体内，当 IF 语句中的条件满足时，CONTINUE 语句会结束本次循环并返回到 WHILE 开始处，重新判断循环条件是否成立，以决定是否执行下一次循环。

【例 7-78】计算 1~100 中所有偶数之和，并输出结果。

```
DECLARE @x Int, @sum Int
SET @x=0
SET @sum=0
WHILE @x=<100
  BEGIN
    SET @x= @x+1
    IF @x% 2=1 CONTINUE
    SET @sum=@sum+@x
  END
PRINT '1~100 中所有偶数之和是'+ltrim(str(@sum))
```

5. RETURN 语句

RETURN 语句通常用于将程序的控制从一个程序中无条件退出并将处理结果返回给调用它们的程序，RETURN 后面的语句将不执行。

RETURN 语句的语法如下。

【格式】

```
RETURN [ integer_expression]
```

其中，integer_expression 是要返回的整型值。

RETURN 语句经常用在批处理、函数、存储过程或触发器等形态的程序中。RETURN 语句在批处理、函数、存储过程或触发器等的相关应用在此不再展开介绍。

6. WAITFOR 语句

WAITFOR 语句的功能是在达到指定时间或时间间隔之前，阻止批处理、存储过程或事务的执行。T-SQL 使用 WAITFOR 语句来实现该功能，其具体语法如下。

【格式】

```
WAITFOR {DELAY〈时间间隔〉| TIME〈特定时刻〉}
```

其中，DELAY〈时间间隔〉用于指定 SQL Server 等待的时间，最长可达 24 小时；TIME〈特定时刻〉用于指定 SQL Server 需要等待的特定时刻。DELAY 和 TIME 的格式为 hh：mm：ss。注意：时间间隔和特定时刻虽然为 Datetime 类型，但是不能出现日期。另外，WAITFOR 语句中不能够出现变量。

以下两条命令是 WAITFOR 的简单应用示例。

```
WAITFOR DELAY '0:0:10'          /* 等待 10s* /
WAITFOR TIME '12:00:00'         /* 等到 12 时* /
```

以下命令设定在 23 时 59 分才开始备份"XSCJ"数据库到 D 盘的 DATA 文件夹中。

```
WAITFOR TIME '23:59:00'
BACKUP DATABASE 学生成绩库 TO DISK= 'd:\data\xscj.bak'
```

7. GOTO 语句

无条件转移语句可以使程序无条件跳转到用户指定的程序执行点，程序执行点可以由语句标签来指定。T-SQL 基于 GOTO 语句实现执行流程的无条件转移。

GOTO 语句的具体语法如下。

GOTO 语句标签

其中，语句标签又称为标号，可以在语句前直接定义，也可以在语句的上一行定义。语句标签定义的一般形式是"标签:"。需要注意的是，GOTO 语句后的标签不带":"。

GOTO 语句和语句标签可以在程序的任何位置使用。

【例 7-79】使用 GOTO 语句计算 0～100 中所有整数之和。

```
DECLARE @x int,@sum int
SET @x=0
SET @sum=0
TheLabel:
SET @x= @x+1
SET @sum= @sum+@x
IF @x=<100 GOTO TheLabel
PRINT '1~100 中所有整数之和是'+ltrim (str (@sum))
```

习题：思考题

【1】Access SQL 支持的 SQL 命令有哪些？

【2】请问 Access 2016 不支持哪些标准的 SQL 数据类型？

【3】举例说明创建 Access 数据表模式的 SQL 命令的语法格式。

【4】举例说明修改 Access 数据表模式的 SQL 命令的语法格式。

【5】举例说明对 Access 数据表进行数据更新的 SQL 命令的语法格式。

【6】SELECT 命令可以给数据表进行物理排序吗？为什么？

【7】什么是分组查询？举例说明 Access 实现分组查询的 SQL 命令的语法格式。

【8】什么是嵌套查询？举例说明 Access 实现嵌套查询的 SQL 命令的语法形式。

【9】请问"结构化查询语言"中的"结构化"是什么意思？

【10】查阅资料说明等值连接和自然连接有哪些区别。

【11】举例说明传统语法和现代语法实现等值连接的 SQL 命令的语法差异。

【12】请问 T-SQL 语言主要由哪几部分组成？

【13】举例说明创建 SQL Server 数据库的 SQL 命令的语法格式。

【14】举例说明创建 SQL Server 数据表的 SQL 命令的语法格式。

【15】举例说明 T-SQL 创建分区表的核心步骤及其 SQL 命令。

【16】举例说明，相对于 Access-SQL，T-SQL 的 INSERT、UPDATE 及 DELETE 命令都有哪些方面的增强功能？在命令的语法格式方面有哪些差异？

【17】举例说明，相对于 Access-SQL，T-SQL 的 SELECT 命令有哪些方面的增强功能？

学习材料：学以致用

本章基于 Access-SQL 和 T-SQL 的比较体验，系统地介绍了基于 SQL 定义数据库和操纵数据库的 SQL 命令和使用方法。但纸上得来终觉浅，绝知此事要躬行！希望读者能够结合本章给出的学习材料，基于学以致用的理念，学中用 SQL，用中学 SQL。

【学习材料 1】SQL 发展史。

【学习材料 2】SQL 在大数据中的应用。

【学习材料 3】嵌入式 SQL。

【学习材料 4】基于 Oracle 数据库海量数据的查询优化研究。

【学习材料 5】基于统计方法的 Hive 数据仓库查询优化实现。

【学习材料 6】列存储数据仓库中启发式查询优化机制。

【学习材料 7】一种基于 Hive 日志分析的大数据存储优化方法。

第8章 数据库的批处理技术

本章导读

前面学习的每一条 SQL 命令都只能完成简单的数据定义和数据操纵任务。对于复杂的数据组织和数据管理而言，往往需要执行多条 SQL 命令，且多条 SQL 命令之间需要进行合理的流程控制，这就需要将 SQL 命令集成在一起执行。

Access 可以基于宏对象或模块对象实现多条 SQL 命令的集成，本章将学习宏对象，模块对象将在第 9 章中学习。SQL Server 可以基于批处理或者存储过程等技术实现多条 SQL 命令的集成，本章将学习批处理，存储过程将在第 9 章中学习。

8.1　Access 的批处理技术

8.1.1　宏对象概述

1. 宏对象的概念

宏对象是 Access 数据库中的一个组成对象，它可以集成一个或多个宏操作，从而完成一个较为复杂的数据组织和管理任务。从数据库开发的视角看，一个宏操作表现为一条宏命令，因此宏对象是一个脚本程序，不过它只能实现简单的程序逻辑，不能处理复杂的业务逻辑。

尽管如此，宏对象的效率远高于交互式操作。前面各章对数据库对象的操作都是交互式的，不管是基于窗口控件的图形化命令，还是基于查询对象的 SQL 文本命令，一次只能完成一项操作，所以效率较低。而宏对象可以将一条或多条命令集成在一起，宏对象的一次运行可以批量完成宏对象中集成的多条命令，因此宏对象的效率远高于交互式操作。

由于宏对象无法处理复杂逻辑，因此宏对象的数据处理和分析能力有限，对于复杂逻辑的业务应用需求，需要基于 Access 的模块对象来完成。对于简单的业务逻辑而言，宏对象是首选，这是因为宏对象的设计很简单，既不需要有任何的程序设计基础，又不需要记住各种复杂的语法，只要将宏对象所执行的宏操作添加到宏对象并对其参数进行简单的设置即可，因此宏对象的应用非常广泛。

与宏对象相比，模块对象的功能更加全面，自治性更强，因此可以处理复杂的业务逻辑，从而完成复杂的数据组织和管理任务。遗憾的是，模块对象的设计需要用户掌握 VBA 语言，且具备一定的程序设计能力。基于 VBA 的模块对象设计将在第 9～第 11 章中展开介绍。

2. 宏对象的分类

宏对象不但能够独立地完成简单的数据组织和管理任务，而且能够与查询、窗体及报表等多种类型的对象进行协作，从而共同完成复杂的 Access 数据组织和管理。

具体来说，宏对象有两大功能：作为一个自治对象，能够批量执行一组宏操作，包括调用其他对象功能的操作；作为一个协作对象，可以嵌入其他对象中，其功能可以被其他对象所调用。根据是否具有自治性，宏对象可以分为独立宏和嵌入宏。

（1）独立宏

独立宏是数据库中的一个独立对象，它作为一个自治对象以独立形式保存在数据库中。与其他数据库组成对象一样，独立宏拥有自己的对象名，显示在数据库导航窗格的"宏"对象栏中。在"宏"对象栏中双击宏名可以运行宏；在"宏"对象栏中右击宏名，可以在打开的快捷菜单中选择相应的命令。

（2）嵌入宏

与独立宏不同，嵌入宏不是自治的，它不能以独立对象的形式出现在数据库中，而是嵌入数据库容器所包含的表、窗体、报表等其他对象中。在 Access 数据库窗口中，嵌入宏与独立宏的区别在于：嵌入宏在数据库的导航窗格中不可见，它嵌入创建它的表、窗体及报表等母对象中，作为母对象的一个相对独立的组成部分存在。

根据所嵌入的母对象类型，嵌入宏可以分为数据宏、窗体宏、报表宏等。如果宏对象被嵌入表对象中，那么嵌入宏被称为数据宏；如果宏对象被嵌入窗体对象中，那么嵌入宏被称为窗体宏；如果宏对象被嵌入报表对象中，那么嵌入宏被称为报表宏。

当表对象中的记录发生更改、插入或删除等事件时，数据宏才有机会被触发执行。例如，当销货单记录被修改后，如果要将修改信息通知销售员，则可以在销货单表中嵌入一个数据宏，该数据宏被触发执行的时机是销货单记录的"更新后"；又如，当用户创建新的订单后，订单表就会插入一个新的订单记录，如果要将新订单信息通知销售员，则可以在订单表中嵌入一个数据宏，该数据宏触发执行的时机是订单记录的"插入后"；再如，当用户撤销订单时，订单表中相应的订单记录被删除，如果要将订单的撤销信息通知销售员，则可以在订单表中嵌入一个数据宏，该数据宏触发执行的时机是订单记录的"删除后"。

就 Access 2016 而言，它支持的数据宏运行时机有 5 种：插入后、更新后、删除后、更新前、删除前。数据宏具体采用哪一种运行时机，要根据具体的应用逻辑而定。

【例 8-1】如果要在订单表记录删除之前，触发数据宏通知销售员该记录的预删除信息，请问该数据宏的运行时机是什么？如果要在销货单记录修改之前，触发数据宏通知用户该记录的预修改信息，请问该数据宏的运行时机是什么？

【解答】如果要在订单记录删除之前，触发数据宏通知销售员该记录的预删除信息，那么该数据宏的运行时机是订单表记录的"删除前"；如果要在销货单记录修改之前，触发数据宏通知用户该记录的预修改信息，那么该数据宏的运行时机是"更新前"。

3. 宏对象的执行流程

一个宏对象一般包含多个宏操作。基于多个宏操作之间的逻辑关系，可以将宏对象分成一个或多个操作块。由于宏对象是脚本程序，因此宏对象中的操作块又称为程序块。通俗地说，程序块就是逻辑关系相同的宏操作序列。根据操作块中宏操作序列的执行逻辑，可以将操作块的执行流程划分为顺序流程、选择流程和循环流程 3 种。

（1）顺序流程

如果操作块中的各条宏操作命令按照其在操作块中的先后顺序逐条执行，那么这一操作块的执行流程就是顺序流程。

顺序流程是应用最广泛的宏操作逻辑。通常宏对象中只有一个顺序流程操作块。在最简单的情况下，一个操作块只有一个宏操作。

（2）选择流程

如果操作块中的操作分为多组，且只会根据条件在多组操作中选择一组执行，那么这一操作块的执行流程就是选择流程。

最简单的选择流程是单路选择，它包括一个条件和一组操作，在条件为真的情况下执行该组操作，在条件为假的情况下不执行该组操作。

最常用的选择流程是双路选择，它包括一个条件和两组操作，在条件为真的情况下执行一组操作，在条件为假的情况下执行另一个组操作。

比较复杂的选择流程是多路选择，它包括多个执行条件和多组操作，其中每一个执行条件对应一组操作。当某选择流程中的一个执行条件为真时，相对应的那一组操作才会被执行。对于多路选择而言，各组操作的执行条件是互斥的，所以多路选择中尽管有多组操作，但是只能有一组操作得到执行。

(3)循环流程

在某些情况下，需要多次执行一组操作，这组操作通常被称为循环操作。循环操作的执行次数是有限的，这种有限性的实现有两种方法：直接指定循环操作的执行次数；指定一个循环条件，当循环条件为真时，反复执行循环操作，直至循环条件为假。

为了实现循环流程，需要在操作块中建立循环操作并指定循环次数或循环条件。在宏对象中可以定义一个子宏，子宏可以包含需要多次执行的循环操作。子宏定义后，可以在宏对象中指定子宏的执行次数或执行条件，从而实现循环流程。

4. 宏对象的流程控制元素

在 Access 中，宏对象的设计一般基于宏对象设计器。为了定义宏操作的执行流程，宏对象设计器提供了 Comment、Group、If 和 Submacro 4 个程序流程控制元素。

(1)Comment

Comment 元素用来定义一个注释，用于说明宏对象、宏操作块、宏操作的功能和设计技巧，从而提高宏对象的易读性，帮助用户理解宏对象的设计思路和方法。注意：Comment 定义的注释长度不能超过 1000 个字符，默认情况下，只显示第一行注释。

(2)Group

Group 元素用于将一组宏操作定义为一个命名的操作组。一般情况下，可以将执行逻辑相近的宏操作定义为一个操作组，并为该操作组指定一个有意义的名称，用于指代这一个操作组。操作组一旦定义，就可以独立复制和移动，从而提高宏对象的设计效率。另外，宏操作分组后，操作组可以独立折叠和展开，从而使得宏对象的设计界面更加清晰，便于用户设计宏对象。注意：Group 元素定义的分组不能单独调用或运行，它不会影响宏操作的执行流程。

(3)If

If 元素用于定义宏对象中的选择流程。与 If 相配合的元素还有 Else If、Else 及 End If。If 元素和 End If 元素可以实现单路选择流程。If 元素、Else 元素和 End If 元素可以实现双路选择流程。If 元素、Else If 元素、Else 元素和 End If 元素可以实现多路选择流程。

(4)Submacro

Submacro 元素用于定义子宏，一个宏对象可以定义多个子宏。对于每一个子宏，必须为其指定一个唯一的名称，以便子宏被调用。子宏调用的方法如下：宏对象名称.子宏名称。

5. Access 支持的宏操作

下面先介绍 Access 宏操作的类型，再简单地列举一下 Access 中常用的宏操作，最后以常用的 7 个宏操作为例，详细说明宏操作的定义方法。

(1)Access 宏操作的类型

宏操作是宏对象的基本组成单元。Access 支持的宏操作有以下几种类型：第一种类型的宏操作可以执行 SQL 命令，这使得宏对象具备了数据定义、数据查询和数据操纵的基本能力；第二种类型的宏操作可以定义变量，这使得宏操作之间可以基于变量进行通信，从而提高了宏操作之间的协作能力；第三种类型的宏操作支持宏对象与表对象、查询对象、窗体对象、报表对象及模块对象进行协作，这使得宏对象的应用能力得到了拓展；第四种类型的宏操作支持用户与宏对象之间进行一定的交互，从而使得宏对象具有了输入输出能力；第五种类型的宏操作可以定义程序的执行流程，这使得宏对象具有了一定的逻辑处理能力。

(2)Access 常用的宏操作

Access 支持的宏操作非常多，常用的宏操作如表 8-1 所示。

表 8-1　Access 常用的宏操作

功能分类	宏命令	说明
打开对象	OpenForm	打开指定的窗体对象
	OpenVisualBasicModule	打开基于 Visual Basic 设计的模块对象
	OpenQuery	打开指定的查询对象
	OpenReport	打开指定的报表对象
	OpenTable	打开指定的表对象
对象管理	CopyObject	将指定的对象复制到本数据库或其他数据库中
	DeleteObject	删除指定的对象或数据库导航窗格中的选定对象
	RenameObject	重命名指定的对象或数据库导航窗格中的选定对象
	SaveObject	保存一个指定的 Access 对象或当前活动的 Access 对象
	Requery	通过重新查询数据源来更新对象或其控件中的数据
	SetValue	为对象的控件或字段设置值
	RepaintObject	对对象进行屏幕更新，包括对象控件的重新设计和重新绘制
	PrintObject	输出当前对象
记录定位和筛选	ApplyFilter	对对象中的数据进行筛选
	FindNextRecord	查找符合条件的下一个记录
	FindRecord	在活动对象中，查找符合条件的第一个记录或下一个记录
	GoToRecord	在活动对象中指定当前记录
	ShowAllRecords	删除活动对象已应用过的筛选条件，显示所有记录
焦点移动	GoToControl	将焦点移动到活动窗体的控件上或活动表的字段上
	GoToPage	在活动窗体中，将焦点移到指定页的第一个控件上
	SelectObject	选定数据库对象
导入导出	ExportWithFormatting	将指定的数据库对象中的数据以某种格式导出
	ImportExportData	在当前数据库与其他数据库之间导入或导出数据
	ImportExportSpreadsheet	在当前数据库与电子表格文件之间导入或导出数据
	ImportExportText	在当前数据库与文本文件之间导入或导出数据
执行 SQL 语句	RunSQL	执行 RunSQL 中嵌入的操作型及定义型 SQL 语句
流程控制	CancelEvent	取消导致该宏执行的事件
	RunApplication	启动另一个 Windows 应用程序或 Microsoft-DOS 应用程序
	RunCode	调用 Visual Basic 的 Function 过程
	RunMenuCommand	执行 Access 的命令
	RunMacro	执行一个宏或子宏
	StopAllMacros	终止当前所有正在运行的宏
	StopMacro	终止当前正在运行的宏

续表

功能分类	宏命令	说明
窗口管理	MaximizeWindow	最大化活动窗口,使其充满 Access 主窗口
	MinimizeWindow	最小化活动窗口,使之成为 Access 主窗口底部的标题栏
	MoveSizeWindow	能够移动活动窗口或调整其大小
	RestoreWindow	将已最大化或最小化的窗口恢复为原来大小
	CloseWindow	关闭指定的窗口或活动窗口
系统命令	Beep	通过计算机的扬声器发出"嘟嘟"声
	Echo	设置回响状态,以显示或隐藏宏在执行过程中的某些状态
	SendKeys	将键击发送到键盘缓冲区,以便 Access 或其他应用程序捕获
	DisplayHourglassPointer	在宏对象执行时使鼠标指针变成沙漏形式;当宏对象执行结束后,恢复正常形式
	SetWarnings	打开或关闭系统消息
	CloseDatabase	关闭当前数据库
	QuitAccess	退出 Access,效果与文件菜单中的"退出"命令相同
变量管理	SetLocalVar	定义宏对象的本地变量,并设置初始值
	SetTempVar	定义宏对象的临时变量,并设置初始值
	RemoveTempVar	删除宏对象的一个临时变量
	RemoveAllTempVars	删除宏对象的所有临时变量
重做和撤销	Redo	重复最近的用户操作
	UndoRecord	撤销最近的用户操作
交互命令	MessageBox	显示消息框,将信息通知用户

(3)Access 宏操作的定义方法

Access 支持的宏操作虽然很多,但各个宏操作的定义方法具有共性。下面以 OpenTable、OpenQuery、RunSQL、SetLocalVar、SetTempVar、MessageBox、SetWarnings 这 7 个宏操作为例,详细说明宏操作的定义方法。

①OpenTable。Access 支持宏对象打开表对象,方法是在宏对象中添加 OpenTable 宏操作。OpenTable 宏操作的功能类似于用户双击 Access 数据库导航窗格中的表对象。OpenTable 宏操作的定义方法如图 8-1 所示,其主要任务是设置 OpenTable 宏操作的参数。

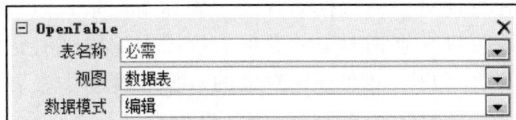

图 8-1 OpenTable 宏操作的定义方法

OpenTable 宏操作有 3 个参数:"表名称"用于指定 OpenTable 宏操作要打开的表名称;"视图"用于指定该表对象打开时呈现的视图;"数据模式"用于指定表对象打开后的数据模式。

a. 表名称:该参数是必需的。通常情况下,可供 OpenTable 宏操作打开的表对象名称都呈现在组合框中,用户只需单击其右侧的下拉按钮就可以打开表对象名称的下拉列表,在下拉列表中选择相应的表对象名称即可。当然,用户也可以在组合框中直接输入 OpenTable 宏操作要打开的表对象名称。

b. 视图:通常情况下,表对象的视图类型有数据表、设计、打印预览、数据透视表及数据透视图。该参数的默认值为"数据表"。如果该参数为"数据表",那么该宏操作执行时,Access 将打开表对象的数据表视图,显示该表的数据记录。如果该参数为"设计",那么该宏操作执行时,Access 将打开表对象的设计视图,显示该表的物理模式。

　　c. 数据模式:当表对象的视图参数设置为"数据表"时,该参数用于指定表对象的数据操纵模式。注意:"数据模式"这一参数仅适用于表对象以数据表视图打开的场景。

　　"数据模式"参数包括"增加""编辑"和"只读"3 个选项:如果选择"增加"选项,那么用户可以在数据表视图中添加新记录,但不能编辑现有记录;如果选择"编辑"选项,那么用户既可以在数据表视图中编辑现有记录,又可以添加新记录;如果用户选择"只读"选项,那么用户只能在数据表视图中查看记录。"数据模式"参数的默认值为"编辑"。

　　注意:如果要在 VBA 模块中打开表对象,则可以使用 DoCmd 对象的 OpenTable 方法。

　　②OpenQuery。Access 支持宏对象打开查询对象,方法是在宏对象中添加 OpenQuery 宏操作。OpenQuery 宏操作的功能类似于用户双击导航窗格中的查询对象。

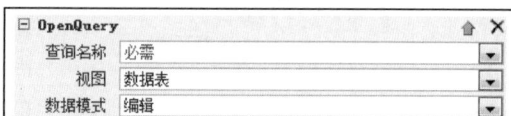

图 8-2　OpenQuery 宏操作的定义方法

　　OpenQuery 宏操作的定义方法如图 8-2 所示,其主要任务是设置 OpenTable 宏操作的参数。

　　OpenQuery 宏操作有 3 个参数:"查询名称"用于指定 OpenQuery 宏操作要打开的查询对象名称;"视图"用于指定该查询对象打开时呈现的视图类型;"数据模式"用于指定该查询对象的数据模式。

　　a. 查询名称:该参数是必需的。通常情况下,可供 OpenQuery 宏操作打开的查询对象名称都呈现在组合框中,用户只需单击其右侧的下拉按钮就可以打开查询对象名称的下拉列表,在下拉列表中选择相应的查询对象名称即可。当然,用户也可以在组合框中直接键入 OpenQuery 宏操作要打开的查询对象名称。

　　b. 视图:通常情况下,查询对象的视图类型有数据表、设计、打印预览、数据透视表以及数据透视图。该参数的默认值为"数据表"。如果该参数为"数据表",那么宏操作执行时,Access 将以数据表视图的形式显示查询对象执行的结果集。如果该参数为"设计",那么宏操作执行时,Access 将打开查询对象的设计视图,显示查询对象的设计元素。

　　c. 数据模式:当查询对象的视图参数设置为"数据表"时,该参数用于指定查询对象的数据操纵模式。注意:"数据模式"这一参数仅适用于查询对象以数据表视图打开的场景。

　　"数据模式"参数包括"增加""编辑"和"只读"3 个选项:如果选择"增加"选项,那么用户可以在查询对象的数据表视图中添加新记录,但不能编辑现有记录;如果选择"编辑"选项,那么用户既可以在查询对象的数据表视图中编辑现有记录,又可以添加新记录;如果用户选择"只读"选项,那么用户只能在查询对象的数据表视图中查看记录。"数据模式"参数默认为"编辑"。

　　注意:如果要在 VBA 模块中打开查询对象,则可以使用 DoCmd 对象的 OpenQuery 方法。

　　③RunSQL。Access 支持宏对象执行 SQL 语句,方法是在宏对象中添加 RunSQL 宏操作。RunSQL 宏操作的定义方法如图 8-3 所示,其主要任务是设置 RunSQL 宏操作的参数。

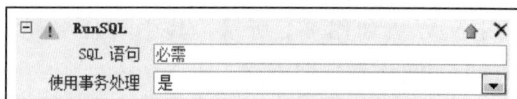

图 8-3　RunSQL 宏操作的定义方法

　　RunSQL 宏操作有两个参数:"SQL 语句"用于指定 RunSQL 宏操作要执行的 SQL 语句;"使用事务处理"用于指定 RunSQL 宏操作是否以事务的机制执行 SQL 语句。

　　a. SQL 语句:该参数定义了嵌入 RunSQL 宏操作中的 SQL 语句,这是必需的。在 RunSQL 宏操作中,只能嵌入操作型和定义型 SQL 语句:操作型 SQL 语句包括 SELECT INTO、INSERT、UPDATE、DELETE;定义型 SQL 语句包括 CREATE TABLE、ALTER TABLE、

CREATE INDEX、DROP TABLE、DROP INDEX 等。

在 RunSQL 宏操作中嵌入的 SQL 语句，最大长度不能超过 255 个字符。如果需要执行的 SQL 语句超过 255 个字符，则可以将 SQL 语句封装在查询对象中，并使用 OpenQuery 宏操作调用查询对象的功能，从而间接地执行长度超过 255 个字符的 SQL 语句。

b. 使用事务处理：该参数的默认值为"是"。如果不想使用事务处理，则应选择"否"。

事务是对数据库进行操作的逻辑单位，它可以包括一条 SQL 命令，也可以包括一组 SQL 命令。每一个事务都是一个不可分割的执行单位，事务中的操作要么都发生，要么都不发生。在 RunSQL 宏操作中，如果不以事务的机制执行它所嵌入的 SQL 语句，那么 SQL 语句的执行速度会提高，但如果该 SQL 语句的操作有误，则数据库中的数据是不可还原的。

注意：RunSQL 宏操作不能执行不带 INTO 子句的 SELECT 语句。如果要执行不带 INTO 子句的 SELECT 语句，那么可以基于该语句定义一个查询对象，并在宏对象中基于 OpenQuery 宏操作调用该查询对象的功能，从而间接地执行不带 INTO 子句的 SELECT 语句。当然，基于 OpenQuery 宏操作可以间接地执行操作型 SQL 语句和定义型 SQL 语句。

④SetLocalVar 和 SetTempVar。变量是一个命名的存储单元，既可以用来存储用户输入的数据，又可以用来存储宏操作产生的结果数据。Access 宏对象支持两种类型的变量：一种是 Local 变量，另一种是 Temp 变量。Local 变量只能在定义该变量的宏对象中使用，定义 Local 变量的宏操作是 SetLocalVa；Temp 变量既可以在定义该变量的宏对象中使用，又可以用在该宏对象的协作对象中，定义 Temp 变量的宏操作是 SetTempVar。

a. SetLocalVar：SetLocalVar 宏操作用来定义 Local 变量并为其设置初值。Local 变量只有在宏对象中创建成功后，才能在该宏对象的后续宏操作中使用。当宏对象被关闭后，该宏对象创建的 Local 变量将被清除。SetLocalVar 宏操作的定义方法如图 8-4 所示。

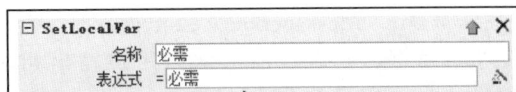

图 8-4 SetLocalVar 宏操作的定义方法

对于 SetLocalVar 宏操作而言，定义 Local 变量的主要任务是定义变量的名称和初始值。变量名称在 SetLocalVar 宏操作的"名称"参数中指定，变量初始值在 SetLocalVar 宏操作的"表达式"参数中指定。"名称"参数是一个字符串，它是必需项，用于指定变量的名称。"表达式"参数也是必需项，用于设置该变量的初始值。

Local 变量的引用方法如下：[LocalVars]![变量名称]。Local 变量既可以在后续宏操作的条件表达式中引用，又可以在后续宏操作的参数表达式中引用。例如，Local 变量"SaleQuantity"在以下条件表达式中被引用：[LocalVars]![SaleQuantity] > 516。又如，Local 变量"MyName"在以下参数表达式中被引用："Hello "& [LocalVars]![MyName]。

【例 8-2】基于 SetLocalVar 宏操作定义一个 Local 变量，该变量的名称是"TheUserName"，该变量的初值通过表达式"InputBox("Please input your name:")"获得。

【分析】根据题意，SetLocalVar 宏操作的两个参数分别如下："名称"参数是"TheUserName"，"表达式"参数是"InputBox("Please input your name:")"，此例宏操作的定义方法如图 8-5 所示。

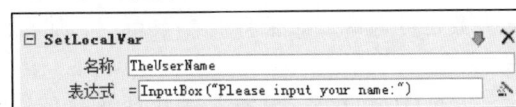

图 8-5 Local 变量 TheUserName 的定义方法

【说明】Local 变量"TheUserName"的初值实际上是由用户输入的，这是因为"表达式"参数被设置为一个 Inputbox 函数。此例宏操作创建 Local 变量的机制如下：宏操作申请并获得存储空间，命令为"TheUserName"；计算宏操作的"表达式"参数；由于"表达式"参数是 InputBox("Please input your name:")函数，因此 Access 打开一个输入对话框，并显示" Please input your name:"这一提示消息，等待用户在提示信息下面的文本框中输入数据；当用户在文本框中输入数据并单击"确定"按钮或按【Enter】键后，InputBox 函数将用户在文本框中输入的数据返回给 SetLocalVar 宏操作中定义的变量"TheUserName";如果用户单击"取消"按钮,则 InputBox 函数将"空串"返回给 SetLocalVar 宏操作中定义的变量"TheUserName"。

【注意】当 SetLocalVar 宏操作的"表达式"参数设置为"＝InputBox()"时,用户既可以输入字符串,又可以输入数值。如果用户输入字符串,则应使用界定符界定字符串。当表达式设置为"InputBox()"时,用户的所有输入都被视为一个字符串,所以用户输入时不必加界定符。如果输入了界定符,则它将作为字符串的一部分被返回给 SetLocalVar 宏操作中定义的变量。

b. SetTempVar:SetTempVar 是定义 Temp 变量的宏操作。Temp 变量创建成功后,不但可以在宏对象的后续宏操作中使用,而且可以用在与该宏对象协作的其他对象中。SetTempVar 宏操作的定义方法如图 8-6 所示。

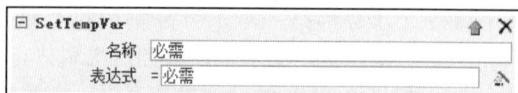

图 8-6　SetTempVar 宏操作的定义方法

由于 SetTempVar 宏操作定义 Temp 变量的方法与 SetLocalVar 宏操作定义 Local 变量的方法类似,因此这里不赘述。在宏对象中,一次最多可以定义 255 个 Temp 变量。Temp 变量一旦被创建,它们将一直保留在内存中,直到它们被删除或者数据库被关闭为止。Temp 变量不再使用时,最好将它们删除,以释放它们占用的存储空间。删除单个 Temp 变量的宏操作是 RemoveTempVar,删除所有 Temp 变量的宏操作是 RemoveAllTempVars。

⑤MessageBox。宏对象在执行的时候可能需要向用户输出消息,常用的方法是定义宏操作 MessageBox。MessageBox 宏操作执行时,会打开一个消息框,并通过消息框向用户输出相应的消息。

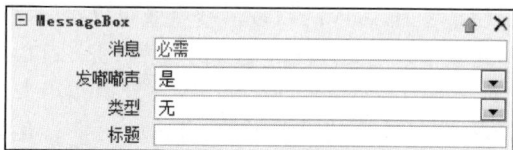

图 8-7　MessageBox 宏操作的定义方法

MessageBox 宏操作的定义方法如图 8-7 所示,其主要任务是设置该宏操作的"消息""发嘟嘟声""类型"和"标题"4 个参数。

a. 消息:参数"消息"是必需的,它指定宏操作 MessageBox 执行时要显示的消息。用户可以在"消息"文本框中直接输入消息文本,最长可输入 255 个字符;也可以在"消息"文本框中输入一个表达式,此时表达式前面必须加上等号。

b. 发嘟嘟声:参数"发嘟嘟声"用以指定宏操作 MessageBox 在显示文本消息的时候,计算机的扬声器是否发出"嘟嘟"声。如果该参数选择"是",那么宏操作在显示文本消息的同时发出"嘟嘟"声;如果选择"否",那么宏操作只显示文本消息而不发出"嘟嘟"声。该参数是可选的,其默认值为"是"。

c. 类型:参数"类型"用以指定宏操作 MessageBox 执行时所打开的消息框类型。宏操作 MessageBox 支持的消息框类型包括"无""重要""警告?""警告!"和"信息"共 5 类。不同类型消息框的功能基本相同,只是消息框的图标不同,以区分消息的性质。该参数是可选的,其默认值为"无"。

d. 标题:参数"标题"用以指定宏操作 MessageBox 执行时所打开的消息框标题栏的标题文本。该参数是可选的。如果将此参数留空,那么宏操作执行时,标题栏中显示的文本是"Microsoft Access"。

⑥SetWarnings。很多宏操作在执行的时候,会通过消息框向用户提示当前操作的风险,并询问用户是否继续执行这一宏操作。例如,当宏操作 RunSQL 执行 INSERT 语句向数据表插入记录的时候,Access 会打开如图 8-8 所示的消息框,向用户提示当前宏操作的操作风险,并在消息框中给出"是[Y]"和"否[N]"两个按钮,让用户决定

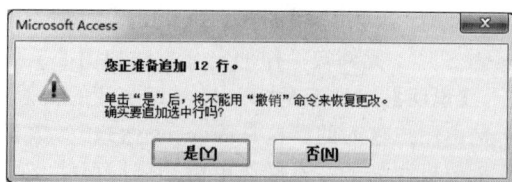

图 8-8　宏对象执行 INSERT 语句时的消息框

是否继续执行当前宏操作。

尽管宏操作的风险警告有助于提高宏操作的安全性，但是往往会降低宏操作的执行效率。如果宏操作是安全的，那么应该关闭宏操作的风险

图 8-9　SetWarnings 宏操作的定义方法

警告提示，以提高宏操作的执行速度。如图 8-9 所示的宏操作 SetWarnings 可以打开或关闭宏操作的风险警告提示。

定义 SetWarnings 宏操作的方法很简单，只要设置如图 8-9 所示的"打开警告"参数即可。该参数只有"是"和"否"两个选项。如果"打开警告"参数设置为"是"，那么将开启宏操作的风险警告提示。如果该参数设置为"否"，那么将关闭宏操作的风险警告提示。该参数的默认值是"否"。需要特别指出的是，SetWarnings 宏操作虽然可以关闭宏操作的风险警告提示，但是不能关闭宏操作的执行错误消息。另外，宏对象执行完成后，警告提示消息将被重新打开。

【注意】若要在 VBA 模块中运行 SetWarnings 操作，则应使用 DoCmd 对象的 SetWarnings 方法。

通过上述 7 个宏操作的定义方法可知：宏操作的定义实际上就是设置宏操作的参数，借以提供宏操作执行时所需要的操作信息。例如，对于 MessageBox 这一宏操作而言，必须为其设置"消息"参数，该参数提供 MessageBox 宏操作要在消息框中显示的文本消息。对于宏操作而言，有些参数是必需的，有些参数是可选的。对于可选参数，如果用户没有设置它，则 Access 将使用该参数的默认值。

8.1.2　宏对象的设计界面

宏对象的设计界面即宏的设计视图，也称宏设计器或宏生成器。一般情况下，宏对象的建立和编辑都在宏设计视图中进行。选择"创建"选项卡的"宏与代码"命令组中的"宏"命令，将进入宏对象的设计界面。

宏对象的设计界面包括"宏工具｜设计"选项卡、"操作目录"窗格和"宏设计"窗格 3 个部分，如图 8-10 所示。宏对象的设计就是通过这些设计控件实现的。

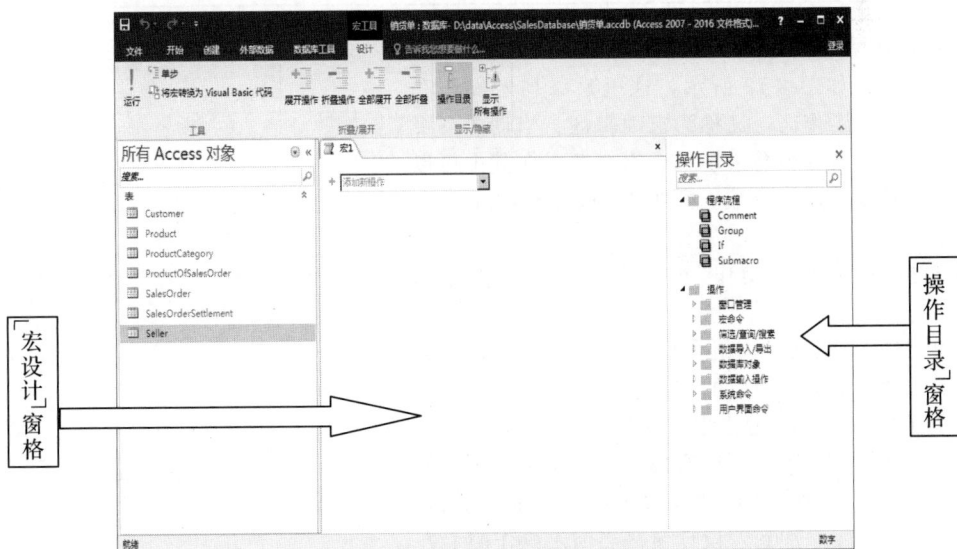

图 8-10　宏对象的设计界面

1. "宏工具 | 设计"选项卡

"宏工具 | 设计"选项卡有 3 个命令组，分别是"工具""折叠/展开"和"显示/隐藏"，如图 8-11 所示。

图 8-11 "宏工具 | 设计"选项卡

"宏工具 | 设计"选项卡中的主要命令及其功能如表 8-2 所示。其中有 4 个"折叠/展开"命令。"折叠"类命令的主要功能是将宏操作折叠，使得宏对象的设计视图逻辑清晰。"展开"类命令的主要功能是将宏操作展开，以便于用户编辑修改。

表 8-2 "宏工具 | 设计"中主要命令的功能

命令名称	功能
运行	执行当前宏
单步	单步运行，依次执行一条宏命令
将宏转换为 Visual Basic 代码	将当前宏转换为 VBA 代码
展开操作	展开宏设计器所选的宏操作
折叠操作	折叠宏设计器所选的宏操作
全部展开	展开宏设计器全部的宏操作
全部折叠	折叠宏设计器全部的宏操作
操作目录	显示或隐藏宏设计器的操作目录
显示所有操作	显示或隐藏操作目录中的所有操作，包括尚未受信任数据所允许的操作

2. 宏设计窗格

宏设计窗格如图 8-12 所示，这里是添加宏操作和设置操作参数的工作区，又称为宏编辑区。当创建一个宏后，在宏设计窗格中会出现一个组合框，在其中可以添加宏操作并设置操作参数。添加新的宏操作有以下 3 种方式。

① 直接在"添加新操作"组合框中输入宏操作的名称。

② 单击"添加新操作"组合框右侧的下拉箭头，在打开的下拉列表中选择相应的宏操作。

③ 打开"操作目录"窗格中的"操作"结点的列表项，把选取的宏操作拖动到宏设计窗格的目标位置。更为便捷的方法是双击"操作"结点列表项中所选取的宏操作，可以将该操作直接添加到宏设计窗格当前宏操作的上方。

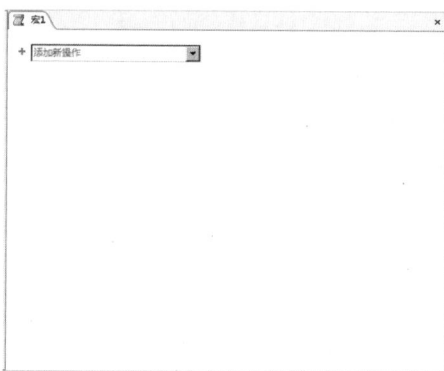

图 8-12 宏设计窗格

3. "操作目录"窗格

宏的"操作目录"窗格位于宏设计界面的右下方，该窗格主要由"程序流程"结点、"操作"结点以及"在此数据库中"这 3 个结点组成，如图 8-13(a)所示。如果数据库中一个宏对象也没有创建，

那么"操作目录"窗格中将不会出现"在此数据库
中"这一结点，如图8-13（b）所示。"在此数据库
中"这一结点包括当前数据库中创建的所有宏及
宏的存附对象。

由于"操作目录"窗格中"在此数据库中"这
一结点的功能和用法都比较简单，下面主要介
绍"程序流程"结点和"操作"结点的功能及使用
方法。

(1)"程序流程"结点

宏对象基于Comment、Group、If和Submacro
这4个定义符来设置宏操作的执行流程。下面分
别介绍这4个定义符的特点和功能。

①Comment：Comment定义符主要用来说
明宏对象或宏操作的功能，让用户更容易理解
宏，以便于后期对宏对象进行修改和维护。添

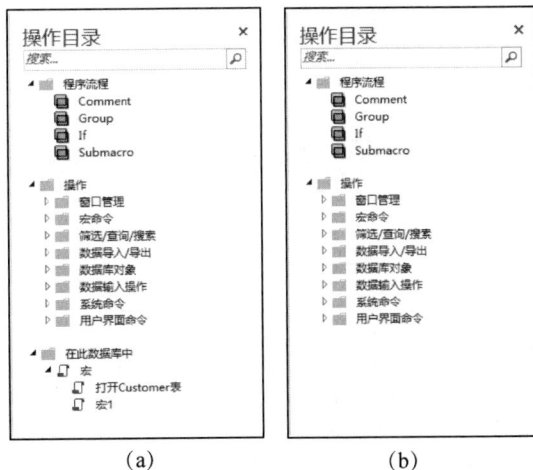

图8-13 "操作目录"窗格

加Comment流程的方法很简单，只需要在"操作目录"窗格中将Comment标识项拖动到"宏设计"
窗格中，并在Comment文本框中填写注释信息即可。图8-14中添加了"下面将定义销售额统计流
程组"Comment。添加完成后，单击Comment文本框以外的空白处，添加完成的Comment会呈现
为如图8-15所示的样子。

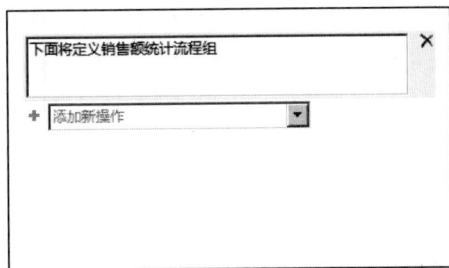

图8-14 添加Comment时

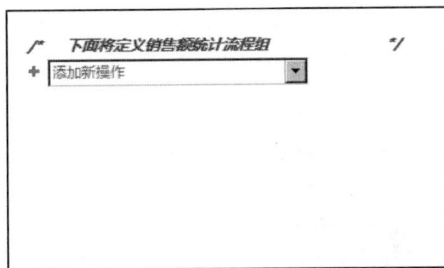

图8-15 Comment添加完成后

②Group：Group定义符可以将宏对象中的相关宏操作设置为一组，并为该组指定一个有意义
的名称，用于指代这个宏操作组。经过分组后，每个宏操作组都可以折叠起来，这样宏对象的设
计视图就会显示得十分清晰，阅读起来非常方便。如果需要对宏操作组中的宏操作进行编辑，则
可以将宏操作组展开。Group定义符定义的宏操作组既不能被单独调用，又不能单独执行，它不
影响宏对象的执行逻辑。添加Group后的"宏设计"窗格如图8-16所示。

③If：If定义符可以在宏对象中加入条件选择操作，这样宏对象就可以按照用户设定的条件
选择执行相应的操作。添加If流程后的"宏设计"窗格如图8-17所示。

条件用来指定在执行特定操作之前必须满足的某些标准，可以使用任何条件表达式作为条件。
如果表达式计算结果为FALSE、否或0，则不会执行此操作。如果表达式计算结果为其他任何值，
则执行该操作。

可以让一个条件控制多个操作，方法是在后续操作的"条件"列中输入省略号"…"，后续操作
条件将重复前面的操作条件。如果希望某条操作不运行，则可以在操作的"条件"列中直接输入
"FALSE"。

④Submacro：Submacro定义符可以在宏对象中定义子宏，并在子宏中添加宏操作。添加子宏
后"宏设计"窗格如图8-18所示。在一个宏对象中可以定义若干个子宏，每一个子宏是由若干个宏
操作组成的程序单元，可以被宏对象调用。子宏调用的格式如下：宏对象名·子宏名。

数据库原理与应用技术——Access+SQL Server

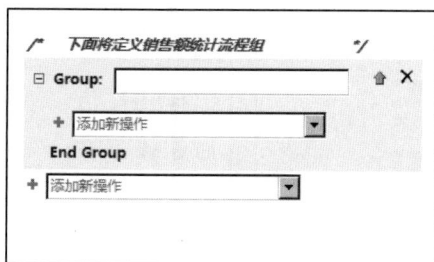

图 8-16 添加 Group 后的"宏设计"窗格

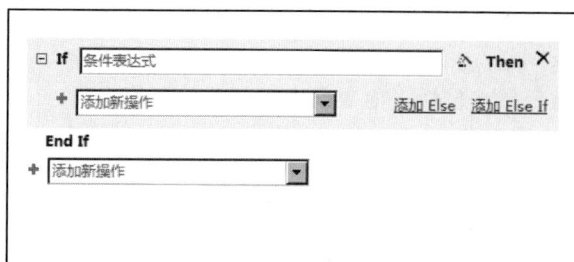

图 8-17 添加 If 后的"宏设计"窗格

（2）"操作"结点

展开"操作目录"窗格中的"操作"结点后，就会看到"窗口管理""宏命令""筛选/查询/搜索""数据导入/导出""数据库对象""数据输入操作""系统命令"和"用户界面命令"等操作子结点，每一个子结点中又包含其对应的宏操作。

如图 8-19 所示，展开"数据库对象"子结点，可以看到各个与数据库对象相关的操作命令。如果用户选择了一个宏操作，那么"操作目录"窗格下方会给出该操作的提示信息。在图 8-19 中，用户选择的宏操作是 OpenTable，因此"操作目录"窗格的下方显示了 OpenTable 操作的提示信息。

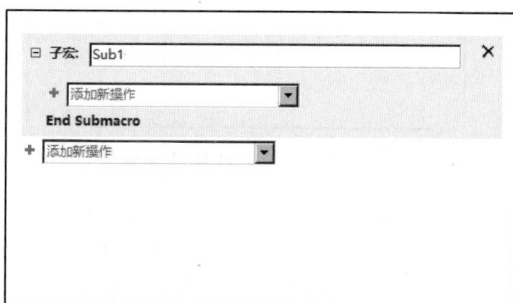

图 8-18 添加 Submacro 后的"宏设计"窗格

图 8-19 "数据库对象"结点包含的宏操作

8.1.3 宏对象的设计技术

宏对象的设计包括宏对象的创建、编辑、执行和调试等任务，这些任务都是在宏对象的设计界面中进行的。

1. 宏对象的创建

宏对象有独立宏和嵌入宏两种类型，这两种类型宏对象的创建方法类似，但不完全相同。下面分别对其进行介绍。

（1）独立宏的创建

独立宏的创建就是在"宏设计"窗格中添加宏对象的每一个宏操作，并根据具体的应用场景设置各个宏操作的相应参数。创建独立宏的一般步骤如图 8-20 所示。

下面通过 3 个例子说明独立宏创建的方法和过程。其中，例 8-3 比较完整地给出了设计步骤，

288

例 8-4 和例 8-5 只给出了设计摘要，请读者独立完成相应宏对象的创建。

【例 8-3】在"销货单"数据库中创建宏对象 SayHelloToYou。该对象运行时，会打开一个输入框，提示销售员输入自己的用户名，等销售员输入完成并确认后，会打开一个消息框向销售员传递问候消息。消息文本的组成模式是"Hello"＋用户名＋当前日期＋当前时间。用户名根据用户输入的内容确定，当前日期和当前时间分别通过 date 函数和 time 函数获取。

【分析】根据题意，本例的宏对象不依附于其他数据库对象，是一个独立宏，它包括 3 个宏操作：输入用户名、确认输入、传递问候消息。宏对象的设计步骤如下。

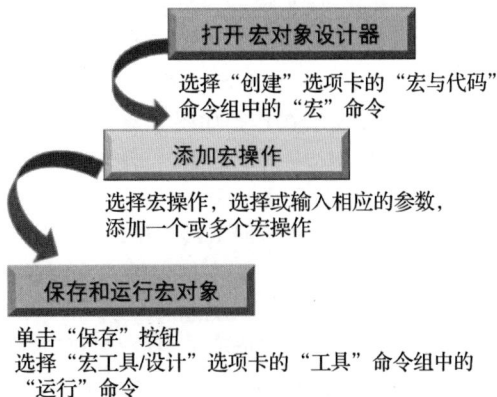

图 8-20 创建独立宏的一般步骤

Step1：打开"销货单"数据库，选择"创建"选项卡的"宏与代码"命令组中的"宏"命令，如图 8-21 所示，进入宏设计界面。

图 8-21 "宏"命令

Step2：双击"操作目录"窗格"操作"结点中的宏命令"SetLocalVar"，在"宏设计"窗格中添加 SetLocalVar 宏操作，如图 8-22 所示。

图 8-22 添加 SetLocalVar 宏操作

Step3：如图 8-23 所示，在 SetLocalVar 操作的"名称"文本框和"表达式"文本框中分别输入参数"TheSellerName"和"InputBox("Please input your name:")"。

Step4：双击"操作目录"窗格"操作"结点中的用户界面命令"MessageBox"，在"宏设计"窗格中添加 MessageBox 宏操作，如图 8-24 所示。

Step5：在 MessageBox 操作的"消息"文本框中输入参数"="Hello！" & "Dear " & [LocalVars]！[TheSellerName] & "!""，其他文本框保持默认值，如图 8-25 所示。

Step6：单击快速访问工具栏中的"保存"按钮，打开如图 8-26 所示的"另存为"对话框。在"另存为"对话框的"宏名称"文本框中键入宏对象的名称"SayHelloToYou"后，单击"确定"按钮，此时宏对象"SayHelloToYou"创建完成，并出现在"销货单"数据库的导航窗格中，如图 8-27 所示。

Step7：单击"工具"选项卡中的"运行"按钮，宏对象先执行第一个宏操作，该操作打开图 8-28 所示的对话框，等待用户输入用户名，并单击"确定"按钮确认输入。

Step8：如果用户输入的用户名为"JLF"并单击了"确定"按钮，则宏对象最终的运行结果如图 8-29 所示。

Step9：关闭宏对象设计视图和"销货单"数据库。

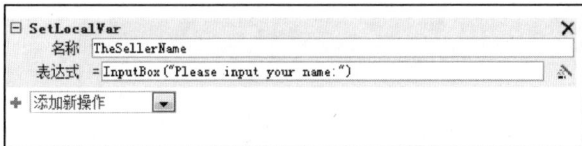

图 8-23　设置 SetLocalVar 宏操作的参数

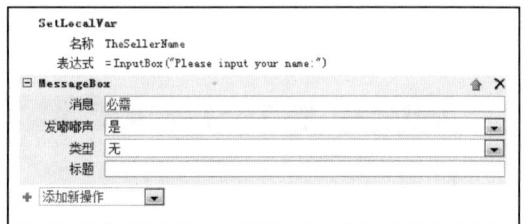

图 8-24　添加 MessageBox 宏操作

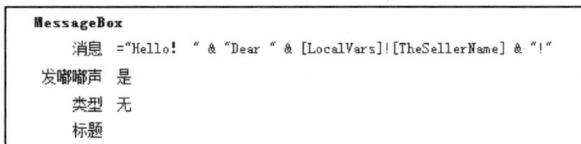

图 8-25　设置 MessageBox 宏操作的参数

图 8-26　"另存为"对话框

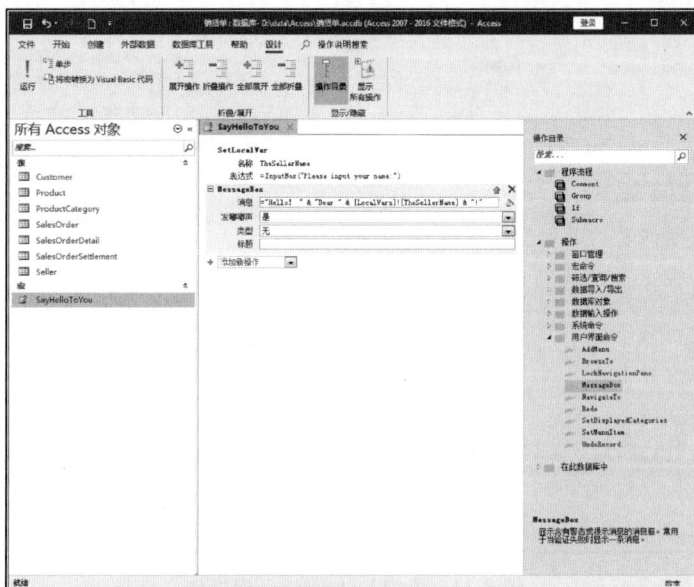

图 8-27　创建完成的宏对象"SayHelloToYou"

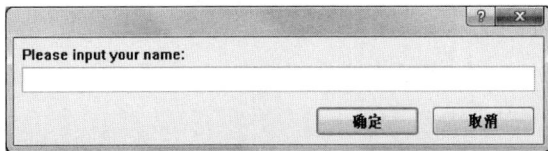

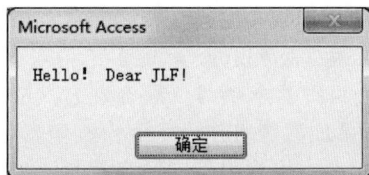

图 8-28　SetLocalVar 宏操作运行时提示用户输入用户名　　图 8-29　MessageBox 宏操作的运行结果

【说明】设置宏操作的参数值时，应该遵循以下规范。

① 设置参数值时，要遵循参数之间固有的约束关系。如果前面的参数值影响到后面的参数值，那么用户必须按照参数的影响关系依次设置参数值。

②设置参数值时，要灵活地使用参数值的设置方法。如果参数项后面有下拉按钮，那么用户可以在下拉列表中直接选取这个参数项的值；如果参数项后面是表达式生成器按钮，那么用户既可以直接输入一个表达式，又可以打开表达式生成器来生成一个表达式；如果参数项后面仅仅是一个文本框，那么用户只能通过键盘输入参数的值。

③ 可以通过鼠标拖动的方法设置参数的值。例如，如果宏操作命令中调用了数据库的某个对象，那么用户可以将该对象从数据库窗口拖动到相应的参数框中，从而设置该参数的值。

④当参数的值设置为一个表达式时，通常需要在表达式前面加等号（＝），但也有例外。例如，SetValue 宏操作的"表达式"参数前不能加等号。又如，当 RunMacro 宏操作的"重复次数"参数值通过一个表达式计算获得时，该表达式的前面不能加等号。再如，SetLocalVar 宏操作及 SetTempVar 宏操作的"表达式"参数前是否加等号，要根据参数的具体应用场景确定。

> 有些宏操作默认情况下是隐藏的，如果需要添加此类宏操作，则可以选择"宏工具｜设计"选项卡的"显示/隐藏"命令组中的"显示所有操作"命令，将默认情况下隐藏的宏操作显示出来。

【例 8-4】在"销货单"数据库中创建宏对象"客户分类"，将 Customer 表中的客户按照消费积分分为大客户、普通客户和游客这 3 类，并分别存放在大客户、普通客户和游客这 3 个结果表中，每个结果表只包含顾客编号、顾客姓名和消费积分这 3 列。客户分类的具体标准如下：如果"消费积分≥1000"，那么该客户为"大客户"；如果"100≤消费积分＜1000"，那么该客户是"普通客户"；如果"消费积分＜100"，那么该客户是"游客"。

【说明】宏对象"客户分类"的设计如图 8-30 所示，该宏对象主要包括 3 个 RunSQL 操作，这 3 个宏操作需要执行的 SQL 语句如下。

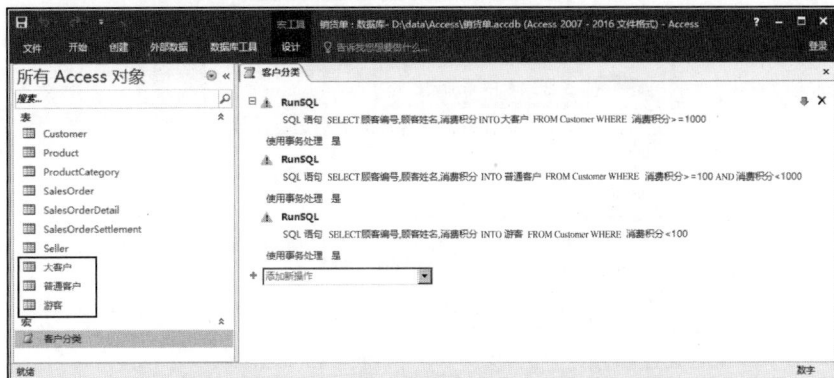

图 8-30　宏对象"客户分类"的设计及运行结果

```
SELECT 顾客编号，顾客姓名，消费积分    INTO 大客户 FROM Customer
WHERE 消费积分>=1000
SELECT 顾客编号，顾客姓名，消费积分    INTO 普通客户 FROM Customer
WHERE 消费积分>=100 AND 消费积分<1000
SELECT 顾客编号，顾客姓名，消费积分    INTO 游客 FROM Customer WHERE 消费积分<100
```

基于上述 3 条 SQL 语句，宏对象运行后，将生成大客户、普通客户和游客这 3 个结果表。如图 8-30 所示的导航窗格中用矩形框标注了这 3 个表对象的图标。

【例 8-5】假定"学生成绩库"中有两个查询对象："克隆 Student 表"和"定义 StudentGrade 表模式"，请创建一个宏对象"宏对象_创建数据表"，调用上述两个查询对象的功能，实现表对象的克隆和表模式的定义。

【说明】创建宏对象"宏对象_创建数据表"时，在宏对象中添加两个 OpenQuery 宏操作即可，其设计如图 8-31 所示。宏对象运行后，将生成 Student、StudentGrade 这两个表对象，图 8-31 所示的导航窗格用矩形框标注了这两个表对象的图标。

【拓展】"克隆 Student 表"实际上是用一条 SELECT 语句实现的，而"定义 StudentGrade 表模式"实际上是用一条 CREATE TABLE 语句实现的，这两条 SQL 语句如下。

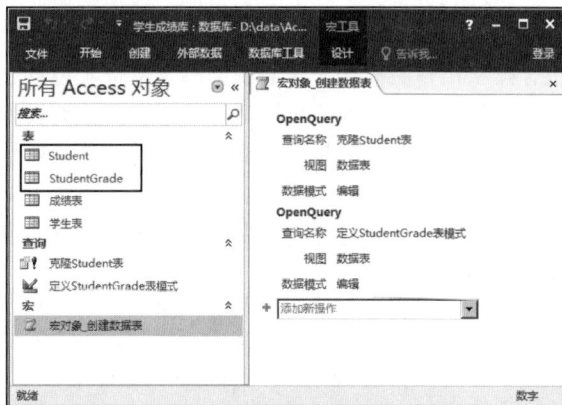

图 8-31　宏对象"宏对象_创建数据表"
的设计及运行结果

```
SELECT*  INTO Student FROM 学生表
CREATE TABLE StudentGrade(学号 Char(12)，课程名 Char(6)，课程成绩 Numeric(5,
2))
```

（2）嵌入宏的创建

嵌入宏的创建有 4 个重要步骤：要指定嵌入宏所要嵌入的母对象，并指定触发嵌入宏运行的事件；将嵌入宏所要执行的宏操作添加到宏对象中；分别保存嵌入宏对象和嵌入宏对象的母对象；对嵌入宏对象的功能进行测试。如图 8-32 所示为嵌入宏的创建过程。

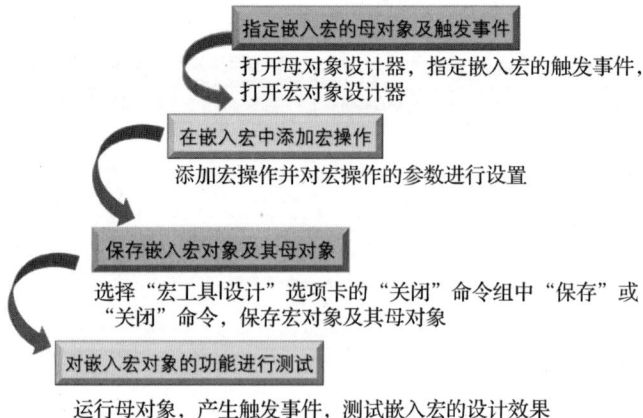

图 8-32　嵌入宏的创建过程

嵌入宏的创建实际上有两种方法：先打开母对象设计器指定触发嵌入宏对象的事件，再打开宏对象设计器创建嵌入宏对象；先创建一个独立宏对象，再将这个独立宏对象附加到母对象的触发事件上。

【例 8-6】创建一个嵌入宏对象"消费积分过万通知"，对 Customer 表的消费积分进行监控，当顾客的消费积分大于或等于 10000 分时，给主管经理发送邮件通知其关注该顾客。

【分析】"消费积分过万通知"宏是一个典型的嵌入宏对象，它嵌入的母对象是 Customer 表，宏的触发事件是消费积分"更新后"过万。此宏对象的设计步骤如下。

Step1：打开"销货单"数据库，用设计视图打开 Customer 表。

Step2：选择"表格工具 ｜ 设计"选项卡的"字段、记录和表格事件"命令组中的"创建数据宏"命令，如图 8-33 所示，在随即打开的"创建数据宏"下拉列表中，选择"更新后"选项，就打开了图 8-34 所示的嵌入式数据宏的设计界面。请读者仔细观察图 8-33 中宏对象的母对象和触发事件。

图 8-33 嵌入式数据宏的母对象及触发条件　　图 8-34 嵌入式数据宏的设计界面

Step3：在"宏设计"窗格中，对嵌入宏对象进行如图 8-35 所示的相关设计。

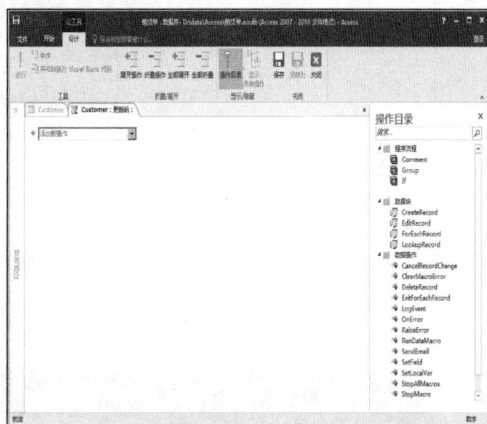

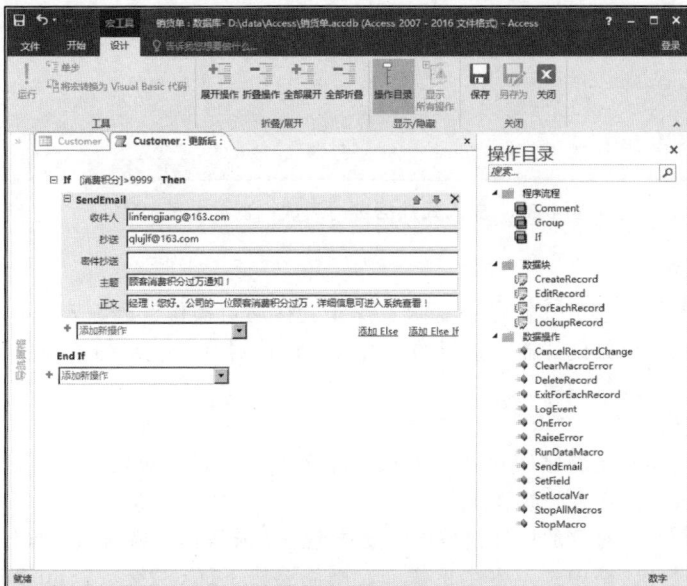

图 8-35 嵌入式数据宏的设计

Step4：保存宏对象，并关闭宏设计界面。

Step5：保存 Customer 表，将表由设计视图切换到数据表视图。

Step6：对嵌入宏的功能进行测试。如图 8-36 所示，手工修改 Customer 表的一个记录，使得该记录的消费积分从不足 10000 变为超过 10000，并单击数据表视图的其他位置，此时宏对象将执行发送邮件操作，系统会打开邮件客户端程序发送邮件。本例所使用的邮件客户端程序是 Microsoft Outlook 2016，该程序在发送电子邮件前会打开对话框用户确认是否发送邮件。

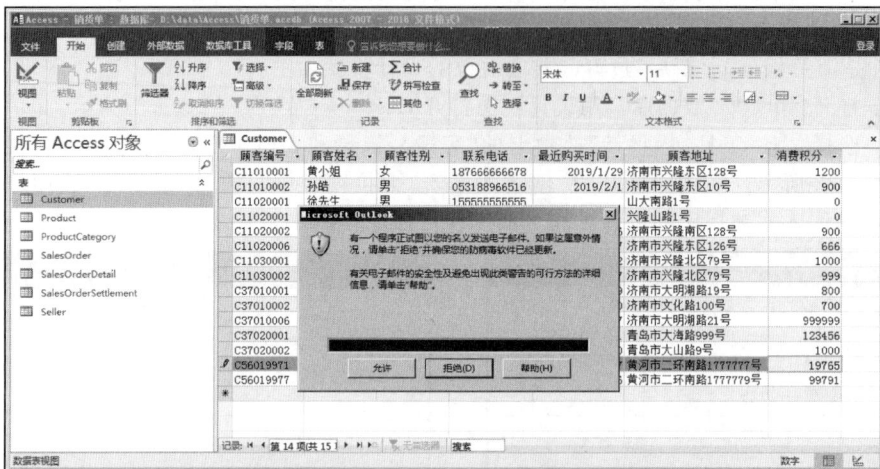

图 8-36 嵌入式数据宏的测试：修改消费积分触发嵌入宏

Step7：邮件的接收者"主管经理"打开邮件客户端程序就可以收到和查看嵌入宏对象发送的邮件，如图 8-37 所示。

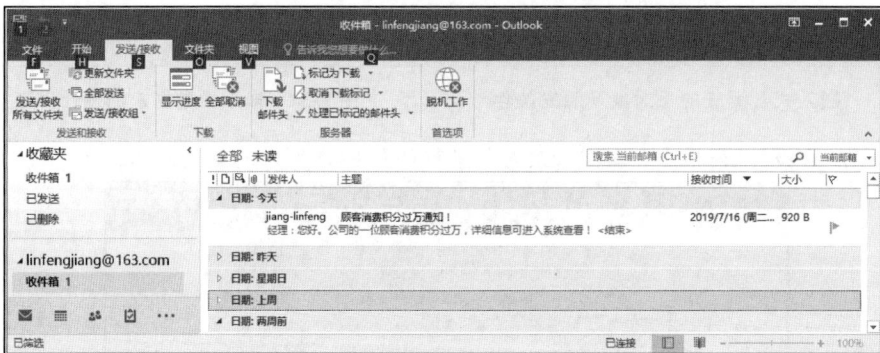

图 8-37 嵌入式数据宏的测试：查看电子邮件

2. 宏对象的编辑

宏对象的编辑包括：选定宏操作、复制宏操作、移动宏操作、删除宏操作以及插入宏操作。宏对象的编辑也是在宏对象设计器中进行的。宏对象设计器具有一定的智能感知功能，可以帮助用户高效率地对宏对象进行编辑。

（1）宏对象的编辑操作

如果宏对象的功能不能满足用户的新需求，那么可以打开宏对象设计器对宏对象进行编辑。宏对象的编辑操作最终落实在宏操作上。

①选定宏操作。在宏对象的设计窗格中，要选定一个宏操作，单击该宏操作的覆盖区域即可；如果要在宏对象的设计窗格中选定多个宏操作，则需要按下【Ctrl】键或【Shift】键来配合鼠标的选定。方便起见，下文将宏操作在宏对象的设计窗格所覆盖的区域称为宏操作设计区。

②复制宏操作。在宏对象的设计窗格中，要复制宏操作，首先要选择等待复制的宏操作并执行"复制"操作，再将鼠标指针移动到等待复制的宏操作的目标位置并执行"粘贴"操作。将宏操作复制到目标位置后，目标位置后面的宏操作将顺序下移。对于单一的宏操作，复制宏操作也可以通过鼠标拖动的方式来完成，这种方式更加快捷。

③移动宏操作。如果需要改变宏操作的顺序，则可以移动宏操作。除了可以选择"剪切"和"粘贴"命令进行宏操作的移动外，还可以用鼠标拖动的方式来移动宏操作。对于单一的宏操作，使用宏操作设计区右侧的"上移"或"下移"按钮，可以快捷地移动宏操作。

④删除宏操作。如果某个宏操作已经不需要了，则可以将其删除。其方法是选定要删除的宏操作，并按【Delete】键。对于单一宏操作的删除，单击宏操作设计区右侧的"删除"按钮即可。

⑤插入宏操作。如果需要在宏对象原有的宏操作之间插入新的宏操作，则将"操作目录"窗格中的宏操作拖动到宏对象编辑窗格的相应位置即可；如果需要在宏对象尾部添加一条宏操作，则除了前面的宏操作拖动方法以外，还可以基于宏对象编辑窗格最下方的"添加新操作"控件实现新的宏操作的插入。

这里需要特别指出的是，除了前面介绍的方法以外，还有其他方式可以实现宏操作的选定、宏操作的复制、宏操作的移动、宏操作的删除及宏操作的插入。不管使用哪种方式，其操作思想都是相同的，这里对此不赘述。

（2）宏对象设计器的智能感知功能

为了帮助用户高效率地创建和编辑宏对象，宏对象设计器集成了智能感知功能。宏对象设计器提供的智能感知功能有很多，使用最多的有以下两个。

①自动完成帮助。当用户在宏对象设计窗格中输入标识符时，Access的智能感知功能可以智能地推荐与用户输入所匹配的标识符下拉列表。用户可以按【Enter】键或【Tab】键接受Access的推荐，也可以忽略Access的推荐，继续输入标识符。

②快速信息帮助。当用户将鼠标指针放在某个标识符上方时，Access的智能感知功能可以快速显示与该标识符对象相关的帮助信息。

3. 宏对象的执行

宏对象创建完成后，必须执行宏对象，才能实现宏对象的设计功能。执行宏对象时，Access从宏对象的起点宏操作开始启动，直至执行完宏对象中所有符合条件的宏操作。宏对象的执行有4种方法：用户直接运行宏；其他对象调用宏从而实现宏的运行；通过事件触发宏对象的运行；宏对象的自动运行。

（1）用户直接运行宏

直接运行宏有以下3种方法。

①在宏设计界面中，选择"宏工具 | 设计"选项卡的"工具"命令组中的"运行"命令。

②在数据库的导航窗格中右击"宏"对象的图标，在打开的快捷菜单中选择"运行"命令；或者双击导航窗格中"宏"对象的图标。

③在Access主窗口中选择"工具"→"宏"→"运行宏"命令，打开"执行宏"对话框，在该对话框中输入要执行的宏对象名称，单击"确定"按钮即可。

（2）其他宏对象调用宏

如果要从其他宏对象中运行另一个宏对象，则必须在宏设计视图中使用RunMacro宏操作，要运行的另一个宏对象的名称作为RunMacro宏操作的操作参数。

（3）通过事件触发宏

在实际的应用系统中，更多的是通过数据表、窗体、报表等对象中发生的"事件"触发相应的宏对象，使之执行。

事件是对象所能识别的特殊操作。例如，单击、打开数据表或者修改数据表的数据等操作。当事件发生时，可以通过事先创建的宏对象来响应这一事件，以对事件的发生进行必要的处理。

注意：必须事先给事件定义一个响应宏对象，这样宏对象才能响应这个事件的发生。

（4）自动运行宏

Access 打开数据库时可以自动运行某个宏对象，前提是这个宏对象的名称是"AutoExec"。自动运行宏主要用来对数据库进行必要的初始化操作。

4. 宏对象的调试

宏对象设计时，会不可避免地存在错误。Access 提供了"单步"执行和 Error 宏操作等调试手段，可以对宏对象的执行过程进行观察和分析，借以发现宏对象在设计过程中存在的错误。

（1）单步执行

常用的宏调试手段是"单步"执行。采用"单步"执行时，可以观察宏操作的执行流程和每一个宏操作的执行结果，进而发现导致错误或产生非预期结果的宏操作，以排除错误。

下面以"浏览女顾客的基本信息"宏对象为例，说明"单步"执行的调试步骤。

Step1：创建宏对象"浏览女顾客的基本信息"，其设计视图如图 8-38 所示。

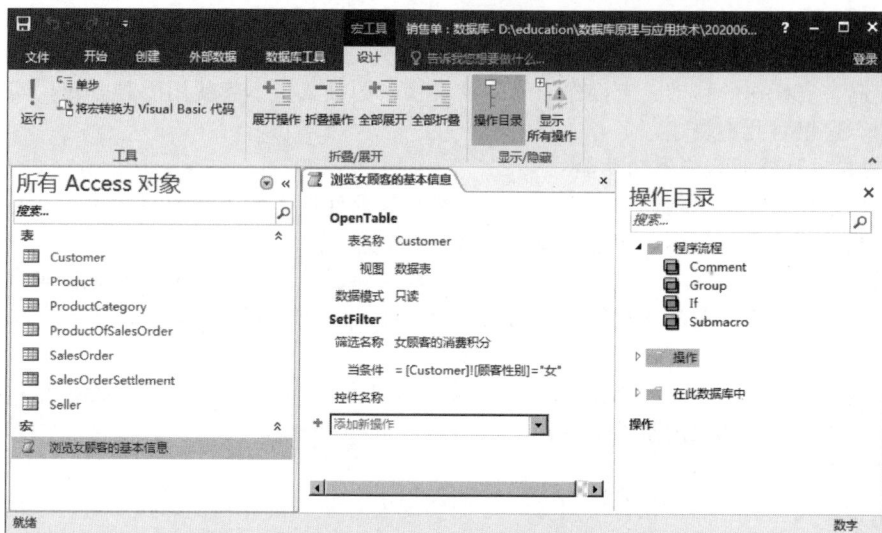

图 8-38 宏对象"浏览女顾客的基本信息"的设计视图

Step2：选择"宏工具｜设计"选项卡的"工具"命令组中的"单步"命令后，选择"宏工具｜设计"选项卡的"工具"命令组中的"运行"命令，打开如图 8-39 所示的"单步执行宏"对话框。

Step3：用户可以在"单步执行宏"对话框中观察到将要执行的下一个宏操作的相关信息，并根据具体情况选择单击"单步执行""停止所有宏""继续"3 个按钮。如果单击"单步执行"按钮，则 Access 将执行"单步执行宏"对话框中显示的下一个宏操作；如果单击"停止所有宏"按钮，则停止当前宏的继续执行；如果单击"继续"按钮，则结束单步执行的模式，并继续执行当前宏的其余宏操作。

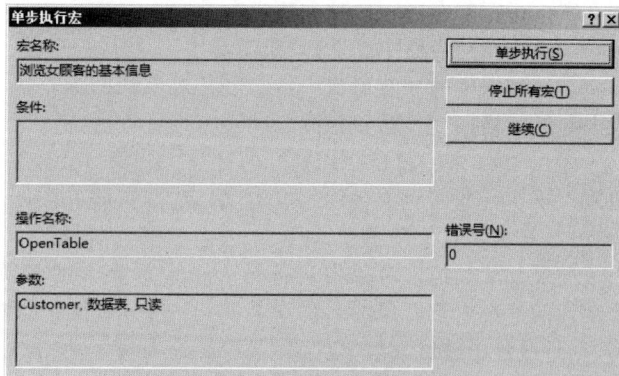

图 8-39 "单步执行宏"对话框

Step4：如果宏对象中存在错误，那么在单步执行宏时，Access 会打开错误提示对话框显示操作失败的相应信息。例如，将"浏览女顾客的基本信息"宏对象的第一条宏操作命令的"表名称"参数改为"Customers",那么单步执行时,将打开如图 8-40 所示的错误提示对话框。用户可以观察该对话框的错误提示信息,初步判断宏操作的运行错误,并关闭该对话框,进入宏设计界面,对出错宏操作进行相应修改。

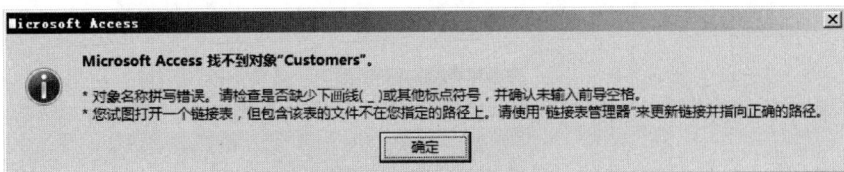

图 8-40 错误提示对话框

Step5:重复 Step3 和 Step4 的操作,直至宏对象调试完成。

Step6:再次选择"宏工具 | 设计"选项卡的"工具"命令组中的"单步"命令,停止"单步"执行模式。注意,在没有取消"单步"执行模式前,只要不关闭 Access,"单步"执行模式始终有效。

【说明】Access 还提供了 SingleStep 宏操作,该操作命令允许在宏执行过程中自动切换到"单步"执行模式,这为用户查错和纠错提供了灵活性。

（2）Error 宏操作

Access 提供了 OnError 和 ClearMacroError 两个 Error 宏操作,这两条命令可以在宏运行出错时执行用户指定的错误处理操作,以帮助用户进行错误观察和分析。

5. 自动运行宏的设计

当数据库打开时,用户常常希望数据库能够自动进行以下初始化工作:设置用户的工作环境,初始化数据库的参数,对用户身份进行认证,打开用户希望的工作界面等。

为了满足用户的这一需求,Access 提供了自动运行宏这一技术。自动运行宏是一个名称为 AutoExec 的宏对象,Access 数据库在启动时会自动查找名为 AutoExec 的宏对象,如果存在该宏对象,则会自动运行它,从而完成用户希望的数据库初始化任务。自动运行宏与普通宏对象的区别在于宏对象的名称,除此之外,没有什么其他区别。

【例 8-7】设计一个自动运行宏对象,当用户打开数据库时,Access 打开一个对话框,要求用户输入用户名,并基于用户输入的用户名进入个性化的欢迎界面。

【分析】本例设计的宏对象与例 8-3 设计的宏对象 SayHelloToYou 类似,只需要把宏对象 SayHelloToYou 的名称改为 Autoexec 即可。"Autoexec"宏对象的设计如图 8-41 所示。宏对象设计完成后,重新打开"销货单"数据库,宏对象就会自动运行,打开如图 8-42 所示的对话框。当用户在该对话框中输入用户名后,Access 会打开如图 8-43 所示的个性化欢迎对话框。

图 8-41 "Autoexec"宏对象的设计

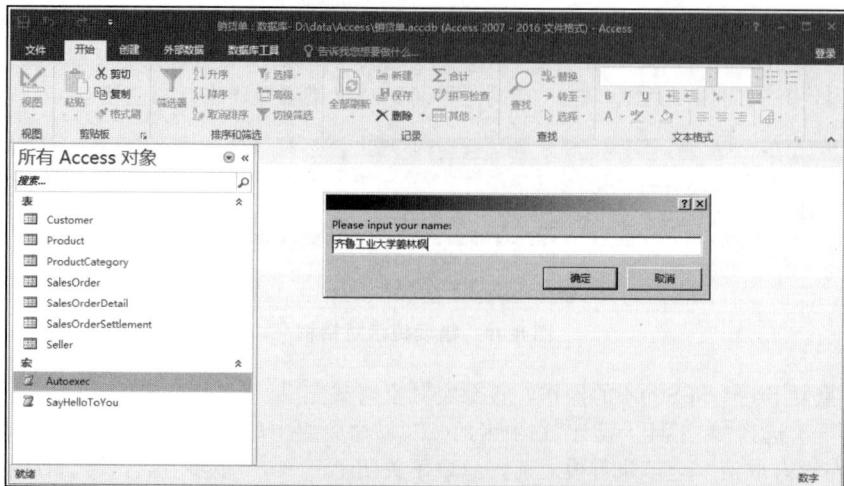

图 8-42 "Autoexec"宏对象的运行：输入用户名

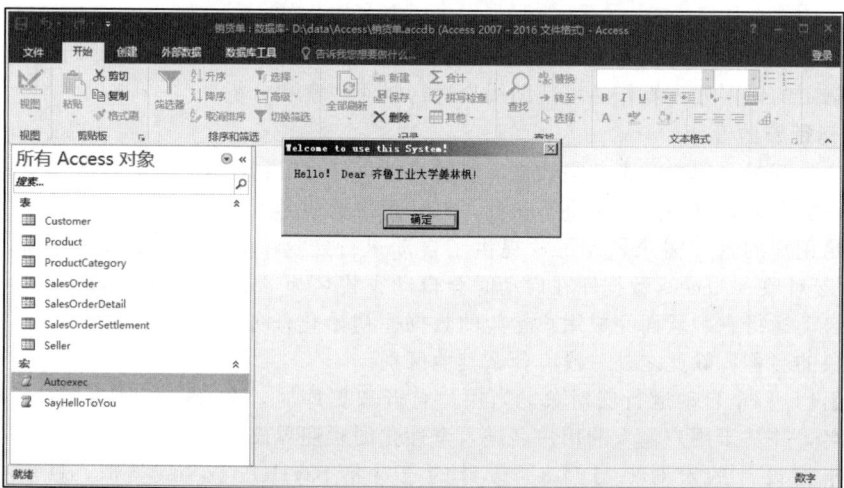

图 8-43 "Autoexec"宏对象的运行：打开个性化欢迎对话框

【说明】如果打开数据库的时候想要取消 Autoexec 宏对象的自动运行，那么在打开数据库的时候按住【Shift】键即可。

8.1.4 宏对象的工作流设计

工作流管理联盟认为工作流是一类能够完全或者部分自动执行的业务操作流程，它根据一系列业务规约制定。工作流的设计和实现要依托一个工作流管理系统。

由于宏对象是若干个宏操作的集合，每一个宏操作都实现一个业务操作，因此宏对象就是由用户基于业务规约设计的一个工作流，而 Access 就是一个工作流管理系统。Access 能够实现的工作流有顺序流程、选择流程、循环流程等。下面结合序列宏、条件宏及循环宏的设计案例，详细说明宏对象工作流的设计技术。

1. 顺序流程的设计

如果一个宏对象只包括顺序流程的宏操作，那么该宏对象称为序列宏。序列宏又称为操作序列宏，是最简单的宏，也是最常用的宏。序列宏中的各个宏操作严格按照宏操作的先后次序依次执行，因此序列宏实现的是顺序流程的工作流。

(1)序列宏的设计方法

序列宏的设计方法是按照宏操作的先后次序依次将其添加到宏对象中即可,其创建过程如下。

①打开 Access 数据库窗口,选择"创建"选项卡的"宏与代码"命令组中的"宏"命令,打开宏设计界面。

②在"宏设计"窗格中,单击"添加新操作"右侧的下拉按钮,打开宏操作下拉列表,从中选择要添加的宏操作;或者将宏操作从"操作目录"窗格拖动至设计窗格中的目标位置,此时会出现一个插入栏,指示释放鼠标按键时宏操作将插入的位置;或者直接在宏"操作目录"窗格中双击所选操作,宏操作就会插入"宏设计"窗格当前宏操作的上方。

③如有必要,可以在当前宏操作的参数框中设置其操作参数。

④把光标移到下一个宏操作行,重复步骤②~步骤④,直至完成最后一个宏操作的添加为止。

⑤单击快速访问工具栏中的"保存"按钮,为宏对象命名并保存设计好的宏对象。

【说明】

①在宏对象的设计过程中,可以将 Access 导航窗格中的特定对象拖动至"宏设计"窗格中,这样可以快速地创建一个与该对象相匹配的宏操作。

②宏操作名称的左侧有一个折叠/展开按钮,单击该按钮可以展开或折叠该宏操作的详细参数。

③如有必要,可以添加宏操作注释,方法是在"宏设计"窗格中添加"Comment"。既可以为特定的宏操作添加解释性文字,又可以为整个宏对象添加说明文字。

(2)序列宏的设计示例

下面通过两个示例说明序列宏的设计方法。其中,例 8-8 既分析了宏对象的设计方法,又图解了宏对象的设计细节;例 8-9 只概述了宏对象的设计方法,宏对象的设计细节由读者独立完成。

【例 8-8】已知"学生成绩库"中"成绩表"的模式如下:成绩表(学号 char(12),数学成绩 Numeric(5,2),外语成绩 Numeric(5,2),法律成绩 Numeric(5,2),计算机成绩 Numeric(5,2))。要求在"学生成绩库"中设计一个宏对象"顺序流程示例宏",该宏对象先创建 StudentGrade 表的模式,再将"成绩表"中的所有记录插入 StudentGrade 表中。StudentGrade 表的模式如下:

StudentGrade(学号 char(12),课程名 char(6),课程成绩 Numeric(5,2))

【分析】本例先要创建 StudentGrade 表的模式,再依次将"成绩表"中数学、外语、法律和计算机 4 门课程的成绩插入 StudentGrade 表中。显然,本例设计的宏对象是一个顺序流程的宏对象,其设计步骤如下。

Step1:打开"学生成绩库",选择"创建"选项卡的"代码与宏"命令组中的"宏"命令,打开宏设计界面。

Step2:在"宏设计"窗格第 1 行中插入第 1 个"RunSQL"操作,并在该操作的"SQL 语句"文本框中输入"Create table StudentGrade(学号 char(12),课程名 char(6),课程成绩 Numeric(5,2))"。

Step3:在"宏设计"窗格第 2 行中插入第 2 个"RunSQL"操作,并在该操作的"SQL 语句"文本框中输入"Insert into StudentGrade(学号,课程名,课程成绩)select 学号,"数学",数学成绩 from 成绩表"。

Step4:在"宏设计"窗格第 3 行中插入第 3 个"RunSQL"操作,并在该操作的"SQL 语句"文本框中输入"Insert into StudentGrade(学号,课程名,课程成绩)select 学号,"外语",外语成绩 from 成绩表"。

Step5:在"宏设计"窗格第 4 行中插入第 4 个"RunSQL"操作,并在该操作的"SQL 语句"文本框中输入:"Insert into StudentGrade(学号,课程名,课程成绩)select 学号,"法律",法律成绩 from 成绩表"。

Step6:在"宏设计"窗格第 5 行中插入第 5 个"RunSQL"操作,并在该操作的"SQL 语句"文本框中输入:"Insert into StudentGrade(学号,课程名,课程成绩) select 学号,"计算机",计算机成绩 from 成绩表"。

Step6:单击"保存"按钮,在打开的"宏名称"文本框中输入"顺序流程示例宏"。

完成上述步骤以后,"顺序流程示例宏"设计完成,其设计细节如图 8-44 所示。

【例 8-9】在"学生成绩库"中设计一个宏对象,将不及格学生的"学号""姓名""课程名""课程成绩"插入"学生成绩库"中的 Student_NoPass 表中。Student_NoPass 表对象的模式如下:

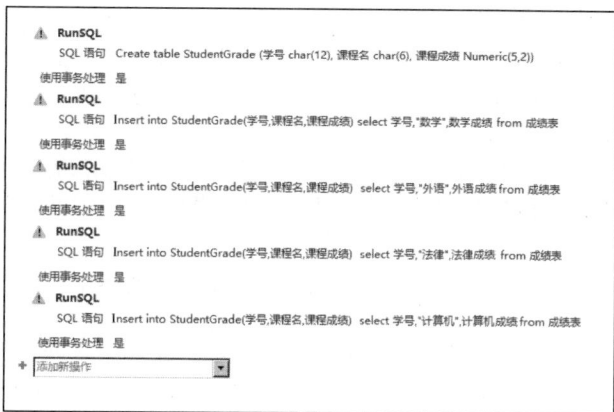

图 8-44 "顺序流程示例宏"的设计细节

Student_NoPass (学号 char(12), 课程名 char(6), 课程成绩 Numeric(5, 2))。

【分析】由于"学生成绩库"中有数学、外语、法律和计算机 4 门课程,因此本例宏对象需要执行 4 个 RunSQL 宏操作,依次将这 4 门课程的不及格学生信息插入 Student_NoPass 表中。因此,本例的宏对象是一个顺序流程的工作流。案例宏对象的 4 个 RunSQL 操作如下。

① 第 1 个"RunSQL"操作执行的 SQL 语句如下。

Insert into Student_NoPass(学号, 课程名, 课程成绩) select 学号,"数学", 数学成绩 from 成绩表 where 数学成绩< 60

② 第 2 个"RunSQL"操作执行的 SQL 语句如下。

Insert into Student_NoPass(学号, 课程名, 课程成绩) select 学号,"外语", 外语成绩 from 成绩表 where 外语成绩< 60

③ 第 3 个"RunSQL"操作执行的 SQL 语句如下。

Insert into Student_NoPass(学号, 课程名, 课程成绩) select 学号,"法律", 法律成绩 from 成绩表 where 法律成绩< 60

④ 第 4 个"RunSQL"操作执行的 SQL 语句如下。

Insert into Student_NoPass(学号, 课程名, 课程成绩) select 学号,"计算机", 计算机成绩 from 成绩表 where 计算机成绩< 60

2. 选择流程的设计

如果一个宏对象的执行逻辑是选择流程的工作流,那么该宏对象称为条件宏。条件宏既可以根据条件决定是否执行一组宏操作,又可以按照条件从两组宏操作中选择一组执行,还可以按照条件从多组宏操作中选择一组执行。

(1)条件宏的设计方法

条件宏通过"If"块、"Else If"和"Else"块来定义:可以使用"If"块进行简单的选择工作流,它包括一个条件和一组宏操作,根据条件决定是否执行这组宏操作;也可以使用"Else"块来扩展"If"块,使得选择工作流包含一个条件和两组宏操作,但只能根据条件从两组宏操作中选择一组执行;还可以使用"Else If"块和"Else"块来扩展"If"块,使得选择工作流包含多个条件和多组宏操作,但只能根据条件从多组宏操作中选择一组执行。

条件宏的设计过程如下。

①进入数据库的宏设计界面。

②在"宏设计"窗格中添加流程控制元素"If",产生一个"If"块。

③在"If"块顶部的"条件表达式"文本框输入条件,该条件通常用返回"真"值和"假"值的条件表达式或逻辑表达式表示。

④在"If"块下部添加一组宏操作，既可以包括一个宏操作，又可以包括多个宏操作。

⑤根据工作流的逻辑，决定是否为"If"块添加"Else If"块或"Else"块。如果添加"Else If"块，那么需要定义"Else If"块的"条件表达式"参数和宏操作组。如果添加"Else"块，那么定义宏操作组即可。

【说明】如果选择工作流仅仅包括"If"块，那么当"If"块中的条件表达式的值为"真"时，宏对象会执行"If"块中的宏操作组，如果表达式的值为"假"，则选择工作流不执行任何宏操作；如果选择工作流包括"If"块和"Else"块，那么当"If"块中的条件表达式的值为"真"时，则宏对象会执行"If"块中的宏操作组；如果表达式的值为"假"，则宏对象会执行"Else"块中的宏操作组；如果选择工作流包括"If"块、"Else If"块和"Else"块，那么宏对象或者执行条件表达式为"真"的"If"块中的宏操作组，或者执行条件表达式为"真"的"Else If"块中的宏操作组，或者执行"Else"块中的宏操作组，但只能执行一组宏操作。

（2）条件宏的设计示例

下面通过两个示例说明条件宏的设计方法。其中，例8-10分析了二选一工作流的设计方法，例8-11分析了多选一工作流的设计方法。

【例8-10】在"销货单"数据库中，创建一个宏对象"选择流程示例宏对象1"。该宏对象运行时，完成以下任务之一：如果当前日期是休息日，则将所有畅销产品的产品名称和价格生成BestSellingProducts表；如果当前日期是工作日，则将所有不畅销产品的产品名称和价格生成SlowSellingProducts表。

【分析】本例宏对象的主要功能是根据当前日期是工作日还是休息日，从两个任务中选择一个完成，因此宏对象的逻辑是一个典型的二选一工作流。本例宏对象的设计方法如下。

Step1：打开"销货单"数据库，选择"创建"选项卡的"代码与宏"命令组中的"宏"命令，打开宏设计界面，选择"宏工具│设计"选项卡的"显示/隐藏"命令组中的"显示所有操作"命令。

Step2：在"宏设计"窗格第1行的"添加新操作"组合框中，输入"IF"，在随之激活的"条件表达式"文本框中直接输入表达式"Weekday(Now())=6 or Weekday(Now())=7"。当然，用户也可以单击"条件表达式"文本框右侧的"生成器调用"按钮，在打开的"表达式生成器"对话框中生成条件表达式，单击"确定"按钮，返回宏设计器中。

Step3：在"宏设计"窗格的第2行的"添加新操作"组合框中，输入"RunSQL"，在随之激活的RunSQL宏操作的"SQL语句"文本框中，输入以下SQL命令。

```
Select 商品名称,采购价格,销售价格   into BestSellingProducts  from product
where 畅销否
```

Step4：单击"宏设计"窗格的第3行"添加新操作"组合框右侧的"添加Else"按钮，在随之激活的"添加新操作"组合框中选择"RunSQL"选项，在随之激活的"RunSQL"宏操作的"SQL语句"文本框中，输入以下SQL命令。

```
select 商品名称,采购价格,销售价格   into SlowSellingProducts  from product
where not 畅销否
```

Step5：单击快速访问工具栏中的"保存"按钮，在"宏名称"文本框中输入"选择流程示例宏对象1"，单击"确定"按钮。

至此，条件宏"选择流程示例宏对象1"设计完成，其设计细节如图8-45所示。

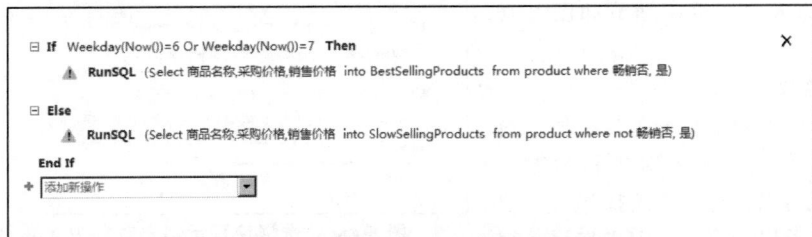

图8-45 "选择流程示例宏对象1"的设计细节

【例8-11】在"销货单"数据库中，创建一个宏对象"选择流程示例宏对象2"。该宏对象根据用户所输入ID的类型，从以下4个任务中选择一个执行：如果用户输入的是总经理ID，则将公司的当年销售总额返回；如果用户输入的是销售经理ID，则将各个销售员的当年销售额返回；如果用户输入的是销售员ID，则将该销售员本人的当年销售额返回；如果用户输入其他ID，则打开消息框通知该用户"对不起，您输入的ID有误，再见!"。

【分析】本例宏对象是典型的多选一工作流。该宏对象包含4个任务：返回公司的当年销售总额、返回各个销售员的当年销售额、返回销售员本人的当年销售额、返回ID有误的通知信息。当宏对象执行的时候，只能从上述4个任务中选择一个执行，具体选择哪一个任务根据用户输入的"ID类型"决定。如果公司的当年销售额、各个销售员的当年销售额、销售员本人的当年销售额分别用SalesOfCompany、SalesOfSellers、SalesOfYourself这3个查询对象返回，那么本例宏对象的设计方法如下。

Step1：打开"销货单"数据库，选择"创建"选项卡的"代码与宏"命令组中的"宏"命令，打开宏设计界面，选择"宏工具 | 设计"选项卡的"显示/隐藏"命令组中的"显示所有操作"命令。

Step2：在"宏设计"窗格第1行的"添加新操作"组合框中，输入"SetTempVar"，在随之激活的"名称"文本框和"表达式"文本框中分别输入"TheID""InputBox("Please input your ID:")"。

Step3：在"宏设计"窗格的"添加新操作"组合框中，输入"IF"，在随之激活的"条件表达式"文本框中直接输入表达式"[TempVars]![TheID] Like "M00""。

Step4：将查询对象"SalesOfCompany"拖动到"宏设计"窗格"添加新操作"组合框中，在随之激活的"数据模式"文本框中，将"数据模式"修改为"只读"，其他参数默认。

Step5：单击"宏设计"窗格"添加新操作"组合框右侧的"添加 Else If"按钮，在随之激活的"条件表达式"框中直接输入表达式"[TempVars]![TheID] Like "S00""。

Step6：将查询对象"SalesOfSellers"拖动到宏设计窗格的"添加新操作"组合框中，在随之激活的"数据模式"文本框中，将"数据模式"修改为"只读"，其他参数默认。

Step6：单击"宏设计"窗格"添加新操作"组合框右侧的"添加 Else If"按钮，在随之激活的"条件表达式"文本框中直接输入表达式"[TempVars]![TheID] Like "S0[1-9]""。

Step8：将查询对象"SalesOfYourself"拖动到"宏设计"窗格"添加新操作"组合框中，在随之激活的"数据模式"文本框中，将"数据模式"修改为"只读"，其他参数默认。

Step9：单击"宏设计"窗格"添加新操作"组合框右侧的"添加 Else"按钮，在随之激活的"添加新操作"组合框中选择"MessageBox"选项。

Step10：给"MessageBox"宏操作设置相应的参数：在"消息"文本框中输入"对不起，您输入的ID有误，再见!"；在"发嘟嘟声"文本框中选择"否"选项；在"类型"文本框中选择"警告!"选项；在"标题"文本框中输入"Say sorry to you!"。

完成上述步骤以后，单击快速访问工具栏中的"保存"按钮，在"宏名称"文本框中输入"选择流程示例宏对象2"，单击"确定"按钮。条件宏"选择流程示例宏对象2"就设计完成，其设计细节如图8-46所示。

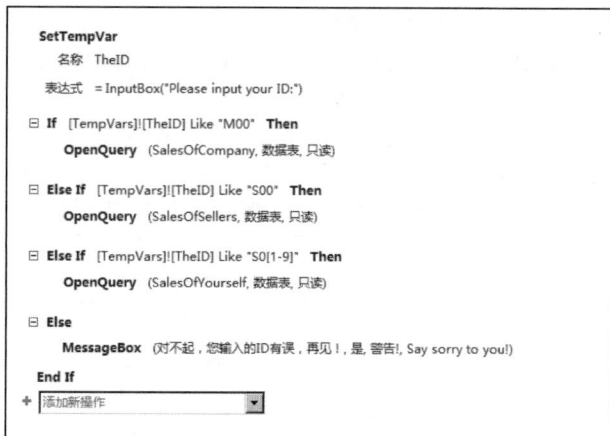

图8-46 "选择流程示例宏对象2"的设计细节

3. 循环流程的设计

如果一个宏对象的执行逻辑是循环流程的工作流，那么这个宏对象称为循环宏。循环宏既可以指定一组宏操作重复执行的次数，又可以指定一组宏操作反复执行，直至循环条件不成立。

(1)循环宏的设计方法

在 Access 中，循环工作流是由宏对象及其子宏协作实现的，其中，子宏定义循环操作，而宏对象指定子宏的执行次数或子宏执行的条件。循环宏的设计方法如下。

①子宏的定义。子宏是宏对象定义的具有相对独立性的一组宏操作，这组宏操作单独命名，可以被宏对象调用。每个宏对象都可以定义多个子宏。定义子宏的主要任务有两个：一个是定义子宏的名称；另一个是定义子宏所包含的宏操作。

子宏的定义是通过程序流程定义元素"Submacro"实现的。在宏设计界面中，将"操作目录"窗格中"程序流程"结点中的"Submacro"子结点拖动到"宏设计"窗格的"添加新操作"组合框中，在随即打开的"子宏"定义区的文本框中输入子宏的名称，在子宏定义区的"添加新操作"组合框中选择子宏所需添加的第一条宏操作。当添加完子宏的第一条宏操作后，如果需要，则可以使用同样的方法在子宏定义区中添加其他宏操作。

用户也可以在已有宏操作的基础上定义子宏：选择子宏包含的所有宏操作；右击宏操作选择区，在打开的快捷菜单中选择"生成子宏程序块"命令；Access 自动生成子宏定义区，所选宏操作全部包含在子宏定义区中；在子宏定义区的"子宏:"文本框中的子宏命名，即可完成子宏的定义。

注意：子宏必须是宏对象中最后的操作块，在"Group"块中无法添加子宏。

②子宏的调用。子宏中的宏操作一般不能直接运行，除非宏对象中有且仅有一个子宏。也就是说，正常情况下，子宏只有被调用时才能执行子宏中的宏操作，进而实现子宏的设计任务。子宏的调用需要指定下列信息：子宏的名称、子宏重复执行的次数、子宏重复执行的条件表达式。

子宏的调用一般用"RunMacro"宏操作实现。使用"RunMacro"宏操作调用子宏的语法格式为"RunMacro 子宏名，重复次数，重复表达式"。

①"子宏名"是必选项，它的语法格式为"宏对象名.子宏名"。

②"重复次数"用于指明子宏的最大运行次数。如果既不指定"重复次数"参数，也不指定"重复表达式"参数，那么"宏名"文本框中指定的子宏只执行一次。

③"重复表达式"用于设置子宏的重复执行条件。"重复表达式"取值为 True 或 False。每次子宏运行前都先计算"重复表达式"的值，当表达式的值为 False 时，子宏停止执行。

除了"RunMacro"宏操作以外，"OnError"宏操作也可以实现子宏的调用。"OnError"宏操作一般用来指定 Access 发生执行错误时所要运行的子宏，目的是对执行错误进行响应和处理。

注意："RunMacro"宏操作既可以调用子宏，又可以调用同一个数据库中的其他宏对象。因此"RunMacro"宏操作更一般的语法为"RunMacro 宏名，重复次数，重复表达式"。

(2)循环宏的设计示例

下面通过两个示例说明循环宏的设计方法。其中，例 8-12 采用"重复表达式"控制子宏的执行次数，而例 8-13 使用"重复次数"控制子宏的执行次数。

【例 8-12】在"销货单"数据库中，创建一个"循环流程示例宏对象 1"。该宏对象运行时允许销售员输入"顾客姓名"检索该顾客的"消费积分"，直至该销售员不想检索为止。

【分析】本例宏对象是典型的循环流程：循环操作是销售员"输入顾客姓名，检索顾客的消费积分"；循环操作条件是"销售员想检索"。本例宏对象的主要设计任务如下。

① 定义查询对象，实现以下功能：销售员动态输入"顾客姓名"，查询对象返回该顾客的"顾客姓名"和"消费积分"。该查询对象可以使用以下 SQL 命令实现：

SELECT 顾客姓名，消费积分 FROM Customer WHERE 顾客姓名= [请输入姓名:];

② 定义子宏，实现以下功能：基于前面定义的查询对象，实现一位顾客"消费积分"的查询。

③ 定义子宏调用的宏操作，实现顾客消费积分的多次查询。

"循环流程示例宏对象 1"的设计细节如图 8-47 所示，主要包括子宏的定义和子宏的调用两部分内容。限于篇幅，这里不再给出本例宏对象设计的详细步骤。

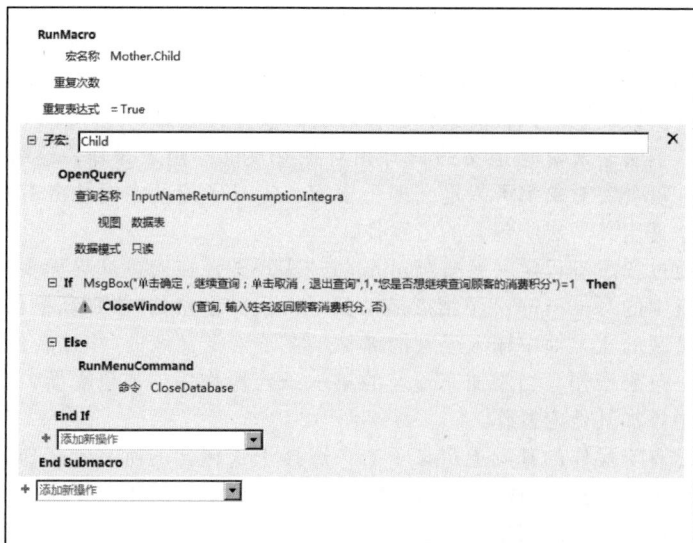

图 8-47　"循环流程示例宏对象 1"的设计细节

【例 8-13】在"学生成绩库"中创建"循环流程示例宏对象 2"，将 516 位参加实习的学生随机分配到 10 个实习组中。假定：这 516 位学生的实习编号从 1 到 516；学生实习组的编号从 1 到 10；各实习组的人数随机。要求：将参加实习的学生随机分配到各实习小组后，要将分配结果保存到"学生实习组分配表"中，表对象包括"实习学生编号"和"实习组编号"两个字段。

【分析】本例宏对象是典型的循环流程：循环操作是给一位学生分配实习组；循环操作的执行次数是 516 次。具体实现技术如下：定义一个子宏，给一位学生随机分配实习组；定义宏，调用子宏执行 516 次，给 516 位学生随机分配实习组。如果"学生实习组分配表"的模式已经建立，那么宏对象的设计细节如图 8-48 所示。

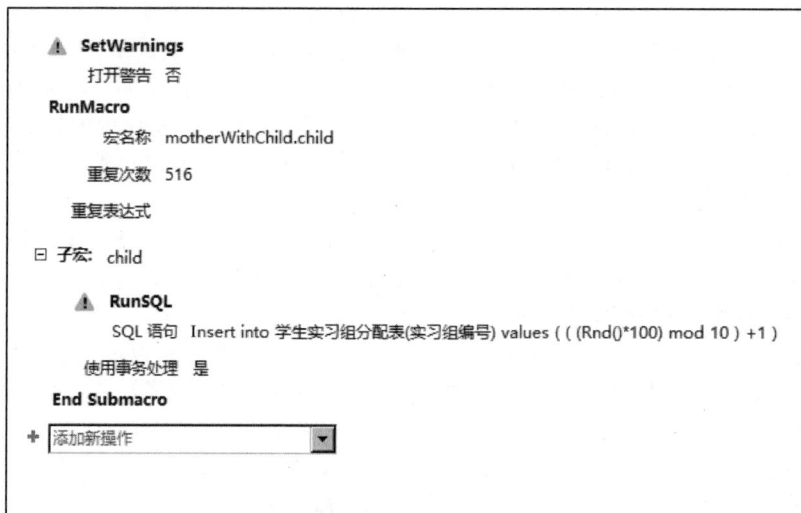

图 8-48　"循环流程示例宏对象 2"的设计细节

【说明】由于子宏中的 INSERT 语句要执行 516 次，而每一次执行都要打开如图 8-49 所示的对话框提示用户，因此本例宏对象的执行会导致 Access 对用户的 516 次提示，使得宏对象的执行效率很低。为了避免 516 次提示的发生，需要在宏对象的第一行中插入 SetWarnings 宏操作，以禁止 INSERT 语句对用户的提示，从而提高本例宏对象的执行效率。

【思考】"学生实习组分配表"虽然包括"实习学生编号"和"实习组编号"两个字段，但 RunSQL 宏操作执行的 INSERT 语句只给"实习组编号"字段插入了值，请思考"实习学生编号"字段的值是怎么获得的？

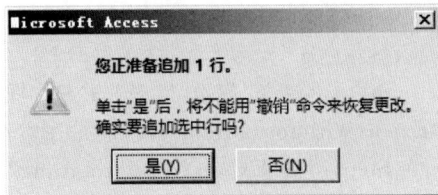

图 8-49　INSERT 语句的提示

8.1.5　宏对象的应用示例

下面通过两个应用示例详细说明宏对象在数据处理和分析中的应用。

1. 应用示例：协同工作

Excel 擅长数据分析，Access 擅长数据处理，因此，将 Excel 和 Access 的功能结合起来，对数据进行协同处理和分析，是常用的工作模式。

将 Excel 和 Access 集成应用的常用模式如下：对于 Excel 很难处理的复杂数据，先用 Access 进行处理，再将 Access 处理的数据导出到 Excel 工作表中，并用 Excel 对数据进行分析。

例如，在"学生实习数据库"中有一个数据表"学生实习组分配表"，该数据表共有 1985 个记录，图 8-50 给出了该表的前 10 个记录。请创建一个宏对象，对"学生实习组分配表"中的数据记录进行处理，将其格式化为如图 8-51 所示的格式，并导出到 Excel 工作表中，基于 Excel 的功能分析各实验组人数的分布规律。

图 8-50　学生实习组分配表

图 8-51　实习小组成员一览表

对于上述应用，基于 Access 和 Excel 的协同显然是有效率的。可以基于 Access 宏对象强大的数据处理能力对数据进行格式化，并将格式化的数据导出到 Excel 中，在 Excel 中基于其强大的数据分析能力来分析各实习小组人数的分布规律。

下面说明如何设计一个宏对象，对 Access 数据库中的数据进行格式化处理，并将格式化的数据导出到 Excel 中。对于如何在 Excel 中分析各实习小组人数的分布规律，这里不再展开介绍。

宏对象的设计方法如下。

Step1：打开"学生实习数据库"，选择"创建"选项卡的"代码与宏"命令组中的"宏"命令，进入宏设计界面。选择"宏工具 | 设计"选项卡的"显示/隐藏"命令组中的"显示所有操作"命令。

Step2：在宏设计界面中，4 次双击"操作目录"窗格"操作"结点中"筛选/查询/搜索"操作组中的宏操作"RunSQL"，目的是在宏对象的设计窗格中增加 4 个 RunSQL 操作。

Step3：在 4 个"RunSQL"宏操作的"SQL 语句"文本框中，分别输入以下 SQL 语句。

```
create table 实习小组成员一览表(GroupID char(5), studentID char(6) )
select *  into 一览表 from 学生实习组分配表 order by 实习组编号, 实习学生编号
insert into 实习小组成员一览表(GroupID, studentID) select "G_"& 实习组编号,"S"&
(实习学生编号+ 10000)  from 一览表
```

数据库原理与应用技术——Access+SQL Server

```
update 实习小组成员一览表 set studentID = left(studentid, 1) &"_" &right
(studentid, 4)
```

Step4：双击"操作目录"窗格"操作"结点中"数据导入/导出操作"操作组中的宏操作"ExportWithFormatting"，目的是在宏对象的设计窗格中增加"ExportWithFormatting"宏操作。

Step5：在"ExportWithFormatting"宏操作的文本框中，将"对象类型"设置为"表"，将"对象名称"设置为"实习小组成员一览表"，将"输出格式"设置为"Excel 97 — Excel 2003 工作簿（＊.xls)"，将"输出文件"设置为"D:\data\Access\实习小组成员一览表.xls"，b 其他参数默认。

Step6：单击快速访问工具栏中的"保存"按钮，在"宏名称"文本框中输入"格式化实习小组成员一览表并导出为 Excel 文件"，单击"确定"按钮。

至此，宏对象设计完成，其设计细节如图 8-52 所示。

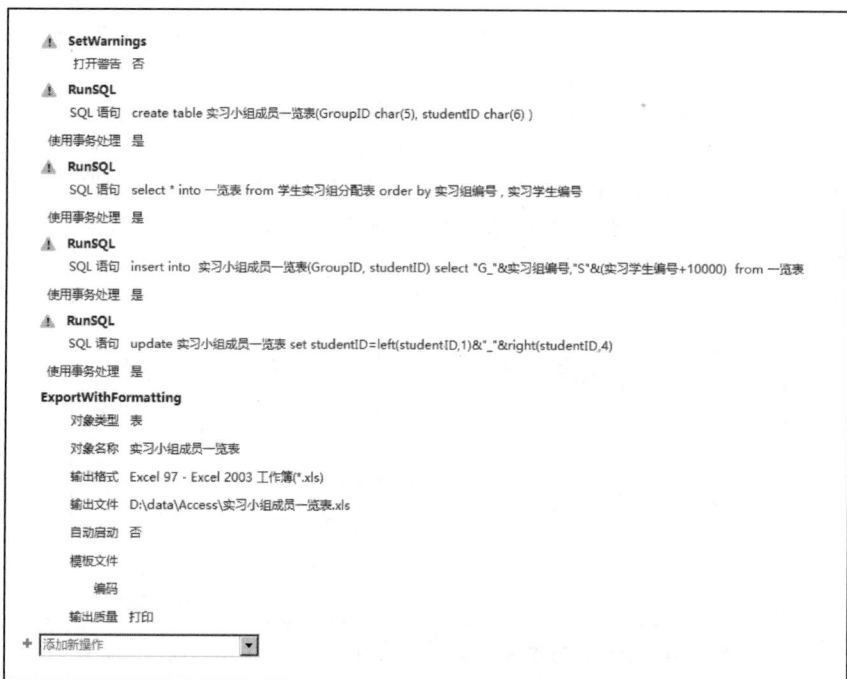

图 8-52 "格式化实习小组成员一览表并导出为 Excel 文件"宏对象的设计细节

2. 应用示例：信用评分

Access 宏对象基于工作流的思想，可以处理较为复杂的工作流逻辑。下面以"大学生信用状况评估"为应用背景，详细说明宏对象工作流的设计思想和设计方法。

当大学生向银行申请贷款时，银行首先要评估大学生的信用状况。反映大学生信用状况的形式主要有两种：一种是采用定量的方式，用信用分值反映大学生的信用状况；另一种是采用定性的方式，用信用等级反映大学生的信用状况。一般来说，信用等级的评定基于信用分值。可以将信用分值分为若干个区间，不同区间的信用分值代表不同的信用等级。因此，信用评分是大学生信用状况评价的基础。

为了进行信用评分，银行首先要获取大学生的信用指标数据，再对大学生的信用指标数据进行评判，最终获得大学生的信用分值。不同银行采用的指标体系是不同的，不同银行的评分方法也是不同的，因此不同银行的信用评分工作流也是不同的。

限于篇幅，这里不再给出信用评分宏对象的设计过程和设计细节。有需要的读者可以参阅本书的数字教程。

8.2　SQL Server 的批处理技术

T-SQL 的每一条 SQL 命令只能完成简单的数据定义和数据操纵任务。对于复杂的数据组织和数据管理而言，往往需要执行多条 SQL 命令，且多条 SQL 命令之间需要进行合理的流程控制，这就需要将 SQL 命令集成在一起执行。SQL Server 可以基于批处理技术实现多条 SQL 命令的集成。用户可以将一条或多条 SQL 语句构成一个语句批，并由一个或多个语句批构成一个脚本程序，基于脚本程序的运行完成复杂的数据组织和数据管理任务。SQL 的批处理是数据库系统中很重要的一种功能，能够对系统的性能进行有效优化。脚本将一组 SQL 命令以文本文件的形式存储，能够提高数据访问的效率，并进行相关的数据组织和数据管理。

8.2.1　批处理的概念

批处理是一条或多条 T-SQL 语句的集合。批处理由客户端一次性发送到 SQL Server，并由 SQL Server 完成执行。批处理是用户提交给数据库引擎的工作单元，它是作为一个单元进行分析和执行的，它要经历的处理阶段有分析(语法检查)、解析(检查引用的对象和列是否存在，是否具有访问权限)、优化(作为一个执行单元)。SQL Server 将批处理语句编译为单个可执行的单元，称为执行计划，执行计划中的语句每次执行一条，这种批处理方式有助于节省执行时间。

8.2.2　定义批处理的语法

在 T-SQL 中，通过 GO 语句可以将脚本程序中的 T-SQL 语句分成一个或多个"批"。也就是说，以 GO 为结束标志的一系列 SQL 语句称为批处理。

批处理的语法如下。

【格式】
```
语句 1；
语句 2；
……
语句 n；
GO
```
需要注意的是，GO 语句本身并不是 T-SQL 语句的组成部分，它只是一个用于表示批处理结束的前端指令。GO 语句和其他的语句不能在同一行，但在 GO 语句中允许包含注释。

批处理是最基本的算法块，但它不是数据库的物理对象，无法持久保存。可以将含有一个或多个批处理的代码以脚本的形式保存在磁盘文件中，方便以后重复使用。

脚本程序是存储在文件中的一系列 SQL 语句，可以基于 GO 将脚本程序中的 SQL 语句分成多个批处理。若脚本中无 GO 语句，则整个脚本的 SQL 语句作为单个批处理使用。

在批处理中可以定义局部变量，其作用域限制在一个批处理中，不可在 GO 语句后引用。

在编写批处理脚本程序时，最好能够用分号结束相关的语句。这样可以提高批处理程序的可读性，且 SQL Server 的后续版本可能会强制要求批处理程序的每条语句都用分号来进行分隔。为了能够与后续版本的 SQL Server 进行兼容，现在就采用分号来分隔批处理程序中的每条语句是一种好的编码习惯。

8.2.3　编写批处理的规则

一个批处理是一组 T-SQL 语句的集合，客户端将这些语句作为一个单元提交给 SQL Server，并由 SQL Server 将批处理语句编译成一个可执行单元，并将其作为一个整体来执行。在编写批处理的时候，需要遵循下列规则。

①在一个批处理中，有些特殊的语句不能与其他语句共存于同一个批处理中。这些语句包括创建默认值（CREATE DEFAULT）、创建函数（CREATE FUNCTION）、创建过程（CREATE PROCEDURE）、创建规则（CREATE RULE）、创建模式（CREATE SCHEMA）、创建触发器（CREATE TRIGGER）、创建视图（CREATE VIEW）。上述语句只能存在于单独的一个批处理中。

②如果批处理中存在上述 CREATE 语句，则必须以 CREATE 语句开始，所有跟在该批处理后的其他语句都被解释为 CREATE 语句定义的一部分。

③不能在同一个批处理中更改表模式后立刻引用更改的元素。例如，若修改表的字段名或者新增字段后就引用字段，则会导致解析错误，因为 SQL Server 可能还不知道表模式发生了变化；又如，不能在定义一个 CHECK 约束之后马上在同一个批处理中使用；再如，不可将规则和默认值绑定到表字段之后立即在同一个批处理中使用。

④不能在同一个批处理中删除一个对象之后，再次在该批处理中引用该对象。

⑤一个批处理中只要存在一处语法错误，整个批处理就无法通过编译。

⑥使用 SET 语句设置的某些 SET 选项不能应用于同一个批处理的查询中。

⑦批处理中可以包含多个存储过程，但除第一个存储过程外，其他存储过程的调用都必须使用 EXECUTE 关键字。但是如果执行批处理的语句不是批处理的第一条语句，则需要在存储过程名之前添加 EXECUTE 关键字。

8.2.4　批处理的错误

当编译器读取到 GO 语句时，会把 GO 前面的所有语句当作一个批处理进行编译，如果没有编译错误，则会将这些语句一次性发送到 SQL Server 中执行，SQL Server 将批处理的语句编译为一个可执行单元，称为执行计划。执行计划中的语句每次执行一条。

当 SQL Server 处理批处理中的语句时，有可能产生以下两类错误：第一类错误是编译错误，语法错误是最主要的编译错误；第二类错误是运行时错误，是批处理的 SQL 语句在运行阶段发生的错误，常见的有算术溢出及约束冲突错误等。

如果编译阶段发生语法错误，则会导致执行计划无法编译，此时 SQL Server 不会执行批处理中的任何语句。如果发生运行时错误，则批处理的执行有两种结果：大多数运行时错误将停止执行批处理中当前语句及其之后的语句，而在遇到运行时错误之前执行的语句不受影响；某些运行时错误，如约束冲突错误，仅停止执行当前语句，而继续执行批处理中的其他语句。

例如，如果一个批处理中有 10 条语句，假设第 5 条语句中有一个语法错误，则 SQL Server 不会执行语句批中的任何语句；如果语句批编译成功，但在运行中执行到第 4 条语句时失败了，则前 3 条语句的执行结果不受影响，因为它们已经被执行了。

需要读者注意的是，如果批处理位于事务中，且运行时错误导致事务回滚（退回），那么所有运行时错误之前执行的未提交数据修改都将回滚。事务的详细内容请参阅本章后面的内容。

8.2.5　批处理的重新编译

SQL Server 2017 提供了语句级重新编译功能。也就是说，如果一条语句触发了重新编译，则只重新编译该语句而不是整个批处理。

在 SQL Server 2017 中，每个批处理被单独处理，一个批处理中的错误不会阻止另一个批处理的执行。在下面的例子中，第一个批处理中包含 1 条 CREATE TABLE 语句和 3 条 INSERT 语句。

```
USE StudentGrade;
GO
CREATE TABLE TestTable(TestColumn int);
INSERT INTO TestTable VALUES (5) ;
INSERT INTO TestTable VALUES ('x') ;
INSERT INTO TestTable VALUES (6) ;
GO
SELECT *  FROM TestTable;
GO
```

当将上述脚本程序发送给 SQL Server 后，SQL Server 会先对批处理进行编译，对 CREATE TABLE 语句进行编译时，由于 TestTable 表尚不存在，因此未编译 INSERT 语句；批处理开始执行；TestTable 表创建成功后，SQL Server 开始编译第一条 INSERT 语句，并立即执行，TestTable 表插入了一个记录；SQL Server 开始编译第二条 INSERT 语句，由于 VALUES 子句的插入值类型不匹配，所以编译失败，批处理终止；SELECT 语句最终返回一个记录，该记录的 TestColumn 字段值是 5。

8.2.6 认定批处理的原则

SQL Server 基于下列 6 个原则认定脚本程序中的批处理。

①如果脚本程序中的所有 SQL 语句在逻辑上作为一个执行单元发出，并被 SQL Server 生成单个执行计划，那么脚本程序中的所有 SQL 语句被认定为一个批处理。

②存储过程内的所有语句被认定为一个批处理，每个存储过程都编译为一个单独的执行计划。也就是说，如果 SQL Server 执行的脚本程序调用了存储过程，那么 SQL Server 通常会生成独立的执行计划，并和原始的批处理执行计划分开执行。

③触发器内的所有语句被认定为一个批处理，每个触发器都编译为一个单独的执行计划。若批处理中的语句激活了触发器，则触发器的执行计划将和原始的批处理执行计划分开执行。

④由 EXECUTE 语句执行的动态 SQL 命令或存储过程是一个批处理，并编译为一个执行计划。也就是说，若脚本程序中含有 EXECUTE 语句，则由 EXECUTE 语句提交执行的动态 SQL 命令或存储过程将被生成一个单独的执行计划，并和原始的批处理执行计划分开执行。

⑤由 SP_EXECUTESQL 执行的动态 SQL 命令或存储过程是一个批处理，并编译为一个执行计划。也就是说，若脚本程序中含有 SP_EXECUTESQL 命令，那么该命令提交执行的动态 SQL 命令或存储过程将被生成一个单独的执行计划，并和原始的批处理执行计划分开执行。

⑥下列 SQL 语句会独立构成一个批处理：CREATE DEFAULT、CREATE FUNCTION、CREATE PROCEDURE、CREATE RULE、CREATE SCHEMA、CREATE TRIGGER、CREATE VIEW。上述语句只能存在于单独的一个批处理中。

8.2.7 批处理的执行次数

SQL Server 使用 GO 语句作为批处理语句的结束标记，即当编译器执行到 GO 时会将之前的所有语句当作一个批处理来执行。但是 GO 并不是一个 T-SQL 语句，它只是供 SQL Server 识别的一条命令。

SQL Server 2017 支持批处理执行一次或多次。批处理执行的次数由 GO 命令指定。该命令使用的语法如下。

【格式】

```
Go [count]
```

其中，count 为一个正整数，用于指定 GO 之前的批处理将执行的次数。

【例 8-14】 批处理的执行的次数。

```
USE StudentGrade;
GO
CREATE TABLE Test_student(ZCRQ DATETIME DEFAULT getdate() );
GO      --批处理执行前面的语句 1 次
INSERT  INTO Test_student DEFAULT  VALUES;
WAITFOR DELAY '00: 00: 01';
GO 10   --批处理执行 10 次，插入 INSERT 语句 10 次，即插入 10 个记录
```

8.2.8 批处理的退出

批处理退出语句的基本语法如下。

【格式】

```
RETURN [整型表达式]
```

该语句可无条件终止批处理的执行，不再执行批处理中 RETURN 之后的语句。该语句可返回一个整数值。

【例 8-15】 RETURN 语句的使用。

```
USE StudentGrade;
GO
IF(SELECT XB FROM Student WHERE XH= 'S01')= '男'
RETURN;
PRINT 'How do you do!';
GO 6
PRINT 'How are you!'
GO 6
```

执行该批处理，如果学号是 S01 的学生的性别是男，则显示的结果如下。

```
Beginning execution loop
Batch execution completed 6 times.
Beginning execution loop
How are you!
How are you!
How are you!
How are you!
How are you!
How are you!
Batch execution completed 6 times.
```

执行该批处理，如果学号是 S01 的学生的性别不是男，则显示的结果如下。

```
Beginning execution loop
How do you do!
How do you do!
How do you do!
How do you do!
```

```
How do you do!
How do you do!
Batch execution completed 6 times.
Beginning execution loop
How are you!
How are you!
How are you!
How are you!
How are you!
How are you!
Batch execution completed 6 times.
```

8.2.9　脚本程序

在 SQL Server 中，用户对数据库的操作经常通过脚本程序的形式来完成。脚本程序是存储在文件中的一组 T-SQL 语句的集合，这些语句可以包含在一个语句批中，也可以包含在多个语句批中。如果某个脚本中不包含任何 GO 语句，则该脚本将被作为一个语句批来执行。

使用脚本可将组织和管理数据库时进行的操作保存到一个磁盘文件中，这样不仅可以方便以后重用此段代码，还可以将此代码复制到其他计算机中执行。

在 SQL Server 中，用户可以使用 SSMS 工具来建立、解释和执行脚本程序。除此之外，还可以使用 sqlcmd 实用工具来执行 T-SQL 脚本程序。

基于 SSMS 的查询编辑器可以创建脚本程序，创建完成的脚本程序可以保存为一个扩展名为 .sql 的纯文本文件。用户可以基于 SSMS 的查询编辑器再次打开这个脚本文件，并对该文件中的脚本程序进行修改或执行。当然，用户也可以通过记事本建立和修改脚本文件，但是记事本无法解释和执行该脚本程序。

限于篇幅，基于 SSMS 的查询编辑器创建脚本程序、编辑脚本程序及执行脚本程序的相关内容，在此不再介绍。有学习需求的读者请查阅相关文献和资料。

前面多次提到"脚本"，下面对"脚本"给出通俗的解读。在计算机领域中，脚本指的是一个文本程序，它被另一个解释程序(数据库管理系统中指的是数据库引擎)而不是计算机的处理器来解释或执行。脚本运行起来要比一般的编译程序慢，因为它的每一条指令要先被另一个程序来处理(这就需要一些附加的指令)，而不是直接被指令处理器来处理。

8.3　技术拓展与理论升华

因为数据库是可共享的相互联系的数据对象的集合，所以数据库必须支持多个并发的用户同时访问数据库中的数据。数据库的多用户并发访问带来了一系列问题，例如，当甲及乙两个用户都对数据库中同一数据资源提出访问和操纵要求时，可能会出现数据的脏读、幻读、非重复读及丢失数据修改等问题。如何解决上述问题呢？目前的成熟方案是事务和锁。

8.3.1　事务

前文多次提到过事务，关于事务的解读都指向了本节。那么什么是事务呢？简单地说，事务是对数据库进行操作的最基本的逻辑单位。它可以是一条 SQL 语句，也可以是一组 SQL 语句，甚至是整个批处理脚本程序。通常情况下，一个批处理脚本程序包括多个事务。下面先基于一个多用户并发访问示例说明事务的应用背景，再剖析事务的 ACID 属性，然后说明管理事务的 T-SQL 命令，最后介绍事务的类型和事务的嵌套。

1. 事务的应用背景

这里以经典的银行转账业务为例。银行办理用户的转账业务时，遵循有借有贷、借贷相等的原则，也就是说，银行每办理一笔转账业务，必须确保借方和贷方的账户分别记录转出业务和转入业务，且转出金额和转入金额必须相同。为确保上述业务规则的实现，借方账户的转出记录和贷方账户的转入记录必须同时提交成功，或者同时提交失败。如果出现只记录借方转出业务，或者只记录贷方转入业务的情况，就违反了转账业务规则，会导致出现错账问题。

以下示例模拟了银行转账业务的实现，说明了违反转账业务规则导致出现的错账问题。在数据库 BankCredit 中，首先，创建账户数据表 bank 的结构；其次，为 bank 表的字段 currentMoney 添加 CHECK 约束，确保用户账户的余额不能少于 1 元；最后，在 bank 表中插入 2 个记录，分别存放储户"姜先生"和"于女士"的开户信息。实现上述业务的 SQL 命令如下。

```
USE BankCredit;
GO
CREATE TABLE bank
(
  customerNo char (8),          --顾客账户，主键
  customerName char(10),        --顾客姓名
  currentMoney money            --账户当前余额
);
GO
--添加约束，账户余额不能少于 1 元
ALTER TABLE bank
ADD CONSTRAINT CK_currentMoney CHECK(currentMoney>=1) ;
GO
INSERT INTO bank VALUES('19910701', '姜先生', 1000) ;
INSERT INTO bank VALUES('19910901', '于女士', 1) ;
--查看结果
SELECT *  FROM bank;
GO
```

分析上述代码可知："姜先生"的账户是'19910701'，开户金额为 1000 元；"于女士"的账户是'19910901'，开户金额为 1 元。目前两个账户的余额总和为 1000+1=1001 元。

假设从"姜先生"的账户转账 1000 元到"于女士"的账户。转账后，"姜先生"的账户余额是 0 元，"于女士"的账户余额是 1001 元，转账前和转账后，两个账户的余额总和应保持不变，都是 1001 元。

但是，如果执行以下 SQL 命令。

```
USE BankCredit;
UPDATE bank SET currentMoney =  currentMoney - 1000
WHERE customerNo= '19910701';
UPDATE bank SET currentMoney =  currentMoney + 1000
WHERE customerNo= '19910901';
GO
--转账后
SELECT *  FROM bank;
GO
```

则会得到一个错误的结果："姜先生"的账户金额没有减少，仍然是 1000 元；"于女士"的账户金额多了 1000 元，变成了 1001 元；"姜先生"向"于女士"转账 1000 元后，其账户总额多出了 1000 元，如图 8-53 所示。

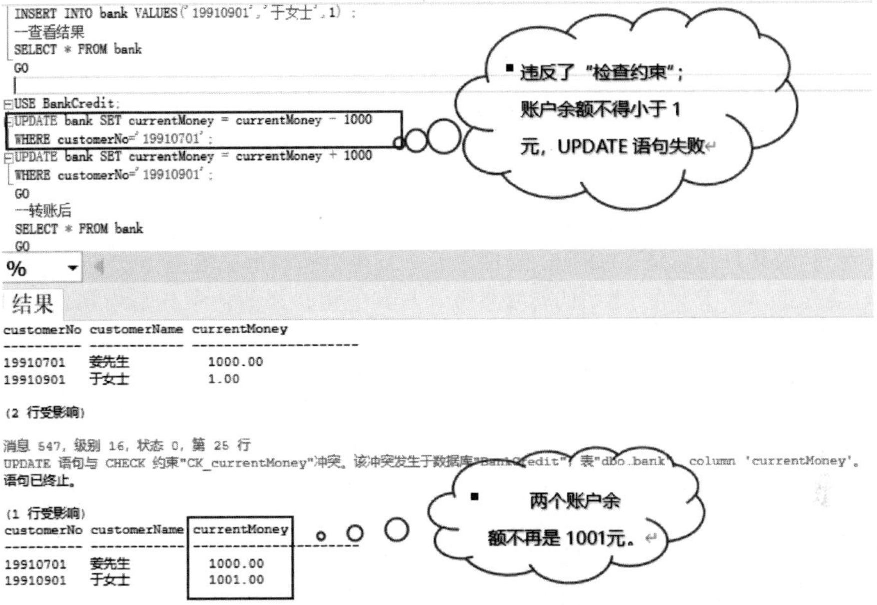

图 8-53　未使用事务进行转账导致的错误

那么上述错误是如何产生的呢？分析以下 SQL 命令可知，由于下列 SQL 命令违反了"余额≥1"的 CHECK 约束，所以代码执行失败，导致"姜先生"的账户余额还是 1000 元。

```
UPDATE bank SET currentMoney = currentMoney - 1000
WHERE customerNo= '19910701';
```

而下列的 SQL 命令会继续执行，且执行成功，所以"于女士"的账户余额变为 1001 元。

```
UPDATE bank SET currentMoney = currentMoney + 1000
WHERE customerNo= '19910901';
```

那么如何解决上述问题呢？答案是在实现转账业务的 SQL 命令中引入事务。下面先介绍事务的 ACID 属性，再基于事务的 ACID 属性剖析上述问题解决的机理。

2. 事务的 ACID 属性

事务是作为单个逻辑工作单元执行的一系列操作，这些操作作为一个整体一起向系统提交，要么都执行，要么都不执行。事务是一个不可分割的工作逻辑单元，它具备以下 4 个属性。

事务的第一个属性是原子性(atomicity)。该属性要求事务中的所有操作是一个逻辑整体，要么都执行，要么都不执行。

事务的第二个属性是一致性(consistency)。该属性要求事务的执行必须使得数据库中的数据从执行之前的一个一致性状态转移到执行之后的另一个一致性状态。也就是说，在事务开始执行之前，数据库中存储的数据处于某个一致性状态；在事务执行过程中，数据库中的数据可能处于不一致的状态；但是当事务执行成功后，数据库中的数据必须再次回到某个一致状态。

事务的第三个属性是隔离性(isolation)。该属性要求数据库中一个事务的执行不能被其他事务干扰。也就是说，对数据进行操纵的所有并发事务是彼此隔离的，不应该以任何方式影响其他事务的执行结果。隔离性要求操纵同一数据的事务，或者在另一个使用相同数据的事务开始之前操纵这些数据，或者在另一个使用相同数据的事务结束之后操纵这些数据。

事务的第四个属性是永久性（durability）。该属性要求事务一旦提交，它对数据库的改变就是永久的，以后的操纵或者故障不会对该事务的执行结果产生任何影响。

上述 4 个属性通常简称 ACID 属性。"姜先生"和"于女士"的转账业务就具备 ACID 属性，如果将转账业务定义为一个事务，则可以解决如图 8-53 所示的错误。下面剖析基于事务解决上述问题的机理。

如果将"姜先生"和"于女士"的转账业务定义为一个事务，那么事务的 ACID 属性就会杜绝如图 8-53 所示的错误。首先，事务的原子性要求转账业务包括的两条 UPDATE 操作必须作为一个整体来执行，任何一条 UPDATE 操作的执行错误，都会导致转账业务所包含的两个 UPDATE 操作的全部撤销，从而确保转账前和转账后的余额不变，即都是 1001 元；其次，事务的一致性要求转账业务开始之前和转账业务完成之后，账户总额必须处于一致状态，也就是说，转账之前，"姜先生"和"于女士"的账户总额是 1001 元，转账之后，其账户总额也必须是 1001 元；再次，事务的隔离性要求"姜先生"和"于女士"之间的转账事务，与其他用户之间的事务是相互独立的，既不相互依赖，也不相互影响，因此，其他事务的并发执行不会影响到"姜先生"和"于女士"之间转账事务的执行结果；最后，事务的持久性要求"姜先生"和"于女士"之间的转账事务对于数据库的影响是永久性的，即使出现停电等突发事件，也不会影响他们之间转账业务的正确处理。

3. 管理事务的 T-SQL 命令

T-SQL 基于下列 SQL 命令来管理事务。

```
BEGIN TRANSACTION          --开始一个事务
COMMIT TRANSACTION         --提交一个事务
ROLLBACK TRANSACTION       --回滚一个事务
SAVE TRANSACTION           --保存一个事务
```

其中，BEGIN TRANSACTION 和 COMMIT TRANSACTION 可以同时使用，用来标识事务的开始和结束。另外，BEGIN TRANSACTION 和 ROLLBACK TRANSACTION 也可以同时使用，用来标识事务的开始和回滚。

事务回滚通常是因为 SQL 语句中有逻辑错误，所以只要判断一下事务中的 SQL 语句是否存在执行错误，就可以判定是否进行事务回滚。在 SQL Server 中，全局变量 @@error 的值可以判断最后一条被执行的 SQL 语句是否有错。如果 @@error 的值等于 0，那么最后执行的 SQL 语句是正确的；如果 @error 的值不等于 0，那么最后执行的 SQL 语句是错误的。

当事务中的 SQL 语句比较多时，如果基于每条 SQL 语句的对错判断是否对事务进行回滚，则会很麻烦。比较简单的方法是基于下列 SQL 语句对事务中所有的 SQL 语句错误进行累计。

```
SET @errorSum = @errorSum + @@error
```

如果 @errorSum 的值是 0，那么事务中的所有语句都被顺利执行，事务可以提交；反之，说明事务中的某条或某些 SQL 语句有执行错误，应该回滚事务。

基于管理事务机制，下面给出银行转账业务的脚本程序。

```
USE BankCredit
GO
--创建账户数据表 bank
Create Table bank
(
customerNo char(8),              --顾客账户，主键
customerName char(10),           --顾客姓名
currentMoney money               --当前余额
)
GO
```

```
--添加约束，账户余额不能少于 1 元
ALTER TABLE bank
ADD CONSTRAINT CK_currentMoney CHECK(currentMoney>=1)
GO
INSERT INTO bank VALUES('19910701', '姜先生', 1000) ;
INSERT INTO bank VALUES('19910901', '于女士', 1) ;
PRINT '查看转账事务前余额'
SELECT *  FROM bank
GO
--开始事务(指定事务从此处开始，后续的 T-SQL 语句是一个整体)
BEGIN TRANSACTION
--定义变量，用于累计事务执行过程中的错误 --
DECLARE @errorSum int
SET @errorSum = 0                  --初始化为 0，即无错误
--转账：姜先生的账户少 1000 元，于女士的账户多 1000 元
UPDATE bank SET currentMoney =  currentMoney - 1000
WHERE customerName = '姜先生'
SET @errorSum = @errorSum + @@error
UPDATE bank SET currentMoney =  currentMoney + 1000
WHERE customerName = '于女士'
SET @errorSum = @errorSum + @@error   --累计是否有错误
PRINT '查看转账过程中余额'
SELECT *  FROM bank
--根据是否有误确定事务是提交还是撤销
IF @ errorSum <>  0                  -- 如果有错误
    BEGIN
        print '交易失败回滚事务'
        ROLLBACK TRANSACTION
    END
ELSE
  BEGIN
        print'交易成功，提交事务，写入硬盘，永久地保存'
        COMMIT TRANSACTION
  END
GO
print '查看转账事务后的余额'
SELECT *  FROM bank
GO
```

其执行结果如图 8-54 所示。

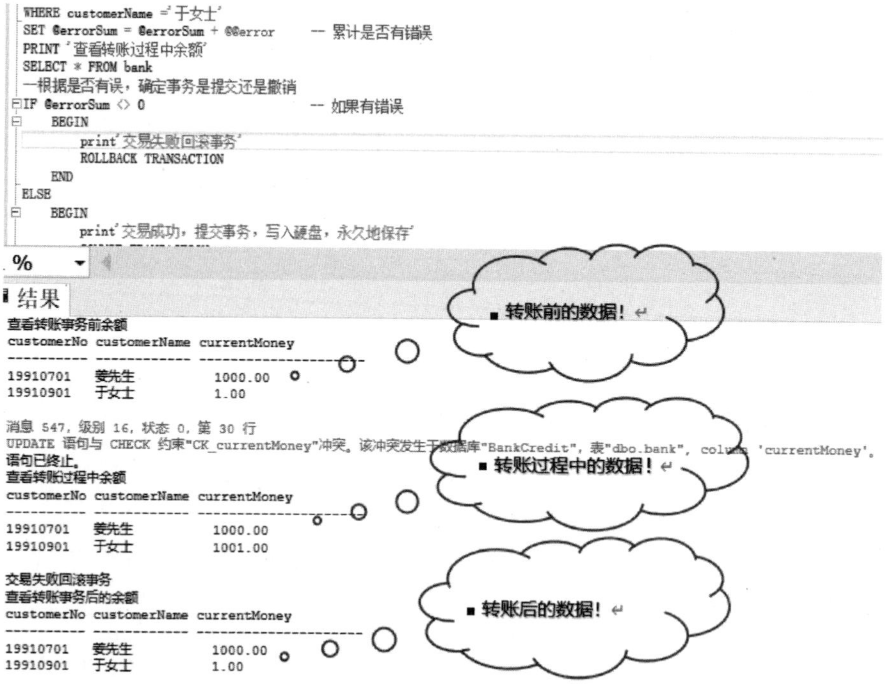

```
    WHERE customerName ='于女士'
    SET @errorSum = @errorSum + @@error      — 累计是否有错误
    PRINT '查看转账过程中余额'
    SELECT * FROM bank
    一根据是否有误，确定事务是提交还是撤销
⊟ IF @errorSum <> 0                          — 如果有错误
⊟    BEGIN
        print '交易失败回滚事务'
        ROLLBACK TRANSACTION
      END
  ELSE
⊟    BEGIN
        print '交易成功，提交事务，写入硬盘，永久地保存'
```

结果
```
查看转账事务前余额
customerNo  customerName  currentMoney
----------  ------------  ------------
19910701    姜先生              1000.00
19910901    于女士                 1.00
```
■ 转账前的数据！←

```
消息 547，级别 16，状态 0，第 30 行
UPDATE 语句与 CHECK 约束"CK_currentMoney"冲突。该冲突发生于数据库"BankCredit"，表"dbo.bank"，column 'currentMoney'。
语句已终止。
查看转账过程中余额
customerNo  customerName  currentMoney
----------  ------------  ------------
19910701    姜先生              1000.00
19910901    于女士              1001.00
```
■ 转账过程中的数据！←

```
交易失败回滚事务
查看转账事务后的余额
customerNo  customerName  currentMoney
----------  ------------  ------------
19910701    姜先生              1000.00
19910901    于女士                 1.00
```
■ 转账后的数据！←

图 8-54　基于事务实现转账业务示例的执行结果

4. 事务的类型

SQL Server 支持的事务主要包括自动提交事务、隐式事务、显式事务和分布式事务 4 种类型，各类事务的特点如表 8-3 所示。

表 8-3　各类事务的特点

事务类型	事务特点
自动提交事务	SQL Server 的默认设置。它将每条单独的 T-SQL 语句视为一个事务，如果成功执行，则自动提交；如果出现错误，则自动回滚
隐式事务	如果通过 SET IMPLICIT_TRANSACTIONS ON 语句将隐式事务模式设置为打开，那么下一条 SQL 语句自动启动一个新事务。 当该事务完成时，再下一条 SQL 语句又将自动启动一个新事务
显式事务	每个事务均以 BEGIN TRANSACTION 语句显式开始，并以 COMMIT 或 ROLLBACK 语句显式结束
分布式事务	跨越多个服务器的事务

5. 事务的嵌套

在 SQL Server 中，允许外层事务的内部包含一个或多个内层事务，这称为事务的嵌套。外层事务称为父事务，而内层事务称为子事务。

在嵌套事务中，子事务在父事务中执行，子事务是父事务的一部分。在从父事务进入子事务之前，父事务先建立一个回滚点，再执行子事务。如果子事务执行结束，则父事务会继续执行。如果子事务发生异常而回滚，则父事务会恢复到嵌套的子事务执行前的状态，相当于子事务未执行。如果父事务回滚，则嵌套的子事务也会回滚。只有父事务提交的时候，子事务才会被提交。

限于篇幅，事务嵌套的相关内容请查阅相关文献和资料。

8.3.2　锁

当多个并发事务要对同一个数据进行访问和操纵时，可能导致脏读、不可重复读、幻读以及丢失数据修改等数据不一致问题。解决上述问题的一种简单办法是让所有的事务一个一个串行执行，但这样势必违背了并发执行的初衷，大大降低了数据库的访问效率。还有一种办法就是使用锁。对多个活动事务共享的数据资源加锁，既不违背活动事务并发执行的初衷，又能在一定程度上解决数据的不一致问题。

1. 并发事务导致的数据不一致问题

在多用户数据库系统中，可能同时运行着多个事务，它们被称为并发事务。当并发事务同时访问和操纵数据库的同一数据资源时，彼此之间可能产生相互干扰，进而导致数据的不一致问题。

（1）脏读

脏读是指一个事务读取了另一个失败事务运行过程中的数据。例如，事务 Transaction1 修改了某一个记录，并将其写入了数据库，事务 Transaction2 读取同一个记录后，事务 Transaction1 由于某种原因被回滚取消，此时被事务 Transaction1 修改过的数据恢复原值，这样事务 Transaction2 读到的数据就与数据库中的数据不一致，Transaction2 读取了 Transaction1 的"脏"数据。

（2）不可重复读

不可重复读是指事务 Transaction1 读取某一数据后，事务 Transaction2 对同一数据执行了修改操作，使得事务 Transaction1 再次读取该数据时，无法得到之前读取的数据。

（3）幻读

幻读是一类特殊的不可重复读。当事务 Transaction1 按一定的条件从数据表中读取数据后，事务 Transaction2 又在该数据表中删除或插入了一些记录，之后事务 Transaction1 再次按相同条件读取该表的数据时，发现之后读取的数据比之前读取的数据少了或者多了一些记录。

（4）丢失数据修改

丢失数据修改是指当两个事务 Transaction1 和 Transaction2 读入同一数据并进行修改时，事务 Transaction2 稍后提交的结果破坏了事务 Transaction1 稍前提交的结果，导致事务 Transaction1 的修改结果被事务 Transaction2 的修改结果覆盖了。

产生上述 4 种数据不一致问题的主要原因是事务的并发操作破坏了事务的隔离性。这就要求用户采取措施调度并发事务，使得一个事务的执行不受其他事务的干扰，进而避免数据不一致问题的出现。在 SQL Server 中，可以使用锁机制来实施事务的隔离性。

2. 锁机制

所谓锁机制，就是事务在对某个数据资源进行操作之前，先向数据库管理系统发出请求，封锁其要访问和操纵的数据资源。该数据资源一旦加锁后，该事务对该数据就具有了相应的控制权，在该事务释放其对该数据资源的封锁之前，其他事务不能操作这些数据。当某种事件出现或该事务完成后，自动解除对该数据资源的锁。因此，锁机制是一种并发控制机制，用来控制事务对共享数据资源的并发存取权限。

需要提醒读者的是，对共享数据资源加锁时，要精心设计，稍有不慎就会出现副作用，常见的副作用就是死锁。多个事务都锁定了自己的资源，而同时又在等待其他事务释放资源，由此造成资源的无序竞用，进而产生了死锁。

例如，事务 A 与事务 B 是两个并发执行的事务，事务 A 锁定了数据表 A 中的所有数据记录，同时请求使用数据表 B 中的数据记录，而事务 B 锁定了数据表 B 中的所有数据记录，同时请求使用数据表 A 中的数据记录。两个事务都在等待对方释放资源，从而造成了死锁。除非有某一个外部事件来结束其中一个事务，否则这两个事务会无限期地等待下去。

当发生死锁时，SQL Server 将在发生死锁的两个事务中选择一个强制进行回滚，另一个事务将继续正常运行。默认情况下，SQL Server 将会回滚代价最低的事务。

限于篇幅，关于死锁的详细内容请查阅相关文献和资料。

3. 锁的类型

对某一数据资源加锁，意味着不同事务对该数据资源的操作权限不同。具体的操作权限由锁的类型决定。锁分为排他锁和共享锁两种类型。

(1)排他锁

排他锁又称为"写锁"，也称为 Exclusive Lock，简称 X 锁。如果事务 T_D 给数据对象 D 加上排他锁，那么只允许事务 T_D 访问和操纵数据对象 D，其他任何事务既不能对 D 加上任何类型的其他锁，也不能对 D 进行任何操作，直到 T_D 释放 D 的排他锁为止。这保证了在 T_D 释放对 D 的排他锁之前，其他事务不能同时访问和操纵 D。

通过添加排他锁可以避免"丢失数据修改"。如果事务 T1_D 在修改数据对象 D 之前对 D 加了排他锁，那么事务 T2_D 想要修改数据对象 D 时就只能等待，直到 T1_D 完成修改操作并释放排他锁，T2_D 才能对 D 添加排他锁并实施修改操作。此时 T2_D 读到的 D 是被 T1_D 修改后的值，避免了"丢失数据修改"的后果。

通过添加排他锁还可以避免"脏读"。如果事务 T1_D 在向数据表 D 插入数据前对 D 添加了排他锁，那么另一个访问 D 的事务 T2_D 将一直处于等待状态，直到 T1_D 提交或者回滚并释放排他锁，T2_D 才能够访问 D。D 的上述访问机制可避免"脏读"。

(2)共享锁

共享锁又称为"读锁"，也称为 Share Lock，简称 S 锁。如果事务 T_D 对数据对象 D 添加了读锁，那么其他事务不能同时对数据对象 D 添加排他锁，直到 D 上的所有读锁释放为止。显然，共享锁能够阻止对已加锁的数据对象进行更新操作。

但是，在 D 被 T_D 添加共享锁的情况下，其他事务仍然可以对 D 添加共享锁。也就是说，对于"读"这一操作，D 可以加多个共享锁，这保证了多个事务在同一时间对同一数据对象读的共享性。

对事务中操作的数据对象添加排他锁可以避免数据的一致性被破坏，但是降低了数据的并发性。而对事务中操作的数据对象添加共享锁，主要是防止其他事务对数据对象的更新操作，它允许其他事务对数据对象添加共享锁，进而完成对该数据对象的并行读取操作。

共享锁可以有效解决"幻读"问题。T1_D 在进行检索之前先对 D 添加共享锁，那么在 T1_D 结束前 T2_D 不能够获得 D 的排他锁，即不能插入、修改和删除数据表记录。在 T1_D 完成本次检索操作之后，T1_D 结束后，T2_D 才能够插入、修改和删除数据表记录，因此可以有效地避免"幻读"问题的发生。

4. SQL Server 可锁定的数据资源

数据资源的大小称为数据资源的粒度。在 SQL Server 2017 中，锁定的数据资源可按粒度由大到小排列如下。

①数据库：用户使用数据库锁，可以锁定整个数据库。这是一种最高层次的锁。数据库一旦被锁定，将禁止其他事务对当前数据库的访问。

②数据表：用户使用数据表锁可以锁定整个数据表，包括数据表中所有的数据记录以及与该数据表相关联的所有索引。数据表一旦被锁定，其他任何事务在数据表被锁定时都不能访问数据表中的任何数据。

③区段页：区段页是存储数据库的 8 个连续的数据页。一个区段页一旦被区段锁锁定，将禁止其他事务访问该区段内的 8 个数据页以及 8 个数据页中的所有数据。

④页：用户使用页锁可以锁定某个数据页及其中的所有数据。使用页锁锁定某一数据页时，即使一个事务只处理这个数据页中的一行数据，也会禁止其他事务访问该页中的其他数据行。

⑤键：键锁可以锁定索引中的特定索引键或一系列索引键。

⑥行：行是 SQL Server 2017 中可以锁定的最小粒度的数据资源。行锁可以在事务处理数据过程中锁定单行或多行数据，对于未锁定的其他行，其他事务可以并发访问和操纵。

在 SQL Server 中，被封锁的资源单位称为锁定粒度，上述 6 种资源单位的锁定粒度由大到小排列。锁定粒度不同，资源的开销也将不同，且锁定粒度与数据库访问并发度是一对矛盾，锁定粒度大，系统开销小，但并发度会降低；锁定粒度小，系统开销大，但并发度会提高。

5. 封锁协议

当 SQL Server 事务要访问和操纵某资源时，必须先申请该资源的锁，再基于所获得锁的机制对该资源进行相应操作；如果没有获得锁，则不能执行对该资源的任何操作；当该事务完成后，或者某种事件发生时，对该资源的锁将被自动解除。事务对操作的数据资源加什么类型的锁？何时释放锁？这些问题构成了不同的封锁协议。

（1）一级封锁协议

一级封锁协议要求，任何要更新数据对象 D 的事务必须对 D 加排他锁，并保持排他锁到事务结束，否则该事务进入等待队列，事务状态转换为等待，直到获得排他锁为止。上述规则可以防止"丢失数据修改"问题发生。

在一级封锁协议中，如果事务只是读数据而不对数据进行更新，那么不需要加锁。因此，一级封锁协议不能保证"不可重复读"问题和"脏读"问题不发生。

（2）二级封锁协议

二级封锁协议要求，任何要读取数据对象 D 的事务 T_D 必须对 D 加共享锁，读完即可释放共享锁。当事务 T_D 要执行数据对象 D 的更新操作时，必须将共享锁升级为排他锁，并一直保持到事务结束，包括正常结束和非正常结束。

二级封锁协议实际上是一级封锁协议加上事务对要读取的数据加共享锁，读完后即释放共享锁。二级封锁协议不但能够防止"丢失数据修改"问题，还能解决"脏读"问题。在二级封锁协议中，由于事务读完数据即释放共享锁，因此，不能避免"不可重复读"问题发生。

（3）三级封锁协议

在三级封锁协议中，任何要读取数据对象 D 的事务 T_D 必须对 D 加共享锁，直到该事务结束才可释放共享锁。当事务 T_D 要执行数据对象 D 的更新操作时，必须将共享锁升级为排他锁，并一直保持到事务结束。

三级封锁协议实际上是一级封锁协议加上事务对要读取的数据加共享锁，并直到事务结束才释放共享锁。三级封锁协议既可以防止"丢失数据修改"问题的发生，又可以解决"脏读"问题，还可以防止"不可重复读"问题的发生。

上述 3 个封锁协议的主要区别在于哪些操作需要申请哪些类型的锁以及何时释放锁。不同级别的封锁协议的主要区别如表 8-4 所示。

表 8-4 不同级别的封锁协议的主要区别

封锁协议	排他锁（写操作）	读锁（读操作）	丢失数据修改	脏读	不可重复读
一级	事务全程加锁	事务不加锁	√		
二级	事务全程加锁	事务开始加锁，读完即释放	√	√	
三级	事务全程加锁	事务全程加锁	√	√	√

6. 锁的相容性

对于数据对象 D 而言，如果事务 T1_D 加锁 1 的情况下，事务 T2_D 能够申请获得 D 的锁 2，那么对于 D 而言，锁 1 和锁 2 是相容的。不同锁之间的相容性如表 8-5 所示。

表 8-5　不同锁之间的相容性

T1_D	T2_D		
	排他锁	共享锁	不加锁
排他锁	No	No	Yes
共享锁	No	Yes	Yes
不加锁	Yes	Yes	Yes

表 8-5 的第一列表示事务 T1_D 在数据对象 D 上可加的锁；表的第一行表示事务 T2_D 在数据对象 D 上可加的锁；表的交叉单元格表示在事务 T1_D 获得同行指定锁的情况下，事务 T2_D 能否申请获得同列指定锁；在 T1_D 获得锁后，T2_D 再请求加锁，如果被拒绝，则表示发生了冲突，使用 No 表示，如果 T2_D 的加锁请求可以满足，则使用 Yes 表示。

7. T-SQL 语句中的"加锁选项"

在 T-SQL 中，用户可以使用下列"加锁选项"给 SQL 语句指定的操作加锁。如果用户没有显式指定"加锁选项"，则 SQL Server 将使用默认设置。

（1）NOLOCK（不加锁）

用户在 SQL 命令中指定此选项时，该命令在访问和操纵数据时不加任何锁。在这种情况下，用户有可能读取到未完成事务或回滚事务中的数据，引发所谓的"脏读"问题。注意：该选项仅应用于 SELECT 语句，不能用于 UPDATE、DELETE、INSERT 语句。

（2）HOLDLOCK（保持锁）

用户在 SQL 命令中指定此选项时，SQL Server 会将共享锁保持至整个事务结束，而不会在途中释放。如果事务在某个数据表上加了保持锁，那么其他事务可以读取表，但不能更新表。

（3）UPDLOCK（修改锁）

用户在 SQL 命令中指定此选项时，SQL Server 在读取数据时会使用修改锁来代替共享锁，并将此锁保持至整个事务结束。此选项能够保证多个事务并发读取数据，但只有加锁事务才能修改数据表中的数据。

（4）TABLOCK（表锁）

用户在 SQL 命令中指定此选项时，SQL Server 会对整个数据表上加共享锁，直至该命令或事务结束。这个选项可以保证其他事务只能读取而不能更新加锁数据表中的数据。

（5）TABLOCKX（排他表锁）

用户在 SQL 命令中指定此选项时，SQL Server 将在整个数据表上加上排他锁，直至该命令或事务结束。一个事务一旦申请了某个数据表的排他表锁，就将阻止其他事务读取或更新该数据表中的数据。

（6）PAGLOCK（页锁）

该选项指定页级锁，为默认选项。当该选项被选中时，SQL Server 会使用共享页锁。

（7）ROWLOCK（行锁）

行级锁是粒度最小的锁。当该选项被选中时，SQL Server 将在数据表的指定行上加锁，该锁可以确保加锁行在更新操作完成之前不被其他用户修改。因为行级锁粒度小，所以行级锁既可保证数据的一致性，又能提高数据操作的并发性。ROWLOCK 选项可以在 SELECT、UPDATE 和 DELETE 语句中使用。

8. 锁的应用示例

锁的应用场景比较广泛，下面基于几个示例说明常用锁的典型应用。

【例 8-16】行锁在 SELECT 语句中的应用。

下列 SQL 命令将锁定 Student 表中 XH='S02'的学生记录。

```
USE StudentGrade;
GO
SET TRANSACTION ISOLATION LEVEL READ UNCOMMITTED;
SELECT *
FROM Student WITH(ROWLOCK)
WHERE XH = 'S02';
```

思考：加行锁后，其他事务还能否对该表进行访问和操纵？

【例 8-17】表锁的应用。

下列 SQL 命令可以锁定 Student 表中的所有记录。

```
USE StudentGrade;
GO
SELECT CSRQ FROM Student WITH(TABLOCK)
WHERE CSRQ = '2006-06-01';
```

思考：加表锁后，其他事务还能否对该表进行访问和操纵？

【例 8-18】排他表锁的应用。

下列 SQL 命令用于创建名称为 transaction1 和 transaction2 的事务，在事务 transaction1 上添加排他锁，事务 transaction1 执行 6s 之后才能执行事务 transaction2。

```
USE StudentGrade;
GO
BEGIN TRANSACTION transaction1
UPDATE Grade WITH(TABLOCKX)
SET KCCJ= 99
WHERE XH= 'S01' AND KCM= '大数据分析';
WAITFOR DELAY   '00:00:06';
COMMIT TRANSACTION
BEGIN TRANSACTION transaction2
SELECT *
FROM Grade
WHERE XH= 'S01' AND KCM= '大数据分析';
COMMIT TRANSACTION
```

思考：事务 transaction2 和事务 transaction1 对 Grade 表的访问是排他的吗？

【例 8-19】排他表锁的应用。

下列 SQL 命令用于同时向"StudentGrade"数据库的 Grade 表中插入数据('S07','大数据导论',72)，向 Student 表中插入数据('S09','于尼娜','女','金融')。

```
USE StudentGrade;
GO
BEGIN TRANSACTION Tran1
INSERT INTO Grade(XH, KCM, KCCJ) WITH(TABLOCKX)
VALUES('S07', '大数据导论', 72);
COMMIT TRANSACTION
BEGIN TRANSACTION Tran2
INSERT INTO Student(XH, XM, XB, ZY) WITH (TABLOCKX)
VALUES('S09', '于尼娜', '女', '金融');
COMMIT TRANSACTION
```

上述代码中，事务 Tran1 在插入记录的时候对表使用排他锁，那么事务 Tran2 就要一直等待事务 Tran1 结束才能在 Student 表中插入记录。

【例 8-20】共享锁的应用。

下列 SQL 命令用于创建名称为 transaction1 和 transaction2 的事务，在事务 transaction1 上添加共享锁，允许两个事务同时执行查询操作。

```
USE StudentGrade;
GO


BEGIN TRANSACTION transaction1
SELECT XH, XM, JG
FROM Student WITH(HOLDLOCK)
WHERE XM = 'Mary';
WAITFOR DELAY '00:00:06'
COMMIT TRANSACTION


BEGIN TRANSACTION transaction2
SELECT *  FROM Student WHERE XM= 'Mary';
COMMIT TRANSACTION
```

思考：事务 transaction2 和事务 transaction1 对 Student 表的访问有没有限制？

9. 事务的隔离级别

在事务的 ACID 属性中，隔离性是指一个事务的执行不能被其他事务干扰，即一个事务内部的操作及使用的数据对并发的其他事务是隔离的，并发执行的各个事务之间不能互相干扰。

如果严格保证事务的隔离性，那么所有事务的并发执行结果与这些事务串行调度的结果是相同的，这样的事务调度称为可串行化的调度。尽管可串行性对于确保数据库中的数据在所有时间内的正确性相当重要，但是数据库的访问并发度也要兼顾。另外，许多事务并不总是要求完全隔离的。也就是说，并发事务之间的隔离程度是可以根据用户需求调整的。

事务之间的隔离程度可以通过事务隔离级别来反映，换句话说，事务隔离级别界定了一个事务必须与其他事务进行隔离的程度。较低的隔离级别可以增加并发，但代价是降低数据的一致性。较高的隔离级别可以确保数据的一致性，但可能对并发产生负面影响。

在 SQL Server 2017 中，事务的隔离状态由低到高主要有 4 个级别，如表 8-6 所示。事务隔离级别的不同意味着数据完整性风险的不同以及事务并发访问能力的不同。一般来说，事务隔离级别的高低和事务的并发能力的高低成反比。

表 8-6 事务的隔离级别

描述	说明
READ UNCOMMITTED	这是 4 个隔离级别中限制最小的隔离级别。在该隔离级别下，即使事务正在使用某数据，其他事务也能同时更新该数据。该级别的隔离机制相当于将锁设置为 NOLOCK，不能解决脏读、不可重复读及幻读问题
READ COMMITTED	这是 SQL Server 默认的事务隔离级别。在该隔离级别下，其他事务不能读取已由本事务修改但尚未提交的数据。但本事务提交后，其他事务就能够读取那些已经提交的数据。该级别的隔离机制可以解决脏读问题，不能解决不可重复读及幻读问题

描述	说明
REPEATABLE READ	这是比较严格的一种隔离级别。在该隔离级别下，其他事务不能读取已由本事务修改但尚未提交的数据记录，且其他任何事务不能在当前事务完成之前修改由当前事务读取的数据记录。该事务中的每个语句所读取的全部数据都设置了共享锁，且该共享锁一直保持到事务完成为止。该隔离级别可以防止其他事务修改当前事务读取的任何数据记录。该级别的隔离机制可以解决脏读和不可重复读问题，但不能解决幻读问题
SERIALIZABLE	这是 4 个隔离级别中限制程度最高的级别。在该隔离级别下，不管多少事务，只有逐个执行完一个事务及其包含的所有子事务之后，才可能执行另一个事务及其包含的所有子事务。该级别的隔离机制可以解决脏读、不可重复读和幻读问题

基于下列 T-SQL 语句，用户可以设置事务的隔离级别。

```
SET TRANSACTION ISOLATION LEVEL
{READ COMMITTED
| READ UNCOMWITTED
| REPEATABLE READ
| SERIALIZABLE
}
```

例如，下列 SQL 语句用于将事务的隔离级别设置为 REPEATABLE READ。

```
SET TRANSACTION ISOLATION LEVEL
REPEATABLE READ
```

需要指出的是，表 8-6 所示的 4 类隔离级别实际上可以基于不同的锁实现。请读者思考，表 8-6 所示的 4 种隔离级别分别可以使用哪些类型的锁实现。

习题：思考题

【1】Access 宏对象的设计界面有什么特点？

【2】以 Access 数据宏为例，说明嵌入宏的设计步骤。

【3】运行 Access 宏对象有几种方法？各有什么不同？

【4】在 Access 中，嵌入宏对象与独立宏对象的设计过程有什么不同？

【5】举例说明基于 Access 宏对象设计器设计顺序流程、选择流程和循环流程的方法。

【6】在 SQL Server 中，如何创建一个批处理程序？

【7】在 SQL Server 中，如何使一个批处理执行 n 次？

【8】举例说明 SQL Server 批处理技术与 Access 批处理技术的区别。

【9】举例说明事务的 ACID 属性及其应用场景。

【10】举例说明并发事务导致的数据不一致问题。

【11】举例说明基于 SQL Server 定义事务的方法和技术。

【12】举例说明事务和锁的关系及其应用场景。

学习材料：学无止境

学习是一种习惯，只有不断学习，才能不断成长。请认真学习下列学习材料，以加深自己对数据库批处理技术的认识，进而提升自己运用批处理技术解决实际问题的能力。

【学习材料1】工作流。

【学习材料2】批处理系统与在线处理系统的区别。

【学习材料3】大数据的离线批处理。

第9章 数据库用户界面的实现技术

本章导读

数据库用户界面是数据库用户与数据库系统交互和信息交换的接口，它实现了数据库系统的控制以及数据库用户与数据库系统之间的数据传送。由于数据库用户界面是用户需求的直接反映，因此要基于以人为本的理念设计和创建数据库用户界面，在人机交互功能、操作逻辑和界面美观上提升用户的体验。Access 数据库可以基于窗体对象设计和实现用户界面，SQL Server 数据库可以基于第三方软件设计和实现用户界面。

9.1 用户界面概述

用户界面包含用户用来与计算机软件系统交互的所有内容，是用户和计算机软件系统之间基于输入输出设备进行交互的接口。常用的用户界面有字符用户界面（command user interface，CUI）和图形用户界面（graphics user interface，GUI）两种形态。

1. CUI

CUI 又称为命令行界面（command line interface，CLI），是在图形用户界面普及之前使用最为广泛的用户界面，它通常不支持鼠标进行操作，用户通过键盘输入指令和数据，计算机软件系统接收到指令和数据后，按照指令要求对数据进行处理，并将处理结果反馈给用户。

如图 9-1 所示，当用户基于 CUI 与计算机软件系统进行交互时，必须输入大量的命令，这对于非专业用户而言是非常困难的。为了解决这一问题，GUI 诞生了。基于 GUI，用户通过菜单栏、按钮或者打开对话框的形式来实现与计算机软件系统的交互，GUI 的存在拉近了人与计算机的距离，让人机交互的过程变得简单舒适、有温度。

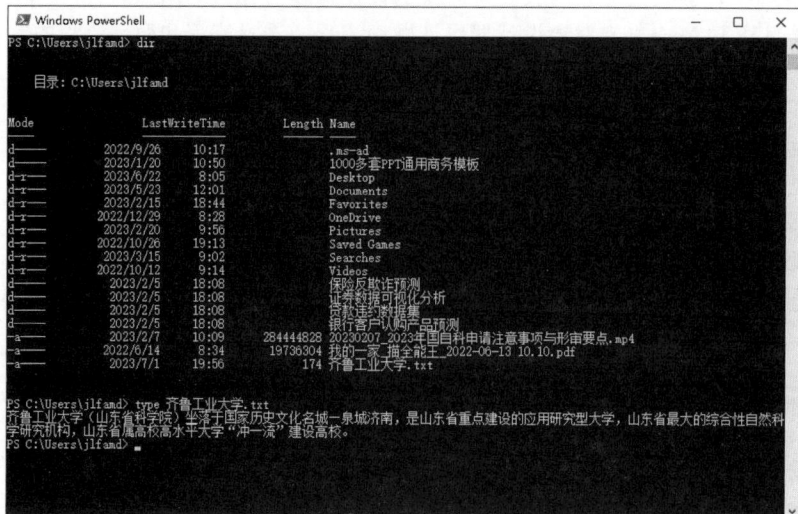

图 9-1 字符用户界面

2. GUI

GUI 是指采用图形方式显示的计算机软件操作用户界面，是计算机软件系统与其用户之间的交互接口。

如图 9-2 和图 9-3 所示，GUI 一般由窗口、下拉菜单、标签、文本框、按钮以及对话框等图形化的控件组成，通过对控件的简单操作，就可以实现用户与计算机软件系统之间的交互，进而实现计算机软件系统的控制以及用户与计算机软件系统之间的数据传送。

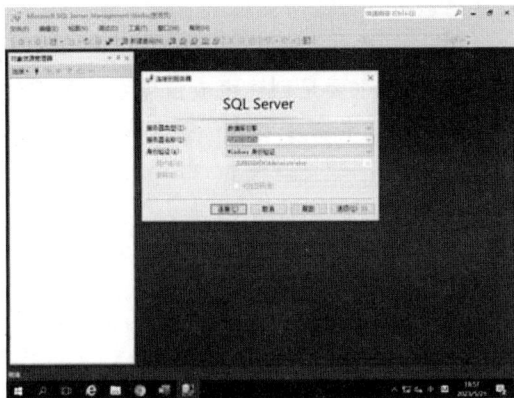

图 9-2　GUI(SSMS 启动时的用户界面)　　　图 9-3　GUI("查询"菜单)

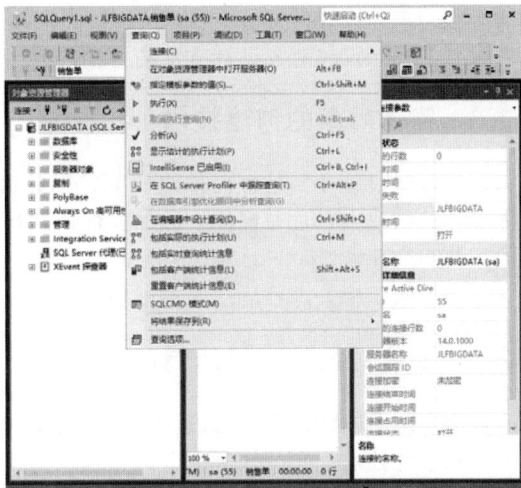

与早期的 CUI 相比，GUI 对用户更加友好，用户不需要记忆大量复杂的命令，只需要通过鼠标、键盘或触摸屏的简单操作就可以实现与计算机软件系统之间的交互，从功能调用、流程交互及视觉表现 3 个层面极大地提升了用户体验。

GUI 对计算机等智能系统的普及与进一步发展具有深远影响。对于非专业用户而言，GUI 在过去几十年里一直是计算机软件系统的主流用户界面。在 GUI 发展的过程中，微软、苹果、施乐等公司为 GUI 领域的发展做了重要贡献。20 世纪 70 年代，美国施乐研究中心完成了第一个比较完善的图形界面程序(即 WIMP 程序)，该程序包含了窗口、图标、菜单和下拉菜单等。随后苹果公司于 1983 年发布了一款电子图表软件(Lisa)，这也是世界上第一款具有完整界面的计算机软件。然而，GUI 的真正火热是伴随着 Windows 操作系统的出现而兴盛起来的。20 世纪初，微软公司相继发布了 Windows 95、Windows 98、Windows XP 等版本，其中 Windows XP 更是直接奠定了微软在操作系统领域的"霸主"地位，此时的 GUI 才趋于成熟。

9.2　Access 数据库用户界面的实现技术

Access 基于窗体对象实现用户对 Access 数据库的 GUI。本节将介绍窗体对象的基本概念、窗体对象的设计方法、窗体对象的实现技术以及窗体对象的应用示例等。

9.2.1　窗体对象

窗体是 Access 数据库的一个组成对象，它可以实现用户的 GUI。本节主要介绍窗体对象的概念、功能、类型、设计视图等。

限于篇幅，关于窗体的内容请参阅本书的数字教程。

9.2.2 窗体对象的设计方法

窗体对象的设计方法可以归纳为两类：窗体设计器和窗体设计向导。基于窗体设计器设计窗体对象是最主要的方法，它功能强大且比较灵活，用户可以根据实际需求在窗体设计器的设计视图中对窗体、窗体所包含的控件以及它们之间的关系进行设计，进而实现用户的 GUI。除了窗体设计器之外，其他的创建方法都给予了用户一定的提示和引导，所以编者把设计窗体对象的其他方法统称为窗体设计向导。

限于篇幅，窗体对象设计方法的详细内容请参阅本书的数字教程。

9.2.3 窗体对象的创建技术

由于窗体对象主要是由控件组成的，因此窗体对象的创建主要是创建组成窗体对象的控件。窗体控件的创建主要是在窗体中添加控件并设置控件的静态属性和动态方法，以实现用户对数据库的控制和交互。

限于篇幅，相关内容请参阅本书的数字教程。

9.2.4 窗体对象的应用示例

前面介绍了的窗体对象的设计方法和创建技术，下面将通过几个例子深入分析窗体对象的设计方法和创建技术。

限于篇幅，相关应用示例请参阅本书的数字教程。

9.3 SQL Server 数据库用户界面的实现技术

与 Access 数据库不同，SQL Server 数据库通常基于第三方软件实现数据库的用户界面。本节以 Python 为例，介绍 SQL Server 数据库用户界面的设计方法和创建技术。

9.3.1 SQL Server 数据库用户界面的设计方法

由于 SQL Server 数据库没有提供数据库用户界面的设计方法和创建技术，因此用户需要基于第三方软件设计用户界面，进而实现 SQL Server 数据库的控制和访问。

基于第三方软件设计用户访问 SQL Server 数据库的界面也有 CUI 和 GUI 两种形态。基于第三方软件设计 SQL Server 数据库 GUI 的方法，与 Access 数据库 GUI 的设计是相似的，主要包括以下 7 个设计步骤。

Step1：创建窗体。
Step2：在窗体中添加控件，主要包括标签、文本框、列表框、单选框、复选框、按钮等。
Step3：布局控件，将控件摆放在窗体中的合适位置。
Step4：设置窗体和控件的静态属性。
Step5：设置窗体和控件的操作方法。
Step6：建立事件响应机制，对用户的鼠标点击、键盘敲击、屏幕触摸等操作进行响应。
Step7：基于对话框等控件将用户请求的信息反馈给用户。

9.3.2 SQL Server 数据库用户界面的创建技术

支持 SQL Server 数据库的第三方软件都可以创建用户访问数据库的界面。Visual C＋＋、

Java、Python 等都支持用户设计 SQL Server 数据库的用户界面，既包括 CUI，又包括 GUI。下面简单介绍基于 Python 创建 SQL Server 数据库 GUI 的技术。

作为一种容易上手、简单方便的编程语言，Python 自带了 Tkinter 工具包，用于高效率地创建 GUI。基于 Tkinter 工具包创建 GUI 的基本步骤如下。

Step1：导入 Tkinter 工具包。

Step2：创建 GUI 根窗体。

Step3：添加人机交互控件。

Step4：设置控件的静态属性。

Step5：设置窗体和控件的操作方法。

Step6：建立事件循环机制，等待用户触发事件，响应事件并返回用户信息。

除了 Tkinter 工具包以外，Python 还可以基于第三方工具包设计和创建 GUI，比较常用的工具有 PyQT、pyGTK、wxPython、Kivy、PySide 等。

限于篇幅，详细内容请查阅相关文献和资料。

习题：思考题

【1】简要说明基于窗体实现 Access 数据库 GUI 的方法。

【2】简要说明基于第三方软件实现 SQL Server 数据库 GUI 的方法。

【3】简要分析 GUI 对计算机的普及与进一步发展的深远影响。

【4】Access 数据库的宏对象与窗体对象有什么关系？

【5】Access 数据库的查询对象与窗体对象有什么关系？

【6】Access 数据库的数据表对象与窗体对象有什么关系？

【7】SQL Server 数据库的数据表与 GUI 有什么关系？

【8】SQL Server 数据库的视图与 GUI 有什么关系？

【9】SQL 命令与 GUI 有什么关系？

【10】查阅相关资料，简要说明人文情怀与数据库用户界面之间的关系。

阅读材料：人文情怀

阅读下列材料，讨论人文情怀理念在用户界面设计中的应用场景。

【阅读材料1】基于 Python 语言图形用户界面设计的研究。

【阅读材料2】基于用户体验的界面设计。

【阅读材料3】基于心智模型的自然用户界面设计研究。

【阅读材料4】以人为本的用户交互界面设计。

【阅读材料5】软件开发中的人机界面设计方法。

【阅读材料6】可视化编程环境中人机界面的面向对象设计。

【阅读材料7】用户界面设计中字体应用的交互属性研究。

【阅读材料8】软件界面设计技术探讨与实践。

【阅读材料9】基于老龄化背景的 App 用户界面设计研究进展。

【阅读材料10】认知老龄化与老年产品的交互界面设计。

【阅读材料11】中国传统文化元素在用户界面设计中的应用研究。

【阅读材料12】窗体中的前台对象和后台对象。

第 10 章　数据库的模块化处理技术

本章导读

第 8 章学习的数据库批处理技术，可以将多条 SQL 命令基于复杂的业务流程集成在一起执行，可以处理对于较为复杂的数据组织和数据管理任务。但是，批处理程序的执行速度往往较慢，这是因为批处理程序是解释型的，它包含的 SQL 语句每执行一次就编译一次。另外，批处理程序的重用性较差。本章将学习数据库的模块化处理技术，基于模块化技术设计的程序执行速度较快，而且重用性高。本章先学习 Access 数据库的模块化处理技术，再学习 SQL Server 数据库的模块化处理技术。基于二者的比较学习体验，便于建构读者数据库模块化处理技术的知识体系。

10.1　Access 数据库的模块化处理技术

Access 数据库的模块化处理技术基于 VBA 语言实现。VBA 是以 BASIC 语言作为语法基础的可视化高级语言，它既支持面向过程的程序设计，又支持面向对象的程序设计。如果读者不了解面向过程的程序设计方法和面向对象的程序设计方法，则请参阅本书的数字教程。下面主要介绍如何基于 VBA 设计 Access 数据库的模块对象，进而高效率地处理复杂的业务逻辑。

10.1.1　模块对象

在 Access 数据库中，为了提高程序的执行速度和可重用性，可以将编写好的程序代码封装在模块对象中。模块对象的概念、模块对象的组成和模块对象的分类，限于篇幅，请参阅本书的数字教程。

10.1.2　模块对象的设计方法和技术

基于 VBA 设计模块对象主要包括模块的创建、模块的执行、模块的调试和模块的修改等任务。模块分为类模块和标准模块，它们的设计方法和技术，限于篇幅，请参阅本书的数字教程。

10.1.3　模块对象中过程的协作

模块中的单个过程往往难以独立完成复杂任务，通常的做法是把大问题转换为小问题，将复杂任务分解为多个易于解决的子任务，将每个子任务设计为一个过程，最终通过多个过程间的协同合作完成复杂任务。这就犹如一个复杂的、多人构成的团体，需要各个部门、各个环节、各个同事的通力协作、顺畅衔接、凝聚力量，才能有较高的团队运转效率，保证团体目标的最终实现。

限于篇幅，详细内容请参阅本书的数字教程。

10.1.4　模块对象的应用技术

Access 数据库中包含了表对象、查询对象、窗体对象、报表对象、宏对象及模块对象共 6 种不同类型的对象，这些对象有其各自的基本功能和作用，同时，不同对象之间也有一定的关系，大多数的数据管理任务需要依靠不同类型对象之间的协同工作来完成。模块对象在其他数据库对象中的应用技术，限于篇幅，详细内容请参阅本书的数字教程。

10.2 SQL Server 数据库的模块化处理技术

SQL Server 通常基于存储过程实现数据库的模块化处理。通俗地说，存储过程是一系列 SQL 语句和流程控制语句的逻辑集合体。与批处理程序相比，存储过程不仅执行速度较快、重用性高，还可以实现更复杂的业务逻辑。

10.2.1 存储过程概述

1. 存储过程的概念

存储过程是数据库中的一个重要对象，它是存储在数据库中的一组完成特定功能的 T-SQL 语句集。存储过程一次编译后永久有效，用户只需要指定存储过程的名称就可以执行该存储过程的功能。对于存储过程来说，用户还可以通过参数来提高其灵活性，进而提升其可重用性。

2. 存储过程的优点

（1）执行速度快

存储过程是预编译的，只在创造时进行编译，以后每次执行时都不需再重新编译，而一般 SQL 语句每执行一次就编译一次，所以使用存储过程可提高数据库执行速度。

（2）允许模块化设计

存储过程在被创建以后可以在程序中被多次调用，而不必重新编写该存储过程的 SQL 语句。由于应用程序源代码只包含存储过程的调用语句，因此编译人员可以随时对存储过程进行修改而不影响应用程序源代码，从而极大地提高了程序的可移植性。

（3）提高系统安全性

系统管理员通过对执行某一存储过程的权限进行限制，能够实现对相应的数据访问权限的限制，避免非授权用户对数据进行访问，而没有权限的用户在控制之下也可以间接地存取数据库，从而保证了数据的安全。

（4）减少网络流量

如果把对数据库对象的操作（如查询、修改等）组织成存储过程，那么当在客户计算机中调用该存储过程时，不必发送多条冗长的 SQL 语句，而只用发送存储过程的名称和参数，从而减少应用程序和数据库服务器之间的流量，降低网络负载。

3. 存储过程的分类

存储过程分为两大类：系统存储过程和用户自定义存储过程。

（1）系统存储过程

系统存储过程由系统定义，主要存储在 master 数据库中并以"sp_"或"xp_"为前缀，其中，"sp_"是指 system procedure 系统过程，"xp_"是指 extensible procedure 扩展过程。尽管这些系统存储过程被放在 master 数据库中，但是仍可以在其他数据库中对其进行调用，且调用时不必在存储过程名前加上数据库名。当创建一个新数据库时，一些系统存储过程会在新数据库中被自动创建。表 10-1 列出了常见的系统存储过程。

表 10-1　常见的系统存储过程

sp_databases	列出服务器中的所有数据库
sp_helpdb	报告有关指定数据库或所有数据库的信息
sp_renamedb	更改数据库的名称
sp_tables	返回当前环境中可查询的对象的列表
sp_columns	返回某个表列的信息
sp_help	查看某个表的所有信息
sp_helpconstraint	查看某个表的约束
sp_helpindex	查看某个表的索引
sp_stored_procedures	列出当前环境中的所有存储过程
sp_password	添加或修改登录账户的密码
sp_helptext	显示默认值，未加密的存储过程，用户定义的存储过程、触发器或视图的实际文本

（2）用户自定义存储过程

用户自定义存储过程是由用户创建并能完成某一特定功能（如查询用户所需数据信息）的存储过程。本章所涉及的存储过程主要是指用户自定义存储过程。

10.2.2　存储过程的设计技术

创建和使用存储过程时必须遵循如下规则。

①创建存储过程的权限默认属于数据库所有者，该所有者可以把次权限授予其他用户。

②存储过程是数据库对象，其名称必须遵守标识符规则。名称标识符的长度最大为 128 位，且数据库必须唯一。

③只能在当前数据库中创建存储过程。

④每个存储过程最多可以使用 1024 个参数。

⑤存储过程最多支持 32 层嵌套。

1. 存储过程的创建

创建存储过程需要使用 CREATE PROC EDURE 语句，其具体语法如下。

【格式】

```
CREATE PROC [ EDURE ] procedure_name [ ; number ]
[ { @parameter data_type }
[ VARYING ] [ = default ] [ OUTPUT ]
] [ , ... n ]
[WITH
{ RECOMPILE | ENCRYPTION | RECOMPILE , ENCRYPTION } ]
[ FOR REPLICATION ]
AS sql_statement [ ... n ]
```

【说明】

①procedure_name：存储过程的名称，在前面加 ♯ 表示局部临时存储过程，加 ♯♯ 表示全局临时存储过程。存储过程的完整名称（包括 ♯ 或 ♯♯）不能超过 128 个字符。

②number：可选的整数，用来对同名的过程进行分组。

③@parameter：用于指定存储过程的参数，可以声明一个或多个参数。

④data_type：用于指定参数的数据类型。

⑤VARYING：指定作为输出参数支持的结果集（由存储过程动态构造，内容可以变化），仅适用于游标参数。

⑥default：参数的默认值。

⑦OUTPUT：表明参数是返回参数。

⑧RECOMPILE：表明 SQL Server 不会缓存该过程的计划，该过程将在运行时重新编译。

⑨ENCRYPTION：表示 SQL Server 加密 syscomments 表中包含 CREATE PROC EDURE 语句文本的条目。

⑩FOR REPLICATION：指定不能在订阅服务器中执行为复制创建的存储过程。

⑪AS：指定过程要执行的操作。

⑫sql_statement：存储过程中要包含的任意数目和类型的 T-SQL 语句。

2. 存储过程的执行

在存储过程建立好后，该存储过程作为数据库对象已经存在，其名称和文件分别存放在 sysobjects 和 syscomments 系统表中。可以使用 T-SQL 的 EXECUTE 语句来执行存储过程。如果该存储过程是批处理中第一条语句，则 EXEC 关键字可以省略。

执行存储过程的基本语法如下。

【格式1】

```
[ EXEC[UTE] ] 存储过程名 [@参数名=参数值 [, OUTPUT] ] [, ...n] ]
```

【格式2】

```
[ EXEC[UTE] ] 存储过程名 [参数值 [, OUTPUT] ] [, ...n] ]
```

【说明】

①执行带输入参数的存储过程时，必须给出具体的参数值，并传递给输入参数。在执行存储过程的语句中，有两种方式来传递参数值，分别是使用参数名传递参数值的【格式1】和按参数位置传递参数值的【格式2】。

②按参数位置传递参数值比使用参数名传递参数值简洁，比较适用于参数值较少的情况；而使用参数名传递参数值可使程序可读性增强，当参数数量较多时，建议使用参数名传递参数值的方法。

③执行带输出参数的存储过程时，必须接收输出参数的值，一般定义变量来接收，也就是要将存储过程输出参数的值传递给变量。一般在 EXEC 语句前使用 DECLARE 来定义变量，格式为 DECLARE 变量名 数据类型。

④可以通过 EXEC 语句查看系统存储过程，如 EXEC sp_helptext 用于查看创建存储过程的命令语句；也可以执行系统存储过程 sp_help 来查看存储过程的名称、拥有者、类型、创建时间等基本信息。

3. 存储过程的删除

DROP PROCEDURE 语句可将一个或多个存储过程从当前数据库中删除。其语法如下。

【格式】

```
DROP PROCEDURE { procedure_name}[, ...n]
```

4. 存储过程的修改

修改存储过程通常是指编辑它的参数和 T-SQL 语句。

【格式】

```
ALTER  PROC [ EDURE ] procedure_name [ ; number ]
[ { @ parameter data_type }
[ VARYING ] [ =default ] [ OUTPUT ]
] [ , ...n ]
```

```
[WITH
{ RECOMPILE | ENCRYPTION | RECOMPILE , ENCRYPTION } ]
[ FOR REPLICATION ]
AS sql_statement [ ...n ]
```

10.2.3 存储过程的应用示例

在实际应用中，可以根据语法创建各种存储过程。

1. 简单的存储过程

简单的存储过程类似于为一组 SQL 语句取一个名称，此后就可以在需要时对其进行反复调用。

【例 10-1】在"StudentGrade"数据库中创建一个名为 P_CJ1 的存储过程，用于查询课程 02（电子商务）在 90 分以上的学生的学号、姓名、课程名和成绩，并按照成绩降序排列。执行完该存储过程后将其删除。

```
- - - - - - - - - - - - - - 创建存储过程- - - - - - - - - - - - - -
USE  StudentGrade
GO
CREATE  PROCEDURE  P_CJ1
AS
SELECT   Grade.StudentNo 学号, StudentName 姓名, Course.CourseName 课程名,
Grade.Score 成绩   FROM  Grade, Student, Course
WHERE    Grade.StudentNo= Student.StudentNo AND Grade.CourseNO= Course.CourseNO
AND Grade.Score>= 90 AND  Grade.CourseNO= '02'
ORDER  BY  4  DESC
GO
- - - - - - - - - - - - - - 执行存储过程- - - - - - - - - - - - - -
EXEC  P_CJ1
GO
- - - - - - - - - - - - - - 删除存储过程- - - - - - - - - - - - - -
DROP   PROC P_CJ1
```

2. 带输入参数的存储过程

输入参数是由调用程序向存储过程传递的参数。需要在创建存储过程语句中定义输入参数，在执行存储过程中给出输入参数的值。

【例 10-2】创建一个带有输入参数的存储过程 P_CJ，查询指定课程号（作为输入参数）的学生成绩信息，并使用 3 种方式执行该存储过程。

```
- - - - - - - - - - - - - - 创建存储过程- - - - - - - - - - - - - -
USE  StudentGrade
GO
CREATE  PROC  P_CJ
@KCH Char(10) = '01'            --输入形参：接收外部传递的数据
AS
SELECT Grade.StudentNo 学号, Grade.CourseNO 课程号 , Grade.Score 成绩   FROM
Grade  WHERE  Grade.CourseNO= @KCH
GO
```

```
-------------执行存储过程-------------
EXEC   P_CJ
EXEC   P_CJ   '02'              --按位置传递参数
EXEC   P_CJ   @KCH='07'          --使用参数名传递参数
```

【例10-3】创建并执行带输入参数的存储过程p_xsb，查询指定学号（作为输入参数）的学生姓名、课程号和成绩。

```
-------------创建存储过程-------------
USE  StudentGrade
GO
CREATE   PROCEDURE   p_xsb
@xh Char(20)
as
SELECT   Student.StudentName 姓名, Grade.CourseNO 课程号, Grade.Score 成绩
FROM  Grade, Student
WHERE   Grade.StudentNo=Student.StudentNo AND Student.StudentNo= @xh
GO
-------------执行存储过程-------------
exec  p_xsb  '201917111007'
exec  p_xsb  @xh='201917141018'
```

3. 带输出参数的存储过程

当需要从存储过程中返回一个或多个值时，可以在创建存储过程的语句中定义这些输出参数。需要在CREATE PROC语句中使用OUTPUT关键字表明输出参数。

【例10-4】创建一个带有输入参数和输出参数的存储过程P_KCH，返回指定教师（作为输入参数）所授课程的课程号（作为输出参数），并执行该存储过程。

```
-------------创建存储过程-------------
USE  StudentGrade
GO
CREATE   PROC   P_KCH
@skjsvarchar(10), @KCH  char(10)  OUTPUT
AS
SELECT   @kch=CourseNo  FROM   course
WHERE   CourseTeacher=@skjs
GO
-------------执行存储过程-------------
DECLARE   @skjs  varchar(10), @kch char(10)
SET   @skjs='姜笑枫'
EXEC   P_KCH  @skjs, @kch OUTPUT
PRINT   @skjs +'教师所授课程的课程号为'+@kch
```

【例10-5】创建并执行带输入和输出参数的存储过程p_cj3，查询指定学号（作为输入参数）学生所选修课程的课程名和成绩（两个作为输出参数）。调用存储过程后，显示"××学号选修的课程名为《××》，其成绩是××"。

```
-------------创建存储过程-------------
USE  StudentGrade
GO
```

```
CREATE  PROC  p_cj3
@xh Char(20), @kcm  Char(10)  OUTPUT, @cj  Int  OUTPUT
AS
SELECT  @kcm=Course.CourseName, @cj=Grade.Score  FROM  Course, Grade
WHERE  Course.CourseNo=Grade.CourseNo  AND  Grade.StudentNo=@xh
GO
- - - - - - - - - - - - - 执行存储过程- - - - - - - - - - - - -
DECLARE  @xh  Char(20), @kcm  Char(10), @cj  Int
SET  @xh='201917111007'
EXEC  p_cj3  @xh, @kcm  OUTPUT, @cj  OUTPUT
PRINT  @xh+  '学号选修的课程名为《'+@kcm +'》，其成绩是' +cast(@cj  AS Varchar
(5))
```

4. 修改存储过程

【例 10-6】修改例 10-1 中创建的存储过程 P_CJ1，使其可以查询"StudentGrade"数据库中投资系、成绩 90 分及以上的学生的学号、姓名、课程名和成绩信息，并按成绩降序排列。

```
- - - - - - - - - - - - - 修改存储过程- - - - - - - - - - - - -
USE  StudentGrade
GO
ALTER    PROCEDURE  P_CJ1
AS
SELECT   Grade.StudentNo 学号, StudentName 姓名, Course.CourseName 课程名,
Grade.Score 成绩  FROM  Grade, Student, Course
WHERE   Grade.StudentNo=Student.StudentNo AND Grade.CourseNO=Course.
CourseNO AND Grade.Score>=90 AND  Student.StudentDepartment='投资系'
ORDER  BY  4  DESC
GO
- - - - - - - - - - - - - 执行存储过程- - - - - - - - - - - - -
EXEC  P_CJ1
EXEC  sp_helptext  P_KCH
EXEC  sp_help  P_KCH
EXEC  sp_depends  P_KCH
```

10.3 技术拓展与理论升华

1. 触发器的特点

触发器是一种特殊的代码段，它的执行既不是由程序调用实现的，也不是手工启动的，而是由事件触发的。例如，当对一个数据表进行插入、删除和修改等操作时，系统就会激活触发器的执行。

触发器通常具有以下两个特点。

①触发器是自动执行的。触发器是由事件触发而自动执行的，不需要程序调用和手工启动。②触发器可以实现复杂的数据完整性约束。触发器是一种特殊的代码段，可以实现包含 SQL 语句的复杂处理逻辑，再加上触发器的自动执行特点，使得触发器可以实现复杂的数据完整性约束。例如，

在 Access 和 SQL Server 中，基于 DBMS 定义的域完整性约束只能根据逻辑表达式对同一个数据表中字段值的取值域进行验证。如果逻辑表达式包含的字段分布在多个数据表中，那么就必须使用触发器。

需要注意的是，基于触发器实现的数据完整性约束的优先级低于基于 DBMS 直接定义的数据完整性约束。如果基于 DBMS 定义的约束完全能够满足用户的需求，那么就应该考虑基于 DBMS 直接定义约束。当基于 DBMS 定义的约束无法满足用户需求时，才考虑使用触发器。

2. Access 触发器的实现技术

在 Access 中，触发器是基于数据宏实现的，因此 Access 触发器是一种特殊的宏对象。数据宏的特点及设计方法在第 8 章中已经介绍过，这里不赘述。

3. SQL Server 触发器的实现技术

在 SQL Server 中，触发器是基于存储过程实现的，因此 SQL Server 触发器是一种特殊类型的存储过程。SQL Server 触发器的执行不是由程序调用的，也不是由用户手工启动的，而是由事件来触发的。例如，当对一个数据表进行更新操作（INSERT、DELETE、UPDATE）时，就会激活触发器的执行。又如，当创建一个数据库或数据表的时候，也会激活触发器的执行。

与存储过程相比，触发器更多的作用是维护数据的完整性，经常用于加强数据的完整性约束和业务规则等。在 SQL Server 2017 中，触发器可以分为 DDL 触发器和 DML 触发器两大类。当服务器或数据库中发生数据定义事件时将调用 DDL 触发器。当数据库中发生数据更新事件时将调用 DML 触发器。DML 事件包括在指定数据表或视图中修改数据的 INSERT 语句、UPDATE 语句或 DELETE 语句。DML 触发器可以查询其他数据表，还可以包含复杂的 T-SQL 语句。

SQL Server 触发器作为一种非程序调用的存储过程，在应用中有以下优点：SQL Server 触发器是预编译的，这就避免了 SQL 语句在网络中传输后再解释的低效率，因此执行效率较高；可以重复使用，减少了开发人员的工作量；业务逻辑封装性好，使得数据库系统的逻辑更清晰，便于系统的后期维护；不会发生 SQL 语句的注入问题，使得系统更加安全。

限于篇幅，关于 SQL Server 触发器的创建、修改和管理请查阅相关文献和资料。

习题：思考题

【1】Access 模块分为哪两类？它们的区别是什么？
【2】Access 模块间过程调用的原则是什么？
【3】SQL Server 存储过程与批处理程序有什么区别？
【4】创建 SQL Server 存储过程有哪些方法？
【5】如何对一个 SQL Server 存储过程进行重命名操作？
【6】如何对 SQL Server 存储过程进行调用及执行？
【7】什么是触发器？触发器和存储过程有什么区别？

学习材料：循序渐进

在 Access 数据库原理与应用技术的学习中，面向过程的 VBA 程序设计和面向对象的 VBA 程序设计是两个重要的先导性知识版块。这两个知识板块对于读者学习数据库用户界面的实现、数据库的模块化处理、高级报表的设计具有重要的支撑作用。本书的数字教程深入浅出地介绍了面向过程的 VBA 程序设计和面向对象的 VBA 程序设计，有学习需求的读者可扫码学习。

【学习材料 1】面向过程的 VBA 程序设计。
【学习材料 2】面向对象的 VBA 程序设计。

第 11 章　报表的设计方法及技术

本章导读

任何基于数据库的应用，总是以数据库中的数据为主要处理对象的，其最终目标就是要将数据库中的数据加工为信息呈现给用户。报表就是一种非常重要的信息加工和输出工具，它能够将用户需要的信息数据清晰、美观地呈现在纸质介质和电子媒介上。

本章首先介绍 Access 报表的设计及应用。在 Access 数据库中，可以创建 Access 报表对象，该对象是专门为发布或打印报表而推出的，它可以对数据库中的数据表、查询等数据源中的数据进行组合并形成特定格式的报表，以实现格式数据的打印和展示。为了拓展读者报表设计及应用的水平和能力，本章的数字教程还详细介绍了 SQL Server 报表的设计方法和应用技术。

思政元素：我们做好一件事的标准之一就是善始善终，报表就是数据处理的一个终点，通过前期的各种操作，数据库中的数据应该满足了正确、完整、翔实等要求，当用户对这些数据有某一方面的需求时，就可以报表的形式提供给用户，报表设计呈现的状态直接影响到用户的使用体验，因此，要充分重视报表的设计，努力打造数据库"秀外慧中"的完美形象。

特别说明：在 Access 中，窗体对象也可以用来呈现用户所需要的格式化数据。不同的是，窗体主要将用户需要的数据格式化地显示在屏幕窗口中，而报表主要将用户需要的数据格式化地打印在纸质媒介或发布到电子媒介上。就窗体与报表的功能和设计而言，报表是一种特殊的窗体。限于篇幅，Access 窗体的设计及应用请参阅本书的数字教程。

11.1　Access 报表概述

Access 报表是 Access 数据库的一个重要的组成对象，是专门为打印和展示数据而设计的对象。方便起见，Access 报表对象简称 Access 报表。本章首先介绍报表的类型、报表设计器的视图以及创建报表对象的方法，为后面报表对象的设计方法和设计技术奠定基础。

11.1.1　报表的类型

按照报表中数据的显示方式，可以把报表分为以下 3 种主要类型。

1. 纵栏式报表

纵栏式报表一般是在报表中显示一个或多个记录，并以垂直方式显示。报表中每个字段占一行，左边是字段的名称，右边是字段的值。纵栏式报表适用于记录较少、字段较多的情况。

2. 表格式报表

表格式报表指以整齐的行、列形式显示记录数据，一行显示一个记录，一页显示多个记录，字段的名称显示在每页的顶端。表格式报表与纵栏式报表不同，其记录数据的字段标题信息不是被安排在每页的主体节区内显示，而是安排在页面页眉节区内显示。表格式报表适用于记录较多、字段较少的情况。

3. 标签报表

标签报表是一种特殊类型的报表，将报表数据源中少量的数据组织在一个卡片似的小区域中。

标签报表通常用于显示名片、书签、邮件地址等信息。

11.1.2 报表设计器的视图

报表设计器的视图就是报表对象设计时的外观表现形式，又称为报表对象视图。报表设计器共有4种视图：报表视图、打印预览视图、布局视图和设计视图。

1. 报表视图

报表视图是报表设计完成后最终被打印的视图，用于显示报表数据内容。在报表视图中可以对报表应用高级筛选，筛选出所需要的信息。

2. 打印预览视图

在打印预览视图中可以查看显示在报表上的数据，也可以查看报表的版面设置，即打印效果预览。在打印预览视图中，鼠标通常以放大镜方式显示，单击可以改变报表的显示大小。

3. 布局视图

布局视图可以在显示数据的情况下调整报表设计，可以根据实际报表数据调整列宽，可以移动各个控件的位置，也可以重新进行控件布局。

4. 设计视图

在设计视图中可以创建和编辑报表的结构、添加/删除控件和表达式、美化报表等。制作满足要求的专业报表的最好方式是使用报表设计视图。

11.1.3 创建报表的方法

报表可以看作查看一个或者多个数据表中数据记录的对象，所以创建报表时应该首先选择数据表或查询对象，并把字段添加到报表中。Access中有多种创建报表的方法，使用这些方法能够完成报表的基本设计。在报表中可以对数据进行分组、排序、筛选和计算，这与所需用户的需求有关。

Access可以使用"报表""报表设计""空报表""报表向导"和"标签"等命令创建报表。"创建"选项卡的"报表"命令组提供了这些创建报表的命令，如图11-1所示。

由于"报表""空报表""报表向导"和"标签"也是一种特殊的向导设计工具，因此本书将创建报表的方法分为使用向导和使用报表设计器两大类。

图11-1 "报表"命令组

11.2 Access报表的设计方法

11.2.1 报表向导

创建一个报表时，除了使用报表设计器的方法之外，其他的设计方法都给予用户一定的提示、引导，所以可以把创建报表的方法分为使用向导和使用设计器两种。本节将介绍几种使用向导创建报表的方法。

1. 基于"报表"命令创建报表

"报表"命令提供了最快的报表创建方式，它既不向用户提示信息，也不需要用户做任何其他操作即可立即生成报表。创建的报表中会显示表或查询(仅基于一个表或查询)中的所有字段，尽管"报表"命令可能无法创建满足最终需要的完美报表，但对于迅速查看基础数据极其有用。在生成报表后，保存该报表，可在布局视图或设计视图中对其进行修改，使报表更好地满足需求。

【例 11-1】在"销售单"数据库中使用"报表"命令创建 Customer 报表，用于显示 Customer 表中的信息。

【分析】本例所介绍的是非常简单快捷的创建报表的方法，通过这个报表可以初步感受报表的设计方法和创建步骤。

Step1：打开"销售单"数据库，在左边的导航窗格中，选中要在报表上显示的 Customer 表。

Step2：创建报表。选择"创建"选项卡的"报表"命令组中的"报表"命令，Customer 报表即创建完成，并以布局视图显示，如图 11-2 所示。

顾客编号	顾客姓名	顾客性别	联系电话	最近购买时间	顾客地址	消费积分	爱好与特长
C3701000 1	王女士	女	053188826856	2019/1/29	济南市大明湖路19号	800	
C3701000 2	王先生	男	053156325987	2019/1/30	济南市文化路100号	700	
C1101000 2	孙皓	男	053188966516	2019/2/1	济南市兴隆东区10号	900	书法
C3702000 2	方先生	男	053188566619	2019/2/10	青岛市大山路9号	1000	
C1101000 1	黄小姐	女	187666666678	2019/1/29	济南市兴隆东区128号	1200	唱歌
C1102000	于先生	男	053186385555	2019/1/16	济南市兴隆南区	900	潜水

图 11-2　Customer 报表

Step3：保存报表。选择"文件"选项卡中的"保存"命令，或单击快速访问工具栏中的"保存"按钮，打开"另存为"对话框，在"报表名称"文本框中输入该报表的名称，单击"确定"按钮即可。

2. 基于"报表向导"命令创建报表

虽然使用"报表"命令可以方便快捷地创建一种标准化的报表样式，但是创建的报表存在一些不足之处，尤其是不能选择出现在报表中的数据源字段等。与之相比，报表向导更加方便灵活，利用报表向导，用户只需选择报表的样式和布局，选择报表中显示哪些字段，即可创建报表。在报表向导中，还可以指定数据的分组和排序方式。如果事先指定了表或查询之间的关系，则还可以使用来自多个表或查询的字段进行创建。

【例 11-2】在"销售单"数据库中使用"报表向导"命令创建 CustomerOrder 报表，显示内容为 Customer 表中的"顾客编号""顾客姓名""顾客性别"字段和 SalesOrder 表中的"订单编号""创建时间""订单状态"字段，在此之前已为它们建立了一对多的联系。

【分析】本例介绍的是使用"报表向导"命令为两个数据表创建报表的方法，注意两个表要先建立联系以及进行两个表内容的组合。

本例的解决方法和操作步骤如下。

Step1：打开"销售单"数据库，选择"创建"选项卡的"报表"命令组中的"报表向导"命令，打开"报表向导"对话框。

Step2：选定表及其字段。在该对话框中分别选定 Customer 表及其字段"顾客编号""顾客姓名""顾客性别"和 SalesOrder 表及其字段"订单编号""创建时间""订单状态"，如图 11-3 所示，单击"下一步"按钮。

Step3：确定查看数据的方式。选择"通过 Customer"选项，如图 11-4 所示。单击"下一步"按钮。

Step4：确定分组级别。在打开的对话框中保持默认设置，如图 11-5 所示，单击"下一步"按钮。

Step5：确定排序次序。在打开的对话框中保持默认设置，如图 11-6 所示，单击"下一步"按钮。

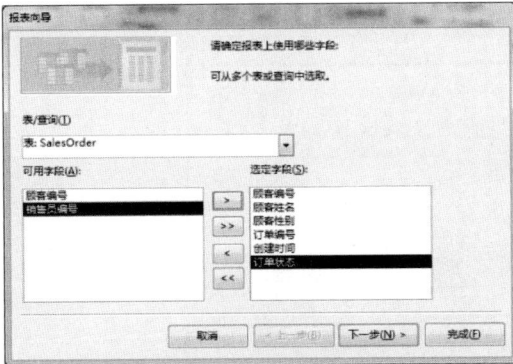

图 11-3 选定表及其字段

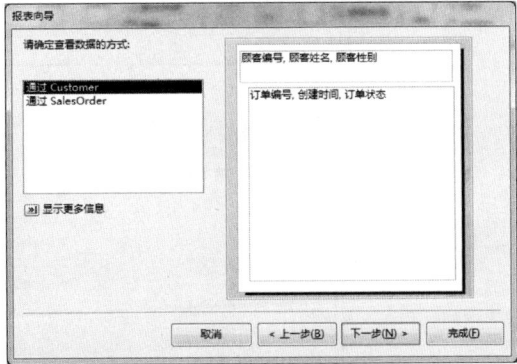

图 11-4 确定查看数据的方式

图 11-5 确定分组级别

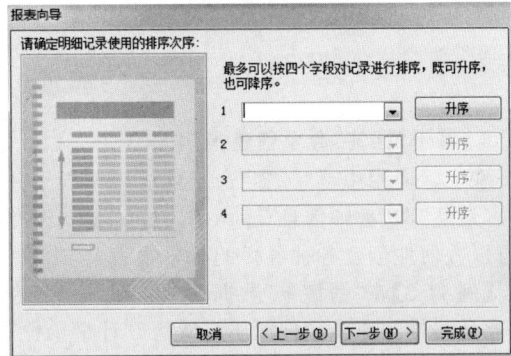

图 11-6 确定排序次序

Step6：确定布局方式。在打开的对话框中选中"布局"选项组中的"递阶"单选按钮和"方向"选项组中的"纵向"单选按钮，勾选"调整字段宽度，以便使所有字段都能显示在一页中（W）"复选框（默认方式），如图 11-7 所示，单击"下一步"按钮。

Step7：输入报表标题。在打开的对话框中输入报表的标题为"CustomerOrder"，选中"预览报表"单选按钮（默认方式），如图 11-8 所示，单击"完成"按钮。

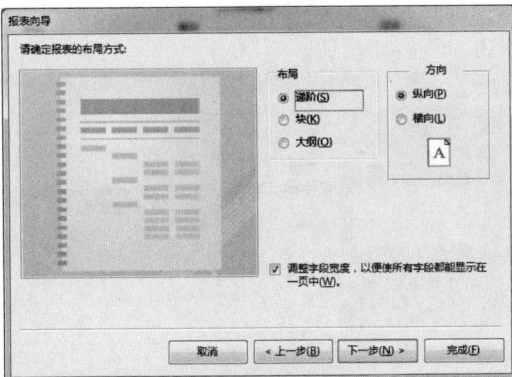

图 11-7 确定布局方式

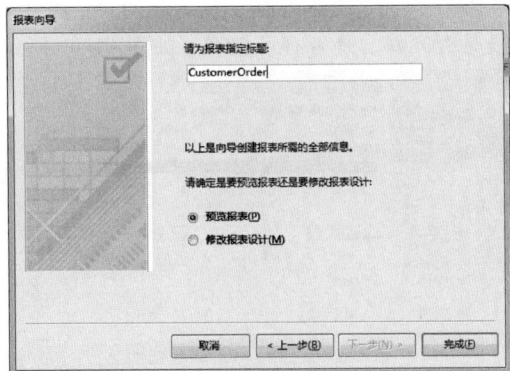

图 11-8 输入报表标题

Step8：查看报表。可看到此报表的设计结果，即以打印预览视图查看报表，如图 11-9 所示。

Step9：保存报表。

图 11-9　查看报表

3. 基于"标签"命令创建报表

在实际应用中，"标签"命令的应用范围十分广泛，它是一种特殊形式的报表，如"图书编号""顾客地址"和"教师信息"等标签。标签是一种类似名片的信息载体，使用 Access 提供的"标签"工具可以方便地创建各种各样的标签报表。

【例 11-3】在"销售单"数据库中使用"标签"命令创建 Product 标签报表，显示内容为 Product 表中"商品编号""商品名称""质量等级""计量单位""销售价格"字段。

【分析】本例所介绍的是创建标签报表，标签是人们在工作、生活中经常用到的一种小工具，所以标签报表具有很高的实用价值。

本例的解决方法和操作步骤如下。

Step1：打开"销售单"数据库，选中要在报表中显示的数据表 Product。选择"创建"选项卡的"报表"命令组中的"标签"命令，打开"标签向导"对话框。

Step2：选定标签尺寸。在"标签向导"对话框中选择"型号"为"C2166"一行，默认选中"公制""送纸"单选按钮，并设置"按厂商筛选"为"Avery"，如图 11-10 所示，单击"下一步"按钮。

Step3：选定文本外观。在打开的对话框中选定适当的"字体""字号""字体粗细""文本颜色"，以及是否倾斜、是否有下划线，如图 11-11 所示，单击"下一步"按钮。

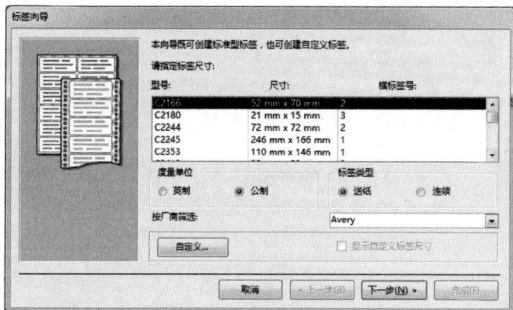

图 11-10　选定标签尺寸

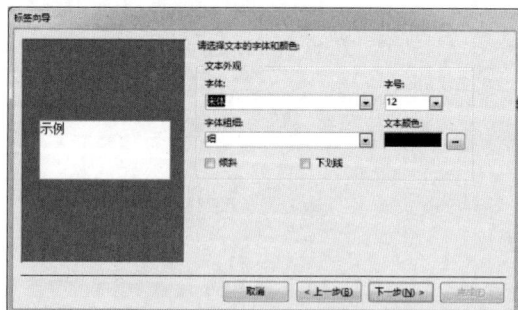

图 11-11　选定文本外观

Step4：选定字段。在打开的对话框中选择"商品编号"字段，在其前面输入提示文字"商品编号："，单击"商品编号"的下一行，选择"商品名称"字段，以此类推，再分别选择"质量等级""计量单位""销售价格"字段，如图 11-12 所示，单击"下一步"按钮。

Step5：确定排序字段。在打开的对话框中选择以"商品编号"字段作为排序依据，如图 11-13

所示，单击"下一步"按钮。

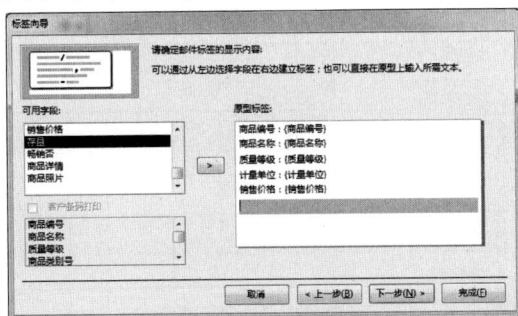

图 11-12 选定字段

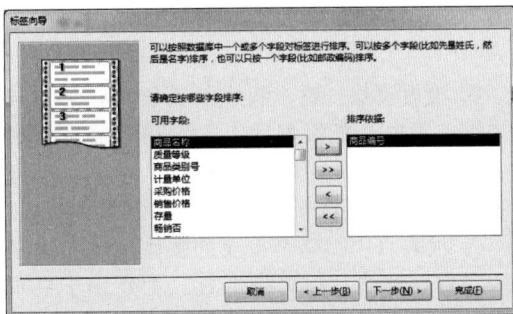

图 11-13 确定排序字段

Step6：输入报表名称。在打开的对话框中默认报表的名称为"标签 Product"，默认选中"查看标签的打印预览。"单选按钮，如图 11-14 所示，单击"完成"按钮。

Step7：查看报表。制作完成的报表如图 11-15 所示。

Step8：保存报表。

图 11-14 输入报表名称

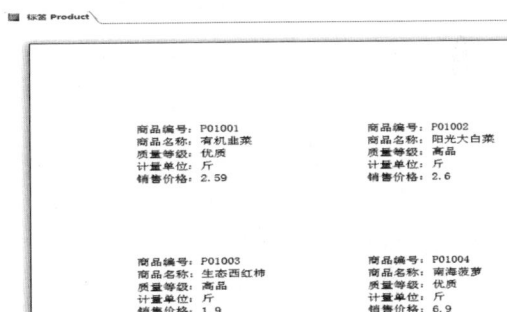

图 11-15 "标签 Product"报表

4. 基于"空报表"命令创建报表

使用"空报表"命令也可以很方便直观地创建报表，与"报表"命令只能创建一个数据表的报表相比，"空报表"命令能够给多个已经建立联系的数据表创建报表。限于篇幅，这里不再做详细介绍，有学习需求的读者可参阅相关文献和资料。

11.2.2 报表设计器

虽然"报表向导"命令可以方便、迅速地完成新报表的创建任务，但是缺乏灵活性，它的许多参数都是系统自动设置的，这样的报表有时候在某种程度上很难完全满足用户的要求。使用报表设计器可以更灵活地创建报表，不仅可以按用户的需求设计所需要的报表，还可以对使用"报表向导"命令创建的报表进行修改，使其更大程度地满足用户的需求。

1. 报表设计器的设计视图

报表设计器的设计视图可以展现出报表的结构。报表是按节来设计的。其结构包括主体、报表页眉、报表页脚、页面页眉、页面页脚 5 部分，如图 11-16 所示。每个部分称为报表的一个节。除此之外，在报表的结构中，还包括组页眉和组页脚节，它们被称为子节。它们是因为在报表中对数据分组而产生的。组页眉和组页脚节均位于主体节的外部，按照数据的分组关系，组中还可以嵌套组。

报表中各个节都有其特定的功能，且按照一定的顺序打印在报表上，以下简要说明各个节的作用。

① 主体：整个报表的核心，显示或打印来自表或查询中的记录数据，是报表显示数据的主要区域。

② 报表页眉：整个报表的页眉，它只出现在报表第一页的页面页眉的上方，用于显示报表的标题、日期或报表用途等说明性文字。每个报表只有一个报表页眉。

③ 报表页脚：整个报表的页脚，它只出现在报表最后一页的页面页脚下方，主要用于显示报表总计、制作者、审核人等信息。每个报表只有一个报表页脚。

④ 页面页眉：显示和打印在报表每一页的顶部，用于在报表的每一页中显示标题、列标题、日期或页码，在表格式报表中用来显示报表每一列的标题。

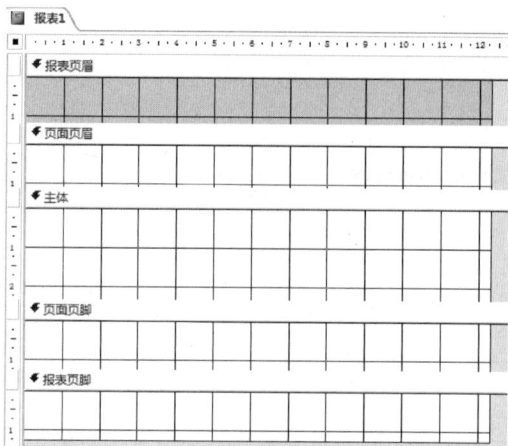

图 11-16　报表的结构

⑤ 页面页脚：显示和打印在报表每一页的底部，可以用来显示页汇总、日期、页码等信息。

⑥ 组页眉：在分组报表中，可以使用"排序与分组"属性设置"组页眉/组页脚"区域，以实现报表的分组输出和分组统计。组页眉显示在记录组的开头，主要用来显示分组字段名等信息。

⑦ 组页脚：用来显示报表的分组信息，它显示在记录组的结尾，主要用来显示报表分组总计等信息。

2. 报表的设计工具

当打开报表设计器的设计视图后，功能区中会出现"报表设计工具"选项卡及其下一级的"设计""排列""格式"和"页面设置"4 个子选项卡，如图 11-17 所示。

图 11-17　"报表设计工具"选项卡

"页面设置"子选项卡是报表独有的选项卡，这个选项卡包含"页面大小"和"页面布局"两个命令组，用来对报表页面进行纸张大小、边距、方向列的设置，如图 11-18 所示

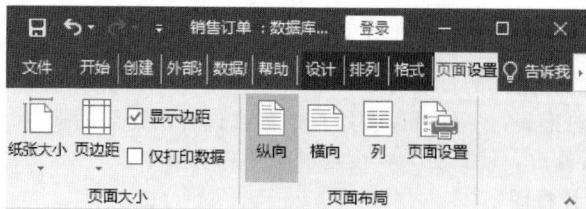

图 11-18　"页面设置"子选项卡

3. 报表的常用控件

控件是用户可与之交互以输入或操作数据的图形化对象，它是组成报表的重要元素。常用的控件有标签、文本框和复选框等。"报表设计工具/设计"选项卡的"控件"命令组有各种控件命令，如图 11-19 所示。通过这些命令可以向报表添加控件。

(1)控件的分类

根据控件与数据源的关系，控件可以分为绑定型控件、未绑定型控件和计算型控件 3 种。

绑定型控件与表或查询中的字段相关联，可用于显示、输入、更新数据库中字段的值。例如，前面例子中创建的报表中显示顾客姓名的文本框的数据来源就是 Customer 表的"顾客姓名"字段。

未绑定型控件是无数据源的控件。例如，显示报表标题或字段名的标签。

计算型控件用表达式而不是字段作为数据源，表达式可以利用报表所引用的表或查询字段中的数据，也可以是报表中其他控件的数据。

(2)控件的功能

常用控件的功能如表 11-1 所示。

图 11-19　报表的常用控件

表 11-1　常用控件的功能

图标	控件名称	功能
	选择	选定控件、报表和节等对象
abl	文本框	主要用来输入、编辑以及查看数据，并可以与数据表的字段数据绑定
Aa	标签	显示文本信息，常用于标题和字段名称的显示
xxxx	按钮	通过定义按钮的功能，完成报表的各种操作，添加记录、删除记录等
	选项卡控件	使一个报表产生多个选项卡以"多页"显示更多内容
	超链接	创建指向网页、图片以及电子邮件地址等目标的超链接，用户单击超链接时，Access 将根据超级链接地址到达指定的目标
XYZ	选项组	建立一个由多个选项按钮、复选框或切换按钮组成的框以提供多个可选值
	插入分页符	在报表中插入分页符后，可以使得报表开始新的一页
	组合框	将多个字段值列在下拉列表中供用户选择，也允许用户自行输入值
	图表	用于创建一个图表
	直线	画一条直线
	切换按钮	一般用于显示"是/否"数据类型的字段值，按下表示"是"、未按下表示"否"

343

续表

图标	控件名称	功能
	列表框	将多个字段值列在一个方框中供用户选择，但不允许用户自行输入值
	矩形	用于画矩形
	复选框	一般用于显示"是/否"数据类型的字段值，☑表示"是"、☐表示"否"
	未绑定对象框	用于存放与数据表字段无关联的 OLE 对象，例如某文件中的图片等
	附件	可绑定数据表中的附件字段，进而在报表中显示图片或其他文件
	选项按钮	一般用于显示"是/否"数据类型的字段值，⊙表示"是"、○表示"否"
	子窗体/子报表	在窗体(或报表)中插入另一个窗体(或报表)作为子窗体(或子报表)
	绑定对象框	用于存放与数据表字段关联的 OLE 对象，例如"教师信息表"中的"照片"字段
	图像	用于显示静态的或固定的一张图片，例如徽标，它不能随字段值自动变化

4. 报表和控件的常用属性

属性是对象的物理性质，是描述和反映对象特征的参数。一个对象的属性反映了这个对象的状态。属性不仅决定了对象的外观，还决定了对象的行为。报表及报表中的每一个控件都具有各自的属性，这些属性决定了报表及控件的外观、所包含的数据及对鼠标或键盘事件的响应。设计报表需要详细了解报表和控件的属性，并根据设计要求设置属性。报表及控件的常用属性如表 11-2 所示。

表 11-2　报表及控件的常用属性

属性名称	编码关键字	说明
标题	Caption	对象的显示标题，用于报表、标签、命令按钮等控件
名称	Name	对象的名称，用于节、控件
控件来源	ControlSource	控件显示的数据，编辑绑定到表、查询和 SQL 命令的字段，也可显示表达式的结果，用于列表框、组合框和绑定框等控件
背景色	BackColor	对象的背景色，用于节、标签、文本框、列表框等控件
前景色	ForeColor	对象的前景色，用于节、标签、文本框、命令按钮、列表框等控件
字体名称	FontName	对象的字体，用于标签、文本框、命令按钮、列表框等控件
字体大小	FontSize	对象的字体大小，用于标签、文本框、命令按钮、列表框等控件

属性名称	编码关键字	说明
字体粗细	FontBold	对象的文本粗细，用于标签、文本框、命令按钮、列表框等控件
倾斜字体	FontItalic	指定对象的文本是否倾斜，用于标签、文本框和列表框等控件
边框样式	BorderStyle	对象的边框显示，用于标签、文本框、列表框等控件
背景风格	BackStyle	对象的显示风格，用于标签、文本框、图像等控件
图片	Picture	对象是否用图形作为背景，用于报表、命令按钮等控件
宽度	Width	对象的宽度，用于报表、所有控件
高度	Height	对象的高度，用于报表、所有控件
记录源	RecordSource	报表的数据源，用于报表
行来源	RowSource	控件的来源，用于列表框、组合框等控件
自动居中	AutoCenter	报表是否在 Access 窗口中自动居中，用于报表
记录选定器	RecordSelectors	报表视图中是否记录选定器，用于报表
导航按钮	NavigationButtons	报表视图中是否显示导航按钮和记录编号框，用于报表
控制框	ControlBox	报表是否有"控件"菜单和按钮，用于报表
最大化按钮	MaxButton	报表标题栏中最大化按钮是否可见，用于报表
最大/小化按钮	MinMaxButtons	报表标题栏中最大/小化按钮是否可见，用于报表
关闭按钮	CloseButton	报表标题栏中关闭按钮是否有效，用于报表
可移动的	Moveable	报表视图是否可移动，用于报表
可见性	Visiable	控件是否可见，用于报表、所有控件

5. 控件的常用操作

对报表进行设计的过程主要是对控件布局的设计，这就涉及对控件的各种操作，主要包括对控件的添加、选择、移动、复制、类型的改变、删除、尺寸的改变、对齐等。

(1)控件的添加

向报表添加控件的方法有以下两种。

①自动添加。当报表需要显示某一数据表的字段时，单击"添加现有字段"按钮，会出现"字段列表"窗格，双击其中的字段名或将字段从"字段列表"窗格拖动到报表中，即可自动创建绑定控件，即每个字段对应于标签和文本框两个控件，标签用于显示字段名，文本框用于显示字段中的数据。

②使用控件命令按钮向报表添加控件。选择"报表设计工具｜设计"选项卡的"控件"命令组中需要的控件命令，在报表适当位置单击并拖动鼠标，拖动出控件的适当大小后松开鼠标，报表中即创建了该控件。系统会自动给该控件命名以作为它的标识，控件的大小及位置可反复调整。特别需要注意的是，在添加文本框时，文本框前会自动添加一个关联标签。

(2)控件的选择

用户可以通过单击控件来选择某一个控件，被选中的控件四周会出现小方块状的操作柄，它们可用于调整控件大小，左上角的控制柄用于控制控件的移动。

选择多个控件时可以按住【Ctrl】键或【Shift】键再分别单击要选择的控件。选择全部控件可以按快捷键【Ctrl＋A】，或选择"报表设计工具｜格式"选项卡"所选内容"命令组中的"全选"命令。也可以使用标尺选择控件，方法是将光标移动到水平标尺外，当鼠标指针变为向下箭头后，拖动鼠标到需要选择的位置。

（3）控件的移动

要想移动控件，需先选择控件，再将光标指向控件的左上角控制柄或边框外，当光标变为四向箭头时，即可用鼠标将控件拖动到目标位置。

当单击组合控件及其附属标签的任一部分时，将显示两个控件的移动控制柄，以及所单击的控件的操作柄。如果要分别移动控件及其标签，则应将光标放在控件或标签左上角处的移动控制柄上，当光标变为四向箭头时，拖动控件或标签可以移动控件或标签；如果将光标移动到控件或标签的边框（不是移动控制柄）上，则当光标变为四向箭头时，可同时移动两个控件。

（4）控件的复制

要想复制控件，需先选择控件并右击，在打开的快捷菜单中选择"复制"命令，再次右击，选择"粘贴"命令，将复制的控件移动到适当位置即可。

（5）控件类型的改变

若要改变控件的类型，则要先选择该控件并右击，在打开的快捷菜单的"更改为"命令中选择所需的新控件类型。

（6）控件的删除

如果希望删除不用的控件，则可以选择要删除的控件，按【Delete】键。

（7）控件尺寸的改变

对于控件大小的调整，既可以通过其"宽度"和"高度"属性来设置，又可以通过直接拖动控件的操作柄来设置。如果选择多个控件，则所选的控件都会随着拖动第一个控件的操作柄而更改大小。

如果要调整控件的大小以容纳其显示内容为准则，则需选择要调整大小的一个或多个控件，选择"报表设计工具｜排列"选项卡的"调整大小和排序"命令组中的"大小/空格"命令，在打开的下拉列表中选择"正好容纳"选项。

如果要统一调整控件之间的相对大小，则可先选择需要调整大小的控件，再在"大小/空格"下拉列表中选择下列其中一项："至最高"选项，使选定的所有控件调整为与最高的控件同高；"至最短"选项，使选定的所有控件调整为与最短的控件同高；"至最宽"选项，使选定的所有控件调整为与最宽的控件同宽；"至最窄"选项，使选定的所有控件调整为与最窄的控件同宽。

（8）控件的对齐

当需要设置多个控件对齐时，应先选中需要对齐的控件，再选择"报表设计工具｜排列"选项卡的"调整大小和排序"命令组中的"对齐"命令，再在下拉列表中选择"靠左"或"靠右"选项，这样保证了控件之间垂直方向的对齐；选择"靠上"或"靠下"选项，可保证控件水平对齐。选择"对齐网格"选项，可以网格为参照，选中的控件自动与网格对齐。

在水平对齐或垂直对齐的基础上，可进一步设定等间距。假设已经设定了多个控件垂直方向对齐，则选择"大小/空格"下拉列表中的"垂直相等"选项即可设定等间距。

6. 报表的创建起点——页面设置

创建报表的目的是把数据打印到纸张上，因此设置纸张大小和页面布局是必不可少的工作。为了提高工作效率，可以在报表创建之前进行设置。Access中报表的纸张大小和页面布局都有默认设置，其纸张大小是A4，页边距除了可以使用3种固定的格式之外，还允许自定义。对于数据列比较少，要求不复杂的报表，采用默认的页面设置和默认的纸张大小即可。但是对于数据列比较多，或者要求比较复杂的报表，需要用户进行详细的页面设置。

页面设置通常在"页面设置"选项卡中进行，也可以在打印预览视图中进行。这里介绍在"页面设置"选项卡中进行页面设置的操作。报表页面设置主要包括设置边距、纸张大小、打印方向、页眉和页脚样式等。

页面设置的操作方法和步骤如下。

Step1：在数据库窗口中，选择"页面设置"选项卡，如图11-18所示。

Step2：单击"页面大小"命令组中的"纸张大小"下拉按钮，打开"纸张大小"下拉列表，其中共列出 17 种纸张大小，用户可以从中选择合适的纸张大小，如图 11-20 所示。

Step3：单击"页面大小"命令组中的"页边距"下拉按钮，打开"页边距"下拉列表，根据需要选择一种页边距，即可完成页边距的设置，如图 11-21 所示。

Step4：单击"页面布局"命令组中的"纵向"和"横向"按钮可以设置打印纸的方向，单击"列"或"页面设置"按钮，均可打开"页面设置"对话框，如图 11-22 所示。"页面设置"对话框中的"列"选项卡中，可以设置在打印纸上输入的列数，在"打印选项"和"页"选项卡中，可以对前面的选择定义进行修改。

完成页面设置后即可创建报表，在创建报表后，如果发现页面的设置不完全符合要求，则可以在打印预览视图中继续进行设置。

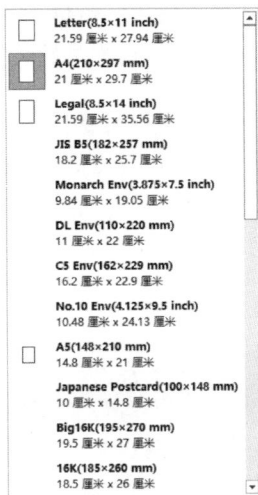

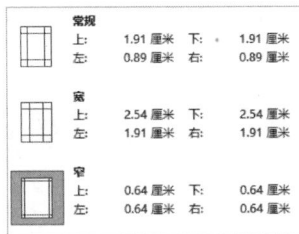

图 11-20　"纸张大小"下拉列表　图 11-21　"页边距"下拉列表　图 11-22　"页面设置"对话框

11.3　Access 报表的设计技术

对于简单报表，通常是使用报表向导等工具进行创建的。对于复杂的报表，可以使用报表向导创建报表后进行修改（这是效率较高的方式），或者直接在报表设计器的设计视图中进行创建。在"报表设计工具｜设计"选项卡的"控件"命令组中包含标签、文本框、复选框等常用控件，它们是设计报表的重要工具。

11.3.1　标签和文本框控件

标签控件用于在报表中显示一些描述性的文本，如标题或说明等。标签分为两种：一种是可以附加到其他类型的控件上，和其他控件一起创建组合型控件的标签控件；另一种是利用"标签"命令创建的独立标签。在组合型控件中，标签的文字内容可以随意更改，但是用于显示字段值的文本框中的内容是不能随意更改的，否则将不能与数据源表中的字段相对应，无法显示正确的数据。

文本框控件既可以用于显示指定的数据，又可以用来输入和编辑字段数据。文本框分为 3 种：绑定型、未绑定型和计算型。

下面通过一个例子介绍它们在报表中的应用。

【例 11-4】在"销售单"数据库中使用报表设计视图创建"销售员简介"报表，显示 Seller 表中的"销售员编号""销售员姓名""性别""联系电话"4 个字段的内容。

【分析】本例所介绍的是标签与文本框控件的使用，它们是使用频率最高的控件，需要注意的是，作为字段名的标签一般放在页面页眉节中。

本例的解决方法和操作步骤如下。

Step1：打开报表设计视图。打开"销售单"数据库，选择"创建"选项卡的"报表"命令组中的"报表设计"命令，打开报表设计视图，通过相应设置，使报表设计视图如图 11-16 所示。

Step2：添加标签。在报表页眉中添加一个标签控件，输入标题"销售员简介"，设置其字体为"楷书"，字号为"16"，文本"居中"对齐。

Step3：添加文本框。设置报表的"记录源"属性为 Seller 表。向主体节中添加 4 个文本框控件（同时附带 4 个标签控件），并分别设置文本框的"控件来源"属性为"销售员编号""销售员姓名""性别""联系电话"4 个字段，同时输入附带 4 个标签控件的标题为"销售员编号""销售员姓名""性别""电话"。

Step4：调整控件布局。将主体节中的 4 个标签控件移到页面页眉节中，并调整各控件的大小、位置、对齐方式等，调整"报表页眉""页面页眉""主体"等节的高度，以适应其中控件的大小，如图 11-23 所示。

Step5：查看报表，如图 11-24 所示。

Step6：保存报表。

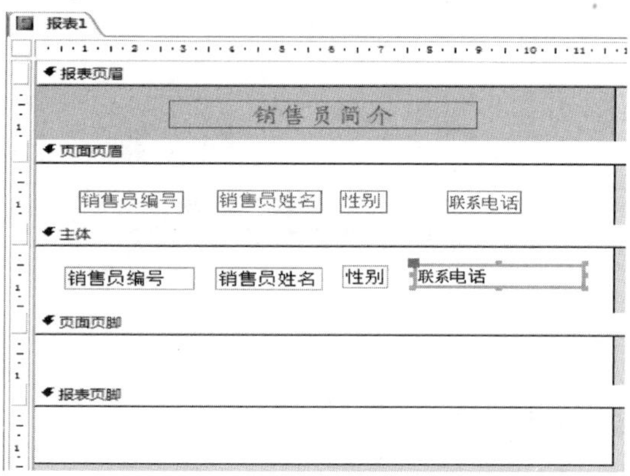

图 11-23　"销售员简介"报表设计视图 　　　图 11-24　查看"销售员简介"报表

11.3.2　计算型控件

在报表的实际应用中，经常需要对报表中的数据进行一些计算。在报表中对数据进行统计分析时，需要用到计算型控件。计算型控件往往利用报表数据源中的数据生成新的数据并在报表中体现出来。文本框是常用的计算和显示数值的控件。

1. 计算型控件的添加方法和步骤

下面通过一个例子介绍在报表中添加计算型控件的方法和步骤。

【例 11-5】在"销售单"数据库中使用报表设计器创建"销售员简介 2"报表，显示 Seller 表中的"销售员编号""销售员姓名""性别""年龄""联系电话"5 项内容，并计算表中全体人员的平均年龄。

【分析】本例所介绍的是计算型控件的使用，计算型控件不是一种专门的控件，一般是指具有计算显示功能的文本框控件。在例 11-4 中已经创建了"销售员简介"报表，本例与之相比只多了一项"年龄"内容，故可以通过对"销售员简介"报表进行修改来完成"销售员简介 2"报表的创建。

本例的解决方法和操作步骤如下。

Step1：打开"销售单"数据库，将"销售员简介"报表的名称改为"销售员简介2"，双击"销售员简介2"报表，打开该报表的设计视图，将其标题改为"销售员简介2"。

Step2：添加文本框。向主体节中添加1个文本框控件（同时附带1个标签控件），将标签控件移到页面页眉节中，调整各控件的大小、位置等，输入标签控件的标题为"年龄"。

Step3：设置计算控件。将与"年龄"标签对应的文本框的"控件来源"属性设置为"= Year（Date()）— Year（[出生日期]）"。

Step4：为报表页脚节添加控件。在报表页脚节中添加1个文本框，将其"控件来源"属性设置为"= Avg(Year(Date()) — Year([出生日期]))"，输入其附带标签的标题为"平均年龄"。如图11-25所示。

Step5：查看报表，如图11-26所示。

Step6：保存报表。

图 11-25 "销售员简介2"报表设计视图

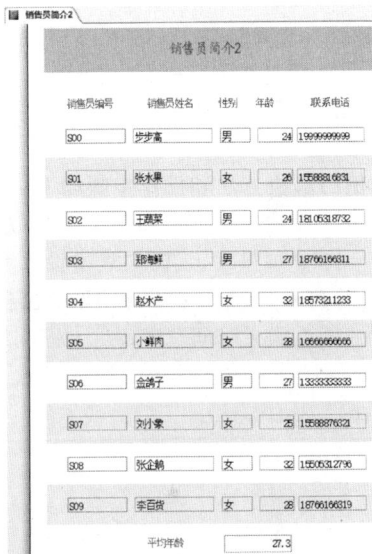

图 11-26 查看"销售员简介2"报表

2. 报表节中的统计计算规则

在 Access 中，报表是按节来设计的，选择用来放置计算型控件的报表节是很重要的。对于使用 Sum、Avg、Count、Min、Max 等聚合函数的计算型控件，Access 将根据控件所在的位置（选中的报表节）确定如何计算结果。其具体规则如下。

① 如果计算型控件放在报表页眉节或报表页脚节中，则计算结果是针对整个报表的。

② 如果计算型控件放在组页眉节或组页脚节中，则计算结果是针对当前组的。

③ 聚合函数在页面页眉节和页面页脚节中无效。

④ 主体节中的计算型控件对数据源中的每一行都打印一次计算结果。

3. 基于计算型控件进行统计计算的规则

在 Access 中，利用计算型控件进行统计计算并输出结果有两种操作形式：针对一个记录的横向计算和针对多个记录的纵向计算。

(1)针对一个记录的横向计算

对一个记录的若干字段求和或计算平均值时，可以在主体节内添加计算型控件，并设置计算型控件的"控件来源"属性为相应字段的运算表达式。

(2)针对多个记录的纵向计算

多数情况下，报表统计计算是针对一组记录或所有记录来完成的。要对一组记录进行计算，可以在该组的组页眉或组页脚节中创建一个计算型控件。要对整个报表进行计算，可以在该报表的报表页眉节或报表页脚节中创建一个计算型控件。此时往往要使用 Access 提供的内置统计函数完成相应的计算操作。

11.3.3 排序和分组控件

在实际工作中，经常需要对数据进行排序、分组。排序是根据字段中值的大小顺序进行排列。分组是将报表中具有共同特征的相关记录排列在一起，并可以为同组记录进行汇总统计。使用 Access 提供的排序和分组功能，可以对报表中的记录进行分组和排序，进行排序和分组时，既可以针对单个字段，又可以针对多个字段。

1. 在报表中添加排序控件

【例 11-6】在"销售单"数据库中使用报表设计器创建"顾客简介"报表，显示 Customer 表中的"顾客编号""顾客姓名""联系电话""最近购买时间"4 个字段的内容，并按"最近购买时间"降序排列。

【分析】本例介绍的是排序控件的使用，如果显示内容按照某一顺序排列，则会给用户的浏览观察带来很大的便利。

本例的解决方法和操作步骤如下。

Step1：创建报表。按照例 11-4 的方法创建没有排序功能的"顾客简介"报表。

Step2：添加排序。选择"表格设计工具｜设计"选项卡的"分组和汇总"命令组中的"分组和排序"命令，打开"分组、排序和汇总"窗格，如图 11-27 所示。单击"添加排序"按钮后，设置"排序依据"为"最近购买时间""降序"，关闭该窗格。

step3：查看报表，如图 11-28 所示。

Step4：保存报表。

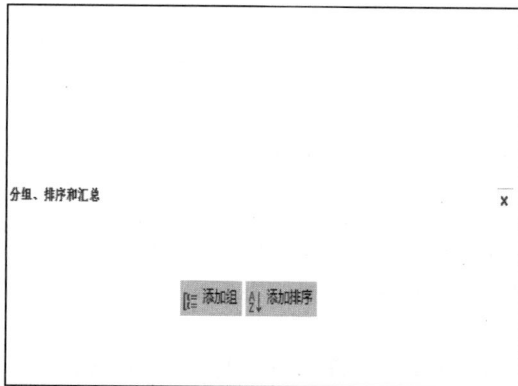

图 11-27 "分组、排序和汇总"窗格

图 11-28 "顾客简介"报表

2. 在报表中添加分组控件

【例 11-7】对在例 11-5 中创建的"销售员简介 2"报表进行修改，添加分组（按性别），并对"平均年龄"进行分组和整表的计算统计。

【分析】本例介绍的是分组控件的使用，用户可以利用分组控件方便地对显示内容进行分类管理。

本例的解决方法和操作步骤如下。

Step1：打开"销售员简介 2"报表。打开"销售员简介 2"报表的设计视图。

Step2：添加分组。选择"表格设计工具｜设计"选项卡的"分组和汇总"命令组中的"分组和排序"命令，打开"分组、排序和汇总"窗格，单击"添加组"按钮后，设置"分组形式"为"性别""升序"，单击"更多"按钮后，选择"无页眉节""有页脚节"，关闭该窗格。

Step3：添加控件。分别复制主体节中的"性别"文本框以及报表页脚节中的"平均年龄"文本框（包括其附带标签），均粘贴到性别页脚（组页脚）中，并调整控件布局，如图11-29所示。

Step4：查看报表，如图11-30所示。

Step5：保存报表。

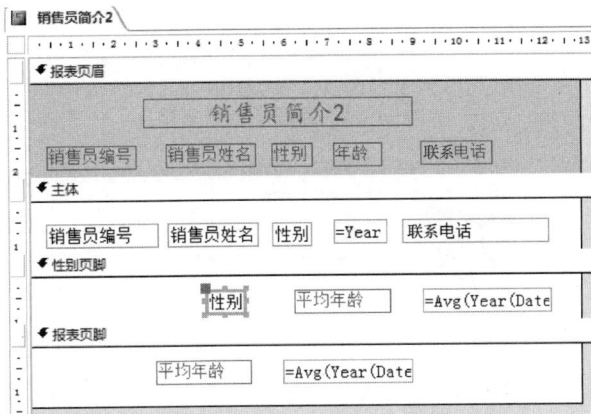

图11-29　修改完成后的"销售员简介2"报表设计视图

图11-30　修改完成后的"销售员简介2"报表

11.3.4　子报表

子报表是指插入其他报表中的报表。在合并两个报表时，一个报表作为主报表，另一个报表作为子报表。在创建子报表之前，首先要确保主报表数据源和子报表数据源之间已经建立了正确的关联，这样才能保证子报表中的记录与主报表中的记录之间有正确的对应关系。

【例11-8】使用报表设计器，在例11-6创建的"顾客简介"报表中添加一个子报表，子报表显示SalesOrder表的"订单编号""创建时间""订单状态"3个字段的内容，两个表已经建立了一对多联系。

【分析】本例介绍的是子报表控件的使用，它主要适用于具有一对多联系的两个表之间创建的报表，使用子报表控件会使两个表的对应内容更加集中和明晰。

本例的解决方法和操作步骤如下。

Step1：打开"顾客简介"报表。打开"顾客简介"报表的设计视图。

Step2：添加子报表。选择"表格设计工具｜设计"选项卡的"控件"命令组中的"子窗体/子报表"命令，在主报表中拖动出"子报表"控件，此时，会打开"子报表向导"对话框，如图11-31所示，选中"使用现有的表或查询"单选按钮，单击"下一步"按钮。

Step3：选定子报表字段。在打开的对话框中选择"表：SalesOrder"选项，将它的3个相应字段移到"选定字段"列表框中，如图11-32所示，单击"下一步"按钮。

Step4：选择链接字段。在打开的对话框中选中"从列表中选择"单选按钮，即"顾客编号"作为链接字段，如图11-33所示，单击"下一步"按钮。

Step5：命名子报表。在打开的对话框中输入子报表的名称，如图11-34所示，单击"完成"按钮，关闭"子报表向导"对话框。主/子报表的设计视图如图11-35所示。

Step6：查看报表，如图 11-36 所示。可将该报表与例 11-2 创建的 CustomerOrder 报表进行对比。
Step7：保存报表。

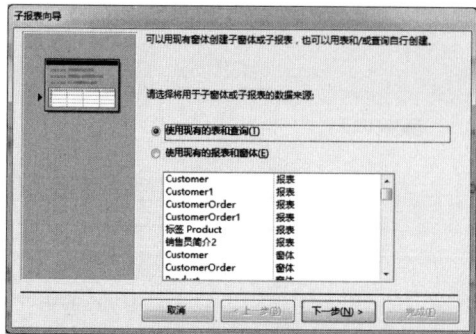
图 11-31 "子报表向导"对话框

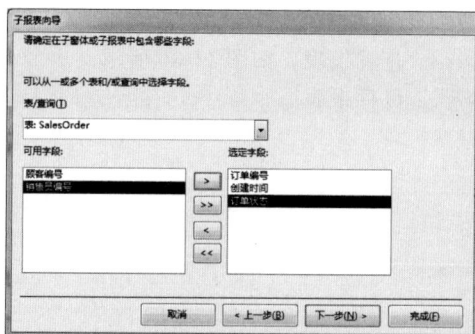
图 11-32 选定子报表字段

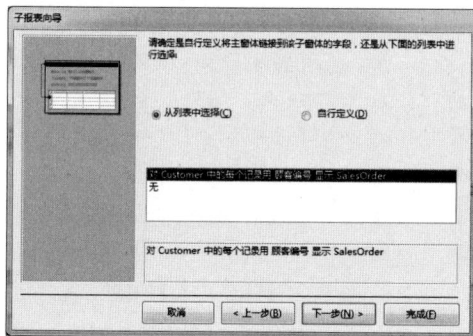
图 11-33 选择链接字段

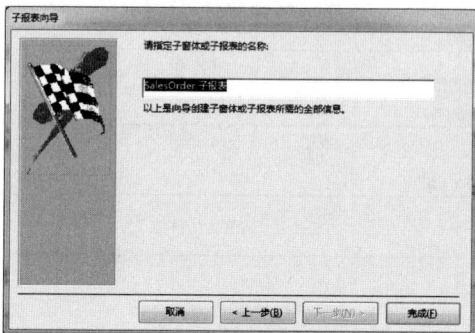
图 11-34 命名子报表

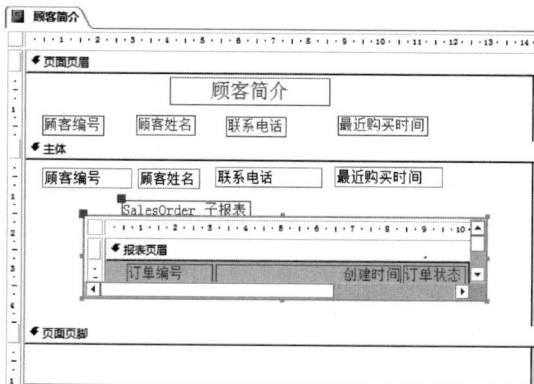
图 11-35 主/子报表的设计视图

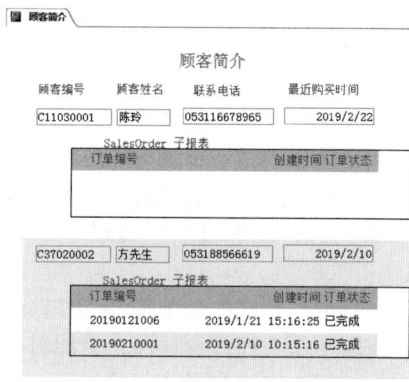
图 11-36 主/子报表的打印预览视图

11.4 Access 报表的应用示例

1. 证件报表的制作

在日常工作中人们经常会使用各种证件，如工作证、学生证、准考证、出入证等，在此以制作出入证报表为例，介绍证件报表的制作过程。限于篇幅，详细内容请参阅本书的数字教程。

2. 报表的修饰

报表的美化操作可以使打印出来的报表主题鲜明、层次清晰、布局合理、内容有序，更为美观，更易于阅读，极大地增强了报表的表现力。

设置报表的背景颜色、图片、控件的背景颜色、字体、字形、条件格式，套用主题，添加日期和时间等均可起到修饰报表的作用，修饰报表的有关方法限于篇幅，详细内容请参阅本书的数字教程。

3. **报表的预览与打印**

在报表打印或发布之前，通常要对报表进行预览。预览的目的是尽早发现报表设计过程中存在的问题，以便第一时间发现问题并进行修改，以避免打印成本的损失和用户体验的降低。

限于篇幅，详细内容请参阅本书的数字教程。

11.5　技术拓展与理论升华

与 Access 相比，SQL Server 的报表功能更加强大。SQL Server 的报表功能可以高效率地将数据库中的数据按照用户需求转换为直观、易懂的报表，进而为用户的洞察和决策提供支持。

SQL Server 基于 SSRS 向用户提供报表服务。SQL Server 提供的报表服务已经成为 DBMS 报表服务事实上的行业标准，是其他 DBMS 报表服务的标杆。

SSRS 为用户提供了各种报表设计、管理、传送和发布的工具。基于 SSRS 的工具集，用户可以从关系数据源、多维数据源和基于 XML 的数据源创建交互式、表格式、图形式或自由格式的报表，既可以设计和发布传统的基于纸张的静态报表，又可以设计和发布基于 Web 的交互报表。值得一提的是，作为 Microsoft 商务智能框架的一部分，SSRS 将 SQL Server 及 Microsoft Windows Server 的数据管理功能与 Microsoft Office 相结合，实现了信息的实时传递，以支持用户的日常运作，进而推动用户的决策制定。

尽管 SQL Server 的报表功能比 Access 强大很多，但是二者设计报表的理念和方法是相通的。它们都基于报表设计工具开展下列报表设计工作：定义报表的数据源；基于数据源在报表中添加报表的基本数据元素；在报表中添加高级数据元素；在报表中添加报表的辅助元素，使基本数据元素和高级数据元素更加易于阅读；对报表进行美化，以吸引用户的眼球；将报表保存并发布。

限于篇幅，基于 SQL Server 的 SSRS 设计报表的方法和技术请参阅本书的数字教程。

习题：思考题

【1】Access 报表和 Access 数据表有何区别及联系？

【2】在 Access 中，报表设计器有哪几种视图？

【3】基于批判性思维分析本书将 Access 报表设计的方法分为向导和设计器，是否合适。

【4】如何在 Access 报表中实现报表的计算与汇总功能？

【5】什么是子报表？在 Access 中，如何创建一个主报表的子报表？

【6】在 Access 中，如何将一个字段设置为一个文本框的数据源？

【7】查阅资料，说明 SSRS 的功能和安装方法。

学习材料：答疑解惑

在知识爆炸时代，你永远也学不完所有知识。通常我们只需要把精力投入"预存储知识"，对于"即需即学知识"则无须投入过多精力，只需懂得找到这种知识的办法，这样才不会把大量的精力花费在非主要的学习上。假设下列学习材料是我们需要的"即需即学知识"，请基于通义千问、文心一言、讯飞星火、ChatGPT 等大语言模型找到下列问题的答案。

【学习材料1】结构化数据、半结构化数据和非结构化数据的定义。

【学习材料2】非结构化数据的特点和类型。

【学习材料3】半结构化数据的处理方法。

第 12 章 数据库的安全管理技术

本章导读

  数据库中存储着大量用户共享的数据资源，加强对数据库的安全管理，防止数据资源的非法访问和破坏，对确保数据库的安全至关重要。数据库的安全可以通过数据库数据资源和服务的保密性、完整性、可用性、可控性和可审查性来评估。不同的 DBMS 所采用的数据库安全管理技术是不同的，其能够实现的数据库数据安全性能也有很大差异。作为桌面级的 DBMS，Access 的安全管理体系不太完备，管理技术也相对简单，因此 Access 数据库的安全性是比较脆弱的。与 Access 相比，作为企业级的 DBMS，SQL Server 安全管理体系堪称健全，安全管理技术也比较强大，所以 SQL Server 数据库的安全性是非常高的。

12.1 SQL Server 的安全管理技术

  数据库安全的核心和关键是其数据安全。为了保证数据安全，SQL Server 在网络安全管理、操作系统安全管理、服务器安全管理、数据库安全管理及数据库对象安全管理 5 个方面采取了措施，以保护数据库中的数据资源不被非法使用和破坏。本节首先介绍 SQL Server 的安全管理机制，然后重点介绍 SQL Server 2017 实现安全管理机制的方法和技术。由于服务器安全管理、数据库安全管理及数据库对象安全管理是 SQL Server 直接承载的，因此本节的学习内容主要围绕以下 3 个方面展开：第一，当用户登录数据库服务器时，如何确保只有合法的用户才能登录到数据库服务器中；第二，当用户登录到数据库服务器中时，这个用户可以对该服务器承载的哪些数据库执行哪些操作；第三，当用户对某个数据库进行操纵和管理时，它可以对该数据库的哪些数据库对象执行哪些操作。另外，本节最后介绍 SQL Server 的角色，重点介绍 SQL Server 如何基于角色机制管理具有相同权限的服务器用户和数据库用户。

12.1.1 SQL Server 的安全问题及其解决方案

  SQL Server 是基于可信计算宗旨开发的 DBMS。可信计算宗旨的目标之一就是默认安全。为了实现默认安全，SQL Server 采取了一系列措施来解决数据库的数据安全问题。

1. SQL Server 的安全问题

  安全性问题不是数据库系统所独有的，所有计算机系统都有这个问题。只是数据库系统的数据资源是集中存放的，且数据资源被众多用户直接共享，因此安全性问题尤为突出。SQL Server 的安全性问题可以归纳为下述 5 个层面。

  第一个层面的问题是网络安全问题。当用户基于客户端软件通过网络访问 SQL Server 数据库系统时，如何确保数据交换和通信的安全性，是用户非常关注的安全问题。

  第二个层面的问题是操作系统安全问题。因为操作系统是 SQL Server 的运行平台，所以承载 SQL Server 的操作系统的安全性是非常重要的。一旦操作系统被攻克，那么依附在操作系统上的 SQL Server 的安全就荡然无存了。

  第三个层面的问题是数据库服务器的安全问题。当用户登录 SQL Server 数据库服务器时，如何确保只有合法的用户才能登录到服务器系统中呢？这是一个基本的安全性问题，也是数据库管理系统提供的基本安全功能。

第四个层面的问题是数据库的安全问题。当用户登录到 SQL Server 数据库服务器系统中时，该用户可以对哪些数据库执行哪些操作呢？这也是一个非常重要的安全问题。

第五个层面的问题是数据库对象的安全问题。数据库有很多对象，这些数据库对象归谁所有？如果这些数据库对象由用户甲所有，那么当用户甲被删除时，其所拥有的数据库对象怎么办？数据库中有哪些数据库用户或者数据库角色，它们可以对数据库中的哪些对象执行哪些操作？这也是非常核心的安全问题。

2. SQL Server 安全问题的解决方案

由于 SQL Server 安全性涉及网络、操作系统、SQL Server 服务器、SQL Server 数据库及 SQL Server 数据库对象 5 个层面，因此 SQL Server 安全问题的解决也应该从下列 5 个层面着手。

(1)网络安全问题的解决方案

网络通常是不安全的，因此必须采取切实有效的措施，以解决 SQL Server 服务器在网络中的安全问题。在 SQL Server 中，网络安全层面的问题主要是通过网络安全机制来解决的。例如，如果 SQL Server 服务器和客户机之间通过网络传送的数据是明文的，即数据包没有加密，那么数据窃密者可以通过专用的数据捕获工具在网络中获得客户机和服务器之间的明文数据包，对这些数据包进行分析和判断就可以获得用户使用的 SQL Server 密码等信息，这样 SQL Server 数据库的安全就无从谈起了。所以，必须使 SQL Server 服务器和客户机之间的数据交换和通信架构在有安全机制保障的可信网络中。

可信网络应该满足用户的以下需求。

①机密性。机密性是指发送的信息仅仅能够被授权的用户得到，没有被授权的用户不能得到，即要保证信息为授权者享用而不会泄露给未经授权者。

②完整性。完整性包括数据完整性和系统完整性两个方面。数据完整性指的是信息未被非授权篡改或者损坏，而系统完整性指的是系统未被非授权操纵，按既定的功能运行。

③可用性。可用性是指授权的用户能够得到其授权访问的信息，即保证信息和信息系统随时可为授权者提供服务，而不要出现非授权者滥用却对授权者拒绝服务的情况。

为满足上述的用户安全需求，SQL Server 支持的网络安全机制包括但不限于远程访问控制、数据加密和身份认证等技术手段。由于 SQL Server 是一个在服务器上运行，能够接受远程访问的数据库管理系统，因此，正确配置 SQL Server 以使其能够接受远程计算机的安全访问是非常重要的。为防止 SQL Server 数据库被攻击，应该采取非必要不开放的原则，即在无法确定远程访问计算机安全性的情况下，不对该计算机开放远程访问权限，以减少数据库系统被攻击的可能性。即使允许远程计算机通过网络访问 SQL Server 服务器，也应该提供某种安全防护机制，如防火墙、入侵检测系统等。对于允许的远程访问，如果客户机和服务器之间要传输敏感数据，则应该采用恰当的网络安全技术对传输数据进行加密，并对通信双方进行必要的身份鉴定，以解决数据在网络中传输的安全问题。

(2)操作系统安全问题的解决方案

用户基于客户机通过网络访问数据库服务器时，首先要获得承载 SQL Server 服务器的操作系统的使用权。如果该操作系统存在安全漏洞并被黑客利用，那么黑客就可能获得该操作系统的使用权，从而使得该操作系统承载的 SQL Server 服务器暴露在黑客面前，进而对该服务器所承载数据库的数据安全造成威胁。尤为严重的是，如果存在非授权访问 SQL Server 服务器的操作系统安全漏洞，那么该操作系统承载的 SQL Server 数据库的安全就无从谈起。

所以，操作系统必须采取措施，使 SQL Server 服务器运行在有安全机制保障的可信操作系统中。可信操作系统的安全机制的抓手是防止未经授权的用户从操作系统层面访问数据库。

以 Windows 操作系统为例，操作系统的安全性管理具体可以体现在用户账户、口令、访问权限、审计等方面。其中，用户账户是用户访问系统的"身份证"，只有合法用户才有账户；用户的口令为用户访问 Windows 操作系统提供了一道验证；访问权限规定了用户访问操作系统资源的权限；审计可以对用户的行为进行跟踪和记录，便于系统管理员分析系统的访问情况以及事后的追查使用。

（3）SQL Server 服务器安全问题的解决方案

在 SQL Server 中，服务器安全问题是通过身份验证模式、服务器角色和审核管理来解决的。客户机使用一个登录名和密码登录到服务器，这里的登录名隐含了可以连接到 SQL Server 服务器的功能。登录名一旦登录成功，就可以对服务器进行相关操作，能够进行哪些操作基于该登录名的权限。登录名的权限可以通过预定义的服务器角色来设置。

（4）SQL Server 数据库安全问题的解决方案

在 SQL Server 中，数据库安全问题是通过数据库用户、数据库访问权限设置和数据库角色来实现的。如果登录名具有特定数据库的关联数据库用户，那么登录成功后，该登录名还可以对此数据库进行权力许可范围内的相应操作，能够进行哪些操作基于该登录名所关联的数据库用户的权限。权限可以通过该登录名所关联的数据库用户来进行设置，数据库角色可以简化权限的设置。

（5）SQL Server 数据库对象安全问题的解决方案

在 SQL Server 中，数据库对象的安全问题是通过对数据库对象设置操作权限来实现的。不同的权限代表不同的操作，如数据表甲的 SELECT 权限代表可以查询数据表甲的数据，而数据表甲的 DELETE 权限代表可以删除数据表甲的数据记录等。

3. SQL Server 安全管理模型

基于 SQL Server 的安全管理问题及其解决方案，图 12-1 给出了 SQL Server 的安全管理主体及其之间的关系，本书称之为 SQL Server 的安全管理模型。该模型涉及数据库用户、客户端、网络、DBMS、操作系统、数据库以及数据库对象等安全管理主体，它们基于数据库用户安全管理机制、客户端安全管理机制、网络安全管理机制、操作系统安全管理机制、数据库服务器安全管理机制、数据库安全管理机制以及数据库对象安全管理机制进行协作，共同完成 SQL Server 的安全管理。这里要说明的是，图 12-1 中的 DBMS 特指 SQL Server。

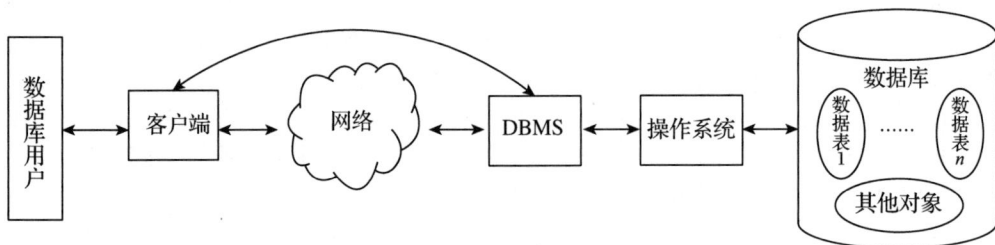

图 12-1　SQL Server 的安全管理模型（广义）

尽管 SQL Server 的安全涉及数据库用户、客户端、网络、DBMS、操作系统、数据库以及数据库对象 7 个安全管理主体，但与 SQL Server 本身直接相关的只包括数据库用户、客户端、DBMS、数据库以及数据库对象 5 个安全管理主体。图 12-2 给出了简化版本的 SQL Server 的安全管理主体及其之间关系，本书称之为 SQL Server 的安全管理模型（狭义）。

基于 SQL Server 的安全管理模

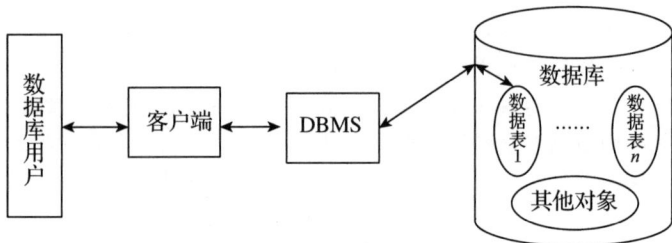

图 12-2　SQL Server 的安全管理模型（狭义）

型(狭义)可知，当数据库用户要访问数据库中的数据库对象时，首先要连接 DBMS，这一步骤通常是通过客户端软件实现的，这时用户要向客户端提供其身份，然后客户端将用户的身份递交给 DBMS 进行验证，只有合法的用户才能进入 DBMS 开展下一步操作。当合法的数据库用户要对某个数据库中的数据进行操作时，DBMS 还要验证该数据库是否有与此用户关联的数据库用户，如果有，则该用户才能基于关联的数据库用户访问该数据库，至于该数据库用户能对数据库的数据库对象执行哪些操作，还要看相应数据库用户的操作权限。如果用户有操作权限，则 SQL Server 会执行相应操作，否则会拒绝执行用户的操作。

12.1.2 SQL Server 的安全管理机制

由图 12-2 所示的 SQL Server 的安全管理模型(狭义)可知，SQL Server 安全管理机制主要包括 SQL Server 服务器的安全管理、SQL Server 数据库的安全管理以及 SQL Server 数据库对象的安全管理 3 个层级，若想对外界非法入侵进行有效阻止，则必须从上述 3 个级别去搭建 SQL Server 的安全管理机制。本书将上述的 3 个层级的安全管理机制称为 SQL Server 安全管理体系。下面介绍 SQL Server 安全管理的参与者与安全管理体系。

1. SQL Server 安全管理的参与者

在 SQL Server 中，安全管理的参与者有安全主体、安全对象和角色等。

（1）安全主体

安全主体是可以请求 SQL Server 资源并参与 SQL Server 安全管理的实体。每个安全主体都有特定的作用范围。根据安全主体的作用范围，安全主体分为操作系统安全主体、SQL Server 服务器安全主体以及数据库安全主体 3 种类型。

①操作系统安全主体：如果操作系统是 Windows，那么 Windows 域登录名、Windows 本地登录名都是操作系统级别的安全主体。

②SQL Server 服务器安全主体：该类型的安全主体包括 SQL Server 服务器登录名和 SQL Server 服务器角色等。默认情况下，在安装 SQL Server 服务器实例时，会预创建默认的服务器登录名和默认的服务器角色。

③数据库安全主体：该类型的安全主体包括数据库用户和数据库角色等。例如，public 数据库角色是一个数据库级的主体，每个数据库用户都属于 public 数据库角色。当尚未对某个用户授予或拒绝某安全对象的特定权限时，该用户将继承授予该安全对象的 public 角色的权限。

（2）安全对象

安全对象是 SQL Server 安全管理的基准对象，包括 SQL Server 服务器、数据库、架构和数据库对象。一般来说，一个 SQL Server 服务器可以包括一个或多个数据库，一个数据库可以包括一个或多个架构，而一个架构可以包括一个或多个数据库对象。

架构位于数据库内部，每个数据库对象都属于一个数据库架构，它是数据表、视图、存储过程等数据库对象的容器，是一个独立于数据库用户的非重复命名空间。可以在数据库中创建和更改架构，也可以授予用户访问架构的权限。任何用户都可以拥有架构，且架构所有权可以转移。在一个架构中不能包含相同名称的对象，但相同名称的对象可以在不同的架构中存在。一个架构只能有一个所有者，但一个用户可以拥有多个架构。创建一个数据库用户时，系统将自动创建一个同名的架构。由于架构与用户独立，因此删除用户不会删除架构中的对象。多个数据库用户可以共享单个默认架构。创建一个架构必须指定所有者，否则将默认其所有者为当前数据库用户。一个数据库角色可以拥有一个默认架构或多个架构。

（3）角色

为了简化权限的授予和回收，SQL Server 采用了角色管理机制。当有很多用户时，若单独授权给每个用户，则非常麻烦且不便于集中管理，特别是当权限变化时，管理员可能需要逐个修改用户的权限，操作非常烦琐。

角色管理机制可以简化用户权限的授予和回收。当若干个用户被赋予同一个角色时，它们就继承了该角色拥有的所有权限，若角色的权限变更了，则其相关用户的权限都会发生变更。因此，角色可以方便管理员对用户权限的集中管理，只要将某些用户设置为某一角色，只对角色进行权限设置，就可以实现对所有用户权限的设置，大大减少了管理员的工作量。

SQL Server 中主要有服务器与数据库两类角色。服务器角色是执行服务器级管理操作的用户权限的集合。这些角色是系统内置的，数据库管理员无法创建，只能将其他角色或用户添加到服务器角色中。数据库角色是对数据库对象的操作权限的集合。SQL Server 的数据库角色分为固定数据库角色和用户自定义的数据库角色两种类型。

一般来说，一个用户可被赋予一个或多个角色，具有相同角色的用户可以认定为一个用户组。

2. SQL Server 安全管理体系

下面将详细介绍 SQL Server 服务器安全管理、SQL Server 数据库安全管理以及 SQL Server 数据库对象安全管理。

（1）SQL Server 服务器安全管理

当用户登录 SQL Server 数据库系统时，如何确保只有合法的用户才能登录到系统中呢？这是一个基本的安全性问题，也是数据库管理系统提供的基本功能。在 SQL Server 中，这个安全问题是通过安全主体、身份验证模式及审核管理等来解决的。

①安全主体。SQL Server 服务器级别的安全主体是指可以访问和使用 SQL Server 服务器资源的对象，一般有两类服务器级别的安全主体：登录名和服务器角色。

如果 SQL Server 架构在 Windows 操作系统中，那么 SQL Server 中有两类登录名：一类是 SQL Server 自身负责身份验证的登录账号，另一类是 Windows 的用户账号。注意，即使登录名是 Windows 的用户账号，SQL Server 也需要创建一个与这个 Windows 的用户账号关联的登录名。一般来说，安装 SQL Server 时，SQL Server 会自动为当前的 Windows 用户账号生成一个相应的 SQL Server 登录名。

服务器角色是 SQL Server 服务器中一组具有相同权限的服务器登录用户。服务器角色用于对登录用户及权限进行管理。通常，可以根据 SQL Server 的管理任务，以及这些任务相对的重要性等级，把具有 SQL Server 管理职能的用户划分成不同的用户组，每一组用户都预定义了相同的 SQL Server 操作权限。

注意，服务器角色适用于 SQL Server 服务器范围内，且其权限不能被修改。这一点与数据库角色不同。另外，所有的服务器角色都是"固定的"，用户不能创建服务器角色。也就是说，自安装完 SQL Server 的那一刻起，该服务器拥有的所有服务器角色就定义好了。

②身份验证模式。身份验证是指通过指定措施对登录用户身份进行确认的过程，其目的是确认服务器用户身份的真实性和唯一性。身份验证模式是 SQL Server 确认用户的方式。如果 SQL Server 架构在 Windows 操作系统中，那么 SQL Server 支持 Windows 身份验证和混合身份验证两种模式。

当使用 Windows 身份验证模式时，SQL Server 服务器只允许 Windows 操作系统的授权用户连接到 SQL Server 服务器中。在这种身份验证模式下，SQL Server 通过 Windows 操作系统来获得用户信息，并对账户名和密码进行重新验证。

在 Windows 身份验证模式下，用户必须先登录到 Windows 操作系统中，再连接到 SQL Server 服务器。当用户连接到 SQL Server 时，只需选择 Windows 身份验证模式，无须提供登录名和密码，系统会从用户登录到 Windows 操作系统时提供的用户名和密码中查找当前用户的登录信息，以判断其是否为连接到 SQL Server 的合法用户。

当使用混合身份验证模式时，SQL Server 允许 Windows 授权用户和 SQL Server 授权用户连接到 SQL Server 服务器，故这种模式也被称为 SQL Server 和 Windows 身份验证模式。如果希望不是 Windows 操作系统的用户也能连接到 SQL Server 数据库服务器，则应该选择混合身份验证模式。如果在混合身份验证模式下选择使用 SQL Server 授权用户连接 SQL Server 服务器，则必须提供登录名和密码，因为 SQL Server 必须使用这些信息来验证用户的合法身份。

系统管理员可以根据系统的实际应用情况设置 SQL Server 的身份验证模式。设置身份验证模式可以在安装 SQL Server 时进行，也可以在安装完成之后通过 SSMS 工具完成。

在 SSMS 中设置身份验证模式的方法和步骤如下。

Step 1：以系统管理员身份连接到 SSMS，在 SSMS 对象资源管理器中，在要设置身份验证模式的 SQL Server 实例上右击，在打开的如图 12-3 所示的快捷菜单中选择"属性"命令，打开服务器属性窗口。

Step 2：在服务器属性窗口左侧选择"选择页"→"安全性"选项，如图 12-4 所示。

Step 3：在图 12-4 所示的"服务器身份验证"选项组中设置该实例的身份验证模式。

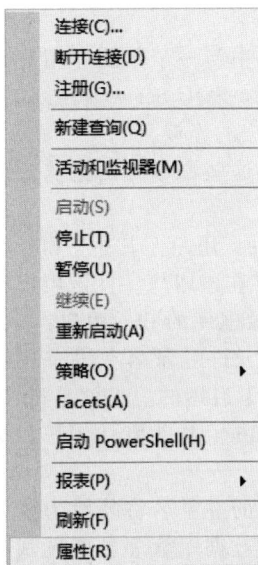

图 12-3 选择"属性"命令　　　　图 12-4 安全性的设置

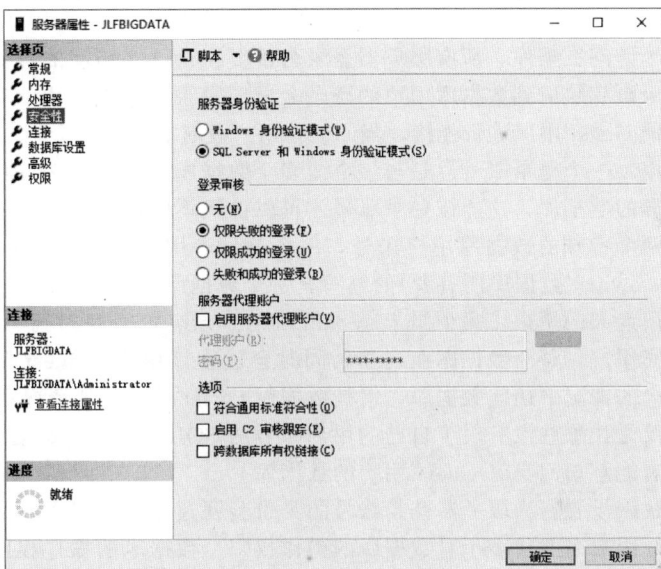

Step4：选定一种身份验证模式，这里选中"SQL Server 和 Windows 身份验证模式"单选按钮并单击"确定"按钮，打开如图 12-5 所示的提示对话框，单击"确定"按钮，关闭此对话框。

图 12-5 提示对话框

注意：设置完身份验证模式之后，必须重新启动 SQL Server 服务器才能使设置生效。在 SQL Server 服务器实例上右击，在打开的如图 12-3 所示的快捷菜单中选择"重新启动"命令，即可使 SQL Server 按新的设置启动服务器。

对于 SQL Server 来说，一般推荐使用 Windows 身份验证模式，因为这种模式能够与 Windows 操作系统的安全系统集成在一起，以提供更多的安全功能。使用 Windows 身份验证模式进行的连接被称为信任连接。

③审核管理。审核对于 SQL Server 服务器而言犹如黑匣子对于飞机，它是一种有效的安全性机制。"审核"的核心在于跟踪，跟踪的主要目的是通过日志等工具将用户对 SQL Server 服务器实施的某些操作记录下来，形成审核信息，利用这些跟踪记录的审核信息，管理员可以分析出 SQL Server 服务器的安全漏洞、发现对 SQL Server 服务器进行异常操作的非法用户，从而采取积极的

应对措施。

启用相应的审核功能后，SQL Server 服务器会对具体事件的过程进行监视和记录，这会耗费系统的一部分资源，降低系统的性能。这就要求用户根据需要只对适度的内容进行合理的审核，既要保证一定的安全度，又要避免性能的过度降低。

（2）SQL Server 数据库安全管理

当用户登录到 SQL Server 中时，该用户可以执行哪些操作、使用哪些对象和资源呢？这是一个非常基本的安全问题，在 SQL Server 中，这个问题是通过数据库用户这个安全主体和权限设置来实现的，而权限设置通常是通过数据库角色来实现的。

①数据库用户。在数据库中，数据库用户账号与服务器登录账号是两个不同的概念。一个合法的服务器登录账号只表明该账号通过了 SQL Server 服务器的身份验证，可以对 SQL Server 服务器进行角色权限范围内的操作，但不能表明该服务器用户可以对数据库及其对象进行某种或某些操作。

为了访问数据库，所有服务器登录名都要在自己要访问的数据库中与一个数据库用户建立映射。一个没有映射到数据库用户的登录名试图登录到该数据库的时候，SQL Server 将尝试使用该数据库的 Guest 用户进行连接，当 Guest 用户没有启用时，会拒绝用户的连接。

所以，一个登录账号总是与一个或多个数据库用户账号关联的，这些账号分别把登录账号映射到相异的数据库，这样该登录账号才可以访问不同数据库。

有两个特殊的数据库用户账号，一个是 dbo 用户，另一个是 Guest 用户。其中，dbo 用户是 database owner（数据库所有者）的缩写，每个数据库在建立时都默认存在该用户，且该用户是数据库中权限最大的用户，每个属于 sysadmin 的登录名都会映射到每个数据库的 dbo 用户；Guest 用户是来宾用户，每个数据库在建立的同时会建立该用户，Guest 用户允许登录名在没有映射到数据库用户的情况下访问数据库，但是数据库 Guest 用户默认情况下是不启用的，也就是说，Guest 用户主要是让那些没有属于自己的用户账号的 SQL Server 登录者把 Guest 作为默认用户，从而使该登录者能够访问具有 Guest 用户的数据库。

②权限设置。当服务器登录账号的身份验证通过后，服务器级别的登录名将映射为数据库的用户名，用户名就代表了对数据库的操作权限。数据库的操作权限是数据库管理员事先赋予数据库用户的。SQL Server 中包括两种类型的权限，即对象权限和语句权限。

对象权限是数据库用户关于数据表、视图、存储过程等数据库对象的操作权限，它决定了该数据库用户能对这些数据库对象执行哪些操作。常见的对象权限有 SELECT、UPDATE、DELETE、INSERT、EXECUTE。不同类型的数据库对象支持不同类型的操作权限，例如，数据表对象支持 SELECT、UPDATE、DELETE 和 INSERT 这 4 种权限，但不支持 EXECUTE 权限。如果用户想要对某一对象进行操作，则其必须具有相应的操作权限。例如，用户要修改数据表中的数据记录，前提条件是其已经被授予该数据表的 UPDATE 权限。

语句权限主要指用户是否具有权限来执行某一条 SQL 语句。这些 SQL 语句通常用来创建数据库及其组成对象，如创建数据库、创建表和视图、创建存储过程等。这种语句虽然仍包含操作对象，但这些对象在执行该语句之前并不存在，所以将其归为语句权限范畴。

③数据库角色管理。数据库角色可以为某一数据库用户或一组数据库用户授予不同级别的访问管理数据库或数据库对象的权限，这些权限是数据库专有的。数据库管理人员可以通过数据库角色的权限管理来管理数据库用户的权限。数据库用户可以被赋予某一数据库角色，从而具有该数据库角色的权限。也可以为一个数据库用户赋予多个数据库角色，从而使其具有多个数据库角色的权限。

SQL Server 既支持固定数据库角色，又支持用户自定义的数据库角色。固定数据库角色是一种预定义的数据库角色，此类角色具有的访问管理数据库的所有权限已被 SQL Server 预先定义，且数据库管理员不能对此类角色所具有的权限进行任何修改。当打算为某些数据库用户设置相同的权限，但是这些权限不等同于固定数据库角色所具有的权限时，用户就可以定义新的数据库角色来满足这一要求。

（3）SQL Server 数据库对象安全管理

SQL Server 在数据库的数据对象层提供了安全管理的机制。例如，对于不同数据库用户，可以设置不同的数据表操作权限；又如，对于不同的数据库用户，可以授予或拒绝其对某个字段的操作权限；再如，对于存储过程及用户自定义函数可编程对象，数据库用户需要获得执行权限才能执行存储过程和函数等。

①数据表的安全管理。可以使用 GRANT、DENY 和 REVOKE 语句来管理数据表的权限设置。数据表的权限主要涉及数据表属性的修改、所有权的获取、选择记录、插入记录、更新记录、删除记录、通过外键引用其他数据表以及数据表中元数据的访问等。

②字段的安全管理。对于不同的数据库用户，SQL Server 可以授予或拒绝该用户对某个字段的操作权限。数据表中字段的权限设置主要包括 SELECT、UPDATE、REFERENCE，它们的合理组合可以使数据表中字段的安全得到有效保护。

③存储过程的安全管理。对于不同的数据库用户，SQL Server 可以授予或拒绝该用户执行某个存储过程。执行一个存储过程时，SQL Server 会检查当前的数据库用户是否具有这个存储过程的 EXECUTE 权限。

④用户自定义函数的安全管理。用户自定义函数的安全管理与用户自定义函数的类型有关。如果是标量值函数，则其执行后只返回单一值，因此标量值函数的权限管理通常是对该函数授予或拒绝 EXECUTE 权限。如果是表值函数，则其执行后将返回表数据类型的值，因此表值函数的权限管理通常是对该函数授予或拒绝 SELECT 权限。对于表值函数的执行申请，SQL Server 将检查数据库用户是否拥有此函数所返回的表的 SELECT 权限。

3. SQL Server **安全认证过程**

SQL Server 的安全认证过程如图 12-6 所示。由此图可知，用户要访问数据库中的数据对象必须经过 3 个环节的认证过程。

认证过程的第一个环节是身份验证。当数据库服务器登录用户访问 SQL Server 数据库服务器时，SQL Server 将对该用户的账号和口令进行确认。身份验证只验证用户连接到 SQL Server 数据库服务器的资格，即验证该用户是否具有连接到数据库服务器的"连接权"。

认证过程的第二个环节是访问权认证。当数据库服务器登录用户访问某个数据库时，SQL Server 将对该登录用户的访问权进行认证。如果数据库服务器登录用户在该数据库中具有关联的数据库用户，那么 SQL Server 认为该登录用户具有该数据库的访问权。

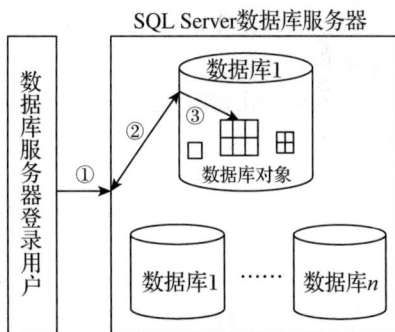

图 12-6 SQL Server 的安全认证过程

认证过程的第三个环节是操作权认证。当数据库服务器登录用户以数据库用户的名义操作数据库中的对象时，SQL Server 将对该登录用户关联的数据库用户的操作权进行认证。如果数据库用户具有对该数据库对象的操作权，那么 SQL Server 认为该登录用户具有该数据库对象的操作权。

12.1.3 SQL Server 登录账户的管理

登录是指 SQL Server 服务器级别的安全主体向 SQL Server 服务器发出连接请求和身份验证的过程。SQL Server 服务器级别的安全主体连接到 SQL Server 服务器的账号称为 SQL Server 服务器登录账号，也称为 SQL Server 登录账号，简称登录账号或登录名。登录账号是 SQL Server 服务器用户的重要标识，登录账号只有成功连接上 SQL Server 服务器后，才有访问整个 SQL Server

服务器中资源的可能性。

1. 登录账户的类型

SQL Server 有两类登录账户：SQL Server 登录账户和 Windows 登录账户。

SQL Server 登录账户由 SQL Server 负责验证用户身份和管理用户登录 SQL Server 的资格。其中，内置系统账户 sa 属于服务器角色 sysadmin 的成员，拥有系统所有权限，可以创建和管理其他登录账户。

Windows 登录账户由 Windows 操作系统负责验证用户身份和管理用户登录 SQL Server 系统的资格。SQL Server 数据库服务器授权 Windows 拥有第三方身份验证权限，只要用户通过 Windows 身份认证并成功登录 Windows，就可以登录 SQL Server。其中，Windows 系统管理员组的成员账户，如 Administrator，都允许登录 SQL Server，且与 SQL Server 登录账户 sa 权限等价。

因为 Windows 登录账户由 SQL Server 数据库服务器授权 Windows 协同管理，所以对于 SQL Server 登录账户的管理，本书以 SQL Server 登录账户为主。

2. 创建登录账户

在 SQL Server 中，有两种创建登录账户的方法：一种是基于 SSMS 可视化地创建登录账户，另一种是基于 T-SQL 命令创建登录账户。下面分别介绍这两种方法。

(1) 基于 SSMS 创建登录账户

① 基于 SSMS 创建 Windows 登录账户。创建 Windows 登录账户实际上就是将 Windows 用户映射到 SQL Server 中，使之能够连接到 SQL Server 服务器的实例上。因此，基于 SSMS 创建 Windows 登录账户之前，应先在操作系统中建立一个 Windows 用户。

假设用户创建了两个 Windows 用户，分别为 Win_qlu1 和 Win_qlu2。那么基于 SSMS 创建 Windows 登录账户的方法和步骤如下。

Step1：以系统管理员身份连接到 SSMS，在 SSMS 的对象资源管理器中依次展开"安全性"→"登录名"结点。在"登录名"结点上右击，在打开的如图 12-7 所示的快捷菜单中选择"新建登录名"命令，打开如图 12-8 所示的"登录名-新建"窗口。

Step2：在如图 12-8 所示的窗口中单击"搜索"按钮，打开如图 12-9 所示的"选择用户或组"对话框。

Step3：在如图 12-9 所示的对话框中单击"高级"按钮，打开如图 12-10 所示的"选择用户或组"高级选项对话框。

图 12-7　选择"新建登录名"命令　　　　图 12-8　"登录名-新建"窗口

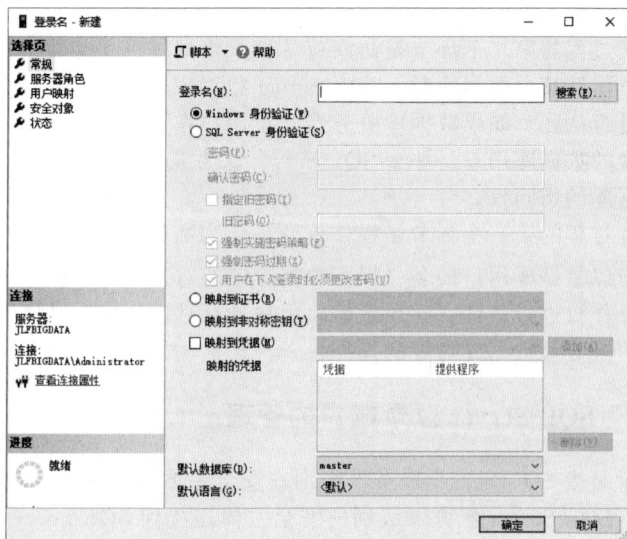

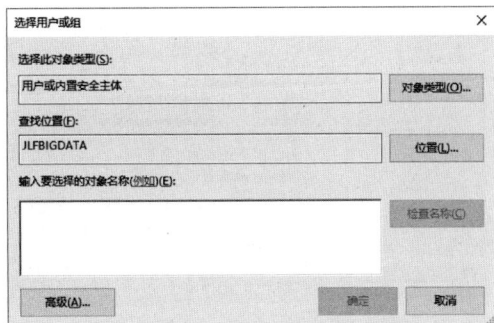

图 12-9 "选择用户或组"对话框

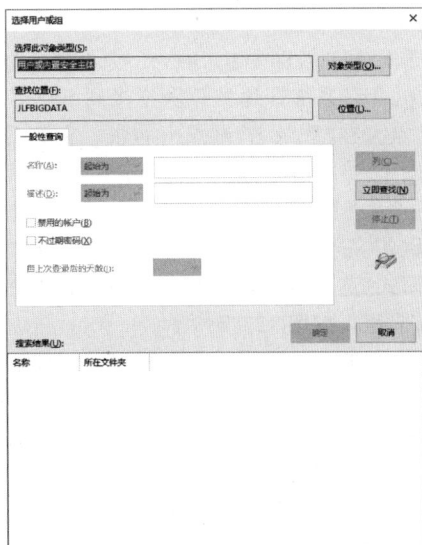

图 12-10 "选择用户或组"高级选项对话框

Step4：在图 12-10 所示的对话框中单击"立即查找"按钮，其"搜索结果"列表框中将列出查询到的用户或组结果，如图 12-11 所示。

Step5：图 12-11 中列出了全部可用的 Windows 用户和组。用户可以在"搜索结果"列表框中选择组，也可以选择用户。如果选择一个组，则表示该 Windows 组中的所有用户都可以登录到 SQL Server，且它们都对应到 SQL Server 的一个登录账户上。这里选择"Win_qlu2"，单击"确定"按钮，返回到"选择用户或组"对话框，此时对话框形式如图 12-12 所示。

Step6：在图 12-12 中单击"确定"按钮，返回到图 12-8 所示的窗口中，此时，"登录名"文本框中会出现"JLFBIGDATA\Win_qlu2"，单击"确定"按钮，即可完成登录账户的创建。

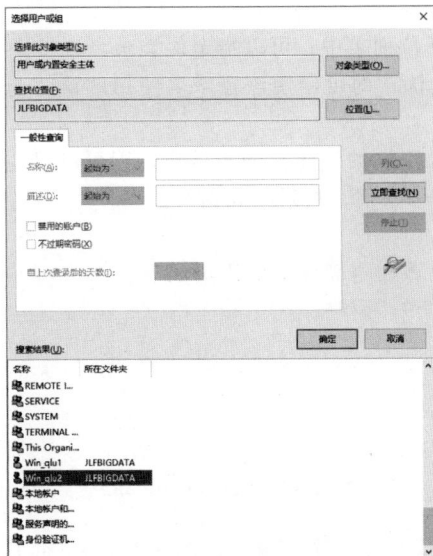

图 12-11 查询结果

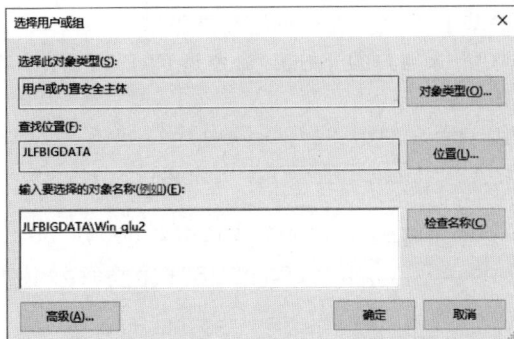

图 12-12 选择登录名后的"选择用户或组"对话框

② 基于 SSMS 创建 SQL Server 登录账户。在创建 SQL Server 登录账户之前，必须将 SQL Server 服务器的身份验证模式设置为混合身份验证模式。如果是 Windows 身份验证模式，则不支持 SQL Server 账户登录到 SQL Server 服务器。设置身份验证模式的方法可参见 12.1.2 小节的相

关内容。

基于 SSMS 创建 SQL Server 登录账户的方法和步骤如下。

Step1：以系统管理员身份连接到 SSMS；在 SSMS 对象资源管理器中依次展开"安全性"→"登录名"结点。在"登录名"结点上右击，在打开的图 12-7 所示的快捷菜单中选择"新建登录名"命令，打开如图 12-8 所示的"登录名－新建"窗口。

Step2：在图 12-8 所示窗口的"常规"选项的"登录名"文本框中输入"SQL_qlu1"，在"身份验证模式"选项组中选中"SQL Server 身份验证"单选按钮，如图 12-13 所示。

Step3：在"密码"和"确认密码"文本框中输入该登录账户的密码。注意，输入的密码必须符合 SQL Server 身份验证的"强制实施密码策略"，否则应该取消勾选"强制实施密码策略"复选框。为了 SQL Server 系统的安全性，建议用户强制实施密码策略。

Step4：设置密码安全策略，这包括是否强制实施密码策略、是否强制密码过期、用户在下次登录时是否必须更改密码。"强制实施密码策略"可强制用户的密码具有一定的复杂性，以提高系统的安全性。"强制密码过期"策

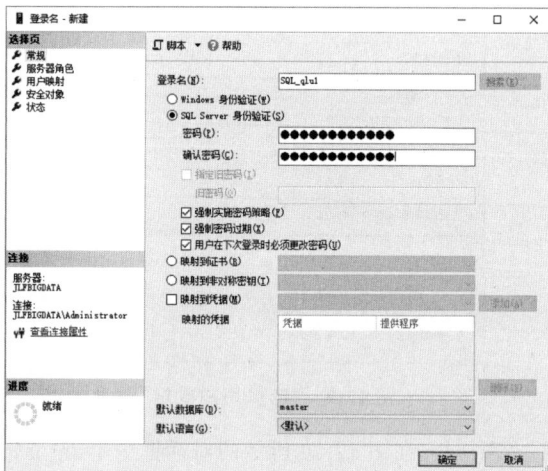

图 12-13　输入登录名并选择 SQL Server 身份验证模式

略也可以提高系统的安全性，指定该策略前，必须先勾选"强制实施密码策略"复选框。"用户在下次登录时必须更改密码"策略通常用于首次使用的新登录名，但架构在 Windows XP 操作系统之上的 SQL Server 不支持该策略。

Step5：指定登录账户的默认数据库。在"默认数据库"下拉列表中，可以指定该登录名刚刚连接到 SSMS 时默认访问的数据库。

Step6：指定登录账户的默认语言。在"默认语言"下拉列表中，可以指定该登录名连接到 SQL Server 服务器时使用的默认语言。一般情况下使用"〈默认〉"即可，使该登录名使用的语言与所连接的 SQL Server 服务器实例所使用的语言一致。

Step7：设置其他参数，单击"确定"按钮，完成登录账户的创建。如果需要，则可以对登录账户的其他参数进行设置，包括映射到证书、映射到非对称密钥、映射到凭据等。

（2）基于 T-SQL 命令创建登录账户

创建登录账户的 T-SQL 命令是 CREATE LOGIN。该命令简化版的语法如下。

【格式】

```
CREATE LOGIN login_name
{WITH〈option_list〉| FROM〈sources〉}

〈sources〉::=WINDOWS [WITH〈windows_options〉[,...]]
〈option_list1〉::=PASSWORD='password' [,〈option_list2〉[,...]]

〈option_list2〉::=
    SID= Thesid
    | DEFAULT_DATABASE=database
    | DEFAULT_LANGUAGE=language

〈windows_options〉::=
```

```
        DEFAULT_DATABASE=database
    |   DEFAULT_LANGUAGE=language
```

【说明】

①login_name：指定创建的登录名。如果从 Windows 域账户映射 login_name，则 login_name 必须用方括号([ ])括起来。

②WINDOWS：指定将登录名映射到 Windows 登录名。

③PASSWORD= 'password'：仅适用于 SQL Server 登录名，用于指定正在创建的登录名的密码。

④ SID= Thesid：仅适用于 SQL Server 登录名，用于指定新创建的 SQL Server 登录名的 GUID。如果未选择此项，则 SQL Server 自动指派 GUID。

⑤ DEFAULT_DATABASE=database：指定新建登录名的默认数据库。如果未包括此选项，则默认数据库将设置为 master。

DEFAULT_LANGUAGE=language：指定新建登录名的默认语言。如果未包括此选项，则默认语言将设置为服务器的当前默认语言。即使以后服务器的默认语言发生了改变，登录名的默认语言也保持不变。

下面通过几个例子介绍使用 CREATE LOGIN 命令创建登录账户的方法。

【例 12-1】创建一个 SQL Server 登录账户，登录名为"QLU_User1"，密码为"QLUsa"。

```
CREATE LOGIN QLU_User1 WITH PASSWORD ='QLUsa';
```

【例 12-2】基于 Windows 域账户创建[JLFBIGDATA \ QLU_User2]登录账户。

```
CREATE LOGIN [JLFBIGDATA\QLU_User2] FROM WINDOWS;
```

【例 12-3】基于 T-SQL 命令创建 SQL Server 登录账户，登录名为"QLU_User3"，密码为"QLU2017SDSKXY"。

```
CREATE LOGIN QLU_User3 WITH PASSWORD ='QLU2017SDSKXY';
```

3. **修改登录账户**

如果登录账户的属性有错误，或者不能满足用户的需求，则可以对登录账户的属性进行修改。既可以基于 SSMS 的对象资源管理器对登录账户的属性进行修改，又可以基于 ALTER LOGIN 命令对登录账户的属性进行修改。由于修改登录账户与创建登录账户在方法和步骤上相似性较大，限于篇幅，这里不赘述，有学习需求的读者请查阅相关文献和资料。

4. **删除登录账户**

由于 SQL Server 登录账户可以是多个数据库中的合法用户，因此在删除登录账户时应先删除该登录账户在各个数据库中映射的数据库用户(如果有)，再删除登录账户，否则会导致没有关联登录账户的孤立数据库用户产生。

删除登录账户可以基于 SSMS 实现，也可以基于 T-SQL 命令实现。

(1)基于 SSMS 删除登录账户

假设 SQL Server 中已经创建了登录账户 QLUnewUser，下面以删除 QLUnewUser 为例说明删除登录账户的方法和步骤。

Step1：以系统管理员身份连接到 SSMS，在 SSMS 对象资源管理器中，依次展开"安全性"→"登录名"结点。

Step2：在要删除的登录账户"QLUnewUser"上右击，在打开的快捷菜单中选择"删除"命令，

图 12-14 "删除对象"窗口

打开图 12-14 所示的"删除对象"窗口,单击"确定"按钮,将打开如图 12-15 所示的提示对话框,在此对话框中单击"确定"按钮即可删除登录账户。

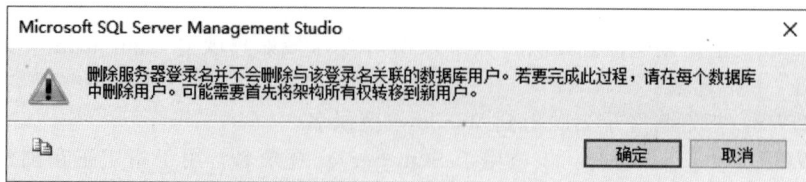

图 12-15　删除登录账户的提示对话框

(2)基于 T-SQL 命令删除登录账户

删除登录账户的 T-SQL 语句为 DROP LOGIN,其语法如下。

【格式】

```
DROP LOGIN login_name
```

【说明】login_name 为要删除的登录账户的名称。

注意:既不能删除正在使用的登录账户,又不能删除拥有数据库的登录账户,更不能删除拥有服务器级别对象的登录账户。

【例 12-4】删除 QLUnewUser 登录账户。

```
DROP LOGIN QLUnewUser;
```

12.1.4　SQL Server 数据库用户的管理

一个合法登录账户能够连接到数据库服务器,只表明其通过了服务器身份验证,并不表明其可以访问数据库及操作数据库对象。登录账户只有在映射(指派)数据库用户后,才能够通过(委托)数据库用户来访问数据库及操作数据库对象(表、视图、存储过程等)。换句话说,登录账户对数据库的访问和对数据库对象的管控都是委托数据库用户来实现的。数据库用户是数据库级别的安全主体。下面先概述数据库用户的特点,再介绍基于 SSMS 和 T-SQL 命令创建、修改和删除数据库用户的方法及步骤。

1. 数据库用户的特点

使登录账户与某个数据库的数据库用户进行关联的操作称为"映射"。登录账户和某个数据库的数据库用户建立映射关系后,该登录账户就委托该数据库用户对数据库进行操作。一个登录账户可以映射多个数据库用户,但在每个数据库中至多有一个数据库用户与之映射(接受其委托)。数据库用户最低权限是连接权限,最高权限是控制权限。另外,用户数据库中始终存在以下 4 个特殊的内置数据库用户且这些数据库用户不能被删除。

①dbo 用户:dbo 是数据库的所有者,它拥有对其数据库的所有操作权限。创建数据库的数据库用户是该数据库的 dbo,固定服务器角色 sysadmin 和 dbcreater 的任何成员,如 sa,都会自动映射(指派)dbo 为其数据库用户。

②Guest 用户:该用户是数据库的来宾用户,它拥有对数据库基本的查看权限。如果数据库启用了数据库用户 Guest,则未映射数据库用户的登录账户可委托 Guest 来访问该数据库。

③information schema 用户:该用户拥有对"信息架构"下对象元数据的访问权限。

④sys 用户:该用户拥有对"系统架构"下对象元数据的访问权限。

注意:数据库 msdb 允许删除和禁用 Guest,而数据库 master 和 tempdb 中不允许禁用 Guest;Guest、information_schema 和 sys 默认是数据库角色 public 的成员且被禁用。

2. 数据库用户的创建

数据库用户的创建既可以基于 SSMS 实现,又可以基于 T-SQL 命令实现。

（1）基于 SSMS 创建数据库用户

下面以"销售单"数据库为例，介绍基于 SSMS 创建数据库用户的方法和步骤。

Step1：以系统管理员身份连接到 SSMS，在 SSMS 对象资源管理器中，展开要创建数据库用户的数据库，这里是"销售单"数据库。

Step2：展开"安全性"→"用户"结点，在"用户"结点上右击，在打开的快捷菜单中选择"新建用户"命令，打开如图 12-16 所示的"数据库用户－新建"窗口。

Step3：在图 12-16 的"用户名"文本框中输入一个与登录名关联的数据库用户名；在"登录名"文本框中指定数据库用户要映射的登录名，可以通过单击"登录名"文本框右侧的[...]按钮查找某个存在的登录名。这里在"用户名"文本框中输入"DB_qlu1"，单击"登录名"文本框右侧的[...]按钮，打开图 12-17 所示的"选择登录名"对话框。

Step4：在图 12-17 所示的对话框中单击"浏览"按钮，打开如图 12-18 所示的"查找对象"对话框。

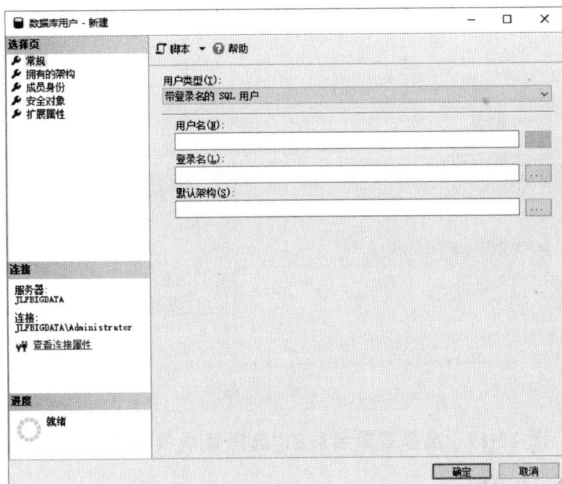

图 12-16 "数据库用户－新建"窗口

Step5：在图 12-18 对话框中勾选"[SQL_qlu1]"复选框，表示使登录账户"[SQL_qlu1]"成为"销售单"数据库用户"DB_qlu1"的关联用户。

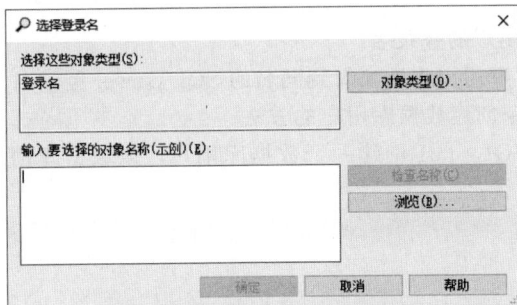

图 12-17 "选择登录名"对话框

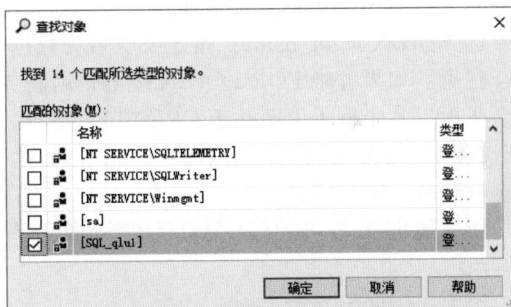

图 12-18 "查找对象"对话框

Step6：在图 12-18 所示的对话框中单击"确定"按钮，关闭"查找对象"对话框，返回到"选择登录名"对话框，如图 12-19 所示。在图 12-19 所示对话框中单击"确定"按钮，返回到"数据库用户－新建"窗口，如图 12-20 所示。

Step7：在图 12-20 中可以指定数据库用户的默认架构，这里使用默认值。单击"确定"按钮，即可关闭该窗口，完成数据库用户的创建。

此时展开"销售单"数据库中的"安全性"→"用户"结点，可以看到 SQL_qlu1 已经出现在该数据库的用户列表中。

（2）基于 T-SQL 命令创建数据库用户

创建数据库用户的 T-SQL 命令是 CREATE USER，其简化版的语法如下。

【格式】

```
CREATE USER User_name { FOR | FROM }  LOGIN login_name
```

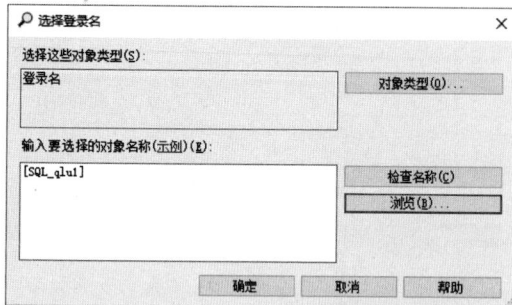

图 12-19　选择登录名后的"选择登录名"对话框

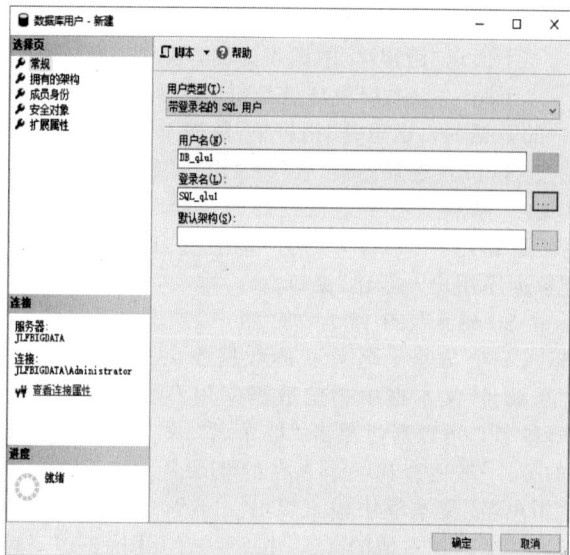

图 12-20　指定用户名和关联登录名后的
"数据库用户－新建"窗口

【说明】

① User_name：指定此数据库中用于连接登录账户的数据库用户的名称。

② FOR ｜ FROM：FOR 引导的短语指明 SQL Server 身份验证的登录名，而 FROM 引导的短语用于指明 Windows 身份验证的登录名。

③ LOGIN login_name：指定要映射为数据库用户的登录名。

注意：如果省略 FOR LOGIN 短语，则新数据库用户将被映射到同名的 SQL Server 登录名。

下面以几个例子说明基于 CREATE USER 命令创建数据库用户的方法。

【例 12-5】在"销售单"数据库中，给登录账户 SQL_qlu1 创建一个数据库用户，该数据库用户的名称与登录账户同名。

```
USE 销售单
GO
CREATE USER SQL_qlu1
```

【例 12-6】先创建名为"SQL_qlu"的有密码的 SQL Server 登录账户，再在"销售单"数据库中创建与此登录账户对应的数据库用户 DB_qlu。

```
CREATE LOGIN SQL_qlu WITH PASSWORD = 'qluLC2017'
GO
USE 销售单
GO
CREATE USER DB_qlu FOR LOGIN SQL_qlu
GO
```

3. 数据库用户的修改

如果数据库用户的属性有错误，或者不能满足用户的需求，则可以对数据库用户的属性进行修改。既可以基于 SSMS 对数据库用户的属性进行修改，又可以基于 ALTER USER 命令对数据库用户的属性进行修改。由于修改数据库用户与创建数据库用户在方法和步骤上相似性较大，限于篇幅，这里不赘述，有学习需求的读者请查阅相关文献和资料。

4. 数据库用户的删除

从当前数据库中删除数据库用户，实际上就是解除登录账户和数据库用户之间的映射关系，但并不影响登录账户的存在。删除数据库用户之后，其对应的登录账户仍然存在。

删除数据库用户可以基于 SSMS 实现，也可以基于 T-SQL 命令实现。

（1）基于 SSMS 删除数据库用户

下面以删除"销售单"数据库中的 DB_qlu1 用户为例，说明基于 SSMS 删除数据库用户的方法和步骤。

Step1：以系统管理员身份连接到 SSMS，在 SSMS 对象资源管理器中依次展开"销售单"数据库中的"安全性"→"用户"结点。

Step2：在要删除的"DB_qlu1"用户名上右击，在打开的快捷菜单中选择"删除"命令，打开与图 12-14 类似的"删除对象"窗口。在该窗口中单击"确定"按钮，即可删除数据库用户"DB_qlu1"。

（2）基于 T-SQL 命令删除数据库用户

删除数据库用户的 T-SQL 命令是 DROP USER，其语法如下。

【格式】

```
DROP USER User_name
```

【说明】User_name 是要在当前数据库中删除的用户名。

注意：不能从数据库中删除拥有对象的数据库用户。

【例 12-7】删除"销售单"数据库中的 DB_qlu1 用户。

```
USE 销售单
DROP USER DB_qlu1
```

12.1.5 SQL Server 的权限管理

数据库的安全管理最终都是通过权限许可实现的。权限用来控制数据库用户如何访问数据库中的对象。SQL Server 既可以直接管理数据库用户的权限，又可以通过角色间接管理权限。本小节将介绍直接权限管理的方法和技术，下一小节将介绍间接权限管理的方法和技术。

1. 权限的种类

SQL Server 支持的权限类型有对象权限、字段权限、语句权限和隐含权限 4 种。

（1）对象权限

对象权限是数据库用户在已经创建的对象可以执行的操作权限，主要包括以下几种。

①INSERT、DELETE、UPDATE 和 SELECT：具有对数据表和视图的数据记录进行插入、删除、修改和查询的权限，其中 UPDATE 和 SELECT 可以对数据表或视图的单个字段进行授权。

②EXECUTE：具有执行存储过程的权限。

（2）字段权限

字段权限是 SQL Server 支持的最小粒度的权限，它是数据库用户对数据表的某个字段可以执行的操作权限的总和。字段权限又称为列权限，在 SQL Server 中，可以管理的字段权限主要包括 SELECT 和 UPDATE。需要特别指出的是，SQL Server 不支持字段级别的 DELETE 权限和 INSERT 权限，这是因为 DELETE 和 INSERT 操作的最小单位为一个记录。

（3）语句权限

语句权限主要包括以下几种。

①CRAETE TABLE：具有在数据库中创建数据表的权限。

②CREATE VIEW：具有在数据库中创建视图的权限。

③CREATE PROCEDURE：具有在数据库中创建存储过程的权限。

④CREATE DATABASE：具有创建数据库的权限。

⑤BACKUP DATABASE：具有备份数据库的权限。

⑥BACKUP LOG：具有备份日志的权限。

（4）隐含权限

隐含权限是指由 SQL Server 预定义的服务器角色、数据库角色、数据库拥有者和数据库对象拥有者所具有的权限，隐含权限相当于内置权限，不需要显式授予。例如，数据库拥有者具有对数据库执行任何操作的权限。服务器角色和数据库角色的相关内容将在下一小节中介绍。

2. 权限的管理

权限的管理是指对安全主体授予、拒绝和收回安全对象的权限。SQL Server 实现权限的分层管理，服务器安全主体管理服务器级别的权限，数据库安全主体管理数据库级别的权限。权限的管理内容包括以下 3 部分。

①授予权限：授予数据库用户或角色具有某种权限，包括对象权限和语句权限。

②收回权限：收回（或称撤销）曾经授予数据库用户或角色的权限，包括对象权限和语句权限。注意，收回权限不妨碍数据库用户或角色从其他地方获得权限。

③拒绝权限：拒绝某数据库用户或角色具有某种操作权限。一旦拒绝了用户的某个操作权限，用户就从任何地方都无法获得该权限。

注意：隐含权限是由系统预先定义的，用户无法对这类权限进行管理。

3. 对象权限的管理

拥有控制权限的主体可以对对象权限进行管理。对象权限的管理既可以基于 SSMS 实现，又可以基于 T-SQL 命令实现。

（1）基于 SSMS 管理对象权限

假设登录账户 SQL_qlu1 在"销售单"数据库中的映射用户是 DB_qlu1，下面介绍基于 SSMS 授予数据库用户对象权限的方法和技术。方便起见，不妨以"销售单"数据库 Customer 表和 Product 表两个对象权限的管理为例。这里将 Customer 表的 SELECT 权限和 INSERT 权限授予数据库用户 DB_qlu1，将 Product 表的 SELECT 权限授予数据库用户 DB_qlu1。

在授予 DB_qlu1 用户权限之前，要先验证数据库 DB_qlu1 是否对 Customer 表具有 SELECT 权限。如果 SSMS 已经启动，则可在工具栏中单击"数据库引擎查询"图标，打开图 12-21 所示的"连接到数据库引擎"对话框，在此对话框中将"身份验证"设置为"SQL Server 身份验证"，在"登录名"文本框中输入登录名"SQL_qlu1"，在"密码"文本框中输入密码，单击"连接"按钮。

在 SSMS 工具栏的"可用数据库"下拉列表中选择"销售单"数据库，输入并执行以下代码：SELECT * FROM Customer。执行该代码后，SSMS 的界面如图 12-22 所示。

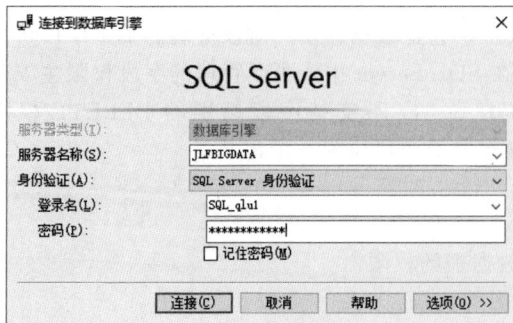

图 12-21　"连接到数据库引擎"对话框

图 12-22　SSMS 的界面

此例表明登录账户 SQL_qlu1 的关联数据库用户 DB_qlu1 在"销售单"数据库中没有 Customer 表的 SELECT 权限。下面介绍基于 SSMS 对数据库用户进行授权的方法和步骤。

Step1：在 SSMS 对象资源管理器中依次展开"销售单"数据库的"安全性"→"用户"结点，右击"DB_qlu1"用户图标，在打开的快捷菜单中选择"属性"命令，打开"数据库用户－DB_qlu1"窗口。在此窗口中选择"选择页"→"安全对象"选项，打开如图 12-23 所示窗口。

Step2：在图 12-23 中单击"搜索"按钮，打开如图 12-24 所示的"添加对象"对话框，可在该对话框中选择要添加的对象类型，默认添加"特定对象"类型。

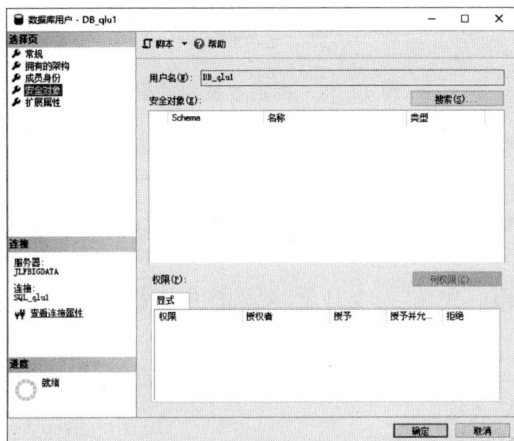

图 12-23 "数据库用户－DB_qlu1"窗口　　　　　图 12-24 "添加对象"对话框

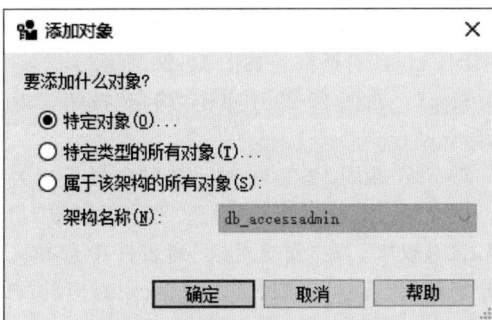

Step3：在"添加对象"对话框中使用默认设置，单击"确定"按钮，打开如图 12-25 所示的"选择对象"对话框，通过选择对象类型来筛选对象。

Step4：在"选择对象"对话框中，单击"对象类型"按钮，打开如图 12-26 所示的"选择对象类型"对话框，可在其中选择要授予权限的对象类型。

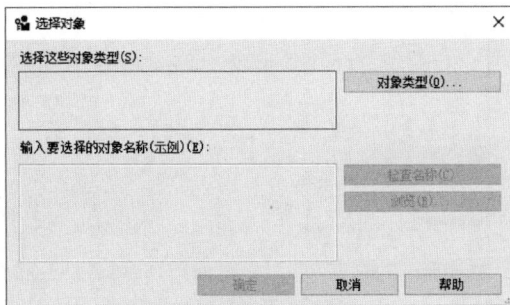

图 12-25 指定对象类型之前的"选择对象"对话框　　　图 12-26 "选择对象类型"对话框

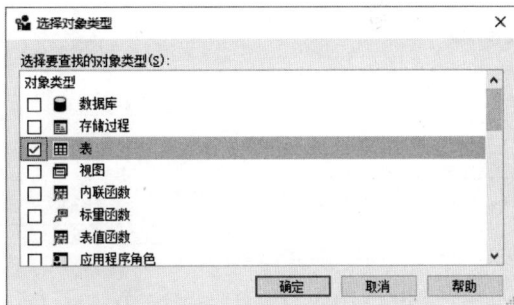

由于本例是要授予 DB_qlu1 用户对 Customer 和 Product 表的权限，因此要在"选择对象类型"对话框中勾选"表"复选框。单击"确定"按钮，返回到"选择对象"对话框，此时，其"选择这些对象类型"列表框中已列出所选的"表"对象类型，如图 12-27 所示。

Step5：在图 12-27 所示的"选择对象"对话框中单击"浏览"按钮，打开如图 12-28 所示的"查找对象"对话框。该对话框中列出了当前可以被授权的全部表。这里勾选"[dbo].[Customer]"和"[dbo].[Product]"复选框，如图 12-28 所示。

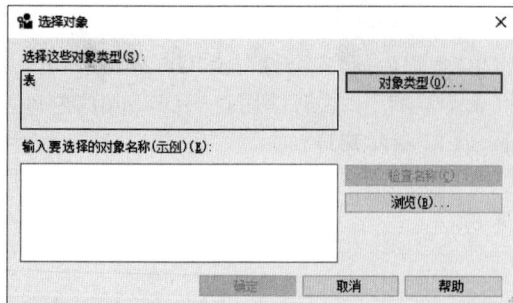

图 12-27　指定对象类型之后的"选择对象"对话框

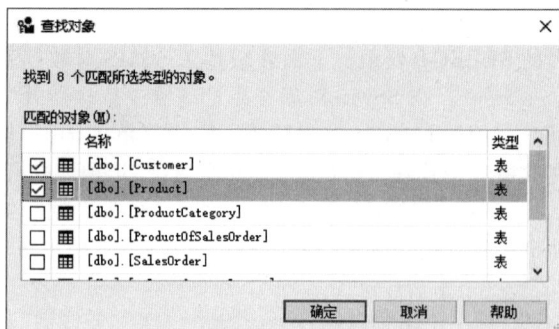

图 12-28　指定要授权的表

　　Step6：在"查找对象"对话框中指定要授权的表之后，单击"确定"按钮，返回到"数据库用户－DB_qlu1"对话框，如图 12-29 所示。

　　Step7：在图 12-29 中单击"确定"按钮，返回到数据库用户属性中的"安全对象"窗口，如图 12-30 所示。

　　Step8：在图 12-30 中对所选对象授予相关的权限。先在"安全对象"列表框中选择"Product"选项，再在"权限"列表框中勾选"选择"权限对应的"授予"复选框，表示授予用户对 Product 表的 SELECT 权限。在"安全对象"列表框中选择"Customer"选项，并在"dbo.Custome 的权限"列表框中分别勾选"选择"权限和"插入"权限对应的"授予"复选框。

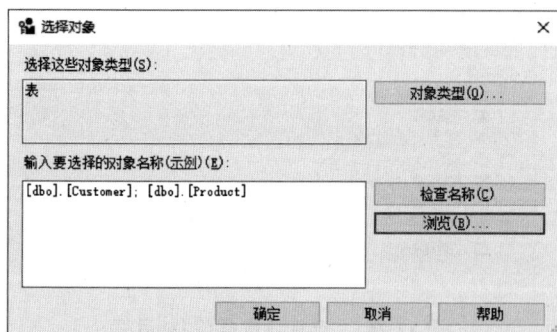

图 12-29　指定要授权的表之后的"选择对象"对话框

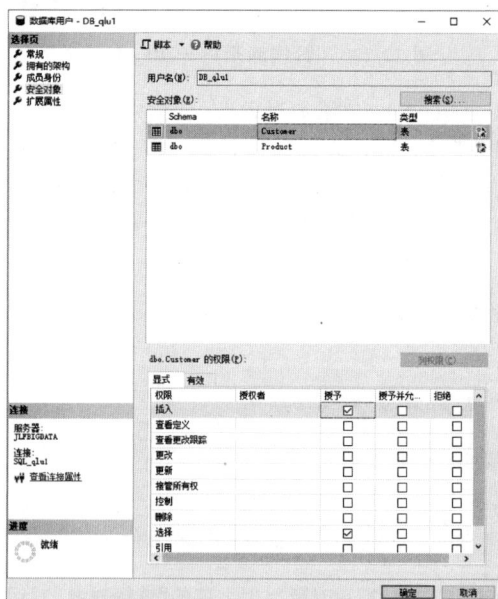

图 12-30　为 DB_qlu1 用户授予权限

　　Step9：单击图 12-30 中的"确定"按钮，即可完成本例的授权操作。此时，以 DB_qlu1 身份再次执行代码"SELECT ＊ FROM Customer；"，系统将返回执行成功的结果。

　　说明：在图 12-30 中，勾选"授予"列的某行的复选框，表示将同行的权限授予当前的数据库用户；勾选"授予并允许转授"列的某行的复选框，表示将同行的权限授予当前的数据库用户，并同时授予该用户此权限的转授权，即允许该数据库用户将其获得的权限授予其他人；勾选"拒绝"列的某行的复选框，表示拒绝数据库用户获得该复选框对应的权限。

（2）基于 T-SQL 命令管理对象权限

在 T-SQL 中，用于管理对象权限的 SQL 命令有 GRANT、REVOKE 和 DENY。

①GRANT 命令。该命令的功能是对象授权，其语法如下。

【格式】

GRANT 对象权限名 [，…] ON {表名 | 视图名 | 存储过程名}
TO{ 数据库用户名 | 用户角色名 } [，…]

②REVOKE 命令。该命令的功能是收回对象授权，其语法如下。

【格式】

REVOKE 对象权限名 [，…] ON {表名 | 视图名 | 存储过程名}
FROM {数据库用户名 | 用户角色名} [，…]

③DENY 命令。该命令的功能是拒绝对象授权，其语法如下。

【格式】

DENY 对象权限名 [，…] ON {表名 | 视图名 | 存储过程名}
TO{ 数据库用户名 | 用户角色名 } [，…]

【例12-8】为用户 QLUuser1 授予 Customer 表的查询权限。

GRANT SELECT ON Customer To QLUuser1

【例12-9】为用户 QLUuser1 授予 Product 表的查询和插入权限。

GRANT SELECT, INSERT ON Product TO QLUuser1

【例12-10】收回用户 QLUuser1 对 Customer 表的查询权限。

REVOKE SELECT ON Customer FROM QLUuser1

【例12-11】拒绝用户 QLUuser1 具有 Product 表的更改权限。

DENY UPDATE ON Product TO QLUuser1

4. 语句权限的管理

同对象权限的管理一样，语句权限的管理也可以基于 SSMS 和 T-SQL 命令两种方式实现。

（1）基于 SSMS 管理语句权限

如果要在"销售单"数据库中授予数据库用户 DB_qlu1 创建表的权限，那么基于 SSMS 授予数据库用户语句权限的方法和步骤如下。

Step1：在 SSMS 对象资源管理器中依次展开"销售单"数据库的→"安全性"→"用户"结点，在"DB_qlu1"用户上右击，在打开的快捷菜单中选择"属性"命令，打开"数据库用户－DB_qlu1"窗口，选择"选择页"→"安全对象"选项，单击"搜索"按钮，在"添加对象"对话框中选中"特定对象"单选按钮，单击"确定"按钮，在"选择对象"对话框中单击"对象类型"按钮，打开"选择对象类型"对话框，如图 12-31 所示。

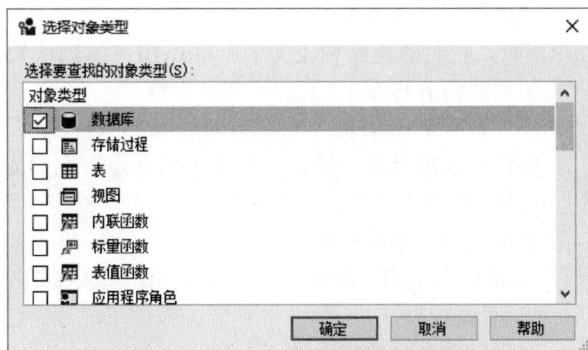

图 12-31 "选择对象类型"对话框

Step2：如图 12-31 所示，在"选择对象类型"对话框中勾选"数据库"复选框，单击"确定"按钮，返回到"选择对象"对话框，此时，"选择对象类型"列表框中已经列出了"数据库"选项。

Step3：在"选择对象"对话框中单击"浏览"按钮，打开"查找对象"对话框，在此对话框中指定要进行授权操作的"[销售单]"数据库，如图 12-32 所示。

Step4：单击"确定"按钮，返回到"选择对象"对话框，此时，"输入要选择的对象名称（示例）"列表框中已经列出了"[销售单]"数据库，如图 12-33 所示。

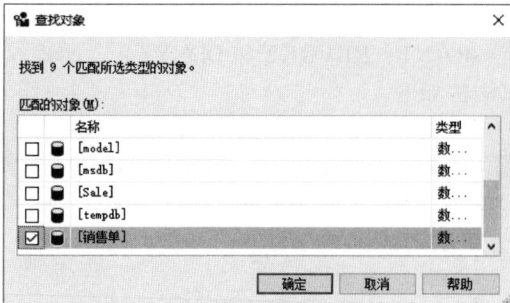

图 12-32　指定数据库

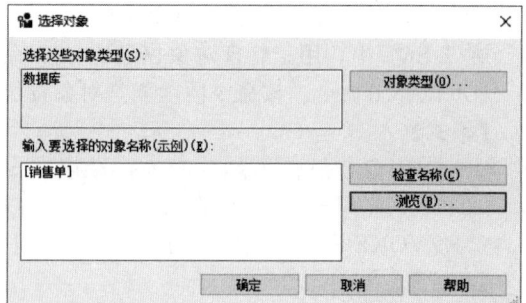

图 12-33　指定授权对象后的"选择对象"对话框

Step5：在图 12-33 所示的"选择对象"对话框中单击"确定"按钮，返回到"数据库用户－DB_qlu1"窗口，可以在此窗口中选择合适的语句权限授予相关用户。

Step6：在"数据库用户－DB_qlu1"窗口下方的"销售单 的权限"列表框中勾选"创建表"权限对应的"授予"复选框，如图 12-34 所示。

Step7：单击"确定"按钮，完成语句授权操作并关闭此窗口。

完成授权后，基于数据库用户 DB_qlu1 创建的数据库引擎查询执行以下语句。

```
CREATE Table 产品表 (Tid char(6),
name varchar(10) )
```

该语句的执行可能会失败。原因有两

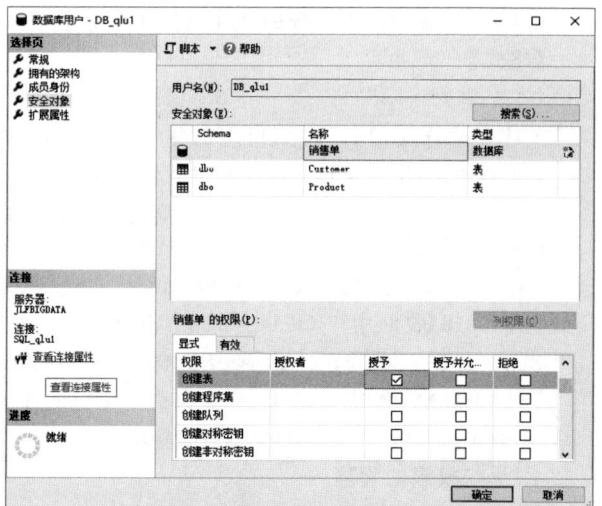

图 12-34　授权之后的"数据库用户－DB_qlu1"窗口

个：一个是没有赋予数据库用户 DB_qlu1 在 dbo 架构中创建对象的权限；另一个是没有给数据库用户 DB_qlu1 指定默认架构。

解决此问题的方法之一是由数据库系统管理员定义一个架构，并将该架构的所有权赋予 DB_qlu1 用户，再将新建架构设为 DB_qlu1 用户的默认架构。

架构的内容将在 12.1.7 小节中介绍。

（2）基于 T-SQL 命令管理语句权限

同对象权限管理一样，语句权限的管理也有 GRANT、REVOKE 和 DENY 这 3 个命令。

（1）授予权限。

授予权限命令的格式如下。

GRANT 语句权限名 [,...] TO ｛数据库用户名 | 用户角色名｝ [,...]

（2）回收权限。

回收权限命令的格式如下。

REVOKE 语句权限名 [,...] FROM ｛数据库用户名 | 用户角色名｝ [,...]

（3）拒绝权限。

拒绝权限命令的格式如下。

DENY 语句权限名 [,...] TO ｛数据库用户名 | 用户角色名｝ [,...]

其中，语句权限包括 CREATE TABLE、CREATE VIEW、CREATE PROCEDURE 等。

下面通过几个例子学习语句权限管理的方法。

【例 12-12】授予 QLU_USEr1 创建表的权限

```
GRANT CREATE TABLE TO QLU_USEr1
```

【例 12-13】授予 QLU_USEr1 和 QLU_USEr2 创建表及视图的权限。

```
GRANT CREATE TABLE, CREATE VIEW TO QLU_USEr1, QLU_USEr2
```

【例 12-14】收回 QLU_USEr1 创建表的权限。

```
REVOKE CREATE TABLE FROM QLU_USEr1
```

【例 12-15】拒绝 QLU_USEr1 具有创建视图的权限。

```
DENY CREATE VIEW TO QLU_USEr1
```

5. 字段权限的管理

拥有控制权限的主体可以对数据表的字段权限进行管理。字段权限的管理既可以基于 SSMS 实现，又可以基于 T-SQL 命令实现。限于篇幅，基于 SSMS 管理字段权限的内容请查阅相关文献和资料。下面介绍基于 T-SQL 命令管理数据表字段权限的方法。

（1）授予数据库用户对字段的访问权限

基于 GRANT 命令可以将数据表字段的访问权限单独授予数据库用户。假设要将"销售单"数据库 Product 表的"生产日期"和"存量"两个字段的 UPDATE 和 SELECT 权限授予数据库用户 DB_qlu，那么代码如下。

```
USE 销售单
GO
GRANT SELECT, UPDATE(生产日期, 存量)ON Product TO DB_qlu
```

（2）收回数据库用户对字段的访问权限

基于 REVOKE 命令可以收回数据库用户对数据表字段的访问权限。假设要从数据库用户 DB_qlu 中收回"销售单"数据库 Product 表"生产日期"字段的 UPDATE 权限授予，那么可以执行以下 T-SQL 命令。

```
USE 销售单
GO
REVOKE UPDATE (生产日期)ON Product TO DB_qlu
```

（3）拒绝数据库用户对字段的访问权限

基于 DENY 命令可以禁用数据库用户对数据表字段的访问权限。假设要禁用数据库用户 DB_qlu"销售单"数据库 Product 表"生产日期"字段的 UPDATE 权限，那么可以执行以下 T-SQL 命令。

```
USE 销售单
GO
DENY UPDATE (生产日期)ON Product TO DB_qlu
```

限于篇幅，关于字段权限管理的详细内容请查阅相关文献和资料。

12.1.6 SQL Server 的角色管理

角色是操作权限的分类描述和相同权限用户的逻辑分组。角色是为了管理权限而引入的技术，角色是权限的载体，不同角色被定义了不同的权限。一个角色可以赋予多个用户（登录名或数据库用户），一个用户也可以承载多重角色。将用户添加为角色成员后，用户就拥有了该角色的所有权限；将用户从某角色成员中删除后，用户就失去了该角色的所有权限。

1. 角色的类型

在 SQL Server 中，角色有以下两种划分类型。

按照角色的适用主体，角色可以划分为服务器角色和数据库角色。服务器角色是指对服务器实例执行管理操作的权限集合。服务器角色在服务器级别定义并存储于每个服务器实例中。服务器角色对应登录账户，是为整个服务器设置的。数据库角色是对数据库对象执行管理操作的权限集合。数据库角色在数据库级别定义并存储于每个数据库中。数据库角色对应数据库用户，是为具体的数据库设置的。

按照角色的定义主体，角色可以划分为固定角色和自定义角色。固定角色是由系统预定义的角色，自定义角色是由用户根据实际需要定义的角色。

因此，按照角色的定义主体和适用主体，角色可以分为固定服务器角色、固定数据库角色、用户自定义服务器角色、用户自定义数据库角色。

这里只介绍固定服务器角色和固定数据库角色，用户自定义角色的相关内容请查阅相关文献和资料。

2. 固定服务器角色

固定服务器角色是系统内置、固定的数据库角色。管理员不能添加、删除或更改固定服务器角色，只能为其添加、修改或删除登录名。

（1）固定服务器角色及其权限

表 12-1 列出了 SQL Server 2017 支持的固定服务器角色及其权限。这里需要特别说明的是，固定服务器角色中的每个成员都具有向其所属角色添加其他登录账户的权限。

表 12-1　SQL Server 2017 支持的固定服务器角色及其权限

固定服务器角色	权限
sysadmin	具有服务器范围内的全部操作权限
serveradmin	具有服务器范围内所有选项的配置权限
setupadmin	具有更改任何链接服务器的权限
securityadmin	具有管理数据库登录账号的权限，包括读取错误日志
processadmin	具有管理 SQL Server 中运行进程的权限
dbcreator	具有创建、更改和删除数据库的权限
diskadmin	具有管理磁盘资源的权限
bulkadmin	具有执行大容量插入语句的权限
public	具有 connect 服务器的权限，所有登录名自动属于 public 服务器角色成员

（2）基于 SSMS 管理固定服务器角色成员

基于 SSMS 管理固定服务器角色成员包括添加角色成员和删除角色成员。添加角色成员就是将登录账户添加到固定服务器角色中，使其成为服务器角色中的成员，从而具有服务器角色的权限。删除角色成员就是将登录账户从固定服务器角色中删除，该用户不再是该服务器角色的成员，也就不再具有该服务器角色的权限。

①添加角色成员。基于 SSMS 添加角色成员有两种方法。下面以将 SQL_qlu1 登录名添加到 sysadmin 角色中为例，说明基于 SSMS 将登录账户添加到固定服务器角色中的方法和步骤。

【方法一】

Step1：以系统管理员身份连接到 SSMS，在 SSMS 对象资源管理器中依次展开"安全性"→"登录名"结点，在"SQL_qlu1"登录名上右击，在打开的快捷菜单中选择"属性"命令，打开"登录属性-SQL_qlu1"窗口。

Step2：在"登录属性-SQL_qlu1"窗口中，选择"选择页"→"服务器角色"选项，勾选"sysadmin"复选框，如图 12-35 所示，表示将当前登录名添加到该角色中。

Step3：单击"确定"按钮，关闭"登录属性-SQL_qlu1"窗口。

【方法二】

Step1：以系统管理员身份登录到 SSMS，在 SSMS 对象资源管理器中依次展开"安全性"→"服务器角色"结点，在"sysadmin"角色上右击，在打开的快捷菜单中选择"属性"命令，打开"服务器角色属性－sysadmin"窗口，如图 12-36 所示。

Step2：在图 12-36 中单击"添加"按钮，在打开的"选择服务器登录名或角色"对话框中单击"浏览"按钮，打开如图 12-37 所示的"查找对象"对话框。

Step3：在"查找对象"对话框中选择要添加到该角色中的登录名，这里选择"[SQL_qlu1]"选项，单击"确定"按钮，返回到"选择服务器登录名或角色"对话框，此时，该对话框中的"输入要选择的对象名称"列表框中已经列出了所选的登录名"[SQL_qlu1]"。

Step4：在"选择服务器登录名或角色"对话框中单击"确定"按钮，返回到"服务器角色属性－sysadmin"窗口，此时，该窗口的中"此角色的成员"列表框中已经列出了新选择的登录名"SQL_qlu1"，如图 12-38 所示。

图 12-35 指定服务器角色

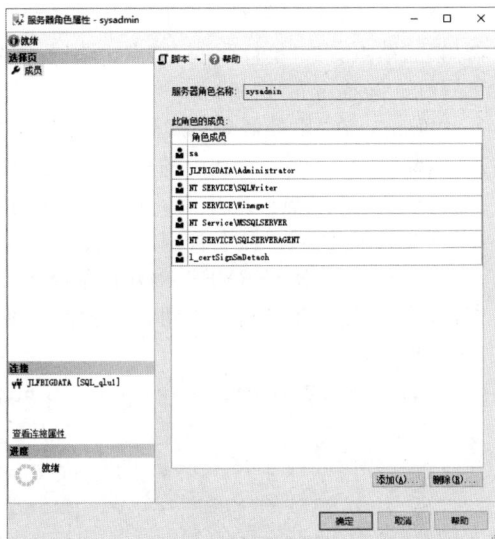

图 12-36 "服务器角色属性－sysadmin"窗口

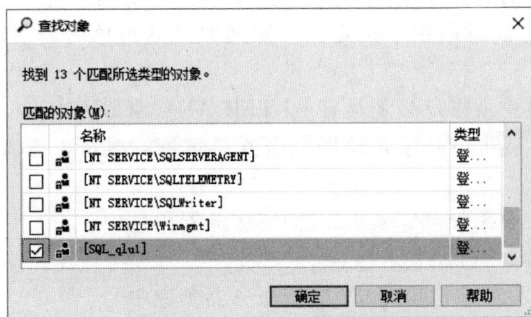

图 12-37 "查找对象"对话框

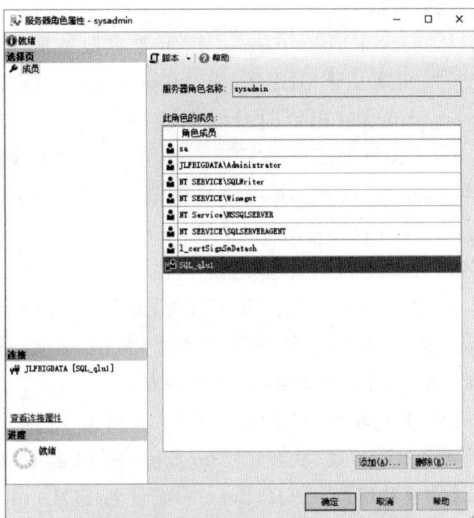

图 12-38 添加新角色成员之后的
"服务器角色属性－sysadmin"窗口

Step5：在"服务器角色属性－sysadmin"窗口中再次单击"确定"按钮，关闭此窗口，完成在服务器角色中添加成员的操作。

②删除角色成员。基于 SSMS 删除服务器角色成员的方法与添加成员的方法类似。下面以从 sysadmin 角色中删除 SQL_qlu1 成员为例，说明具体实现方法和步骤。

【方法一】

Step1：以系统管理员身份连接 SSMS，在 SSMS 对象资源管理器中依次展开"安全性"→"登录名"结点，在"SQL_qlu1"登录名上右击，在打开的快捷菜单中选择"属性"命令，打开"登录属性－SQL_qlu1"窗口。

Step2：在"登录属性－SQL_qlu1"窗口中，选择"选择页"→"服务器角色"选项，取消勾选"服务器角色"列表框中的"sysadmin"复选框，表示将当前登录名从此角色中删除。

Step3：单击"确定"按钮，关闭"登录属性－SQL_qlu1"窗口，完成删除角色成员的操作。

【方法二】

Step1：以系统管理员身份连接 SSMS，在 SSMS 对象资源管理器中依次展开"安全性"→"服务器角色"结点，在"sysadmin"结点上右击，在打开的快捷菜单中选择"属性"命令，打开"服务器角色属性－sysadmin"窗口。

Step2：在"服务器角色属性－sysadmin"窗口的"角色成员"列表框中选择要删除的登录名，单击"删除"按钮，即可将选中的登录名从该角色中删除。

Step3：角色删除完成后，单击"确定"按钮，关闭"服务器角色属性－sysadmin"窗口。

（3）基于 T-SQL 命令管理固定服务器角色成员

基于 ALTER SERVER ROLE 命令既可以在服务器角色中添加角色成员，又可以删除角色成员，还可以修改用户自定义角色的名称。该命令的语法如下。

【格式】

```
ALTER SERVER ROLE server_role_name
{
    [ADD MEMBER server_principal]
    | [DROP MEMBER server_principal]
    | [WITH NAME= new_server_role_name]
} [;]
```

【说明】

① server_role_name：指定要更改的服务器角色的名称。

② ADD MEMBER server_principal：该短语用于指定添加到服务器角色中的服务器级主体。server_principal 可以是登录名或用户自定义的服务器角色，但不能是固定的服务器角色。

③ DROP MEMBER server_principal：该短语用于指定从服务器角色中删除指定的服务器主体。同样，server_principal 可以是登录名或用户自定义的服务器角色，但不能是固定的服务器角色。

④ WITH NAME＝new_server_role_name：该短语用于指定用户定义服务器角色的新名称。新名称在服务器中不能已经存在。

注意：执行 ALTER SERVER ROLE 命令的登录账户必须具有 ALTER ANY SERVER ROLE 权限；若要为固定服务器角色添加成员，则该登录账户必须是该固定服务器角色的成员，或者是 bulkadmin 固定服务器角色的成员。

【例 12-16】将 JLFBIGDATA \ Win_qlu1 域账户添加到 sysadmin 固定服务器角色中。

```
ALTER SERVER ROLE sysadmin ADD MEMBER [JLFBIGDATA\Win_qlu1]
```

【例 12-17】将 SQL Server 登录名 SQL_qlu2 添加到 bulkadmin 固定服务器角色中。

```
ALTER SERVER ROLE bulkadmin ADD MEMBER SQL_qlu2
```

【例 12-18】将 JLFBIGDATA \ Win_qlu1 域账户从 sysadmin 固定服务器角色中删除。

```
ALTER SERVER ROLE sysadmin DROP MEMBER [JLFBIGDATA\Win_qlu1]
```

【例12-19】将 SQL Server 登录名 SQL_qlu2 从 bulkadmin 固定服务器角色中删除。

```
ALTER SERVER ROLE bulkadmin DROP MEMBER SQL_qlu2
```

3. 固定数据库角色

固定数据库角色是定义在数据库级别上的，它存在于每个数据库中，为管理数据库级的权限提供了便利。

（1）固定数据库角色及其权限

固定数据库角色中的成员来自各个数据库中的用户。表 12-2 中列出了 SQL Server 2017 支持的固定数据库角色及其权限。

表 12-2　SQL Server 2017 支持的固定数据库角色及其权限

固定数据库角色	权限
db_owner	具有数据库的全部操作权限，包括配置、维护和删除数据库
db_accessadmin	具有添加或删除数据库用户的权限
db_datareader	具有查看数据库中所有用户表数据的权限
db_datawriter	具有更新数据库中所有用户表数据的权限
db_ddladmin	具有添加、修改或删除数据库对象的权限
db_securityadmin	具有管理数据库角色和角色成员的权限；具有管理语句权限和对象权限的权限
db_backupoperator	具有数据库的备份权限
db_denydatareader	具有拒绝查看数据库中所有用户表数据的权限
db_denydatawriter	具有拒绝更新数据库中所有用户表数据的权限
public	每个数据库用户都是 public 角色成员，这是最基本的数据库角色，拥有查看权限

（2）基于 SSMS 管理固定数据库角色成员

用户不能添加或删除固定数据库角色，但可以将数据库用户添加到固定数据库角色中，使其成为固定数据库角色中的成员，从而具有角色的权限。也可以将数据库用户从固定数据库角色中删除，从而失去该角色的权限。数据库角色成员的管理包括添加数据库角色成员或删除数据库角色成员。数据库角色成员的管理既可以基于 SSMS 实现，又可以基于 T-SQL 语句实现。

①添加固定数据库角色的成员。添加固定数据库角色成员的方法有两种，下面以在"销售单"数据库中将数据库用户 DB_qlu1 添加到 db_accessadmin 角色中为例，说明其实现步骤。

【方法一】

Step1：以系统管理员身份连接到 SSMS，在 SSMS 对象资源管理器中依次展开"销售单"数据库中的"安全性"→"用户"结点，在"DB_qlu1"结点上右击，在打开的快捷菜单中选择"属性"命令，打开"数据库用户－DB_qlu1"窗口。

Step2：在"数据库用户选择"窗口左侧选择"选择页"→"成员身份"选项，如图 12-39 所示。该窗口的"数据库角色成员身份"列表框中列出了全部的数据库角色，勾选对应角色前的复选框，即可将当前用户添加到此角色中。这里勾选"db_accessadmin"。

Step3：单击"确定"按钮，关闭"数据库用户－DB_qlu1"窗口。

【方法二】

Step1：以系统管理员身份连接到 SSMS，在 SSMS 对象资源管理器中依次展开"销售单"数据库中的"安全性"→"角色"→"数据库角色"结点，在"db_accessadmin"结点右击，在打开的快捷菜单中选择"属性"命令，打开"数据库角色属性－db_accessadmin"窗口。

Step2：在图 12-40 中单击"添加"按钮，在打开的"选择数据库用户或角色"对话框中单击"浏览"按钮，打开如图 12-41 所示的"查找对象"对话框。

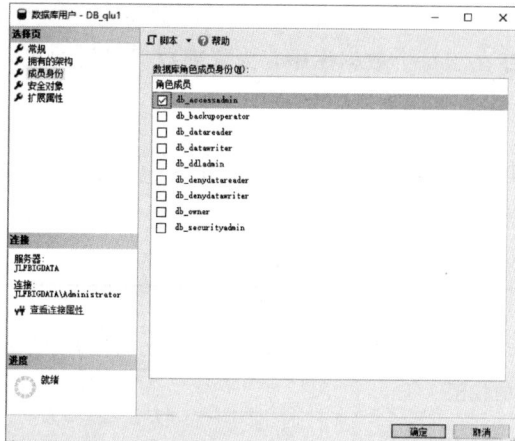

图 12-39 "数据库用户－DB_qlu1"窗口

图 12-40 "数据库角色属性－db_accessadmin"窗口

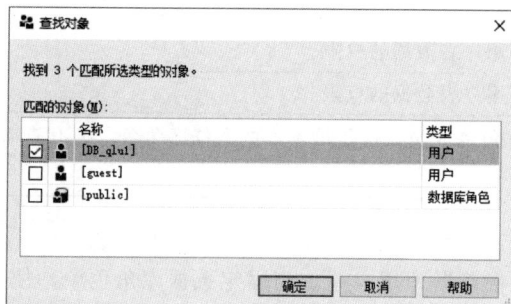

图 12-41 "查找对象"对话框

图 12-42 添加了角色成员 DB_qlu1 的"数据库
角色属性－db_accessadmin"窗口

Step3：在"查找对象"对话框中勾选"[DB_qlu1]"复选框，即可将此用户添加到"db_accessadmin"角色中。单击"确定"按钮，返回到"选择数据库用户或角色"对话框，此时，"输入要选择的对象名称"列表框中已经列出了所选的用户"DB_qlu1"。

Step4：在"选择数据库用户或角色"对话框中单击"确定"按钮，返回到"数据库角色属性－db_accessadmin"窗口，此时，"此角色的成员"列表框中已经列出了新选择的用户"DB_qlu1"，如图 12-42 所示。

Step5：在"数据库角色属性－db_accessadmin"窗口中再次单击"确定"按钮，完成在数据库角色－db_accessadmin 中添加数据库用户 DB_qlu1 的操作。

② 删除固定数据库角色的成员。删除数据库角色成员的方法与添加成员的方法类似。下面以从 db_accessadmin 角色中删除 DB_qlu1 成员为例说明其具体实现步骤。

【方法一】

Step1：以系统管理员身份连接到 SSMS，在 SSMS 对象资源管理器中依次展开"销售单"数据库的"安全性"→"用户"结点，在"DB_qlu1"结点上右击，在打开的快捷菜单中选择"属性"命令，打开"数据库用户－DB_qlu1"窗口。

Step2：在"数据库用户－DB_qlu1"窗口中选择"成员身份"选项，如图 12-43 所示，在"角色成员"列表框中取消勾选"db_accessadmin"复选框即可。

Step3：单击"确定"按钮，关闭"数据库用户－DB_qlu1"窗口，完成删除角色成员的操作。

【方法二】

Step1：以系统管理员身份连接到 SSMS，在 SSMS 对象资源管理器中依次展开"销售单"数据库的"安全性"→"角色"结点，在"db_accessadmin"结点上右击，在打开的快捷菜单中选择"属性"命令，打开图 12-44 所示的"数据库角色属性－db_accessadmin"窗口。

Step2：在"数据库角色属性－db_accessadmin"窗口的"此角色的成员"列表框中选择要删除的用户"DB_qlu1"，单击"删除"按钮，即可将选中的用户从该角色中删除。

Step3：单击"确定"按钮，关闭"数据库角色属性－db_accessadmin"窗口，完成删除角色成员的操作。

（3）基于 T-SQL 命令管理固定数据库角色成员

基于 ALTER ROLE 命令可以管理数据库角色成员。该命令既可以为数据库角色添加角色成员，又可以删除数据库角色成员，还可以更改用户定义数据库角色的名称。该命令的语法如下。

图 12-43 "数据库用户－DB_qlu1"窗口

图 12-44 "数据库角色属性－db_accessadmin"窗口

【格式】

```
ALTER ROLE role_name
{ADD MEMBER database_principal
| DROP MEMBER database_principal
| WITH NAME = new_name)
}[ ; ]
```

【说明】

① role_name：该参数用于指定要更改的数据库角色。

② ADD MEMBER database_principal：该短语用于指定向数据库角色添加的数据库主体；database_principal 是数据库用户或用户自定义数据库角色，不能是固定数据库角色。

③ DROP MEMBER database_principal：该短语用于指定从数据库角色的成员中删除的数据库主体。database_principal 是数据库用户或用户自定义的数据库角色，不能是固定数据库角色。

④ WITH NAME＝new_name：指定更改用户自定义数据库角色的名称，该名称在数据库中必须是唯一的。更改数据库角色的名称不会更改该角色的 ID、所有者或权限。另外，不能更改 SQL Server 内置的角色名。

注意：执行 ALTER ROLE 命令的用户必须具有相应的权限。该用户或者具有对数据库角色的 ALTER 权限，或者具有数据库的 ALTER ANY ROLE 权限，或者具有 db_securityadmin 固定数据库角色的成员身份。若要更改固定数据库角色中的成员身份，则必须具有 db_owner 固定数据库角色的成员身份。

下面通过几个例子说明 ALTER ROLE 命令的使用方法。

【例 12-20】将 SQL_qlu1 数据库用户添加到 db_accessadmin 角色中。

```
ALTER ROLE db_accessadmin ADD MEMBER SQL_qlu1
```

【例 12-21】从 db_accessadmin 角色中删除 SQL_qlu1 成员。

```
ALTER ROLE db_accessadmin DROP MEMBER SQL_qlu1
```

【例 12-22】将 QLU_test 角色名改为"QLU_leader"。

```
ALTER ROLE QLU_test WITH NAME=QLU_leader
```

12.1.7 SQL Server 的架构管理

SQL Server 数据库的组成对象往往很多，所以 SQL Server 通过架构机制对数据库对象进行分类管理。架构属于某一个数据库，它是 SQL Server 数据库下的一个逻辑命名空间，架构中可以存放表、视图等数据库对象。

1. 架构

从管理者角度来看，架构是数据库对象管理的逻辑单位。一个数据库中可以包含一个或多个架构，架构由特定的授权用户所拥有。在同一个数据库中，架构的名称必须是唯一的。架构中所包含的数据库对象称为架构对象，一个架构可以由 0 个或多个架构对象组成。在同一个架构中，每个架构对象的名称都是唯一的。架构所有者拥有对架构下对象的所有权。架构所有者可以将架构使用权转让给其他数据库主体，但始终保留对该架构内对象的控制权限。

架构中每个对象的完全限定名都是唯一的，其命名格式为"服务器名.数据库名.架构名.对象名"。在每个数据库中，系统都提供了一系列内置架构，如图 12-45 所示。

这些架构中有 4 个特殊的架构：dbo、guest、sys 和 INFORMATION_SCHEMA。

①dbo 是数据库对象默认架构，其拥有者是数据库用户 dbo。

②guest 是访客的默认架构，其拥有者是数据库用户 guest。

③sys 是系统对象（系统元数据、视图、函数）的默认架构。

④INFORMATION_SCHEMA 是数据库引擎内部的架构，用户不能删除和修改。

2. 架构的创建

创建架构有两种方式：基于 SSMS 和基于 T-SQL 命令。

（1）基于 SSMS 创建架构

下面基于一个例子说明 SSMS 创建架构的方法和技术。此例先创建架构 QLUSchema，其所有者是数据库用户 DB_qlu1，再授予数据库用户 DB_qlu2 访问该架构的权

图 12-45　系统内置架构

限，包括架构的插入、更新、选择和删除权限。

Step1：启动 SSMS，在对象资源管理器中展开"销售单"数据库的"安全性"结点，在"架构"结点上右击，在打开的快捷菜单中选择"新建架构"命令，打开"架构—新建"窗口，选择"常规"选项，输入架构名称"QLUSchema"和架构所有者"DB_qlu1"，如图 12-46 所示。

Step2：选择"选择页"→"权限"选项，在"用户或角色"列表框中通过"搜索"按钮指定数据库用户 DB_qlu2，在"DB_qlu2 的权限"列表框中显式地将插入、更新、选择和删除权限授予数据库用户 DB_qlu2，如图 12-47 所示。

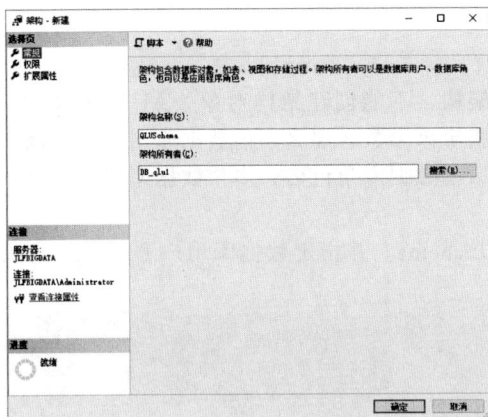

图 12-46 "架构—新建"窗口

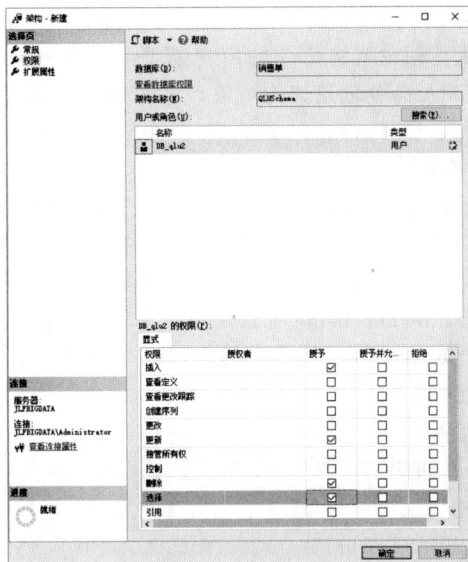

图 12-47 授予用户权限

Step3：单击"确定"按钮，返回 SSMS，完成架构的创建及其成员权限的授予。

(2) 基于 T-SQL 命令创建架构

创建用户自定义架构的 T-SQL 命令是 CREATE SCHEMA。基于该命令，用户可以创建架构、创建架构对象、指定架构对象的权限等。该命令的语法如下。

【格式】

```
CREATE SCHEMA ⟨schema_name_clause⟩ [⟨schema_element⟩ [...n ] ]
⟨schema_name_clause⟩::=
  {
    schema_name
    | AUTHORIZATION owner_name
    | schema_name AUTHORIZATION owner_name
  }
⟨schema_element⟩::=
  {
    table_definition
    | view_definition
    | grant_statement
    | revoke_statement
    | deny_statement
  }
```

【说明】

①schema_name：新建架构的名称。

②AUTHORIZATION owner_name：指定拥有架构的数据库级主体的名称。

③table_definition：指定在新架构内创建数据表的 CREATE TABLE 语句。

④view_definition：指定在新架构内创建视图的 CREATE VIEW 语句。

⑤grant_statement：指定 GRANT 语句，对新创建的架构对象授予权限。

⑥revoke_statement：指定 REVOKE 语句，对新创建的架构对象撤销权限。

⑦deny_statement：指定 DENY 语句，对新创建的架构对象拒绝授予权限。

执行创建架构命令的用户需要具有数据库的 CREATE SCHEMA 权限，若要通过 CREATE SCHEMA 命令创建架构对象，则用户必须拥有相应架构对象的 CREATE 权限。

由于 CREATE SCHEMA 命令的语法比较复杂，下面给出该命令简略版的语法。

【格式】

```
CREATE SCHEMA schema_name [AUTHORIZATION 〈owner_name〉]
```

简略版的 CREATE SCHEMA 命令只能创建架构，不能创建架构对象。AUTHORIZATION owner_name 短语用来指定架构的所有者，如果不指定该参数，那么当前数据库用户称为该架构的所有者；owner_name 可以是数据库用户名，也可以是数据库角色名；多个数据库用户可以通过角色成员或 Windows 组成员拥有同一个架构。

【例 12-23】在"销售单"数据库中创建架构 QLUSchema，并指定数据库用户 DB_qlu1 为该架构的所有者。

```
USE 销售单
GO
CREATE SCHEMA QLUSchema AUTHORIZATION DB_qlu1
```

【例 12-24】创建一个由数据库用户 DB_qlu 拥有、包含 QLUtest 表的架构，该架构的名称为"QLU"，同时授予 DB_qlu1 对 QLUtest 表的 SELECT 权限，禁止 DB_qlu2 对 QLUtest 表的 DELETE 权限。

```
CREATE SCHEMA QLU AUTHORIZATION DB_qlu
CREATE TABLE QLUtest (JGH int primary key, JGXM char(4))
GRANT SELECT TO DB_qlu1
DENY DELETE TO DB_qlu2
```

3. 管理架构

(1)基于 SSMS 管理架构

基于 SSMS 管理架构的内容包括查看架构属性、修改架构名称及其拥有者等，其方法和技术都比较简单，这里不赘述，有学习需求的读者请查阅相关文献和资料。

(2)基于 T-SQL 命令管理架构

基于 T-SQL 命令管理架构的主要任务有 4 个：在架构之间传输架构对象；授予数据库用户访问架构的权限；变更架构所有者；删除架构。

①在架构之间传输架构对象。在架构之间传输架构对象的 T-SQL 命令是 ALTER SCHEMA，其语法如下。

【格式】

```
ALTER SCHEMA schema_name TRANSFER securable_name
```

【说明】

说明一：schema_name：用于指定当前数据库中的架构名称，被移动的架构对象将移入其中。

说明二：securable_name：被移除架构的对象名，通常用"架构名.对象名"表示；如果用"对象名"表示，则使用当前生效的名称解释规则定位该对象。

【例12-25】将"销售单"数据库 dbo 架构中的对象"Customer"移入架构 QLUSchema 中。

```
USE 销售单
ALTER SCHEMA QLUSchema TRANSFER dbo.Customer
```

【例12-26】将架构"QLUSchema"设为数据库用户 DB_qlu1 用户的默认架构。

```
USE 销售单
ALTER USER DB_qlu1 WITH DEFAULT_SCHEMA=QLUSchema
```

②授予数据库用户访问架构的权限。SQL Server 支持用户将架构作为安全对象,授予数据库用户访问架构的权限。一旦用户能够访问某个架构,就能访问架构包含的所有数据库对象。授予数据库用户访问架构的 T-SQL 命令是 GRANT 命令。其简略版的语法如下。

【格式】

```
GRANT permission  [ , … n ]
ON SCHEMA::schema_name
TO database_principal [ , … n ]
```

【例12-27】将架构"QLUSchema"的 SELECT 和 INSERT 权限授予数据库用户 DB_qlu2。

```
GRANT SELECT, INSERT
ON SCHEMA:: QLUSchema
TO DB_qlu2;
```

③变更架构所有者。变更架构所有者的 T-SQL 命令是 ALTER AUTHORIZATION,当数据库主体为 DBO 时,表示撤销架构所有者的权限。该命令简略版的语法如下。

【格式】

```
ALTER AUTHORIZATION
ON SCHEMA :: schema_name
TO database_principal
```

④删除架构。删除架构的 T-SQL 命令是 DROP SCHEMA。该命令简略版的语法如下。

【格式】

```
DROP SCHEMA schema_name
```

注意:该命令可以删除指定名称的架构,但要删除的架构不能包含任何对象;另外,删除架构不影响架构所有者。

【例12-28】将包含 QLUtest 数据表的架构"QLU"删除。

```
DROP TABLE QLU.QLUtest;
DROP SCHEMA QLU;
```

12.2 Access 的安全管理技术

早期版本的 Access 的安全管理体系与 SQL Server 有些类似,也实现了用户级的安全管理机制。出于对桌面级数据库用户需求的考虑,以及兼顾效率和安全的需要,在 Access 2007 之后的版本中不再提供用户级安全机制。但如果在后期版本中打开由早期版本创建的数据库,且该数据库设置了用户级安全机制,那么这些设置仍然保持有效。

1. 早期版本的安全管理体系

早期版本的 Access 基于 Jet 安全模型实现了用户级安全机制,既可以根据用户需求保护数据库中的敏感数据,又可以防止未经授权的用户修改或破坏数据库的组成对象。

限于篇幅,相关内容请参阅本书的数字教程。

2. 后期版本的安全管理体系

后期版本 Access 的安全性主要体现在以下 4 个方面：设置数据库的可信文件夹；对数据库进行打包、签名和分发；使用密码对数据库进行加密或解密；删除 Access 数据库中的源代码。Access 后期版本数据库安全管理体系的实现方法和技术，限于篇幅，相关内容请参阅本书的数字教程。

12.3　技术拓展与理论升华

数据库的定期备份是数据容灾的重要措施，是指为防止数据库系统出现操作失误或系统故障导致数据库数据丢失，而将全部或部分数据库中的数据生成副本的过程。数据库备份的目的是在数据库数据崩溃时快速恢复数据，这样就可尽可能地降低因意外而导致的损失。本节先介绍 SQL Server 数据库的备份和恢复，再介绍 Access 数据库的备份和恢复。

1. SQL Server 数据库的备份和恢复

SQL Server 提供了一整套功能强大的数据库备份及恢复方法和技术。本节的数字教程介绍了相应的方法和技术，有学习需求的读者请参阅本节的数字教程。

2. Access 数据库的备份和恢复

与 SQL Server 相比，Access 数据库的备份和恢复比较简单。鉴于此，本节直接给出了数据库备份和恢复的操作方法与步骤，具体内容请参阅本节的数字教程。

习题：思考题

【1】SQL Server 的安全验证过程分为哪几个步骤？

【2】数据库中的用户按其操作权限可分为哪几类？每一类用户所具有的权限有哪些？

【3】SQL Server 登录账户的来源有哪些？SQL Server 的默认系统管理员是什么？

【4】在 SQL Server 中，角色被分为哪几类？

【5】SQL Server 的身份验证模式有哪几种？

【6】举例说明实现 SQL Server 对象权限、语句权限和字段权限管理的 SQL 命令。

【7】举例说明实现 SQL Server 架构管理的 SQL 命令。

【8】就用户级管理机制而言，早期版本的 Access 与 SQL Server 有什么异同？

【9】举例说明 Access 可信数据库的实现机制。

【10】查阅相关资料，简要说明 SQL Server 侦听端点的作用和安全隐患。

【11】查阅相关资料，简要说明 SQL Server 支持的数据加密技术。

【12】查阅相关资料，简要说明 SQL Server 支持的数字证书技术。

学习材料：安全第一

随着数据成为重要的国家战略资源和推动经济发展质量变革、效率变革、动力变革的新型生产要素，数据安全对数据要素有序流通、护航数字经济发展、维护国家安全意义重大。请结合学习材料，从"安全第一"视角出发，探索如何构建精细化的数据安全治理体系和治理机制。

【学习材料 1】SQL 注入。

【学习材料 2】大数据环境下的隐私保护技术。

【学习材料 3】SQL Server 数据库加密技术应用。

【学习材料 4】基于 SQL Server 数据库安全机制问题的研究与分析。

【学习材料 5】党的二十大对数据安全保障体系建设的决策部署。

第13章 Python 访问数据库的方法及技术

本章导读

尽管数据库的数据组织功能很强大，但是其数据处理和数据分析能力与专门的第三方软件相比是有限的。因此，要充分利用数据库的数据资源使其发挥更大价值，以及与具备强大数据处理和数据分析能力的第三方软件的协同。本章以第三方软件 Python 为抓手，学习第三方软件访问数据库的技术，进而引导读者建构第三方软件与数据库的协同机制，目标是提高数据库数据资源的处理能力和使用效率，进而将数据库资源更好地投入实践中，解决实践问题。

13.1 Python 语言概述

Python 语言是 1989 年底由吉多·范罗苏姆设计并开发出来的一种高级程序设计语言。

Python 于 1991 年正式发行，它结合了解释性、编译性、互动性和面向对象等多种特性。Python 语言是开源的，它可以在 Python 的主网站(https://www.python.org)自由下载，网站由 Python 软件基金会维护，致力于更好地推进并保护 Python 语言的开放性。

2000 年 10 月，Python 2.0 正式发布，它解决了解释器和运行环境中的诸多问题，开启了 Python 广泛应用的新时代。2010 年，Python 2.x 系列发布了最后一个版本，其主版本号为 2.7，同时 Python 维护者宣称不再对 2.x 系列进行主版本升级，Python 2.x 系列完成了它的使命，逐步退出历史舞台。

2008 年 12 月，Python 3.x 第一个主版本发布，它在 Python 2.x 的基础上做了重大升级，源码编码更清晰优美、简单规范，同时 Python 3.x 默认的字符集改为 UTF-8，处理中文与英文一样方便。

自 2008 年以来，Python 已经发布了多个小版本，每个版本都增加了新的功能并改进了现有功能。Python 在编程语言中的排名一直在上升，在 2018 年的编程语言排行中，Python 从第三名跃居第一名。

13.1.1 Python 语言的特点

Python 语言能够脱颖而出，成为最受欢迎的程序语言之一，是因为它具有很多区别于其他语言的特点，具体表现在以下方面。

①语法简洁：Python 语法结构简单，实现相同的功能时，使用 Python 的代码只有 C++或 Java 的 20%左右。更少的代码提高了开发效率，也降低了后期维护的成本。Python 使用缩进格式表示层次结构，更容易阅读和理解。

②跨平台运行：Python 是一种跨平台的编程语言，使用该语言编写的代码不需要修改就能在多种操作系统中运行。

③黏性扩展：Python 语言具有优异的扩展性，它可以集成 C、C++、Java 等语言编写的代码，通过接口和函数库等方式将它们"黏合"在一起。此外，Python 语言本身提供了良好的语法和执行扩展接口，能够整合各类程序代码。

④开源免费：Python 是开源软件，它的源代码是公开的，任何人都可以免费获取并自由分发，甚至可以用于商业，实际上 Python 的很多程序来自全球优秀开发人员的无私奉献。

⑤丰富的类库：Python 本身内置了大量标准库，并可以通过简单的命令安装来自世界各地优秀成熟的第三方库，这些库几乎覆盖了计算机技术的各个领域。

13.1.2　Python 环境的配置

1. 安装 Python

Python 语言解释器是一款轻量级的小尺寸软件，可以在 Python 主网站下载。

①访问 Python 官网下载页面 http://www.python.org/downloads，如图 13-1 所示。

Python 网站上提供了 Windows 操作系统中最新稳定版本的 Python 安装包，单击图 13-1 中的下载按钮进行安装包下载即可，其他操作系统可以选择相应版本的链接并找到对应的文件进行

图 13-1　Python 官网下载页面

下载，本书内容统一以 Python 3.11.3 为例进行介绍。注意，Python 3.9 不再支持 Windows7 操作系统。

②下载成功后，双击打开安装包进行安装，在安装初始化界面中，勾选"Add python.exe to PATH"复选框，选择"Install Now"选项进行完全安装，如图 13-2 所示，安装程序将 Python 程序安装到默认的路径中。

③如果想更改安装路径或其他设置，则可选择"Customize installation"选项，打开自定义安装界面，如图 13-3 所示，设置好安装路径后，单击"Install"按钮开始安装。

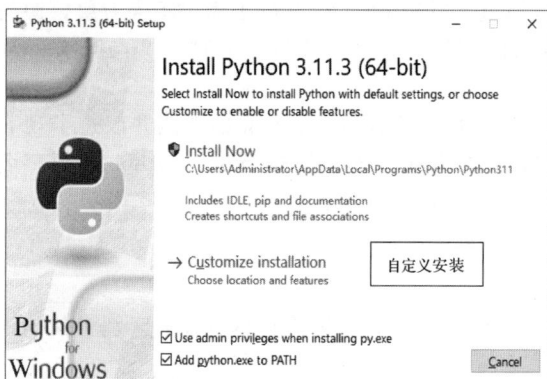

图 13-2　安装初始化界面

图 13-3　设置安装路径

④安装成功后，提示"Setup was successful"，单击"Close"按钮即可。

Python 安装包包含了 Python 解释器和标准库，以及一些开发工具，主要是 Python 集成开发和学习环境（integrated development and learning environment，IDLE），它是一个能够编辑、解释、运行 Python 程序的图形用户界面。

2. 运行 Python 程序

Python 支持两种运行方式：交互式和文件式。

启动 IDLE 的方法有以下两种：单击 Windows 的"开始"按钮，在打开的菜单中选择 IDLE 命令；在 Windows 的"开始"搜索框中输入"idle"。

①交互式运行方式

交互式运行方式就是 Python 对每一条 Python 命令都进行解释执行，并立即返回执行结果。

启动 IDLE 后，进入图形用户界面，在命令提示符"＞＞＞"后键入以下程序代码。

```
print("Hello Python")
```

按[Enter]键后将显示输出结果"Hello Python"，如图 13-4 所示。

②文件式运行方式。文件式运行方式允许将所有代码保存在一个文件中，并一次性执行该文件。

在 IDLE 窗口中选择"File"→"New File"命令，或按快捷键【Ctrl＋N】，打开一个新窗口，这个窗口是 Python 程序的代码编辑器，在其中输入 Python 代码，按快捷键【Ctrl＋S】将其保存为 hello.py 文件，如图 13-5 所示。注意，Python 程序文件的扩展名必须是 .py，否则无法运行。

按快捷键【F5】，或选择"Run"→"Run Module"命令运行该文件，程序运行结果如图 13-6 所示。

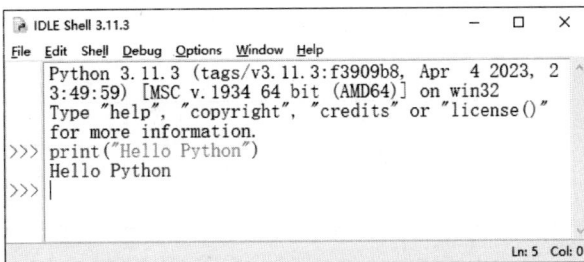

图 13-4 IDLE 交互式运行 Python 程序

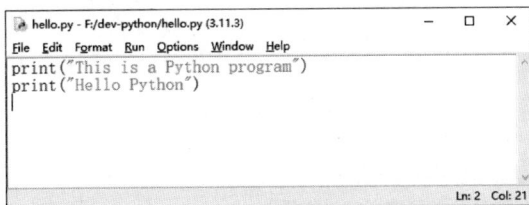

图 13-5 IDLE 文件运行 Python 程序

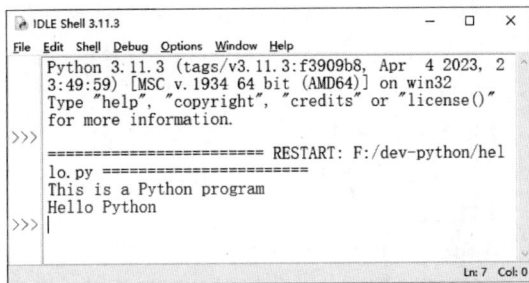

图 13-6 程序运行结果

13.1.3 Python 的函数库

基于函数库编程是 Python 语言的重要特征，Python 函数库分为 Python 环境中默认支持的函数库以及第三方提供的需要安装的函数库。其中，Python 环境中默认支持的函数库又称内置库或标准函数库。

1. 内置库

内置库是 Python 语言自带的一组标准模块，可以直接在代码中使用，这些库提供了许多实用工具和函数，涵盖了诸如文件处理、网络通信、数学运算、正则表达式等领域，使用内置库可以大大提高开发效率。

Python 常用的内置库如表 13-1 所示。

表 13-1 Python 常用的内置库

库名	作用
datetime	处理日期和时间
math	标准数学运算

库名	作用
random	生成各种随机数字
re	正则表达式
string	字符串操作
os	与操作系统交互的函数
typing	类型提示支持
urllib	URL 处理
xml	解析 XML 文件
zipfile	ZIP 文件读取和写入
zlib	数据压缩和解压缩

使用内置库前，需要使用 import 命令导入该库，Python 库有 3 种导入方法，下面分别对其进行介绍。

（1）直接导入

【格式】

```
import〈库名〉
```

调用库函数时，要使用库名作为前缀，格式为〈库名〉.〈函数名〉(参数)。

例如，使用 math 库中的 sqrt 函数计算 5 的平方根的代码如下。

```
>>> import math
>>> math.sqrt(5)
    2.23606797749979
```

（2）导入库时使用 as 指定别名

【格式】

```
import〈库名〉as〈别名〉
```

调用库函数时，要使用别名作为前缀，格式为〈别名〉.〈函数名〉(参数)。

例如，使用 math 库中的 gcd 函数计算 72 和 96 的最大公约数的代码如下。

```
>>> import math as m
>>> m.gcd(72, 96)
    24
```

（3）导入特定函数

【格式】

```
from〈库名〉import〈函数[, 函数[, …]]〉
```

Python 将导入指定的函数，调用函数时，不用添加库名作为前缀。

例如，使用 random 库中的 randint 函数产生 0～1000 中的随机整数的代码如下。

```
>>> from random import randint
>>> randint(0, 1000)
    364
```

2. 第三方库

Python 语言中有大量开源项目，这些项目为 Python 贡献了大量的第三方库。用户可以在 Python 官网找到几乎所有与信息技术领域相关的第三方库来支撑软件开发。这些库的数量也在快速增加，针对同一功能，Python 语言往往提供了多个第三方库，每一个库的建设和完善都经过了野蛮生长和自然选择，库间广泛联系，依存发展。

Python有非常庞大的社区，新技术更迭迅速，一个具有原始创新的第三方库通过开源的方式发布，追随者不断修改、重构，功能不断完善，从而服务于更多的应用。

竞争发展、相互依存、迅速更迭、不断丰富并完善的第三方Python库是Python真正的核心。Python常用的第三方库如表13-2所示。

表13-2 Python常用的第三方库

库名	作用	pip安装命令
NumPy	n 维数组的表示和运算	pip install numpy
Matplotlib	产品级2D图形绘制	pip install matplotlib
PIL	图像处理	pip install pillow
Scikit-Learn	机器学习和数据挖掘	pip install sklearn
Requests	HTTP访问及网络爬虫	pip install requests
Jieba	中文分词	pip install jieba
Beautiful Soup	HTML和XML解析器	pip install beautifulsoup4
Wheel	第三方库文件打包工具	pip install wheel
Django	Python流行的Web开发框架	pip install django
Flask	轻量级Web开发框架	pip install flask
WeRoBot	微信机器人开发框架	pip install werobot
SymPy	数学符号计算工具	pip install sympy
Pandas	高效数据分析和计算工具	pip install pandas
PyQt5	基于Qt的专业级GUI开发框架	pip install pyqt5
PyPDF2	PDF文件内容提取及处理	pip install pypdf2
PyGame	简单小游戏开发框架	pip install pygame
PyOdbc	以ODBC方式连接数据库	pip install pyodbc

Python的第三方库由全球开发者分布式维护，由Python软件基金会通过Pypi.org网站统一管理。绝大多数的第三方库可以在Pypi.org主站上找到。

（1）第三方库的安装

常用的第三方库安装方式是使用pip安装工具。pip是Python语言的内置命令，需要通过命令行方式执行，即在"开始"菜单的搜索框中输入cmd，启动"命令提示符"窗口后输入以下命令。

`pip install 库名`

例如，安装NumPy库时，可在"命令提示符"窗口中输入"pip install numpy,"如图13-7所示。

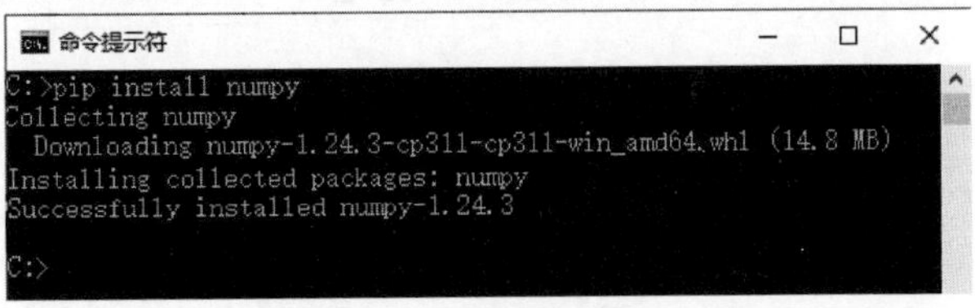

（2）使用镜像源安装

使用pip工具安装包时，会直接指向Pypi.org主站，下载速度比较慢，因此，大多数情况下会选择使用国内的镜像网址来提升安装速度。使用国内的镜像网址的安装命令如下。

图13-7 安装第三方库

`pip install〈库名〉-i〈镜像网址〉`

表13-3列出了国内常用的pip镜像源。

表 13-3   国内常用的 pip 镜像源

表 13-3   国内常用的 pip 镜像源

机构	镜像源
清华大学	https：//pypi. tuna. tsinghua. edu. cn/simple/
阿里云	https：//mirrors. aliyun. com/pypi/simple/
网易	https：//mirrors. 163. com/pypi/simple/
豆瓣	https：//pypi. douban. com/simple/
百度云	https：//mirror. baidu. com/pypi/simple/

例如，使用清华大学镜像源安装 Pyodbc 库，可以在命令窗口中输入下列命令。

```
pip install pyodbc -i https://pypi.tuna.tsinghua.edu.cn/simple/
```

该命令的执行结果如图 13-8 所示：

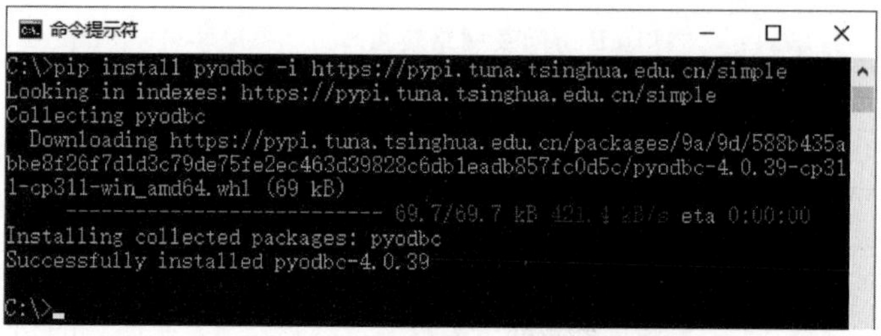

图 13-8   使用镜像源安装第三方库

13.2   Python 访问数据库的方法和技术

在没有 Python DB-API 之前，各数据库之间的应用接口非常混乱，实现各不相同。不同的关系数据库在数据类型、SQL 语法、性能和安全性上有诸多不同，致使同一编程语言访问不同类型的关系数据库时存在不同的代码，如果项目需要更换数据库，则需要进行大量的修改，这样操作起来非常不便。Python DB-API 的出现就是为了解决这种问题。Python 的所有数据库接口程序都在一定程度上遵守 Python DB-API 规范。Python DB-API 定义了一系列必需的对象和数据库存取方式，以便为各种底层数据库系统和多种多样的数据库接口程序提供一致的访问接口。由于 DB-API 为不同的数据库提供了一致的访问接口，因此在不同的数据库之间移植代码成为一件轻松的事情。

13.2.1   Python DB-API 规范

Python DB-API 是 Python 标准数据库接口，其最新版本是 2.0。DB-API 2.0 通过 connect()方法产生一个 Connection 对象，该对象用于连接数据库，Connection 对象再产生 Cursor 对象，通过 Cursor 对象操作数据库。

1. connect 方法

【格式】

```
connect(数据库源 [, 用户名 [, 密码 [, 主机 [, 端口, [, 数据库名, [⋯]]]]]])
```

connect()方法创建数据库连接，返回值为 Connection 对象。数据源不同，connect()方法接收数量不等的参数。

2. Connection 对象

Connection 对象中有以下几种方法。

①close()方法：关闭数据库连接。

②commit()方法：将事务中的所有操作一次性地提交到数据库，如果不提交更改，则关闭数据库时执行回滚操作。

③rollback()方法：中途发生错误时，可以执行回滚操作，将数据恢复到上一次的正确状态。

④cursor()方法：产生一个游标对象，用于管理和操作数据库。

3. Cursor 对象

游标(Cursor)是创建在内存中的虚拟表，用于暂时存放 SQL 语句涉及的数据。为了提高效率，可以把对数据库的操作结果先放到游标所在的内存区域中，只要不提交，就可以根据游标中的内容进行回滚，这在一定程度上保护了数据库的安全。大多数关系数据库的增、删、改操作会自动创建游标。

Cursor 对象有中以下几种方法。

①close()方法：关闭游标，此后游标对象中的其他方法无法再使用。

②execute(sql 操作，［参数］)方法：执行数据库 SQL 命令，返回查询结果集。

③executemany(sql 操作，［参数］)：批量执行数据库 SQL 语句，返回查询结果集。

④fetchone()：从查询结果集中获取下一行数据，返回一个序列类型，如果没有可用数据，则返回 Null。

⑤fetchmany(size)：获取查询结果中指定行数的数据。

⑥fetchall()：获取查询结果中的所有(剩余)行。

13.2.2 主流数据库的第三方库

目前主流数据库都有相应的第三方库可以使用，它们基本上都支持DB-API 2.0。表 13-4 列出了连接常见数据库的第三方库。

表 13-4 连接常见数据库的第三方库

常见数据库	第三方库
Access	PyOdbc, pypyodbc
SQL Server	PyOdbc, pymssql
MySQL	PyMySQL, mySQL-connector-python
Oracle	cx_Oracle

可以看到，在 Python 社区中，每一个数据库都有多个第三方库可以选择。

13.3 Python 访问 Access 数据库

连接 Access 的第三方库有 PyOdbc 和 pypyodbc，它们的功能基本相同，不同之处是，pypyodbc 库是使用纯 Python 语言开发的；PyOdbc 库是使用 C++语言开发，效率更高，本书以 PyOdbc 库为例，介绍连接并访问 Access 数据库的方法。

PyOdbc 是一个开源第三方库，它实现了 DB-API 2.0 规范，可以方便地访问基于 ODBC 规范的数据库，如 Access、SQL Server 等。

安装 PyOdbc 库最简单的方法是使用 pip 安装工具，在"命令提示符"窗口中输入"pip install

pyodbc"或使用镜像源安装，即"pip install pyodbc -i https://pypi. tuna. tsinghua. edu. cn/simple/"。

安装完成后，使用保留字 import 导入 PyOdbc 库，即"import pyodbc"。

13.3.1 PyOdbc 库连接 Access 数据库

建立 Access 连接前，要先确认设备上是否安装了 Access ODBC 驱动程序，目前，最新的 Access ODBC 驱动程序是"Microsoft Access Driver（*.mdb，*.accdb）"，它作为 Microsoft Office 的组成部分，随 Office 一起安装到计算机中，如果计算机没有安装 Microsoft Office，则需要单独下载，下载地址为"https://www. microsoft. com/zh-CN/download/details. aspx? id=13255"。

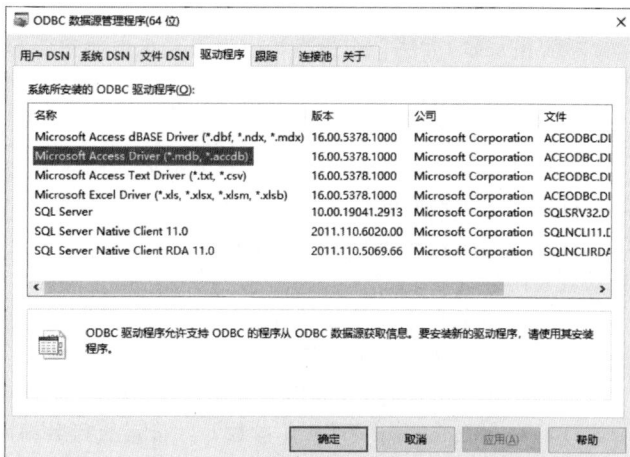

图 13-9 "ODBC 数据源管理程序（64 位）"窗口

1. 确定是否安装 Access ODBC 驱动程序

可以使用以下两种方法检查 Access ODBC 驱动程序是否已经在计算机中安装。

①打开控制面板中的管理工具，选中 ODBC 数据源（64 位），在"ODBC 数据源管理程序（64 位）"窗口的"驱动程序"选项卡中进行查看，如图 13-9 所示。

②在 Python 的 IDLE 窗口中输入以下命令。

```
>>> import pyodbc
>>> [x for x in pyodbc.drivers() if x.startswith('Microsoft Access Driver')]
['Microsoft Access Driver (*.mdb, *.accdb)']
```

如果在结果列表框中看到"Microsoft Access Driver（*.mdb，*.accdb）"，则说明已安装了 Access ODBC 驱动程序。

2. PyOdbc 库连接 Access 数据库

PyOdbc 库操作 Access 数据库时大致有 3 个步骤：先调用 pyodbc. connect()方法连接 Access 数据库，产生 Connection 对象，再调用 Connection. cursor()方法产生 Cursor 对象，最后调用 Cursor 对象中的方法操作数据库。

下面以"销货单. accdb"数据库为例介绍 PyOdbc 库连接数据库的方法。

①连接 Access 数据库。connect()是 PyOdbc 库中的构造方法，通过该方法能够连接 Access 数据库，并返回一个 Connection 对象，调用格式如下。

```
Connection 对象= pyodbc. connect(conn_str, autocommit= False, timeout= 0, **)
```

【说明】

①conn_str：连接字符串，设置连接 Access 数据库的驱动程序、Access 数据库、用户名、密码等信息，其中用户名和密码可以省略。Access 连接字符串形式为"Driver＝{Microsoft Access Driver（*.mdb，*.accdb）}；DBQ＝数据库名. accdb；Uid＝Admin；Pwd＝；"。

②autocommit：对数据库进行操作后，事务是否自动提交，默认值为 False。

③timeout：连接数据库时设置的超时时间，以秒为单位，默认值为 0。

例如，连接"销货单.accdb"数据库的代码如下。

```
>>> conn_str = (
    r'DRIVER={Microsoft Access Driver (*.mdb, *.accdb)};'
    r'DBQ=E:\Python\销货单.accdb;'
)
>>> conn=pyodbc.connect(conn_str)
```

注意："销货单"数据库存放在 E:\Python\目录中，反斜杠字符"\"在 Python 字符串中有特殊含义，若想正确表示数据库存放位置，则需在字符串前面加字母"r"以禁止"\"转义。

②创建游标对象。

conn 是 pyodbc.connect()方法返回的 Connection 对象，调用 conn 对象中的 cursor()方法创建游标对象，具体代码如下。

```
>>> cursor=conn.cursor()
```

其中，cursor 是 conn 创建的游标对象，游标对象中封装了操作数据库的各种方法。

13.3.2 PyOdbc 库操作 Access 数据库

PyOdbc 库中的游标对象封装了多种操作方法，能够完成对 Access 数据库的增、删、改、查等操作。表 13-5 列出了 PyOdbc 库中游标对象的常用方法。

表 13-5 PyOdbc 库中游标对象的常用方法

游标方法	功能
execute(sql[，params])	执行 SQL 命令
executemany(sql[，params])	批量执行 SQL 命令
fetchone()	从查询结果集中获取下一行数据
fetchall()	从查询结果集中获取所有(剩余)行数据
close()	关闭游标

其中，execute 和 executemany 可以执行 SQL 命令，完成对数据库的操作，execute 方法的格式如下。

```
cursor.execute(sql [, * parameters])
```

该方法用于执行 SQL 语句，并返回游标对象。可选参数 parameters 允许 SQL 语句中带有参数。fetchone 和 fetchall 方法用于从结果集中取出指定的数据。

1. 表结构的定义和维护

表结构的定义和维护包括创建表结构、修改表结构、删除表结构等操作，对应的 SQL 命令是 CREATE TABLE、ALTER TABLE 和 DROP TABLE 等。

(1)创建表结构

【例 13-1】在数据库中创建"学生"表，"学生"表的关系模式如下。

学生(学号，姓名，性别，出生日期)

其中，学号为主键。

可在 IDLE 中输入以下代码。

```
>>> sql= "CREATE TABLE 学生(学号 CHAR(12) PRIMARY KEY,姓名 CHAR(4),性别 CHAR(1),出生日期 DATE)"
>>> cursor.execute(sql)
>>> cursor.commit()
```

其中，sql 变量中存放了创建表结构的 SQL 命令，游标对象 cursor 的 execute()方法执行该命令，并在数据库中新建了一个"学生"表。需要说明的是，为了提高效率，execute()方法只在内存中创建了"学生"表，并未存储到数据库中，如果想让"学生"表存入数据库，则需要执行 commit()方法提交操作结果。

注意：使用 pyodbc.connect()方法连接数据库时，可以使用 autocommit 参数设置为自动提交，代码如下。

```
>>> import pyodbc
>>> conn_str = (
    r'DRIVER={Microsoft Access Driver (*.mdb, *.accdb)};'
    r'DBQ=C:\Python\销货单.accdb;'
)
>>> conn=pyodbc.connect(conn_str,autocommit=True)
```

执行上述代码后，每次操作都会自动进行提交，不必再使用 commit()方法，本书后面的代码均假设使用了自动提交参数。

（2）修改表结构

【例 13-2】修改"学生"表结构，添加"籍贯"字段，字段类型为文本型，长度为 20 个字符，代码如下。

```
>>> cursor.execute("ALTER TABLE 学生 ADD COLUMN 籍贯 CHAR(20)")
```

（3）删除表

同样地，可以使用 DROP TABLE 命令删除指定的数据表。

【例 13-3】删除数据库中的 SaleOrderSettlement 表，代码如下。

```
>>> cursor.execute("DROP TABLE SaleOrderSettlement")
```

2. 表中数据的操作

数据的操作包括增加记录、删除记录和修改记录操作，对应的 SQL 命令是 INSERT INTO、DELETE FROM 和 UPDATE。

（1）增加记录

【例 13-4】当向"学生"表中插入记录('2022131001','姜枫','男',2005-5-29,'山东')时，可在 IDLE 中输入以下代码。

```
>>> sql= "INSERT INTO 学生 (学号,姓名,性别,出生日期,籍贯) VALUES ('2022131001',
'姜枫','男',2005-5-29,'山东')"
>>> cursor.execute(sql)
```

游标的 execute()方法允许在 SQL 语句中使用问号"?"作为参数，格式如下。

```
cursor.execute("select a from tbl where b=? and c=?", x, y)
```

在上述 SQL 代码中，两个问号"?"表示有两个参数，后面的 x、y 是两个变量，execute()执行 SQL 时，将 x、y 的值传递到两个问号对应的位置。

【例 13-5】向"学生"表中插入一个记录，其中，只包含 3 个字段"学号""姓名"和"性别"，这 3 个字段的值为('2022131002','杨燕燕','女')，以参数方式传递数据，代码如下。

```
>>> sno,name,gender= ('2022131002','杨燕燕','女')
>>> sql= "INSERT INTO 学生 (学号,姓名,性别) VALUES (?,?,?)"
>>> cursor.execute(sql,sno,name,gender)
```

【例 13-6】向"学生"表中插入一个记录，该记录各个字段的值为('2022131003','徐鸿鹄','男',2004-6-18,'河北')，字段值由变量传入，代码如下。

```
>>> from datetime import datetime
>>> sno,name,gender = '2022131003','徐鸿鹄','男'
>>> birth= datetime.strptime('2004-6-18','%Y-%m-%d')
```

```
>>> native_place= '河北'
>>> sql= "INSERT INTO 学生(学号,姓名,性别,出生日期,籍贯)
        VALUES (?,?,?,?,?)"
>>> cursor.execute(sql,sno,name,gender,birth,native_place)
```

其中，birth 字段是日期型，在输入时，可以通过 datatime 库中的 strptime 函数将字符串数据转换为日期型数据。

这几个例子完成后，"学生"表的数据如图 13-10 所示。

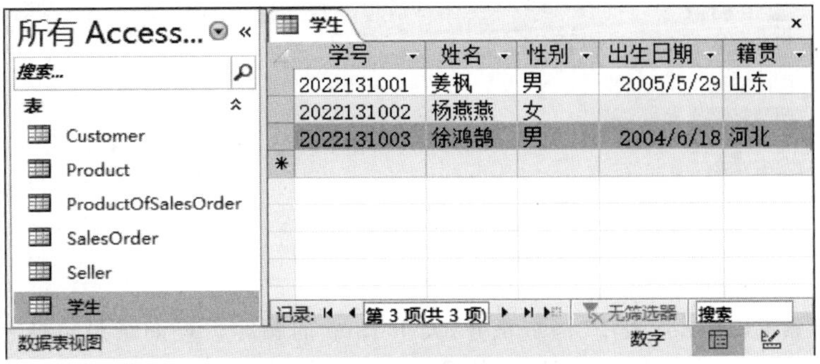

图 13-10 "学生"表的数据

（2）删除记录

【例 13-7】删除"学生"表中性别为"女"的学生记录，代码如下。

```
>>> cursor.execute("DELETE FROM 学生 WHERE 性别='女'")
```

（3）修改记录

【例 13-8】在"学生"表中添加"年龄"字段，并计算学生年龄，年龄计算公式为"当前年份−出生年份"，代码如下。

```
>>> cursor.execute("ALTER TABLE 学生 ADD 年龄 INT")
>>> cursor.execute("UPDATE 学生 SET 年龄= YEAR(DATE())-YEAR(出生日期)")
```

3. 数据查询

数据查询是 SQL 语言的常用功能，其主要结构是 SELECT ……FROM ……WHERE，根据功能不同，还可能包括 INTO 子句、ORDER BY 子句和 GROUP BY 子句。7.5 节中的所有查询功能都可以使用 PyOdbc 库实现。

PyOdbc 使用游标中的 fetchone()、fetchmany()和 fetchall()方法获取查询结果，如表 13-6 所示。

表 13-6 获取查询结果的方法

游标方法	作用
fetchone()	获取查询结果集中的下一行，返回单个序列，若没有更多数据，则返回 Null
fetchmany(size)	获取查询结果集中的多行数据，返回一个序列列表，若没有更多数据，则返回空序列。其中，size 用于指定返回行数
fetchall()	获取查询结果中的所有(剩余)行，返回一个序列列表

（1）生成表查询

【例 13-9】检索 Customer 表中"消费积分"大于 1500 的顾客，检索结果存放到"贵宾"表中，字段包括"顾客编号""顾客姓名""顾客性别""消费积分"，代码如下。

```
>>> sql= "SELECT 顾客编号,顾客姓名,顾客性别,消费积分 INTO 贵宾 FROM Customer
WHERE 消费积分> 1500"
>>> cursor.execute(sql)
```

执行以上代码后，Access 会生成一个新的"贵宾"表，查询结果如图 13-11 所示。

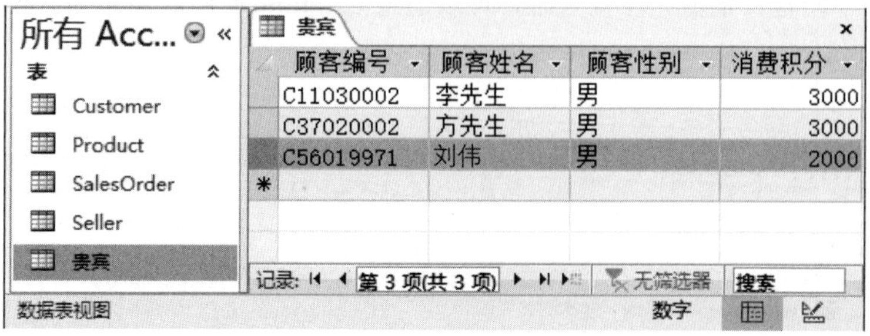

图 13-11　查询结果

（2）条件查询

【例 13-10】检索 Customer 表中"消费积分"大于 1500 的顾客，查询结果包括"顾客编号""顾客姓名""顾客性别""消费积分"等 4 个字段，并显示检索结果，代码如下。

```
>>> sql= "SELECT 顾客编号,顾客姓名,顾客性别,消费积分 FROM Customer WHERE 消费积分> 1500"
>>> cursor.execute(sql)
>>> rows=cursor.fetchall()
>>> for row in rows:
       print(row)
   ('C11030002', '李先生', '男', 3000)
   ('C37020002', '方先生', '男', 3000)
   ('C56019971', 刘伟', '男', 2000)
```

fetchall()方法用于将查询结果全部取出，并将所有元组放到 rows 列表中，Python 通过 for 循环从列表中取出每个元组并进行显示。从查询结果来看，这里获取的数据与图 13-11 中的数据是一致的。

也可以使用 fetchone()方法从查询结果集中逐个取出元组。

```
>>> cursor.execute(sql)
>>> row=fetchone()
>>> print(row)
   ('C11030002', '李先生', '男', 3000)
>>> row=fetchone()
>>> print(row)
   ('C37020002', '方先生', '男', 3000)
>>> row=cursor.fetchone()
>>> print(row)
   ('C56019971', '刘伟', '男', 2000)
>>> row=cursor.fetchone()
>>> print(row)
None
```

（3）连接查询

【例 13-11】检索顾客"孙皓"所购买的商品数量及购买金额。该检索需要 3 个表，即 Customer、SalesOrder 和 ProductOfSalesOrder，分别检索 Customer 表中的"顾客姓名"、ProductOfSalesOrder 表中的"商品名称""销售数量"和"实际销售金额"4 个字段，这 3 个表分别通过"顾客编号""订单编号"等公共字段进行等值连接，其表间联系如图 13-12 所示。具体代码如下。

图 13-12 表间联系

```
>>> sql="SELECT 顾客姓名,商品名称,销售数量,实际销售金额 \
    FROM Customer,SalesOrder,ProductOfSalesOrder \
    WHERE Customer.顾客编号=SalesOrder.顾客编号 \
    AND SalesOrder.订单编号=ProductOfSalesOrder.订单编号 \
    AND 顾客姓名='孙皓'"
>>> cursor.execute(sql)
>>> rows=cursor.fetchall()
>>> for row in rows:
        print(row)
('孙皓', '胶东苹果', 8, Decimal('40.3200'))
('孙皓', '东北鲜菇', 3, Decimal('21.3000'))
('孙皓', '生态鲤鱼', 5, Decimal('674.0000'))
('孙皓', '东海带鱼', 4, Decimal('260.0000'))
('孙皓', '速冻水饺', 1, Decimal('26.0000'))
('孙皓', '绿色大米', 6, Decimal('414.0000'))
('孙皓', '速冻水饺', 2, Decimal('31.2000'))
('孙皓', '盒装抽纸', 5, Decimal('35.0000'))
```

（4）带参数查询

PyOdbc 库允许使用"?"进行参数传递，参数既可以是有多个元素的序列，又可以是单个值。

【例 13-12】输入一个商品名称，检索该商品的商品编号、商品名称、采购价格和库存量，代码如下。

```
>>> sql="SELECT 商品编号,商品名称,采购价格,库存量 FROM Product WHERE 商品名称=? "
>>> proName=input("输入商品名称:")
输入商品名称:胶东苹果
>>> cursor.execute(sql,proName)
>>> row=cursor.fetchone()
>>> print(row.商品编号,row.商品名称,row.采购价格,row.库存量)
P01005 胶东苹果 3.3600 138
```

13.4　Python 访问 SQL Server 数据库

PyOdbc 库通过微软的 ODBC 标准访问相关的数据库，既能连接 Access 数据库，又能连接 SQL Server 数据库。此外，PyOdbc 库遵循 DB-API 2.0 标准，它访问两个数据库的方法是相同的。

除 PyOdbc 库之外，还有多个第三方库可以连接 SQL Server，如 pymssql、SQLAlchemy、pytds 等，这些库都可以使用 pip 命令进行安装，其中 pymssql 是比较常用的库。

pymssql 库是一个用于连接 SQL Server 2005 及更高版本的第三方库，它支持 Python 3.x，能在大多数主流的操作系统中运行，并支持存储过程。pymssql 目前的版本是 2.x。

pymssql 库包括以下两个模块。

pymssql 模块：该模块提供了一个访问 SQL Server 的高级接口，它遵循 DB-API 2.0 规范，可以使用 DB-API 2.0 标准中的方法访问 SQL Server 数据库。

_mssql 模块：该模块提供了访问 SQL Server 的底层交互接口，允许直接执行 T-SQL 命令并处理结果，它在性能和易用性上都比 pymssql 模块好。

13.4.1　pymssql 库连接 SQL Server 数据库

1. 使用 pymssql 模块连接数据库

pymssql 模块使用 DB-API 2.0 标准连接 SQL Server，其操作方法和 PyOdbc 库完全一样。它由 Connection 和 Cursor 两个大类构成：Connection 类用于连接 SQL Server 数据库，Cursor 类用于向数据库发送查询请求，并获取查询结果。pymssql 模块连接数据库的代码如下。

```
# example1.py
# 导入 pymssql 模块
import pymssql
# 连接 SQL Server 的'销货单'数据库，生成 Connection 对象
conn= pymssql.connect (server= "PYMSSQL-SERVER", user= "", \
                    password= "", database= "销货单")
# 产生游标对象
cursor = conn.cursor()
# 使用游标创建表
cursor.execute("CREATE TABLE 学生 (学号 INT,姓名 VARCHAR(8))")
# 使用游标的 executemany()方法插入数据
info= [(101,'张三'),(102,'李四'),(103,'王五')]
cursor.executemany("INSERT INTO 学生 VALUES (%d, %s)",info)
conn.commit()
```

运行 example1.py 文件，即可在"销货单"数据库中创建"学生"表，并在表中插入 3 个记录，如图 13-13 所示。

2. 使用_mssql 模块连接 SQL Server 数据库

_mssql 模块提供了一个更灵活但也更复杂的底层接口，使用_mssql 模块可获得更好的性能和控制能力。_mssql 模块通过 connect()方法连接数据库，其参数与 pymssql 模块相同，连接成功后返回 MSSQLConnection 对象，不同的是，_mssql 模块直接使用 MSSQLConnection 对象中

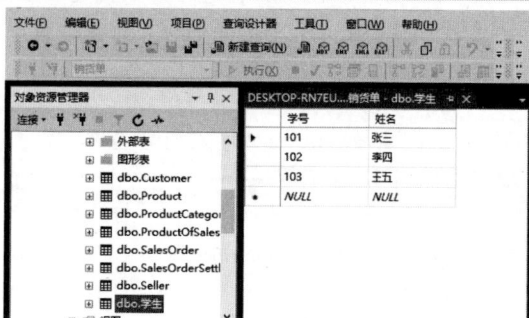

图 13-13　pymssql 模块连接 SQL Server 数据库

的方法查询和操作数据库，不再创建游标对象。

使用_mssql模块连接数据库的代码如下。

```
>>> from pymssql import _mssql
>>> conn=_mssql.connect(server= "PYMSSQL-SERVER", user="", \
          password="", database="销货单")
```

其中，conn变量就是connect()方法创建的MSSQLConnection对象，该对象中定义了多个操作数据库的方法，如表13-7所示。

表 13-7　MSSQLConnection 对象中的方法

方法	作用
execute_query(sql[，params])	执行 SQL 查询，通过遍历获得查询的所有行
execute_non_query(sql[，params])	执行 SQL 非查询操作，如增、删、改
execute_scalar()	查询结果为单个值
execute_row()	返回查询结果的第一行
init_procedure(name)	创建一个名为 name 的调用存储过程的对象

以下通过几个例子说明 MSSQLConnection 对象的使用

【例 13-13】新建一个"成绩"表，并向表中添加两个记录，代码如下。

```
from pymssql import _mssql
# 连接数据库
conn= _mssql.connect(server= " PYMSSQL- SERVER ", user= "", \
                password= "", database= "销货单")
# 新建"成绩"表
conn.execute_non_query("CREATE TABLE 成绩(学号 INT, 分数 REAL)")
# 插入数据
conn.execute_non_query("INSERT INTO 成绩 VALUES(101,85)")
conn.execute_non_query("INSERT INTO 成绩 VALUES(102,96.5)")
```

创建表和添加数据属于 SQL 语言的数据定义和数据操纵功能，不是查询功能，因此使用 MSSQLConnection 对象中的 execute_non_query() 方法。

上述代码执行完成后，"销货单"数据库中"成绩"表的数据如图 13-14 所示。

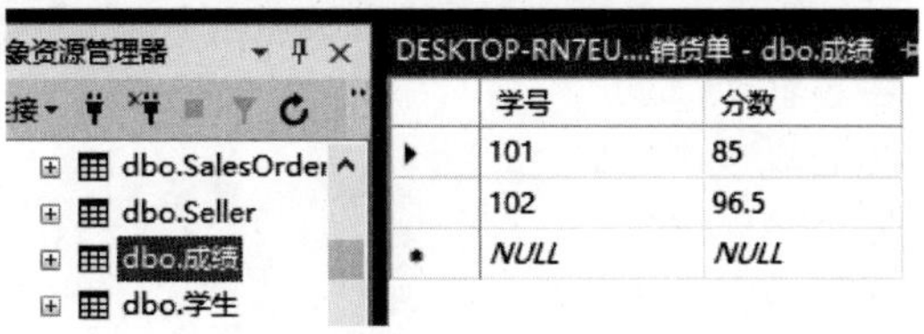

图 13-14　"销货单"数据库中"成绩"表的数据

13. 4. 2　pymssql 库操作 SQL Server 数据库

1. pymssql 模块操作 SQL Server 数据库

pymssql 库使用 DB-API 2.0 标准操作 SQL Server 数据库，操作方法与 PyOdbc 库一致。这里仅给出两个例子。

【例 13-14】检索 Customer 表中女顾客的消费积分不低于 1000 的记录，查询结果包括"顾客姓名""顾客性别"和"消费积分"3 个字段。

```
>>> cursor=conn.cursor()
>>> cursor.execute("SELECT 顾客姓名,顾客性别,消费积分 \
                FROM CUSTOMER \
```

```
                    WHERE 顾客性别= '女' AND 消费积分>=1000")
>>> rows=cursor.fetchall()
>>> for row in rows:
        print(row)
('黄小姐', '女', 1200)
('孙老师', '女', 1200)
('陈玲', '女', 1000)
('张红', '女', 1000)
```

游标对象通过 execute()方法将 SQL 语句传递给数据库，完成查询操作后调用 fetchall()方法获取查询结果集合，每一行数据通过 for 循环逐个进行显示。

【例 13-15】统计 Customer 表中女顾客的人数。

```
>>> cursor=conn.cursor()
>>> cursor.execute("SELECT COUNT(*) FROM CUSTOMER WHERE 顾客性别= '女'")
>>> row=cursor.fetchone()
>>> print(row[0])
```

2. _mssql 模块操作 SQL Server 数据库

_mssql 模块将数据定义、数据操作和数据查询的 SQL 命令以不同的方法实现，根据查询结果不同，也定义了不同的方法，如表 13-7 所示。另外，_mssql 模块取消了游标对象，直接通过 MSSQLConnection 对象操作数据库，这种设计提高了模块的实用性，效率也有所提高。

【例 13-16】检索 Customer 表中女顾客中的消费积分不低于 1000 的记录，查询结果包括"顾客姓名""顾客性别"和"消费积分"3 个字段。因为是查询操作，所以使用 execute_query()方法完成查询，查询结果可通过遍历连接对象获得，代码如下。

```
>>> conn.execute_query("SELECT 顾客姓名,顾客性别,消费积分 \
                        FROM CUSTOMER \
                        WHERE 顾客性别= '女' AND 消费积分>=1000")
>>> for row in conn:
        print(row[0],row[1],row[2])
黄小姐 女 1200
孙老师 女 1200
陈玲 女 1000
张红 女 1000
```

【例 13-17】统计 Customer 表中女顾客的人数。

该查询只返回一个确定值，因此使用 execute_scalar()方法，代码如下。

```
>>> num= conn.execute_scalar("SELECT COUNT(*) FROM Customer WHERE 顾客性别= '女'")
>>> print(num)
6
```

总之，对于大多数的数据库，Python 提供了相应的第三方库。这些库通常都遵循 Python DB-API 2.0 规范，用户可以使用这些库提供的"连接对象"和"游标对象"来查询和操作数据库，同时，某些第三方库针对特定的数据定义了专有的方法来提高性能。用户可以根据自己的需要选择最合适的第三方库。

习题：思考题

【1】导入 Python 库的方法有哪些？

【2】简述 Pyodbc 库连接 Access 数据库的方法和技术。

【3】简述 pymssql 库连接 SQL Server 数据库的方法和技术。

【4】基于创新思维简述 Python DB-API 产生的原因。

【5】简述基于 Python DB-API 访问 Access 数据库和 SQL Server 数据库的差异。

【6】查阅相关资料，谈谈用户访问数据库时应该遵循的法律和法规。

学习材料：融会贯通

SELECT 语句返回的是一个结果集，但应用程序经常需要对结果集中的每一条记录进行处理。游标提供了这样一种机制，使得应用程序能够从包括多条数据记录的结果集中每次提取一条记录进行处理。请结合学习材料掌握游标在数据库访问中的应用场景和实现技术。

【学习材料1】游标的创建和应用。

【学习材料2】通过 ADO 访问 Access 数据库的设计与实现。

【学习材料3】基于 Python 访问 MySQL 数据库。

【学习材料4】基于 Python 的 MySQL 数据库访问技术。

【学习材料5】基于通过 ADO 访问 SQL Server 数据库技术分析及其应用。

第 14 章　数据库技术的对象级应用

本章导读

习近平总书记指出："做人做事，最怕的就是只说不做，眼高手低。不论学习还是工作，都要面向实际、深入实践，实践出真知，实践长真才。"本书后两章旨在引导读者学习如何在数据库理论的指导下，运用数据库技术解决实际问题，进而提升读者的数据素养。遵循"循序渐进"的学习规律，第 14 章学习设计对象来解决实际问题，第 15 章学习设计系统来解决实际问题。

系统是相互联系、相互作用的诸对象的集成体，因此，系统功能实际上是由系统中的对象共同协作实现的。既然如此，本书为什么要将数据库理论和技术的应用分为对象级和系统级呢？原因主要有 3 个：系统级应用涉及的对象较多，本书将其界定为 5 个以上，而对象级应用涉及的对象一般不超过 5 个；在数据库理论和技术的系统级应用中，系统中的对象通过一定的机制和技术集成为一个综合体，而在对象级应用中，尽管对象之间也相互联系和作用，但没有基于严格的机制和技术将它们集成为一个综合体；将数据库理论和技术的应用学习分为两个阶段，便于读者由浅入深地建构数据库理论和技术。

在实际工作中，存在很多问题需要基于数据库理论和技术进行求解，这些问题如下：对问题域的数据进行组织和优化、对问题域的数据进行处理和分析、对问题域的数据进行管理和维护等。

那么怎样设计对象对数据进行组织和优化呢？怎样设计对象对数据进行处理和分析呢？怎样设计对象对数据进行管理和维护呢？这就是本章的学习重点了。本章将以 Access 数据库管理系统为工具，分析上述问题的解决思路并提出解决方案。在此基础上，请读者以 SQL Server 数据库管理系统为工具，分析上述问题的解决思路并提出解决方案。

为避免应用场景缺乏连贯性，使本书的知识结构前后呼应、自然衔接，本章在应用场景上仍然选择销售型企业的运营数据管理。另外，为了避免应用场景过于单一，便于读者进行比较学习，本章在部分场景上仍然选择读者最熟悉的学生信息管理，尤其是学生成绩管理。

14.1　数据的组织和优化

基于数据库理论和技术对实际应用问题进行求解的第一个任务就是数据的组织和优化。数据组织指的是将问题域中的数据基于关系数据模型组织起来，并按一定的模式存储在数据库中。数据优化指的是对数据库模式进行优化，使数据库占用存储空间少、响应速度快、应用成本低等。

14.1.1　指导思想

关系数据库是以数学理论为基础的。基于理论上的优势，数据结构可以设计得更加科学，数据操作可以得到更好的优化。本章依托的关系数据理论包括两方面的内容：关系数据库设计理论，包括关系数据库生命周期理论和关系数据库规范化理论；关系数据库的操作理论，主要包括关系数据库的查询和优化理论。

1. 生命周期的思想

数据库是有生命周期的，在生命周期的各个阶段，数据库的功能和性能需求是动态变化的，因此，要基于数据库生命周期的发展主线来组织关系数据库的数据。

2. 数据库规范化的思想

为使得数据库模式设计的方法趋于完备，数据库专家推出了关系数据库范式理论。范式是指规范化的关系模式。规范化的程度不同，就产生了不同的范式。

14.1.2 技术方案

基于数据库技术组织论域数据的对象是数据表和视图。基于数据表组织数据时，首先要满足用户需求，然后要尽量提高表模式的范式等级；基于视图组织数据时，要考虑的因素是查询模式是否满足用户需求。

1. 数据组织的技术方案

将论域数据组织并存储的技术方案有两种：按业务主题将论域数据组织在不同的数据表中，并建立数据表之间的联系；按生命周期将论域数据组织在不同的数据表中，并建立数据表之间的联系。将数据库数据提供给用户使用的技术方案如下：按照用户数据需求定义视图对象。

2. 数据优化的技术方案

基于数据表组织论域数据，必须将数据表的模式规范化，使之达到较高的范式，这是数据优化的主要途径。一般来说，数据表模式应满足的基本要求如下。

①元组的每个分量必须是不可分的数据项。

②数据冗余应尽可能少。

③不能因为数据更新操作而引起数据不一致问题。

④执行数据插入操作时，数据不能产生插入异常现象。

⑤数据不能在执行删除操作时产生删除异常问题。

⑥数据库设计应考虑查询要求，数据组织应合理。

数据表模式规范化的主要方法是模式分解。对于不符合上述要求的问题表，可以基于范式理论对问题表的模式进行规范化。表模式规范化的基本方法是模式分解。

例如，如果"学生成绩"表的模式如下。

学生成绩(学号，学生姓名，学生年龄，学生性别，所属系名，所属系主任名，课程名，成绩)

那么该数据表就包含学生、课程、系、成绩4个主题，必然出现数据冗余、插入异常、删除异常、更新异常等问题。如果基于模式分解的方法使得该表规范化，则问题自然消除。

对"学生成绩"表进行规范化的方案有很多，最简单的就是基于应用主题将"学生成绩"表分解为4个数据表，这4个数据表的模式分别如下。

学生(学号，姓名，年龄，性别，系编号)

系(系编号，系名，系主任)

课程(课程编号，课程名称，任课教师)

成绩(学号，课程编号，成绩)

> 在数据库模式设计中，并非范式越高越好。设计者在设计目标数据库的模式时，一定要先考虑自己设计的数据库模式能否满足用户对目标数据库的性能需求，在数据库模式能够满足用户性能需求的前提下，设计者再统筹考虑数据库模式的理论范式。当用户性能需求和理论范式二者冲突时，以满足用户的性能需求为先。

14.1.3 应用案例

经典的数据组织应用通常有两种方法：按业务主题组织数据和按生命周期组织数据。数据的组织模式不是一成不变的，应该根据应用效果及用户需求动态优化数据组织模式。

1. 数据组织案例分析

（1）按业务主题组织数据

按业务主题组织论域的数据符合人的思维习惯，便于数据模式的设计，利于企业有效率地管理和维护数据。

例如，零售型企业基于"进、销、存"业务主题组织企业的运营数据：进货、存货、销货。

又如，某学院基于大学生的"专业"主题组织学生的基本信息数据：金融、国贸、会计。

（2）按生命周期组织数据

按生命周期组织论域的数据符合数据的运动规律，便于数据模式的动态优化。

例如，零售型企业经销的产品，在不同的业务阶段具有相应的业务属性，因此基于产品在生命周期的不同阶段对产品进行动态建模，可以更好地反映数据的运动特征。

对于零售型企业，其经销的产品可分为 3 个阶段，因此运营数据可以采用以下建模方案。

①进货的产品：在途产品。

②存货的产品：在库产品。

③销售的产品：在线产品。

2. 数据优化案例分析

当数据库的性能不能满足用户的业务需求时，数据库组织数据的模式就需要优化。仍以零售型企业为例，当企业运营数据的规模不是很大时，基于"进、销、存"主题组织运营数据是有效率的。当企业运营数据的规模很大时，上述数据库的建模方案就需要优化，否则数据库系统的响应速度会很慢。那么有哪些优化数据组织模式的方法呢？

在实际工作中，常用的数据优化方法有数据拆分和数据聚集。当数据规模很大时，在建模数据库时，应该考虑数据的使用频率，对于使用频率很高的数据，应该对它们进行单独组织和建模，这就是所谓的数据拆分。另外，在组织和建模数据的时候，应该考虑数据的关联度，对于关联度高且使用频率较高的数据，应该将它们聚集在一起，以提高关联数据的存取速度。

【例 14-1】一家零售型企业创建了一个数据库销售系统，开展线上销售业务。假定该企业经销的产品种类在 10000 个以上，线上用户每天的访问量平均为 10000 左右，请问该企业的数据库应该如何设计才能提高数据库的响应速度？

为了培养读者的自主学习能力，建议读者先基于 Access 自主设计本例的数据库，再基于 SQL Server 自主设计本例的数据库，最后比较二者的差异和优缺点。

14.2 数据的处理和分析

数据处理和数据分析是用户的经典应用。数据处理的目的是从数据库中抽取与求解问题相关的数据集并对数据集进行计算，进而推导出对于某些特定的人们来说是有价值、有意义的结果。因此，数据处理包括数据的抽取、数据的运算、结果的呈现或保存等。数据分析是指用适当的统计分析方法对数据库中存储的大量数据进行分析，提取有用信息和形成结论而对数据加以详细研究和概括总结的过程。一般说来，数据处理是数据分析的前提，数据分析是数据处理的下一个任务。

14.2.1 指导思想

一般要基于业务驱动的思想来设计数据处理和数据分析方案，否则方案就是不良的，因为它不满足用户的业务需求。对于数据库而言，数据处理和数据分析都离不开数据查询，查询操作要占所有操作的 90% 以上，负责读操作的 SELECT 命令的性能对整个数据处理和数据分析的影响巨大，必须优先考虑查询优化问题。

1. 业务驱动的思想

对于数据库的数据处理和数据分析而言，基于业务流程和业务需求对数据进行处理和分析，是业务驱动思想的主要内涵。因此，基于数据库对象进行处理和分析数据库数据之前，必须对用户业务进行科学设计。业务设计是否科学的衡量标准有很多，业界关注比较高的衡量标准有以下5个。

①基于友好的用户操作流程，营造良好的用户体验。

②显著地减少用户工作量，提高用户工作效率。

③业务设计灵活，可扩展性很好，有助于用户修改、完善、提升或扩展自身业务。

④提供良好的交互接口，便于用户对业务的控制和干预。

⑤业务功能实现方式多样，技术实现难度小且成本低。

在上述5个衡量标准中，有4个是与用户息息相关的，所以在对数据库对象进行处理和分析数据库数据时，一定要基于业务驱动的思想，全心全意为用户服务！

2. 查询优先的思想

基于数据库技术进行数据处理和数据分析时，读是主要操作。一般来说，读操作要占数据库所有操作的90%以上，因此执行读操作的 SELECT 命令对数据处理和数据分析的性能影响非常大，必须优先考虑 SELECT 命令功能和性能的优化问题，这就是查询优先的思想。

用户设计 SELECT 命令对数据库进行访问时，必须考虑下述查询优化策略。

(1)选择运算尽可能先做

在优化策略中，这是最重要、最基本的一条。一般情况下，选择运算可以减少 SELECT 命令计算的中间结果，通常可以使执行时间降低几个数量级，因此选择运算要尽可能先做。

(2)在执行连接运算前对数据表进行适当的预处理

预处理方法主要有两种：一种是对数据表之间的关联字段建立索引，另一种是基于关联字段对数据表进行排序。预处理后，相互关联的数据表进行连接运算时，速度可以显著提高。

(3)使投影运算(选择运算)同时进行

如果 SELECT 命令中有若干个投影运算(选择运算)，且它们都对同一个数据表进行操作，那么在扫描此数据表的同时，要尽可能多地完成投影运算(选择运算)，以避免重复扫描数据表。

(4)尽可能以计算字段的形式获得字段的加工信息

以计算字段的形式获得字段的加工信息可以提高 SELECT 命令的执行效率，同时可以避免为了获得字段的加工信息而重新扫描数据表。

(5)建立中间结果表

如果某些"中间结果"要重复使用，且从外存中读入这个"中间结果"比重新获得该"中间结果"的计算时间少得多，则应该先计算"中间结果"，再把"中间结果"写入"中间结果"表中。这样，当 SELECT 命令需要用到"中间结果"时，可以显著地减少重新计算的时间。

14.2.2 技术方案

数据处理的技术方案大都包括数据抽取、数据计算和结果输出3个环节。数据分析的技术方案大都包括获取总体数据或者样本数据、计算指标信息、推演分析结论3个环节。

1. 数据处理的技术方案

数据处理是按照业务规则对数据库中的数据进行抽取和加工进而获得用户信息的过程。

数据处理的第一步是从数据库中抽取数据。在 Access 中，简单的数据抽取可以由查询对象完成，较为复杂的数据抽取可以由宏对象完成，更复杂的数据抽取可以由模块对象完成。不管是查询对象、宏对象还是模块对象，最终都是通过 SELECT 命令实现的。请读者思考：在 SQL Server 中，数据抽取是如何实现的？

数据处理的第二步是对数据库中抽取的数据进行计算。在 Access 中，简单的数据计算可以由查询对象来承担，较为复杂的数据计算可以由宏对象来实现，更复杂的数据计算可以由模块对象完成。请读者思考：在 SQL Server 中，数据计算是如何实现的？

数据处理的第三步是计算结果的输出。在 Access 中，简单的结果输出可以由查询对象实现，较为复杂的结果输出可以由查询对象和窗体对象协作实现，更复杂的结果输出可以依靠查询对象、窗体对象及模块对象的协作实现。请读者思考：在 SQL Server 中，结果输出是如何实现的？

2. 数据分析的技术方案

数据分析指的是用适当的方法抽取数据库中的数据总体或数据样本，并对总体数据或样本数据进行加工处理以提炼各类指标信息，进而对指标信息进行对比分析和概括总结以推演分析结论的过程。数据分析没有一成不变的技术方案，需要根据数据分析任务和目标来确定。

在 Access 中，获取总体数据或者样本数据可以依靠查询对象完成，较为复杂的可以依靠窗体对象、查询对象和宏对象的协作完成，更复杂的可以依靠窗体对象、查询对象及模块对象协作完成。请读者思考：在 SQL Server 中，如何获取总体数据或者样本数据？

在 Access 中，计算指标信息时，简单的可以由查询对象完成，较为复杂的可以由查询对象和宏对象协作完成，更复杂的可以由查询对象和模块对象协作完成。请读者思考：在 SQL Server 中，如何计算指标信息呢？

在 Access 中，推演分析结论时，简单的可以基于宏对象的逻辑实现，较为复杂的可以由宏对象及窗体对象协作实现，更复杂的可以由窗体对象和模块对象协作完成。请读者思考：在 SQL Server 中，如何对指标信息进行对比分析和概括总结呢？

14.2.3 应用案例

1. 应用案例：数据处理

【例 14-2】某销售数据库中存放着销售员的岗位信息、工龄信息、销售额信息。假设销售员的工资＝岗位工资＋工龄工资＋绩效工资，岗位工资、工龄工资、绩效工资的计算规则如下。

①岗位工资：销售部经理，5000；销售员，3000。

②工龄工资：$1000*(1+0.1)^{工龄}$。

③绩效工资：销售额 * 0.09。

请分别基于 Access 和 SQL Server 设计数据库对象，计算并打印销售员的工资单。

【分析】本例的任务可以基于典型的数据处理技术方案完成。

① 数据抽取：在数据库中抽取销售员的岗位信息、工龄信息、销售额信息并将其存放到工资表中。

② 数据计算：基于岗位工资、工龄工资、绩效工资的计算规则计算销售员的各分项工资；基于销售员的分项工资计算工资总额，将分项工资和工资总额存放到工资表中。

③ 结果输出：基于工资表的工资信息打印销售员的工资单。

工资单的计算和打印比较简单，只需要基于表、查询和报表这 3 类对象的协作就可以完成。为培养读者的自主学习能力，请大家独立完成各类对象的设计细节和协作模式。

2. 应用案例：数据分析

【例 14-3】某销售数据库中存放着销售员的岗位信息、工龄信息、销售额信息、岗位工资信息、工龄工资信息、绩效工资信息，请设计数据库对象分析：销售员销售额的分布情况；销售员工龄对销售额的影响效应；销售员岗位工资对销售额的影响效应。

请读者思考下列几个问题：Access 2016 能否完成本例的分析任务？SQL Server 2017 能否完成本例的分析任务？Excel 2016 能否完成本例的分析任务？在能完成本例分析任务的软件工具中，哪种是最适合选用的？

14.3　数据库的管理和维护

当今社会，人类生存和社会发展的三大基本资源是物质、能源、信息。数据库是信息资源的重要载体，因此数据库的安全和维护关系到信息资源的安全，必须引起用户的高度重视。

14.3.1　指导思想

要实现数据库的安全和维护，必须打造三级安全保障机制。所谓的三级安全保障机制包括数据库系统安全保障机制、数据库安全保障机制、数据库对象安全保障机制。

14.3.2　技术方案

为了实现三级安全保障机制，必须设计切实可行的技术方案。三级安全保障机制的实现方案已经比较成熟，其中典型的技术方案如下。

①数据库系统的安全保障：系统登录用户的合法性验证＋登录用户的密码验证。

②数据库的安全保障：数据库用户的身份验证＋数据库操作权限的控制。

③数据库对象的安全保障：数据库用户对特定数据库对象操作权限的控制。

以 SQL Server 为代表的大中型数据库管理系统本身就支持三级安全保障机制，用户可以基于数据库管理系统提供的技术手段，直接实现用户数据库的三级安全保障机制。

因为以 Access 为代表的桌面级数据库管理系统的安全机制薄弱，所以用户必须在数据库系统中自己设计和部署安全对象，以弥补数据库管理系统安全保障机制的不足，这对于数据敏感度比较高的数据库用户尤其重要。

习题

一、思考题

【1】简述数据组织的指导思想。

【2】简述数据处理的技术方案。

【3】简述数据库安全管理的 3 个层面。

二、操作题

【1】设计数据库对象，实现 Access 数据库系统的登录用户身份验证和密码验证机制。

【2】设计嵌入宏对象，对 Access 数据库中的表数据进行自动备份。

【3】设计宏对象，对 Access 数据表的使用频率进行统计分析。

【4】设计触发器，对 SQL Server 数据库中的数据表进行自动备份。

【5】设计存储过程，对 SQL Server 数据库中数据表的使用频率进行统计分析。

【6】设计数据库对象，按主题之间的关系组织和管理党的二十大报告的内容。

学习材料：应用驱动

在大量的、爆发式增长的非结构化数据面前，传统的关系型数据库的天花板被冲破了。于是，一场由关系型向非关系型、由集中式向分布式转型的数据库革命爆发了。请结合学习材料，思考应用是如何驱动数据库创新发展的。

【学习材料 1】信息技术在全球银行业的应用。

【学习材料 2】浅论数据库的建设与应用。

【学习材料 3】基于问题解决模型学习者的计算思维培养。

【学习材料 4】我们需要什么样的数据库？应用驱动创新的数据库成为关键。

第15章 数据库技术的系统级应用

本章导读

思想方法是人们分析问题、认识事物的方法；工作方法是人们解决问题、做好工作的方法。习近平总书记强调"系统观念是具有基础性的思想和工作方法"。系统观念不仅具有重要的认识论意义，还具有重要的实践论意义。系统观念的实践意义在于，人们解决问题要有一种整体性的视野，要做到统筹兼顾、"十个指头弹钢琴"。

数据库技术的对象级应用一般会涉及少数几个对象来解决实际问题，且对象之间没有基于严格的机制形成系统，所以数据库技术的对象级应用能够解决的问题都比较简单，解决方案效率较低。当问题比较复杂时，需要基于系统观念建立数据库系统解决实际问题，这就是所谓的数据库技术的系统级应用。

数据库系统是相互联系、相互作用的数据库对象的集成体。在数据库技术的系统级应用中，数据库系统中的每一个对象都必须在工程原理的指导下进行设计和工作，只有这样，数据库系统中的所有对象才能基于工程规范集成为一个综合体，才能发挥出系统的整体功能和性能。

那么，怎么在工程原理的指导下，设计和实现一个对象的功能和性能呢？怎样在工程规范的指导下，将对象集成为一个综合体，以发挥系统的整体功能和性能，从而满足用户的需求呢？这些问题都将在本章得到答案。

15.1　数据库技术系统级应用的指导思想

任何事物都处在各种各样的普遍联系当中，事物及其各要素交互作用、相互影响、相互制约，构成一种具有稳定结构和特定功能的有机整体，这就是系统。对客观存在的系统的认识反映在人们头脑中就形成系统观念。系统观念不仅具有重要的认识论意义，还具有重要的实践论意义。因此，数据库系统的研发必须在系统观念的指引下才能实现系统整体效应的最大化。

15.1.1　指导思想

数据库技术系统级应用的最终目标是以系统观念为指引建立相对最优的目标数据库系统，进而高效率地解决用户的数据需求，最大程度地发挥数据库的数据资源价值。为实现这一基本目标，必须在下述思想的指导下开发数据库系统。

1. 基于系统观念揭示数据库系统的根本要素

数据库系统是由各种要素构成的。在揭示数据库系统要素的基础上，系统观念要求我们进一步揭示其中的根本要素，并运用其根本要素分析数据库系统的重大用户关系及其解决方案。

2. 基于系统观念厘清数据库系统的结构

系统观念是一种结构观念。在揭示构成数据库系统根本要素的基础上，系统观念进一步要求我们分析这些根本要素之间的关系、顺序、比例，即结构。数据库系统内部的结构至关重要，会影响数据库系统的整体功能及其发挥，数据库系统的结构是什么样的，其功能就是什么样的。系统结构是系统观念的根本。要发挥好数据库系统的功能，首先要调整好数据库系统的结构。

3. 基于系统观念建立数据库系统的最优运行机制

系统观念是一种整体观念。坚持系统观念，既要揭示数据库系统的根本要素，又要调整理顺数据库系统的合理结构，还要建立根本要素之间最优的运行机制，其目的是充分发挥数据库系统的整体功能，实现整体效应最大化，数据库系统的各个根本要素最终是服务于数据库系统整体功能发挥的。整体性观念是系统观念的核心。由此，要把数据库系统各部分的根本要素置于数据库系统的整体运行机制中进行谋划。

4. 基于系统观念处理好数据库系统在时间、空间、环境中的关系问题

系统观念强调以整体眼光把握系统的关系问题。系统的整体性是在时间、空间、环境中呈现出来的。在时间上，系统观念要求跳出眼前、从长远看眼前，正确看待眼前和长远的关系，从数据库系统发展的过程中把握其完整性；在空间上，系统观念要求跳出局部，从全局看局部，把握好局部和全局的关系，从数据库系统的全局上把握其完整性；在环境上，系统观念要求跳出数据库系统自身，把数据库系统置于更为宽广的外部大环境中来把握，把握好数据库系统自身与外部大环境的关系，从数据库系统与外部大环境的关系上把握其完整性。

15.1.2 重要抓手

系统观念要求我们用发展的眼光看待数据库系统，避免孤立、静止、片面地看待数据库系统。贯彻数据库技术系统级应用的指导思想，有下列3个重要抓手。

1. 基于科学的理论和技术组织及管理数据，建立高效率的共享数据库

为实现数据库数据资源的高效共享服务，必须对数据库数据进行科学组织和管理，这是实现数据库技术系统级应用基本目标的基础和前提。

科学地组织和管理数据库的数据要求做好以下工作：首先，要揭示数据库的根本数据要素；其次，要分析这些根本数据要素之间的关系、顺序、比例，即数据库的数据结构；再次，要调整理顺根本数据要素之间的关系、顺序、比例，使其相互配合，构成最佳的合理数据结构，其目的是充分发挥数据库数据的整体功能，实现整体效应最大化；最后，要处理好数据库各要素之间的关系，数据库的部分和整体的关系，数据库发展的目前和长远的关系，数据库和外部大环境的关系，等等。总之，要基于要素观念、结构观念、关系观念组织和管理数据库的数据。

2. 基于工程的原理和规范研发数据库系统，建立高质量的数据库系统

要充分发挥数据库系统各个对象的功能和性能，必须把数据库系统各组成对象置于数据库系统的整体框架中进行谋划。这就要求我们在系统观念的指导下，以整体性观念为导向，严格按照工程原理和规范设计数据库系统中的每一个对象，并建立各个数据库对象之间分工协作的有效机制，这样数据库系统中的所有对象才能有效率地集成为一个高质量数据库系统，充分发挥数据库系统这个集合体的整体功能和整体性能，实现整体效应最大化。

3. 基于"开放技术标准"设计和实现数据库系统，建立跨平台应用的数据库系统

目前广泛使用的关系数据库管理系统很多，尽管这些系统都源于关系模型，也都遵循 SQL 标准，但是不同的系统仍然存在许多差异，这就导致数据库系统的可移植性较差，通常表现为在某个关系数据库管理系统中开发的数据库系统并不能在另一个关系数据库管理系统中运行。

为了解决上述问题，就要把数据库系统置于更为宽广的外部大环境中来把握，把握好数据库系统自身与外部大环境的关系，为此，业界提出了"开放技术标准"。如果数据库系统是基于"开放技术标准"研发的，那么该数据库系统就能够同时支持不同类型的关系数据库管理系统。当目标数据库系统组织和管理的数据资源需要覆盖不同的关系数据库管理系统时，基于"开放技术标准"设计和实现数据库系统就显得尤为重要。

所谓的"开放技术"，指的是支持数据库系统连接不同关系数据库管理系统的方法和技术。该技术使得数据库系统"开放"，能够实现"数据库互连"。本书将能够连接不同关系数据库管理系统

的方法和技术称为"开放技术"，同时将基于"开放技术"开发的数据库系统称为基于"开放技术标准"设计和实现的数据库系统。

15.2 实现数据库访问的开放技术

实现数据库开放访问技术的核心思想是提供一个数据库接口，该接口屏蔽了不同厂商、不同版本的 DBMS 之间的差别，只要 DBMS 支持这个接口，数据库管理程序就可以通过共同的一组代码访问该 DBMS。目前，常见的数据库访问接口有 ODBC、JDBC、OLE DB、ADO、Python DB-API 等。Python DB-API 在第 13 章中已经介绍过。本节将先介绍 ODBC、JDBC、OLE DB、ADO 这 4 类接口的特点和应用场景，再介绍 ADO 接口中的对象，最后重点介绍基于 ADO 接口访问 Access 数据库的方法和步骤。

15.2.1 数据库访问接口

1. ODBC

开放式数据库互连(open database connectivity，ODBC)是微软公司推出的一种实现应用程序和数据库之间通信的标准，目前所有的关系数据库都支持该标准，也就是说，ODBC 能以统一的方式处理所有类型的关系数据库。

一个基于 ODBC 的数据库管理程序对数据库进行操作时，用户直接将 SQL 语句传送给ODBC，并由 ODBC 代理访问和操纵数据库，并获取相应的数据。ODBC 在工作时，不直接与DBMS 交互，所有的数据库操作由相应 DBMS 的 ODBC 驱动程序完成。也就是说，不论是 Access数据库、SQL Server 数据库还是其他类型的关系数据库，只要安装了 ODBC 驱动程序，对这些数据库的操作就都可用 ODBC API 进行访问。

在具体操作时，必须用 ODBC 管理器注册一个数据源，管理器根据数据源提供的数据库位置、数据库类型及 ODBC 驱动程序等信息，建立起 ODBC 与具体数据库的联系。这样，只要应用程序将数据源名提供给 ODBC，ODBC 就能建立起它与相应数据库的连接。

因为 ODBC 是面向过程的语言，所以开发的难度大。另外，ODBC 只能对关系数据库(如SQL Server、Oracle、MySQL、Access 等)进行操作。

2. JDBC

Java 数据库连接(Javadatabase connectivity，JDBC)是一种用于执行 SQL 语句的 Java API，它包括一组用 Java 语言编写的类和接口，可以为多种类型的关系数据库提供统一访问操作。

由于 Java 语言具有稳定、安全、易于使用、易于理解和跨平台等特性，因此基于 JDBC 编写Java 数据库管理程序成为众多用户的最佳选择之一。

3. OLE DB

随着数据源的日益复杂，数据库管理程序很可能需要从不同类型的数据源取得数据。如果数据源不仅仅包括传统的关系数据库，还包括 Excel 工作表及 E-mail 等异质数据，那么数据的采集就会非常困难。数据库连接和嵌入对象(object linking and embedding database，OLE DB)是微软提出的基于组件对象模型(component object model，COM)思想且面向对象的一种技术标准。它定义了统一的 COM 接口作为存取各类异质数据源的标准，并将对数据库中数据的访问操作封装在一组 COM 对象之中。基于 OLE DB，程序员可以使用一致的方式来存取各种异质数据。

ODBC 和 OLE DB 的区别是 ODBC 标准的目标对象是基于 SQL 的数据源(关系型数据库)，而OLE DB 的目标对象则是范围更为广泛的异质数据源。从这个意义上说，符合 ODBC 标准的数据源是符合 OLE DB 标准的数据源的子集。

4. ADO

ActiveX 数据对象（ActiveX data objects，ADO）接口是微软提出的一种面向对象的编程接口，ADO 建立在 OLE DB 之上，是对 OLE DB 数据对象的封装。Access 内嵌的 VBA 就是基于 ADO 接口对 Access 数据库进行访问和操作的。

15.2.2　面向对象的数据库访问接口 ADO

ADO 是一个面向对象的 COM 库，用 ADO 接口访问数据库时，其实就是利用 ADO 接口中的对象来访问和操作数据库中的数据。下面介绍 ADO 接口中的几个对象。

1. Connection

该对象用于创建一个数据库连接。通过此连接，可以对一个数据库进行访问和操作。

2. Command

该对象用于执行数据库的一项操作。此操作包括表的创建，记录的插入、删除、修改及查询等。如果该操作用于查询数据，那么查询的数据将被封装在一个 RecordSet 对象中。这意味着数据库管理程序可以通过 RecordSet 对象的查询操作取回用户需要的数据。

3. RecordSet

该对象用于存储来自数据库的一个记录集合。一个 RecordSet 对象可以存储多个记录，每一个记录可由多个字段组成。在 ADO 接口中，RecordSet 对象是最重要的对象之一。

4. Field

该对象包含某个 RecordSet 对象中某一列（字段）信息。RecordSet 对象中的每一列（字段）都对应着一个 Field 对象。

5. Parameter

该对象可以给查询等对象提供参数，从而使得它们的功能更加灵活。例如，可使用一个参数定义 SELECT 语句中 WHERE 子句的匹配条件，而使用另一个参数来定义 SELECT 语句中 ORDER BY 子句的排序方式。

6. Record

该对象用于存放记录集合中的一行。ADO 2.5 之前的版本仅能够访问结构化的数据库。在一个结构化的数据库中，每个表在每一行都有相同的列数，且每一列都由相同的数据类型组成。

在上述几个对象中，Connection、Command 和 RecordSet 是常用的 ADO 对象。

15.2.3　基于 ADO 接口访问 Access 数据库的基本步骤

基于 ADO 接口访问 Access 数据库一般要经过以下 3 个步骤。

Step1：声明 Connection 对象，连接数据源。

Step2：打开 RecordSet 对象，完成对相关数据的访问操作。

Step3：关闭 RecordSet 和 Connection 对象。

1. 连接数据源

为了能够访问数据库，数据库管理程序要先建立与数据库之间的连接。这一操作是通过声明与打开 Connection 对象来实现的。基于 VBA 的相关代码如下。

```
Dim con As new ADODB. Connection
con. Open [conString]
```

其中，conString 是可选项，用来说明连接的数据库信息。

在 Open 操作之前，还需要设置 Connection 对象的数据提供者（Provider）信息。具体代码如下。

```
con. Provider= "Microsoft. Jet. OLEDB. 4. 0"
```

以下代码用于建立"销售单. accdb"数据库的连接。

```
Dim con As new ADODB. Connection
con. Provider= "Microsoft. Jet. OLEDB. 4. 0"
con. open "销售单. accdb "
```

2. 打开 RecordSet 对象

在建立了数据库的连接后，就可以声明并初始化一个新的 RecordSet 对象了，代码如下。

```
Dim rs As new ADODB. RecordSet
rs. Open [Source] [, Connection] [, CursorType] [, LockType]
```

上述代码中有关参数的说明如下。

① Source：指明数据源，可以是合法的数据表名及 SQL 语句等。

② Connection：指明已打开的 Connection 对象名。

③ CursorType：指明打开 RecordSet 对象时使用的游标类型。

④ LockType：指明打开 RecordSet 对象时使用的锁定类型。

以下代码用于打开 RecordSet 对象，并对当前数据库中的"顾客"表进行操作。

```
rs. Open "顾客", CurrentProject. Connection, adOpenKeyset, adLockOptimistic
```

利用该对象可以实现对数据库的查询、插入、修改及删除等操作。

3. 关闭 RecordSet 和 Connection 对象

在完成对数据库的操作之后，应当从内存中删除 RecordSet 对象和 Connection 对象，否则这些对象会继续占用内存空间和其他系统资源。删除这两个对象的方法为：先使用 Close() 方法关闭 RecordSet 对象和 Connection 对象，再将它们设为 Nothing。具体代码如下。

```
rsCustomers. Close
dbCon. Close
Set rsCustomers = Nothing
Set dbCon = Nothing
```

15.3　开发数据库系统的工程规范

基于系统观念开发数据库系统的主要任务包括确定系统的用户需求、厘清系统的根本要素及其相互关系、建立系统结构及其运行机制、组织实施数据库系统的实现及其部署运行等。为了使得数据库系统整体效应最大化，上述任务的完成必须严格遵循软件工程的原理和规范，通常可以通过需求分析、概要设计、系统设计、系统实现和系统部署等几个阶段的分工协作来完成。但根据系统的规模和复杂程度，在实际开发过程中往往可以进行一些灵活处理。有时候对两个甚至三个阶段合并进行，不一定完全刻板地遵守上述过程。但是不管目标系统的复杂程度如何，需求分析、系统设计、系统实现和系统部署这些基本过程是不可缺少的。

15.3.1　需求分析

需求分析是数据库系统开发活动的起点，这一阶段的基本任务有两项：摸清现状，以及厘清目标系统的功能和性能。摸清现状的主要目的之一就是对系统中涉及的数据流进行分析，归纳出整个系统应该包含和处理的数据，为下一阶段的系统设计奠定基础；而厘清目标系统的功能和性能就是要明确数据库系统将要实现的功能有哪些，各项功能预期达到的性能指标是怎样的。需求分析的结果将为下一阶段的系统设计奠定基础。

在整个系统的开发过程中都应该有最终用户的参与，这在需求分析阶段尤为重要，用户不仅要参与，还要树立用户在需求分析中的主体和主导地位。

对于一个数据库系统的开发，即使做了认真仔细的分析，也需要在今后每一步的开发过程中不断地加以修改和完善，因此必须随时接受最终用户的监督和指导。

15.3.2 系统设计

通过需求分析明确了数据库系统的现状与目标后，就进入系统设计阶段。系统设计的任务有很多，比较重要的有数据库系统支撑环境的选择；数据库系统开发工具的选择；数据库系统用户界面的设计；数据库系统的数据设计，也就是数据库模式的设计；数据库系统的功能设计，也就是功能模块的设计；较复杂功能模块的算法设计等。

在系统设计的上述任务中，最为重要的就是数据库系统的功能设计和数据库模式的设计。用户在进行系统设计的时候，要把这两方面的设计有机联系起来，要统筹考虑，且不可割裂开来独立设计。

1. 数据库系统的功能设计

数据库系统的功能设计主要是敲定整个数据库系统要完成的任务。一般而言，整个系统的总任务由多个子任务组合而成，且总任务的复杂程度将大于分别考虑这个子任务时的复杂程度之和。

数据库系统的功能设计完成后，接下来要进行功能的模块化设计。功能模块化设计是先将数据库系统划分成若干个功能模块，每个功能模块实现一个子功能，完成一项子任务，再把这些功能模块集成起来组成一个整体，以实现整个系统的功能，完成整个系统的任务。每一个功能模块由一个或多个相应的程序模块来实现。当然，根据需要还可以进行功能模块的细分，这就是子模块的概念。

在对数据库系统进行功能设计时，应考虑每个功能模块所应实现的功能、该模块应包含的子模块、该模块与其他模块之间的联系及协作机制等。另外，还要用一个控制管理模块（主模块）将所有的功能模块有机组织起来，以发挥所有模块的整体功能，实现数据库系统整体效应的最大化。典型的数据库系统大都包括以下几个一级功能模块。

①数据查询模块：数据库系统中的查询模块是不可缺少的，通常应支持用户由指定的一个数据表或多个相关数据表中获取所需数据。此外，应提供各种类型的单条件查询和组合条件查询，以满足用户获取数据的个性化需求。

例如，对于销售单管理系统的查询模块，应允许用户按照顾客姓名查询自己的顾客信息，或者允许销售员通过姓名查询所有顾客的信息；又如，允许销售员按顾客编号或销售日期查询商品的销售情况；再如，允许销售员按照顾客姓名和销售日期查询顾客的商品购买信息等。

②数据更新模块：主要提供数据表的插入、删除与修改功能。

③数据维护功能：主要提供数据表的重新索引、数据库的备份及恢复等功能。

④统计和分析模块：提供用户所需的各种统计分析功能，包括统计记录个数，求专项数据的和、平均值、最大值、最小值、极差、标准差，对数据进行分类汇总和分组比较等。

⑤报表模块：主要提供各种报表的发布和打印输出功能，既可以是发布或打印原始的数据表内容，又可从单个数据表或多个数据表中抽取所需的数据加以综合并制表予以发布或打印。

⑥帮助模块：在复杂的数据库系统中，该模块显得格外重要。完善的帮助模块不仅应该提供用户正确使用数据库系统的各项资料，还应该提供用户进行简单系统管理和维护的资料。

2. 数据库模式的设计

如前所述，一个高效的数据库系统必须要有一个或多个设计合理的数据库的支持。与其他计算机软件系统相比，数据库系统具有数据量大、数据关系复杂、用户需求多样化等特点。这就要求对数据库系统的数据库模式进行合理设计，不仅要求能够有效地存储信息，还要求能够反映出数据之间存在的客观联系。数据库模式的设计过程包括需求分析、概念设计、逻辑设计和物理设计，第 2 章详细阐述了数据库模式设计的理论和方法。本节将探讨数据库设计过程中的关键抓手，主要包括数据需求分析、确定所需数据表、确定所需字段、确定所需联系、确定所需约束、设计求精等。

（1）数据需求分析

数据需求分析是数据库设计的关键抓手之一。首先需要明确创建数据库的目的，即需要明确数据库设计的信息需求、处理需求以及用户对数据安全性与完整性的需求。

① 信息需求：即用户需要从目标数据库中获得哪些信息。信息需求决定了一个数据库系统应该提供的所有信息及这些信息的类型。

② 处理需求：即需要目标数据库对数据完成什么样的处理及使用什么处理方式。处理需求决定了数据库系统的数据处理操作，应考虑执行操作的场合、操作对象、操作频率及对数据的影响等。

③ 用户对数据安全性与完整性的需求：在定义信息需求和处理需求的同时，必须考虑相应的数据安全性和完整性的用户要求，并确定其约束条件。

在整个数据库系统和数据库的设计中，需求分析都是十分重要的基础性工作。必须与最终用户多加交流，耐心细致地了解现行业务的处理流程，收集能够收集到的全部数据资料。

（2）确定所需数据表

确定所需数据表是数据库设计的关键抓手之二。确定数据库中所应包含的数据表是数据库设计过程中技巧性最强的一步。尽管在需求分析中已经基本确定了所设计的数据库应包含的内容，但需要仔细推敲应建立多少个独立的数据表，以及如何将这些信息分门别类地放入各自的数据表中。事实上，根据用户想从数据库中得到的信息，包括要查询的信息、要发布或打印的报表、要使用的窗体等，仍不能直接决定数据库中所需的数据表及这些数据表的模式。

应该从系统整体需求出发，对所收集到的数据进行归纳与抽象，同时要防止丢失有用的信息。仔细研究需要从数据库中提取的信息，遵从概念单一化的原则，将这些信息分成各种基本主题，每个主题对应一个独立的数据表，即用一个数据表描述一个实体或实体间的联系。例如，在销售单管理数据库中，可将顾客、员工、商品、销售单、供应商等实体设计成一个独立的数据表。

（3）确定所需字段

确定所需字段是数据库设计的关键抓手之三。确定字段时应考虑以下几个原则。

① 每个字段应该直接和数据表的实体相关：即描述另一个实体的字段应属于另一个数据表。必须确保一个数据表中的每个字段直接描述本数据表的实体。如果多个数据表中存在重复的信息，则表明数据表中有不必要的字段。

② 数据表中的字段必须以最小的逻辑单位存储信息：数据表中的字段必须是基本数据元素，而不应是多项数据的组合。如果一个字段中组合了多种数据，则应尽量把信息分解为较小的逻辑单位，以避免日后获取单项数据时出现困难。

③ 数据表中的字段必须是原始数据：一般情况下，数据表中不能包含可导出的字段，也就是说，多数情况下，不要将计算结果存储在数据表中。例如，若商品表中有"商品单价"字段和"库存数量"字段，就不应包括"商品总价"这一字段了，因为商品总价可根据商品单价和库存数量计算得到。若要在窗体或报表中输出商品总价，则可临时通过计算而获得。当然，为了提高性能，数据表中可以包含可导出的字段。

④ 数据表应该包括用户所需的全部信息：在确定所需字段时不要遗漏有用的信息，应确保用户所需的信息都包括在某个数据表中，或者可由其他字段导出。

⑤ 确定主键：在大多情况下，应确保每个数据表中有一个可以唯一标识各记录的字段或字段组合，这就是主键。利用主键，DBMS 能够迅速地查询并组合存储在多个独立的数据表中的信息。主键不允许有重复值或 NULL 值。例如，在"销售员"表中，通常可将"销售员编号"作为主键，而

不能将"销售员姓名"作为主键。

　　⑥ 建立索引：为提高查询速度，对于要经常进行查询操作的字段，如"商品名称""顾客姓名""消费积分"等字段要建立索引。

　　(4)确定所需联系

　　设计数据库的关键抓手之四是确定数据库中各个数据表之间的联系。确定的联系应该能够反映出数据表之间客观存在的关联关系，并使各个数据表的模式更加合理。数据表之间的联系可分为3种，即一对一联系、一对多联系和多对多联系。

　　(5)确定所需约束

　　设计数据库的关键抓手之五是确定数据库应该满足的约束。约束是保证数据库中数据正确性和一致性的重要机制。需要根据业务需求，从下述两个方面确定数据库所需要满足的约束。

　　表内约束：包括实体完整性约束和域完整性约束。

　　表间约束：为了保持相关数据表之间的数据一致性，使得数据表的数据记录在插入、删除和修改时满足业务逻辑，可以通过表间约束加以实施。

　　(6)设计求精

　　设计数据库的关键抓手之六就是设计求精。数据库的设计实际上是一个不断返回修改、不断调整优化的过程。在设计的每一个阶段都需要测试设计结果能否满足用户的需要，不能满足时就需要返回到前一个或前几个阶段进行修改和调整。

15.3.3　系统实现

　　系统实现的任务是根据需求分析和系统设计给出系统一致、完整、可执行的代码。代码实现的功能源于需求分析，代码实现的模块功能、模块接口、模块间关系和协作机制源于系统设计。系统实现包括编码、测试、调试、优化等一系列工作。其中，编码和测试是非常重要的两个子阶段。

　　1. 编码

　　编码是将系统设计的结果翻译为使用某种程序设计语言书写的程序。对于 Access 数据库系统和 SQL Server 数据库系统来说，常用的程序设计语言有 C♯、VBA、Java 及 Python 等。程序的质量基本上取决于设计的质量，但编码语言及程序风格对程序质量也有相当大的影响。

　　2. 测试

　　测试的根本任务是发现并改正系统中的错误，它目前仍然是保证系统可靠性的主要手段，也是系统开发过程中最艰巨、最繁重的任务。测试过程中发现的错误必须及时纠正，这就是调试的任务。测试与调试关系密切，往往交替进行。

15.3.4　系统部署

　　数据库系统部署是指将数据库系统的各个部分通过一定的方式安装在指定的硬件设备中，使它们正常工作的一个过程。数据库系统部署的成功与否往往决定了数据库系统交付后能否正常工作，因此部署过程需要认真细致地进行。数据库系统的部署一般包括确定部署方式、搭建部署环境、准备安装包和部署文档、安装数据库系统、测试数据库系统5项任务。

　　1. 确定部署方式

　　在数据库系统部署前，需要先确定合适的部署方式。常见的部署方式有本地部署和云部署。本地部署是将数据库系统安装在用户自己的硬件平台上。云部署是将数据库系统部署在云平台上。对于本地部署而言，数据库系统可以部署在一台计算机中，这就是所谓的集中式部署；也可以部署在多台计算机中，这就是所谓的分布式部署。对于云部署而言，一般是分布式部署。

　　本地部署自主性较高，如果不考虑成本，则完全可以根据用户自己的需求进行私人定制，灵活性和自主性较高。另外，本地部署的数据库系统的数据都在自己的服务器中，泄露和被黑客攻击的可能性较低，是比较安全的一种部署方式。本地部署的系统不需要互联网连接即可访问系统的数据，即使互联网连接中断，用户仍然可以访问关键文件和离线工作。

基于云部署，允许用户在全球不同地方访问自己的系统，前提是有互联网的接入。云部署不用购买独占的软硬件设备，不用聘用专门的运维人员，整体价格会比本地部署低很多。如果用户的业务增长很快，那么用户的算力需求和空间需求也会增长，相比于本地化部署，在云上升级算力和空间方面更容易且更具成本效益。对于基于云的数据库系统，硬件平台的维护和更新是云提供商的责任，用户无须考虑。

2. 搭建部署环境

不管是本地部署，还是云部署，都必须确保数据库系统部署平台的环境是可行的、可靠的和可信的，包括部署平台的算力环境、空间环境、安全环境、软件环境及网络环境等。

3. 准备安装包和部署文档

在进行数据库系统部署前，需要准备数据库系统的安装包及详细的部署文档，包括安装步骤、安装前准备工作和注意事项等。这些部署文档可以帮助安装人员更好地理解安装过程，提高安装的效率和质量。

4. 安装数据库系统

按照部署文档拟定的安装步骤，将安装包中的目标系统文件以及相关支撑软件有选择性地复制到用户指定的存储空间中，并进行必要的系统配置和优化。

5. 测试数据库系统

数据库系统安装完成后，需要对数据库系统进行一系列测试，确保数据库系统在安装后能够正常运行。测试包括功能测试、性能测试、安全测试等方面。只有通过全面的测试，才能将数据库系统交付给用户使用。

总之，数据库系统部署包括使数据库系统可供使用的所有活动。其常规部署过程由几个相互关联的活动组成，这些活动之间可能存在过渡阶段。

15.4 Access 数据库系统的开发

"销售单管理系统"是一个以小型网店为背景的简化数据库系统，它虽然小巧，但包含了开发一个数据库系统所需的各个步骤，这对于帮助读者厘清基于工程规范开发数据库系统是很有启发的，对于读者掌握 Access 数据库系统的开发也是很有帮助的。

15.4.1 需求分析

采用计算机辅助管理的手段，对小型网店的销售单进行统一管理，以降低人工管理销售单的复杂度，提高销售单管理的规范化。此系统的开发应该满足用户的以下需求。

1. 功能需求分析

因为这里是一个小型网店的销售单管理，所以其功能很简单，主要功能如下。

①对网店的销售单进行统一管理，支持销售员对网店的销售单信息进行录入、修改、删除、查询、统计、报表发布和打印等操作。

②对网店的商品、顾客和销售员等信息进行统一管理，支持销售员对这些数据进行添加、修改、删除、查询等操作。

③允许销售员以操作员的身份使用，操作界面要友好、直观与方便。

2. **数据需求分析**

"销售单管理系统"涉及的主要数据包括顾客、销售员、商品和销售单,用户的数据需求如下。
①网店的顾客信息和商品信息要尽可能完整。
②作为系统用户的销售员信息主要包括用户名和密码两项。
③销售单信息主要包括顾客编号、商品编号、销售折扣、销售数量、销售时间等。
④要保证顾客、商品和销售单之间数据的一致性。
⑤要防止无顾客孤立销售单和无商品孤立销售单数据的出现。

15.4.2 系统设计

基于上述需求分析,下面简单介绍系统的功能设计和数据库设计。

1. **功能设计**

此系统主要用于店员对网店的销售单进行辅助管理,即店员基于系统对销售单的相关信息进行插入、修改、删除、查询、统计、报表发布和打印等。基于这些功能,可以设计如图 15-1 所示的架构。

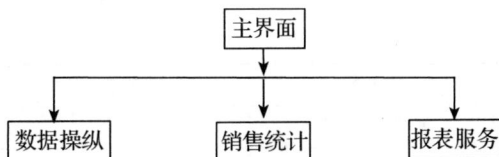

图 15-1 系统功能架构

(1)主界面模块

该模块提供销售单管理系统的主界面,供店员选择与执行各项销售单管理工作。同时,该模块提供对操作人员的用户名与密码进行的验证的功能。

(2)数据操纵模块

该模块提供各个数据表的插入、修改、删除和查询功能,包含顾客信息操纵、商品信息操纵、销售单信息操纵等子模块。例如,在顾客信息操纵子模块中不仅包含了顾客信息的查询功能,还包含了顾客信息的插入、修改、删除等功能。

(3)销售统计模块

该模块主要用于统计顾客的商品购买情况和店员的商品销售情况。

(4)报表服务模块

该模块主要用于建立报表,发布或打印商品的库存情况、顾客的购买情况等。

2. **数据库设计**

数据库设计的主要任务是设计数据库所包含的数据表以及数据表之间的联系。

(1)"销售单管理系统"数据库所包含的数据表

根据需求分析,"销售单管理系统"数据库包含 Product、Customer、Seller、SalesOrder、ProductOfSalesOrder 等数据表。这些数据表的模式分别如表 15-1~表 15-5 所示。

表 15-1 Product 表的模式

字段名	数据类型	字段宽度	备注
商品编号	文本	6	是主键
商品名称	文本	19	
生产日期	日期/时间		
有效期	数据	长整型	
价格	货币		
存量	数字	整型	
畅销否	是/否		
商品详情	备注		
商品照片	OLE 对象		

表 15-2　Customer 表的模式

字段名	数据类型	字段宽度	备注
顾客编号	文本	9	是主键
顾客姓名	文本	9	
顾客性别	文本	1，男/女	
出生日期	日期/时间		
联系电话	文本	11	
最近购买时间	日期/时间		
顾客地址	文本	29	
消费积分	数值	长整型	

表 15-3　Seller 表的模式

字段名	数据类型	字段宽度	备注
销售员编号	文本	3	是主键
销售员姓名	文本	9	
出生日期	日期/时间		
明细岗位	文本	16	
聘用日期	日期/时间		
电话	文本	11	
邮箱	文本	29	
通讯地址	文本	29	

表 15-4　SalesOrder 表

字段名	数据类型	字段宽度	备注
销售单编号	文本	11	是主键
顾客编号	文本	9	
销售员编号	文本	3	
销售时间	日期/时间		下单时间
销售单状态	文本	3	处理中/已完成/已撤单

表 15-5　ProductOfSalesOrder 表

字段名	数据类型	字段宽度	备注
销售单编号	文本	11	是组合主键
商品编号	文本	6	是组合主键
商品名称	文本	19	
销售折扣	数字	小数(3，2)	
实际销售价格	货币		
销售数量	数字	整型	
实际销售金额	计算		

（2）数据表之间的联系

数据表之间通常基于主键和外键建立联系，因此在建立数据表联系之前，先要确定基准数据表的主键以及相关数据表的外键，只有在基准表主键和相关表外键具有相似的语义及数据类型时，才能建立表间联系。

根据需求分析，"销售单管理系统"数据库中各数据表的联系设计如下：Seller 表与 SalesOrder 表基于"销售员编号"建立一对多联系；Product 表与 ProductOfSalesOrder 表基于"商品编号"建立一对多联系；SalesOrder 表与 ProductOfSalesOrder 表基于"销售单编号"建立一对多联系；Customer 表和 SalesOrder 表基于"顾客编号"建立一对多联系；Customer 表和 Product 表之间是多对多联系；Seller 表和 Product 表之间是多对多联系。多对多联系的实现需要基于第三方数据表。请读者思考：第三方数据表在这里设计的数据库中存在吗？

15.4.3 系统实现

1. 创建数据库

基于系统设计得到数据库模式后，即可着手数据库的创建。先创建一个名为"销售单管理系统"的空数据库，再在该数据库中创建 Customer 表、Product 表、Seller 表、SalesOrder 表、ProductOfSalesOrder 表等，并建立数据表之间的联系。

该数据库中各数据表间的联系如图 15-2 所示。

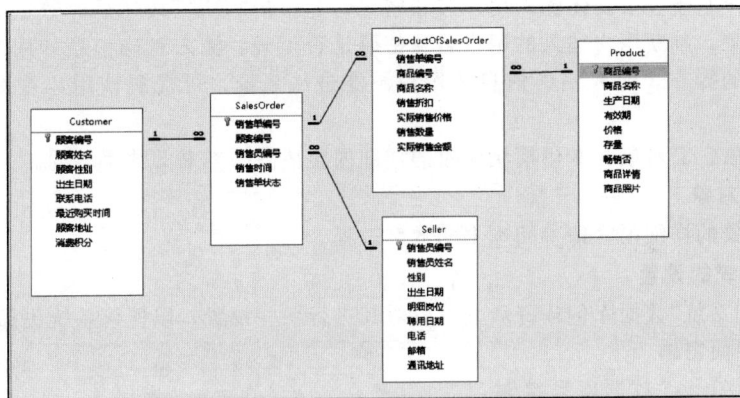

图 15-2　"销售单管理系统"数据库中各数据表间的联系

2. 创建通用模块对象

在 Access 数据库系统中，各数据库对象之间往往共用一些数据和操作，因此可以建立一个通用模块，用来存放用户的公共数据和通用函数。下面以公共数据的存放为例，说明创建通用模块的具体方法和步骤。

Step1：打开"销售单管理系统"数据库。

Step2：选择"创建"选项卡的"宏与代码"命令组中的"模块"命令，进入 VBA 编辑器，新建一个模块"模块 1"。

Step3：选择"工具"→"引用"命令，打开一个对话框，添加类库 Microsoft ActiveX Data Object 6.0 Library 和 Microsoft ActiveX Data Object RecordSets 2.8 Library。

Step4：在"代码"窗口中输入以下代码。

```
Option Compare Database
Public 操作员姓名 As String
Public 操作员编号 As String
```

Step5：单击"保存"按钮，输入模块名"公共数据"，单击"确定"按钮即可，创建该通用模块如

图 15-3 所示。

3. 创建窗体对象

窗体对象是直接与用户交流的数据库对象。窗体作为一个交互接口，用户通过它与数据库系统交互，实现数据库系统的控制以及用户与数据库系统之间的数据交换。

在"销售单管理系统"数据库中，根据设计目标，需要建立多个不同的窗体，如要实现功能导航的主界面窗体、进入数据库系统之前的登录窗体、数据操纵窗体及统计分析窗体等。

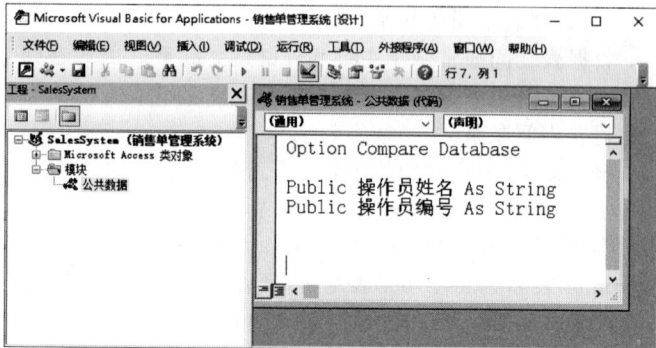

图 15-3 "公共数据"通用模块的创建

关于窗体创建的详细内容请参阅本书的数字教程。

4. 创建查询对象、宏对象和专用模块对象

用户基于窗体向数据库系统下达操作命令之后，数据库系统必须对用户命令进行响应和处理，并返回相应的处理结果。简单的用户命令处理请求可以基于查询对象实现，稍微复杂的用户命令处理请求可以基于宏对象实现，更为复杂的用户命令处理请求可以基于专用模块实现。

例如，当用户基于登录窗体输入用户名和密码，并单击"登录"按钮后，数据库系统可以执行一个简单的宏对象，判断用户输入的用户名和密码是否正确，输入正确信息的用户可以进入数据库系统执行相应的操作，输入错误信息的用户不能进入系统，可提醒该用户重新输入用户名和密码。

创建查询对象、宏对象和专用模块对象的详细内容请参阅本书的数字教程。

5. 创建报表对象

创建报表对象的详细内容请参阅本书的数字教程。

6. 数据库系统的设置

"销售单管理系统"数据库创建好后，可以对其进行一些设置，以便该系统更加人性化。

(1)指定主界面窗体

当用户启动 Access 数据库系统时，为了用户操作方便，需要直接打开某个窗体作为用户的主界面。下面简单介绍主界面窗体的设置方法和步骤。

Step1：启动 Access，打开"销售单管理系统"数据库。

Step2：选择"文件"选项卡中的"选项"命令，打开"Access 选项"对话框。

Step3：选择"当前数据库"选项，在"应用程序标题"文本框中输入该系统的名称

图 15-4 指定主界面窗体

"销售单管理系统"，在"显示窗体"下拉列表中选择想要自动启动的窗体，即主界面窗体，如图 15-4 所示。

Step4：单击"确定"按钮，系统打开重新启动数据库的提示对话框，用户重新启动数据库后即可完成主界面窗体的设置。

(2)解除 Access 对 VBA 宏的限制

默认情况下，Access 对 VBA 代码和宏是禁止的，当数据库系统启动 VBA 代码或宏的时候会

打开图 15-5 所示的安全警告。这个安全
警告给用户操作带来了不便。

图 15-5 安全警告

为消除上述不便，可以单击安全警
告中的"启用内容"按钮，即启用数据库
中的宏，这样就解除了 Access 对 VBA 代码或宏的限制，提高了数据库系统的易用性。

15.4.4　系统部署

为了确保数据库系统的数据安全，提高系统的访问性能，这里将"销售单管理系统"拆分为前端和后端，并部署在多台计算机中，这就是所谓的分布式部署。

1. 数据库的分布式部署

在分布式部署中，后端数据库位于服务器，而前端数据库的各个副本位于用户工作站。通常，后端数据库仅仅包含数据表对象，而前端数据库包含窗体对象、报表对象、查询对象、宏对象及模块对象等。当然，前端数据库还需要包含指向后端数据库中所有数据表的连接。相应地，存放数据库的 ACCDB 文件由一个变为多个。

注意：所有共享的数据表对象以及这些数据表对象之间的联系都应该保存在服务器的后端数据库中。服务器数据库应该以共享模式打开，使得多个用户都可以访问所有数据表对象。服务器数据库中的数据表应该能连接到每个用户的台式计算机的前端数据库系统中。

2. 分布式部署的优点

①由于前端只有一个用户访问，且用户不必通过网络传输数据库的窗体、报表、查询、宏及模块等对象，因此 Access 的本地用户可以快速打开数据库系统并启动操作，大大缩短了响应时间。

②对窗体、报表、查询、宏及模块对象进行维护时，只需要替换用户计算机中的前端数据库对象，并重新建立指向后端数据表对象的连接即可。

③支持个性化应用的定制。通过对工作站上的前端数据库系统进行个性化定制，可以给这个工作站的用户提供个性化的应用需求。

> 当多个用户使用某个数据表中的数据时，可能会出现多个用户同时编辑同一个记录的情况。Access 数据库引擎通过锁定正在被某个用户编辑的记录来处理这一问题。不管何时，只有一个用户对记录具有"实时"访问权限，而对其他所有用户来说，要么被锁定，要么暂时保存其更改，直到记录持有者完成更改为止。

3. 数据库的拆分方法

为了对数据库系统进行分布式部署，必须将数据库系统拆分。基于数据库拆分器向导可以帮助用户将数据库系统拆分为前端和后端，并测试数据库系统的功能和性能。

选择"数据库工具"选项卡的"移动数据"命令组中的"Access 数据库"命令，即可启动数据库拆分器向导。

在该向导中，用户需要提供的信息包括后端数据库放在什么位置，后端数据库的名称。默认情况下，后端数据库与原始数据库具有相同的名称，只是在名称中添加了_be 后缀。

拆分完成后，数据库拆分器会先创建后端数据库系统，将所有数据表对象导入其中，再删除本地数据库中的数据表对象，并创建指向后端数据表对象的连接。

15.5　SQL Server 数据库系统的开发

15.4 节以"销售单管理系统"数据库系统为例介绍了 Access 数据库系统的开发，其遵循的工程

规范和开发过程对于基于其他 DBMS 开发的数据库系统也是适用的。鉴于此,本节推出一个更为简单的"个人投资风险承受能力评估"数据库系统,旨在让读者自主学习 SQL Server 数据库系统开发的过程和方法。这里需要特别提醒的是,建构"数据库技术系统级应用"的知识架构、提升数据库系统的开发能力,"纸上谈兵"是不可行的,必须进行实战。当基于"用中学和学中用"的学习理念自主完成了"个人投资风险承受能力评估"数据库系统的开发后,读者便可以真正读懂数据库系统的开发过程和方法。

1. 业务流程分析

"个人投资风险承受能力评估"数据库系统的主要任务是根据客户填写的评估表,对该客户的风险承受能力进行评估,用来协助客户选择合适的金融理财产品。完成上述任务的一般业务流程如下。

(1)系统向客户展示重要提示

系统在对客户进行个人投资风险承受能力评估之前,需要展示提示信息,以帮助用户正确了解评估时需要遵循的业务规则,并对投资风险进行提示。下面给出了某银行展示给客户的一组重要提示。

①请仔细阅读并填写《个人投资风险承受能力评估表》。

②《个人投资风险承受能力评估表》中包含一系列问题,这些问题可在您选择金融产品前,协助您评估自身的风险承受能力、理财方式及投资目标。

③您须认知、了解并同意,如您提供不准确或不完整资料,或选择不提供特定资料,则可能对您投资风险承受能力的评估及金融产品推荐带来影响,对此本行无任何责任。

④理财非存款,产品有风险,投资需谨慎!投资者在选择金融产品时须遵守具体产品的规定及条件,同时需充分考虑投资可能面临的市场风险、汇率风险、信用风险及可能的本金损失等风险。

(2)客户回答系统询问的风险投资问题

个人投资风险承受能力的评估基于客户对投资风险问题的回答。例如,以下 11 个问题(每个问题只能选择唯一选项,不可多选)将根据投资者的财务状况、投资经验、风险偏好和风险承受能力等进行风险评估,系统将根据评估结果为投资者更好地配置资产。

【Q01】您的年龄是( )。

(1)18~25 岁 (2)26~50 岁 (3)51~60 岁 (4)61~64 岁 (5)高于 65 岁(含) (6)18 岁以下

【Q02】您的家庭总资产净值(折合人民币,不包括自用住宅和私营等实业投资,包括储蓄、保险、金融投资、实物投资,并需扣除未结清贷款、信用卡账单等债务)是( )。

(1)15 万元以下(含)   (2)15 万元(不含)~50 万元(含)

(3)50 万元(不含)~100 万元(含)   (4)100 万元(不含)~1000 万元(含)

(5)1000 万元以上(不含)

【Q03】在您的家庭总资产净值中,可用于金融投资(储蓄存款除外)的比例为( )。

(1)小于 10% (2)10%~25% (3)25%~50% (4)大于 50%

【Q04】以下最能说明您的投资经验的是( )。

(1)除存款、国债外,几乎不投资其他金融产品

(2)大部分投资于存款、国债等,较少投资于股票、基金等风险产品

(3)资产均衡地投资于存款、国债、银行理财产品、信托产品、股票、基金等

(4)大部分投资于股票、基金、外汇等高风险产品,较少投资于存款、国债

【Q05】您投资股票、基金、外汇、金融衍生产品等风险投资品的经验是( )。

(1)没有经验   (2)有经验,但少于 2 年

(3)2~5 年 (4)5~8 年 (5)8 年以上

【Q06】以下最符合您的投资态度的描述是( )。

(1)厌恶风险,不希望本金损失,希望获得稳定回报

(2)保守投资,不希望本金损失,愿意承担一定幅度的收益波动

(3)寻求资金的较高收益和成长，愿意为此承担有限本金损失

(4)希望赚取高回报，能接受为期较长时间的负面波动，包括本金损失

【Q07】若有本金100万，在不提供保本承诺的情况下，您会选择的投资是(　　)。

(1)有100％的机会赢取1000元现金，并保证归还本金

(2)有50％的机会赢取5万元现金，并有较高可能性归还本金

(3)有25％的机会赢取50万元现金，并有较高可能性损失本金

(4)有10％的机会赢取100万元现金，并有较高可能性损失本金

【Q08】投资理财、股票、基金等金融投资品(不包括存款和国债)时，您可接受的最长投资期限是(　　)。

(1)1年以下　　　(2)1～3年　　　(3)3～5年　　　(4)5年以上

【Q09】您的投资目的是(　　)。

(1)资产保值　　　(2)资产稳健增长　　　(3)资产迅速增长

【Q10】在投资出现以下(　　)情况时，您会呈现明显的焦虑。

(1)本金无损失，但收益未达预期　　　　(2)出现轻微本金损失

(3)本金10％以内的损失　　　　　　　　(4)本金20％～50％的损失

(5)本金50％以上的损失

【Q11】对您而言，保本比收益更为重要。您对这种说法(　　)。

(1)非常同意　　　(2)同意　　　(3)无所谓　　　(4)不同意　　　(5)非常不同意

(3)客户确认评估信息的真实性并提交

①系统先呈现需要客户确认的真实性条款。某银行呈现的条款如下。

本人保证上述所填信息为本人的真实意思表示，完全独立依据自身情况和判断得出上述答案，并接受贵行评估意见。同时确认如本人发生可能影响自身风险承受能力的情形，再次购买金融产品时，必须主动要求银行重新对本人进行风险承受能力评估。否则由此导致的一切后果由本人承担。

②客户确认真实性基于图15-6所示的对话框，客户通过取款密码等形式确认信息的真实性。

③客户提交资料。基于图15-7所示的对话框，客户确认资料的真实性并提交资料。

图15-6　确认信息的真实性

图15-7　确认资料的真实性并提交资料

(4)系统评估

为培养读者的文献阅读与调查研究能力，对于此内容，请读者查阅相关文献并到金融机构与相关工作人员交流沟通后，自主梳理总结成文。

(5)系统返回结果给客户

系统返回给客户的结果一般包括本次评估时间、客户对问卷问题的回答、风险承受能力的级别和类型、适合投资的产品类型、必要的提示和声明等。例如，某银行返回的结果如下。

> 风险评估问卷已回答完毕
>
> 评估时间：2023年07月20日12时17分51秒

> 问题回答描述：
>
> Q01的回答：26～50岁
>
> Q02的回答：50万元(不含)～100万元(含)

Q03 的回答：25％～50％

Q04 的回答：资产均衡地投资于存款、国债、银行理财产品、信托产品、股票、基金等

Q05 的回答：8 年以上

Q06 的回答：保守投资，不希望本金损失，愿意承担一定幅度的收益波动

Q07 的回答：有 50％的机会赢取 5 万元现金，并有较高可能性归还本金

Q08 的回答：1～3 年

Q09 的回答：资产保值

Q10 的回答：本金 20％～50％的损失

Q11 的回答：同意

风险承受能力等级：A3

风险类型：稳健型

适合的产品类型：中风险产品

温馨提示：根据监管要求，我行需根据您年龄的变化适时重新检视您的风险承受能力，为此，请留意您的风险承受能力评估结果到期日，及时进行重新评估。

特别说明：风险承受能力评估结果有效期为一年(18 岁及 65 岁生日当天风险承受能力评估结果自动失效)，请在结果失效前及时更新您的评估信息。此评估仅供购买金融产品时参考之用，其内容并未包含所有影响投资风险承受能力的因素。

2. 系统分析与系统设计

为提高读者的分析和设计能力，培养读者的创新精神，增强读者的系统理念，请读者基于本书配套的代码资源，自主完成 SQL Server 数据库系统的系统分析与系统设计。

3. 系统实现与系统部署

为培养读者的模仿能力和迁移能力，增强读者的科学精神，请读者基于本书配套的 Access 版的代码资源，自主完成 SQL Server 数据库系统的系统实现与系统部署。

习题

一、思考题

【1】结合实例说明基于 ADO 技术访问 Access 数据库的方法和步骤。

【2】结合实例说明基于 ADO 技术访问 SQL Server 数据库的方法和步骤。

二、应用题

【1】基于 SQL Server 设计并实现"销售单管理系统"。

【2】基于 Access 设计并实现"个人投资风险承受能力评估"系统。

学习材料：辩证思维

在解决某个问题时，我们要学会运用辩证思维，从多个角度和层面来分析问题，并进行推理演绎和综合评定，以找到解决问题的最优方案。请结合下列学习材料，思考如何基于辩证思维更好地理解和应用本课程的内容，并提高自己的综合素质和创新能力。

【学习材料 1】C/S 模式与 B/S 模式相结合的数据库系统技术研究。

【学习材料 2】Access 数据库和 SQL Server 数据库的应用比较。

【学习材料 3】国产数据库选型测评指标体系。

参考文献

[1]叶潮流，吴伟．数据库原理与应用：SQL Server 2019：慕课版[M]．北京：人民邮电出版社，2022．

[2]贾铁军，谷伟．数据库原理及应用与实践：基于 SQL Server 2016[M]．北京：高等教育出版社，2017．

[3]何玉洁．数据库基础与实践技术（SQL Server 2017）[M]．北京：机械工业出版社，2020．

[4]段利文，龚小勇．关系数据库与 SQL Server 2019 版[M]．北京：机械工业出版社，2021．

[5]郑晓霞．数据库原理及应用 SQL Server 2019：慕课版[M]．北京：机械工业出版社，2021．

[6]姜林枫．数据库原理与应用技术[M]．北京：北京师范大学出版社，2020．

[7]郭华，杨眷玉，陈阳，等．MySQL 数据库原理与应用：微课版[M]．北京：清华大学出版社，2020．

[8]苗雪兰，刘瑞新，宋歌．数据库系统原理及应用教程[M]．5 版．北京：机械工业出版社，2020．

[9]饶静．数据库原理及 MySQL 应用教程[M]．成都：西南财经大学出版社，2020．

[10]胡艳菊．SQL Server 2019 数据库原理及应用：微课视频版[M]．北京：清华大学出版社，2020．

[11]张文霖，狄松，林凤琼，等．谁说菜鸟不会数据分析·工具篇[M]．3 版．北京：电子工业出版社，2019．

[12]张文霖，刘夏璐，狄松．谁说菜鸟不会数据分析·入门篇[M]．4 版．北京：电子工业出版社，2019．

[13]李小威．SQL Server 2017 从零开始学：视频教学版[M]．北京：清华大学出版社，2019．

[14]张延松．SQL Server 2017 数据库分析处理技术[M]．北京：电子工业出版社，2019．

[15]张玉洁，孟祥武．数据库与数据处理：Access 2010 实现[M]．2 版．北京：机械工业出版社，2019．

[16]李辉．数据库原理与应用基础：MySQL[M]．北京：高等教育出版社，2019．

[17][美]Michael Alexander，Dick Kusleika．中文版 Access 2019 宝典[M]．张骏温，何保锋，译．9 版．北京：清华大学出版社，2019．

[18]姜桂洪．MySQL 数据库应用与开发[M]．北京：清华大学出版社，2018．

[19]王珊，萨师煊．数据库系统概论[M]．5 版．北京：高等教育出版社，2018．

[20]沈祥玖，相伟．数据库原理及应用：SQL Server[M]．3 版．北京：高等教育出版社，2018．

[21][美]Paul Turley．SQL Server 2016 报表设计与 BI 解决方案：第 3 版：Reporting servicos 和 Mobile Reports 实战[M]．薛山，卫琳，译．北京：清华大学出版社，2018．

[22][美]Michael Alexander，Dick Kusleika．中文版 Access 2016 宝典[M]．张洪波，译．8 版．北京：清华大学出版社，2016．

[23]陈志泊．数据库原理及应用教程[M]．3 版．北京：人民邮电出版社，2014．

[24]何玉洁．数据库原理与应用[M]．3 版．北京：机械工业出版社，2021．

[25]刘鹏．大数据库[M]．北京：电子工业出版社，2017．

[26]林子雨．大数据技术原理与应用：概念、存储、处理、分析与应用[M]．2 版．北京：人民邮电出版社，2017．

[27]吴靖．数据库原理及应用：Access 版[M]．3 版．北京：机械工业出版社，2014．

[28]夏辉，白萍，李晋，等．MySQL 数据库基础与实践[M]．北京：机械工业出版社，2017．

[29]姜林枫，徐长滔，杨燕，等．数据库技术与应用：Access 2010[M]．北京：人民邮电出版社，2017．

[30]江红，余青松．Python 程序设计与算法基础教程[M]．北京：清华大学出版社，2017．

[31]陈勇阳．个人信用管理：理论、实务及案例[M]．重庆：重庆大学出版社，2016．

[32]李丹，赵占坤，丁宏伟，等．SQL Server 数据库管理与开发实用教程[M]．2 版．北京：机械工业出

版社，2015.

[33]姜林枫，徐长滔，杨燕．数据库基础与应用：Visual FoxPro 6.0［M］．北京：人民邮电出版社，2014.

[34]段利文，龚小勇．关系数据库与 SQL Server 2008［M］.2 版．北京：机械工业出版社，2013.

[35]姜林枫．基于主动对象/行为图的主动面向对象数据库建模机制的研究与应用［J］.计算机应用与软件，2013，30(04)：177-179.

[36]李月军．数据库原理与设计：Oracle 版［M］．北京：清华大学出版社，2012.

[37]黎升洪．Access 数据库应用与 VBA 编程［M］．北京：中国铁道出版社，2011.

[38]张红娟，傅婷婷．数据库原理［M］.3 版．西安：西安电子科技大学出版社，2011.

[39]李巧君，刘春茂．浅析数据库设计的一般流程和原则［J］.技术与市场，2010，17(10)：28-29.

[40]赵松涛．深入浅出 SQL Server 2005 系统管理与应用开发［M］．北京：电子工业出版社，2006.

[41]闪四清．数据库系统原理与应用教程［M］.3 版．北京：清华大学出版社，2008.

[42]伊凤新．数据库逻辑设计阶段的优化策略［J］.辽宁科技学院学报，2008(02)：23-24.

[43]刘洁，柏彦奇，孙海涛．概念模型建模方法研究［J］.长春理工大学学报（自然科学版），2007(03)：126-130.

[44]张露，马丽．数据库设计［J］.安阳工学院学报，2007(04)：76-79.

[45]丁智斌，石浩磊．关系数据库设计与规范化［J］.计算机与数字工程，2005(02)：114-116.

[46]熊力，顾进广，项灵辉．基于列式数据库的 RDF 数据分布式存储［J］.数学的实践与认识，2014，44(05)：148-156.

[47]袁瑛．基于 UML 数据库建模分析与应用［J］.电脑知识与技术，2014，10(03)：457-460.

[48]孙惠生．浅谈列式数据库［J］.企业技术开发，2010，29(21)：43＋47.

[49]石菲．列式数据库持续突破［J］.中国计算机用户，2009(16)：60.

[50]雷超阳，钟一青，周训斌．基于 UML 的数据库建模技术研究［J］.自动化技术与应用，2008(09)：33-36＋29.

[51]刘志成，应时，黄格飞．UML 在关系数据库设计中的应用［J］.计算机时代，2006(12)：48-50.

[52]王志和，袁飞勇，毛韶阳．基于 UML 的数据库设计与实现［J］.科学技术与工程，2006(23)：4784-4788.

[53]潘梅森，颜君彪．UML 在数据库建模中的应用［J］.现代计算机（专业版），2005(07)：25-28.

[54]孟倩，周延．UML 在数据库建模中的应用［J］.计算机工程与应用，2005(16)：179-181.

[55]徐永嘉，曾庆丰，田志良．用统一建模语言（UML）设计关系数据库［J］.昆明理工大学学报，2001(02)：61-64＋68.

[56]韩庆祥．系统观念是具有基础性的思想和工作方法［N］.光明日报，2022-04-18(15).